世界鱼雷艇战史

〔上〕

刘 致/著

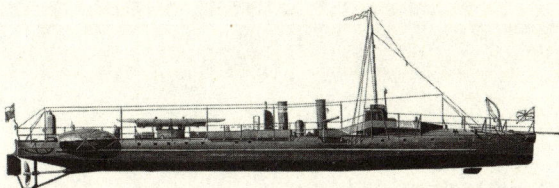

山东画报出版社

图书在版编目（CIP）数据

世界鱼雷艇战史 ／ 刘致著. —济南：山东画报出版社，
2014.10

　　ISBN 978-7-5474-1096-7

　　Ⅰ.①世… Ⅱ.①刘… Ⅲ.①鱼雷艇—历史—世界
Ⅳ.①E925.65

　　中国版本图书馆CIP数据核字（2013）第319538号

责任编辑 秦　超
装帧设计 宋晓明
主管部门 山东出版传媒股份有限公司
出版发行 山东画报出版社
　　社　　址　济南市经九路胜利大街39号　邮编 250001
　　电　　话　总编室（0531）82098470
　　　　　　　市场部（0531）82098479　82098476(传真)
　　网　　址　http：//www.hbcbs.com.cn
　　电子信箱　hbcb@sdpress.com.cn
印　　刷 山东临沂新华印刷物流集团
规　　格 160毫米×230毫米
　　　　　　44.75印张　360幅图　700千字
版　　次 2014年10月第1版
印　　次 2014年10月第1次印刷
定　　价 75.00元

如有印装质量问题，请与出版社资料室联系调换。

序

Torpedo，是 19 世纪中叶在欧洲问世的水中兵器，也是人类追求和研发自航武器的最早收获之一，因为这种武器运行时的姿态是如同鱼一样的在水中穿行，击中目标后又会产生犹如惊雷霹雳般的巨大爆炸，清朝洋务运动时代中国引入这种武器后，国人即给 Torpedo 取名鱼雷。

从鱼雷诞生的第一天起，就注定了世界海军领域的装备和作战样式都将因其发生巨大的变化。在此之前，舰艇间战斗的主要手段无外乎火炮射击、冲角撞击等方式，自身带有动力、发射后能自力航向目标的鱼雷横空出世后，使得海战和海军的装备都变得复杂化。

初问世时，鱼雷即展现出了一旦击中就能立刻使目标丧失战斗力乃至毁灭的威猛特质，但由于技术限制，彼时的鱼雷航程短，还无法通过自航来远距离攻敌，最先只是在中大型水面军舰上充当自卫武器，用以防范、击退近距离攻来的敌舰。此后，为了充分发挥鱼雷以小搏大的特质，世界海军领域出现了专门为使用鱼雷而设计的舰种——鱼雷艇，体型迷你、航速惊人的鱼雷艇在波涛间冲锋破浪，抵近到对目标的有效射程时发射鱼雷实施攻击，有了鱼雷艇的出现，鱼雷从此变为彻头彻尾的进攻性兵器。

因为鱼雷自身的航程有限，而鱼雷艇乃至后世出现的驱逐舰、摩托化鱼雷艇等专用鱼雷舰船上除了鱼雷之外，又没有更为有力的其他武器，所以在进攻时，都需要尽量隐蔽、高速地逼近目标后再发射鱼雷，一旦中途被敌发现，或者攻击得手后敌方战力没有全丧，甚至是攻击没能得手，那么鱼雷舰船必然会遭到敌方劈头盖脸式的火力鞭笞。现代中国海军军人，曾形象地将鱼雷艇比拟为陆地战斗中冲向敌方工事去安装炸药包、爆破筒的敢死勇士，这恰是对鱼雷艇一类的鱼雷舰艇的最生动的形容。

正是鱼雷舰艇自身所具备的冒险性，几乎从这类舰艇出现之日起，就和英雄的壮举、敢死的勇气等充满传奇色彩的故事不断交集。由鱼雷舰艇发起的战斗战例中，也总是充满了惊心动魄的传奇色彩。相比起略带沉闷的大舰船列堂堂之阵的海战，鱼雷舰艇的战斗总是更为容易引起人们的注意。

中国从鱼雷艇在世界上诞生的时代，就同步注意到了和引进了这种特殊兵器，因而世界海军史上所出现过的主要鱼雷舰艇，几乎在中国海军的历史中找到个例。不过，因为近代以来众所周知的原因，中国海军的发展曾一度陷入低迷，关于海军和海军装备、历史的研究与普及，也几乎归于零。新中国成立后，此类的研究开始逐渐出现和发展，然而直迄今日，中国海军自身历史和自身装备史的研究尚处于构建和奠基阶段，而专门研究某一类海军兵器在世界领域内的纵横传奇，在国内几乎是不可想象的，纵然有此类成果，也多是翻译、编译的国外作品。

刘致先生是我认识已久的好友，早在互联网刚刚普及的 21 世纪初，我们即借着"北洋水师"网站这个平台认识和交流，也互相见证着彼此从最初的发烧友，逐渐走向学术研究者的变化。刘致先生是海军史研究会里屈指可数的来自内地的成员，在研究会里他的研究颇具特点，不仅对甲午陆战史和北洋海军的鱼雷艇部队皆有刻画入骨的深入研究，对欧西世界鲜有人注意的东欧国家海军史这些冷僻领域也有涉及，出乎我意料的是，他居然还有志于研究鱼雷艇这一传奇兵器的世界战史。

研究某一种海军装备在某一个国家某一时段内的发展史、战斗史，都已是极为耗费精力的工作，而把这种观察的范围和时间界限放大到世界领域古往今来的著名鱼雷艇战例，且要以学术的严谨去治这样的海战史，难度之大更可想知。刘致初提起撰写鱼雷艇战史这一计划时，我表示全力支持，但私下里实在是担心这一计划能否完成。刘致的本行工作是人民警察，而且女儿尚幼，工作和家庭任务都颇重，未曾想到，他竟凭着滴水穿石的毅力，抓住各种可用的时间空隙，真的将这一题目完成了，为中文世界在鱼雷艇战史研究的著作填补了一项大的空白。

刘致先生的作品问世之际，我有幸受命作序，谨在此向他遥表热烈祝贺，感谢他为中国的海军史研究作出的这份崭新贡献。同时，这本带着浓浓海军风情的书得以出版，山东画报出版社秦超先生功不可没，恰逢秦超先生弄璋大喜，也向他奉上贺意。

希望读者能够喜欢上这本洋溢着大海所独具的传奇、激情、勇气、毅力的书。

陈　悦

2014 年 8 月 5 日于威海

目　录

第一章　暴虎冯河——旧式鱼雷艇战史

《三国志·蜀书·诸葛亮传》裴松之注："凡为刺客，皆暴虎冯河，死而无悔者也。"

啼笑皆非的处女战

1862 年 3 月 8 日，在如火如荼的美国内战战场上，一种新出现的军舰让整个世界为之震惊，全身用铁板包裹起来的南部邦联海军"弗吉尼亚"（Virginia）号铁甲舰（4500 吨，航速 9 节）在切萨皮克湾（Chesapeake Bay）的汉普顿水道（Hampton Roads）中大开杀戒，击沉了北部联邦海军的两艘木壳风帆战舰：1700 吨的"坎伯兰"（Cumberland）号和 1867 吨的"国会"（Congress）号，3200 吨的木壳风帆战舰"明尼苏达"（Minnesota）号负伤搁浅。虽然北军奋力抵抗，让"弗吉尼亚"号挨了数以百计的炮弹，但没有一发能够对其造成有效的伤害。很显然，在铁甲舰面前，以前所有的木壳战舰都已经显得落后了。

如果说这一天的战斗只是让人对铁甲舰的威力感到震撼的话，那么第二天的战斗就足以让人深思了。在设计上更加具有革命性的北军 "监视者"（Monitor，旧译为"班长"，后来类似的低舷岸防铁甲舰都被称为"监视者"型）号铁甲舰（987 吨，航速 8 节）赶来与"弗吉尼亚"号大战一场。虽然前者装备了 2 门威力惊人的 11 英寸（279 毫米）达尔格伦（Dahlgren）型前膛炮，但仍然无法击穿后者的龟壳；当然同样，后者的所有火炮对"监视者"的重甲也无可奈何。于是，一个新的问题出现了：既然铁甲舰也不能击沉铁甲舰，那么还有谁能驯服这头怪兽呢？[1]

首先做出新尝试的是海军力量相对更弱的南部邦联。因为在经济上严重依赖对外贸易的邦联被联邦海军的封锁战略拖住了咽喉，虽然南方各地建造了不少铁甲舰，其中一些舰还打了一些小的胜仗，但它们无法与北方大量建造的铁甲舰匹敌，所以也就无法打破联邦海军铜墙铁壁般的封锁线。

南方海军的技术革新中最成功的是水雷（Naval mine）。这种由触发引信或岸上电脉冲直接起爆的水中固定爆炸物起初被叫做鱼雷（torpedo，这个词来源于能发出电击的电鳗）。当这个词汇逐渐被海军用于靠其内部发动机把爆炸物送向目标的水中武器时，原有的固定爆炸物被改称水雷，新武器则被称为 Locomotive torpedo——动力鱼雷，通常简称为 torpedo。水雷曾经取得了不小的成绩，南军把触发式水雷和由接到海岸上的电缆控制爆炸的电发式水雷以及特意布设的各种障碍物结合在一起，形成对海岸线和港口的严密防护。水雷在内战中炸沉炸伤了 31 艘北部联邦的船只，其战果远远超过撞角和火炮。

但是这还远远不够，毕竟水雷只能阻碍联邦舰队的行动，却无法主动出击，打破联邦舰队的封锁。于是，如何让水雷动起来，从一种纯粹防御性的武器转变为攻击性武器，就成为邦联急需解决的问题。一位美国人在五十年前所作的尝试为邦联海军提供了宝贵的思路。

生于美国宾夕法尼亚州的罗伯特·富尔顿（Robert Fulton，1765—1815）是 18 世纪末世界上最伟大的发明家之一，在将蒸汽动力用于船舶方面，他创造了非凡的成就。在他逝世之前，至少设计了 19 艘蒸汽舰船，其中包括第一艘实用的蒸汽商船"克莱蒙特"（Clermont）号。他曾经向拿破仑一世提出制造携带"给在水下向一定目标运动的炸药装上外壳"的"机械潜水器"，以

---

[1] 当时不为外界所知的是，"弗吉尼亚"和"监视者"的较量并非势均力敌，除了驾驶室受到轻微损坏外，采取全方位装甲防护的"监视者"号基本完好。"弗吉尼亚"号炮塔虽未破毁，但甲板多处开裂，结实的橡木衬垫都断裂了，上层结构和舰壳损坏严重，需要进干船坞修理。如果"监视者"号的达尔格伦炮不受海军军械局的限制（每次装药量不得超过 15 磅，而后来发现装 30 磅都是安全的），"监视者"号的炮火早就迅速击穿"弗吉尼亚"号的装甲了。

便摧毁英国海军舰队。这无疑是鱼雷和潜艇的雏形，但是由于要价太高，被皇帝轻蔑地否决了。同时，富尔顿设计了最初（现在还不知道是不是第一个）的鱼雷模型。这种所谓的鱼雷实际上应该被称为杆雷（spar torpedo），其原型异常简陋，实际上就是个炸药桶，系在一根29.3米的长杆上，从桅杆顶上吊下几根绳子将长杆固定。后来富尔顿还发明了漂浮鱼雷和一种可以发射鱼雷的发射管，但随着拿破仑战争的结束和富尔顿的逝世，这些在后世看来惊世骇俗的发明便无人问津了。

迫于战争的严峻形势，南部邦联继承了富尔顿的思想并加以发展。1861年5月，邦联就建造了一艘21.3米长的"冈尼森"号，它在艇艉装了一根铁杆，头部是一个68.1公斤重的炸药包。不过这艘仍然使用风帆动力的杆雷艇机动性能不好，未能投入实战。

真正创造首战记录的是由"莫里"（Maury）级炮艇改装而成的"火炬"（Torch）号杆雷艇。本来邦联军是打算把这艘船搞成一艘撞角铁甲舰，为此还装了一个形似龟甲的木制炮台，并把干舷降低到接近水线的位置，但由于很难搞到装甲板，最终只能改造为所谓的"水雷撞角舰"。"火炬"号为木质船体，长31.8米，宽6.3米，吃水1.5米，排水量166吨，动力为一台不太

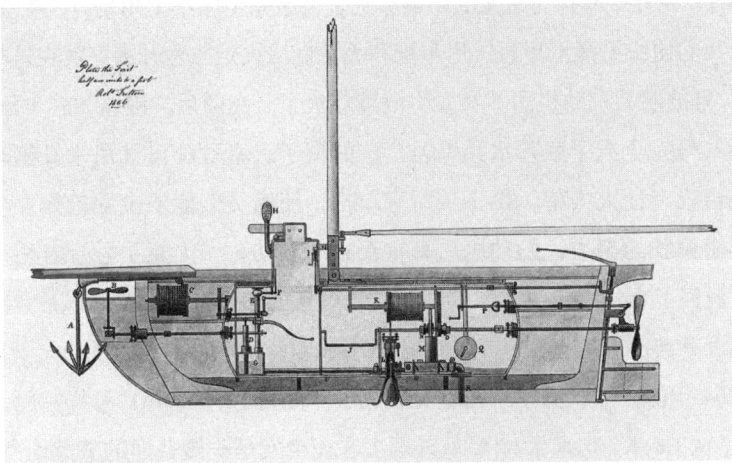

富尔顿设计的潜艇结构图（部分），可见艇艏伸出的长杆。

可靠的蒸汽机，单轴推进。它安装了一种特别设计的撑杆式水雷系统，可以在艇艏携带三枚45.4公斤的水雷。

1863年8月21日凌晨，在卡林（James Carlin）海军上尉指挥下的"火炬"号准备前去攻击锚泊在查尔斯顿港外莫里斯（Morris）岛的"新铁骑兵"（New ironsides，英国内战时期克伦威尔创建的新式军队）号铁甲舰。该舰在当时封锁查尔斯顿的联邦海军舰队中是最强大的一艘，与"弗吉尼亚"号和"监视者"号那样的低干舷铁甲舰不同，而是在舷侧敷设铁甲的常规木制战舰。她于1862年服役，标准排水量3486吨，满载排水量4120吨，长230英尺（70米），宽57英尺6英寸（17.5米），吃水15英尺8英寸（4.8米）；编制449人；装备2门150磅炮，2门50磅炮，14门11英寸达尔格伦炮；采用风帆和蒸汽混合动力，700匹马力，航速可达8节；舷侧装有3—4.5英寸（7.6—11.4毫米）的铁甲。

和"新铁骑兵"号相比就像个劣质玩具的"火炬"号利用退潮驶出查尔斯顿港，在无人察觉的情况下接近目标右舷。卡林上尉计划用水雷攻击敌舰的舰首，因为那里没有装甲防护。然而受潮汐的影响，加上"火炬"号的舵反应迟钝，结果与目标失之交臂，更不幸的是居然被敌舰的锚链给缠住了，从而被哨兵发现并敲响了警钟！

由于"火炬"号体型低矮，距离又近，火炮完全派不上用场，"新铁骑兵"号的水兵们便纷纷涌上甲板，用步枪和手枪向"火炬"号开火。就在这时候，"火炬"号破旧的发动机居然又发生故障熄火了。在随后"漫长"的5分钟里，"火炬"号完全成了联邦水兵练习枪法的靶子。幸亏那设计用来抵御炮弹的木制炮台没有让人失望，挡下了所有攻击，使船员们能安全地抢修发动机。经过一番疯狂的努力，发动机总算重新启动成功，"火炬"号带着密密麻麻的弹痕返回了查尔斯顿港，但邦联军已经对其失去了信心，从此以后"火炬"号再也没有被使用过。

1864年初，邦联海军水雷署又建成了"爆竹"（Squib）号杆雷艇。该艇长9米，宽1.8米，吃水0.9米，从外形上看完全就是一艘普通的蒸汽动力舢板。船体中部安装了两部小型双缸蒸汽机，锅炉和烟囱安装在船体后部；前部是

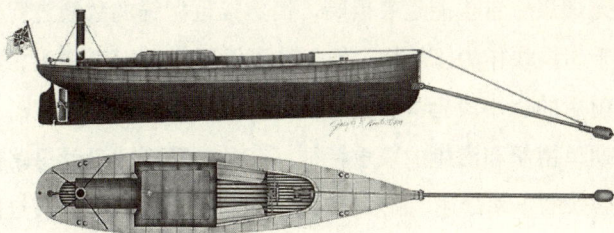

邦联海军"爆竹"级杆雷艇二视图

一个驾驶舱，舱口周围安装了锅炉钢板，以抵御轻武器的射击；武器装备是一枚用铰链机构操纵的撑杆式水雷，可以通过绳索收放及控制水雷在水下的深度位置；撑杆长度为 5.5 米，杆头装有一枚直径 127 毫米的圆柱形水雷。"爆竹"级一共建造了 4 艘，但是没有在实战中取得任何成功。

挑战巨人的大卫

真正初步取得成功的是一艘私人投资建造的"大卫"（David）号杆雷艇。1863 年初，南方水雷公司（The Southern Torpedo Company）成立。它的股东全都是查尔斯顿的商人，联邦海军的封锁战略让他们的生意大受损害，因此他们做梦都想造出一种能给北方佬一点颜色瞧瞧的武器。当然，更主要的是邦联政府为击沉"新铁骑兵"号铁甲舰开出了 10 万美元的高额悬赏。这种武器以《圣经》里以弱胜强，杀死巨人歌利亚（Goliath）的以色列国王命名，可见对其的期望之深。

"大卫"的艇身用锅炉钢板打造成雪茄形，长 50 英尺（15.2 米），宽 6 英尺（1.8 米），吃水 5 英尺（1.5 米）；由一个小型双缸蒸汽机提供动力，最大航速可达 7 节；乘员 4 人，坐在烟囱后面一段长约 5.4 米的开放式座舱内；座舱开口处安装了一圈低矮的木制护墙，可以为艇员们提供一定的保护；在艇艏长杆的末端携有一枚触发水雷，内装 27 公斤黑火药，作战时机械师跑出来用重物将长杆压沉，然后一切均在舱内操纵；为了增强隐蔽性，"大卫"

号使用优质无烟煤，希望能趁着黑暗，悄然接近抛锚的敌舰进行攻击；同时在底舱用数千磅铁块作为压舱物，把干舷压低到仅有 15.2 厘米，航行时除了烟囱和座舱前后的一小段艇身露出水面外，该艇完全浸在水中潜行，这使得它具备了早期鱼雷艇和潜艇的双重特征。这种走极端的设计思路似乎预示了"大卫"号后来的不幸命运，在 1863 年 9 月进行试航时，一艘过路船只掀起的波浪漫进船舱，导致"大卫"号倾覆，好在水不深，很快就打捞起来。

　　1863 年 10 月 5 日，为了打破北方海军对查尔斯顿港的封锁，"大卫"号在邦联海军上尉格拉赛尔（William T.Glassell，1831—1879）的指挥下再次试图攻击"新铁骑兵"号。自诩有骑士风度的格拉塞尔上尉觉得外形低矮的"大卫"号实在是太难被发现了，便随身带了一支滑膛枪，以便在攻击时鸣枪预警，以示光明正大。

　　晚上 9 时左右，"大卫"号成功穿过封锁线，借着莫里斯岛上的营火，轻易地发现了"新铁骑兵"号的侧影。格拉塞尔上尉驾艇悄悄逼近敌舰右舷，

"大卫"号奇袭"新铁骑兵"号

但遭到过"火炬"号偷袭的"新铁骑兵"号显然加强了戒备，在"大卫"号逼近到不足 50 米时，哨兵发现了这个移动的小黑影，立即发出问讯口令，这下格拉塞尔上尉带的滑膛枪终于派上了用场。枪声一响，"大卫"号立即开足马力向目标冲去，很快就撞上了敌舰右舷后部下方的位置，它的"鱼雷"在距离舰尾柱 15 英尺（4.5 米）、距离舰底 6.5 英尺（约 1.9 米）处的水下部分爆炸，激起一道高大的水柱，不但把两艘军舰的船员们都浇了个透心凉，还从烟囱灌进"大卫"号的锅炉，浇熄了炉火。和倒霉的"火炬"号命运惊人的相似，"大卫"号这时候也成了一条死鱼，陷入敌舰水兵的密集射击中。

由于船舱里灌满了水。上尉以为这艘艇正在下沉，便和两名船员弃船逃走。但可怜的驾驶员沃克·坎农（Walker Canno）不会游泳，他只能留在艇上试图挽救小艇，也挽救自己的生命。幸好他的助手 J.H. 托姆（Tomb）见到卡农没有离开，又勇敢地游回来帮助他。在两人的共同努力下，终于重新在锅炉里生起了火，发动了蒸汽机，将"大卫"号安全地驶回了查尔斯顿港。而不讲江湖道义的格拉赛尔上尉和船员希曼（Seaman James Sullivan）却当了俘虏。

虽然爆炸的场面蔚为壮观，但"新铁骑兵"号却没有沉没，水雷爆炸处正好是装甲防护区，虽然将铁板炸得扭曲变形，但木制舰体却破损轻微，能够继续航行作战。船上唯一的阵亡者是 1 名见习海军少尉霍华德（C.W.Howard），他并非是死于爆炸，而是被格拉塞尔上尉那神乎其技的一枪毙命；相比之下，爆炸仅仅造成 2 人受伤。仅从这个角度来看，滑膛枪的作用似乎比水雷更大。

然而，"大卫"号给对手造成的心灵震撼要远超过实际的物质损害，联邦海军将邦联杆雷艇称为"恶魔般的武器"，联邦军水兵从此长期不能安枕，晚上也睡在战位上，随时警惕着杆雷艇的袭击；军官们也放弃了舒适的被窝，一夜数次巡视甲板，一时间风声鹤唳，草木皆兵。

这次攻击让邦联得到了鼓舞，但他们对"大卫"号的战果还不甚满意，为此"大卫"号延长了撑杆的长度，并且安装了可以上下活动的铰链，在航行时将水雷收起，方便机动；在攻击时可以使水雷伸入更深的水中，在战舰没有装甲防护的水下部分爆炸，给目标造成更加严重的损伤。改进后的"大

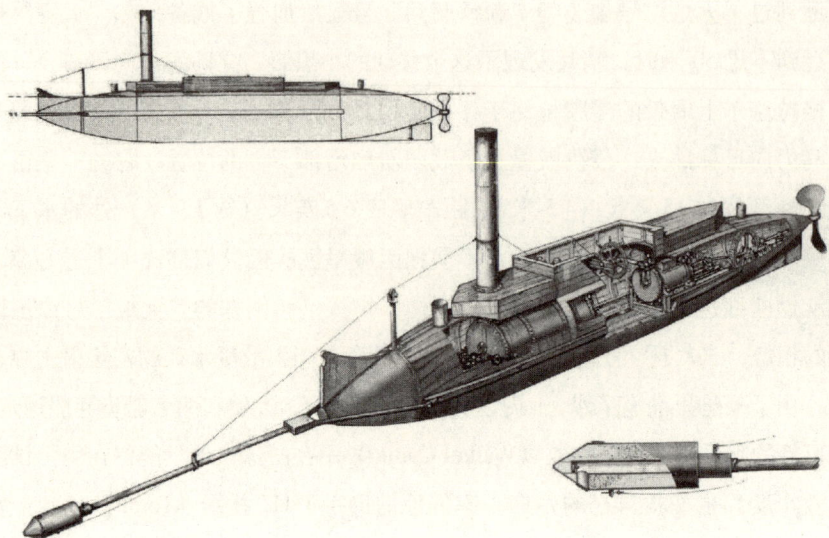

"大卫"型杆雷艇立体图

卫"艇得到了普遍建造,加上"大卫"级的袖珍版"侏儒"级,估计在建数量在 20 艘以上,但真正完工的只有 2 艘改进型的"大卫"级杆雷艇,每艘长15 米,直径在 1.6 至 1.8 米之间,吃水约 1.5 米,分别被命名为 1 号和 2 号,并于 1864 年加入邦联海军服役,与"大卫"号一起组成驻防查尔斯顿的杆雷艇队。但 1865 年查尔斯顿被联邦军攻陷,这三艘艇也随之被遗弃。"大卫"级杆雷艇本身适航性能太差,所使用的杆雷威力也很有限,因此它们虽然给北部联邦海军造成了不少恐慌,但仍然无法打破联邦的海上封锁。

1864 年 3 月 6 日,一艘"大卫"艇在北埃迪斯托河(North Edisto River)成功地用杆雷击中"孟菲斯"(Memphis)号蒸汽炮舰(804 吨)的左舷舰尾,但却没有爆炸。"孟菲斯"号惊慌地立即起锚,水兵们也用轻武器射击"大卫"。后者绕到右舷再度用杆雷攻击,但仍然没有爆炸,"孟菲斯"号已经打开了炮门,大炮的炮口探了出来,开始瞄准"大卫"艇,吓得后者只得转舵逃走。

4 月 19 日,另一艘"大卫"艇试图攻击查尔斯顿港外执行封锁任务的"沃巴什"（Wabash）号蒸汽战舰（4808 吨，航速 9 节）。但是敌舰上的哨兵提前发现了来敌并发出警报，"沃巴什"号立即起锚躲开了这次袭击，并向敌艇开火，"大卫"艇随即转舵退走，双方都没有遭到任何损失。这是"大卫"艇最后一次参加战斗，也是南部"鱼雷"战的结束。

壮士一去不复还

联邦并没有忽视杆雷艇这一新式武器的开发。不过与弱小得可怜的邦联海军不同，财大气粗的联邦海军仅仅制造了一艘专门设计的杆雷艇"斯托姆伯利"（Stromboli）号。与"大卫"级的设计思想类似，这是一艘低干舷的木制杆雷艇，通过向船舱内的水柜注水，可以使船舷几乎与水面持平。该艇排水量 116 吨，满载排水量 210 吨，长 25.65 米，宽 6.3 米，吃水 2.29 米（注水后可达 2.8 米），编制 23 人；动力为一台高压蒸汽机，航速 5 节（时速 9.3 公里），载煤量 160 吨，当煤用尽后，可以通过司令塔前方的两部抽水泵向煤仓注水，以控制吃水深度。虽然是木制船体，但甲板和舷侧都敷设了多层铁板，甲板为 75 毫米，船体为 130 毫米；同时还有一个装甲司令塔，包裹了 12 层 25 毫米厚的铁板，光是这个司令塔就重达 11 吨！

"斯托姆伯利"号服役后改名为"斯布丁杜佛尔"号（Spuyten Duyvil，将曼哈顿与纽约分开的一条水道）。该艇最大的特色就是将原本简单安装在船首的撑杆式水雷改为伸缩式，碍手碍脚的撑杆平时可收纳在船体中，只有在攻击时才利用滑轮系统从艇首水线下方的一个圆形舱口向前伸出，在水雷爆炸后又可以收回撑杆进行重新装填，为此船舱内还设置了存放备用水雷的储藏架。同时，船首下方安装了两片可以左右开合的铁质扇叶，当航行时两片扇叶合拢，遮盖撑杆舱口；攻击时则用铰链系统打开扇叶，露出舱口。可以说相对于同时代的其他杆雷艇，"斯布丁杜佛尔"号实在是太完美了，充分展现了远胜于南方邦联的技术实力。

但是这个世界上就没有完美的东西。"斯布丁杜佛尔"在联邦海军一直服役到 1880 年才被变卖拆毁，堪称南北战争杆雷艇中最长寿的一艘。但终其

C: Torpedo boat USS *Spuyten Duyvil*

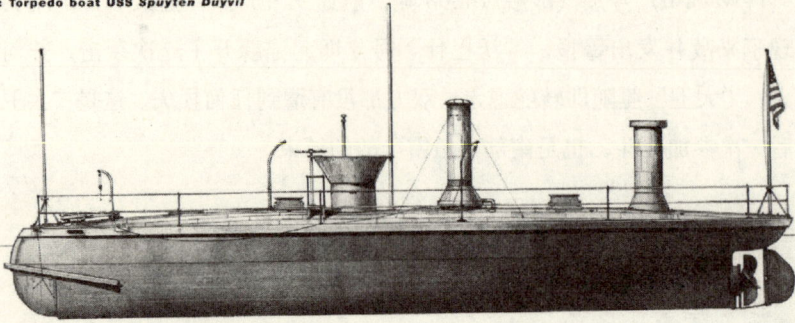

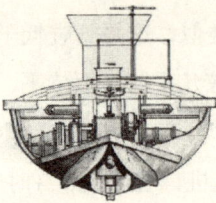

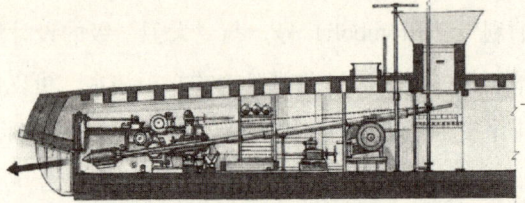

"斯布丁杜佛尔"号的伸缩式杆雷系统

一生,她都没有被作为一艘担负"刺客"使命的杆雷艇来使用,自然也不可能击沉甚至击伤过一艘军舰。她在联邦海军中的使命仅仅是负责破坏邦联军布设在河流水道上的各种乱七八糟的障碍物,为此她没有使用设计者预想的180公斤的大型水雷,而是使用装药量仅27公斤的小型水雷。真正作为杆雷艇为联邦海军建功立业的并不是这个"完美产品",而是一件速成品。

1864年春季,联邦海军部开始建造一种简单的蒸汽巡逻艇。该艇长16.5米,宽3米,吃水1米,有装甲舷墙;前甲板装一门达尔格伦榴弹炮,该炮安装在两条导轨上;右舷有一根11米长的撑杆,杆的一端装一个装有炸药的短粗的锥形铜筒;撑杆伸出艇前5.5米,并在水下3.1米拖着锥形筒自由前进;筒的前半部是一个压缩空气室,拉动导火索后能使它向敌舰冲去。这种"鱼雷"非常原始,用现代的眼光来看甚至不能称其为鱼雷。但在当时这种想法具有重大的优越性,因为它排除了撑杆水雷接触敌舰的必要性,为准确地控制引爆和保护母艇的安全提供了条件，缺点则是射程太近，母艇仍有一定的危险。这种设计思想被威廉·巴克·库欣（Walliam B.Cushing，1842—1874）海军中尉成功地加以运用。库欣毕业于安纳波利斯（Annapolis）海军学院，当时他自愿去炸沉正在沿罗阿诺克（Roanoke）河巡逻的邦联海军"阿拉巴马"（Albemarle）号铁甲舰。

"阿拉巴马"号是 1864 年 4 月 17 日才服役的新舰，排水量 376 吨，长 48 米，宽 10.8 米，吃水 2.7 米，航速 4 节，

库欣海军中尉，用杆雷击沉敌舰的世界第一人。

编制 150 人，装备两门 6.4 英寸炮。这船虽然小，但是却给北卡罗来纳州（North Carolina）的联邦军制造了不少麻烦。刚刚服役两天，它就在舰长 J.W. 库克的指挥下撞沉了联邦海军炮舰"谢菲尔德"（Southfield，762 吨）号，另一艘炮舰"迈阿密"（Miami，742 吨）号和两艘炮艇受了重伤，严重地威胁了联

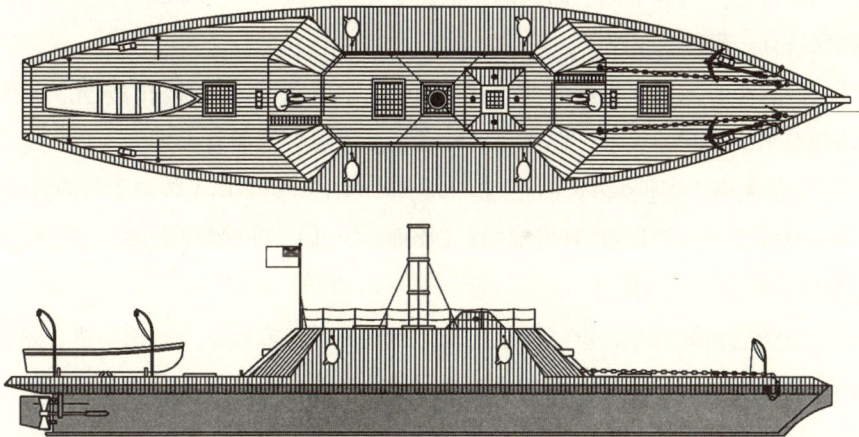

"阿拉巴马"号铁甲舰

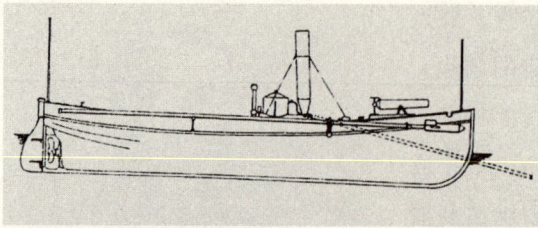

"库欣1号"杆雷艇线图，可见其杆雷收起和探出的不同状态。

邦军的水上交通线。5月5日，"阿拉巴马"号再次出动，攻击了7艘联邦海军战舰，后者一共对她发射了557发炮弹，却始终无法击穿其厚重装甲。"萨塞克斯"（Sassacus）号明轮炮舰甚至向其全力撞击，但自己反而受了重伤，仍不能撼动"阿拉巴马"分毫！

库欣设法从纽约（New York）找到了两艘在建的30英尺（9.1米）的小艇，在船头安上了一门12磅的达尔格伦式榴弹炮，在舷侧水线处装了一支14英尺（4.3米）长的杆雷。其中一艘小艇在前往诺福克的航程中失事，另外一艘顺利抵达，人们便把这艘艇称为"库欣1号"。

"库欣1号"于1864年10月26日夜里第一次试图攻击"阿拉巴马"号，但是却在途中搁浅，直到第二天上午涨潮才脱险。27日午夜之后，库欣再次驾艇向"阿拉巴马"接近。当天没有月亮，漆黑一片，天上下起了蒙蒙细雨，"库欣1号"尽可能地靠近岸边缓缓行驶，以岸上的树荫作为掩护。三个小时以后，小艇看到了"谢菲尔德"的残骸。根据事先的侦察，"阿拉巴马"锚地离此仅仅只有一英里的距离了。

库欣小心地操艇沿着弯曲的河道前进，他看到了一点微弱的火光。这是邦联军哨兵点起的火堆，以防止突然袭击。不过大概照管火堆的人已经睡着了，火苗很小，照不到多远的距离。库欣继续前进，突然岸上传来了狗的狂吠，哨兵惊醒了，他们将备好的燃料投入火堆，火苗一下子蹿了起来，明亮的火光照亮了"库欣1号"！

突袭已经暴露了，但"阿拉巴马"就在眼前！库欣下令全速前进，子弹在他身旁嗖嗖地掠过。距离越来越近，他命令拉出长杆，在感觉到长杆已经撞上敌舰的一刹那，他奋力拉动了导火索，"鱼雷"顺利地在水下发生了爆炸，传来低沉的噪音，人们能看到眼前爆发出巨大的水烟。"鱼雷"在"阿拉巴马"的水线处炸开了一个足以开进货车的大洞。曾经不可一世的"阿拉巴马"受了致命伤，迅速沉没，但"库欣1号"也沉没了，所有的船员都被气浪掀到水中，可能是剧烈的爆炸殃及了这艘小艇。

库欣脱掉了浸湿后沉重的制服，奋力游上岸并在沼泽里躲藏起来，一名善良的黑奴为他带来食物并通风报信。在避过邦联军队的搜捕后，他设法偷了一艘小划子，重新回到了自己的部队。除他以外，船员们只有一人幸运逃回，有2人溺水而死，其他11人被俘。库欣因功被晋升为海军少校，但由于爆炸对他的髋部骨骼造成了当时医学所无法治疗的创伤，他患上了严重的坐骨神经痛，要不时注射吗啡，因此被迫于1873年退役。1874年12月17日，这个勇敢的军人在饱经病痛折磨后去世。1890年，美国用他的名字命名了美国第一艘真正的鱼雷艇，排水量118吨，航速23节，装备3个18英寸鱼雷发射管和3门6磅机关炮。该艇并没有辜负自己的英雄命名，在1898年的美西战争中颇为活跃，曾在8月的一次单独行动中拦截并捕获了4艘小型西班牙运输船。至今美国海军已经有四艘驱逐舰先后继承了这个光荣的舰名。

受到库欣成功的鼓舞，联邦海军有许多舰艇装上了这种"鱼雷"，只是从未参加战斗，因为邦联海军实在是太弱小了，并没有多少必须用"鱼雷"

美国海军第一艘鱼雷艇"库欣"号

解决的目标。总的来说，美国南北内战期间，尚处于雏形的"鱼雷"艇战绩并不突出，北方的成功攻击只有一次，南方也只有两次。虽然这些杆雷艇的技术原始，性能不够完善，战绩也说不上理想，但她们揭开了海战的新篇章，在技术上的闪光足以照耀后世。更值得一提的是那些驾驭杆雷艇投入战斗的勇士们，他们的无畏精神始终提示着后来者：鱼雷艇是只属于勇敢者的武器。

披荆斩棘

俄国在 1853—1856 年的克里米亚战争中被英法联军击败，从而被剥夺了在黑海设置舰队的权利。但是到了 1876 年，俄国人通过长时间的努力，把生活在巴尔干半岛上信仰东正教的斯拉夫人鼓动起来，利用他们渴望从奥斯曼土耳其帝国下独立出来心理，打着"解放"的旗号掺和到巴尔干斯拉夫人的民族解放战争中去，打开通往地中海的通路。这样以来，新一场对土耳其的战争已经在所难免，土耳其海军成为摆在俄国人面前的一个巨大障碍。

自从铁甲舰这一划时代的新式武器出现后，土耳其人就对此非常热衷，经过 10 年的经营，他们已经在黑海拥有 1 艘 9000 吨级铁甲舰"马苏德"（Mesudie），4 艘 6000 吨级铁甲舰"阿齐兹"（Aziz）、"穆罕默德"（Mahmoud）、"奥尔卡尼亚"（Orcagna）、"奥斯曼尼耶"（Osmaniye），1 艘 4000 吨级铁甲舰"埃萨尔·特维菲克"（Assar and Tewfik），7 艘 2000 吨级铁甲舰"埃萨尔·谢夫凯特"（Assar and Shevket）、"阿维尼-真主"（Awni-Allah）、"法塔赫-艾比伦德"（Fath-iByulend）、"伊兹拉列"（Idzhalie）、"穆因·扎弗惹"（Muin and Zaffre）、"穆卡迪海尔汗"（Mukadi Khair）、"尼基·谢夫凯特"（Neji and Shevket），2 艘双炮塔的"监视者"型铁甲舰"黑夫·拉赫曼"（Hifz-and Rahman）、"鲁特菲·基利"（Lutfi and Jelil）和 7 艘小型的装甲炮艇。相比之下，俄国的铁甲舰是两艘堪称海军史奇葩的圆形战舰"诺夫哥罗德"（Novgorod）和"波波夫海军中将"（Vice-Admiral Popov）号，根本无法出海作战，只能用于保护港口，此外就是一些老式的蒸汽帆船，很显然，俄国海军根本无法与之匹敌。

为了解决这个困境，28 岁的斯捷潘·奥西波维奇·马卡洛夫（Stephan Osipovitch Makarov）海军大尉提出用杆雷艇攻击土耳其军舰。这并不是什么新鲜想法，早在 1856 年克里米亚战争中，俄国人就曾计划用杆雷艇来攻击金本港和第聂伯河的敌舰，只是由于担心杆雷艇会被爆炸产生的破坏力损害，并未付诸实施。但战后俄国人并未放弃这一方面的继续尝试，1862 年 9 月 3 日和 5 日，杆雷艇"奥皮特"（Opyt）号在喀朗施塔得进行的两次杆雷试验都取得了成功。

鱼雷战先驱马卡洛夫

这次马卡洛夫提出建议之后，很快俄国海军就在从英国桑尼克罗夫特公司购买的"乔特卡"号游艇上安装了杆雷。但是新问题随之出现，那就是世界上现有的所有杆雷艇为了保证高航速都做得很轻快，这也直接导致了其续航力很小，只能用来在海岸防御，但是俄国在未来战争中是进攻的一方，如果让杆雷艇在港口里坐等土耳其军舰来进犯，那就会陷入被动，必须使杆雷艇能够主动去搜索和攻击敌舰才行。

马卡洛夫苦思冥想后又提出了一个大胆的设计，即用轮船作母舰，搭载杆雷艇去搜索敌舰。发现敌舰后，把杆雷艇放到海上去攻击，然后再返回母舰，撤出战斗。马卡洛夫还建议把 1857 年建造的"康斯坦丁大公"（俄文名 Великий князь Константин，英文名 Grand Duke Konstantin）号快速轮船改装成世界上第一艘杆雷艇母舰，这个建议被批准了。1876 年 12 月 13 日开始，马卡洛夫带着军官、水兵和工人奋战了四个月，终于改装成功，成为母舰的"康斯坦丁大公"号标准排水量 1480 吨，满载排水量 2500 吨，350 匹马力，航速 12.7 节，长 73 米，宽 8.5 米，吃水 4.6 米。1 门 6 英寸（152 毫米）炮，2 门 9 磅炮（107 毫米），2 门 4 磅炮（87 毫米），2 门 3 磅炮（76 毫米），可以搭载 4 艘 50—60 英尺长、排水量 10—12 吨的杆雷艇。

但是，改装后的第一次吊放试验失败了。当把杆雷艇从母舰上放下时，

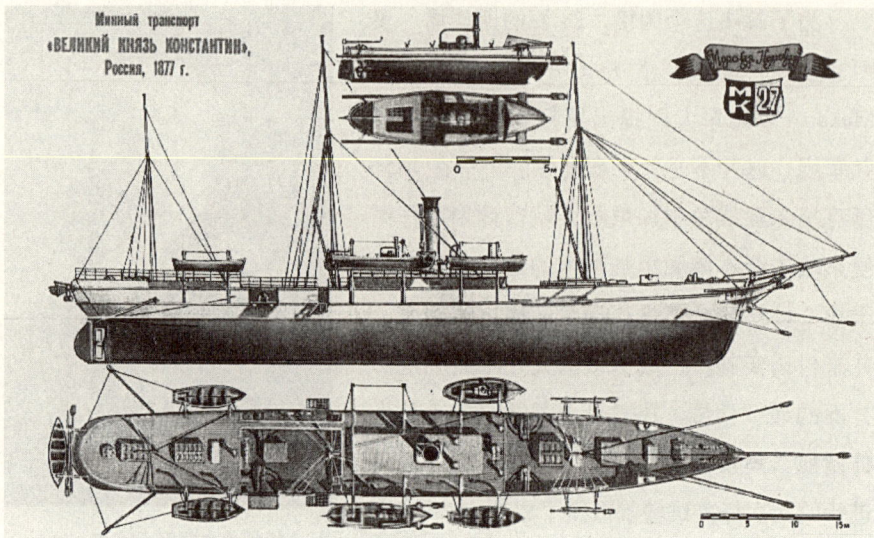

"康斯坦丁大公"号杆雷艇母舰二视图

起重机突然折断，"锡诺普"号杆雷艇从3米高处飞落到冰冷的水中。虽然后来被打捞起来，但上面的水手无一生还。马卡洛夫十分难过，但他没有灰心，继续对起重机的强度进行改进，终于解决了问题。

难题一个接着一个，按照马卡洛夫的设想，必须保证杆雷艇一落到水面就能战斗，就是说，不能像一般蒸汽船那样，等落到水面再升火，使锅炉储存足够推动发动机的蒸汽，那要用许多时间，容易贻误战机。但是如果在整个巡航时间内使母舰甲板上的杆雷艇锅炉都处于燃烧供汽状态，那是很不经济的。聪明的马卡洛夫想出了一个好办法，把母舰主机和各杆雷艇的锅炉用管子连接起来，让母舰主机蒸汽暖热杆雷艇锅炉的水。这样，杆雷艇放到水面只要升火，5分钟后锅炉就可以储存足够的蒸汽，杆雷艇即可投入战斗。

但是这些还不是最主要的，主要的困难在于雷杆实在是太碍事了。当时的雷杆都是装在艇艏，试想一下，一根八九米长的杆子，一端装着几十公斤重的硝化棉炸药，一端固定在艇艏，从母舰吊上吊下该有多么费事！马卡洛夫的创造才能再一次得到了发挥，他把26英尺长的木质雷杆装到艇艉，并做成可伸缩的。

不过这样一来，吊放是省力多了，雷杆的长度却缩短了，安全系数进一步下降，因为必须在离敌舰仅仅 3—4 米的距离上攻击其水下部位。于是马卡洛夫又发明了被称为"萨马拉"（Samara）的拖曳式鱼雷（towed torpedo），就是把装有翅翼的水雷系在艇舷外面的拖索上，并在拖索上装有许多浮具，防止水雷下沉。作战时雷艇拖着水雷航行，翅翼则在水流的作用下将水雷导引到一旁，使水雷离开雷艇航迹前进，这样可以保证安全。拉紧或放松拖索，同时调节雷艇航速，可以使水雷按需要的方向行驶，或者使它在水中沉浮。马卡洛夫把水雷的击发方式改成电流击发，这样就可以让雷艇来控制而不会发生水雷被其他什么东西例如礁石鱼群触发的可能性。"萨马拉"的拖索长达 85 米，可以保证雷艇的安全。当然，这种操纵方式要比用杆雷热血冲击困难多了，必须经过艰苦的训练，同时还需要很多运气，所以后来没有得到推广。

母舰是改装的，搭载的杆雷艇也不是专门设计建造的。"水雷兵"（俄文名 Минер，英文名 Minesweeper）号由"北极星"号帆船改装而成；"纳瓦林"（俄文名 Наварин，英文名 Navarino）号由"强国"号游艇改装而成。而"锡诺普"（俄文名 Синоп，英文名 Sinop）号和"切斯马"（俄文名 Чесма，英文名 Tchesma）号则是由水道测量艇改装的。其性能相似，动力为一台 51 匹马力的蒸汽机，最大航速 6 节，载煤 1.5 吨，乘员 4-6 人。装备的杆雷形似铜锥，外壳可以是木质也可以是金属的，内装 50 磅的炸药。试验表明，这种杆雷在 8 英尺深度下爆炸时产生的冲击波可以给无装甲船只造成一个巨大的破洞。为了保护船员免遭敌舰步枪手的伤害，船舱里还设置了钢制挡板。但是仍然要求所有的艇员特别是艇长，需要极大的耐心、毅力和勇气。

相对于制造方面的粗糙和仓促，杆雷艇的命名倒是独具匠心，"纳瓦林"号得名于 1827 年英、法、俄联合舰队在希腊纳瓦林湾击败土耳其舰队的海战，"切斯马"得名于 1770 年俄国舰队在爱琴海切斯马湾全歼土耳其舰队的海战，"锡诺普"则得名于 1853 年俄国舰队在黑海锡诺普湾歼灭土耳其舰队的战斗。由此可以看出俄国人对杆雷艇的深切期望和巨大信心，不过到底是否能如其所愿，一切都还要等待实战来检验。

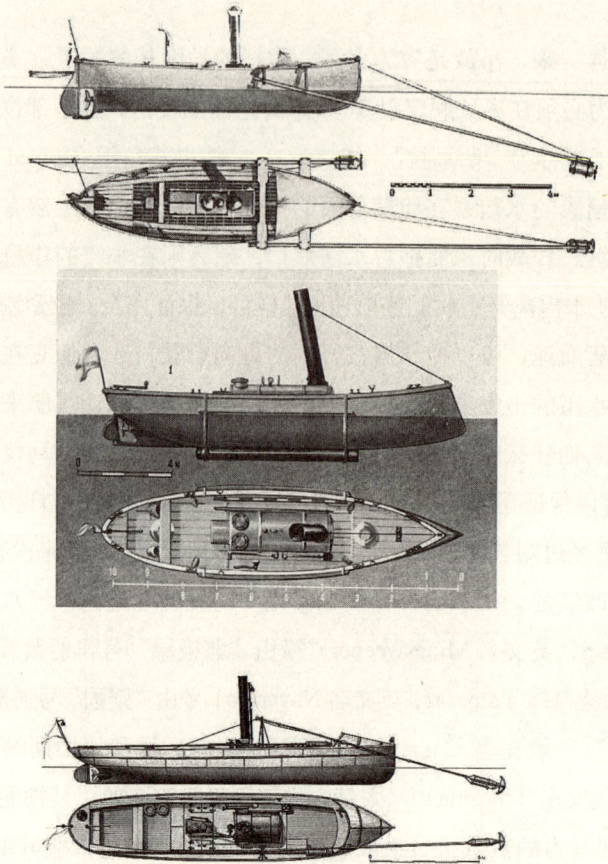

俄土战争中沙俄海军使用的三种原始雷艇：上为"切斯马"号杆雷艇，中为安装了水下鱼雷发射管的"切斯马"号，下为多瑙河战场的"王子"号杆雷艇。

　　第一次战斗尝试是在1877年4月30日晚上，那天星光灿烂，能见度优良，"康斯坦丁大公"（The Grand Duke Constantine）号以11节的航速驶到巴统（Batumi）港外7海里处，放下4艘杆雷艇。马卡洛夫自己指挥"纳瓦林"号，中尉查采林（Zatsarenny）率领"切斯马"号，中尉皮沙列夫斯基（Pisarevskii）率领"锡诺普"号，准尉包特雅波夫斯基（Podyapolskny）率领"水雷兵"号。

　　正当艇群驶到离停泊场只有一英里的地方时，一艘土耳其军舰从远处向

"康斯坦丁大公"号开来。为了不让母舰被发现,马卡洛夫命令"切斯马"号去袭击那艘敌舰。查采林中尉把拖雷放到水中,然后驾驶雷艇出击。在微弱的星光下,土耳其哨兵也发现了这艘形迹可疑的小艇,立即呼喝起来,并用步枪射击。查采林奋勇向前,费了很大劲才把拖雷引导到敌舰舯部的水下。然后他激动地接上引爆水雷的两根电线。

然而,令人诧异的事情发生了,水雷没有发生爆炸,查采林焦急地一边操纵水雷,使其保持在敌舰舰底下,一边检查蓄电池。蓄电池是完好无损的,他又接通电流,但爆炸仍未发生。这时觉得不妙的土耳其军舰全速后退,可能是拖雷挂在了船底的什么东西上,"切斯马"号也被敌舰拖曳着跟随前进。查采林赶紧砍断拖索,才从敌舰杂乱无章的炮火下退走。

枪炮声让整个巴统港都沸腾起来,马卡洛夫只得下令撤退,但是匆忙之下,只有他自己指挥的"纳瓦林"号得以返回母舰,其他三艘雷艇慌不择路,在土耳其军舰的追逐下各自逃命,好在最后都利用海岸阴影的掩护顺利返回。

尽管这次行动并没有成功,但马卡洛夫仍然认为,行动失败主要是因为杆雷的导火装置有缺陷,在改进后用杆雷艇夜袭敌舰一定能取得巨大的战果,并请求再次出击。这次准备攻击舒利纳港的土耳其军舰,在"康斯坦丁大公"号上又补充了两艘新的杆雷艇:1号和2号。

6月10日晚上,到达舒利纳后,母舰把6艘杆雷艇全部放到水面,首先冲向敌舰的是1号艇,艇长列奥(Leo)海军中尉冒着敌舰炮火的射击,使杆雷在土耳其护卫舰"伊兹拉列"(Idzhlalie)号舷旁爆炸,爆炸激起的水柱使小艇灌满了水,操舵装置受损,锅炉压力下降。中尉连忙下令倒车,边退边修理操舵装置。但是1号艇还是沉没,中尉以下等6名船员被俘。事后俄国人宣称"伊兹拉列"号受到重创,以至于整个战争期间都没有发挥什么作用。

但西方的论著却完全相反,在《1828—1923年的奥斯曼蒸汽海军》这本书里,舒利纳袭击战的结果是土耳其的防雷网挫败了俄国的攻击,"伊兹拉列"没有遭到太大的损害。19世纪70年代,由于水雷和鱼雷兵器的迅猛发展,当时拥有铁甲舰最多的英国人深感威胁,发展出一种安装在军舰上的金属网,这样鱼雷击中防雷网后,最多炸毁一段金属网,对军舰舰体损伤不大,完全可以在锚泊和低速行驶时抵御当时技术性能尚有限的各种早期鱼雷。作为英国人当时用来牵制俄国的盟友，土耳其海军得到这种装备并不奇怪。而爆炸威力较小的杆雷也的确是无法突破这种防御。

8月23日晚，考虑到当天晚上有月食，马卡洛夫决定利用这个机会来突袭苏呼米港。这个高加索港口本来在俄国人手中，但在5月初遭到土耳其舰队的两次猛烈炮击后被迫撤退，随即成为一部分土耳其战舰的临时驻泊地。22时，"康斯坦丁大公"在苏呼米港外悄悄放下杆雷艇"水雷兵"（艇长格尔斯特准尉，Girst）、"纳瓦林"（艇长维希内维尔斯基中尉，Vishnevetsky）、"切斯马"（艇长查采林中尉）、"锡诺普"（艇长皮萨列夫斯基中尉），其中"切斯马"号是指挥艇。10点30分，4艘艇排成两列前行；1个小时以后，他们停下机器等待月食。

凌晨2点45分，月食几乎已经完成，4艇向土耳其铁甲舰"埃萨尔·谢夫凯特"号的右舷冲去。"锡诺普"和"纳瓦林"是第一批，他们立即被发现。土耳其人的炮火纷乱打来，皮萨列夫斯基中尉当即负伤，但他仍然驾艇在离铁甲舰前部非常近的距离引爆了杆雷，但爆炸的结果微不足道，敌舰巍然不动，只有水面上覆盖着黑色的灰尘。"纳瓦林"受炮火所阻，引爆杆雷的地方较远，除了让自己的船舱里灌满了水外一无所获。虽然俄国人事后声称爆炸使铁甲舰强烈的倾斜，并听到土耳其人极度惊恐的喊叫。

"切斯马"号也试图攻击"埃萨尔·谢夫凯特"，她遇到的射击更为猛烈，炮弹在艇舷左右爆炸，艇身剧烈摇晃，整个场面极度混乱。俄国船员确信他们引爆了杆雷，并发挥自己的想象力，说自己听到了绝望的哭声。

事后俄国人声称该舰受到重创，只是因为靠近海岸浅水区才没有沉没，土耳其人紧急抢修三天后将其拖到巴统进行大修。但一个星期以后，"埃萨尔·谢夫凯特"安全地出现在伊斯坦布尔，他的舰长说只有一个杆雷爆炸，并没有对船身造成损害。

接连受挫让坚韧的马卡洛夫对杆雷和拖雷都失去了信心，他决定撤下这两种武器，以后只使用白头鱼雷，一种依靠自身动力在水下定深航行的真正的鱼雷。

　　白头鱼雷是 1866 年由一个英国机械制造公司的经理罗伯特·怀特黑德（Robert Whitehead，1823—1905），在亚得里亚海的阜姆（Fiume，今克罗地亚里耶卡港）制成的。这个鱼雷以一个空气压缩发动机推动一个螺旋桨为动力，用静水压阀门和惯性摆锤共同操纵一个控制鱼雷上下移动角度的升降舵装置，以保证鱼雷航行深度稳定。口径 14 英寸（356 毫米），长 3.53 米，重 150 公斤，装药 18 公斤；动力为使用压缩空气的活塞式发动机，最大航速 6 节，射程 200 米。因为怀特黑德名字意译为"白头"，所以中国将这种鱼雷翻译为白头鱼雷。

　　几乎从其诞生之初，各国海军就都把鱼雷看成可怕的武器，因为鱼雷耗资很小，使得海军兵力不强的国家能以较小的代价和海军强国的大型战舰抗衡，直接导致新一代战舰在设计时普遍采用大量的水密隔舱，以增强被鱼雷击中后的抗沉性。当时甚至提出了这样一种震撼的论调：对于任何一个有自尊心的海军国家来说，如果没有一大批使用白头鱼雷的鱼雷艇，它的海军就不能称之为完全的、真正的海军。由于有了鱼雷，任何一支微不足道的海军也会构成威胁，甚至敢于同海军强国碰硬。于是，世界第一海军强国英国率先在 1871 年 4 月购买了白头鱼雷的生产权，接着法国在 1872 年开始仿制，德国在 1873 年开始仿制，意大利、美国、西班牙、日本也采取了同样的道路。

　　白头鱼雷的诞生，预示着杆雷艇即将从发展走向衰落，但是一方面人类的创造力促使其不断发明出新的、更加先进的东西，另一方面人类的习惯却又在不断地阻碍着新事物的发展，先进的白头鱼雷要取代人们心中的惯性思维，还需要相当长的一段时间。

　　1877 年 6 月，"康斯坦丁大公"号运来了两颗白头鱼雷，马卡洛夫尝试着在"切斯马"号上安装了一个特殊的水下发射装置以发射白头鱼雷。事前考虑到战争的需要，俄国海军在 1876 年斥资数百万卢布订购了大批白头鱼雷，第二年第一批 50 颗白头鱼雷开始装备俄国海军，"切斯马"号就是第一批装备白头鱼雷的俄国船只。

　　但马卡洛夫随即发现这种发射管太重，如果所有的杆雷艇都进行换装，那么"康斯坦丁大公"号的起重机将不堪重负。为此马卡洛夫将另一个发射管安装在一个木筏上，这样只要在木筏上安排几个鱼雷兵，任意一艘艇都可以拖带着这种木筏投入战斗。但是在雅尔塔试验时却遇上了风暴，木筏遭到破坏，鱼雷沉入海底。而"切斯马"号上的发射管也因为压缩空气瓶漏气而无法使用，马卡洛夫不得不再等待下一批鱼雷的到来。

就在马卡洛夫的黑海攻略失败之际，杆雷艇却在另外一个战场上得到了成功。

多瑙河（Danube）方面土耳其舰队的力量要比黑海薄弱得多，主要作战力量为 4 艘类似于美国内战时期"监视者"号的近海防御铁甲舰、5 艘装有铁板装甲的木壳炮艇、1 艘铁壳炮舰、3 艘木壳炮艇和 5 艘小火轮。1877 年 5 月 24 日夜间，在多瑙河地区作战的俄国军队准备用 4 艘杆雷艇攻击停泊在多瑙河河口的一艘近海防御铁甲舰和两艘炮艇。当时天上下着雨，能见度很差，俄国人只能以最小航速前进，以免自己的艇发生碰撞，而其中一艘艇的锅炉又出了问题，压力下降，不得不 4 次停下来补充蒸汽，结果仅仅 8 英里的路足足走了 5 个半小时。

到达土耳其舰队停泊场附近后，4 艘杆雷艇重新进行了编组，准备分成两队搜索前进。"王子"（俄文名 Царевич，英文名 Tsarevich，船员 15 人）号和"希尼亚"（俄文名 Ксения，英文名 Xenia，船员 9 人）号为一组，艇长分别为杜巴索夫（Dubasov）中尉和舍斯塔科夫（Shestakov）中尉；"德金特"（俄文名 Джигит，英文名 Djigit，船员 8 人）号和"公主"（俄文名 Царевна，英文名 Princess，船员 9 人）号为另一组，分别由准尉波森（Persin）和巴利安（Balian）指挥。

和马卡洛夫的艇一样，这些艇也都是临时改装而成，它们属于多瑙河舰队中一支由 14 艘蒸汽小艇组成的鱼雷队，大多数原来是采矿船，51 匹马力，航速约 6 节，装备 2—4 支杆雷，成员 4—6 人，搭起防水帆布以保护机械和锅炉，煤袋堆积在船舷上作为防护设施。"王子"号的前身是罗马尼亚汽船"燕子"（Rindunitsa）号，1875 年英国建造，长 15 米，宽 3 米，吃水 0.75 米，31 匹马力，速度 8 节，装备两支杆雷和拖雷。当时作为土耳其附庸的罗马尼亚王国急于摆脱前者的统治，因此也站在了俄国一边。根据 1877 年 4 月

14 日的俄罗联盟协议，罗马尼亚海军多瑙河分舰队暂时以租赁方式划归俄国海军，以阻止土耳其人突破多瑙河防线。该船在 1878 年战争结束后归还罗马尼亚。

凌晨 3 点钟的时候，杜巴索夫的第一组发现了土耳其近海防御铁甲舰"塞弗"号，该船是由土耳其伊斯坦布尔的德沙那帝国船厂建造的。"王子"号和"希尼亚"号立即把发动机开到最大马力向前冲去，这时双方距离只有 135 米，由于发动机的声响打破了暗夜的寂静，警醒的土耳其哨兵立即发现了不明船只来袭，马上敲响警钟，点燃灯火，敌舰上开始胡乱开火。"王子"号的速度提高到 4 节，用杆雷击中"塞弗"号舰体靠近尾部的 1/4 处，水面上当即升起了一个 30 米高的水柱。"赛弗"号开始冒出滚滚浓烟，一些碎铁和木头残片飞溅到杜巴索夫的艇上，而且船舱里灌满了水。杜巴索夫以为艇要沉了，准备弃船凫水离开，好在水手长发现艇身并没有受伤，所需要做的仅仅是把水舀出去。

这时"塞弗"号虽然受伤，但船上的炮手并没有停止射击，杜巴索夫认为这艘船还没失去战斗力，便大吼着让舍斯塔科夫再次攻击。"希尼亚"号冲上去，这次杆雷击中的位置是"塞弗"号指挥塔下面，也顺利地起爆了，大量的木材碎片飞溅到"希尼亚"船舱里。但是雷杆却卡在了破损的船身上（这是杆雷艇的最大缺陷，以后还会在战斗中不断出现）。杆雷艇动弹不得，土耳其人乘机用步枪杀伤艇上的人员，"希尼亚"号好不容易才脱身。

俄国鱼雷艇快速后退，土耳其人发射的炮弹不断飞来，但都从头上越过去了，没有一个人受伤。黎明时分，"赛弗"号终于消失在水面上。俄国杆雷艇队顺利返航。

1877 年 12 月 27 日晚上，在消停了几个月之后，黑海的"康斯坦丁大公"再次出击了。这次有两艘鱼雷艇参战："切斯马"号使用修好的水下鱼雷发射装置，而"锡诺普"号则拖着鱼雷木筏。其他两艘鱼雷艇仍然使用杆雷。俄国人熟门熟路地摸进漆黑的巴统港，摸索了几个小时，终于发现了两艘船的桅杆（实际上那里有 7 艘船）。"切斯马"号鱼雷艇朝着其中一个最大的船影驶去，事后才知道那是土耳其的"穆罕默德"（Mahmudieh）号铁甲舰。"切斯马"号估计距离为50—60米，应该能确保击中目标，便发射了鱼雷，接着"锡诺普"号鱼雷艇也发射了，但是一条鱼雷撞上了礁石，虽然爆炸了却没有伤着一个土耳其人，另一条则不知所踪，也许是引信故障使其未能起爆。爆炸产生的错觉让马卡洛夫在报告中声称击伤"穆罕默德"号，而俄国报纸则索性直接称这艘船已经沉没。

俗话说功夫不负有心人，马卡洛夫的辛勤付出终于有了回报。1878年1月26日，一个很普通的日子，一次很普通的出击，马卡洛夫再次乘着夜色率领"切斯马"号（艇长查采林中尉）和"锡诺普"号（艇长 Scheshinsky 中尉）突袭巴统港。

这次的运气出乎寻常的好，月光照亮了白雪覆盖的丘陵和港口，在30—40码的距离上，两艘鱼雷艇先后施放了鱼雷，当即命中了在港口巡逻的土耳其"英奇巴赫"（Intibah, 163吨，1867年伊斯坦布尔建造，长40.4米，宽6.7米，吃水3.2米，2门102毫米炮，1门57毫米炮）号木壳炮舰，海面上的平静瞬间被巨大的爆炸声打破了，只有大约1分钟的时间，该船迅速向右倾斜并沉入海底，无人生还。两艘鱼雷艇在凌晨2点45分顺利地回到了"康斯坦丁大公"号。

俄国人大概觉得只击沉这么一艘小船有损颜面，在官方记载里硬把它改成了排水量700吨的通讯舰。实际上这样做大可不必，不论这艘船多么小，这是一个历史事件，它是第一艘被自动鱼雷击沉的船，这宣告了一个新时代的即将来临！

当然，意义是非凡的，战果确实有点不堪入目。俄国鱼雷艇在战争中一共进行了9次攻击：4次用杆雷，3次用拖雷，2次用白头鱼雷。由于缺乏经验和攻击手段的原始，失败和挫折常常伴随着这支年轻的队伍。例如1877年6月8日，多瑙河舰队的一艘杆雷艇在试图攻击土耳其船只时由于电线接错了，结果杆雷还没有放出去就发生了爆炸，船长、工程师和机械师都受了伤，而类似的事情发生了不止一次。

虽然俄罗斯鱼雷艇实际上起到了不小的作用，他们迫使强大的土耳其舰队放弃了进攻，躲进港口避开这些似乎无所不在的小杀手，但同时也证明了杆雷和拖雷的缺乏实用性，答案很明显，未来真正能够一击必杀的桂冠属于自动鱼雷。

出师未捷

19 世纪 70 年代，对鱼雷艇作出贡献最大的两位设计师是阿尔弗雷德·费尔南德斯·亚罗（Alfred Fernandez Yarrow，1842—1932）和约翰·艾萨克·桑尼克罗夫特（John I. Thornycroft，1843—1928），他们设计的快艇采用轻型结构和汽车式锅炉，速度超过了 20 节，震惊世界。汽车式锅炉是一种火管式锅炉（(Fire-tube Type Boilers)，原理是让火焰（燃气）在管内通过，使管外环绕的炉水受热产生蒸汽，因为最早是应用于火车之机车锅炉，所以被称为机车锅炉（locomotive boiler），中国在引进这种锅炉时翻译为汽车锅炉。这种锅炉构造简单，易于保养，缺点是热效率较低，产生的蒸汽量有限，不能用于大型军舰，但用在鱼雷艇上是非常合适的。桑尼克罗夫特于 1876 年 7 月为英国皇家海军生产的"闪电"号鱼雷艇是世界上第一艘专门以自动鱼雷为主要武器的军舰，也被公认为是鱼雷艇这一舰种的鼻祖。

"闪电"号排水量 32.5 吨，有一台汽车式锅炉和双缸复合式发动机，每分钟 440 转时可产生 455 匹马力的功率。起初在泰晤士河上试验时，航速达 19.4 节，加装鱼雷和其他设备之后，航速为 18.5 节。艇上的煤仓能装 7 吨煤，如果"闪电"号全速航行，可以开 2—3 个小时；如果以 11 节巡航速度航行，可以从英国的朴茨茅斯海军基地横渡英吉利海峡，驶抵法国的瑟堡。

1873 年，另一位工程师赫尔肖夫（John Brown Herreshoff，1848—1938）发明了水管式锅炉（(Water-tube Type Boilers)。与火管式锅炉的原理相反，其操作是让炉水在管路中流动，气体在燃烧室产生燃烧后，流经水管外壁，使管内的水加热后产生蒸汽。它的结构很轻，传热面积大，热效率较好，从冷却状态到产生出足够推动发动机的蒸汽，只需要 5 分钟的加热时间，比汽车式锅炉少得多。但这种锅炉构造复杂，成本远高于汽车锅炉，维护也很困难，在水管内产生水垢后无法完全清除，只得更换整个锅炉；水管本身长期与高

"闪电"号鱼雷艇模型

温燃烧气体接触，也很容易损坏。正因为如此，所以赫尔肖夫型鱼雷艇的销路不如桑尼克罗夫特和亚罗型鱼雷艇。

1879年2月，智利和秘鲁、玻利维亚之间为争夺重要的硝酸盐产地阿塔卡马沙漠而发生了战争。由于阿塔卡马环境恶劣，双方的兵力投送主要依靠海上运输，所以谁能掌控海洋，显然决定着战争的胜败。当时玻利维亚没有海军，秘鲁海军也只有2艘铁甲舰具有一定战斗力，而智利海军不仅拥有2艘铁甲舰、4艘巡洋舰的强大力量，其军官和水手也都是在严格的英国海军模式下培养出来的，训练有素，纪律严明。而秘鲁海军则缺乏训练，还长期拖欠薪水。两国开战后，在秘鲁海军服役的智利人都回到自己的国家参战，这更进一步扩大了双方的差距。在经过伊基克（Iquique）和安加莫斯（Angamos）两场海战后，秘鲁的两艘铁甲舰一沉一俘，剩下的一点残余海军力量只有龟缩在阿里卡（Arica，原秘鲁阿里卡省首府，现属于智利）和卡亚俄港（Gallao，秘鲁首都利马的外港）内苟延残喘。

1880年3月18日，智利政府命令舰队司令加尔瓦里诺·里维罗斯(Galvarino Riveros)海军少将封锁卡亚俄港，以防止包括军火在内的所有货物进入秘鲁，同时也可以截断其硝酸盐出口，中止秘鲁政府的最大财源。4月6日早上7点40分，智利海军的"布兰科·恩卡拉达"（Blanco Encalada）号、"胡斯卡"（Huascar）号（原属秘鲁海军，安加莫斯海战中重伤被俘）铁甲舰、"皮科马约"（Pilcomayo，原属秘鲁海军，1879年11月被俘）号炮舰、"安加莫斯"号、"马蒂亚·卡西洛"（Matias Cousino）号运输舰和2艘杆雷艇，从帕科查（Pacocha）港起航，驶往卡亚俄。

这两艘杆雷艇，一艘是英国制造的赫尔肖夫型"瓜卡尔达"（Guacolda）

号，排水量 6 吨，长 59 英尺（18 米），最大航速 11.5 节（时速 21.3 公里），编制 7 人，装备 1 门哈乞开斯（Hotchkiss）37 毫米速射炮和 2 枝杆雷。它本来是秘鲁海军 1879 年花了 9000 英镑新购的杆雷艇"阿莱"（Allay，编号为 3）号，1879 年 12 月在完工后从巴拿马驶往秘鲁的途中被智利俘获。另一艘是英国亚罗厂生产的"简卡约"（Janequeo）号，本来是意大利海军订购的产品，1880 年 1 月被智利海军购入，运到瓦尔帕莱索（Valparaiso）组装。这也是智利海军第一艘杆雷艇、排水量 35 吨，长 100 英尺（30.48 米），宽 12 英尺 6 英寸（3.81 米），吃水 6 英尺 9 英寸（2.06 米）；400 匹马力，航速 18-19 节，有 1 门哈乞开斯机关炮和 2 支杆雷，编制 15 人。

4 月 9 日，并不满足于仅仅断绝秘鲁外贸航路的里维罗斯海军少将决心用手头的杆雷艇对港内的秘鲁海军发动一次突袭，由"胡斯卡"号铁甲舰进行掩护。天气很适合袭击，海面上到处笼罩着晨雾，但"瓜卡尔达"号由于发动机出了故障，在浓雾中与"胡斯卡"失去了联系，接着撞上了一艘秘鲁渔船，损坏一根雷杆。为了保密，杆雷艇扣押了渔船上的两个秘鲁渔民。这时，"瓜卡尔达"号发现了这次突袭的主要目标、秘鲁海军最后的主力舰——三桅木壳巡洋舰"联合"（Union）号。

"联合"号排水量 2016 吨，长 74.07 米，宽 11.12 米，吃水 5.34 米。武器为 10 门（Voruz）162 毫米炮、2 门阿姆斯特朗 40 磅炮、2 门（Parrot）30 磅炮。动力为一台 3 缸往复式蒸汽机，单轴推进，航速 13 节。编制 137 人，舰长曼努埃尔（Manuel Antonio Villavisencio Freyre）。该舰的身世颇具传奇色彩，本来是美国内战时期南方邦联海军的"乔治亚"（Georgia）号巡洋舰。内战结束后，美国政府急于将其变卖，而当时正值秘鲁与西班牙开战，于是将"乔治亚"号和其姊妹舰"德克萨斯"（Texas）号一起卖给了秘鲁海军，前者改名"联合"，后者改名"美洲"。

艇长伽尼（Goni）指挥"瓜卡尔达"号悄悄向静静停泊着的"联合"号开去。在距巡洋舰仅仅只有十来米时，"瓜卡尔达"号才发现敌舰四周都早已经布上了防雷网，它的杆雷撞上了防雷网，发出巨大的爆炸声。秘鲁的水手们惊慌地用滑膛炮和加特林机枪四处乱射，"瓜卡尔达"号则在雾霭的掩护下迅速撤退。而另外一艘杆雷艇在大雾中迷失了方向，根本没找到港口。

尽管功败垂成，"瓜卡尔达"号的战斗还是起到了一点作用，迫使秘鲁人把所有的舰艇都拖进船坞，并用防雷网严密保护起来。这样，秘鲁的舰艇几乎不能动弹。

4月23日夜间，智利再次发动鱼雷攻击。"简卡约"号、"瓜卡尔达"号偷偷潜入港内，但是在凌晨4点20分，与一艘秘鲁巡逻艇"乌尔科斯"（Urcos）号遭遇。这本来是属于一家私人公司的铁壳蒸汽船，专门负责为秘鲁海军舰艇供水，1879年4月25日因为事故沉没，随后被打捞起来，1880年4月21日，被改装为武装轮船，编入严重缺乏舰艇的秘鲁海军。

"乌尔科斯"号只是一艘长约80英尺、排水量106吨的小船，并不是杆雷艇的良好目标，但狭路相逢，也顾不得挑肥拣瘦了，"简卡约"号毅然用杆雷发动了攻击，但由于夜间能见度不良导致计算距离有误，杆雷过早起爆。智利人只得操艇后退，同时用机关炮扫射"乌尔科斯"号的甲板，秘鲁人也奋力用船上唯一的一门12磅炮和一挺加特林机枪还击。一番混战之后，双方在夜色中脱离了接触，共有一名智利人和五名秘鲁人在混战中受伤，伤者包括"乌尔科斯"号的舰长列斯特拉（Riestra）少尉。

5月25日凌晨，秘鲁海军少尉何塞·加尔维斯（Jose Galvez）和朱里奥·贝尼特斯（Julio Benites）分别指挥两艘小艇"独立"（Independence）号和"庇护"（Shelter）号，护送运输船"卡亚俄"号执行布雷任务。1点30分，秘鲁人发现了智利鱼雷艇的灯光，那是路易斯（Louis Alberto Goni Simpson）中尉指挥的"瓜卡尔达"号。"独立"号立即向它开了四炮，但是因为"独立"号本来只是一艘渔船，临时安装的炮架在开炮的剧烈震动中出了故障，所以一发也没能打中。这时由于布雷任务已经完成，秘鲁船只便立即返航。

在附近的"简卡约"号也听到了炮声，艇长曼努埃尔（Manuel Senoret）上尉立即赶来与"瓜卡尔达"号会合。在途中它与"独立"号突然遭遇，正准备使用艇艏杆雷，"独立"号上一边开火，一边转舵避开。两船成并列反向行驶的姿态。

"独立"号上的小炮不停地开火，水兵乌加特（Ugarte）用手中的温彻斯特连发步枪压制着"简卡约"号的甲板，把智利水兵们打得缩回艇内。"独立"号上携带的是一种简易的自制水雷：实际上就是一个装满炸药的木箱，用铁条紧紧地封闭着。在两船错位时，加尔维斯少尉和军医莫斯科索（Manuel Ugarter y Moscoso）乘机点燃水雷引信，合力将水雷扔到了"简卡约"号的甲板上。由于担心智利人会冲上来把水雷投到海里，加尔维斯和乌加特调转枪口向水雷射击，期望将它引爆。

如秘鲁人所愿，爆炸很快就发生了。由于距离太近，脆弱的"独立"号当即沉没，船上的人非死即伤。同时爆炸压力也严重损坏了"简卡约"号的水密舱。10 分钟后，鱼雷艇沉入了大海。"瓜卡尔达"号循声赶来，救起了落水的智利官兵和 6 名秘鲁人，包括乌加特在内的另外 6 名秘鲁人阵亡。智利也死了 2 人，1 人负伤。智利海军为了表示他们对勇者的尊敬，将战死者的遗体送还了卡亚俄港，守军为其举办了隆重的葬礼。

"简卡约"的故事还没有结束，接下来的战斗围绕着这艘沉没的杆雷艇展开。5 月 27 日上午 10 点 45 分，秘鲁派出三艘小船试图打捞"简卡约"号，"胡斯卡"号铁甲舰开来将其驱赶，随即引发了秘鲁炮台与智利军舰的一场混战。智利人这次吃了点小亏，"安加莫斯"号连连中弹退出战场，"胡斯卡"号的一门舷炮也被击毁。29 日凌晨，"瓜卡尔达"号杆雷艇巡逻时又撞上了来打捞"简卡约"号的两艘秘鲁船，双方开始交火，随即引来了更多的秘鲁和智利军舰投入战斗，最后连秘鲁炮台也掺和进来。混乱的战斗持续到上午 9 时，最后以智利人击沉秘鲁风帆蒸汽炮艇"通贝斯"（Tumbes，250 吨，航速 7 节，2 门 68 磅炮）号而告结束。为了一劳永逸地阻止"简卡约"号被秘鲁人打捞后修复使用，6 月 8 日晚上，智利海军派出潜水员，在夜幕掩护下将100 公斤炸药安装在沉没的杆雷艇龙骨上，将其彻底炸毁。可执着的秘鲁人并没有就此放弃，8 月 6 日，他们还捞上了"简卡约"号的一门机关炮，直到 9 月 9 日才停止了注定无望的打捞工作。

就在智利人千方百计地试图攻破港口防线的同时，秘鲁海军也在想方设法地图谋打破封锁。1880 年 3 月 17 日，崭新的"联盟"（Alianza）号杆雷艇被送到了阿里卡港，由曼努埃尔·费尔南德斯·达维拉（Manuel Fernandez

Davila）海军少尉指挥。

1879 年战争爆发时，秘鲁海军就意识到自己必须购置杆雷艇，于是在当年 5 月 14 日派遣恩里克拉腊（Enrique）上校前往欧洲购买。但是由于政府正处于经济危机之中，口袋里一个大子儿没有的上校只得厚着脸皮向旅居法国的秘鲁富商们募捐，以图筹到足够订购政府所要求的 6 艘杆雷艇的巨款——这时他已经与赫尔肖夫公司签订了合同。

赫尔肖夫公司原本只是一家从事蒸汽游艇和帆船制造的私人企业，但在 1878 年 7 月，该公司设计出了一艘杆雷艇，并进行了展览，这也是恩里克拉腊上校找上门来的原因。在实验艇的基础上，赫尔肖夫公司设计了一款新型的杆雷艇，新艇排水量 6 吨，满载排水量 7 吨，长 17.98 米，宽 2.13 米，吃水 1.52 米，编制 7 人。在首尾分别装了两支 11.5 米长的雷杆，其顶部装有 100 磅棉火药，理论上可以向两头攻击。木质船体内加了钢板内衬，以保护船员。船体中部是一台蒸汽机和两台锅炉，单轴推进，理论最大航速 16 节，但在试航时始终未能超过 12 节，这大概是因为赫尔肖夫莫名其妙地把螺旋桨放在了船体中部的缘故。

上校最终只筹到了 2.7 万英镑，这点钱并不足以购买那么多杆雷艇，所以最终的合同是建造 3 艘赫尔肖夫型杆雷艇。而且由于资金迟迟不能到账，致使杆雷艇的进度非常缓慢，第一艘到 1879 年 9 月 9 日才下水，第二艘是 11 月 5 日。此时秘鲁海军已经损失惨重，秘鲁政府急于得到这些杆雷艇，便顾不得其性能上的缺陷，将其命名为第 1 和第 2 号，立即运送回国。第三艘杆雷艇在 12 月完工，但已经无法交付了，它在驶往秘鲁的途中被智利海军俘虏，

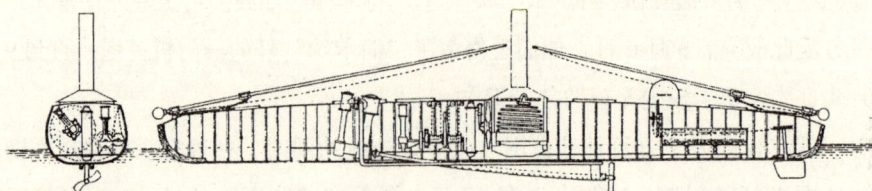

赫尔肖夫杆雷艇的线图，可见其内部结构。

成为了"瓜卡尔达"号。

抵达秘鲁后，第1号艇被改名为"共和国"（Republica）号，艇长波拿巴·卡拉斯科（Bernabe Carrasco）少尉；第2号艇被改名为"联盟"号，艇长曼努埃尔·卡拉斯科（Manuel Carrasco）中尉。

1879年11月12日早上7时30分，两艘杆雷艇奉命为运输船"塔里斯曼"（Talisman）号护航，从卡亚港驶往皮斯科港。可是还没走多远，8点钟"共和国"号的机器就出了故障，只能由"塔里斯曼"拖曳而行，本来的护送者反倒变成了被救援的对象。接着9点15分，"塔里斯曼"的机器也坏了，这下子实在没法再走，只能停下来进行抢修。下午2点45分，机器终于修好，小护航队再次启程，但是到了晚上7点，"共和国"号的螺旋桨又出故障了，这支多灾多难的船队于11月13日下午4时才抵达目的地。

这次并不复杂的近海远航暴露出赫尔肖夫杆雷艇在动力系统设计方面有严重的问题。此后两艘杆雷艇一直处于无所事事的状态，直到阿里卡港被智利海军封锁，岌岌可危，海军才把状态稍好一些的"联盟"号派往助战。

4月7日，对杆雷艇寄予厚望的阿里卡港要塞司令弗朗西斯·博罗内西（Francisco Bolognesi）上校命令"联盟"号前往港口南边的阿里卡维托尔湾袭击那里驻泊的智利舰队。它当天晚上7点35分悄悄溜出港口，但由于能见度不良，未能发现任何智利舰船，只得于次日凌晨4时返回。

接下来"联盟"号的机器故障频频，煤炭也迟迟未到，直到5月3日晚上7点50分才再度出航，目标是智利舰队旗舰"科克伦"（Cochrane）号铁甲舰。但是晚上10点，它的一个锅炉漏气，又不得不返回港口修理。这次一直到5月17日才修好故障，但是由于连续几天都是明月当空，不利于夜袭，弗朗西斯上校的计划再度搁浅。

5月24日晚上9点45分，苦命的"联盟"号再度奉命出航，这次是秘鲁海军司令利萨尔斯·蒙特罗亲自下达的命令，很显然海军方面对阿里卡港迟迟不能解围也坐不住了。杆雷艇的任务是前往萨马（Sama）湾，袭击那里的智利运输船。25日凌晨2时20分，"联盟"号抵达萨马湾，但没有发现任何船只，只得又掉头回驶。

上午 6 点，"联盟"号驶到阿里卡港以北 15 英里处，面前突然出现了两个巨大的船影，那是智利海军的"科克伦"号铁甲舰和"麦哲伦"（Magallanes）号炮舰！"联盟"号上顿时慌乱起来，船员们手忙脚乱地准备杆雷，谁都知道同时面对两艘敌舰，自己绝对没有任何胜算，只求能和一艘敌舰同归于尽。但是智利人似乎并没有发现这艘小艇，它们转向越驶越远，虚惊一场的"联盟"号在上午 8 点 25 分终于回到阿里卡港。

这是"联盟"号最接近目标的一次机会，此后它在 6 月 1 日和 6 日两次乘夜出航，企图袭击"科克伦"号，但是都未能找到。6 月 17 日，阿里卡港的最后一个据点莫罗山终于失守，"联盟"号试图突围，但她的致命弱点再次发作，由于机器过热而被迫搁浅并自行炸毁。

相比捉襟见肘的秘鲁海军，财大气粗的智利海军为了补充"简卡约"号的损失，一举派出"费雷西亚"（Fresia）号杆雷艇、"科洛科洛"（Colo Colo）、"图卡佩尔"（Tucapel）号鱼雷艇驰援瓦尔帕莱索前线。这三艘艇都是英国亚罗厂生产的，"费雷西亚"号排水量 25 吨，长 86 英尺（26.21 米），宽 12 英尺 6 英寸（3.81 米），吃水 5 英尺（1.52 米）。马力 400 匹，航速 19—20 节，有 1 门哈乞开斯机关炮和 2 支杆雷，编制 15 人。"科洛科洛"和"图卡佩尔"属于同级，排水量只有 5 吨，长 48 英尺（14.63 米），宽 8 英尺（2.44 米）。马力 60 匹，航速 12.5 节，有 2 门机关炮和 2 枚 14 英寸白头鱼雷。

1880 年 9 月，"瓜卡尔达"号杆雷艇在圣洛伦索岛（San Lorenzo）搁浅，秘鲁人立即作出了反应，9 月 16 日凌晨，4 艘秘鲁轮船载着 80 名士兵登陆该岛，准备摧毁或俘虏"瓜卡尔达"，岛上只有 30 名智利士兵，明显寡不敌众。但秘鲁人没想到智利人的速度也很快，2 点 30 分，"弗雷西亚"号杆雷艇和改装炮艇"露易丝公主"（120 吨，1 门 40 磅炮，2 门 6 磅炮，编制 100 人）号赶到了登陆场，秘鲁船队只得一边与其交战，一边命令登陆队撤出战斗。

第二天上午，不甘心的秘鲁船队再次驶往圣洛伦索岛，准备用舰炮摧毁"瓜卡尔达"。12 点 30 分，船队被"露易丝公主"号发现，它迅速招来了"弗雷西亚"号，后者几次试图用杆雷攻击"乌尔科斯"号，但最终杆雷虽然击中了秘鲁船的左舷，却没有爆炸。"弗雷西亚"号则在秘鲁船队的火炮乱射下

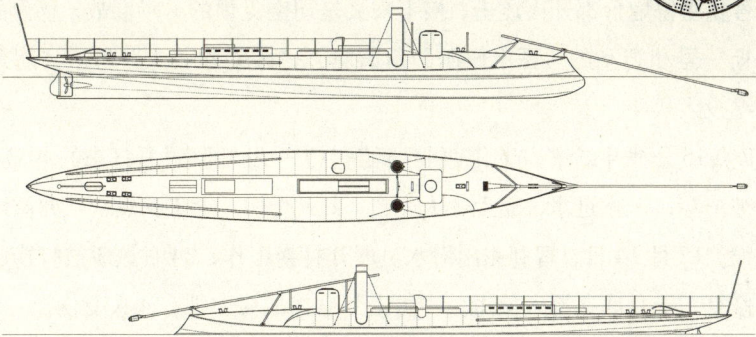

智利"费雷西亚"号杆雷艇线图，作者：顾伟欣

智利"科洛科洛"号鱼雷艇

中弹数发，好在都没有击穿船壳。这时"布兰科·恩卡拉达"号铁甲舰赶到，秘鲁船队赶紧逃之夭夭。

12月6日凌晨，担任值班巡逻任务的"瓜卡尔达"号、"弗雷西亚"号和"科洛科洛"号发现了秘鲁炮艇"阿诺"（Arno）号，便紧追不舍。"阿诺"号本来是艘供水船，只有3吨，12名船员，却装备了1门阿姆斯特朗40磅炮、1门32磅滑膛炮、2门普雷斯顿12磅炮和1挺机枪。船长安东尼·杰米洛（Antonio Jimeno）中尉自知不能以一敌三，便指挥小船驶向卡亚俄港，

33

以进入岸炮掩护范围。

4点40分，"科洛科洛"和"瓜卡尔达"号见"阿诺"号已经进入秘鲁岸炮控制区域内，不敢过度接近，便用艇上的哈乞开斯机关炮开火射击，"阿诺"号和秘鲁炮台都开火还击。接下来又是司空见惯的一场混战，秘鲁的"乌尔科斯"号和智利的"图卡佩尔"鱼雷艇、"露易丝公主"号、"胡斯卡"号相继投入战斗。

7点15分战斗结束，"弗雷西亚"艇艉中了一发"阿诺"号打来的40磅炮弹，船壳被击穿，严重进水，艇上3人死亡，1人受伤。上午9点，"弗雷西亚"号沉没。12月14日，智利派出潜水员展开打捞工作，24日该艇被打捞起来，经过修复，于月底又投入使用。"阿诺"号在战斗中则有4人受伤。

1881年1月3日，秘鲁的"共和国"号杆雷艇在出港偷袭时被"弗雷西亚"鱼雷艇发现。她的机器问题从来就没有被彻底解决，航速已经下降到9节，无法摆脱智利鱼雷艇，船员为了避免她被敌人俘获，只得忍痛将其开上浅滩并破坏。

马尾逞凶

当白头鱼雷出现时，列强中最热衷的莫过于法国海军，他们将其视为挑战英国皇家海军霸主地位的希望。为此法国人甚至还出现了主张不再建造主力战舰，而以大量快速巡洋舰、潜艇和鱼雷艇打击假想敌的"绿水学派"（亦称"青年学派"）。这个学派认为大量的雷击舰艇完全可以消灭英国的铁甲舰，从而可以抵消英国海军的优势。不过这种为弱势海军量身打造的理论过于超前了，当时的鱼雷艇仅能承担港口防御任务，潜艇则完全是一种概念性的玩意，所以"绿水学派"除了给法国海军带来思想上的混乱外，就是进一步拉大了与英国海军之间的距离。

1884年爆发的中法战争虽然起因错综复杂，但"绿水学派"对战争的推动作用却不可低估。该学派对于殖民扩张极为热衷，他们认为这是实现其海权战略的一条间接路线：从越南到台湾设置的一系列基地在战时能够切断英国在远东的海上交通。而在 1893 年之前，对殖民地的管理职责都是由海军部来履行的，这为海军推动和介入战争提供了极大的便利。

1884 年 6 月 23 日，按照中法两国在天津达成的结束敌对行动的协议准备接收谅山的法国军队，由于指挥官傲慢地蓄意挑衅当地中国驻军并引发了冲突，最后反而被击退。巴黎认为这是中国违反协议的表现，一边要求清政府道歉赔款，一边命令东京（当时对河内的称呼，北部湾则称为东京湾）分舰队乘尚未宣战之机，进入中国的福州马尾军港驻泊，监视福建船政水师，伺机将其消灭。

指挥舰队的孤拔海军中将也是一位"绿水学派"的信徒，他在与中国福建船政舰队漫长、无聊而又紧张的对峙时期里从越南调来了两艘新式的 27 米型杆雷艇：第 45 号和第 46 号。中将坚信这种秘密武器将给敌人以致命打击。

1877 年 3 月，英国桑尼克罗夫特公司为法国海军设计了一款新式鱼雷艇，法国海军部对这份设计很满意，立即分包给法国的 Normand、Claparede、La-Seyne 三家造船厂建造。相对于探索期那些五花八门的奇思妙想，桑尼克罗夫特的这种鱼雷艇设计上已经比较成熟。艇体采用全封闭设计，所有艇员可以在艇内完成航行及战斗任务，安全系数大大增强。由于设计长度为 27 米，所以在法国所有这些鱼雷艇都被叫做 27 米型鱼雷艇。但是由于当时鱼雷的性能还比较原始，而杆雷的使用则相当成熟，所以 27 米型鱼雷艇实际上分成携带不同武器的两种型号，及使用一支杆雷的杆雷艇和两颗鱼雷的鱼雷艇。总计 29 艘 27 米型鱼雷艇中，共有 15 艘杆雷艇和 14 艘鱼雷艇，可见法国海军部对这两种武器的不偏不倚，这也体现了惯性思维仍然在阻碍白头鱼雷的应用。

45、46 号属于 27 米型鱼雷艇中的杆雷艇型号，由 La-Seyne 厂建造，排水量 31 吨，长 26 米，宽 3.6 米，吃水 0.8 米。动力系统为一台三胀往复式蒸汽机和一座汽车式锅炉，马力 500 匹，航速 18.27 节。外甲板上没有安装机关炮，大概是法国人觉得其火力不足以与大型军舰对抗，反而容易造成操作人员被敌人火力杀伤。唯一的武器是一支杆雷，雷杆装在艇内，平时只有一小部分伸出艇艏之外，延伸到艇内的部分，则由一套齿轮和杠杆构成的装置操纵。这套装置装在司令塔里，驾驶、指挥都在这里，作战时艇长可以根据情况命令艇员使用操纵装置，调整雷杆伸出的长度和角度。杆雷的击发可以采用电流，电线一头连接在司令塔里的蓄电池上，一头连接到杆雷尾部的引信内，只要按下电闸，即可引爆杆雷。这种杆雷艇给人总的感觉就像是一个中世纪的骑士，全身套着如铁罐一般的重甲，作战时则手持长矛向前冲锋，一往无前。

无独有偶的是，孤拔中将的对手，当时在福州主持军务的左都御使、福建军务会办张佩纶（1848—1903）也是少见的一位迷信鱼雷艇威力的清廷官员。7月25日，发现法国杆雷艇到来的张佩纶大惊失色，他立即命令船政大臣何如璋赶造20具杆雷，同时撤下船政水师各舰携带的蒸汽舢板，并从福建各地挑选坚固小火轮，一共改装出12艘在艇艏装备雷杆的杆雷艇（其中蒸汽艇7艘，其余为使桨小艇）。另一方面又在当地招募150人，由五品军功林庆平等10名军官训练，暂时组成了一支杆雷艇队，终日在船政厂前的马江支流乌龙江中操演，对外宣称是从德国购来的新式杆雷艇，虚张声势。8月17日以后，随着形势日益危急，又在"福星"号炮舰管带（舰长）、五品军功陈英的建议下，将杆雷艇以及火攻船埋伏在乌龙江等处的港汊中，计划一旦战事爆发，就立即从各处出击，袭扰法国军舰，起到奇兵的作用。

1884年8月22日，得到谈判破裂的消息，一直在福州马尾港内赖着不走的孤拔中将决定向停泊在一起的中国福建船政水师开战。当时他最强有力的4艘装甲巡洋舰都不在马尾，"巴雅"号在澎湖，"阿塔朗德"号在北部湾，"拉加利桑尼亚"号则因为天气恶劣困守基隆，只有"凯旋"号正奉令从上海赶来。

即使如此，中将手中的现有力量也非常可观，他有5艘巡洋舰、3艘炮舰、1艘武装运输船和2艘鱼雷艇，总排水量1.45万吨，官兵1780人；而福建船政水师只有1艘巡洋舰、5艘武装运输舰、2艘炮舰、3艘炮艇总计排水量0.8万吨，官兵1040人。

虽然无论在吨位、防护、火力、人数上，法国海军都占据压倒性的优势，但为了尽可能地减少损失，孤拔还是决定抛弃可笑的骑士风度，采用阴谋诡计来达到自己的目的。首先他把开战的时间安排在第二天下午2点马江退潮的时候，这样停泊在上游的中国大部分舰只就会把脆弱的船舷暴露在法国舰队的炮口面前，而对于攻击基本上没有还手之力。同时热衷于杆雷艇的中将发布命令，当旗舰"伏尔他"（Volta，按照现在的翻译应为"伏特"，因为是以意大利物理学家、法国伯爵伏特命名）号巡洋舰在桅顶上升起第一号旗时，两艘杆雷艇立即出动，攻击锚泊在旗舰上游的两艘中国军舰，"伏尔他"号则用左舷大炮对其进行支援和火力掩护。

此外，对于中国人的杆雷艇，中将也给予了相当的关注。虽然这些临时改装的杆雷艇又小又旧，速度缓慢，但在短兵相接的战场上，谁也不能预计会发生什么事情。所以他一方面安排运输船"南台"（Nantai）号和装有哈乞开斯机关炮的4只汽艇另外组成一小队，负责驱逐中国杆雷艇，一方面命令"德斯丹"（d'Estaing，排水量2363吨，航速15节，140毫米炮15门）号一等巡洋舰在击沉其附近的"飞云"、"济安"、"振威"三舰后，立即驶入邻近海关的水流汇合处，攻击中国杆雷艇。

虽然孤拔中将从来就不是个骑士，但他还是决定将下午开战的照会在23日上午递交闽浙总督何璟——慷慨地给自己的对手留下了半天准备时间。但是正如他在战前所担心的，战场上什么事情都有可能发生，先是开战照会直到中午才送到何璟手中，接着何璟准备通知张佩纶时，电报线路又发生了故障。结果直到下午1点45分，法国舰队纷纷起锚备战，觉得不妙的张佩纶才命令船政工程师魏瀚乘坐火轮舢板，去船政对岸的闽海关打听消息。

发现一艘中国小火轮突然向自己开来，已经做好战斗准备的法国人立刻认为这艘"带着与平常不同的决然神情"的"杆雷艇"是来攻击的，此前就因为张佩纶对杆雷艇队的大肆宣传而神经过敏的孤拔立即下达了开战命令，从而终于违背了自己的初衷——就像日本的山本五十六海军大将准备在珍珠港偷袭之前把开战照会递到美国人手中，却因为时差关系功亏一篑——中将也终于留下了不宣而战的丑恶名声。

看见"伏尔他"号升起的信号旗，汽车式锅炉内早已经储满了蒸汽的45、46号两艘杆雷艇立即迅猛地从"伏尔他"号两舷冲出。

都庄（Douzans）上尉指挥的46号负责攻击距离500公尺外的福建船政水师旗舰"扬武"号木壳巡洋舰，这是中国军舰中吨位最大、火力最强的一艘。排水量1560吨，舰长60.8米，宽11.52米，吃水5.12米；马力1130匹，最

开战前夕停泊在法国舰队附近的"扬武"号（左）和"伏波"号。

大航速 15 节；150 磅炮 1 门，70 磅炮 8 门，24 磅炮 2 门，编制 180 人。相比之下，孤拔中将的旗舰"伏尔他"号木壳巡洋舰，排水量 1323 吨，长 63.4 米，宽 10.36 米，吃水 4.47 米；马力 1000 匹，最大航速 12 节，虽然各项数据与"扬武"号比较接近，但火力较弱，只有 5 门大炮和几门哈乞开斯机关炮。如果让"扬武"号发扬火力的话，"伏尔他"只怕是凶多吉少，因此孤拔才会对杆雷艇如此寄予厚望。都庄艇长显然也十分清楚这一点，他坚定毫不迟疑地指挥自己的艇全速冲锋，艇艏直指"扬武"号左舷中部，狠狠地撞击过去。

作为雷头的 13 公斤棉火药如期爆炸，据目击者说其威力巨大，甚至有残缺的尸体被气浪抛到岸上。在这短暂的几分钟里，拜偷袭所赐，46 号没有受到任何阻碍，一切就像演习那样从容。但虽然受了致命重伤，"扬武"号仍然不甘心束手就擒，轮机舱里的水兵奋力发动了机器，推动着沉重的身躯向岸边驶去，准备搁浅。

46 号在攻击成功后立即开始后退，但是没走多远，一发爆破弹击穿脆弱的船壳板，锅炉在爆炸中破裂，一名水兵被击毙。事后法国人从炮弹破片中发现这是威斯窝斯（Withworth）式六角形前膛炮打来的，"扬武"号上的火炮正是该型号，这是带着复仇精神的垂死一击。失去动力的 46 号随波逐流地向下游飘去，直到被战场外的中立国军舰救起，而"扬武"号很快也在近岸处沉没。

46 号虽然失去了战斗力，但至少还算顺利地完成了自己的使命，拉都（Latour）上尉指挥的 45 号在攻击时却出了岔子。它在冲向"伏波"号武装运输船时却发现那艘引发战斗的所谓"中国杆雷艇"正在自己面前徘徊，很显然，发现自己突然陷入战场的魏瀚等人被吓坏了，正在不知所措。可这却给除了杆雷没有其他武器的 45 号带来了麻烦，它不可能把宝贵的杆雷用在这艘小船身上，偏偏又没有其他的办法将其驱逐，于是只得费劲地绕开。这样一来，攻击的位置就发生了偏差，因为距离过近，45 号已经来不及调整方向了，杆雷只是击中了"伏波"号的船艉，而且在引发时又出了问题，杆雷并没有炸响。

更糟糕的是，像此前多次战例出现的那样，雷杆牢牢地卡在了"伏波"的船壳上，虽然 45 号开足全部马力后退，但仍然无法挣脱。这时，中国水兵也从惊愕中清醒过来，由于一时来不及为笨重的前膛炮装填炮弹，便用步枪、手枪向 45 号猛烈射击，有的水兵还投来了炸弹（一种通常为圆形、需要点燃导线后投掷的榴弹，由被称为"掷弹兵"的健壮步兵使用，算是手榴弹的鼻祖）。一颗手枪子弹穿过装甲司令塔那狭窄的观察缝，正好击中了倒霉的拉都上尉的眼睛，接着又有一名水兵的手臂被打断，而法国人只能躲在船舱里祈祷，毫无还手之力。地狱般的煎熬只持续了短短数分钟，幸运终于降临到 45 号头上，"伏波"号为了躲避法国舰队的炮火，起锚全速前行，一直在全速倒车的 45 号从而在反作用力下得以挣脱，退到美国军舰"企业"（Enterprise，1375 吨）号的左舷躲避起来。美国人发现这艘可怜的杆雷艇舱面上已经布满弹洞，还有一些人体组织的碎片，凄惨不已。

原先与"伏尔他"对峙的三艘中国军舰，"扬武"坐沉，"伏波"逃逸，只剩下 515 吨的"福星"号炮舰，在管带陈英指挥下奋勇冲来。这时本来在"南台"号运输船上负责防范中国杆雷艇的"伏尔他"号大副拉贝列尔（Lapeyrere，1852—1924 年，出身于海军世家，叔叔为海军中将。1860 年 10 月毕业于美国海军学院，1902 年晋升为海军少将，1907 年任海军部长，一战开始后任地中海舰队中将司令。）看见 45 号的攻击失败，决心再发动一次杆雷攻击。他走上已经加装了杆雷的蒸汽舢板"怀特"（White）号，驾艇从后面向"福星"号袭来。

拉贝列尔的这一举动带有很大的冒险性，因为"伏尔他"号和其他三艘法国炮舰"蝰蛇"（Aspic）号、"蝮蛇"号（Vipere）、"野猫"（Lynx）号正用全部炮火轰击"福星"号，很容易造成误伤。对"怀特"号来说幸运的是这并未发生，它从斜刺里追上了只有 8 节航速的"福星"号，用杆雷炸毁了它的螺旋桨。失去了航行能力的"福星"号随即被法舰围攻，陈英阵亡，舰员死伤惨重，船体也燃起了熊熊大火。杆雷艇上的法国水兵企图俘虏该舰，见习军官莱尔（Layrle）带着水兵爬上船去，将中国黄龙旗取下，升起法国的三色旗。但是"福星"号的火势越来越大，无法控制，拉贝列尔只得很遗憾地下令弃船，带走了几个中国伤兵作为战俘。不久，"福星"号就消失在了水面上。而这时除了逃往上游水浅处的"伏波"、"艺新"两舰，所有中国军舰则都已经悲壮地战沉。

虽然战前备受孤拔中将关注的中国杆雷艇压根没有出现，但中将始终对它们无法释怀，特别是在目睹了自己的杆雷艇对敌人造成的伤害之后。下午 4 点 45 分，他命令贝隆尼（Peyronnet）上尉指挥汽艇小队去海关的港汊处搜索并破坏这些潜在威胁。贝隆尼最终找到了三艘搁浅的中国杆雷艇，它们已经被自己的主人所遗弃。于是法国人用哈乞开斯机关炮将这些小艇的锅炉和艇身打坏，使它们无法再用。

但是，第二天晚上，孤拔的担心还是变为了现实。凌晨 4 时，两艘中国杆雷艇偷偷地潜行而来，准备攻击停在法国舰队最前面的"蝮蛇"号炮舰，但是由于法国人警觉地用探照灯不停地扫过江面和两岸，第一艘杆雷艇很快被发现，"蝮蛇"号立即开火，这艘杆雷艇立即机敏地改变航向，驶向"杜居士路因"（Duguay-Trouin）号一等巡洋舰。但由于已经被探照灯锁定，法国军舰的哈乞开斯机关炮不断射来密集的炮弹，这艘勇敢的小艇终于在路上被打沉了。至于第二艘，见到同伴的悲惨命运，艇上的水兵立即弃船逃走了。

这是中国杆雷艇在这场战争中唯一的积极行动。

夜袭石浦

法国海军在马尾不宣而战的行为引起了清廷的极度愤怒，陆海军都开始动员起来准备与法国作战。1885年1月18日，中国南洋水师派出了自己最好、最大的5艘军舰离开上海，准备前往解除法国对台湾的封锁。本来北洋水师也将有两艘巡洋舰赶来，但由于日本乘机在朝鲜挑起事端，这次行动取消了。深感势单力孤的南洋水师统领吴安康决心避免战斗，所以一路上故意拖延，频繁停泊，后来干脆掉头北返。

2月13日凌晨5时30分，南洋水师的5艘军舰在浙东壇头山海面被闻讯前来堵截的法国舰队发现。一方面的确实力悬殊，另一方面南洋水师"管驾、水手久居沪上华丽之地，不居船内，惧涉风涛，游惰已成习惯"，也没有与之一战的勇气。惊慌失措之下，三艘航速较快的新式巡洋舰"开济"、"南琛"、"南瑞"居然抛下速度缓慢的"驭远"、"澄庆"两舰，全速逃走，最终借着大雾得以脱身，而后者只得躲入三门湾内暂避法国人的锋芒。

由于大部分舰船都在封锁台湾，孤拔中将手里只有两艘装甲巡洋舰"巴雅"（Bayard，5915吨，航速14.5节，240毫米炮4门，140毫米炮6门，164毫米炮1门，65毫米炮6门）号、"凯旋"（Triomphante，4585吨，航速12.7节，240毫米炮4门，190毫米炮1门，140毫米炮6门）号，三艘巡洋舰"侦察"（Eclaireur）号、"尼埃利"（Nielly）号、"梭尼"（Saone）号，一艘炮舰"蜂蛇"号。这其中没有一艘的速度足以追上马力全开的三艘中国巡洋舰，于是只得退而求其次，准备先把三门湾内的两艘中国军舰解决掉。2月14日早晨，"蜂蛇"号炮舰和几艘汽艇潜入湾内侦察，探得两艘中国军舰停泊在东门岛和石浦厅之间，随行的中将副官、赖维尔海军上尉是一位优秀的水道工程师，他仔细探测了水道，研究了进出的航路。

虽然两艘中国军舰已成瓮中之鳖，但法国人想手到擒来也不是那么容易的，"澄庆"号属于中国自造的"威远"级铁胁木壳炮舰，排水量1268吨，长 69.47 米，宽 9.95 米，吃水 5.08 米；750 匹马力，最大航速 8 节；装备克虏伯式 160 毫米炮 1 门、120 毫米炮 6 门，在同类军舰中火力是比较强的；而另一艘"驭远"号更是庞然大物，这艘"海安"级木壳巡洋舰排水量 2800 吨，是当时中国最大的一艘军舰，长 80 米，宽 13.4 米，吃水 6 米；弱点是动力太小，只有 1800 匹马力，最大航速 10 节；但却装备了威力强大的克虏伯式 210 毫米炮 1 门、150 毫米炮 8 门、120 毫米炮 12 门。虽然在海上作战，中国人不是对手，可现在她们据守港内，地形有利，如果法国军舰强攻的话，可想而知会付出一定的代价，所以孤拔中将决心先用杆雷艇进行一次夜袭，尽可能地削弱中国军舰的抵抗能力。他将任务交给了"巴雅"号大副戈尔敦（Gourdon）海军上尉和水雷长杜波克（Duboc）海军上尉。

由于这次拦截行动没有携带专门的杆雷艇，中将再一次使用了改装杆雷艇：两艘约 9 米长的铁壳蒸汽舢板，装备一根"德斗衣"（Desdouits）式的机杆，雷头是 1878 型一号水雷，内有 13 公斤棉火药。船员共计约二十人，舢板特

南洋水师"驭远"号巡洋舰

意使用优质无烟煤，并把艇身涂黑，以加强隐蔽性。

当天晚上8点，杆雷艇改装完毕，雷杆伸缩正常，通电测试也正常。11点，行动开始了，涂成灰色的一艘哨艇和一艘捕鲸艇首先出发，上面分别是熟悉中国军舰位置的赖威尔上尉和从上海招募来的领港人缪列（Muller）。11点30分和12点，戈尔敦上尉指挥的2号杆雷艇与杜波克上尉指挥的1号杆雷艇先后从"巴雅"号出发。此时夜色漆黑，天上只有淡淡的一弯新月可以提供些许的光亮，两艘杆雷艇还可以互相看见，而走在前面的哨艇和捕鲸艇则看不见了，这造成法国人的艇队时而失散时而聚合好几次。强大的海流对杆雷艇也造成了很大困扰，小艇晃动得很厉害，而且老是被推往东南方——它们进来的方向。水兵们紧张地瞪大眼睛仔细观察，唯恐彼此太接近会发生碰撞，也担心杆雷的机杆被弄偏。幸运的是路上没有看到哪怕一艘中国船只，这大概是因为正值中国的农历大年三十的缘故。

走了一个大钩形，法国艇队才绕过牛头湾岛东北尖角的小岛和岩石。根据赖维尔上尉白天的侦查，只要穿过眼前的狭窄水道，中国军舰的锚地就在眼前了！为了确保万无一失，法国人停下艇来，重新做了雷头通电和机杆伸缩的试验，一切都运转良好，于是再度出发。赖维尔驾驶哨艇在前，但他失望地发现，中国军舰已经不再东门岛的西南方，它不见了！

副官垂头丧气地把这个消息通知了戈尔敦上尉，戈尔敦不甘心就此放弃，他看了一下怀表：凌晨3点15分，还来得及进行一次搜索。2号杆雷艇的速度比较快一点，于是戈尔敦驾艇向石浦厅方向驶去。

3点30分，戈尔敦在石浦岸边发现了"驭远"号，或许是为了求得妈祖庇佑，它转移到了天妃宫（即妈祖庙）西侧停泊，岸上有五六处不知道是陆军还是燃放鞭炮的百姓所点起的火光，为戈尔敦的识别提供了方便。上尉命令把艇上的三支木质桅杆一一放倒，缓缓地向目标驶去，水流仍然在顽强地阻滞着法国人的脚步，使得上尉焦急非常。老掉牙的蒸汽机发出像破锣一样的噪音，但"驭远"仍然像沉睡的巨龙一样没有半点反应。

只过了15分钟——但对于法国人来说是异常漫长的15分钟，2号杆雷艇接近到离"驭远"号只有200公尺的地方，戈尔敦推出机杆，把电线接在

袭击石浦的两位法国军官：杜波克（站立者）和戈尔敦

蓄电池上，然后把蒸汽机的马力开到最大向前冲去！

"驭远"终于惊醒了，睡眼惺忪的水兵们不知道敌人来自何方，只是按照平常的训练将大炮推上炮位，装填弹药，然后向着漆黑的炮窗外盲目射击。法国人则紧张地看着这艘庞然大物的左舷和右舷同时发出一道又一道的平射火光，但是没有任何炮弹击中他们的艇，全都从头上飞过去了。

随着猛烈的冲击，雷杆深深地插进了"驭远"尾部水下部分的木壳里，戈尔敦接通电流，水雷猛烈地爆炸了，"驭远"号螺旋桨被炸飞，地轴弄炸碎。杆雷艇被巨大的波浪抛得高高的，然后又重重地落回水面，撞在"驭远"号的尾部船壳上，由于巨大的撞击，锅炉发生了蒸汽泄漏。戈尔敦拔出自己的佩刀堵住了破口，然后下令全速倒车，但杆雷艇却纹丝不动。一个艇员立即走上艇盖查看，正好有一个中国水兵也从紧挨着艇艏的舷窗伸出头来——法国人全力一拳将对方打倒，然后他发现雷杆已经被牢牢夹住无法自拔。

戈尔敦别无选择，只有放弃雷杆，随着雷杆落入水中，杆雷艇终于得以后退，但已经有中国人发现了这个制造爆炸的罪魁祸首，用步枪开始射击，艇上的步枪手阿诺（Arnaud）中弹毙命。一开始对法国人造成阻碍的水流这时却成了帮凶，它把2号杆雷艇远远地推开。这时1号杆雷艇也赶了过来，用它的杆雷再次狠狠地炸响在"驭远"号的右舷，该舰龙骨受创，伤势进一步加重。戈尔敦对袭击的成果感到满意，便招呼着1号艇一起撤退。

而这时"驭远"和同样被惊醒的"澄庆"号仍在盲目射击，岸上的中国陆军炮队也随之加入进来，两艘中国军舰就这样在自相残杀里相继沉没，天妃宫里的妈祖女神想必是珠泪满面，却无能为力。

虽然袭击取得了成功，杆雷艇的归程也并不平坦，戈尔敦上尉因为1号艇航速较慢，就把两艘艇用绳索连接起来，由马力较大的2号艇在前拖曳。但是没走多远2号艇就搁浅了，停车不及，绳索一下子缠入螺旋桨中，2号艇就此失去了航行能力。好不容易由1号艇拖出来，继续摸索着前行，直到早上10点才进入大海，看到了"梭尼"号。而哨艇在袭击成功后一直留在现场，赖威尔挂着集合的红灯，期待两只杆雷艇来与他会合（他不知道杆雷艇由于能见度太低没有看见红灯）。早上6点，目睹"驭远"和"澄庆"沉没的赖威尔以为两只杆雷艇已经与其同归于尽了，只得伤心地回航向孤拔中将报丧。当然几个小时以后，发现杆雷艇顺利归来时，这种悲伤的情绪就被胜利的喜

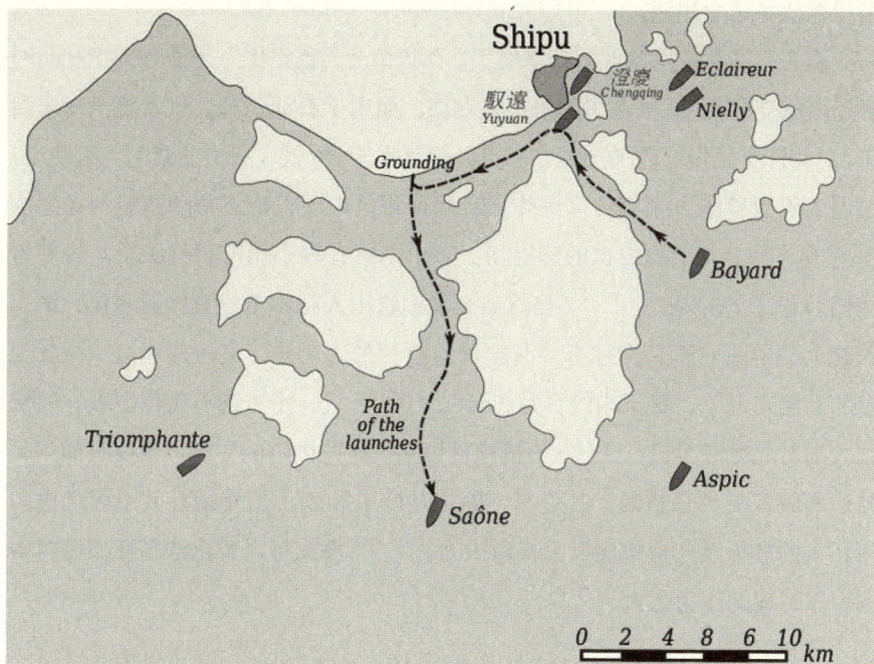

石浦袭击战示意图，可见法国舰队已经把石浦的所有出海口封锁得水泄不通。

悦所取代了，中将高兴地向所有官兵发放双份口粮以庆祝袭击成功。

时隔数日之后，2月28日，虽然已经取得击沉两艘中国军舰的巨大战绩，但对那三艘从自己眼皮子底下逃掉的中国巡洋舰仍心怀耿耿的孤拔中将，在奉命率领舰队执行禁运任务途中直奔浙江镇海港的甬江出海口，他猜测南洋水师应该在此避难。为此他特地向法国驻华公使巴德诺要来了一份英国最新出版的镇海地图，以及充足的食品储备。

法国人不虚此行，他们很快在甬江的上游发现了三艘中国巡洋舰的桅杆，孤拔立即想到再次使用杆雷艇偷袭。

但是通过3月1日的一次火力侦察，中将发现巡洋舰驻守在一道用木材、铁链组成的防护坝之后，坝前水雷密布，两岸有大炮严密防守，通夜有电灯照明，极难逾越。显然，中国人吸取了石浦之战的教训，特别警惕法国杆雷艇的袭击。此外，甬江口海域水流比石浦更为湍急，流速达7—8节，如果用军舰上的蒸汽小艇改装成杆雷艇，则动力实在有限，无法安全航行，中将最后只能放弃这个想法。

看来，只有使用专业的杆雷艇了。孤拔命令"雷诺堡"（Chateau-Renault）号巡洋舰立即把45号牵引到甬江口参战。而由于石浦一战，杆雷艇虽尚未到来，对其怀有恐惧心理的中国守军已经是草木皆兵。就在火力侦察的当天晚上，法国人听到了港口频频传来爆炸声，便猜测是中国人把无辜的渔船当成杆雷艇射击。而中方记载中也的确提到："……果有敌小船二只将拢岸，经差官同该后营逻卒击退……"[1] 虽然当天晚上法国人根本就没有派船骚扰。第二天晚上，中国守军又声称有"两艘鱼雷船"来袭，并言之凿凿地说"被我炮台和兵船击退"。接下来的3月3日、5日、7日，中方都有类似记载。而法国人则对此冷嘲热讽："自从石浦事件以后，这些倒霉的中国军舰度日如年。他们每晚都见到鱼雷艇，并连续不断地从陆上和舰上用排炮在其射程之内向不伤人的舢板及商业帆船发出齐射火力。"[2] 由此可以看出法国杆雷艇对中国海军形成的压力之大。

---

〔1〕《金鸡谈荟》卷七，11页。

〔2〕迪克·德·龙莱：《在东京（1883—1885年）——轶事叙述》，585页。

但是这一次上帝也许厌倦了这种暗箭伤人的把戏，又或许中国的妈祖女神不愿意再让自己的子孙受到残害。法国人所期待的、中国人所害怕的杆雷艇永远也不会来了。45 号在基隆准备出航时突遇暴风袭击，杆雷艇和巡洋舰之间的拖链被击断，接着在波涛的推挤下，杆雷艇猛烈地撞在"雷诺堡"号上，严重漏水，很快就沉入海底。这个消息令孤拔非常沮丧，而另一艘杆雷艇 46 号也在 3 月 24 日因风暴沉没。至此法国杆雷艇结束了在这场不光彩的侵略战争中所扮演的急先锋角色。

大，还是更大

19 世纪 80 年代以后，随着自航鱼雷技术的日益成熟，杆雷艇的地位逐渐被鱼雷艇所取代，它们在外形上特征相似，都采用全封闭设计、利于破浪的龟甲状艇艏、碉堡状的司令塔，普遍采用汽车式锅炉，轻便且没有装甲，依靠速度规避敌人的炮火。用机关炮自卫，用鱼雷进攻。但是鱼雷的有效射程仍然在 400 米以下，而要提高命中率就势必进一步缩短距离。因此鱼雷艇作战时仍然必须迎着敌舰的炮火冲击到很近的距离后才能发射，然后撤退时也会遭到敌舰的炮火追杀。从这个意义上看，鱼雷艇刺刀见红的风险性并未消除，只不过是把刺客手中的匕首换成了飞刀而已。

而且当时的战舰上已经普遍装备了哈乞开斯（Hotchkiss）、诺登菲尔德（Nordenfelt）、加特林（Galting）等速射机关炮。这些炮发射率较高，可以再一分钟内射出数百发弹丸，对鱼雷艇造成了很大的威胁。考虑到鱼雷艇生存力较弱，世界上开始出现了两种不同的发展思路：一是为了改善鱼雷艇的适航性，增加了尺寸和排水量，能够到远海作战的"航洋鱼雷艇"（sea-going torpedo boat）开始出现；二是为了增强鱼雷艇的自卫能力，研制了较大的鱼雷炮舰（Torpedo Gunboat，排水量 1000 吨以下）和鱼雷巡洋舰（Torpedo Cruiser，排水量 1000 吨以上），以鱼雷兵器为主，大都装备中口径火炮，这成为后来驱逐舰出现的滥觞。

1891 年 1 月，支持国会的智利海军发动兵变反对试图建立个人独裁统治的巴尔马赛特(Jose Manuel Balmaceda)总统,包括基本上海军的全部主力舰只:老式铁甲舰"布兰科·恩卡拉达"、"科克伦"、"胡斯卡",防护巡洋舰"埃斯梅拉达"(Esmeralda)。总统手中唯一有战斗力的则为3月份新接收的2艘713吨的鱼雷炮舰"林奇"(Lynch)号和"孔德尔"(Condell)号,各有3门4英寸速射炮和5个14英寸鱼雷发射管,最高航速20节。

4月22日深夜,2艘鱼雷炮舰对卡尔德拉的国会海军锚地进行偷袭,"孔德尔"号在500码距离上发射的3颗鱼雷全部失的,不过乘着她吸引了国会海军的注意力,"林奇"号在200码距离上从另一侧发射了2颗鱼雷,其中一颗鱼雷击中了"布兰科·恩卡拉达"号右舷靠近舰尾的部分,该舰很快下沉。鱼雷炮舰唯恐其沉得不够快,还发射了大量的4英寸炮弹。幸存者说死亡的182人(11名军官,171名士兵)中至少有40人是被炮弹炸死的。

"布兰科·恩卡拉达"号是世界上第一艘被鱼雷击沉的铁甲舰,也是第一艘被鱼雷炮舰击沉的铁甲舰。"林奇"号在袭击中被4颗炮弹击中,但只是受了轻伤,这一点也引起了那些因为鱼雷艇不堪一击而苦恼的国家的兴趣。虽然最终鱼雷炮舰并没能挽救总统兵败自杀的命运,但此后各国海军都装备了不少鱼雷炮舰和鱼雷巡洋舰,连造船工业还比较落后的中国都自己造了3艘"广乙"级鱼雷巡洋舰。不过鱼雷艇的支持者们并不服气,因为这次小战争中并没有鱼雷艇参战。

无独有偶,智利刚消停没多久,巴西又爆发了内战。同样也是陆军的佩肖托元帅(Marshal Peixoto)试图建立独裁统治,与支持国会的海军大打出手。巴西海军当时最强大的是英国制造的"阿基达万"(Aquidaban)号铁甲舰,1886年1月29日完工,排水量4921吨,长280英尺(85.4米),宽52英尺(17.16)米,吃水18英尺4英寸(5.6米);2台三胀发动机,8个锅炉,双轴推进,6500匹马力,航速15.8节,载煤300—800吨;4门9.2英寸炮,4门5.5英寸(140毫米)炮,13门1磅炮,5个14英寸鱼雷发射管;编制277人。该舰仗着甲厚炮大,屡次肆无忌惮地闯进巴西首都里约热内卢(Rio de Janeiro)港湾内,炮击岸上目标,让佩肖托元帅恨之入骨。

佩肖托元帅在1894年4月派出了1艘鱼雷炮舰和3艘鱼雷艇,准备攻击

巴西"阿基达万"号铁甲舰

锚泊在圣克鲁斯岛上圣卡特琳娜灯塔以南2英里的"阿基达万"号。政府军不知道的是，经过数月的战斗，"阿基达万"号状态很差，主炮需要修理，机械故障、锅炉老化，只能保证4节的航速，弹药和煤炭也不足，暂时已经没有什么威胁。

鱼雷炮舰是"古斯塔沃·桑帕约"（Gustavo Sampaio）号，英国阿姆斯特朗（Armstrong）厂的产品，1893年10月完工，排水量480吨，长196英尺9英寸（59.97米），宽20英尺（6.1米），吃水8英尺6英寸（2.59米）；2000匹马力，航速18节；2门4英寸炮，4门3磅炮，3个14英寸鱼雷发射管；编制60人。3艘鱼雷艇"阿方索·佩德罗"（Affonso Pedro）、"佩德罗·伊沃"（Pedro Ivo）"塞瓦多"（Silvado）号同属"帕尼"（Panne）级，1892年由德国希肖（Schichau）厂制造，排水量130吨，长46.33米，宽5.26米，吃水2.36米；动力系统为2台往复式蒸汽机，2200匹马力，最大航速26节；2门1磅炮，3个14英寸鱼雷发射管；编制24人。

4月14日晚上，这支小舰队开始行动，没走多远他们就发现国会军在沙滩上点燃了烽火，这意味着"阿基达万"号已经有了防备，因此只得返航。第二天晚上，云层完全覆盖了天空，漆黑一片，是个偷鸡摸狗的好日子，于是小舰队再次出动。凌晨2点30分，"古斯塔沃·桑帕约"号发现由于能见

巴西 "塞瓦多"号鱼雷艇

度太低，自己已经看不到队友了，只能根据罗经指示的方位行驶。由于离"阿基达万"号越来越近了，炮舰的速度放缓，尽可能不发出噪音，灯光也进行了管制，整艘船感觉就像在平静的水面上滑翔一般。

什么也看不到，什么也听不到。黑暗蒙蔽了敌人的眼睛，也蒙蔽了刺客的眼睛。船员们开始怀疑"阿基达万"号是不是已经乘夜逃之夭夭了。但不久就在西北方向发现了目标，同时炮舰自己也被发现，"阿基达万"开火射击，"古斯塔沃·桑帕约"号冲过去，在400英尺的距离，对准敌舰烟囱以下部位发射了一颗鱼雷，但没有击中。在继续前进了约60英尺后又发射了另外一颗鱼雷，然后转舵高速撤退，船员很快就听到了非常强烈的爆炸声，

爆炸声把其他在蒙头瞎转的刺客吸引过来，"佩德罗·伊沃"由于锅炉故障，蒸汽压力突然下降而几乎无法移动，另外2艘鱼雷艇冲过来。"塞瓦多"号本来冲在前面，但她尴尬地发现"古斯塔沃·桑帕约"正横在自己和"阿基达万"号之间，只得左转避让，这样一来就拉开了距离，等她回过头来时，与铁甲舰的距离已经扩大到1000码了，就没敢再冒险进攻。但"阿方索·佩德罗"已经冲到了敌舰的右舷约200码处施放了2颗鱼雷，铁甲舰用诺登菲尔德机关炮猛烈射击，炮弹都从鱼雷艇的头上飞了过去。

"阿基达万"号关闭了水密舱门，向北驶去，但没走多远就开始慢慢下沉，这里的海底只有22英尺深，而铁甲舰的高度有18英尺，所以大部分上层建筑仍露在水面上，让船员得以逃上岸去。"阿基达万"的沉没同时标志着巴西内战的结束。

第二天的检查发现舰体上有两个鱼雷造成的洞，其中一个在左舷舰首处的是致命伤，有19-20英尺长，6英尺6英寸宽，造成4个水密舱涌进了500吨海水；另一个洞在右舷，直径3英尺。检查结果表明鱼雷艇和鱼雷炮舰到底谁更好这个话题还得继续下去。双方都击中了目标，虽然损害程度不同，但那是未知的客观原因造成的，毕竟使用的是同一种鱼雷。"古斯塔沃·桑帕约"号多次被1英寸诺登菲尔德机关炮击中，许多船员受伤，而鱼雷艇没有被击中，这似乎说明刺客的体型太大不是好事。但另一方面鱼雷炮舰的舰体损坏不大，这似乎又说明其防护力确实得到了提高。不过，如果鱼雷艇有用的话，又何必要更贵的鱼雷炮舰呢？

其实"阿基达万"上没有中口径速射炮，小口径机关炮如诺登菲尔德和加特林只能杀伤人员，对阻止鱼雷炮舰或鱼雷艇都没有什么作用，当时舆论认为12磅炮（76毫米口径）"看来最适合这一目的"、"足以造成重大损害"。而且"阿基达万"号停泊的海湾内没有小艇巡逻，铁甲舰周围也没有敷设防雷网，相对缺乏训练的巴西海军并不能为鱼雷艇和鱼雷炮舰提供正规战争的考验。

无力回天

世纪之交总是不那么平静，巴西内战刚刚结束，在东亚地区又爆发了中日甲午战争。双方都装备了为数不少的鱼雷艇，因此这场战争也成为了第一次大规模使用鱼雷艇作战的试验场。

在中法战争中，法国海军使用杆雷艇使中国海军遭受到惨重损失，但其实清政府中一些地方大员也是颇为重视鱼雷艇这一新式海战舰种的。早在战前的1881年，北洋海防就从德国伏尔铿（Vulcan）船厂订购了2艘28吨的单管鱼雷艇"乾一"、"乾二"号，后可能改称中队甲、乙号（简称中甲、中乙）[1]。1883年至1884年又再度向伏尔铿船厂订购6艘65吨的双管鱼雷

---

〔1〕关于乾一、乾二和中甲、中乙的联系，请看作者在《大连近代史研究》第九期发表的论文《北洋海军德制鱼雷艇之谜》。

艇、2 艘 74 吨的双管鱼雷艇和 4 艘 15.7 吨的双管鱼雷艇，其中 4 艘 65 吨鱼雷艇、1 艘 74 吨鱼雷艇和 4 艘舰载鱼雷艇编入北洋水师，分别命名为左队二、三号（简称左二、左三），右队一、二、三号（简称右一、右二、右三）和"定一"、"定二"、"镇一"、"镇二"号，其他 3 艘编入广东水师，命名为"雷龙"、"雷虎"和"雷中"号。不过由于战争进行时间较短，大多都未能及时回国参战。战争结束后不久，福建船政从德国订购了"福龙"号航洋鱼雷艇，北洋海防从英国订购了"左队一号"（简称左一）航洋鱼雷艇，这两艘艇在各种技术指标上都远远超过法国的 27 米型鱼雷艇。上述鱼雷艇除了广东水师的 3 艘外，全部编入 1888 年正式成军的北洋海军。

但是这支鱼雷艇部队在实际上并不归北洋海军提督（即舰队司令）丁汝昌指挥，而是属于旅顺基地的鱼雷营，直接领导为北洋前敌营务处兼船坞工程总办龚照玙，由于完全不懂海军业务，在管理和训练上有许多缺陷，特别是为节省经费将各鱼雷艇兵员大多裁撤。开战后才临时招募人手，到 1894 年 9 月 26 日才将"左一"等 7 艘有编制的大鱼雷艇人员配齐，而这时已经开战 2 个月了，其中"福龙"和"左一"这两艘主力鱼雷艇的艇长都是临时委任。

同样由于节省经费，部分鱼雷艇的修理保养近乎无，以至轮机系统故障频发。以"镇二"号舰载鱼雷艇为例，因年久失修，锅炉内积锈竟有一寸厚，曾创下过升火 5 个半小时仍无法发动机器的纪录。勉强开起来后因轮轴松动噪声惊人，600 米外居然也清晰可闻，海军内戏称为"打鼓惊鬼"。北洋海军的鱼雷艇部队就是带着这样一种"艇旧人新"的状态投入了与强敌的战争。

同时，广东水师的两艘"广乙"级鱼雷巡洋舰当时正在北洋协防，因此也被卷入了战争。1894 年 7 月 25 日上午 7 点 45 分，日本第一游击队的三艘巡洋舰"吉野"（排水量 4216 吨，设计航速 23 节，主要装备 4 门 6 英寸速射炮、8 门 4.7 英寸速射炮和 5 个 14 英寸鱼雷发射管）、"秋津洲"（排水量 3150 吨，设计航速 19 节，主要装备 4 门 6 英寸速射炮、6 门 4.7 英寸速射炮和 4 个 14 英寸鱼雷发射管）"浪速"（排水量 3709 吨，设计航速 18 节，主要装备 2 门 260 毫米炮、6 门 150 毫米炮和 4 个 14 英寸鱼雷发射管）在朝鲜丰岛海面不宣而战，突然袭击完成护航任务后返航的北洋海军"济远"号巡洋舰（排

北洋海军鱼雷艇性能一览表

艇名	艇级	排水量	设计马力	战时马力	设计航速	战时航速	服役时间	火炮（口径×数量）	鱼雷（口径×数量）
左一	左一级	90吨	1000匹	不详	23.8节	不详	1887年	37×2	356×3
左二	左二级	66吨	700匹	338匹	20节	14节	1885年	37×2	356×2
左三	同上	同上	同上	同上	同上	同上	同上	37×2	同上
右一	同上	同上	同上	同上	同上	同上	同上	37×2	同上
右二	同上	同上	同上	同上	同上	同上	同上	37×2	同上
右三	右三级	74吨	900匹	443匹	20节	16节	1885年	37×2	356×2
福龙	福龙级	120吨	1597匹	1016匹	24.2节	18节	1886年	37×1	356×3
定一	定一级	15吨	200匹	90匹	16节	11节	1886年	37×1	356×2
定二	同上	同上	同上	同上	同上	同上	同上	37×1	同上
镇一	同上	同上	同上	同上	同上	同上	同上	37×1	同上
镇二	同上	同上	同上	同上	同上	同上	同上	37×1	同上
中甲	中甲级	28吨	400匹	不详	18节	不详	1882	37×1	356×1
中乙	同上	同上	同上	同上	同上	同上	同上	37×1	同上

水量 2300 吨,设计航速 15 节,主要装备 2 门 210 毫米炮、1 门 150 毫米炮和 4 个 15 英寸鱼雷发射管)和"广乙"号鱼雷巡洋舰(排水量 1000 吨,设计航速 16.5 节,主要装备 3 门 120 毫米速射炮和 4 个 15 英寸鱼雷发射管)。在领队舰"济远"号怯战逃跑的情况下,"广乙"号在管带、借补广东海安营守备(相当于中尉军衔)林国祥指挥下独自向第一游击队发起冲锋,试图抵近发射鱼雷,曾先后冲到离"秋津洲"号 600 米、"浪速"号 300—400 米的位置。但日本军舰装备了大量的大口径速射炮,火力十分密集,"广乙"号舰首鱼雷发射管被击毁,舰体遭到重创,人员死伤惨重,只得退出战场搁浅后自毁。"广乙"号的失败充分证明了鱼雷炮舰或鱼雷巡洋舰难以突破大口径速射炮的火力网。

9 月 16 日深夜,"左一"、"福龙"、"右二"、"右三" 4 艘鱼雷艇奉命护送陆军 4000 人在大东沟登陆,增援朝鲜战场,负责在登陆场外附近水域警戒。次日上午,驻泊在大东沟外海的北洋海军主力与日本联合舰队主力遭遇,展开激战。本来在登陆场外警戒的"广丙"号鱼雷巡洋舰和 4 艘鱼雷艇纷纷赶往主战场增援。"广丙"以日本联合舰队旗舰"松岛"号巡洋舰为目标几次突击,最近距离只有数百米,但因为无法抵御日舰舷侧速射炮的密集炮火多处受伤而被迫退却。而"福龙"在 14 时 40 分发现负伤掉队的日舰代用巡洋舰"西京丸"后,主动脱离了编队高速扑去。

"福龙"号是德国造船业历史上第一艘排水量突破 100 吨的 航洋鱼雷艇。外形为单烟囱三桅杆,烟囱和龟甲状前甲板之间和后甲板各有一座碉堡状的装甲司令塔。排水量 120 吨,长 42.75 米,宽 5 米,吃水 2.3 米;动力系统为 1 台三胀式蒸汽机和 1 座汽车式锅炉,马力 1597 匹,最大航速为 24.2 节,战时已有所下降;主要武器为 2 个艇艏 14 英寸(356 毫米)口径的鱼雷发射管,后甲板上另有同样口径的 1 座旋转式鱼雷发射管,辅助武器为 1 门 47 毫米速射炮和 1 门 37 毫米 5 管速射炮。但该艇系从福建船政水师买来(海军内部互相买卖装备也算中国特色了),在北洋海军没有编制,所以也就没有军饷,艇员都是开战后临时配置。时任管带(艇长)都司(相当于海军上尉)蔡廷干是广东香山人,曾留学美国,战前本来是"左一"鱼雷艇管带,开战后才临时调任。

北洋海军"福龙"号鱼雷艇

　　"西京丸"则原本是日本邮船会社的一艘运输用邮船，排水量2913吨，马力387匹，被日本海军征用后改装为辅助巡洋舰，装备了4门4.7英寸炮，火力尚可，但船员仍多为原邮船船员，战斗力较低。只是因为住舱舒适、装饰华美，被用作日本海军军令部长（即海军总参谋长）桦山资纪海军中将的座船，且在遇上"福龙"艇之前，"西京丸"已经中弹累累，机舱、通风设备、主舵机等多处被击毁，只能用备用舵机和人力舵配合使用，航速明显降低，运转不灵，所以机动灵活的"福龙"艇很快就逼近到"西京丸"左舷，用艇艏鱼雷管射出了两枚黑头鱼雷。

　　当时鱼雷的速度还比较慢，一般在20节左右，因此战舰多用规避措施，但"西京丸"船体大、速度慢，规避不及，船长鹿野勇之进大佐孤注一掷，索性下令右转舵，对准鱼雷驰来的方向全速前进，因为鱼雷不仅速度慢、射程短，而且还没有使用陀螺仪定向，鱼雷艇自身的颠簸、风浪翻涌、潮流顺逆以及敌舰行驶时造成的涌浪都会造成鱼雷航向的偏差。鹿野大佐正是利用这最后一点行事，这样即使不能改变鱼雷航向，也会因以窄小的正面对准鱼雷，而使其不易命中，当然这样做也是极度危险的。结果终如鹿野之所愿，"西京丸"船头激起的急流在最后一刻使鱼雷改变了方向，鱼雷仅隔1米，从左舷飞快地擦过。

　　桦山资纪还没有来得及拭去额上的冷汗，"福龙"艇转舵后又用旋转式

日本"西京丸"号辅助巡洋舰

鱼雷管从左舷射来一枚鱼雷。这时相隔只有大约 40 米，而且"西京丸"由于转向，宽大的侧面船体完全暴露在鱼雷面前，已经避无可避！

舰桥上的桦山中将情不自禁地大叫："啊，吾事已毕！"随风还传来"福龙"艇上中国水兵的喝彩声，为即将击沉敌舰而高兴。但是几分钟过去了，"西京丸"却安然无恙。原来鱼雷发射以后要一度较深地下沉，并由于深浅机的调节，在行进中呈一种时浮时沉的状态，过一段距离后才能完全浮出，但是"西京丸"和"福龙"当时的距离太近，日本人运气不错，鱼雷正好从船底下通过，7、8 分钟以后才出现在"西京丸"号右侧的海面上，接着又沉没下去。无独有偶，十年后的日俄对马海战时，日本海军"有明"号驱逐舰一直冲到离俄国战列舰不足 70 米的距离上才射出鱼雷，而这枚鱼雷也同样是未来得及浮起便已从俄舰船底穿过。可见当时鱼雷性能较为原始，严重影响了其作战效果。

大难不死的"西京丸"全速逃走，15 时 30 分，心有不甘的"福龙"[1]

---

〔1〕"福龙"号在艇艏底舱有备用鱼雷两枚，有可能是在攻击"西京丸"失败后退出战场进行了再装填。

北洋海军"左一"号鱼雷艇

会合了速度较慢的"右二"、"右三"后，继续追击"西京丸"长达半个小时，但这时"西京丸"已经远去，所以最终放弃了追赶。

虽然未竟全功，但"福龙"艇单枪匹马攻击敌舰的勇气毕竟是值得赞叹的。不过，当天另外一艘中国鱼雷艇表现出来的坚忍也同样体现了海军的战斗精神。英国亚罗厂生产的"左一"艇比"福龙"艇稍小，单桅杆单烟囱，龟甲状前甲板顶部有一座司令塔。排水量90吨，长128英尺（39.01米），宽12英尺6英寸（3.81米），吃水6英尺3英寸（1.91米）；动力系统为1台立式三胀蒸汽机和1座汽车式锅炉，单轴推进，功率1000匹马力，最大航速23.8节；载煤12—20吨；三个鱼雷发射管的布置方式与"福龙"艇类似，火力则要强些，有7门机关炮；编制25人。时任管带候补县丞王平是天津人，北洋水师学堂第一期毕业生，战前任旅顺水雷营管带，也是战后才临时委任。

"左一"、"右二"、"右三"在进入战场后不久，因为发现北洋海军"超勇"舰起火下沉，立即靠过来搭救了部分落水官兵。然后"左一"独自加入北洋海军主力阵列，依傍在两艘铁甲舰"定远"、"镇远"附近。14时20分许，日本海军第一游击队末尾军舰"浪速"号由于避让舵机故障的"西京丸"号紧急停航，从而掉队，北洋海军"定远"、"镇远"等舰逼近至2000米处炮击，"左一"艇也乘机突进，试图用鱼雷攻击，但被"浪速"以机关炮击退。不久，第一游击队因"比睿"、"赤城"二舰遭到北洋海军围攻，形势危急，便左转回航驶至北洋海军正面约3000米处，用大量侧舷速射炮猛烈射击。14时30分，"左一"艇先是试图攻击其二号舰"高千穗"号，但被机关炮击退；复向其旗舰"吉野"号全速冲去，从2800米一直冲到离"吉野"号左舷约1500米处，但再次因敌舰炮火猛烈而退却。

在北洋海军最勇猛的"致远"舰沉没（15时30分）后，北洋海军阵列开始溃散，大多数幸存战舰逃离主战场，战场上仅剩"定远"、"镇远"两艘大型铁甲舰坚持战斗。"左一"先是营救落水的"致远"官兵。后来重伤的"扬威"被慌不择路的"济远"误撞，在大鹿岛边抢滩，于是"左一"脱离了"定远"、"镇远"，赶去营救"扬威"号落水官兵。海战中被击沉的除"经远"外，"超勇"、"扬威"、"致远"都有不少官兵被"左一"艇救起。遗憾的是上述三舰的管带黄建勋、林履中、邓世昌等高级军官都抱着与舰同沉的决心拒绝救援而死。此后满载幸存者的"左一"已经失去了继续作战的可能性，推测应于此时离开战场。

17点30分，看着天色已晚，而日本4艘巡洋舰和1艘铁甲舰却始终无法给装甲较厚的"定远"、"镇远"成致命伤害。日本联合舰队司令伊东祐亨海军中将担心如果进入夜战，北洋海军的鱼雷艇会借助夜色发起偷袭，决定结束战斗，率队向东南退去。[1] 而追击"西京丸"未果的"福龙"等3艇回到主战场后，北洋海军阵列已经溃散多时，日本海军第一游击队正在追击"经远"，本队则在围攻"定远"和"镇远"，于是未敢再次加入主战场，直到日本海军因天黑退走、"靖远"升旗集合后，才回到战场与幸存舰艇会合。

黄海海战是历史上鱼雷艇第一次参加主力舰队会战，很显然，在这种战场上，不论是鱼雷艇还是鱼雷巡洋舰，因为鱼雷兵器的作战距离太近，所起到的作用都比较有限。不过鱼雷艇由于个头小隐蔽性好，似乎能更好地保护

---

〔1〕其实日本人不知道的是，"定远"、"镇远"已经受损严重，舱面设施损毁殆尽，赖以克敌的305毫米主炮，本来两舰各有4门，此时"定远"只有3门、"镇远"只有2门还能继续使用，炮弹也所剩无几，"镇远"舰美籍副管驾（大副）马吉芬悲观地估计最多30分钟弹药就将用尽。此战北洋海军未全军覆没实在侥幸。

自己。而且参战的铁甲舰和巡洋舰都普遍装备了鱼雷发射管，鱼雷巡洋舰已经显得多余而奢侈了。

忍者来袭

1895 年 1 月，日本陆军第二军 3 万余人在中国山东荣成湾登陆。当时北洋海军曾筹划以 7 艘较大的鱼雷艇夜袭登陆场，但日本海军实力太强，第一游击队和 3 个鱼雷艇队轮流在威海港外游弋，加上时值冬季海况十分恶劣，最终夜袭未能成行。

经过十余天的行军和战斗后，日军于 1 月 30 日完全占领了威海军港南帮炮台，近 4000 名守军因寡不敌众而溃败。为了保住这些对北洋海军来说生死攸关的海岸炮台，残余的北洋海军军舰基本上全部上阵，用舰炮支援陆军作战，鱼雷艇也纷纷驶往近岸，用机关炮猛烈炮击进攻炮台的日军。但这都无法阻挡日军的攻势，南帮炮台中最大的一座：赵北嘴炮台守军不战而弃台逃走，这意味着上面的 280 毫米巨炮 2 门、240 毫米炮 3 门、150 毫米炮 1 门随时有可能落入日军手中，用来威胁湾内的刘公岛炮台和北洋海军。

"左一"号鱼雷艇奉命直驶赵北嘴岸边，艇上搭载的敢死队员带着硝化棉炸药攀岩而上，在日军进入炮台之前的一刹那引爆了弹药库，给炮台造成严重损坏，虽经日军努力抢修，也仅在一周之后才修复了一半的火炮投入作战。此时保卫战已经接近尾声，所以该炮台没有发挥太大作用，可以说突袭取得了相当的成功，这也是有史以来第一次使用鱼雷艇运载突击队进行登陆作战。后来"左一"又试图袭击其他日占炮台，但因为被日军发现而未能成功。

威海卫保卫战的形势与卡亚俄封锁战颇有相似之处，围攻威海卫的日本联合舰队因为港内刘公岛、日岛炮台和北洋海军的顽强抵抗，虽曾于 1 月 30 日、2 月 3 日两次进攻，但都被击退。于是伊东中将决定用鱼雷艇设法破坏刘公岛东边的防材，给舰队突入威海湾决战开辟通道。

相比之下，北洋海军虽然也有 12 艘鱼雷艇（"镇二"艇已于 1895 年 1 月 5 日在刘公岛铁码头附近被"威远"号练习舰撞沉），但在质量上则远远不如。

参加威海卫之战的日本鱼雷艇一览表

艇名	艇级	排水量	设计马力	战时马力	设计航速	战时航速（节）	服役时间	火炮（口径×数量）	鱼雷（口径×数量）
小鹰	小鹰级	203吨	1217匹	不详	19节	17.03	1888年	25×2	356×4
21号	21号级	80吨	1050匹	同上	20节	不详	1894年	47×1	356×3
22号	22号级	85吨	1200匹	同上	24节	18.86	1893年	47×2	356×3
23号	同上	同上	同上	同上	同上	19.77	同上	同上	同上
5号	5号级	54吨	525匹	同上	20节	19.35	1892年	47×1	356×2
6号	同上	同上	同上	同上	同上	19.23	同上	同上	同上
7号	同上	同上	同上	同上	同上	19.13	同上	同上	同上
8号	同上	同上	同上	同上	同上	19.52	同上	同上	同上
9号	同上	同上	同上	同上	同上	18.27	同上	同上	同上
10号	同上	同上	同上	同上	同上	19.09	同上	同上	同上
11号	同上	同上	同上	同上	同上	18.26	1894年	同上	同上
13号	同上	同上	同上	同上	同上	18.02	1893年	同上	同上
14号	同上	同上	同上	同上	同上	18.86	同上	同上	同上
18号	同上	同上	同上	同上	同上	19.82	同上	同上	同上
19号	同上	同上	同上	同上	同上	19.25	1894年	同上	同上

除"福龙"、"左一"战斗力较强外，"左二"、"左三"、"右一"、"右二"、"右三"等5艇虽吨位较大，但航速太慢，守卫港口尚可，却无力突袭敌舰；而"中甲"、"中乙"已服役十余年，"定一"、"定二"、"镇一"则保养极差，已经弃于船坞之中数年，只是因为战事紧张、雷艇不足才"稍为修理，编入行伍，将以为偷劫敌船之用"，实际上全无战力可言，两军差距可谓悬殊。这点与卡亚俄之战的攻守双方鱼雷艇力量对比来说也是颇为雷同的。

而与卡亚俄之战最大的不同，也是对北洋海军鱼雷艇作战来说最不利的是陆地已经全被敌军控制，因此成了聋子、瞎子，完全得不到任何敌舰动向的情报，从而也无法得知日本联合舰队的驻泊地。更不要说速度快、火力猛的第一游击队时刻游弋在威海港外，这种情况下出港偷袭完全是自杀。相反入港偷袭却能得到很多的便利。

战争伊始，北洋海军为防备日舰偷袭，就在刘公岛东、西两侧的海口中布置了由铁链、木排、水雷构成的防材，其中宽阔的东口全部封堵，西口虽留有一段航道方便舰队出入，但地势狭窄、暗礁密布，又有黄岛（德制240毫米炮4门，自制60毫米炮2门）、公所后（英制9.2英寸炮2门）等炮台封锁。1月30日夜，日本第三水雷艇队试图从东口突入港内，终被防材所阻，无功而返。

为了让舰队能够冲入湾内消灭北洋海军，2月3日夜8点40分，南帮龙庙嘴炮台用150毫米炮射击在东口巡逻的中国哨艇，将其驱走。第6号、第10号两艘鱼雷艇乘机试图破坏东口防材，却发现实在太牢固，折腾了40多分钟才弄断了一根钢索，还引来了日岛炮台和中国哨艇的炮击，鱼雷艇周围弹如雨下，只得逃之夭夭。

但是失之东隅收之桑榆，日本人发现东口防材靠近南帮炮台的一侧有一个约45米的空隙，这是炮台守军为运输物资的小船所留。当南帮炮台还在中国陆军手里时，这并不算什么缺陷，但是现在陆地都由日军控制，太阿倒持，这个小小的空隙就成为一个致命的漏洞。虽然这里水浅礁多，大中型舰只无法通过，但鱼雷艇却有很大可能由此潜入港内。于是派遣鱼雷艇进行偷袭的策略就取代了原先的舰队决战计划。

参加威海卫之战的日本海军鱼雷艇部队军官一览表

单位	职位	军衔	姓名	籍贯	出身	官至
第一水雷艇队	司令官	海军少佐	饼原平二	鹿儿岛	兵部省	海军中将
23号	艇长	海军大尉	小田喜代藏	佐贺	海军兵学校第11期	海军少将
	副艇长	海军少尉	伊东祐保	佐贺	海军兵学校第17期	海军大佐
小鹰	艇长	海军大尉	长井群吉	不详	海军兵学校第11期	海军少将
	副艇长	海军少尉	山崎金一	山形	海军兵学校第16期	海军中佐
13号	艇长	海军大尉	佐伯胤贞	山口	海军兵学校第8期	海军大佐
	副艇长	海军少尉	大久保朝德	神奈川	海军兵学校第15期	海军中佐
7号	艇长	海军大尉	秀岛七三郎	佐贺	海军兵学校第13期	海军少将
	副艇长	海军少尉	白石直介	山口	海军兵学校第17期	海军大佐
11号	艇长	海军大尉	笠间直	福冈	海军兵学校第13期	海军中将
	副艇长	海军少尉	斋藤半六	石川	海军兵学校第17期	海军少将
第二水雷艇队	司令官	海军少佐	藤田幸右卫门	鹿儿岛	海军兵学校第4期	不详
21号	艇长	海军大尉	吉冈良一	不详	不详	海军少佐
	副艇长	海军少尉	谷村爱之助	鹿儿岛	海军兵学校第15期	不详
14号	艇长	海军大尉	贵岛喜太郎	不详	不详	海军中佐
	副艇长	海军少尉	荒川仲吾	鹿儿岛	海军兵学校第15期	海军少将
8号	艇长	海军大尉	羽喰政次郎	石川	海军兵学校第12期	海军大佐
	副艇长	海军少尉	沢崎宽猛	石川	海军兵学校第17期	海军大佐
9号	艇长	海军大尉	真野严次郎	不详	海军兵学校第12期	海军少将

单位	职位	军衔	姓名	籍贯	出身	官至
18号	副艇长	海军少尉	嘉村秀一郎	佐贺	海军兵学校第15期	海军中佐
18号	艇长	海军大尉	矶部谦	爱知	海军兵学校第14期	海军大佐
19号	副艇长	海军少尉	竹村伴吾	高知	海军兵学校第18期	海军大佐
19号	艇长	海军大尉	岩村团次郎	不详	不详	不详
	副艇长	海军少尉	大山鹰之助	茨城	海军兵学校第17期	海军少将
第三水雷艇队	司令官	海军大尉	今井兼昌	鹿儿岛	海军兵学校第7期	海军少将
22号	艇长	海军大尉	福岛春长	东京	海军兵学校第11期	海军大佐
22号	副艇长	海军少尉	铃木虎十郎	静冈	海军兵学校第15期	甲午阵亡
5号	艇长	海军大尉	石田一郎	鹿儿岛	海军兵学校第11期	海军少将
5号	副艇长	海军少尉	吉田辰男	石川	海军兵学校第17期	海军中佐
6号	艇长	海军大尉	铃木贯太郎	千叶	海军兵学校第14期	海军大将
6号	副艇长	海军少尉	篠原利七	山口	海军兵学校第17期	海军大佐
10号	艇长	海军大尉	中村松太郎	不详	不详	不详
10号	副艇长	海军少尉	青山芳得	秋田	海军兵学校第17期	海军大佐

2月5日凌晨4点，第三水雷艇队打头，第二水雷艇队随后，从龙庙嘴暗礁与封锁栅栏之间通过，在杨家滩西岸集合，然后用圆筒罩住信号灯以遮蔽灯光，第6号艇和第22号艇并行在前，全队以双艇纵列微速沿西北海岸航行，目标就是刘公岛南岸的北洋海军停泊场。第四游击队的四艘炮舰则在外海不断炮击刘公岛，以吸引中国人的注意，掩护鱼雷艇的偷袭行动。

因为月亮在凌晨3点已经落到威海卫西山之后，所以整个海面漆黑一片，咫尺难辨。当第三鱼雷艇队殿后的第10号艇发现右舷远处有一艘鱼雷艇时，还以为是与自己搭档的第5号艇偏离了航线。实际上这是一艘北洋海军的巡哨鱼雷艇，不过显然同样由于能见度的问题，艇上的中国水兵也没能发现第10号艇的真实身份。当两艇相距约50米时，中国鱼雷艇首先发出识别信号：一盏红灯。

这个信号让日本人感到疑惑起来，第10号艇停下了机器，进行观察，不过由于惯性的原因，两艇的距离仍在缓慢地接近。当相距仅30米时，一位中国水兵终于认出了来者的身份，大喊起来，机关炮手立即向第10号艇开火，打得海上升起了一连串水柱。10号艇全速左转，甩开中国鱼雷艇，然后再次向刘公岛冲去，中国鱼雷艇立即发射了信号火箭示警，不过已经晚了，冲在最前面的两艘日本鱼雷艇已经进入了鱼雷射程！

尽管历史上已经有过多次鱼雷艇夜袭的战例，不过当时世界各国军方并没有普遍意识到海军战时夜间灯火管制的重要性，通过战舰玻璃窗内透出的灯光，日本人足以大致分析出北洋海军的舰船位置，而位于明处的中国哨兵则很难发现黑暗中的危机。虽然由于白天接到了日岛炮台关于日本鱼雷艇破坏防材的报告，北洋海军对其进港偷袭是有所防备的，在日岛以东鱼雷艇守护防材，日岛炮台也在海滩上放了警戒哨；而且为了防止日军窥探，每晚都要变动军舰位置。但不幸的是因为遭到军火禁运的缘故，在欧洲订购的防雷网未能及时到货，无法对锚泊的战舰进行贴身保护。

第6号艇和第22号艇在仔细观察之后巧妙地选择先向西南航行，兜了一个圈子，从侧面进入停泊场和巡哨舰之间，再自西向东航行，首先接近了停泊在刘公岛煤库以南海面的一艘中国军舰，这时刘公岛上的陆军哨位也发现了这两个鬼鬼祟祟的家伙，便挂出红灯识别信号，吓得日本人心肝扑通扑通地跳。

诡异的事情再次发生了，大概是因为日本鱼雷艇的信号灯也是红色的，岛上的哨兵就这么轻易地把日本人放了过去。如释重负的两艘鱼雷艇继续前进，在距离大约100米时，由于发现第10号艇的中国鱼雷艇放出了信号火箭，整个寂静的海湾顿时沸腾起来，值班水兵开始用加特林机关炮向周围海面上一切可疑的目标射击，大大小小的炮声随即响了起来，犹如炒豆子一般。见到行迹暴露的第22号艇不敢再前进，立即发射了艇艏的两颗鱼雷，但都未能击中目标。转舵向龙庙嘴撤去的第22号艇又在途中与两艘中国鱼雷艇碰个正着，只得尽量靠岸疾驶，期望逃脱追击。谁知慌不择路之下，在鹿角嘴附近触礁，舵机损坏，只得随浪漂流，凌晨5点15分在龙庙嘴附近的一块礁石上搁浅。

这时天色渐亮，第三鱼雷艇队司令今井大尉带上机要文件，下令弃艇登陆，艇员们慌忙放下帆布制的救生舢板，向陆地划去。但途中舢板翻沉，所有人都落入水中，奋力游到岸边，不少人因水温太低冻得昏死过去，险些丧命。幸亏第19号艇赶来，将今井大尉等7人救走。这时第22艇被中国鱼雷艇发现，遭到炮击，艇体连连中弹。落在后边的艇长福岛大尉等人在炮火中根本不敢再乘舢板登陆，只能躲在艇内忍受着中国人发泄的怒火，苟延残喘。

和第22号艇相伴而行的第6号艇也发现前方有模糊的两艘大型军舰影子，艇长铃木贯太郎大尉为确保命中，冲到离约百米之处才发射鱼雷，但这位日后的海军大将、帝国首相时运不济，由于天气酷寒（零下26—30度），发射管的制动螺栓被冻得太结实了，两颗鱼雷都没能发射出去。只得带着遍体鳞伤向南方亡命而逃，事后检查时发现艇上有60多处弹痕，好在只有一处是被机关炮弹击中，其他都是加特林机枪子弹，未能击穿艇壳。

当最先被发现的第10号艇冲到战场时，海面上已经是狼烟一片，弹如雨下，艇身遍布弹痕，可惜都只是加特林机枪射来的11毫米子弹，无法击穿外壳。由于只有艇长中村大尉等3人留在装甲司令塔内操纵，其他艇员都在甲板以下，所以没有一人负伤。

虽然尚无一颗炮弹击中第10号艇，但震惊于眼前的枪林弹雨，中村大尉

"镇远"号铁甲舰，与"定远"号为同级姊妹舰。

也不敢再冒险前进了，距离"前方一只巨舰"约 300 米时，他下达了发射艇艏鱼雷的命令，但和第 6 号艇一样的情况再次发生了，鱼雷只冲出了一小半截就停了下来，尖锐的雷头露出发射管之外，看起来颇为诡异。中村大尉并不甘心，便操纵鱼雷艇左转，以艇身中央的旋转发射管对准目标发射了一颗鱼雷，然后全速南撤。这时在士官室内向后瞭望的二等水兵中村阳二郎兴奋地报告，他听到敌舰侧后有爆炸声，并掀起了白浪！

第 10 号艇击中的目标就是日本联合舰队的大敌、北洋海军旗舰"定远"号铁甲舰。但这颗鱼雷并没有给"定远"号上的官兵带来什么特别的感觉，事后中国报告中也没有提到这颗鱼雷。直到战后日本人检查"定远"遗骸时，才发现在船尾附近的确有一道裂痕，估计就是第 10 号艇发射的鱼雷所留下的。但是这颗鱼雷大概根本就没有爆炸，所以未能击穿"定远"的船壳。而中村听到的爆炸声，应该只是对中国海军枪炮齐鸣的误判，毕竟当时的场面太混乱了。

第 10 号艇撤出战斗后，又发生了一个有趣的小插曲：在发现了前面的第 6 号艇后，中村大尉试图靠上去交流一下攻击情况，却忘记了减速，结果第 10 号艇就带着那颗露出半截的鱼雷向友艇的侧面直冲过去！还好第 6 号艇艇长铃木大尉反应迅速，及时操艇避让，才未酿成惨剧，两艇只有轻微的擦挂损伤。看到那半截鱼雷压在第 6 号艇的尾部没有引爆，不论是中村还是铃木，大家都长出了一口气。而 10 号艇在撤退时又撞上了防材，又是倒车又是转舵，好容易才脱身返航。

第 5 号鱼雷艇在 3 点 50 分发现刘公岛南岸一处白色灯光，艇长石田一郎大尉驾艇驶近后发现是一艘中国军舰，便冲过去发射了两颗鱼雷，但仍然未能击中，自己反倒挨了不少子弹。

目前看来，幸运之神仿佛仍在眷顾着"定远"舰，第二水雷艇队倒霉不断，先是第 18 号艇没找到入口，好几次撞上了防材，被迫返航，然后第 14 号艇也在龙庙嘴附近的暗礁上搁浅，轮机和舵机都因剧烈撞击受损，自救脱险后随即返航。第 21 号艇的运气也好不到哪去，刚进入湾内不久，就在刘公岛南岸碰上了中国哨艇，对方挂出红白二灯的识别标志，第 21 号艇哪敢答话，立即左满舵避让，只见身后中国哨艇一边放火箭，一边开炮射击，数艘中国鱼雷艇闻声追来，第 21 号艇只得往龙庙嘴亡命奔逃，结果虽然仗着速度快甩掉了追兵，却在路上搁了浅。

好笑的是，第 21 号艇发现了自己原本的搭档第 8 号艇就在对面不远处歇着呢。原来第 8 号艇进入湾内后在凌晨 4 点被中国哨艇发现并遭到炮击，她

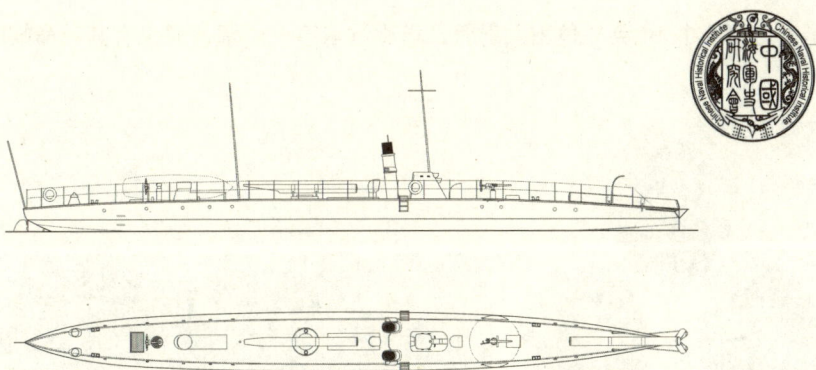

日本第 9 号鱼雷艇线图

的选择与第 21 号艇一样——右转舵高速向龙庙嘴逃去，结果途中触礁搁浅，而且因螺旋桨受损，动弹不得。这时已经过了 5 点，天就要亮了，第 21 号艇只得放弃了再去偷袭的打算，专心自救。好在受损不重，脱险后用拖索将第 8 号艇拉了出来，这对难兄难弟一起返航阴山口。

第 9 号艇本来和第 14 号艇搭档，后者触礁后，艇长真野严次郎大尉立功心切，抛下同伴独自前行。潜入威海湾后直接转向西北，向炮口闪光中最为显眼的"定远"号驶去。这时，湾内已经乱成了一锅粥，中国鱼雷艇四处搜索敌艇，9 号艇几次与其遭遇，但都没有被发现。

不过在靠近"定远"号时，终于被 2 艘中国哨艇觉察出不对劲，从左右两边一起追来。9 号艇全速前进，很快逼近到离"定远"号约 200 米之处，舰上水兵打出了红灯识别信号。真野大尉立即下令发射艇艏鱼雷，然后全速前进到约 50 米时才紧急转舵，发射了后部鱼雷才全速返航。9 号艇发射最后一颗鱼雷的距离与黄海海战中"福龙"艇对"西京丸"的最后一击差相仿佛，但日本人的运气要好得多，这颗鱼雷击中了"定远"舰左舷尾部的机械工程师室，撕开了一个长 4 米，宽约 0.5 米的破口，造成后部船体大量进水，并向机舱蔓延。

"定远"于 1881 年德国伏尔铿船厂建造，排水量 7220 吨，长 94.5 米，宽 18 米，吃水 6 米；设计航速 14.5 节；主要装备 4 门 305 毫米炮、2 门 150 毫米炮和 3 个 14 英寸鱼雷发射管，堪称远东第一巨擘，但也有其致命缺陷，

日本写真集中有功的三位鱼雷艇艇长和 9 号鱼雷艇

就是水下防护较为薄弱，9号艇的这枚鱼雷正好击中了阿喀琉斯之踵。为避免进水过多导致沉没，"定远"舰只能驶往刘公岛东部浅滩抢滩搁浅，继续用舰炮防卫东口，以期如果解围后能够得以修复。考虑到中雷部位周围并没有任何重要设施，如果有完善的船坞修理设备，"定远"舰的修复不成问题，这种处置措施是恰当的。但可惜最终救援断绝，刘公岛陷落在即，2月9日，丁汝昌下令用炸药将"定远"舰炸毁。如果没有这一颗鱼雷，也许北洋海军在最后一刻还有出海决一死战的勇气，但是这颗鱼雷把北洋海军的精神支柱摧毁了。

9号艇虽然立下了大功，但机舱也被北洋海军还击的一颗炮弹击中，里面的8名水兵有4人毙命、2人重伤、2人轻伤，轮机部分损毁，已经无法再自由航行。满脑子武士道思想的真野大尉看着步步逼近的中国鱼雷艇，做好了剖腹的准备，偏巧这时第19号艇折腾了半天刚潜入港内，见状立即冲了过来，将幸存人员接走，尸体只得抛弃艇内。

如果说真野大尉的成功和脱险可以写成一部传奇的话，那么福岛大尉的生还就可以称之为奇迹了。2月5日早上7时许，北洋海军发现第22号艇的残骸仍然留在龙庙嘴附近的暗礁上，在日岛炮台（自制200毫米炮2门、120毫米炮2门）和刘公岛东泓（德制240毫米炮2门）、南嘴炮台（德制240毫米炮2门，英制120毫米炮2门）的炮火掩护下，6艘中国鱼雷艇企图靠近22号艇，1发炮弹击中艇首，1发炮弹打坏了桅杆。此时龙庙嘴和鹿角嘴炮台的日军开炮射击，将中国鱼雷艇击退。不过日本人顾此失彼，另外4艘中国鱼雷艇乘机接近到了龙庙嘴炮台西方约500米处，将在这里漂浮的第9号艇拖走，并发现了被抛弃的日军尸体。虽为仇敌，但北洋海军还是按照老师英国海军的传统，郑重其事地将4名死者的尸体用棺材安葬在刘公岛上。

下午3点，第10号鱼雷艇偷偷地摸到了千疮百孔的22号艇旁边，3名水兵划着舢板上艇查看。本来已经做好了收尸准备的救援人员惊奇地发现躲在舱内的艇长福岛春长大尉等5人居然毫发无损。只是大尉显然已经绝望，他喝下了整整一瓶白兰地，酒气熏天地躺在船舱里听天由命。救援人员只得既同情又好笑地把大尉抬上救援艇扬长而去。22号艇共有副艇长铃木虎十郎少尉以下3人溺死，1人冻死，1人重伤。

这次袭击的成果极大地鼓舞了日本鱼雷艇的士气，考虑到月亮落山至日出之间的时间越来越短，虽然明知道北洋海军必然会加强戒备，第一水雷艇队的司令和艇长们还是决定就在2月5日晚上再次进行偷袭。下午15点，艇队全体人员自阴山口登陆，在龙庙嘴炮台仔细观察了湾内的形势和北洋海军舰艇的位置，为偷袭做最后准备。

6日凌晨2点45分许，月亮完全落山，天海一色，都如同浓墨一般。除了正在修理的第12号艇，饼原少佐率领余下所有的第23号、"小鹰"号、第13号、第11号、第7号等5艘鱼雷艇成单纵队，从东口向湾内行进。当时刮起了三级风，气温又低（零下28—32度），海水一打上甲板就结了冰，航行愈发困难起来。4点零5分到达赵北嘴灯塔附近时，第7号艇操舵索链断裂，被风浪往岸边推去，情势万分危急。艇员紧急抢修，终于在最后一刻恢复了操纵能力，避免了搁浅，随后返航。见到这种情况，饼原少佐一度犹豫是否要停止攻击，但不久以后风浪减小，便还是决定孤注一掷。

当艇队到达鹿角嘴海面时，早有戒备的刘公岛守军似乎是发现了什么，开始漫无目的炮击。过了一会儿后，炮击停止，岛上探照灯打开进行搜索，而这时艇队已经接近了防材栅栏。第23号艇走在最前面，拖带着一艘中国舢板。在发现防材以后，它沿着防材向左行驶，并很快发现了入口，便把舢板弃置在入口处，作为后续鱼雷艇的路标。但就在第23号艇准备通过防材时，由于能见度不良，卡在了防材上。少佐索性下令全速前进，螺旋桨疯狂地旋转着，发出巨大的推动力，鱼雷艇终于从防材上"挤"了过去。跟在后面的"小鹰"艇尺寸要比第23号艇大得多，只得继续向左行驶，好容易找了个大一点的缺口驶入，随后的两艘艇也是也接连几次撞上防材后才找到入口。

进入湾内的4艘鱼雷艇暂时没有被中国哨兵发现，不过中国人还是感到了黑暗中潜藏的一丝危险，不时用加特林机关炮扫射，探照灯从海面上掠过，可大概是由于连日战斗过于疲劳，探照灯从日本鱼雷艇上两次扫过时，都没有发现，反而让日本人借着灯光看到了附近的一艘中国哨艇，乘机避开。随后日本鱼雷艇按照计划分散开来，第23号、"小鹰"搜索攻击停泊于港湾中

"小鹰"号鱼雷艇

部的中国军舰，第11号、第13号则以停泊于港湾西部的中国军舰为目标。

最先发现目标的是英国制造的"小鹰"号鱼雷艇。与其他鱼雷艇不同，"小鹰"号拥有1英寸（25.4毫米）的防护装甲，因此行动起来颇有点肆无忌惮，一进港就全速向锚地驶去，通过一点微弱的灯光，在栈桥东面发现了三艘中国军舰，随即向其中最大的一艘双烟囱单桅杆战舰冲去。距离400米时，中国水兵警醒，开炮射击，"小鹰"多处中弹，但都无法击穿装甲，"小鹰"号首先发射前部右舷鱼雷，发射时产生的火光使中国军舰反击的火力愈发密集。但"小鹰"仍继续前进，在250米距离上再次发射前部左舷鱼雷，这次为了防止速度太快对鱼雷航向发生影响而特地减速行驶，发射后再右转弯全速退出。几乎与此同时，第23号艇也进入了有效射程，它向右调转艇艏，用中部和尾部甲板上的两个鱼雷管发射了鱼雷。

在"小鹰"号和第23号艇发射的4颗鱼雷中，有2颗击中了停泊在刘公岛铁码头东南方海面上的"来远"号装甲巡洋舰。其中一颗击中桅杆正下方的左舷水线以下大约1米的部位，另一颗稍稍靠后。"来远"舰大量进水，很快翻沉，只剩下红色舰底露在水面上。而其他2颗鱼雷虽然没能击中"来远"

北洋海军"来远"号装甲巡洋舰

号，却错有错着地打中了旁边的一艘运输用双桅帆船和"宝筏"号布雷用小火轮，二者都被击沉。

第 11 号艇借着火光发现了在铁码头停泊的"威远"号木质训练舰，立即发射了两颗鱼雷。十年前"澄庆"号虽未被法国鱼雷艇击中，但仍沉于大海，十年后她的姊妹舰"威远"终于未能逃脱鱼雷的袭击，舰尾中雷一发，向左倾斜坐沉于海底，只剩烟囱和桅杆露出海面。

第一水雷艇队中唯一没能取得战绩的是第 13 号艇，它以"定远"的姊妹舰"镇远"为唯一目标。此时日本人还不知道"镇远"舰因触礁已经失去了出海战斗的能力。结果第 13 号艇像大海捞针一样四处乱撞，甚至跑到了威海北岸的祭祀台附近，却始终没有找到目标，眼看东方渐渐发白，只得无可奈何地返回。

这次袭击，日本鱼雷艇取得了空前的大胜利，战斗中各艇被机关炮击中的弹丸多者数百发，少者数十发，却无一造成重创，由此证明此前海军为防范鱼雷艇所装备的小口径机关炮毁伤力太弱，必须采用更大口径的速射炮，这是中国海军用鲜血换来的教训。同时日本人的成功并不具有普遍意义，当时陆地和海面都被日军控制，北洋海军困守孤岛，四面受敌，军舰缺乏大口径速射炮，连口径稍大的47毫米哈乞开斯炮都很少，特别是战舰没有防雷网保护，开战后才向外国订购的防雷网此时还未运抵中国。

2月7日早上，日本联合舰队乘胜再次聚集在东口附近的海面上猛攻刘公岛。炮战正酣时，北洋海军12艘鱼雷艇奉命从西口出击，借此掩护"飞霆"、"利顺"两艘小轮船出港突围，前往烟台送信求救，任务完成后鱼雷艇队再撤回湾内。然而连日的激战和损失早已经让鱼雷艇队士气低落，事先就有部分官兵密谋借此机会突围。在目睹两艘小轮船转舵向西、日本第一游击队又从东快速驶来后，所有鱼雷艇都陆续转向逃跑。

从黄海海战中"左一"几次攻击失败可以知道，没有己方军舰和炮火的掩护，鱼雷艇再勇敢也是很难接近敌舰的，更不要说第一游击队拥有日本海军最快、火力最猛的四艘快速巡洋舰。鱼雷艇队即使拼死一搏也很难突破由数十门大口径速射炮组成的火网。但是身为刺客，干的本来就是鱼死网破的勾当，讲究的是"伏尸二人，流血五步"，现在中国鱼雷艇失去了刺客的觉悟而临阵脱逃，其下场当然是相当悲惨的。

最慌不择路的是"中甲"，该艇年久失修，航速不济，本来就落在鱼雷艇队末尾。后边，黄岛炮台开始悲愤地向这些逃兵射击，右边，日本军舰正凶猛地扑来，管带索性命令转舵向左，直接在威海北山嘴北湾开上浅滩，然后离艇逃去。航速同样缓慢的"飞霆"轮和"镇一"艇为了躲避日舰追捕，仗着船小吃水浅，一直沿着海岸疾驶，但眼看日舰炮弹落点越来越近，"利顺"又中弹沉没，便驶入威海西海岸的一个小海湾麻子港搁浅自毁，人员离艇上岸逃走；"中队乙号"、"定二"也同样在麻子港西边不远的小石岛搁浅自毁。看到这是一个逃避日舰的好办法，许多人的心思开始活泛起来，只要能逃得性命，鱼雷艇保不保得住又有什么关系呢？带着这种心情，"左三"、"右二"、"定一"也相继在小石岛西南的郝庆口附近搁浅。

8点34分，"吉野"号巡洋舰提速到16节，"浪速"和"秋津洲"号两艘巡洋舰有点跟不上了，便转舵回航。只有"高千穗"号还紧跟在后。"福龙"艇的航速本来超过"吉野"号，但由于服役多年，航速已下降到18节。但即使如此，仍远远超过其他中国鱼雷艇，本来是有很大希望逃掉的，可是运气太差，被一发近失弹炸坏了螺旋桨，后部舵舱和机舱漏水，只得驶往金山寨湾口以东搁浅，与其同行的另两艘鱼雷艇"右一"、"右三"见状也主动在金山寨湾口以西和更靠西的养马岛东岸搁浅。

养马岛再往西北走就是烟台（芝罘）港，当时尚在中国军队手中，12点17分，九死一生的"左一"和"左二"两艇眼看已经逃到了烟台，但当时中国岸炮惊慌失措，不辨敌我地盲目开炮射击，迫使两艇又逃出港外继续向西行驶，后在福山县流子河口（今烟台金沙滩公园）附近搁浅，艇员登岸逃走。"左一"管带王登云等人为掩饰自己临阵脱逃的罪行，竟汇报说刘公岛已经失陷、北洋海军全军覆没，本来就拖沓迟缓的援军更有借口迟滞不前，为北洋海军解围的希望彻底破灭。查明真相后，所有鱼雷艇管带都遭到清廷通缉，但王登云却仍安然地跑到了南洋水师鱼雷艇部队，以其在天津水师学堂读书时的原名王平任职直到1903年，清廷的腐败可见一斑。

虽然围攻刘公岛仍未成功，但全歼中国鱼雷艇也是一次大胜，伊东中将派出吃水浅的炮舰和鱼雷艇四处搜索拖曳搁浅各艇。惟当时风高浪急，"左三"、"右二"、"定一"、"中乙"四艇都在阴山口海面被风浪打沉；"右一"（改名第26号）、"右三"（改名第27号）、"福龙"（保持原名）编入联合舰队；鱼雷艇队官兵大多脱逃或被日本陆军枪杀，只有"福龙"管带蔡廷干、"左三"大副顾延熺以下十余人被俘。

鱼雷艇队的逃跑对北洋海军和刘公岛陆军的士气是一个极大的打击，内外交困下，北洋海军最终于2月14日投降，日本人在湾内将"镇二"艇打捞上来，修复后编入，改名第28号，同时还找到了被俘的第9号艇，它被丢弃在黄岛背后的海岸上，后来也得到了修复。而第22艇因为损坏太大没有修复价值终被放弃，这也是甲午战争中日本损失的唯一一艘军舰。

与鱼雷艇官兵放弃职责可耻逃生的表现不同，在作出投降以挽救5000守军生命的决定后，北洋海军提督丁汝昌、刘公岛护军统领张文宣、"镇远"管带杨用霖等高级将领自杀殉国。美国《纽约时报》对此感叹道："他们向世人展示，在四万万个中国人中，至少有三个人认为世界上还有一些别的什么东西要比自己的生命更宝贵。"

克星初现

甲午战争之后，鱼雷炮舰和鱼雷巡洋舰因为火力和航速并不令人满意逐渐淡出人们的视野，而在海战中利用鱼雷艇进行小规模突击的手段再次引起了人们极大的关注。日本鱼雷艇的攻击给现代海战提供了很有用的战斗实例，而且对防御一方提出了高的要求。此前，为了对抗鱼雷艇的攻击，舰船上普遍装备了轻型速射炮，但是战争实践证明了炮手的反应速度比不过鱼雷艇的速度，虽然大口径速射炮威力足以破坏任何鱼雷艇，但是发射率偏低，在晚上很难及时发现和命中目标。

1893 年，对拥有大量鱼雷艇的法国海军始终有所忌惮的英国又得到一个坏消息，法国准备制造一种马力更大、速度更快的航洋鱼雷艇。为了对付这种威胁巨大的鱼雷艇，英国终于下决心制造一种新型快速舰船——鱼雷艇驱逐舰（torpedo boat destroyer，后来简称驱逐舰即 Destroyer）[1]，以保护大型舰船免受鱼雷艇的攻击。

第一艘真正意义上的驱逐舰"破坏"（Havock，旧译为"哈沃克"）号于 1893 年 8 月下水，它排水量 275 吨，长 180 英尺（54.86 米），宽 18.5 英尺（5.64 米），吃水 7.5 英尺（2.21 米），航速 26 节，编制 68 人；装备了 1 门 12 磅速射炮、3 门 6 磅速射炮和 3 个鱼雷发射管，吨位和速度比鱼雷艇稍大一点。这样它既不受鱼雷的威胁（因为吃水浅），又可以轻易地追上鱼雷艇，并在火力上完全压倒后者。同时它也可以用鱼雷攻击其他大型舰船。这对于鱼雷艇来说是一个更大的挑战，如果说鱼雷炮舰只是作为竞争者出现的话，那么驱逐舰就是作为鱼雷艇的毁灭者出现的。

1895 年 7 月，让英国人担忧的法国"海盗"（Forban）号鱼雷艇也下水了，标准排水量 121 吨，满载排水量 150 吨，长 44 米，宽 4.64 米，吃水 1.35 米；2 台往复式蒸汽机，2 个诺曼锅炉，3260 匹马力，满载时航速 29 节，载

---

〔1〕其实 destroyer 的英语含义应为破坏者、消灭者。不过日本在翻译时，创造性地译为驱逐舰，而深受日本译法影响的近代中国也随即承袭了对这个称呼，并一直沿用至今。

"破坏"号驱逐舰模型，虽然在外形上仍然和近代鱼雷艇颇为类似，但其内在已经有了实质性的变化。

煤量 18 吨；2 个 14 英寸鱼雷发射管，2 门 37 毫米机关炮。她的性能比英国得到的情报还要出色，堪称鱼雷艇发展史上的一个里程碑，因为她是第一艘航速超过 30 节（试航时航速 31.03 节）的军舰。在服役中她的海上表现十分出色，是在比斯开湾和英吉利海峡执行突袭任务的理想船只。驱逐舰和鱼雷艇孰优孰劣，迫切需要实战的证明。

1898 年，以加勒比海地区为主战场的美西战争初步证明了驱逐舰的价值，西班牙海军本来拥有不少鱼雷艇，但保养状况极糟。虽然在十年前的海军大演习中就发现所有鱼雷艇的机器都有问题，却没有做任何措施来改善，结果到了战争开始后，才发现没有一艘鱼雷艇能投入战斗。

但是驻扎在波多黎各的一艘排水量仅 370 吨的西班牙驱逐舰"恐怖"（Terror）号却在反封锁战中用鱼雷击中了 14910 吨的美国"圣保罗"（St.

Paul）号辅助巡洋舰，使其遭到重创并燃起大火，最终不得不抢滩搁浅以避免沉没，这等于是往志满意得的美国人脸上扇了一个响亮的耳光。而对于有心人来说，拥有 22 节高速的"圣保罗"号被击伤，证明当时世界上大多数战舰都难逃驱逐舰的追杀——当时的战列舰航速普遍低于 20 节。

而此后不久，战前让美国海军期望甚高的鱼雷艇却再次让其面上无光。"温斯洛"（Winslow）号是当时美国最新最大的鱼雷艇，1897 年 12 月 29 日服役，排水量 142 吨，长 160 英尺 4 英寸，宽 16 英尺 3/4 英寸，吃水 8 英尺；两台立式三胀往复蒸汽机，两座水管式锅炉，2000 匹马力，双轴推进，最大航速 24.82 节，载煤 9（正常）—32（最大）吨，续航力 1200 海里 /10 节；3 门 1 磅机关炮，3 个 18 英寸白头鱼雷发射管；编制 4 名军官，20 名士兵。

1898 年 5 月 11 日 12 时 30 分，"温斯洛"号和炮舰"威尔明顿"（Wilmington）号、装甲汽船"哈德森"（Hudson）号一起乘着涨潮驶入古巴岛的卡德纳斯（Cardenas）港搜索这里的 3 艘西班牙船只。

下午 1 点 35 分，"温斯洛"号由于水浅弯多，航速降到 12 节。结果在水道中突然遭到西班牙武装拖船"安东尼奥·洛佩斯"（Antonio Lopez）号和岸炮的攻击，艇长伯纳德（J.B.Bernado）中尉在第一轮炮击中就左腿负伤。

"安东尼奥·洛佩斯"的排水量只有 50 吨，装备 1 门 57 毫米诺登菲尔德式机关炮和 1 门 37 毫米哈乞开斯机关炮，可以说战斗力是相当薄弱的。但这时风向是从岸边向海上吹，美国人受炮烟影响，完全无法辨认敌人的具体位置，结果连连中弹，舵机受损无法修复，机舱被一颗炮弹击穿，一部发动机失效。

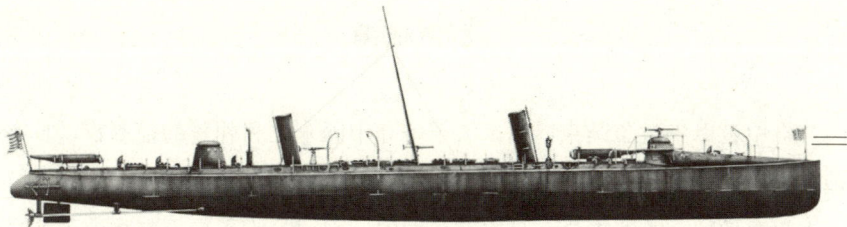

美国"温斯洛"号鱼雷艇图

"温斯洛"号奋力自救，用仅剩的一部发动机缓缓后退，巴格莱（Ensign Worth Bagley）少尉在甲板和机舱之间跑来跑去传达命令。下午 2 点 30 分，"安东尼奥·洛佩斯"发射的一颗炮弹击中"温斯洛"号的甲板，弹片四散，造成 4 人死亡，2 人负伤。其中巴格莱少尉最为不幸，他的躯干被炸得粉碎，头颅也被炸飞，成为美国在这场战争中唯一丧生的海军军官，全艇共有 5 人丧生，4 人负伤。而它的对手虽然中弹 12 处，却没有受到重创，西班牙人有 2 人死亡，12 人受伤。严重受损的"温斯洛"号直到 1901 年 6 月 30 日才完全修复，并改做鱼雷训练船，1904 年退役。这成为西班牙海军在战争中仅有的几次胜利之一。

虽然这次失利源于指挥官对鱼雷艇的使用不当，例如不该把鱼雷艇开入陌生狭窄的水道，以至于失去了航速方面的优势，但毕竟也暴露了鱼雷艇火力弱、防护力差的固有缺点。当时，美国鱼雷艇毫无袭击西班牙舰队的机会，后者始终躲在戒备森严的圣地亚哥港内。而在承担封锁任务时因为整个美国海军只有 6 艘鱼雷艇，成绩甚微。由于鱼雷艇没有更合适的任务执行，它们只好去担任巡逻值勤，但这一工作又偏偏暴露了它们的不可靠性和弱点。由于轮机人员缺乏训练，导致鱼雷艇保养工作不到位，经常发生锅炉烧穿、汽缸盖破裂、活塞和阀门被堵住等事故。由于鱼雷艇颠簸厉害加之居住舱室狭小，致使艇员的体力消耗很快。艇上没有制冷设备，甚至连饮用水也遭到了铁锈或海水的污染。在小小的锅炉舱中，高压蒸汽有烫伤和致死人员的危险。此外，瞭望员有从充当舰桥的露天平台上被海水冲到舷外的危险，大西洋的风浪让小小的鱼雷艇不胜其扰。总之，在这次战争中，鱼雷艇的表现是令人失望的。

群鼠噬狮

自中日甲午战争结束以后，为了争夺中国东北和朝鲜的控制权，日本和俄国矛盾日益尖锐，而对俄国独霸远东野心十分警惕的英美两国则靠支持日本来阻遏俄国，英国更是与日本结成同盟；而德国为了自己在欧洲与法国争夺的需要，也怂恿俄国对日强硬。1904 年 2 月 8 日深夜，日本海军不宣而战，派出大量驱逐舰用鱼雷偷袭驻扎在中国旅顺口的俄国太平洋舰队，造成后者部分舰船损失，并将其牢牢围困在港内。

早些年极度迷恋鱼雷艇的俄国海军此时已经改弦易辙，太平洋舰队里编入了25艘驱逐舰而没有一艘鱼雷艇。当时俄国在远东唯一的鱼雷艇部队是海参崴（Vladivostock）舰队下辖的17艘鱼雷艇，其中7艘编号为91-95、97、98的杆雷艇，是1877—1878年杆雷艇方兴未艾的时候建造的，虽然在1898年进行了改装，换了新锅炉，但毕竟是快30年舰龄的老艇了，几乎没有任何军事价值。

真正有战斗力的是10艘大型鱼雷艇，其中第一鱼雷艇支队下辖分属三个型号的6艘鱼雷艇：201（原名 Сучена）、202（原名 Янчихе），属于俄国数量最多的A6型鱼雷艇，1887年德国希肖厂建造。排水量76吨，长39米，宽4.52米，吃水1.85米；1台VC发动机，1台汽车式锅炉，970匹马力，最大航速16.8—17.2节，载煤量29吨，2门37毫米哈乞开斯机关炮，2个15英寸鱼雷发射管；编制21人。203（原名 Сунгари"松花江"）、204（原名 Уссури"乌苏里江"）号，1889年建造。排水量175吨，长41.2米，宽5米，吃水2.64米。1台VTE发动机，2台汽车式锅炉；203艇1956匹马力，航速20.3节，204艇2039匹马力，航速19.5节；载煤30吨。3门37毫米哈乞开斯机关炮，3个15英寸鱼雷发射管。编制1名军官，20名士兵。205（原名 Свеаборг"陶醉"）、206（原名 Ревель"狂欢"）号，1886年由法国勒阿弗尔造船厂建造，标准排水量96吨，满载排水量107.5吨，205艇长46.8米，宽3.43米，吃水2.64米，206艇尺寸略有不同，宽3.73米，吃水2.51米。1台VTE发动机，一台Normand锅炉。205艇为737匹马力，航速19.2节；206艇为837匹马力，航速19.7节；载煤29吨；2门哈乞开斯37毫米机关炮，3个15英寸鱼雷发射管。编制2名军官，19名士兵。

第二鱼雷艇支队下辖4艘同型鱼雷艇208—211号，法国建造，1899年完工，排水量120吨，长42米，宽4.5米，吃水2.06米。2台VTE发动机，2台Du Temple锅炉，1460匹马力，航速18.5节，载煤40吨，续航力550海里/18节。2门37毫米机关炮，3个15英寸鱼雷发射管。编制2名军官，22

俄国 208 号鱼雷艇

名船员。

1904 年 4 月 24 日，海参崴舰队偷袭日军控制下的朝鲜元山港，其中 2 艘鱼雷艇随行。舰队在港内击沉了排水量 600 吨的日本商船"五洋丸"，随后腿短的鱼雷艇就被打发回家。6 月 28 日，海参崴舰队再次南下出击，这次有 8 艘鱼雷艇随行，并于 30 日上午 5 时 30 分潜入元山港内，用机关炮击沉了帆船"幸运丸"和"清涉丸"，然后意犹未尽地返航，但在途中出了意外，204 艇于 6 月 30 日不幸搁浅，艇员们只得将其凿沉。

此后不久，海参崴舰队的三艘主力巡洋舰在与优势日本舰队的作战中失利，损失惨重，丧失了出击能力，鱼雷艇队也没有得到再次上战场的机会，反而又有 2 艇损失：208 艇于 1904 年 7 月 17 日触雷沉没，1 人死亡，5 人受伤；202 艇于 1904 年 8 月 21 日失事。

相对于俄国鱼雷艇力量的薄弱，在甲午战争中尝到过甜头的日本海军装备的鱼雷艇数量惊人。除了甲午战争以前的老艇外，又制造了两型一等水雷艇："白鹰"和"隼"；三型二等水雷艇第 29 号型、第 39 号型、第 67 号型；两型三等水雷艇第 15 号型、第 50 号型，到日俄战争爆发时已经有 80 余艘，成为有史以来规模最大的参战鱼雷艇部队。

"白鹰"型 1900 年德国希肖厂建造，三菱长崎造船厂组装，该型只有 1 艘。标准排水量 127 吨，长 46.5 米，宽 5.1 米，吃水 1.25 米；立式三缸三胀蒸汽机 2 台，锅炉 2 个，双轴推进，2600 匹马力，航速 25.14 节，最大载煤量 25 吨；57 毫米单装机关炮 3 门，450 毫米旋转式鱼雷发射管 3 座；编制 30 人。

隼型鱼雷艇，法国诺曼（Normand）公司设计，部分由日本吴、川崎两个造船厂生产，共有 15 艘，全以鸟类命名。"隼"、"鹊"、"真鹤"、"千鸟"、"雁"、"苍鹰"、"鸽"、"燕"、"云雀"、"雉"、"鹭"、"鹑"、"鸥"、"鹬"、"鸿"。1900—1904 年建造，标准排水量 152 吨，长 45 米，宽 4.91 米，吃水 1.45 米；动力系统为 2 台立式三缸三胀蒸汽机，2 台诺曼式锅炉，双轴推进，4200 匹马力，最大航速 28.5 节，最大载煤量 28.5 吨，续航力 2000 海里 /10 节；47 毫米哈乞开斯单管机关炮 3 门，450 毫米旋转式鱼雷发射管 3 座；编制 30 人。

第 39 号型鱼雷艇，英国亚罗厂于 1901—1902 年建造，在横须贺海军造船厂和佐世保海军造船厂组装，共有 10 艘，第 39—43 号、第 62—66 号。这型鱼雷艇在设计时正值驱逐舰兴起，于是将原来设计的排水量由 80 吨提高。标准排水量 110 吨，长 46.81 米，宽 4.65 米，吃水 1.07 米；亚罗式水管锅炉 2 个，立式三缸三胀蒸汽机 1 台，单轴推进，2000 匹马力，最大航速 27 节，最大载煤量 36 吨；57 毫米机关炮 1 门，360 毫米鱼雷发射管 3 个（艇艏固定 1 个，

隼型鱼雷艇

第 39 号型鱼雷艇

第 67 号型鱼雷艇

旋转式 2 个）。

第 67 号型鱼雷艇是是日本在第 22 号型鱼雷艇基础上自行设计、自行生产的，并且首次安装了国产锅炉，1903—1904 年由横须贺、佐世保、川崎造船厂建造了 9 艘，第 67—75 号。标准排水量 89 吨，长 40.1 米，宽 4.99 米，吃水 1.03 米；舰本式锅炉 2 个，立式三缸三胀发动机 1 个，单轴推进，1200 匹马力，航速 23 节，最大载煤量 27 吨；57 毫米机关炮 2 门，360 毫米鱼雷

第50号型鱼雷艇

发射管3个（艇艏固定1个，旋转式2个）；编制23人。

第50号型鱼雷艇是日本对法制第15号型的仿制品，最大区别在于取消了发射角度太小的艇艏鱼雷发射管。由横须贺和吴海军造船厂建造了10艘：第50—59号。排水量53吨，长34米，宽3.51米，吃水0.89米；1个诺曼水管锅炉，1个立式三缸三胀蒸汽机，单轴推进，657匹马力，航速20节，载煤4.4吨；47毫米炮1门，360毫米旋转式鱼雷发射管2个。

虽然有如此强大的鱼雷艇力量，但在漫长的旅顺口封锁战中，由于海防炮台迟迟未能拿下，军港防卫严密，日本鱼雷艇再也没有像威海卫那样好的机会了，完全是猫抓刺猬一般无处下嘴。

1904年7月23日，日本海军发现在旅顺口外的小平岛有4艘俄国驱逐舰。这完全是个千载难逢的机会，第十四水雷艇队[1]的4艘"隼"级鱼雷艇立即出动，与"三笠"、"富士"号两艘战列舰的舰载鱼雷艇（实际上就是装了抛射鱼雷的蒸汽小艇），以及改装炮舰"万田丸"、"吉川丸"一起于当晚10时20分向停泊的俄国驱逐舰队发起夜袭。其中"布拉科夫中尉"（ЛЕЙТЕНАНТ БУРАКОВ）号驱逐舰首当其冲，该舰原为中国海军的德制"海华"号驱逐舰，1900年八国联军侵华战争中被俘改为现名。排水量280吨，

---

〔1〕第十四水雷艇队司令兼"千鸟"艇长关重孝中佐，下辖"千鸟"（司令艇）、"隼"（艇长海老原启一大尉）、"真鹤"（艇长玉冈吉郎大尉）、"鹊"（艇长宫本松太郎大尉）。

有6门47毫米机关炮、1个15英寸鱼雷发射管（这种鱼雷必须从德国采购，当时还未能运到）和1个14英寸鱼雷发射管，航速33.6节，堪称世界上最快的战舰，如果是速度竞赛，第十四水雷艇队没有一艘鱼雷艇赶得上她，不过在遭到袭击时她却是停着的。

该舰中弹受创，2人死亡，4人负伤。该舰退避时触礁搁浅，再次遭到日舰的群殴，7月29日断裂为2节，彻底沉没。

正当鱼雷艇长们在抱怨俄国人躲在港内不出来让他们没有立功机会时，1904年8月10日，俄国太平洋舰队却出来突围了。经过一番激战，被打散的俄舰纷纷向旅顺口逃回，日本驱逐舰和鱼雷艇迎面上来进行了攻击。确认展开雷击行动的有第一、第二、第六、第十、第十四和第二十水雷艇队，但由于距离过远，射出的鱼雷无一命中，看来关键的问题还是出在鱼雷艇长们自己身上。联合舰队司令长官东乡平八郎大将愤怒地对"爱惜性命"的驱逐舰和鱼雷艇部队进行了强有力的整顿。

到了10月份，由于日军已经占领的地方可以看到一部分港口，威力巨大的280毫米重型榴弹炮开始能够比较准确地轰击港湾内的俄国舰队。10月27日，"胜利"（Pobieda）号战列舰甲板中了1颗280毫米炮弹，11月11日又挨了1颗。还有一些炮弹落到"塞瓦斯托波尔"（Sevastopol）号战列舰的附近，该舰被迫于12月4日晚上转移到离陆地较远的旅顺西港白狼湾。但这里却在日本海军的可攻击范围之内，于是俄国人在周围设置了防雷网，岸上设置了6英寸火炮阵地，还有两艘驱逐舰保护。这次转移非常及时，就在5日，就有5颗炮弹击中"胜利"号，第二天中了23发，许多水密舱壁被破坏，大量进水，严重左倾，被迫弃舰。日军直到12月8日早上才发现"塞瓦斯托波尔"号已移动了位置，而在此之前他们已经向原来的锚地白白发射了300多发280毫米炮弹。

"塞瓦斯托波尔"号，排水量11800吨，长112.5米，宽21.3米，吃水8.6米；航速15.3节，4门305毫米炮，12门152毫米炮，12门47毫米炮，28门37毫米炮，6个15英寸鱼雷发射管。这艘战舰曾触雷受损，水线下被炸出了一个巨大的破口，后来经过修补，可以达到14节的航速，是旅顺口里最有

俄国"塞瓦斯托波尔"号战列舰

战斗力的军舰之一，因此她转移到白狼湾，虽然暂时躲开了日本陆军的炮弹，但随之也招来了大批的饿狼。

12月9日晚上，第九和第十五水雷艇队[1]的7艘"隼"级水雷艇就偷偷地靠近"塞瓦斯托波尔"号发射了鱼雷，但是距离太远，没击中任何目标，甚至没有引起俄国人的注意。第二天晚上，第十、第十四、第十五、第二十水雷艇队再次试图偷袭，但接连几天的恶劣气候和偏北强风使他们不得不放弃这一行动。

12月12日，日本人集中了第十四和第二十水雷艇队[2]的8艘鱼雷艇，以及"三笠"、"富士"号两艘战列舰的舰载鱼雷艇一起突袭。途中被担任

---

　　[1]第九水雷艇队司令兼"苍鹰"艇长河濑早治中佐，"苍鹰"（司令艇）、"鸽"（艇长井口第二郎大尉）、"雁"（艇长粟屋雅三大尉）、"燕"（艇长田尻唯二大尉）；第十五水雷艇队司令兼"云雀"艇长近藤常松中佐，"云雀"（司令艇）、"鹭"（艇长横尾尚大尉）、"鹑"（艇长铃木氏正大尉）、"鹄"（艇长森骏藏大尉）。
　　[2]第二十水雷艇队司令兼第65号艇长久保来复少佐，第65号（司令艇）、第62号（艇长户名肱三郎大尉）、第63号（艇长江口金马大尉）、第64号（艇长富永寅次郎大尉）。

警卫任务的俄国炮舰"勇敢"号（Отважный，1717 吨，1 门 229 毫米炮，1 门 152 毫米炮，6 门 47 毫米炮，4 门 37 毫米炮，航速 13.3 节，2 个 15 英寸鱼雷发射管）和 7 艘俄国驱逐舰发现，双方激烈交火，但是日本鱼雷艇还是射出了鱼雷，其中一颗击中防雷网后爆炸，造成"塞瓦斯托波尔"号水下部位一个约 0.9 米长的裂纹，并有轻度进水。俄国人则声称击中了 2 艘日本鱼雷艇，其中第 64 号被战列舰 305 毫米主炮发射的炮弹击沉，不过在日本档案里第 64 号鱼雷艇是 1913 年 4 月 1 日退役的。

日本人认为之所以袭击失败的缘故是使用的鱼雷艇太大容易被发现，于是在 12 月 13 日晚上派出了第六、第十、第十二水雷艇队的小型鱼雷艇进行攻击，但是第 53 号鱼雷艇在白狼湾入口撞上了一颗水雷，带着所有的 3 名军官和 15 名士兵沉入海底，袭击再次失败。

接二连三的失利终于让日本人疯狂起来，他们这次投入了几乎所有在旅顺港外的鱼雷艇：包括属于第二、第六、第九、第十、第十二、第十四、第十五、第十六、第二十一水雷艇队的 23 艘鱼雷艇以及"富士"号战列舰的舰载鱼雷艇。

12 月 14 日的晚上下起了雪，但这显然不能使日本人少许冷静，月亮落山之后，鱼雷艇蜂拥而上，一共发射了超过 30 颗鱼雷，其中不少都击中了防鱼雷网。大量的近距离爆炸使俄国战列舰受到一定的损伤，第 42 号鱼雷艇被俄国驱逐舰"愤怒"号击沉，另有第 49、56、58 号和"苍鹰"、"雁"、"燕"、"鸽"等 8 艘鱼雷艇受伤。"塞瓦斯托波尔"在夜战中一共发射了 9 发 305 毫米、41 发 152 毫米炮弹。天亮之后，俄军在海岸上发现了 15 颗冲上沙滩的鱼雷，从中提取了 1.5 吨的苦味酸和硝化棉炸药用到与日军的陆地战斗中去。

损失越大，日本人就越疯狂，12 月 15 日晚上，第二、十四、二十一水雷艇队的 9 艘鱼雷艇再次突袭，这次日本人用分批次进攻的方式终于取得了成功，防鱼雷网在前两次雷击中遭到破坏，第三轮攻击有两颗鱼雷击中了"塞瓦斯托波尔"号尾部，造成大量进水，虽然通过抢修可以达到 8 节的航速，但已经不能够再出海作战，只能充当浮动炮台的角色。1905 年 1 月 2 日得到了旅顺守军决定投降的消息后，舰员们将其自沉。日本人为了这个战果一共发射了约 80 颗鱼雷，损失了 2 艘鱼雷艇，另有 13 艘鱼雷艇受伤，35 人死亡。

　　1905 年 5 月 27 日，日本联合舰队与从波罗的海远道而来的俄国太平洋第二舰队在对马海峡决战。在整个白天，战场上完全是大舰巨炮的天下，不仅是小得可怜的鱼雷艇，就连驱逐舰也只能眼巴巴地呆在战场外看热闹，他们得到的命令是晚上才能出动。因此当夜幕降临时，日本驱逐舰和鱼雷艇就像嗜血的群狼般一拥而上，疯狂地对残余的俄国战舰进行鱼雷攻击，这一片段经过生还者的渲染，被称为"鱼雷之夜"。

　　实际上经过一天的激战，俄国舰队败局已定，剩下的不是伤痕累累，就是老旧不堪，对高速的驱逐舰和鱼雷艇本来就没有多少还手之力了。而在这种情况下，日本雷击舰队取得的战绩并不很大，只是击沉 5 艘敌舰而已，与事先对他们的期望相去甚远。

　　最大的幸运儿当属第十一水雷艇队（司令富士本梅次郎少佐，第 73 ［司

俄国"苏沃洛夫"号战列舰

令艇]、72、74、75号），它们发射的鱼雷有3条击中了奄奄一息的俄国旗舰"苏沃洛夫"（Kniaz Suvarov，俄国元帅。1904年9月服役。标准排水量13733吨，满载排水量14718吨，长121米，宽23.2米，吃水8.9米；马力15800匹，最大航速18节（33公里/小时）；2座双联装305毫米炮塔，6座双联装152毫米炮塔，20门75毫米速射炮，20门47毫米速射炮，4个381毫米鱼雷发射管；28名军官，754名士兵）号，当时总旗舰的突击命令尚未下达，不过经过日本"下濑"炮弹洗礼的"苏沃洛夫"号到处都燃烧着灼热的烈焰，船壳上弹洞密布，炮位上死尸堆积，连行驶都已经很成问题，原本护卫在一旁的驱逐舰也早已经各求生路去了，完全是一副任人宰割的模样。19点20分，中雷后的"苏沃洛夫"号向左缓缓翻转，随即倾覆，沉没在对马岛以东约30海里的地方。

"纳瓦林"号战列舰

20：15，日本的鱼雷艇队终于展开了全面攻击，第一轮鱼雷攻击中只有四个并列式烟囱的老式战列舰"纳瓦林"（1896 年服役，排水量 10206 吨，长 109 米，宽 20.42 米，吃水 8.38 米；2 台往复式蒸汽机，12 个锅炉，马力 9140 匹，航速 15.5 节，载煤量 400—700 吨；4 门 305 毫米炮，8 门 152 毫米炮，8 门 3 磅炮，15 门 1 磅炮，6 个 15 英寸鱼雷发射管）在 20 点 30 分吃到了一颗鱼雷，造成 4 个船舱破坏并大量进水，2 号锅炉舱因为失去水密性而放弃，少了一半蒸汽的该舰航速骤然跌至 8 节，逐渐掉队，很快被第九水雷艇队（司令河濑早治中佐）发现。这时候该舰因为无法控制进水，船尾甲板已经触及海面，就算不遭到任何攻击，估计也浮不了多久了。日本鱼雷艇射出了所有鱼雷，"纳瓦林"号中雷爆炸沉没，622 名船员中只有 3 人幸存。

虽然击沉了两艘战列舰，但是这种补刀式的战果是无法得到认同的，世界上普遍形成了驱逐舰将会取代鱼雷艇的观念，因为驱逐舰具有鱼雷艇的功能，可以在沿海或者远海击沉战舰，唯一做不到的就是因为吨位较大，不能秘密地潜入港口偷袭，但这个缺陷却被它的速度优势抵消了。驱逐舰在所有的海域都可以追上鱼雷艇，其装备的速射炮可以在鱼雷射程之外将鱼雷艇击沉。当时有一个例子可以说明驱逐舰的惊人航速：舰员必须要戴护目镜，否则他们会被迎面扑来的风或者飞溅的浪花打得睁不开眼。在驱逐舰面前，鱼雷艇已经黯然失色。

不过，作为曾经声名显赫的刺客，鱼雷艇是不会那么甘心地退出历史舞台的，在东南欧爆发的一场小国之间的战争又给了它表现的机会。

痛打病夫

俗话说，百足之虫，死而不僵。直到 20 世纪初，有"欧洲病夫"之称的奥斯曼土耳其帝国仍然控制着巴尔干半岛的大片领土，阿尔巴尼亚人，居住在马其顿、色雷斯的塞尔维亚人，保加利亚人和希腊人仍在其统治之下。1911 年 9 月 28 日，意大利为了夺取土耳其的北非属地而与其开战，后者在巴尔干的军队大量调走，这让早就渴望民族独立的巴尔干人的胆子也壮了起来，再加上对黑海海峡觊觎已久的俄国在背后怂恿，1912 年 10 月，第一次巴尔干战争爆发，塞尔维亚、黑山、保加利亚、希腊这 4 个巴尔干国家组成了反奥斯曼土耳其帝国的同盟，相继对土宣战。当时保加利亚只在黑海有出海口（战后从土耳其获得了色雷斯的一部分，拥有了爱琴海出海口），所以其海军便将自己最新式的"无畏"级鱼雷艇全部投入到黑海战场。

"无畏"级鱼雷艇是 1904 年 2 月，法国的施耐德公司以法国海军的 38 米型鱼雷艇为原型为保加利亚生产的 6 艘大型鱼雷艇，排水量 97.52 吨，长 38 米，宽 4.04 米，吃水 2.4 米。双轴推进，1950 匹马力，最大航速 26 节，续航力 500 海里，载煤 11 吨，编制 25—30 人。

除了安装在第一个烟囱两侧的 2 门 47 毫米施耐德机关炮外，鱼雷艇的主要装备为 3 具 450 毫米鱼雷发射管，其中一个为艇艏固定式发射管，另在后甲板上设置一座可旋转双联装发射管，其布置比较新颖，并列发射管朝向完全相反，这样可以同时向左右两舷的不同目标同时发射鱼雷，但在实践中弊大于利，毕竟两舷同时出现有利于攻击的对象这种概率是极小的，反而不利于在攻击敌舰时形成攻击密度。法国人奇思妙想层出不穷，但实用价值差的特点，在"无畏"鱼雷艇上也可算体现得淋漓尽致。

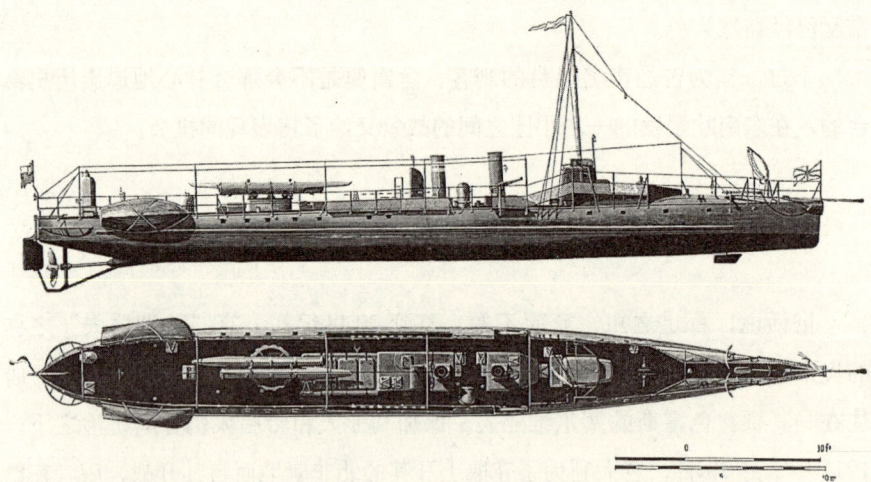

"无畏"级鱼雷艇二视图

"无畏"级特殊的并列式鱼雷发射管

按照合同，该级鱼雷艇的船体在法国生产，并运到保加利亚，在法国工程师和机械师的指导下进行组装。1906 年 1 月—1908 年 9 月，全部组装完毕，编入保加利亚王国海军服役，分别为命名为"无畏"（保加利亚名 Дръзки，英文名 Intrepid）、"大胆"（保加利亚名 Смели，英文名 Brave）、"勇敢"（保加利亚名 Храбри，英文名 Valiant）号、"喧闹"（保加利亚名 Шумни，英文名 Noisy）号、"飞速"（保加利亚名 Летящи，英文名 Flying）号和"严厉"（保加利亚名 Строги，英文名 Stern）号。因为六艇从外形上看完全一模一样，为了识别，"勇敢"号在第一个烟囱上刷一道白漆，"喧闹"号刷两道，"大胆"号刷三道；"严厉"号在第二个烟囱上刷一道白漆，"无畏"号刷两道，"飞速"号刷三道。

由于腹背受敌、捉襟见肘，土耳其在巴尔干的陆地战场上遭受了巨大的物质损失，严重缺乏武器、弹药和其他物资。德国和奥匈帝国暗中对土耳其的支援从中立国罗马尼亚的康斯坦察港起运，由埃及货船运往土耳其首都君士坦丁堡（Constantinople）。由于保加利亚的海岸线正好处于罗马尼亚与土耳其之间，其海军规模虽小，但对航运线的威胁很大，所以土耳其每天都派出军舰在保加利亚沿海游弋，而这也正好为鱼雷艇提供了绝佳的攻击目标。

1912 年 11 月 20 日，"无畏"号、"大胆"号、"飞速"号和"严厉"号在贝尔巴托夫·多布雷夫（Dimitar Dobrev）海军中校指挥下从瓦尔纳（Varna）港出发，前去拦截土耳其的运输船队。午夜 00：40 分，呈鱼贯纵列前进的保加利亚鱼雷艇队在距离瓦尔纳港约 32 英里处遇到了也是鱼贯而行的土耳其防护巡洋舰"哈米迪耶"（Hamidiye）和两艘驱逐舰。当时鱼雷艇队正从西向东行驶，而土耳其舰队从北向南行驶，恰好把巨大的侧影暴露在鱼雷艇的面前，真是没有比这更好的机会了！多布雷夫中校立即下令各艇备战。

"哈米迪耶"号为英国阿姆斯特朗公司制造的"梅吉迪耶"（Mecidiye）

土耳其防护巡洋舰"哈米迪耶"号

级巡洋舰，1904 年 4 月服役，排水量 3800 吨，长 112 米，宽 14.5 米，吃水 4.8 米。两台蒸汽机，16 座锅炉，马力 12000 匹，航速 22 节（一说 15 节），载煤 600 吨，续航力 5500 海里 /10 节。编制 302 人。150 毫米炮 2 门，120 毫米炮 8 门，47 毫米炮 6 门，37 毫米炮 6 门，450 毫米鱼雷发射管 2 个。穿甲和司令塔装甲均为 3.94 英寸，炮盾 2.99 英寸。就在此前不久，"哈米迪耶"号还耀武扬威地炮击了瓦尔纳港，企图给弱小的保加利亚海军一个警告。但是现在，保加利亚还击的拳头已经到了面前，土耳其人却还没有任何反应。

00：45 分，"飞速"号在 500—600 米的距离上首先发射了鱼雷，接着是"大胆"号和"严厉"号，依次驶出队列进行攻击，一艘比一艘的距离更近，这样土耳其巡洋舰也终于发现了近在咫尺的巨大威胁，赶紧加速避让，同时全部火力都开始猛烈轰击，152 毫米炮弹在"大胆"号附近爆炸，导航设备被震坏，无法跟着"飞速"号左转，在高速冲刺的惯性下，竟直接向土耳其驱逐舰冲去。艇长急中生智，指挥鱼雷艇连着向右转了两个大圈，才拉开距离，向西返航。

在攻击中，法国设计的弊端开始暴露出来，并列式鱼雷发射管无法齐射，未能形成攻击扇面，在巡洋舰的规避下，前面三艘艇发射的鱼雷都没有击中目标。

只有最后出阵的"无畏"号在艇长乔治（George）少尉的指挥下挺进到一个非常大胆的距离——大约 50—60 米，直到土耳其炮弹的碎片已经飞溅到了甲板上才发射鱼雷。其中一颗在几秒钟之后就命中"哈米迪耶"号前部，猛烈的爆炸掀起巨大的水柱，将其船壳撕开了一个大约 10 平方米的大口子，海水大量涌入，部分水密隔舱严重进水，土耳其官兵当场有 8 人被炸死，30 人受伤。

保加利亚人看到"哈米迪耶"号的惨状，认为其必沉无疑，遂胜利返航，四艘鱼雷艇均没有受到太大损害，安然无恙，只有"勇敢"号的一名中士炮手负伤。

跟在"哈米迪耶"后面的两艘土耳其驱逐舰追赶不及，便赶来援救"哈米迪耶"号。这时该舰由于严重进水，前甲板已经没入海中，舰尾则开始露出海面，已经能够看到绿色的水下舰体，随时都有沉没的危险。不过对土耳其人来说幸运的是当时的海面非常平静，波澜不兴，在土耳其水手疯狂地抽水堵漏后，巡洋舰终于恢复了一点元气，得以蹒跚地返回君士坦丁堡金角湾，并在那儿一直修理到战争结束。

1913年5月，第一次巴尔干战争以反土耳其同盟的胜利而告终，但很快因为分赃不匀，昔日的战友反目成仇。6月29日，希腊、黑山、塞尔维亚联合起来对保加利亚大打出手，史称第二次巴尔干战争。罗马尼亚和土耳其也乘火打劫，保加利亚四面受敌，同年8月就战败求和。而这时"无畏"级则因为开战时正好停泊在俄国的塞瓦斯托波尔港，结果被俄国人以中立为名扣押了一个月才得以回国，没能起到什么作用。

第一次世界大战中，保加利亚为了向反保加利亚同盟复仇，便加入同盟国一方对塞尔维亚和希腊开战，"无畏"级鱼雷艇这时性能已经显得落后，主要从事巡逻和布雷工作，"喧闹"号于1916年11月9日被一颗俄罗斯水雷炸沉。而保加利亚投降后，剩下的五艘"无畏"级除了"勇敢"号正在瓦尔纳维修外，都被协约国征用。1919年夏，"飞速"号触礁沉没，其他三艘在1920年归还保加利亚政府，但作为和约的一部分，所有"无畏"级都被解除了武装，开始负责扫除战争遗留的水雷，后来作为海关缉私艇使用。

不过到了1934年，随着德国的重新军备化吸引了世界的目光，保加利亚也偷偷地将"无畏"级武装起来并进行现代化改装，其中在艇首尾各安装一门Maxim-Spandau 08型机关炮，在后甲板上安装一座双联装鱼雷发射管，将操舵室升高以改善视野，并安装了新的无线电台。不过总的来说该艇已经老化，使用价值不大。1936年"无畏"级不再使用烟囱上刷白漆的识别标志，改在艇艏漆上艇名的首字母："无畏"为Ⅱ，"大胆"为C，"勇敢"为XP，"严厉"为CT。

第二次世界大战爆发后，保加利亚再次加入德国一方作战，四艘"无畏"级将机关炮改成德国莱茵金属公司生产的37毫米半自动高射炮。但是到了1942年，又改为老式的施耐德机关炮，并加装了两挺德制7.92毫米MG-34型机枪，同时还可以携带深水炸弹做反潜用。1942年10月15日，因为火药库爆炸，"无畏"号在瓦尔纳港沉没；1943年5月，"大胆"号在风暴中沉入 11 米深的海底，15 人死亡。不过这两艘艇很快又被严重缺乏船只的保加利亚人打捞起来重新修复使用。

1944 年 9 月，由于保加利亚投降，状态较好的"勇敢"号和"严厉"号被编入苏联海军黑海舰队。"无畏"号被征用后，苏联人发现该艇状态太差，便一直没有用，直到 1945 年 7 月 19 日归还保加利亚并解除武装。而"大胆"号则顶替了它，于 1944 年 10 月 12 日编入苏联海军。幸运的"无畏"号此后一直在保加利亚充当巡逻艇使用，直到 1954 年被作为靶船击沉。恰好在这时，被苏联人用废的"勇敢"号归还给保加利亚，保加利亚人决定把这艘它作为纪念舰永久保留，不过是以"无畏"号的名义，现存放于瓦尔纳海军博物馆。

俗话说大难不死，必有后福。当年在"无畏"级围攻下九死一生的"哈米迪耶"号居然出奇的长寿，在土耳其海军一直使用到 1947 年 3 月才退出现役，1964 年方被拆毁。而这个时候，五十年前攻击它的四艘"无畏"级都早已作古。

不过另一艘土耳其战舰就没有那么好的运气了。同样是在第一次巴尔干战争中，1912 年 10 月 6 日，在希腊海军的大力支援下，希腊陆军高歌猛进，开始猛攻爱琴海东部和东北部的各个岛屿，并在占领的利姆诺斯（Lemnos）岛上建立了前进基地，封锁达达尼尔（Dardanelles）海峡，阻碍黑海内的土耳其舰队主力进入爱琴海，支援巴尔干战场上节节败退的陆军。

还没等迟钝的土耳其人做出反应，就又传来了一个噩耗：萨洛尼卡（Salonika，今属希腊）港内停泊的铁甲舰"菲锡·伊·布伦德"（Feth-i-Bulend）号被击沉了。

执行这次突袭行动的是希腊海军 NF-11 号鱼雷艇，原编号为 V11 号，1884 年由德国希肖工厂建造，1885 年服役，排水量 85 吨，长 37.5 米，宽 4.6 米，吃水 2 米；本来是 800 匹马力的蒸汽机，1905 年改装为马力 1000 匹的，最大航速可达 18 节；武器本来是装备 1 门诺登菲尔德机关炮和 2 个艇艏 14 英寸鱼雷发射管，也是在 1905 年改为双管 37 毫米机关炮，并在后甲板上加装了一座旋转式 14 英寸鱼雷发射装置。

虽然进行了改装，但在当时毕竟已经属于过时的旧货了。不过她的艇长尼古拉斯（Nikolas Votsis，1877—1931）中尉倒是一个雄心勃勃的人，他的祖

希腊 NF-11 号鱼雷艇，甲板上的铁架是用来搭防雨篷布的。

上参加过（1821—1830）希腊独立战争，他本人在海军学院经过两年的培训后，在 1904—1906 年加入法国海军服务，1912 年 10 月战争开始后刚刚被任命为艇长，正是踌躇满志、准备建功立业之时。

1912 年 10 月 31 日，尼古拉斯驾艇从拉里萨（Litochoro）的内河基地出发，在夜幕的掩护下躲开探照灯，潜入萨洛尼卡，当时港口主要是由水雷场和海岸炮台保护，港湾内除了 4 艘拖船外，就只有"菲锡·伊·布伦德"号。这是一艘 1870 年建造的老式中央炮房铁甲舰，虽然在几年前进行了改装，但也不能出海作战，只能防守港口，或者为陆地守军提供火力支援。该舰排水量 2761 吨，长 72.01 米，宽 11.99 米，吃水 5.51 米；动力系统为 1 台往复式蒸汽机，3250 匹马力，单轴推进，最大航速 13 节；4 门 5.9 英寸 40 倍径速射炮安装在船体中部的装甲炮房里，另有 6 门 3 英寸速射炮，10 门 6 磅机关炮和 2 门 3 磅机关炮；舰体上覆盖着 6—9 英寸的铁甲；编制 220 人。

23 点 20 分，尼古拉斯发现了远处的"菲锡·伊·布伦德"号，他并不知道这是一艘老掉牙的家伙，更不知道它的大部分火炮都已经被拆下来送上了城防工事，他只是觉得这个双桅杆的家伙最大，便选择了她作为攻击目标。15 分钟以后，尼古拉斯在 150 米的距离上先发射了艇首右舷的鱼雷，然后发射了左舷鱼雷。接着继续前进，距离更近时用后甲板上的旋转式发射管射出了最后一颗鱼雷，才全速转舵驶出海港，利用鱼雷艇吃水浅的特性飞快地穿过雷区返航。

"菲锡·伊·布伦德"号至少中了一颗鱼雷，迅速沉没，但只损失了 7 名船员，因为大多数人都被调到岸上操纵火炮去了。击沉"菲锡·伊·布伦德"号在军事上并没有多大的意义，但这一勇敢行动却极大地鼓舞了希腊人的士气，这是年轻的希腊海军获得的第一个胜利，让希腊人又想起了独立战争时期，那些驾驶着火船冲向土耳其战舰的勇士们，尼古拉斯因此幸运地获得了民族英雄的赞誉，历任要职，升至海军少将。而希腊海军在这种精神的鼓舞下，先后两次在海战中战胜了从黑海杀奔而来的土耳其舰队，确保了整个战争的胜局。

"事了拂衣去，深藏身与名"，尼古拉斯获得了荣誉和权力，他的 NF-11 号鱼雷艇却于 1913 年 4 月 13 日在穆德洛湾（Mudro Bay）失事，在蔚蓝色的大海里找到了自己的最终归宿。

前浪之死

虽然鱼雷艇仍然在努力地证明着自己，但实战证明它毕竟是落伍了。在随之而来的第一次世界大战里，鱼雷艇第一次发现自己表现得这样无力，相反驱逐舰却体现了其多用性的优点，他们活跃地参与大大小小的海战，扫雷、护航、反潜，甚至担负两栖运输。而鱼雷艇连其生而具来的刺客本领也不再闪光，多数充作扫雷艇或巡逻艇，让摩托鱼雷艇这个后起之秀抢走了风头。

和其他海军列强不同，由于严重缺乏新式驱逐舰，奥匈帝国海军水面舰艇部队在不多的海上出击时往往会动用那些旧式的航洋鱼雷艇（sea-going torpedo-boat），有时候连更小、性能更差的沿海鱼雷艇（coastal torpedo-boat）也要出动。当然这也是因为奥匈帝国海军在开战伊始就被协约国海军封锁在了亚得里亚海内的缘故。这片夹在亚平宁半岛和巴尔干半岛之间的海域一般来说气候较好、风浪不大，而巴尔干一侧又有众多的岛屿和海峡，比较适合轻型舰艇活动。

奥匈帝国海军共有4级51艘航洋鱼雷艇（编号Tb-50—100）和2级12艘沿海鱼雷艇（编号Tb-1—12），前者排水量在210—250吨之间，航速在26.5—29.5节之间；一般装备4门47毫米炮或2门66毫米炮，2—4个450毫米鱼雷发射管；编制38—41人。后者排水量在116—131.5吨之间，航速在26.5—29.5节之间；装备2门47毫米炮和2个鱼雷发射管；编制20人。这60多艘旧式鱼雷艇在开战初期颇为活跃，到处兴风作浪，而且居然没有一艘在大战中沉没。

一战爆发后不久的1914年8月8日，4艘"鳄鱼"（Kaiman）级鱼雷艇Tb-63E、Tb-64F、Tb-68F、Tb-72F就参加了对黑山王国海岸的封锁和炮击。1915年5月23日，原为三国同盟（德、奥、意）之一的意大利向旧日盟友奥匈帝国宣战，"鳄鱼"级鱼雷艇Tb-53F当天就对意大利港口安科纳进行了炮击，作为对背盟者的惩戒。第二天凌晨，包括30艘鱼雷艇在内的奥匈帝国海军主力舰队也对意大利沿岸的港口进行了猛烈炮击，虽然给意大利人造成了一定的设施和人员损失，但炮击科西尼港的Tb-80T（Tb-74T级，排水量262吨，航速28节，装备2门66毫米炮和2个450毫米鱼雷发射管，编制41人）号鱼雷艇也被意大利岸炮击中，失去了机动能力，只得由友舰拖回波拉港，这是旧式鱼雷艇在大战中流下的第一滴血。

1915年的整个夏天，奥匈帝国海军的注意力几乎都放到了位于亚得里亚海中部的佩拉戈萨岛身上。这个小岛于7月11日被意大利占领，并开始在岛上修建潜艇基地。为拔除这颗钉子，奥匈帝国海军分别于7月27日、8月17日和9月9日接连发动了三次攻击，每次攻击都有4—6艘鱼雷艇参加，用它们那袖珍的66毫米炮向岛上倾泻火力，最终将岛上的设施毁坏殆尽，迫使意军撤走。但 Tb-51N 号鱼雷艇也在返航途中遭到法国潜艇"帕潘"（Papin）号的袭击，被一枚鱼雷炸掉了艇艏，造成 17 名艇员阵亡，并失去了航行能力，由友舰拖回。

1916 年 7 月 14 日晚上，2 艘"鳄鱼"级鱼雷艇 Tb-65F 和 Tb-66F 在利萨岛（今克罗地亚维斯岛）附近发现了正在海面上航行的意大利王国海军潜艇"巴利拉"（Balilla）号，立即用火炮和鱼雷攻击并将其击沉，全艇官兵无一生还。这是一战中旧式鱼雷艇取得的最大战果，也是唯一一个潜艇击沉战果。

"巴利拉"号排水量 728—875 吨，长 213 英尺 3 英寸（65 米），宽 19 英尺 8 英寸（6 米），吃水 13 英尺 5 英寸（4.1 米）；水上航速 14 节，水下航速 9 节；2 门 3 英寸 30 倍径高炮，4 个 17.7 英寸（450 毫米）鱼雷发射管（二前二后），可携带 6 枚鱼雷；编制为 4 名军官，34 名士兵。该艇由意大利拉斯佩齐亚的菲亚特 - 圣乔治（Fiat-San Gorgio）造船厂生产，原本是德国海军于 1913 年订购的，命名为 U-42，但一战爆发后，首鼠两端的意大利以中立为名扣留了这艘已经完工的潜艇，于 1915 年 6 月对奥匈帝国宣战后编入意大利王国海军，并用 18 世纪一名因为反抗奥地利统治而成为意大利独立和统一象征的热那亚少年英雄乔万尼·巴蒂斯塔·帕若索（Giovan Battista Perasso）的绰号"巴利拉"（热那亚人一般称小男孩为巴利拉）命名，可见意大利人对其期望之深。但好景不长，服役才一年多就被击沉了。

2 艘立功的鱼雷艇是 1913 年 11 月 19 日之后才改名的，F 的意思代表建造地 Fiume，即阜姆（今斯洛文尼亚港口里耶卡）。Tb-65F 原名为"九头蛇"（Hydra）号，1908 年 10 月 11 日服役；Tb-66F 原名为"天蝎座"（Skorpion）号，1908 年 11 月 15 日服役。排水量 210 吨，长 186 英尺 8 英寸（56.9 米），宽 17 英尺 9 英寸（5.4 米），吃水 4 英尺 5 英寸（1.4 米）；最大马力 3000 匹，航速 26.2 节；4 门 47 毫米 33 倍径炮，3 个 450 毫米鱼雷发射管，1915 年又增加了 1 挺 8 毫米机枪；编制 38 人。"鳄鱼"级的首艇是英国亚罗厂设计制造的，其他的 23 艘则由奥匈本土各船厂按照英国方案建造。奥匈帝国投降后，该级由英国和南斯拉夫瓜分，65F 和 66F 落入皇家海军手中，于 1920 年报废，在意大利拆毁。

这里值得一提的是，意大利在军事上永远是一个不缺乏奇闻异事的地方，不过其中负面居多。在一战中，意大利海军不但创造了世界上第一个被鱼雷艇击沉潜艇的纪录，也创造了第一个被潜艇击沉鱼雷艇的纪录，当然，如果去掉那个"被"字就很完美了。

这个倒霉蛋是 1 PN 级鱼雷艇 5 PN 号，PN 是鱼雷艇建造厂商 Pattison. Naples 的字头缩写，即那不勒斯的帕蒂森厂。5 PN 号于 1911 年 9 月 5 日服役，标准排水量 120 吨，满载排水量 134—143 吨，长 139 英尺 5 英寸（42.5 米），宽 15 英尺 1 英寸（4.6 米），吃水 4 英尺 7 英寸—4 英尺 11 英寸（1.4 米—1.5 米）；设计马力 3200 匹，航速 27 节，而实际上马力只有 3705 匹，不过最大航速却反而达到了 30.5 节，以最大航速行驶时续航力为 175 海里；装备 1 门 57 毫米 43 倍径炮，2 个 450 毫米鱼雷发射管；编制为 1 名军官，22—29 名士兵。1915 年 6 月 27 日，5 PN 号在自家基地门口的威尼斯湾巡逻时被德国潜艇 UB-1 号（排水量 140.25 吨，水上航速 6.5 节，水下航速 5.5 节，装备 2 个 450 毫米鱼雷发射管，携带 4 枚鱼雷，编制 17 人）发射的鱼雷击沉，2 名轮机员被炸死，其他 70 名艇员被 70 PE 号鱼雷艇救起。而让人啼笑皆非的是，当时意大利虽然已经向奥匈帝国宣战，却并未向德国宣战（两个月后德意才彼此宣战），狡猾的德国人做了好事不便留名，索性冒称为奥匈帝国海军潜艇，却可怜 5 PN 号做了糊涂鬼。不过后来作为德国对盟友的支援，UB-1 号倒真的编入了奥匈帝国海军，编号改为 U-10。

虽然意大利海军总体表现不佳，但其摩托鱼雷艇部队却是战功赫赫，堪称一战中最优秀的海军团体之一，不过这位新秀和前辈同台较技的机会却不多。1918 年 6 月 10 日，奥匈帝国海军主力舰队的最后一次出击时，2 艘意大利海军的 MAS 摩托鱼雷艇乘夜色轻易突破了由 6 艘奥匈海军鱼雷艇（Tb-76T、77T、78T、79T、81T、87F）组成的守护圈，击沉"圣伊斯特万"号战列舰，迫使这次出击功败垂成（此战详细经过，请看本书第三章《致命短剑》）。10 月 2 日，属于 Tb-82F 级的 Tb-87F 号鱼雷艇参加了阿尔巴尼亚杜拉佐军港的保卫战，战斗中被意大利海军的 MAS-98 号摩托鱼雷艇所发射的鱼雷击中，所幸鱼雷没有爆炸。新老两代鱼雷艇不多的几次交锋证明，旧式鱼雷艇在后辈面前已经是"长江后浪推前浪，前浪死在沙滩上了"。一战结束后，奥匈帝国的鱼雷艇除了战损和赔偿给协约国的之外，大多数报废变卖。而其他各国也大体相似，由于旧式鱼雷艇主要用于扫雷和巡逻，所以因触雷和碰撞事故损失的鱼雷艇要远远超过其他战损。

此外，罗马尼亚海军曾声称其鱼雷艇击沉过德国潜艇和奥匈帝国海军的"波德洛克"（Bodrog）号内河炮舰，但实际上前者查无实证，后者在多瑙河作战时倒的确曾遭到 4 艘由小汽艇改装的鱼雷艇袭击，但却毫发无伤，一直服役到二战末期才自沉，后来又被打捞修复加入南斯拉夫海军，并于 1962年退役。

天　敌

驱逐舰是鱼雷艇的天敌，同时在血缘上也和鱼雷艇有着密不可分的关系。但在驱逐舰诞生后很长一段时间里，并没有和鱼雷艇交战的纪录，反而凭借其优异的性能在某种程度上取代了鱼雷艇的地位。直到第一次世界大战的到来，驱逐舰和鱼雷艇才发生了那么几次数量有限的"偶遇"。

1915 年，在德国海军直属军司令冯·施罗德（August Ludwig von Schroder）海军上将的一再要求下，海军总部被迫向比利时弗兰德斯（Flanders）调入了 16 艘 A-1 级海岸鱼雷艇（A-2、A-4—A-16,、A-19、A-20），编为弗兰德斯鱼雷艇分舰队,由赫尔曼·弗里德里希·沃尔夫冈·勒斯特·舍曼(Hermann Friedrich Wolfgang Nestor Schoemann，1881—1915 年）海军少校指挥。A-1 级鱼雷艇标准排水量 109 吨，满载排水量 137 吨，长 41.6 米，宽 4.6 米，吃水 1.2米；马力 1200 匹，最大航速 20 节，续航力为 900 海里 /12.5 节；主要装备 1门 50 毫米 40 倍径炮（A-1、A-2、A-17、A-18、A-21—A-25）或 1 门 52 毫米 55 倍径炮、2 个 450 毫米鱼雷发射管和 4 枚水雷；编制 28—29 人。从上述数据可以看出，该级虽然是 1914 年才开始设计建造的，但按照一战时期的技术水平已经是完全落伍的角色，由此可见德国海军总部对施罗德上将的敷衍之意。

5月1日，2架水上飞机报告，在多佛尔海峡的北欣德尔浅滩（Noordhinder Bank）附近发现4艘英国拖网渔船。之后不久，1架水上飞机因故障紧急降落。为了救援飞行员并摧毁英国渔船，舍曼少校亲自率领A-2号和A-6号前往。应该说这是一个轻率的决定，因为2艘鱼雷艇一共只有4枚鱼雷，德国人不知为何会狂妄到认为自己的鱼雷射击水平可以达到百发百中的地步。15时左右，2艘德国鱼雷艇与4艘只各装备了1门3磅炮的英国扫雷拖网渔船相遇。英国人没有试图逃跑，而是主动靠近试图发起攻击，但是他们的航速还不到10节，结果德国人抢先发射了4枚450毫米鱼雷，其中一枚鱼雷击中建造于1887年英方旗舰"哥伦比亚"（Columbia）号。这艘只有251吨的小铁壳船当即沉没，舰队指挥官海军上尉詹姆斯·多姆维尔爵士（James Domville）阵亡。反应较快的英舰"巴巴多斯"（Barbados）号转舵避开鱼雷后撞上了A-6号，二者双双受伤。

考虑到鱼雷已经用光，仅靠薄弱的2门50毫米速射炮不可能胜过3艘敌舰，舍曼少校明智地下令撤退。但皇家海军的哈里奇舰队（Harwich Force）已经收到了拖网渔船舰队的报警，4艘1300吨的"拉佛瑞"级驱逐舰"拉佛瑞"（Laforey）、"劳福德"（Lawford）、"利奥尼达斯"（Leonidas）、"云雀"（Lark）号迅速出港，靠着29节的高速追上了最大航速只有20节的德国鱼雷艇。数量、吨位、火力和速度都处于绝对劣势的德国人尽量靠近海岸行驶，迫使吃水较深的英舰只能在较远距离上用12门4英寸炮遥击，以至于久战无功，当然德艇的小炮也别想够着英国人。

这场力量对比悬殊的战斗出人意料地持续了将近一个小时，2艘德艇才被彻底击毁。这时已经是18时了，要是德国人能坚持到天黑，说不定就能乘黑逃走。不过最终奇迹没有发生，上任仅三天的舍曼少校和他的助手森登（Hilger Senden）少校等13名官兵阵亡，46人被俘。英国驱逐舰毫发无损，总计阵亡16人。对英国人来说唯一遗憾的是有3名"哥伦比亚"号的俘虏（1名中尉和2名渔工）被关押在德国鱼雷艇的甲板下面，而德国人弃船时根本来不及释放他们，结果这3个人悲惨地和鱼雷艇一起沉入了大海。

在北欣德尔浅滩之战中，舍曼少校和他的部下已经尽了全力，无奈在悬

德国海军鱼雷艇 A-15 号

殊的实力对比面前，智慧和勇气不值一提。将 A-1 级这样老旧的舰艇送上对抗激烈的一线，本来就是一种很不负责的行为。

三个月后弗兰德斯分舰队再遭惨败。8 月 23 日凌晨 00:15 分，A-15 号鱼雷艇在奥斯坦德海岸附近的米德尔克斯克浅滩（Middelkerke Bank）巡逻时，突然遭遇 2 艘法国驱逐舰"金焰"（Oriflamme，15 世纪法王王旗上的图案）号和"备战"（Branlebas）号。这两艘法舰同为"备战"级，属于早期驱逐舰，在外形、布局上都和航洋鱼雷艇非常相似。排水量 344 吨，长 57.9 米，宽 6.56 米，吃水 2.37 米；马力 6800 匹，最大航速 27.5 节；装备 1 门 65 毫米炮、6 门 47 毫米炮和 2 个 450 毫米鱼雷发射管，编制 75 人。虽然 A-15 号立即转舵向海岸逃去以寻求己方岸炮的援助，但由于天黑能见度不良，双方接触时距离只有 1600 米了，炮手甚至不需要怎么瞄准就可以打个八九不离十。

近距离作战对火力弱小的一方显然是非常不利的。在法国人狂风骤雨般

103

法国海军驱逐舰"金焰"号

的炮火猛轰下，A-15 接连被命中十余弹，然后又被一枚鱼雷击中，当即沉没，这时战斗才进行了 15 分钟。艇长弗里茨·古塔曼（Fritz Gutermann）海军预备上尉以下 15 人阵亡，9 名幸存者被在附近巡逻的姊妹艇 A-12 号救起。直到 1916 年 7 月，德国海军总部才终于开始大量派出驱逐舰和雷击舰增援该支队，随即在多佛尔海峡爆发了一系列破袭和反破袭的海战。

1918 年 3 月 20 日，德国海军驻弗兰德斯的 9 艘驱逐舰、6 艘雷击舰和 4 艘 A-1 型鱼雷艇出港袭击盟国的海上交通线，但这次英国人早有防备。袭击者先是被在多佛尔海峡值勤的英国浅水重炮舰"恐怖"号发现并炮击，接着得到消息的协约国舰艇蜂拥而至，共计有英国驱逐领舰 3 艘、驱逐舰 3 艘、浅水重炮舰 2 艘、法国驱逐舰 4 艘。虽然数量上协约国舰队稍逊，但在吨位、火力上则明显占优。

虽然已经是凌晨 5 点多，但天色依然漆黑，首先赶到战场的敦刻尔克协约国舰队（英国驱逐领舰 2 艘、法国驱逐舰 3 艘）发射照明弹寻敌，结果英国驱逐领舰"博塔"（Botha，属于 Faulknor 级，排水量 1742 吨，最大航速

31 节，主要装备 2 门 4.7 英寸炮、2 门 4 英寸炮和 4 个 21 英寸鱼雷发射管，编制 205 人）号的瞭望哨首先发现其左前方有黑影。在对方应答的敌我识别信号有误后，"博塔"号立即转舵逼近。到了距离仅 550 米时，5 艘协约国驱逐舰一起开炮射击，但是没有命中目标，"博塔"号反而被德舰反击炮火击中，辅助蒸汽管道被打断，航速骤降。为避免遭到鱼雷攻击，"博塔"号毅然全速向德国舰队的 4 号舰撞去，这正是舰队中吨位最小的 A-19 号鱼雷艇，犹如被重型越野撞上的自行车，排水量仅 109 吨的 A-19 号舰身当即被切成了两半，共有 19 人丧生。"博塔"号接着用全部炮火攻击 A-7 号鱼雷艇，将其击成重伤。

就在"博塔"号将竟全功时，由于其敌我识别信号灯因电路受损而熄灭，法国"小盾"（Bouclier）级驱逐舰"梅尔船长"（Capitaine Mehl，排水量 800 吨，最大航速 30 节，主要装备 2 门 100 毫米炮、6 门 65 毫米炮和 2 座双联装 450 毫米鱼雷发射管，编制 80 人）号将其误认为德舰而发射了一枚鱼雷，当即命中左舷煤仓，虽然在船员的全力抢救下避免了沉没的命运，但"博塔"号也已经奄奄一息，只能由友舰拖曳返航。自知闯祸的"梅尔船长"号接下来总算搞对了目标，和姊妹舰"小盾"号驱逐舰一起，一顿炮火将负伤的 A-7 号送入了海底。该舰共有约翰摩斯·克林克（Johannes Krankel）海军预备上尉以下 23 人战死。

除了西线之外，在东线的黑海战场也同样发生了鱼雷艇和驱逐舰的碰撞。1917 年 10 月 31 日深夜，奥斯曼土耳其帝国海军的一支扫雷编队在从康斯坦察前往新基地伊内阿达（Ingeada Cape）的途中，突然遭遇沙俄帝国海军的 2 艘"幸福"（Счастливый）级驱逐舰"迅速"（Быстрый）号和"火热"（Пылкий）号。土方唯一有战斗力的只有担任护航的"哈米达巴德"（Hamidabad）号鱼雷艇，属于 1907 年法国设计制造的"德米尔堡"（Demirhisar）级航洋鱼雷艇，排水量 97 吨，最大航速已经下降到 16 节，武器除了 3 个 450 毫米鱼雷发射管外，只有 2 门 37 毫米速射炮。而且甲板上装满了汽油桶，这是为了给船队中的扫雷艇提供远航所需的燃料。俄方则都是 1915 年才服役的新式驱逐舰，排水量 1450 吨，最大航速 34.9 节，每舰都有 3 门 102 毫米速射炮和 5 座 457 毫米鱼雷发射管。双方的实力完全不成正比，战斗很快就结束了。

俄国驱逐舰打来的炮弹很快就点燃了油桶，鱼雷艇在连续爆炸中沉入海底，3艘土耳其扫雷艇为避免被击沉则选择了冲滩搁浅。俄国人还意犹未尽地炮击了伊内阿达港，重创两艘商船。

此战再次充分证明了在驱逐舰这个天敌面前，鱼雷艇已经属于打不赢也逃不了的过时货。一战结束后，没有任何一个国家再生产过时落后的鱼雷艇，虽然很多小国由于经费原因仍然在海军编制里保留着不少的鱼雷艇，利用其吃水浅的优势作为内河或沿海的巡逻用，但再也不复当年十步杀一人的铁血风采。

最后的炮声

第二次世界大战爆发后，法西斯势力席卷亚欧非大部分地区，一时间甚嚣尘上。在这股血色浪潮的巨大威力面前，那些仍然在役的老迈鱼雷艇所属国家纷纷沦陷，鱼雷艇或者自行凿沉，或者束手就擒，沦为纳粹的帮凶，但也有不少鱼雷艇官兵仍奋起抵抗侵略者，以一曲曲悲壮的战歌为自己书写了墓志铭。

最先遭到法西斯国家侵略的中国海军当时有 6 艘旧式鱼雷艇：德国希肖 (Schichau) 船厂制造的 2 艘"星宿"级 90 吨三管航洋鱼雷艇（"辰"、"宿"）和日本川崎船厂制造的 4 艘"湖鹏"级 96 吨三管航洋鱼雷艇。这两级鱼雷艇均在甲午战争后服役，既有参加辛亥革命的光荣历史，也有作为军阀内战工具的沉沦时期。前者由于舰龄超过 40 年，基本丧失作战价值，于 1937 年 8 月 11 日作为沉船阻塞线的一部分自沉于江阴，以防止日本海军沿长江进犯首都南京，状态稍好的"湖鹏"级则投入战斗。

当时，守御江阴阻塞线的中国海军主力战舰已大多被日机炸沉，日机便经常分批出动，沿长江搜索攻击参与的中国舰艇。1937 年 10 月 2 日上午，"湖鹏"号（艇长梁序昭上尉，1903—1978 年，后任国民党海军总司令，二级上将）在江阴龙稍港遭到日机轰炸。艇员用步枪和并无防空功能的 37 毫米哈乞开斯机关炮先后击退两批 6 架敌机，在第三批 3 架日机来袭时，终被炸弹破片击

中国"湖鹰"号鱼雷艇

穿艇身，大量进水沉没。

仅仅三天之后，在江阴六圩港停泊的"湖鹗"号也遭到4架日机扫射，遂转移到鲥鱼港。不料两天后再次被日机发现，7、8日有两批共8架日机相继来袭，中多枚近失弹，大量进水，无法堵塞，艇长贾珂上尉只得命令弃艇。

"湖鹏"、"湖鹗"相继殉国后，"湖鹰"和"湖隼"撤往长江中游，在武汉会战中担负军火运输和敷设水雷等任务。1938年8月9日，"湖鹰"在湖北浠水县兰溪执行布雷任务时，不幸与商轮碰撞搁浅，随即遭到日机轰炸，多处中弹，虽然未沉没，但全艇被彻底炸毁，无修复价值而被放弃。只有"湖隼"在10月24日击退日机进攻后得以幸存，撤往川江后拆除武备，继续从事运输、布雷等任务，根据国民政府海军总司令部制《舰艇清册》记载，该艇于抗战中期因老旧报废。

不过，"湖鹏"级四姊妹中活得最长的并不是"湖隼"。因重伤被放弃的"湖鹗"号并未沉没，被日军发现后拖曳到上海修复，命名为"川蝉"（カワセミ）号，也就是翠鸟的意思。与"湖鹗"一样在江阴海空战中被伤重放弃的"建康"号驱逐舰，也被日军修复后改名"山蝉"（ヤマセミ）号，即冠翠鸟，属于翠鸟的一种。由于翻译上的问题，"川蝉"和"山蝉"往往又被中国译者译为"翡"和"翠"。

"川蝉"号本身又老又弱，所以在汪伪海军成立后，日军索性将其移交前者，再次改名为"海靖"。抗战胜利后则又被国民党海军接收，因为当时没有搞清楚到底是哪一艘"湖鹏"级，遂重新命名为"湖鹰"。后于 1947 年 7 月退役，1948 年 6 月改为水警船，其后不详。

纳粹德国入侵西欧时，在小国中荷兰的抵抗是比较顽强的，一度给入侵者以沉重打击。1940 年 5 月 12 日，荷兰皇家海军的 K-1 级二等鱼雷艇"克里斯蒂安·科内利斯"（Christiaan Cornelis）号护送着一艘运输船 'De Twee Gezusters 号前往鹿特丹附近的荷军阵地，运输船上满载着前线急需的炮弹。途中她们又遇到了另一艘拖轮 Robur 号，于是结伴而行。

"克里斯蒂安·科内利斯"号 1904 年在鹿特丹船厂开工，1905 年 12 月 28 日服役。长 30 米，宽 3.6 米，吃水 1.72 米，排水量 47.9 吨；动力为 1 座圆形锅炉和 1 座三胀往复式蒸汽机，592 匹马力，最大航速 18.6 节，可载煤 5 吨，续航力 500 海里 /9 节；武器为 1 门 37 毫米哈乞开斯机关炮，1 具艇首固定式 14 英寸鱼雷发射管和 1 具旋回式 14 英寸鱼雷发射管。1921 年，K-1 级的另外两艘鱼雷艇退役，唯有艇况较佳的"克里斯蒂安·科内利斯"号拆去了旋回式鱼雷发射管，改装为浅水炮艇，并长期在东印度群岛服役。直到 1940 年

荷兰鱼雷艇 "克里斯蒂安·科内利斯" 号

5月10日德军突然入侵荷兰后，该艇才被临时派往边境重镇奈梅亨附近的瓦尔河担任防御任务。接着又被赋予了护航使命，但其实该艇并不适合这种任务。因为燃煤锅炉在高速行驶时会发出大量的烟，很容易暴露目标。

当这支临时编成的小船队沿着马斯河行驶到临近目的地不到500米的莫尔迪克（Moerdijk）桥（该桥已于5月10日被德国空降部队占领，荷军则全力反攻）时，突然遭到德国炮兵和空军的袭击。在"克里斯蒂安·科内利斯"号的奋力掩护下，运输船虽然中弹负伤，但仍然冲过了这段炮火笼罩下的路程，成功地把12吨弹药送到了荷军阵地。而鱼雷艇则遭到德国人集中攻击，弹痕累累，损毁严重，只是在Robur号的拖曳下才勉强靠岸。幸运的是艇员无一死亡，只有部分受伤。

"克里斯蒂安·科内利斯"用自我牺牲送来的弹药并未挽回败局。在当天晚上，德国第九装甲师与占领莫尔迪克桥的空降兵实现了会师，整个荷兰被切为两半。13日，准备撤退的荷兰人经过仔细勘验后，沮丧地发现如果要修复"克里斯蒂安·科内利斯"号需要耗费太多的时间，为了让其不会落到德军手中，不得不将其炸毁。

无独有偶，虽然准备不足，内部还有亲法西斯分子的破坏，但挪威军队在纳粹入侵时还是进行了坚决反击，两艘吨位最大的老式铁甲舰英勇战沉，但也利用岸防火力击沉了德国重巡洋舰"布吕歇尔"号，让自信满满的德国海军磕掉了几颗牙。1940年4月18日，挪威哈当厄尔峡湾（Hardangerfjord）的警备司令乌尔斯楚普（Ulstrup）少校向鱼雷艇队的司令传达了一个口头命令，有3艘德国S型摩托鱼雷快艇（简称S艇）正在进入峡湾，峡湾内仅有的一艘老式鱼雷艇"海豹"（挪威语Sæl）号装备差、速度慢，应该转移以避免同优势敌军接触。

应该说这是一个正确的决定，但当命令辗转传达到"海豹"号艇长古尔布兰德森（L. Gulbrandsen）海军少尉耳朵里时，意思却不知何故而走了样。少尉以为是让他去攻击并摧毁三艘敌艇，出于服从命令是军人的天职这种朴素思想（当然也有可能是揣着明白装糊涂），少尉立即驾艇前往湾口抵抗S艇。

"海豹"号属于1899年挪威建造的"布兰德"（Brand）级一等鱼雷艇，

排水量107吨，长39.9米，宽4.9米，吃水2.7米，三胀蒸汽机，1100马力，最大航速21节(38.89公里/小时)，续航力900海里/12节或者500海里/16节。2门37毫米炮，1挺7.92毫米柯尔特高射机枪，2个450毫米鱼雷发射管，编制20人。

下午4点，"海豹"号发现2艘S艇(S-21和S-23)从蒂斯内斯岛和陆地之间向南驶来，距离2500米。5分钟后，古尔布兰德森少尉下达了开火命令，有几发炮弹击中一艘S艇，大概是击中了炮位，那艘敌艇的火力哑了，但不久后1门机关炮被一发20毫米炮弹击毁，紧接着另1门机关炮也中弹损坏，还有几颗炮弹射进了机舱，艇身开始进水，鱼雷发射管也被打坏，但"海豹"号仍然拼死抵抗。

S艇为了解决战斗，发射了3颗鱼雷，其中第三颗击中"海豹"号旁边的岩石，近距离的剧烈爆炸使"海豹"号的船体进一步受损并开始进水。古尔布兰德森一边命令继续用柯尔特机枪还击，一边命令抢滩搁浅。4点25分，少尉命令弃船，率领大家跳入冰冷的海水中，大约花了20分钟时间才游上岸，神奇的是所有21名船员都熬过了冰海的考验而成功脱险，包括7名伤员。

到了晚上，"海豹"号的船体随着涨潮消失在波涛中，直到没入水中的最后一刻，挪威军旗仍然在桅杆上高高飘扬。

第二章　暗箭难防
——英国 CMB 鱼雷快艇

日俄战争使敏锐的海军人士感觉到了鱼雷艇的没落和驱逐舰的兴起，为此各海军强国在小型鱼雷舰艇的发展上开始形成不同的思路，以美国、日本为代表的列强就彻底放弃了鱼雷艇，全身心地投入新式驱逐舰的研制。但还有一批人则意识到了新式的动力系统将会给已显得老迈的鱼雷艇重新注入生机，因为轻型高功率发动机可以使小艇获得赶上甚至超过驱逐舰的速度。1910 年，英国老牌鱼雷艇制造商桑尼克罗夫特公司生产出的"米兰达 -4"（Miranda-4）型赛艇，长 9.15 米，宽 1.83 米，吃水 0.3 米；110 马力的引擎可使其平均航速达到 29 节（时速 53.7 公里），最大速度则达到当时惊人的 35.5 节（时速 65.75 公里）！但是到第一次世界大战爆发时，世界各国主要海军连一艘真正现代意义上的攻击型快艇都没有，现役的鱼雷艇吨位太大（100 吨以上），而且很大一部分还在使用蒸汽动力。

怪　胎

不过战争总是会让武器的发展得到极大的促进。1915 年，英国皇家海军哈里奇（Harwich）驱逐舰支队的三名海军上尉布伦纳、汉普登和安森提出了一个创意：在小型摩托快艇上装备鱼雷，由母舰运载穿过北海，绕过德国海军布设的防御水雷场，在指定地点把小艇放入水中，小艇便高速接近目标，袭击锚地内的德军舰艇。这实际上并没有什么新意，基本是原来旧式鱼雷艇的战法，智利海军、俄国海军还有日本海军都这样干过，但摩托快艇的高速度无疑会极大地提高突击成功率。

开战以来，由于采取"存在舰队"战略的德国公海舰队一直躲在基地里，让急于决战的英国本土舰队好似狗咬刺猬——无处下嘴。不得不说英国人虽然一向以保守著称，但在打仗方面总是有层出不穷的奇思妙想，布伦纳等人的意见很快就被海军部采纳了，并准备用轻巡洋舰做母舰，因为巡洋舰的火力和航速可以对远征突袭提供一定的保障。

各造船厂很快得到了设计快艇的指令，设计要求为长不能超过 30 英尺（9.14 米），重量不超过 4.25 吨，配备 3 名乘员，携带可以维持 200 英里（60公里）航程的燃料和一条 0.75 吨的鱼雷，航速不低于 30 节（每小时 56 公里）；巡洋舰也必须进行改装，安装升降装置。最后还是对鱼雷艇设计制造经验都非常丰富的桑尼克罗夫特公司获得了第一批订单。出于保密需要，这批新式快艇被命名为 CMB，即 Coastal Motor Boats 的缩写，翻译过来就是海岸摩托艇。如果纯粹从字面上看，生活在和平年代的人也许会把它想象成灵活的赛艇或者轻快的游艇，而不会想到它在设计之初就是作为一种对敌人同时也对艇上的乘员来说都有着巨大危险的武器来制造的。

英国海军部最古怪的要求无疑是鱼雷的发射问题，因为这种艇太轻，不能像以往的大型鱼雷艇那样安装鱼雷发射管，因此他们提出必须从艉部发射鱼雷。这意味着战斗时不得不先把屁股撅起来对准敌人！

这真是太疯狂了，鱼雷作战的距离很近，在敌前转向是非常危险的举动。最后还是桑尼克罗夫特公司为海军部官僚的执念提出了可行性方案。

桑尼克罗夫特快艇沿袭了米兰达 -4 型快艇的设计，即在舯部有一断级，从断级到艏柱有一明显的颔线；艇艉是一个槽，以便安放和发射鱼雷。作战时从艉部发射鱼雷后，艇加大速度转向，高速离开鱼雷航向（考虑到 CMB 几乎可以忽略不计的吃水深度，鱼雷是怎么也不可能击中自己的），让鱼雷不受干扰地奔向目标。这种发射装置又便宜又轻巧，任何比较大的复杂的发射装置例如鱼雷发射管，都意味着必须加大鱼雷艇，因为这样才能装上较强的动力系统。

这种古怪的鱼雷发射方式直到现在都有不小的争议，认为这样射击精度低，特别是对行驶中的舰船。不过持这种意见的人大概忘了，CMB 的设计初衷就是利用速度优势突袭锚泊在防护严密的基地内的敌舰，而不是在茫茫大海上与敌人短兵相接。至于说到快艇的尾流会对鱼雷的精度造成干扰，其实由于速度问题，鱼雷本身就不是一种精度很高的武器，命中敌人靠的往往是勇敢、经验和运气。当我们读完英国 CMB 的战例时，就会发现它的鱼雷命中率并不比采取其他发射方式的快艇低，而且到了 20 世纪 70 年代，东德设计的"蜻蜓"级鱼雷快艇仍然采用了这种发射方式，因为不需要发射装置，对重量要求比较苛刻的小型快艇来说不失为一种有吸引力的方案。其实这种方式真正严重的缺点是在艇静止或低速行驶时，不能发射鱼雷，因此对于夜袭战术来说非常不利，高速运转的发动机所发出的噪音足以惊醒沉睡中的敌人。

桑尼克罗夫特公司拿出的设计方案最后被称为 40 英尺型（forty footers，现在一般称其为 CMB-40 型），因为其艇长为 40 英尺（12.2 米）。艇身最宽处为 8 英尺 6 英寸（2.6 米），吃水 2 英尺 9 英寸，单轴推进。

首批 12 艘快艇是 1916 年 1 月开始在泰晤士河岸边的桑尼克罗夫特公司汉普顿造船厂开工建造的，外壳板式由三层桃花心木铺设而成的，层间用美国榆木薄板连接；发动机安装在艇中部带有深槽的支架上，支架贯穿全艇；

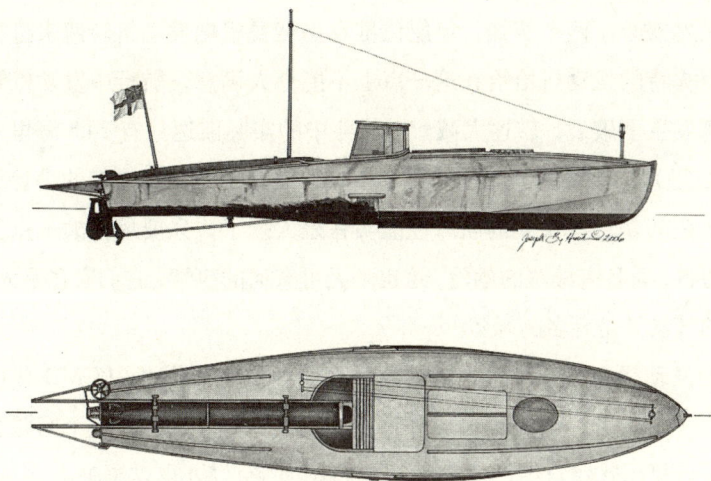

CMB40 型的二视图

鱼雷槽用原木支撑在发动机支架上，槽本身是木质的，支撑鱼雷的滑轨则包有青铜。发射鱼雷时，艉阱内的乘员用手柄起爆一种无烟线状火药，推动铝制顶杆把鱼雷沿槽内的滑轨退出。快艇所用的鱼雷是 MK8 型，直径 18 英寸（457 毫米）；鱼雷的速度可以由乘员事先根据具体情况设置，以 41 节的最大航速攻击时，射程 1371.6 米；以 29 节航速攻击时，射程 2275 米。鱼雷槽有锁定装置，这样如果碰上恶劣气候，鱼雷可以锁定在原位不动而不会滑出。艉阱位于发动机之前，燃料箱之后，可以容纳两名乘员；海图桌和罗经则设置在驾驶员的座位前面。艇的右舷甲板下面设有一个机修工座位，这个位置相当不理想，因为旁边就是舱底水泵，狭窄的空间和恐怖的噪音对于任何人来说都是个严峻的考验。根据不同的巡逻任务，还可以携带深水炸弹或者水雷。

虽然这些快艇没有一个像样的密封式驾驶室——这也是为了尽可能地减轻重量，但驾驶员仍然能够驾驶它们。在泰晤士河的一次秘密试验中，快艇在满载情况下达到了 33.5 节的航速，这让海军部非常满意。

第一艘艇于 1916 年 4 月 6 日下水，整个建造周期还不足三个月。这种让人惊叹的"高效率"很快就体现出了恶果：由于海军部的时间要求非常苛刻，造船厂在建造时只顾抢时间而忽视了质量，有的艇刚刚建成就发现艇舷大幅度内倾，不能使用；有一艘艇在北海巡逻时导航系统出了故障，因为当时的快艇上虽然安装了两个罗经，但船位推算仍然要根据发动机转速来进行，而桑尼克罗夫特的发动机恰恰在这一点上不能令人满意，航行中发动机管道和汽缸体都发生了破裂，转速大减，在战斗中的实际航速只有 24.8 海里（每小时 45.9 公里），比德国的驱逐舰慢了不少，完全不能满足最初的设计思想。更令人失望的是这些快艇的航海性能实在是太差了，只要风稍大一点，航速就降得厉害，而且有颠覆的危险。这也是无可奈何的事情，它们实在是太小了，而北海的气候又是有名的恶劣。

汽油发动机也是一个重大的隐患，在第一次世界大战中 CMB 共损失了 16 艘，其中四分之一都是因为容易挥发的汽油引起了火灾。这个问题直到后来采用了自封闭式燃料箱，尽量减少了油箱里的空气才得以解决。

虽然快艇的战斗价值并不像海军部期望的那样突出，但俗话说癞痢头儿

乘风破浪的 CMB，当然，必须在平静的海面上才能达到这样的效果。

子自己的好，海军部还是对快艇采取了一些适当的保护性措施，包括在没有空中侦察的情况下，不允许首先进行袭击，以确保快艇的安全。应该说这是一个很正确的思路，英国的 CMB 之所以屡屡取得成功就是因为注意到了制空权对快艇作战的重要保障作用，而其他国家在使用 CMB 时也正是因为没有注意到这一点，而未能取得理想的战果。

CMB-40 型的正式生产型无论在排水量还是尺度方面都稍稍超过了海军部的要求，不过还在可以接受的范围内。英国人已经发现凭借汽油机的续航力可以保证快艇在不需要母舰的搭载下有效地在英吉利海峡巡航。下面是CMB-40 型鱼雷快艇的数据：排水量 5 吨，长 45 英尺（13.7 米），宽 8 英尺6 英寸（2.6 米），吃水 2 英尺 6 英寸（0.8 米）到 3 英尺（0.9 米）；武器系统为 1 颗 18 英寸（457 毫米）鱼雷，1 座或者 2 座双联装 0.303 英寸（7.92 毫米）口径刘易斯（Lewis）机枪；编制 2 到 3 人。航速则由于动力系统的不同有很大差别。

CMB-1 号—13 号艇采用 1 座桑尼克罗夫特 V-8 或者 V-12 型发动机，250匹马力，航速 24.8 节；CMB-40 号—61 号艇采用 1 座 FLAT 发动机，275 匹马力，航速 35.13 节；CMB-112 号艇采用 1 座改进型的桑尼克罗夫特 V-12 型发动机，航速 37 节；CMB-121 号—123 号艇采用 1 座格林（Green）12-cyl 型发动机，275 匹马力，航速 37.79 节。

扬眉剑出鞘

1916 年 12 月，CMB 被派往水雷区进行侦察工作，也就是在这个时候，官方才把这些艇叫做海岸摩托艇，之前则被称为潜艇哨艇。这完全是一种针对敌人间谍的掩饰性更名，但从此这个并不威武的名字却随着 CMB 的佳绩而响亮起来。

第三 CMB 分队派驻在位于法国敦刻尔克（Dunkirk）港的多佛尔海峡巡逻队（The Dover Patrol）前进基地，执行比利时（Belgian）沿海的反潜任务。这并不是一个合适的安排，因为快艇没有探测设备，也无法到远海巡逻，还要受制于天气，所以该分队在很长一段时间里处于无所事事的阶段。直到1917 年 2 月，培根（Bacon）海军中将忍不住对 CMB 的军官们提出了批评，强调他们应该发挥自己的聪明才智去争取胜利，而不是在港口里等着天上掉馅饼。

这次批评对第三 CMB 分队长沃尔特·纳皮尔·汤姆逊·贝克特（Walter Napier Thomason Beckett，1893—1941）是个很大的刺激，这位皇家海军的重量级拳击冠军曾经作为"军团"（Legion）号驱逐舰的少尉参加了日德兰大海战之前英德海军的两次惨烈交锋：赫尔戈兰湾（Hdligoland Bight）海战和多格尔沙洲（Dogger Bank）海战。和 CMB 的三名设想者一样，贝克特也来自哈里奇驱逐舰支队，1916 年 5 月被任命为 CMB-4 号艇的艇长，8 月就任第三分队分队长。他热爱自己的新工作，认为这种快艇最能体现海军军人的献身精神，并与一批 CMB 艇长们自称为"自杀俱乐部"（Suicide Club）。

既然将军发话了，那么就战斗吧！贝克特在 4 月 7 日精心策划了一次对德占比利时港口泽布勒赫（Zeebrugge）的突袭，得到了上级的同意。按照计划，海军先将 4 艘 CMB 运至泽布勒赫的防波堤附近埋伏。8 日凌晨，海军航空兵的飞机对港内锚泊的德国舰只进行猛烈空袭，迫使其纷纷起锚出港躲避。CMB 乘此拥挤混乱之际突然发起攻击，CMB-5 发射的一枚鱼雷击沉了一艘1147 吨的德国 G-85 级驱逐舰 G-88 号，据说还重创了另外一艘。由于做梦都没有想到会在戒备森严的"窝"里遭到攻击，德军巡逻舰只和岸炮部队都反应迟钝，没能给这些胆大包天的快艇造成任何损失，只有一块弹片击中了贝克特的左膝。

对于 CMB 这种超轻型舰艇来说，这实在是个很不错的战绩。G-88 号是 1915 年 10 月 16 日才服役的新舰，可以跑到 33.5 节的最高速，武器有 3 门 105 毫米 45 倍径火炮，如果是正面交锋，航速不够的 CMB 多半会在进入鱼雷射程之前就被打成碎片。由此可见，出其不意实在是 CMB 攻击能取得成功不可或缺的法宝。事后贝克特因功被授予杰出服务十字勋章（Distinguished Service Cross），而他的 CMB-4 号艇现在也被安放在剑桥（Cambridgeshire）的帝国战争博物馆（Imperial War Museum Duxford）享受殊荣。

这次突袭使得 CMB 声威大震，从而加快了鱼雷快艇的建造和发展。鉴于 CNB-40 型过于袖珍纤巧的体型严重影响了其战斗效能，从 14 号艇开始，长度增加到了 55 英尺（这种艇后来被称为 CMB-55 型），增设了一个小甲板室，使用双螺旋桨和两座汽油发动机，排水量增加到 8 吨，这样可以携带两颗鱼雷，或者一颗鱼雷加四颗深水炸弹，速度最大可以达到 41 节（每小时 75 公里），而且艇身有较好的耐波性，能够在海上以较高的航速行驶，在 4 级海况下，航速不低于 15 节，从而使战斗力大大增强。

而且 CMB-55 型艇还有一个优点，即发动机可靠性好。可惜这种发动机

CMB-40 型和 CMB-55 型并驾齐驱的情景。左边为 55 型的 98ED 号艇，右边为 40 型的 112 号艇。

没有能够大量生产，因而建造计划不得不大大推迟，第一批5艘艇，都只能装上了CMB-40型的发动机，航速32节。为了应付战争的急需，并不令人满意的CMB-40型也只得继续建造，一共建造39艘，在战争中损失了4艘。

而安装了新心脏的CMB-55型则成为一战中英国鱼雷快艇的主力，一共建造了71艘。1918年以后的版本排水量增加到11吨，长60英尺（18.3米），宽11英尺（3.4米），吃水3英尺（0.9米），不过仍然被称为CMB-55型。根据所装发动机的不同，CMB-55型在序列号后往往会加上A、B、BD、C、D、E等字母以作区分。其中BD、CE、CK、DE、ED携带两颗鱼雷，其他的携带一颗。

A：桑尼克罗夫特V-12型发动机，500匹马力，航速35节

B：格林12型发动机，550匹马力，航速37.06节

BD：格林12型发动机，500匹马力，航速35.1节

C：森比恩（Sunbeam）发动机，900匹马力，航速41.19节

D：格林18型发动机，900匹马力，航速40节

DE：格林18型发动机，900匹马力，航速40.67节

E：桑尼克罗夫特Y12型发动机，700匹马力，航速40.96节

ED：桑尼克罗夫特Y12型发动机，700匹马力，航速40节。

1918年1月，专职进行布雷的CMB-70型诞生了。它的排水量24吨，长72英尺6英寸（22.1米），宽14英尺（4.3米），吃水3英尺6英寸（1.1米）；航速26—36节，6挺刘易斯机枪、4颗深水炸弹和7颗水雷，编制3-5人。不过那个时候战争已经快结束了，所以只建造了5艘。

CMB-55型在航速很低时发射鱼雷不安全，这就使它在恶劣海况下的表现大为失色。不过由于个头比CMB-40型大了不少，得以进行更多的改进。大多数CMB-55型都有无线电设备，乘员为此也增加了一名无线电操作员和一名技工。艇上能够带1589升燃油，航程达200英里（320公里）。大多数CMB-55型的航速都在35节以上，部分能够超过40节，不过船员们往往惊喜地发现，海况良好时还可以提高航速。

到1918年，共有56艘CMB-55型服役，其中哈里奇12艘，波特兰20艘，

米兰达 -4" 型赛艇二视图

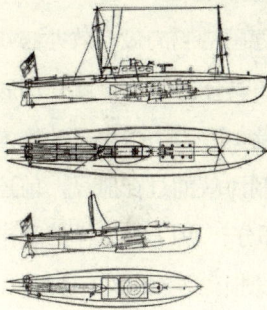

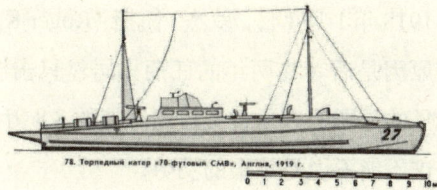

上为 CMB-55 型快艇的线图
下为 CMB-40 型快艇的线图

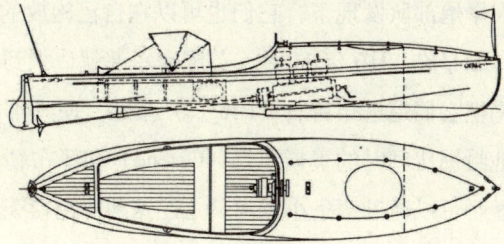

CMB-70 型快艇的线图

"米兰达 -4" 型赛艇和 CMB-40、CMB-45、CMB-70 型的线图

多佛尔海峡和敦刻尔克有 24 艘。它们的主要任务是在主航道进行反潜和布雷作战，在 1917 和 1918 两年时间里，CMB 多次在比利时沿岸布设水雷，目的在于保护英国朴茨茅斯到法国勒哈弗尔的煤炭贸易，这是让法国得以在消耗战中得以支撑下去的一条重要输血管；有时还负责支援比利时沿海的浅水炮舰作战。有些 CMB 装备了早期的定向水下听音器（也就是声纳），执行反潜巡逻任务。不过事实证明这种艇不适于执行这种巡逻任务，因为艇上的无线电设备只有在很安静的条件下才能使用，而 CMB 以滑行速度航行时，来自发动机的噪音对无线电设备的干扰非常严重，声纳操作员根本就没办法不间断地工作，因此也就无法有效地捕捉水下潜行的德国 U 艇。

有些 CMB 进行了另一项有效的改装，即把推进器换成螺环式的，也就是在螺旋桨外面加上一个环状的保护壳。这种推进器不会被防御网之类的障碍物给卡住或缠住，再加上 CMB 极浅的吃水，因而能够在近岸布雷区进行侦察。整个艇很低，即使在光天化日之下也可以执行侦察任务，因为就算被敌

119

人岸炮部队发现了，它们也可以在自己施放的烟雾掩盖下逃之夭夭。

早在 1916 年 11 月，英国海军部就认识到，对付德国潜艇的最有效办法就是把它们逼进布鲁日（Bruges）基地，使其不能活动。具体的来说，就是彻底地封锁比利时的奥斯坦德（Ostend）和泽布勒赫两个港口，因为布鲁日的德国潜艇可以通过两条小运河从上述这两个港口袭击英吉利海峡的过往船只。前述的那次贝克特对泽布勒赫的袭击也是这个计划的一部分，1917 年这样的袭击进行了多次，但没有取得太大的战果，反而在奥斯坦德损失了 CMB-1 号艇。

1918 年 1 月 1 日，罗杰·凯斯（Roger Keyes）海军中将接任了培根的职务，主要原因是后者在两年的任期里居然只击沉了两艘德国潜艇。不过海军部视而不见的是同期内通过英吉利海峡的 8.8 万艘各类船只中，只有 6 艘被潜艇击沉，这不能不说是培根的功劳。

凯斯中将果然不负海军部的期望，到任第一个月就指挥多佛尔海峡巡逻队击沉了 5 艘德国潜艇。但他并不满足，决心用废船封锁奥斯坦德和泽布勒赫，彻底堵塞潜艇的出口，并为此周密计划了一次大型行动，行动代号用两个港口的字头命名为"ZO"。计划参加这次袭击的有 166 艘舰艇，其中大多数都是各式辅助巡逻艇，其中泽布勒赫的突袭部队中包括 18 艘 CMB（编号 5、7、15、16、17、21B、22B、23B、24A、25BD、26B、27A、28A、29A、30B、32A、34A、35A）；袭击奥斯坦德的突袭部队中包括 6 艘 CMB（编号 2、4、10、12、19、20）。

突袭时间本来是安排在 4 月 11 日，参加行动的 160 余艘舰船在当天下午陆续出发。但是当编队抵达泽布勒赫附近时，突然刮起了南风。成功的关键取决于成功地施放烟幕，以避免遭到德军炮火的打击。在风向明显不利的前提下只得返航。但更糟糕的是，CMB-33A 没有接到返航命令，而是继续前行，结果在奥斯坦德以东的海岸上搁浅。德国人在艇上发现了行动地图，上面标有舰队行驶的路线和目的地，英国人对泽布勒赫和奥斯坦德的企图昭然若揭，但是突袭行动已经是箭在弦上、不得不发了。

4 月 22 日下午，袭击编队再次离开了泰晤士河的河口。CMB 是被拖带着跨过海峡的，如果它们以自己的动力跟着编队航行，会消耗过多的燃料。编队在距海岸 12 英里时分兵两路，一个分队向南，攻击奥斯坦德；另一个继续向泽布勒赫挺进。晚上 23 点 40 分，抵达奥斯坦德港外的 CMB 和 ML 巡逻艇开始施放烟雾。两艘满载着碎石和混凝土的旧式巡洋舰"华美"（Brilliant）号和"天狼星"（Sirius）号向港口驶去，准备在最狭窄处抛锚自沉。

突袭泽布勒赫之前被俘的 CMB-33A

但是由于德国人吸取了被贝克特袭击的教训，把进入港口的浮标标志向东挪动了 2200 米，正好位于一大片浅滩的正中。而对于夜间行动的英军来说，则必须完全依靠这个浮标导航。结果正中德国人下怀，两艘阻塞船先后在运河口东边的沙洲搁浅，而德国的岸上炮火则不断打来。特别是配置在港区以西提尔皮茨（Tirpitz）炮台上的 11 英寸岸防炮威胁巨大。任务显然已经失败，乘员只得撤上 ML 艇（排水量 37 吨，长 22.9 米，宽 3.7 米，双轴推进，2 台发动机，440 马力，最大航速 19 节。机关炮 1 门，编制 8 人）退走。

在泽布勒赫的战斗则要激烈得多，虽然 8 艘 ML 和 6 艘 CMB 按照计划实施了烟雾，但风向突变，将烟幕吹回海上，暴露了突袭船队。而且德国人在防波堤上设置了炮兵阵地，包括 150 毫米炮、105 毫米炮、88 毫米炮和 37 毫米高射炮，这对阻塞船造成了很大威胁。CMB-24（艇长戴雷尔上尉，Archibald Dayrell-Reed）和 CMB-30（艇长波兰上尉，Albert .L. Poland,）勇敢地担任了扫除敌阵地的任务。但它们虽然绕过了防波堤，却在运河进口处被敌人的岸炮击退，身上添了不少窟窿眼，幸运的是没有一个人战死。其他三艘 CMB 则打掉了防波堤朝海那面的炮群。

战斗开始后，停在防波堤内侧的德舰官兵还以为这是一次常见的炮击行动。而在此前这种重炮对轰的战斗中，驱逐舰、鱼雷艇是派不上什么用场的。所以为了避免伤亡，除了留下少数值勤人员外，大多数舰员都撤进了掩体。

ML-319 号巡逻艇，ML 艇和 CMB 艇在堵塞战中都立下了汗马功劳。

英国人声称只有一艘驱逐舰从船坞中驶出来，但随即被两艘 CMB 所发射的一发鱼雷击中舰桥下部，狼狈地逃离了战场，而这个战果到底属于 CMB-5 还是 CMB-7 已经难以分辨。此外，CMB-32A 也声称用一发鱼雷击中了"布鲁塞尔"号汽船，事后德国人承认有一艘挖泥船中雷沉没。

三艘阻塞船："勇猛"（Intrepid）号、"忒提斯"（Thetis）号、"伊芙琴尼亚"（Iphgenia）号用最大速度向河口冲去，每艘船上都装有 1500 吨水泥。但是"忒提斯"在穿过障碍网时，螺旋桨被卡住了，没有能到达运河，其他两艘则顺利地凿沉在运河的最窄处。

对泽布勒赫的攻击事后证明只是取得了部分成功。港湾和运河虽然短期内被封锁了，但大部分潜艇和小型潜艇可以改走奥斯坦德运河出海，而且德国人很快就在沉船周围挖出来一个新的通道供驱逐舰和潜艇出入。而英国人为了这次行动则付出了 214 人死亡，383 人负伤的巨大代价。

从另一个方面来讲，由于布鲁日、泽布勒赫和奥斯坦德通过运河构成一个被称为"湿三角"（wet triangle）的水网出海口（布鲁日—泽布勒赫运河 8 英里，布鲁日—奥斯坦德运河 11 英里，泽布勒赫—奥斯坦德海岸线 12 英里），只有同时封锁泽布勒赫和奥斯坦德，才能使布鲁日基地失去作用。所以封不住奥斯坦德，即使泽布勒赫被封锁得密不透风，也没有多大意义。

有鉴于此，英国人于 5 月 10 日又组织了一次对奥斯坦德的袭击。吸取上次的教训，为免提前暴露作战企图，空军轰炸是与军舰炮火压制同时进行的。借着炮击和雾气的掩护，10 艘 CMB 驶向岸边施放烟雾，希望用烟雾带干扰德军的攻击。

像上一次袭击一样，虽然岸炮仍然猛烈，但是德国水面舰艇仍然没有做出什么有效的反击。只有一艘德国雷击舰勇敢地从雾中冲出，用探照灯锁定了 CMB-22 并开炮射击。艇长威尔曼（Welman）上尉指挥快艇用机枪猛烈地进行还击。这时候另外 2 艘鱼雷快艇：CMB-25 和 CMB-26 发射的鱼雷击中了港口防波堤，德国雷击舰大概是被巨大的爆炸声吓坏了，居然转身逃走了。德国人则声称 A-8 和 A-11 两艘鱼雷艇在出击时因浓雾发生了碰撞，不得不返航。

CMB 施放的烟雾和自然界的大雾掩护了阻塞船"惩罚"（Vindictive）号靠近奥斯坦德，不过也阻碍了其视线。为避免搁浅，该船只能把航速降至 9 节，在海上来回打转，希望能找到一点海岸灯光以判断港口的方位。这时，CMB-23（艇长斯宾塞上尉，Hon. Cecil E. E. Spencer）快速冲向码头，投下了一枚亮度可达 1 万枝烛光的闪光浮标。"惩罚"号在浮标引导下冒着炮火冲到运河河口附近，由于被德军炮火重创而自沉，还是未能完全阻塞住航道，潜艇通行毫无问题。

护送"惩罚"号的 CMB-26（艇长鲍尔比上尉，Cuthbert F. B. Bowlby）向码头发射了鱼雷。由于距离太近而且水浅，爆炸给快艇造成很大的损坏，发动机停机，船壳出现裂缝，开始进水下沉。危急之际鲍尔比上尉冷静地组织损管，堵住了进水处并重新启动了发动机，终于成功脱险。

半个月以后，德国人将"惩罚"号的残骸移走，阻塞行动再次功亏一篑。为了这个微小的战果，英军有 8 人阵亡，11 人失踪，30 人负伤。不过对英国海军的士气的确起到了很大的鼓舞作用，鱼雷快艇官兵的训练有素和勇敢精神也得到了广泛赞扬。

勇入虎穴

1918 年 12 月，英国派出一个快艇支队到里海支援俄国白军与伏尔加河河口上的苏维埃俄国炮艇作战。这个支队隶属于所谓的北俄罗斯维和部队（North Russia Relief Force action，看来打着维和之名做着干涉之实的传统历史悠久啊），包括 8 艘 CMB-55 型（这个数量后来还有所增加）。它们的任务是确保对白军的供给线畅通，并保证喀朗施塔得（Kronstadt）、摩尔曼斯克（Murmansk）、阿尔汉格尔斯克（Archangel）和其他俄罗斯港口不落入布尔什维克的手中。

1919 年 6 月 12 日，由于在敌人的封锁下缺乏食物和其他生活必需品，新生的苏维埃俄国喀朗施塔得要塞的红山炮台和灰马炮台在反革命分子的唆使下发生武装叛乱。这两座炮台拥有 76—305 毫米口径海防炮 33 门，可以控制科波尔湾东部与芬兰湾绝大部分，这使得本来已经遭到德军和协约国军队双重威胁的彼得格勒（Petrograd）右翼局势更加恶劣。工农红海军波罗的海舰队立即出动无畏战列舰"彼得罗巴甫洛夫斯克"（Petropavlovsk, 12 门 305 毫米炮）号和前无畏战列舰"圣安德烈"（Andrei Pervozvanny, 4 门 305 毫米炮和 14 门 203 毫米炮）号、大型防护巡洋舰奥列格（Oleg, 12 门 150 毫米炮）号对炮台进行压制性射击，掩护陆军平叛。其中"彼得罗巴甫洛夫斯克"号就发射了 568 发 305 毫米炮弹，"圣安德烈"号则发射了 170 发 305 毫米炮弹和 408 发 203 毫米炮弹。

工农红海军由于革命战争形势紧张，大量水兵被抽调到陆地战线参战，大型舰艇因为缺乏必要的维护保养和足够的操纵人员而无法作战，只好被当成浮动炮台使用，而"彼得罗巴甫洛夫斯克"号和"圣安德烈"号就是波罗的海舰队仅有的恢复现役的战列舰。在此之前的 5 月 30 日，"彼得罗巴甫洛夫斯克"号用它的 12 门 305 毫米炮向正在科波尔湾用炮火支援尤登尼奇白军的英国舰队猛烈开火，让只有轻巡洋舰和驱逐舰的英国人只得狼狈不堪地逃走。因此这两艘战列舰早就成为了英国人的眼中钉肉中刺，必欲除之而后快。

"彼得罗巴甫洛夫斯克"号战列舰，1921 年改名为乔·保罗·马拉（Jean–Paul Marat，法国大革命雅各宾派领袖之一）号，属于甘古特（Gangut）级，排水量 27170 吨，长 184.8 米（606 英尺），宽 26.9 米（88 英尺），吃水 9.3 米（31 英尺）。马力 61100 匹，最大航速 23.4 节（每小时 43.3 公里）。编制 1286 人。4 座三联装 305 毫米主炮，10 门 120 毫米副炮，6 门 76.2 毫米高射炮，14 门 37 毫米机关炮，10 门 12.7 毫米机枪，89 门 7.62 毫米机枪，4 个 450 毫米鱼雷发射管。

17 日，为了支持红山的水兵暴乱，英国人组织了一次危险性很大的偷袭行动。贝克特的骄傲 CMB-4 号艇在现任艇长奥古斯塔·威灵顿·谢尔顿·艾格（Augustus Willington Shelton Agar，1890—1968）海军上尉的指挥下，与另外一艘 CMB 偷偷地潜入了戒备森严的喀朗施塔得海军基地。

不过这次行动却不是前文所述那支"维和舰队"组织的。实际上，艾格和他的两艘 CMB 隶属于英国外交部的秘密情报机构，一开始的职能只是用来运送特工偷渡。虽然这两艘 CMB 作为老式的 40 英尺型已经有点落后了，但凭借它的浅吃水和高航速，仍然可以作为理想的特务交通工具使用。

正因为干着这样见不得人的勾当，所以这群海军军人即使在芬兰境内的基地也不得不穿着平民服装，如果一旦被俘，他们铁定会被当成间谍处死。

"奥列格"号巡洋舰，属于"防御"（Protected）级，排水量6645—6752吨，长134米，宽16.6米，吃水6.3米。马力23000匹，最大航速23节。编制589人。2座双联装150毫米炮，8门单装150毫米炮，12门11磅炮，8门47毫米炮，2门37毫米炮，2个15英寸（380毫米）鱼雷发射管。

不过胆大包天的艾格似乎根本没把这个放在心上，他认为红海军的战列舰对皇家海军"保护"刚从俄国独立出来的芬兰、拉脱维亚、爱沙尼亚和立陶宛的波罗的海"维和"舰队构成了极大的威胁，便自作主张地决定用自己手中仅有的两艘CMB决死一击。

偷袭行动一开始就出了岔子，艾格的僚艇因故被迫返航，现在他只能用一艘艇来进攻了，而且只有一颗鱼雷，这意味着他只有一次机会。他高速穿过一艘巡逻的红海军驱逐舰，发动机的噪音惊醒了俄国人，艾格为此挨了一顿炮火。但他绕过防波堤后，却没有找到此行的主要目标——"彼得罗巴甫洛夫斯克"号，便只得把目标对准6645吨的防护巡洋舰"奥列格"号。CMB-4号驶抵到距离"奥列格"号450米的地方才发射鱼雷，准确地命中了目标。这艘在日俄战争对马海战中逃出生天的幸存者，显然是被击中了要害，未能再次创造奇迹，很快地沉入海底，幸运的是大多数船员得以生还。CMB-4号的船体也被四面八方射来的炮火击中，但艾格仍然驾驶着受创的艇冲出了敌港，返回基地。

单艇独雷、深入虎穴，能取得这样的战果是十分惊人的，艾格为此被授予英国的最高荣誉——维多利亚十字勋章，晋升为海军少校。不过其支援叛军的目的则未能达到，因为在红海军战列舰的巨炮轰击下，叛军已经在前一天就投降了。

小型快艇击沉大型战舰，而且这次击沉的是一艘大型的巡洋舰，理所当然地引起了人们的重视。波罗的海"维和"舰队司令沃尔特·科恩（Walter Cowan）海军上将非常重视这一战果，因此决定再次使用 CMB 突袭喀朗施塔得港内锚泊的主力舰，以便达到控制波罗的海的目的。科恩的突袭计划十分细致，而且准备了空中支援，该计划定于 8 月 18 日实施。艾格再次出马，引导快艇支队通过红海军的雷区和堡垒区，不过大概是为了保护这位新鲜出炉的英雄，科恩上将下令他必须留在港外，不得参与攻击行动。

8 月 18 日凌晨 3 时 45 分，英国飞机在喀朗施塔得上空开始佯攻，巡洋舰和驱逐舰驻扎在水雷区外围作为支援。与此同时，在支队长克劳德·康格里弗·多布森（Claude Congreve Dobson，1885—1940）海军中校的指挥下，6 艘 CMB（编号为 24A、31BD、62BD、67A、79A、88BD）凭借它们吃水浅不容易引爆水雷的优点，高速穿过了雷区，冲入港湾内。快艇发动机的响声，被盘旋在上空的飞机所发出的隆隆声和炸弹的爆炸声掩盖了。CMB 艇乘机分散开来，对港口内的红海军大打出手。

CMB-79A 号首开记录，它发射的鱼雷击沉了 6674 吨的潜艇供应舰"德维纳河"（Dvina，原"纪念亚速"[Pamiat Azova,在 1827 年的俄土纳瓦林海战中，"亚速号"战舰表现优异，沙皇还特别命令，黑海舰队必须永远保持 1 艘叫做"纪念亚速"号的舰艇。]号旧式装甲巡洋舰），

CMB 的王牌之一：艾格上尉

但随即也被担任巡逻的红海军驱逐舰"加夫里尔"（Gavriil）号击沉，二等兵威廉·G.史密斯（William G Smith）、技师弗朗西斯·E.斯蒂芬斯（Francis E Stephens）和少尉托马斯·R.G.乌斯博瑞（Thomas R G Usborne）战死。接着 CMB-62BD 号也被"加夫里尔"的炮火击中，侥幸没有沉没，机械师弗朗西斯·L.H.撒切尔（Francis L H Thatcher）、领航员辛德勒·D.赫尔姆斯（Sidney D Holmes）和少尉赫克托·F.马科伦（Hector F Maclean）成为了"加夫里尔"号的炮下亡魂。"加夫里尔"号的第二个战利品是 CMB-67A 号，艇上的弗兰克·T.巴蒂（,Frank T Brade）少校成为了这次行动中军阶最高的牺牲者。"加夫里尔"号一发不可收拾，又击沉了 CMB-24A 号，幸运的是艇上人员都得以生还。

虽然 CMB 无疑是当日的焦点，但俄国人的表现也并非一无是处，至少"加夫里尔"号驱逐舰完全不负其鱼雷艇杀手的本色。该舰为"加夫里尔"级首舰，排水量 1260 吨，长 98 米，宽 9.3 米，吃水 3 米。2 座蒸汽轮机，4 座锅炉，30000 匹马力，航速 32 节，燃油 400 吨。4 门 102 毫米 60 倍径炮，1 门 40 毫米高射炮，2 挺机关枪，3 座三联装 18 英寸鱼雷发射管，50 颗水雷，编制 150 人。可是这艘一举击沉三艘英国快艇的功勋舰，就在两个月后，却因叛逃被英国人布下的水雷炸沉，也不知道冥冥之中，是否真有定数。

回到基地的 CMB-31BD 和 CMB-88BD 号鱼雷艇激动地报告，它们命中了 2.34 万吨的"彼得巴甫洛夫斯克"号战列舰 3 条鱼雷！英国人据此判断俄舰一定已经在浅水中坐沉了，这一战果记载长期被诸多海战战史所引用。不过俄国人对此则嗤之以鼻，他们称实际上英国人并没有命中，鱼雷定深太大，从"彼得巴甫洛夫斯克"号船底下穿了过去，打在对面的码头上爆炸了。当然这种说法有点牵强，毕竟"彼得罗巴甫洛夫斯克"号不是小船，而是吃水达 8.5 米的战列舰。"彼得罗巴甫洛夫斯克"号后来在卫国战争中被德国轰炸机投下的重磅炸弹直接命中，这次是真真正正地在浅水中坐沉了。地点，还是喀朗施塔得。

姑且不论"彼得罗巴甫洛夫斯克"号是否被鱼雷击中，可以分辨的事实是：31 号和 88 号攻击的根本就不是同一个目标。它们中间的一个——到现在究竟

被 CMB–79A 击沉的潜艇供应舰"德维纳河"号，排水量 6674 吨，长 117.9 米（384 英尺 6 英寸），宽 17.22 米（56 英尺 6 英寸），吃水 8.18 米（26 英尺 10 英寸）。马力 8500 匹，航速 17 节（每小时 31 公里）。编制 640 人。

"圣安德烈"号战列舰，标准排水量 17400 吨，满载排水量 18590 吨，长 140.2 米（460 英尺），宽 24.4 米（80 英尺 1 英寸），吃水 8.5 米（27 英尺 11 英寸）。17600 匹马力，最大航速 18.5 节（每小时 34.3 公里）。编制 956 人。两座双联装 305 毫米炮，4 座双联装 203 毫米炮，6 门单装 203 毫米炮，12 门 120 毫米炮，4 个 18 英寸鱼雷发射管。

是谁仍然有不同的说法——所发射的鱼雷打中了1.74万吨的"圣安德烈"号(该舰的吃水与"彼得罗巴甫洛夫斯克"号同为8.5米,所以俄国人的说法也颇为可笑)。这艘1910年服役的老式战列舰左舷前部被一条鱼雷击中,遭到重创,此后一直未能修复,1922年又发生了一次火灾,这直接导致了它在1924年除役。现有比较权威的说法都认为是88号击中了"圣安德烈",当时88号被红海军的探照灯锁定并遭到扫射,艇长阿克波特·德瑞尔·瑞德(Archibald Dayrell-Reed)海军上尉战死,幸亏一架英国飞机俯冲下来打灭了探照灯。年轻的副艇长戈登·查尔斯·斯蒂尔(Gordon Charles Steele,1892—1981)海军中尉接替艇长操纵快艇驶近到离"圣安德烈"不到100米的地方打中了它。斯蒂尔为此在战斗之后与多布森一起获得了维多利亚十字勋章。

参加袭击行动的CMB损失了一半,有8名艇员战死,但收获也不小。这次成功的突袭又一次证明了小型快艇的重要价值,英国海军部高度评价了这次成功的袭击,并决定进一步发展CMB,以加强海军的攻击和巡逻力量,同时还在奥西岛上建立了摩托艇基地,开始对艇员进行严格地训练。

万里赴戎机

在大战后的和平年代和裁军浪潮里,连各国新上马的战列舰也被迫纷纷拆毁,与之相比犹如蝼蚁一般的CMB自然更是无人问津,逐渐在皇家海军里消失了踪影。但到了30年代初,英国新闻界报道了国外,特别是意大利和法国正在建造高速鱼雷艇的消息,这促使海军部重新进行CMB的研究。

1932年,桑尼克罗夫特公司提出了一种新方案,艇长18.3米,装两台V-12发动机(共450马力),航速38节。但海军部考虑到新CMB必须能够在军舰吊艇柱上携带,而桑尼克罗夫特的艇太重。此外,断阶艇型工艺复杂,不适于战时快速生产;V-12发动机也有很大缺点,既不经济,又不结实。最后是英国动力艇公司的平甲板长尖舭艇中标,成为二战中英国鱼雷快艇MTB(Motor Torpedo Boat)的前身。

竞争失利的桑尼克罗夫特只得把生意重心放在为外国政府提供55英尺

型的 CMB 方面。CMB 的成功战例对于一些较为弱小的海军国家启发很大，南斯拉夫在 1927 年订购了 2 艘 55 英尺型 CMB，分别命名为"武斯科克"（Uskok，公元 16、17 世纪与奥斯曼帝国进行长期游击战争的斯拉夫武装）号和"切特尼克"（etnik，塞尔维亚语"军队"的意思）号；荷兰海军也买了 4 艘 CMB，编号为 TM1—TM4；用户还有希腊、芬兰、泰国、菲律宾和中国。就连拥有强大海军的美国也购买了 2 艘 CMB，并进行了各种试验，为美国设计自己的鱼雷快艇提供了大量重要数据。日本海军虽然在 1920 年买了 2 艘 CMB 进行研究，不过由于其偏爱能够到远洋作战的大型战舰，所以在完成了各种测试研究后，CMB 被扔去作了杂役艇。

真正继承了 CMB 血统的是苏联红海军。虽然没有购买 CMB，但是因为在喀朗施塔得有血的教训，苏联人对俘虏的 CMB 进行了深入的研究，并从 1925 年开始，在吃透 CMB 各项技术的基础上，研制自己的第一型鱼雷快艇，这就是后来的 G-5 型鱼雷快艇。

桑尼克罗夫特生意兴隆，靠的不过是一战之中 CMB 的余威。实际上当时各海军强国研制的新式鱼雷快艇，不论是英国的 MTB 还是德国的 S 艇，与 CMB 这种只能在沿海和好天气下作战的摩托艇相比，具有很大的优越性。前者速度快、续航距离远，可以在 4—6 米波浪的海况下作战，即使天气恶劣、能见度很差，照常可以发起攻击，而且很适合在夜间作战。实际上天气恶劣对快艇攻击是有利的，由于体积小，鱼雷快艇在滔滔大海中航行时很不容易被发现的，特别是落入波谷之时更是觉察不到，因而具有很大的隐蔽性。而大型战舰由于目标很大，位置突出，给快艇以极好的瞄准攻击机会。当然在没有得到新式战争检验的情况下，是很少有人会注意到这一点的。

战争的检验很快就到来了，这次不是欧洲，而是万里之外的中国。

1931 年九一八事变后，在英国研究海军战术的欧阳格海军中将（1895—1941）回国向蒋介石力陈中国国力薄弱，时间紧迫，来不及建造舰队对敌，唯有建立防御式的海防军，以水雷及鱼雷为主，用快艇作为发射工具，以小胜大。于是国民政府在 1932 年兴办电雷学校，委任欧阳格为校长，划归为军政部管辖（以后改隶参谋本部）。1935 年夏秋之间，快艇以每月两艘的建造速度陆续返国。与此同时，在中国江苏省江阴县城东的黄山港附近，上海陶馥记营造厂则开始挖渠开山，大兴土木，建营房校舍，布置高射炮、探照灯，修建了一条能通航六千吨级大海船的人工围港。上下游快艇基地相距约二公里，港道经黄山脚，有八个通水洞库，每库可容一艘快艇，洞库内还设有鱼雷工厂，港道岸边有可供六千吨级海船停靠的码头、修船厂、船坞、艇棚等。

截止 1937 年初，CMB 已经到货 8 艘，编成文天祥、史可法两个中队，与德制 S 艇组成的岳飞中队，合编为一个大队。原商船船长安其邦为大队长，烟台海军学校毕业的杨保康为少校副大队长，四艇组为一中队，中队长和艇长皆为电雷学校一期学员。文天祥中队长为刘功棣，并兼文 171 艇艇长，黄震白（后为海军少将）为文 42 艇艇长，吴士荣（后任"美颂"舰少校舰长）为文 93 艇艇长，谢晏池（后任"同德"舰少校舰长）为文 88 艇艇长。史可法中队中队长为杨维智（1918—？，浙江杭州人，官至海军中将），并兼史 34 艇艇长，胡敬端（1911—1949，号茂先，江西丰城人）为史 102 艇艇长，陈溥星为史 223 艇艇长，姜翔翱为史 181 艇艇长。艇长皆为海军中尉衔。

而在购买快艇方面，地方军阀的效率则比中央政府更高，广东的第一集

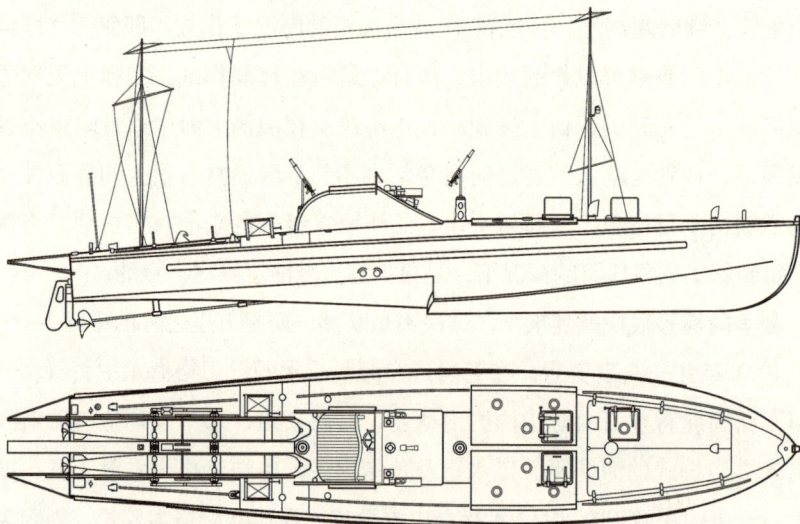

中国 CMB 鱼雷快艇结构示意图　作者：顾伟欣。

团军舰队早在 1932 年就向桑尼克罗夫特公司订购了 8 艘 CMB-55 型快艇，后来因财政困难减为 2 艘。1934 年 1 月，与电雷学校基本相同的 2 艘 CMB 到货，命名为"一号雷舰"、"二号雷舰"。不过因为购买时间较早，所以马力只有 750 匹，最大航速 38 节。广东海军随即成立了"雷舰第一队"，毕业于烟台海军学校的梁康年任中校队长，邝民光任"一号雷舰"中尉舰长，麦士尧任"二号雷舰"中尉舰长。同时广东海军还在黄埔建立专门的鱼雷艇基地，设有陆上艇库 4 间、水陆升降码头 1 座、起重机 1 座、地下油库雷库各 1 座、鱼雷工作场 1 间。

1938 年夏初，最后一批 8 艘 CMB 建成后运抵香港。这时上海已经失守，香港殖民政府以战事为由，将这批鱼雷快艇扣押起来。后来放行 4 艘，经粤汉铁路运抵武汉，组成颜杲卿（在抵抗安禄山叛乱中壮烈殉国的唐将）中队，编号颜 53、颜 92、颜 161、颜 164。另外 4 艘中 2 艘被英国人买下，其他 2 艘则移交中国广东海军，编号新 1、新 2。这批快艇同样属于 55 英尺型，排水量 17 吨，长 16.8 米，宽 3.35 米，吃水 1.07 米；1060 匹马力，最大航速 43—44 节；2 座双联装 7.7 毫米 94 倍口径机枪，2 枚 450 毫米口径鱼雷，2 颗深水炸弹；编制 5 人。

如果不是战争爆发，也许中国还会购买更多的 CMB 快艇，因为计划中还要在浙江象山港再建一处类似的快艇基地，但终因抗战爆发而告吹。

对于现有军舰技术性能基本上处于 19 世纪末 20 世纪初的中国海军来说，在欧洲已显落后的鱼雷快艇实在是个新鲜玩意儿，既不懂更不会使。当时中国国民政府与意大利墨索里尼法西斯政权交好，于是在 1936 年初将电雷学校一期学员抽调到江阴肖山脚水雷营营房，雇佣意大利海军军官来华授课。当时只有两艘 CMB 来华，近 20 名学员每人只能轮流操作 2 小时，其余随艇见习。意大利海军的鲁达中校和贝吉少尉指导操作，顾问团团长维拉鲁沙担任高级幕僚。

驾驶快艇，辛苦且不容易，艇小航速又快，尤其是列队操练时，稍一不慎即会发生碰撞，何况还要瞄准目标，命中敌舰。艇员穿防水衣裤、防水帽、眼镜等，每天操演七八小时，有时夜间还要连续训练，只因战事紧迫，不得

被日军俘虏的颜 92 号

不如此。时间太少，训练有限，不能不说是中国鱼雷快艇在抗战中未取得像样战果的重要原因。

1937 年春，战争阴云日益临近，各快艇艇长乘"同心"、"俞大猷"两艘训练舰，自上而下对长江口航道、河床、水深进行实际勘测，绘测成图，同时还将日本在华的第三舰队各舰图形，影印成册，各艇艇长人手一册，以资识别，做到知己知彼。

8 月 14 日上午 9 时，欧阳格召集各艇艇长训话，正式宣布奉命成立江阴区江防司令部，以电雷学校舰艇设备为基础，他接任司令，电雷学校训育主任徐师丹上校为参谋长，下令各艇进入战斗。艇员日夜守在艇上，鱼雷压气，子弹装足，随时应战。同天将在校的三、四期学员和艺徒队、学兵队，分别编成高射炮大队，分布于肖山、长山等山头及张家港等各据点，另组织探照灯队，配合高炮作战，痛歼入侵敌机，并立即电召在南洋地区训练二期学员、学兵的"自由中国"号训练舰迅速返国。原在德国留学的一期轮机学员也已于芦沟桥事变发生时返国，并分配上快艇担任轮机长参加战斗行列。早在

1936 年，电雷学校就从上海英租界招聘了一批曾为英国维修鱼雷快艇的轮机技术工程师，由张龙泉为总领队，成员有张琦瑞、张文元、唐珊宝等二十余人，他们同时随快艇、高射炮、探照灯大队一并进入战斗，人人都知道，大战在即了。

欧阳格召集艇长训话后，留下刘功棣、胡敬端两艇长分配任务，目标就是日本海军第三舰队旗舰"出云"号。"出云"号装甲巡洋舰（9750 吨，203 毫米炮 4 门，150 毫米炮 14 门）是日本海军驻华第三舰队旗舰，战事发生时，系泊在上海黄浦江汇山码头外档河心。以该舰为首的第三舰队二十余艘舰，从上海苏州河一直陈列出吴淞口，上溯至浏河口，包围着虹口、闸北、杨树浦、宝山地带，策应陆军登陆，并随时可炮击中国军队的陆上阵地，威胁巨大。

1937 年停泊在上海的"出云"号

擒贼先擒王，故欧阳格决心击沉"出云"号，震慑第三舰队。

为了万无一失，欧阳格密令鱼雷长傅洪让调整鱼雷于水下行进的深度，与"出云"舰吃水相符，并详细检验备战鱼雷各项设定。随即令胡、刘两人分别驾艇伪装成民船，开副机缓速行驶，从江阴黄泥港到无锡，进入太湖经苏州、松江，于15日下午驶抵上海龙华，欧阳格和安其邦则乘车到上海。这时文171艇因故在途中耽搁，尚未抵达，欧阳格只得决定让史102艇单艇出击。安其邦也登艇指挥，同艇尚有轮机员张持廉，艇员吴鸿年、徐吉斋、邵康法、方焕、吴杰等人。

天黑后，安其邦、胡敬端激活副机出发，沿黄浦江而下，到十六铺封锁线，又被钢丝绳拦截，无法通过，只好折返龙华待命。欧阳格乃改变计划，准备16日晚再出击，同时令安其邦、胡敬端去上海外滩公园观察"出云"号的位置，及应采取之措施。他们到外滩才发现十六铺封锁线外，有日本的河川炮舰（也就是内河炮舰）数艘停泊警戒，这是很重要的一关。

8月16日晚9时，史102艇再次出击，通过十六铺封锁线，避开敌人警戒炮舰，直奔陆家嘴。当时公共租界江面，停有英、美、法各国军舰。灯光耀如白昼，而苏州河以下，却一片漆黑。胡敬端从亮处到暗地一时看不清"出云"号的准确位置，相反在十六铺的敌炮舰早已发现，立即炮击史102艇，虹口各敌舰闻警也纷纷开炮，弹如雨下，十分危险。史102艇多处中弹，只好依据白天所测得的方位，估计距离300米，以顶角50度，仓促发射两枚鱼雷。

连目标都没看见就盲射，这实在是太考验人品了。显然日本海军自从甲午战争起就一直拥有的好运气尚未用尽（直到中途岛之战才开始走背运），鱼雷未能直接命中"出云"号，只打中了旁边的汇山码头，码头的破片打伤了"出云"号船尾车舵及侲叶，不能自航，乃由其它船拖到吴淞口修复后重返战场。

而史102艇也中弹着火燃烧，藉余速冲到外滩九江路的轮渡码头后下沉江底，艇上8人全部上岸，只有学兵吴杰负了轻伤。在由事先安排布置好的接待人员领至四马路惠中旅馆后，因是租界不能久留，未多久即转移至八仙桥青年会，再设法转回江阴归队。安其邦因未完成任务，自觉脸面无光，滞

史 102 艇残骸

留上海未归，副大队长杨保康遂代理大队长。胡敬端归队后升任岳飞中队中队长，抗战胜利后任"长治"号上校舰长，1949 年 9 月 20 日，因水兵发动起义被杀。

　　虽然这次攻击没有成功，但是却让日本海军对中国的鱼雷快艇倍加警惕起来。8 月 17 日以后，江阴上空经常出现敌机侦察及轰炸，日夜不停，中国海军大型舰艇基本上损失殆尽，电雷学校的快艇因目标小，有高射炮队掩护，伤亡不大。但敌人没有放松，欧阳格为保持战力，下令快艇疏散。

　　9 月 23 日拂晓，文 88 艇奉命移泊四墩子，刚刚停机隐蔽下来，后面史34 艇就被 4 架日机发现。勇敢的史 34 艇为了保护友艇，毅然向航六圩江面驶去，并用高射机枪猛烈地向日机倾泻着弹雨。飞机是鱼雷快艇最可怕的天敌——"天敌"这个词用到这里无疑具有了双重含义，二战中飞机造成的鱼雷快艇损失占到了总数的 26%。虽然曾经出现过两艘苏联鱼雷快艇凭借灵活机动，击落一架德国鱼雷机的事例，但现在史 34 艇是以一敌四，任何的机动都无法避免失败的命运了。经过短促而激烈的交火，史 34 艇多处中弹起火，沉于夏

137

广东海军订购的快艇一号上架入库

港江中，艇长姜翔翱、副艇长叶君略、轮机长江平光（均系电雷一期学员）以下官兵9人无一生还。

11月13日凌晨4时30分左右，有一艘日舰沿长江上溯至南通附近对中国军队岸上阵地进行炮轰。正在机动寻敌的电雷学校士兵教练处处长马步祥（1896—1937，字履和，浙江东阳人，毕业于烟台海军学校）海军中校亲率史181艇前往攻击，但不幸发射的鱼雷只击中了江中暗滩，反被敌舰击中起火沉没，马步祥和轮机兵叶永祥落水遇难，后国民政府追赠马步祥为海军上校；艇长杨维智、轮机员袁铁忱（1917—？，河北武邑人，电雷二期生，官至海军中将）等人凫水逃回。由此战可以看出，中国海军对鱼雷快艇的使用很成问题。英国人对CMB的设计思路就是突袭锚泊的敌舰，所以才会尽可能地把快艇设计得又轻又小，而中国人这种让CMB出来机动寻猎的方式，很显然是背离了其设计思想，也超越了CMB的实际性能，这种快艇是只适合刺杀而绝不适合强攻的。

这时日军即将进攻南京，文171、文93、史223、文88四艇奉调开赴南京，停泊在下关草鞋峡三台洞附近，用树枝芦苇隐蔽伪装以防敌机突袭，江阴区江防司令部则设在下关中国银行内。

12 月 12 日，南京失守，江防司令部的交通艇被抢，参谋长徐师丹失踪，欧阳格只得命令文天祥中队立即撤离草鞋峡，以最高速度冲过下关敌人火网，驶抵大通待命。

撤退至火车轮渡码头时，遭到岸上火力射击，边打边走，安全冲过，于13 日黎明到达大通，但却没有等到欧阳格，只得撤往安庆杨家套，复于 20 日撤到湖北星子姑塘，才与辗转逃到武汉的欧阳格联系上。奉令与其他快艇一起撤往武汉鲇鱼套，只有文 42 艇驻守湖南岳阳。

1938 年 4、5 月间，因日舰在华南海域骚扰，有进犯虎门之势，需调快艇去广州。电雷学校奉令抽调 4 艘 CMB 快艇南下广州，由粤桂江防司令黄文田指挥。

第一批南下的是文 93 艇和文 88 艇，从武昌徐家棚弃水登陆，每只快艇用两个平板车皮装载，再拨一个罐子车装人。由于战事吃紧，粤汉路拥挤，快艇走走停停五六天才运抵广州黄沙车站。黄文田以快艇部队不熟悉珠江水域和航道，便将文 88 艇拖到顺德县陈村的水腾镇，文 93 艇拖到江门县鹤山镇待机。直到一个多月后，小火轮突然来拖快艇回广州，再装火车运回武汉，原来是马当吃紧，要快艇急速赶回武汉，重新移泊鲇鱼套待命。这次南下徒劳无功，不过倒也体现出轻巧的 CMB 由于可用火车运输，对失去大部分港口，只能在内陆水系作战的中国海军来说不啻于一支重要的机动打击力量，也可以说具有不小的战略意义。

就在这时，因军队内部派系之争，欧阳格被捕下狱，电雷学校撤销，快艇部队移交闽系掌控的海军总司令部，改编为 3 个中队，第一中队就是原来的文天祥中队，第二中队就是岳飞中队，第三中队是颜杲卿中队，史 223 艇直属大队部。

此时日军开始大举进攻九江。1938 年 7 月 5 日，九江的门户马当、湖口要塞相继失守。但是由于江中水雷尚有余威，不敢轻举妄动的日本海军只得从南京调集扫雷艇清除航道，直到 9 日之后，军舰才开始进入湖口江面。这无疑是中国快艇偷袭的一个良机。7月14日深夜，第一中队长刘功棣亲自出马，率领文93艇偷偷溜入湖口，向不明目标发射鱼雷后迅速返航，并声称命中，但并没有交代击中的是日本哪一艘舰船，文93艇这次攻击的成功与否也成为一段悬案。虽有传言文93艇击中并重创了刚从南京调来的第一扫海（即扫雷）队的"鸥"号布雷舰，但根据日本《中国事变海军作战史》记载，"鸥"号是在文93艇出击前八天的7月6日，于彭泽湖扫雷时，因江流流速大、扫雷准确度差而触发水雷，导致舰尾受损。倒是有1艘担任扫雷任务的"大汽艇"于文93艇出击当天在湖口触雷沉没，很有可能是被其发射鱼雷击中。

3天之后，中国海军又派史223艇、岳253艇出击湖口。这时为了防止日军利用，鄱阳湖区与长江江面的航标、灯柱等导航设施均已被拆除，高速行驶的快艇在黑暗中疾行可谓相当危险。更糟的是，因为事先没有接到海军的通知，陆军补助工程处已经在前往湖口的江段敷设了阻塞网。两艘快艇双双冲入网中，立即被钢丝绳缠住螺旋桨。史223艇当场沉没，德制的岳253艇因为吨位较大，比较皮实，只是车叶受创，被迫返航。至此，电雷学校的CMB史可法中队已经全军覆没。

已经注意到中国快艇部队威胁的日本海军立即大肆出动第3航空战队飞机搜索轰炸。7月21日，日机袭击湖北蕲春的快艇停泊基地，炸弹纷纷落下，引起洞库震动，文42艇和文88艇被震动波掀起又落入水中，水线下艇体受损。8月1日，为截击越过九江上行、企图破坏武穴雷区的日本舰艇，岳22艇与颜161艇奉命出击。但正在准备出发时被敌机发现，前者因目标大被炸沉，后者也被炸伤，转往汉口修理。

9月，海军总司令部认为因长江中下游大部沦陷，鱼雷游击战术已经失去实施空间，由于岳飞中队的德制艇体积大，无法以火车运输，便只将8艘CMB以火车运输撤到广东，与新1号、新2号会合，合组为粤桂江防司令部，下辖鱼雷快艇共10艘。

1938年10月，日本海陆军联合在广东大亚湾登陆后，进占广州。随后，又从广州和珠江口外两面夹击驻虎门口一带的中国军队，以图打通珠江航道。10月底，日本以航空母舰"加贺"号、"苍龙"号、"龙骧"号和水上飞机母舰"千岁号"、"圣川丸"上的飞机分批出动，对中国军队的虎门要塞和附近的舰艇进行狂轰滥炸。10月23日，CMB"二号雷舰"在虎门炮台附近江上巡逻时，遭到敌机攻击，油箱中弹起火被焚毁。次日，CMB"一号雷舰"也被敌机炸中机舱沉没。这似乎预示着，随着航空兵的日益强大，依赖高速度作为生存与战斗关键要素的CMB快艇，已经日薄西山了，毕竟它再怎么快也跑不过最慢的飞机。

这时从武汉南下的CMB快艇到达后还未整修完，广州、虎门等处已失守，被迫移驻广西桂林、梧州一带，担任西江江防，江防司令部重新委任电雷学校二期毕业生任艇长，刘功棣代管快艇事务，原一期毕业的艇长大多改为中尉附员。这是一个让人匪夷所思的人员调整，毕竟一期艇长业务最为精熟，又经过战争考验，让刚刚毕业，还处于实习阶段的二期生接任艇长，势必将大大影响快艇部队本来就不怎么高的战斗力。同年10月下旬，颜92艇在三水江面执行任务时，由于该艇人员缺乏警惕，在途中靠岸时，被驶来的3艘日军炮艇包围，一颗子弹也来不及发射就当了俘虏，无疑就是艇长更换事件的直接后遗症。日本海军对该艇进行了反复研究，并于1939年试制了一艘鱼雷快艇，在线形上参考了CMB，命名为T-0。然后又进一步制造了6艘T-1型，仍然使用CMB的尾部发射鱼雷方式。1943年又研制了乙型鱼雷艇，这种鱼雷艇虽然是脱胎于T-1型，但也参考了意大利的MAS，并加入了日本设计师自己的思想，因此算是一种"纯血统"的日式鱼雷快艇，已经脱离了CMB的范畴。

1939年4月1日，桂林行营江防处成立，对快艇大队进行了整编。大队部撤销，所剩9艘CMB快艇编为2个分队，第一分队驻梧州，第二分队驻肇庆，直接受江防处指挥，并重新用中国历史上的名臣良将命名为："成功"、"天祥"、"壮缪"、"武穆"、"继光"、"廷弼"、"可法"、"世昌"、"杲卿"。江防处认为在西江的主要任务是对付溯江的敌军舰艇和防空，鱼雷用不上，于是领了18挺机枪，卸下鱼雷改做巡防艇使用。这实际上是自我剥夺了CMB的主要作战能力，实属愚不可及。实际上即使不用鱼雷，也可以改做其他使用。例如源自CMB的苏联G-5型鱼雷快艇，就可以在鱼雷槽里放上

一艘中国 CMB，经分析很可能是在广西时期，因为鱼雷槽上方安装了 2 挺机枪和供机枪手踩踏的临时甲板。

水雷，当成布雷艇使用；甚至通过加装座位板和栏杆，使其成为可搭载 30-50 人的突击登陆艇。

　　1944 年 4 月，由于国民党军队的豫湘桂大溃败，梧州、肇庆相继沦陷。快艇第一分队 5 艘 CMB 转移至桂平，后到石龙。原拟去柳州，但得到情报说柳州已被包围。此时各艇油料也将尽，配件缺乏，只得奉令在石龙自沉。第二分队的 4 艘 CMB 当时已经转移到了柳州。敌军大兵压境，柳州以上各河天旱水浅，快艇难以上行，加上各艇均有破损，只得自沉于柳州。至此，中国海军的 CMB 以这种无奈而又悲壮的方式结束了自己的生命。

冰海猎杀

　　就在中国海军以勇敢但近乎笨拙的方式驱使着不幸的 CMB 时，同样是用弱小得近乎不成比例的力量挑战海上强者的芬兰海军倒是漂亮地演绎了一场巧妙的刺杀。

芬兰海军在 1926 年，试验性地向桑尼克罗夫特公司购买了一艘 55 英尺型 CMB，编号为 MTV-3，1936 年改名为"冲击"（芬兰语艇名 Isku，英文艇名 Strike）号。这艘艇排水量 11 吨，长 16.6 米，宽 3.4 米，吃水 1.1 米；动力系统为 2 台劳斯莱斯（Rolls Royce）汽油发动机，产生 597 千瓦动力，最大航速 31 节；成员 7 人，其中 1 名军官。武器系统为 2 枚英制 T/29 型 450 毫米鱼雷，2 挺 7.62 毫米机枪和 2 颗深水炸弹。与以往的 CMB 相比，它的鱼雷发射方式进行了改良，采用了意大利 MAS 型鱼雷快艇所用的环式鱼雷发射器，但芬兰人却并不喜欢这种方式。

"冲击"号参加了 1939 年 11 月—1940 年 1 月因苏联侵略芬兰所引发的冬季战争（Winter War），后来又参加了 1941 年 6 月芬兰乘轴心国侵苏之际为报复发动的"续战"（Continuation War），不过都没有取得什么战绩。因为船体在长期使用中已经严重磨损，于 1942 年被海军除役。

芬兰海军第一艘 CMB "冲击"号

1928 年，芬兰海军又从桑尼克罗夫特公司的伍尔顿（Woolton）船厂购买了 2 艘 55 英尺型 CMB，编号为 MTV-4 和 MTV-5。按照合同的一部分，1929 年在芬兰建造了 2 艘同型艇，编号为 MV6 和 MV7。1936 年改名为"攻击"（芬兰语 Syoksy，英文 Attack）号、"箭"（芬兰语 Nuoli，英文 Arrow）号、"狂怒"（芬兰语 Vinha，英文 Furious）号、"凶猛"（芬兰语 Raju，英文 Violent）号。因此又被称为"攻击"级。

这四个小家伙除了艇首的名字不同以外，从外表上看一模一样，到了 1942 年，由于战争需要涂抹了艇名，在上层建筑重新刷上了识别符号："箭"号是纸牌中的红桃，"狂怒"号是梅花，"攻击"号是方块，"凶猛"号则是黑桃。

"攻击"级排水量 12 吨，长 16.7 米，宽 3.4 米，吃水 1.3 米；它的动力系统改为 2 台 Y12 型汽油发动机加上 1 台 RA4 型汽油发动机，前者可发出 375 匹马力，是快艇主要动力，后者 25 匹马力，用来做低速巡航，三台发动机一起运转时转速 1650 转，最大航速可达 40 节，艇上平时携带 1025 升汽油，战时还可多带 675 升；编制 7 人（其中 1 名军官）；武器为 2 枚 450 毫米鱼雷、1 挺机枪、2 颗深水炸弹或 2 颗水雷。因为"冲击"号的两侧发射鱼雷设计在实践中并不成功，鱼雷发射方式又改回到 CMB 传统的艉部发射。不过在地势狭窄、岛屿密集的芬兰湾里，这种发射方式也是需要极大的勇气和高超的技

满载水雷的"攻击"号，可见其指挥室侧面的方块符号。

巧的。

在整个冬季战争里，由于苏联的压倒性优势和恶劣的天气条件，不论是"冲击"级，还是"攻击"级，没有发射一枚鱼雷，没有取得任何战果。经常结冰的海面使得依赖好天气的 CMB 根本无用武之地。不过到了续战时，在纳粹德国打击下损失惨重的苏联人对芬兰的进攻被迫采取防守态势，制空权长期掌握在轴心国一方，芬兰的鱼雷快艇也因此得到了更多的机会。

1941 年 9 月 2 日，"攻击"号首开记录，它在比耶克岛附近发现了苏联运输船 BT-542"米尔"（Meer）号，立即发射了两枚鱼雷。这艘 1866 吨的货轮从列宁格勒撤出了一批被包围的红军，驶往科伊维斯托，不料中雷沉没。

1942 年 11 月 10 日，芬兰空军的侦察机向海军提供了一个非常有价值的情报：在拉文萨里（Lavansaari，本来是芬兰领土，冬季战争失败后割让给苏联）岛停泊着一艘苏联大型军舰。随后确认为 1760 吨的"红旗"（Krasnoye Znamya）号炮舰，芬兰人推测其是奉命来保卫岛上新建的雷达站的。

"红旗"炮舰前身是沙俄帝国在 1894 年开工建造的"勇敢"（俄文名 Khrabryi，英文名 Brave）号鱼雷炮舰，1922 年 12 月 31 日改为现名。到了卫国战争时期，高龄 45 岁（对于船来说，差不多相当于人类的八十岁）的它已经老迈不堪了，但舰上的 5 门 130 毫米大炮、6 门 45 毫米高射炮对弱小的芬兰海军来说仍然是不可忽视的威胁。当然，对于饥肠辘辘的快艇部队来说，也是难得的一顿美餐。

兴奋的芬兰鱼雷快艇支队立刻整装出击。第一次袭击有两艘快艇参加："狂怒"号和一艘俘虏的苏联 G5 型鱼雷快艇 TK141——芬兰人把它改名为"狂风"（Vihuri）号。

突袭行动在 17 日晚上进行，两艘快艇顺利地潜入港湾，找到了锚泊的"红旗"号。但快艇在发射鱼雷时却发射了故障，一枚鱼雷也打不出去，只得灰溜溜撤走。还好大意的苏军也没有发现敌人已经来"旅游"了一趟，芬兰人还是有机会的。

18 日，空军传来了新的情报："红旗"号原地未动，不过周围多了 5 艘扫雷艇，看来苏联人已经加强了戒备。不过经过仔细研究，芬兰人还是决

苏联"红旗"号炮舰

心再干一票。德国人得知这个消息后，为了体现联合作战的诚意，也派来了 KM27 号布雷艇（排水量 80 吨，航速 9 节，1 门 20 毫米机关炮，可携带30-45 颗水雷）参与行动。

当天晚上 19 点 30 分，指挥官乔科·卡莱维·鄂塞斯·皮尔霍伦（Jouko Kalevi Esaias Pirhonen，1915—1996）率领两艘 CMB："攻击"号和"狂怒"号，以及"狂风"号悄悄驶出基地，在与德国 KM27 号布雷艇会合后，便沿着海岸线低速向目的地驶去。

接近拉文萨里岛的锚地时，因为多了 KM27 这个"大家伙"，发现有舰队靠近的苏军发来了识别信号，而狡猾的德国布雷艇则故意回答得模糊不清。发现队列里有自己的 G5 型鱼雷快艇（"狂风"本来是 G5 就不说了，G5 是苏联在 CMB 的基础上自己研制的，所以外形有些相似）后，马虎的苏联信号兵就放行了。

进入海湾后，德国布雷艇开始布设水雷，以防苏军追击，鱼雷快艇则分散开来寻找目标。21 时 13 分，"攻击"号发现了"红旗"号炮舰，立刻发射两枚鱼雷，阿兰·乌伦瑟瑞（Aarne Vuorensaari）海军中尉的"狂怒"号、卡尔罗·卡亚萨洛（Karrlo Kajatsalo，1909—1988 年）海军中尉的"狂风"号接着赶到，各发射了一枚鱼雷。

中雷的"红旗"号当即沉没。随后芬兰快艇以最大速度撤离。而港湾内的苏军扫雷艇和岸炮部队反应较慢，开火的时候袭击者已经消失在远处的海平面上，只留下了一大片烟雾来掩饰行踪，所以没能给芬军造成任何损伤。事后皮尔霍伦因功被授予曼纳海姆十字勋章（Mannerheim Cross，芬兰的最高荣誉），并在 1966 年担任海军总司令，1971 年晋升为海军中将。另一名艇长卡亚萨洛后来也成为海军中将，对于小小的鱼雷快艇艇长来说，能够提拔到这样的高度也算是异数了。

有资料把参加战斗的"狂怒"号错写成了"寒风"（Viima）号。这也难怪，这两艘快艇的芬兰语名字还真是挺接近的。实际上"寒风"号前身是被俘虏的苏联 G5 快艇 TK46，它和"狂风"号都是 1941 年因搁浅被原来的主人遗弃在科伊维斯托（Koivisto）岛的。

就像"彼得罗巴甫洛夫斯克"号有没有被英国 CMB 击中一样，究竟是哪艘艇发射的鱼雷击沉了"红旗"号到了今天仍有争议。参战的芬军水兵声称看到了四次爆炸的火光，但这并不能证明所有四枚鱼雷都击中了"红旗"号，因为鱼雷不管击中什么东西，只要引信不失效都是会爆炸的。

有资料称"狂风"使用的鱼雷是苏制新式鱼雷，速度比两艘 CMB 的老式白头鱼雷快得多；300 公斤的装药量也大于后者的 120 公斤，因此很可能是"狂风"的鱼雷建功。不过在芬兰的官方资料里，仍然把功劳算到了首先发射鱼雷的"攻击"号头上。

更富有传奇色彩的是，"红旗"号的故事并没有就此完结。1943 年 11 月 13 日，苏联人把这艘老舰打捞出水并进行修复，1944 年 9 月 17 日重新服役。这位战舰中的超级寿星直到 1960 年才退役。它能支撑这么久，似乎反倒能够证明，当初击中它的只是"攻击"级的轻装药鱼雷，要真是被重装药鱼雷命中，也许就彻底交待了。

1943 年 8 月，随着意大利和德国支援的快艇不断到来，明显落后的"攻击"级被改装为布雷艇使用，不带鱼雷时可以携带 3 颗水雷，此外把机枪换成了 1 门德制 20 毫米麦德森（Madsen）机关炮。

战争中唯一损失的"攻击"级是"凶猛"号。1943 年 5 月 16 日，它在科伊维斯托岛海域布雷时撞上了不明的水下障碍物，严重受损。艇员为避免其被俘，只得将它彻底破坏。联想到芬兰人手上的两艘 G-5 也是在科伊维斯托出的事儿，这块地面儿还真是够邪的。

湮没无闻

英国皇家海军作为 CMB 的创始者，在二战中也继续使用了这种快艇，不过它所有的 CMB 都是"抢"来的。1939 年 9 月至 1941 年 8 月，随着第二次世界大战的帷幕正式拉开，皇家海军下令征用了 14 艘外国订购的 CMB-55 型快艇，编号分别为 MTB-26、MTB-27（中国订购），MTB-67、MTB-68（芬兰订购），MTB-213—217（菲律宾订购），MTB-327—331（菲律宾订购）。

MTB-26、MTB-27 在 1939 年 9 月由英国驻港海军接收，编入香港第二鱼雷快艇支队。1941 年 12 月 8 日，太平洋战争爆发，日本进攻香港，第二鱼雷快艇支队与日本登陆舰队的扫雷艇、登陆艇和舢板发生了激烈的战斗，数次击退日军的进攻。

但大局不是靠少数海军军人的英勇就能够挽回的，最后该支队全军覆没。其中 MTB-26 艇（艇长 D.W.Wagstaff 中尉）于 19 日被日舰击毁，MTB-27 艇（艇长 T.M.Parsons 中尉）则依靠本身的高速度和灵活性，在运载大批港府高级军政人员成功撤回到大陆后，于 25 日在广东大鹏湾登岸处自行凿沉。这两艘快艇最终在英国人手里完成了当初中国赋予它们的使命——抗击日本侵略者。

MTB-67、68（1940 年 4 月），213、214、215（1941 年 2 月），216、217（1941 年 4 月）等 7 艘快艇则先后被分配到地中海舰队第十鱼雷快艇支队（10th MTB Flotilla），担任布雷、巡逻、反潜等任务。

1941 年 4 月，由于意大利入侵希腊，英国地中海舰队在希腊克里特岛的苏达湾（Suda Bay）设置了锚地，以此作为向希腊提供援兵和物资的中转站，并威胁意大利的地中海航运线，这让轴心国如鲠在喉。在动用伞兵空降进攻的同时，德国空军大举出动，连续轰炸苏达湾。5 月 23 日对第十鱼雷快艇支队来说是悲惨的一天，MTB-67（艇长 N.G. Kennedy 中尉）、MTB-213（艇长 T.P.K. Kemble 中尉）、MTB-214（艇长 A. McLeod 中尉）、MTB-216（艇长 C.L. Coles 中尉）、MTB-217 等 5 艇被炸沉，只剩下 2 艘快艇，已经名存实亡。

屋漏偏遭连天雨，同年 12 月 14 日，MTB-68（艇长 S.L. Wagstaff 中尉）又在利比亚海岸被唯一的姊妹艇 MTB-215（艇长 E.C.B. Mares 中尉）撞沉，后者也严重破损，因为没有修复价值，于次年 3 月 29 日除役。

英国海军的 CMB 未能再次取得辉煌，首先是因为其自身的缺点，如续航力偏小、防空火力弱；其次则是英国人不甚重视这种已经过时的快艇，不但没有精心组织什么突袭行动，连布雷行动也仅仅安排了一次：1941 年 10 月，MTB-68 和 MTB-215 在东地中海的巴蒂亚港湾（Bardia harbour）内布下了两颗锚雷和两颗浮雷。当然，什么也没有炸着。

MTB-327—331 等 5 艘快艇于 1941 年 6 月被派往菲律宾，替换那里的 MTB-213—217。同年 11 月返回英国，与 MTB-345 艇共同组成第十二鱼雷快艇支队，驻地为朴茨茅斯（Portsmouth）港。在英国的日子是简单而又无聊的，德国海军的大型舰艇采取游击战的方式与英国人周旋，除了皇家空军外，很难捕捉住他们。U 艇和 S 艇也不是火力薄弱的 CMB 可以对付的。仅仅是在 1944 年 7 月，MTB-330 和 331 两艘快艇参与了诺曼底登陆的一些后续保障工作。1945 年 5 月欧洲战事结束后，海军部立即把这 5 艘快艇列入除役名单，并很快出售，现在只有 MTB-331 被安放在汉普顿的博物馆里，它也是世界上唯一尚存的 CMB-55 型鱼雷快艇。

轴心国方面也在二战中装备了 CMB，不过都是来自于战利品。意大利海军于 1941 年 4 月俘虏了几乎整个南斯拉夫海军后，把"武斯科克"号改名为 MAS-1D；"切特尼克"号改名为 MAS-2D，1942 年 7 月 1 日又改名为 MS-47，1943 年 9 月 1 日改名为 ME-47。前者于 1942 年 4 月 19 日因为船底破裂进水，在达尔马提亚海岸的姆列特（Mdleda）沉没，后者则在 1943 年 9 月意大利投降后被归还给南斯拉夫海军。

希腊于 1929 年购买的 2 艘 CMB 在 1941 年 4 月战败后落入德国人的手中，T-1 号艇的编号被改为 SG-1，1943 年又改为 GA-08；T-2 号艇被改为 SG-2，1943 年改为 GA-09。在 1944 年 11 月 1 日在希腊的比雷埃夫斯双双被盟军飞机炸沉。

相对于自己的盟友，日本的情况比较特殊。德国和意大利本身有强大的鱼雷快艇部队，因此对 CMB 并无多大的需求，而日本海军是对攻击型快艇采取漠视的态度。日本人虽然早在认为鱼雷快艇续航力小，居住性差，相比作战飞机，速度偏慢，唯一的优点是行动时间长过飞机，但这个优点在当时奉行大舰队决战思想的日本海军中实在不值一提。

这种偏颇的思想很快使日本人吃到了苦头，在太平洋战场上的一系列岛屿争夺战中，美国的 PT 型鱼雷快艇极为活跃，利用复杂的航道和岛屿掩护，击沉了不少日本舰船。而日本海军则把缴获的 CMB 拿来当成货运艇和交通艇使用，逐渐地在事故与艇体腐蚀中消亡。而日本在研究 CMB 和 MAS 基础上研制的乙型鱼雷艇，由于技术落后、性能不佳，虽然在战争中损失多达数百艘，却毫无战绩。

CMB 的故事到此结束了，虽然因为设计上的缺陷，其本身创造的战绩着实有限，与设计者的初衷相去甚远。但作为世界上第一种真正的鱼雷快艇，它的影响极其深远，许多海军强国在设计自己的鱼雷快艇时，多多少少对 CMB 有所借鉴，可以说所有攻击性快艇都是它的血亲后裔。而作为唯一一种参加过两次世界大战的鱼雷快艇，它也不应该感到遗憾了，毕竟短暂的辉煌，长久的平淡，是每一种杀人武器的宿命。和平，才是人类世界的主题。

第三章 致命短剑
——意大利 MAS 鱼雷快艇

在近代海军的历史上，有这样特殊的一个"强者"，不论其舰船设计制造水平，还是海军实力，几乎从来没有退出过世界前五名的争夺。但是若论其海战实绩，则乏善可陈，其最为世人所熟知的两次战役，居然都是作为战败的一方出现的。在利萨（Lisa），两支蒸汽铁甲舰队的首次交锋，意大利海军用自己的失败成就了奥地利海军冯·特格霍夫（Wilhelm von Tegetthoff）将军的光荣。七十多年后，在塔兰托（Taranto），英国航母舰载机对意大利战列舰队的重创，预示了海军航空兵必将取代大舰巨炮主义。

不过，虽然在世界上大多数人的心目中，意大利海军就是无能的代名词，但其实意大利只是缺乏天才的海军将领，而聪慧的工程师和勇敢的水手则并不少见，意大利海军的鱼雷快艇在两次大战中都有着不俗的战果，虽然其性能在参战快艇中并不算出色，但就像古罗马军团士兵手中紧握的短剑一样，往往能够一击致命，克敌制胜。

无心插柳

意大利王国海军早在 1906 年就对用摩托艇携带鱼雷作战感兴趣，设想制造一种航速 20 节、15 米长的鱼雷快艇，1914 年为此专门在地中海的隐蔽水域进行了一次大规模的试验。不过实践证明鱼雷快艇的技术还不够成熟，快艇的窄小船身难以经受住远洋风浪的考验。而要将它造成大一些也是不现实的，因为只有瘦长的艇身才能保证足够的速度，侧面轮廓过大则将很容易暴露自己。作为主动力的汽油机也是麻烦不断，为了能够跟上大型战舰的速度，这些快艇的汽油机要不停地保持高速运转，这样导致的后果就是故障频发。

但是战争改变了一切。第一次世界大战爆发后，首先是热心的摩托游艇艇员们在1915年自愿组织了摩托艇队，在军方的摩托艇服役之前，用他们自己的游艇对海岸和港口进行巡逻。海军向威尼斯造船厂（Societa Veneziana Automobili Nautiche，简称SVAN）订购的第一批两艘试验型摩托鱼雷艇也于1915年下水。

新艇排水量12.5吨，长16米，宽2.6米，吃水1米，成员8人；动力系统为2台各225匹马力的伊索塔·弗拉斯奇尼（Isotta Fraschini）汽油发动机。这本来是为意大利飞艇研制的六缸航空发动机，所以重量轻，功率大，非常适合轻型快艇使用，航速最大为23节。1917年根据实战需要，工程师又为后续艇增加了2台5马力功率的罗尼尼·巴尔博（Rognini & Balbo）电动机，使用时续航力为12英里（22.2公里），航速4节。这样快艇可以由其他舰艇拖曳或靠自己的主机行驶到敌人海港附近，再用电动机悄悄地潜入港内偷袭。这个非常实用的设计后来被广泛应用于各海军强国的多型鱼雷快艇。

作为最重要的装备，新型快艇可携带2枚450毫米（17.7英寸）鱼雷。最初采用与英国CMB快艇相同的尾部抛射鱼雷的方式，但意大利人在使用中感觉这种装置很不方便，便发明了一种环式鱼雷发射器。新装置是用两个很像普通钳子的环把鱼雷固定在艇的甲板上；按动手柄，雷环就打开，于是鱼雷落入水中，朝着目标冲去；雷环使得艇用任何速度航行，甚至停泊时都可以发射鱼雷。后来的艇几乎都是在甲板两侧安装落雷装置，或将鱼雷悬于艇外。由于这种鱼雷发射方式不需要发射管，可以有效减轻重量，因此也被苏联海军和美国海军所采用。自卫武器为3挺6.5毫米机枪，艇艏甲板上并列安装2挺，驾驶台后安装1挺。

艇身为木质尖艏，艇底肥短而扁平，舭部有折角，主要作用是提高航行时水流对底部的压力以及减少水流向外喷溅。当达到一定速度时，艇底在迎面水流冲击下，将艇体抬出水面滑行。这种设计的好处是有利于取得较高的速度，但航海性能较差，稍有风浪就不能正常滑行，航速急剧下降，艇底被风浪拍击时产生的颠簸令艇员难以忍受。同时低速航行时阻力较大，不利于远程巡航。

这种艇被取名叫 MAS——意大利语 Motobarca armata SVAN 的简称，意即威尼斯船厂（SVAN）建造的武装摩托艇。不过随着其功能的拓展，后来 MAS 这个名字有了两个新的含义，即反潜摩托艇（Motorbarca anti-sommergibile）和摩托鱼雷快艇（Motobarca armata silurante）。在一战中意大利的这两种快艇都是用 MAS 后面加编号的方式命名，而且这两种艇又都是在同一种平台上根据赋予功能的不同安装不同的武器，因此很容易给人造成误解。

其实在参战之前，意大利海军高层对这种快艇并不是很重视，之所以在 1915 年 3 月向威尼斯海军造船厂订购这 2 艘快艇，完全因为缺乏现成的反制德国和奥匈潜艇的手段，想用这种快艇反潜和布雷而已。与列强海军一样，意大利海军目光同样紧盯在无畏战列舰的发展和强化上，但他们却没有想到鱼雷快艇竟会成为他们在一战中最有力的攻击武器。

两艘试验艇 MAS-1 号和 MAS-2 号的改装就体现了意大利海军最初的使用思路。服役后不久，就在 1916 年 12 月被改装为布雷艇，武器改为 1 门布

改装为布雷艇的 MAS-1 号。驾驶台后面的 47 毫米炮，两侧的机枪和巨大的 4 颗水雷清晰可见。

雷达 47 毫米炮和 2 挺 6.5 毫米机枪，一次可以携带 4 颗锚雷。不过刺客改行也并不意味着就远离了死亡，MAS-1 于 1917 年 4 月 25 日被自己的直系血亲 MAS-9 撞沉；MAS-2 也在半年之后因遭遇恶劣天气而沉没。

在一战结束以前，意大利在试验艇的基础上生产了 169 艘反潜或鱼雷型的 MAS，它们按照试验艇的吨位被统称为 12 吨摩托艇或 A 型，虽然其中大多艇的排水量都不是 12 吨。意大利海军之所以一口气订购这么多 MAS 艇，完全是因为它既廉价又便宜，否则早就给其他造舰项目让路了。在意大利海军看来，MAS 艇是木结构，这样就不会占用建造大型军舰所需的宝贵钢材；MAS 艇可以在那些制造渔船、拖船和内河小艇的简易工棚生产，这样就不会给已经负担过重的海军造船厂增添负担。说白了，就是一种死跑龙套的消耗品。不过，任何一种武器所发挥的作用都不会完全由设计者的初衷来决定的。

霜刃初试

虽然在娘胎里就不大受人待见，但 MAS 问世的时间实在是太恰到好处了。1915 年 5 月 23 日，在同英法两国进行了长达 6 个星期的讨价还价后，墙头草意大利终于决定背弃自己与德国、奥匈帝国的"三国同盟"，加入协约国一方对奥匈帝国宣战。不过为了给自己留条后路，"精明"的意大利人直到 15 个月后才对败象已露的德国宣战。

意大利海军与长期陷于财政困难的奥匈海军兵力对比是 1.9：1，而且后者严重缺乏军舰专用的优质燃煤，所以意大利参战之后，奥匈海军的水面战舰基本上都是呆的里雅斯特、波拉等戒备森严的军港内。这样一来，意大利海军强大的战列舰队也没有了用武之地，只得死马当活马医，把 MAS 艇派了出来。

1916 年 3 月 28 日，新鲜出炉的 MAS-3 号从亚平宁半岛西部的威尼斯（Venice）经铁路运抵东岸的布林迪西（Brindisi），这是第一艘编入现役的 MAS 艇。其他 MAS 也在 1916 年底以前完成了在亚得里亚海和地中海沿岸基地的部署，只有 MAS-11 号被留在船厂里进行试验。

一艘 MAS–3 型正在平静的海面上行驶。

所有这些 MAS 都属于 A 型的第一个系列，共 19 艘，编号为 3—22 号，排水量 16 吨，长 16 米，宽 2.6 米，吃水 1.2 米；动力系统与试验艇一样使用伊索塔·弗拉奇尼发动机（MAS-11 除外），最大航速 22.3—25.2 节；其中一部分（9—10 号、12—15 号、18 号、20—22 号）安装了电动机。武器为 2 枚 450 毫米鱼雷或 1 门 47 毫米 40 倍径炮，1—3 挺 6.5 毫米机枪，4—6 枚深水炸弹。

MAS-3 型被编成三个支队：第一支队设在布林迪西，下辖 3、4、5、6、7、8 号艇；第二支队设在兰克（Rank），下辖 9、10、12、17、18、19、21、22 号艇；第三支队设在威尼斯，下辖 13、14、15、16、20 号艇。

第一次成功的冒险是在 1916 年 6 月 15 日夜，当时 MAS-5 号和 MAS-7 号分别由旧式鱼雷艇 34 PN 和 38 PN 号拖曳到都拉斯（Durazzo，今属阿尔巴尼亚）港外，悄悄用最慢的速度穿过防御网。这是一个伸手不见五指的黑夜，帕加诺（Berardinelli Pagano）海军上尉指挥两艘 MAS 用了 20 多分钟才找到一个目标：奥地利运输船"洛克鲁穆"（Lokrum，杜布罗夫尼克港附近的一个小岛，今属克罗地亚）号。两艘 MAS 在 150 米的距离上各投射了一颗鱼雷，这艘 924 吨的运输船当即沉没。

10 天之后，这两艘艇再次潜入都拉斯港，MAS-7 号的鱼雷重创 1111 吨的奥地利货轮"萨拉热窝"（Sarajevo，波黑首府，今为波黑首都）号，

MAS-5 号射向另一艘货轮"加利西亚"（Galicia，东欧一个地区的古称，当时奥地利占有其一部，今分属于波兰和乌克兰）号的鱼雷则被防雷网所阻而未能爆炸。

奥地利海军逐渐了解了 MAS 的战术，他们在海岸上安装了速射炮和探照灯，经常保持着一些巡逻艇，并且在各港湾的入口增加了障碍物的数量和密度，偷袭行动变得不那么容易了。例如 1916 年 11 月 2 日，德·安格雷斯（Cavagnari Goiran De Angelis）指挥 MAS-20 号偷偷潜入进入法萨纳（Canale di Fasana）锚地，花了两个小时寻找"最伟大的斐迪南大公"（Erzherzog Ferdinand Max）号战列舰。但没有找到，于是 MAS 勇敢地进入到距离"马兹"号战列舰仅仅 182 米处发射两枚鱼雷，但是却被防雷网挡住而功亏一篑。而仅仅两天之后，MAS 部队就迎来了第一个战损。曾经屡立战功的 MAS-7 号在潜入都拉斯港企图故技重施时被发现，遭到岸炮的猛烈射击。该艇慌乱地向拖曳它的 36 PN 号鱼雷艇驶去，结果为了躲避炮火反而与鱼雷艇相撞沉没。

而对 MAS 最大的妨碍还是其自身性能的缺陷：木质船体比较脆弱；速度较低，一旦被发现很难及时逃脱；续航力较小，一般只能在夜晚由其他舰船拖曳出动，白天则只能在港口附近打打酱油。鱼雷性能也让人不省心，实战证明其航程有限，而且容易发生故障。从 6 月到 12 月的半年之中的 5 次失败攻击就有 4 次是因为技术原因造成的！

意大利人决心改进他们的鱼雷快艇，主要是增加航速和鱼雷射程，第二个目的很快得以实现，1916 年年底 MAS 就装备上了新型的 A-G3 型鱼雷，射程可达 6000 米。但是技术人员沮丧地发现，除非作出结构上的重大改变，不可能让航速增加到令人满意的程度，而战争又不允许这样做。直到战后的 1919 年，A 型 MAS 中最快的 MAS-319 也没有超过 28 节。这样一来，绝大部分 A 型艇在 1920—1922 年间相继退役就是顺理成章的事情了。

不过以上缺陷并没有妨碍 A 型艇在一战中名垂青史，也没有妨碍其得到大量生产。进入 1917 年后，MAS 的数量以惊人的幅度增加，支队这个编制不够用了，海军便把若干中队编为中队。部署范围也大大增加，除了原来的基地外，还拓展到苏（Sue）、安科纳（Aincona）、加尔达湖（Lake

Garda）、特拉帕尼（Trapani）、潘泰莱里亚（Pantelleria）和拉斯佩齐亚（La Spezia）等地。

绝命快递

1917 年秋天，德奥陆军在卡波雷托（Caporetto）会战中突破了意大利的防线，歼灭意军 30 万。到 11 月 10 日，同盟国军队已经饮马于皮亚费（Piave）河边，距离威尼斯仅 20 英里之遥。

11 月 16 日，在陆军胜利的鼓舞下，奥匈海军也采取了一次难得的大胆行动，"维也纳"（Wien）和"布达佩斯"（Budapest）号两艘海防舰（coast defence ships）在 2 艘轻巡洋舰和 10 艘驱逐舰的掩护下从的里雅斯特出发，准备去科塔莱泽（Kartelatstso）用舰上的重炮轰击意大利陆军的侧翼。

这两艘舰都是 1893 年建造的"君主"级老式铁甲舰，排水量只有 5547 吨，长 97.7 米，宽 17 米，吃水 6.4 米；2 座双联装 240 毫米 40 倍径主炮，6 门 150 毫米 40 倍径副炮，10 门 47 毫米 44 倍径速射炮，4 门 47 毫米 33 倍径哈乞开斯速射炮，1 门 70 毫米高射炮，1 挺 8 毫米机枪，2 个 450 毫米鱼雷发射管；刚建成时的最大航速有 17.5 节，虽然现在有二十年舰龄的他们速度已经大不如前了，但是其强大的火力却依然令人望而生畏。如果任由这支舰队

奥匈帝国海军"维也纳"号海防舰

肆意轰击本来已经意志消沉的陆军，那么刚刚稳定下来的防线完全可能再次崩溃，所以意大利海军奉命从威尼斯出发执行拦截任务。先是水上飞机，然后是 7 艘驱逐舰，但这些攻击都被奥地利人击退，海防舰上的重炮一刻也没有停止喷吐慑人的火焰。

乘着驱逐舰的攻击吸引了大多数护航舰艇的注意力，2 艘 MAS（出发的时候是 3 艘，但是 MAS-9 在途中因故障返航）在薄雾的掩护下沿着海岸线的阴影到达离奥匈舰队只有 1600 米的地方然后全速冲锋。

奥匈舰队的炮火立即转移了过来，向 MAS-13 和 MAS-15 全力轰击，意大利快艇指挥官自感很难安全穿过这样密集的火网，于是在距离"维也纳"号大约 750 米（一说 900 米）处一起发射了 4 枚鱼雷，但在后者灵活的规避下都未能命中。大梦初醒的奥匈驱逐舰对脚底抹油的 MAS 展开了一场追逐战，但后者不但速度快，而且更熟悉海情，末了还是没有追上。不过这次惊险的近距离攻击还是有用的，奥匈舰队显然担心再次遭到鱼雷快艇突袭就晚节不保，于是停止炮击返航的里雅斯特，再次龟缩起来。不过为了避免炮击事件的再次发生，意大利人决心一劳永逸地解决这个问题，但是奥地利人设在港口外的障碍物是个难题。

事实证明，再难的问题也有办法解决。驻威尼斯 MAS 部队的路易·里佐（Luigi Rizzo，1887—1951）海军上尉经常在无月的夜晚驾艇来到的里雅斯特港外侦察，认为只要切断港外防波堤上的钢缆就可以潜入港口，为此他准备再组织一次秘密袭击。

12 月 9 日夜，MAS-9 号（艇长菲拉洛尼，Ferrarini）和 MAS-13 号（艇长巴特格里尼，Battaglini）在里佐上尉的指挥下由 8 PN 号鱼雷艇拖曳，离开威尼斯驶往的里雅斯特。23 点 55 分，他们到达港外，幸运之神庇佑着意大利人，海上笼罩着浓雾，而本来应该有机枪哨卡值守的三道防波堤空无一人，担任夜巡任务的奥匈摩托艇也不见踪影。MAS 用电动机安静地靠上防波堤，突击队员带着液压剪和圆盘锯花了整整两个半小时来破坏阻拦在水下不同深度的钢缆，又花了 25 分钟引导快艇接近了锚泊的"维也纳"号。幸运的是，大意的奥地利人没有为战舰设置防雷网。

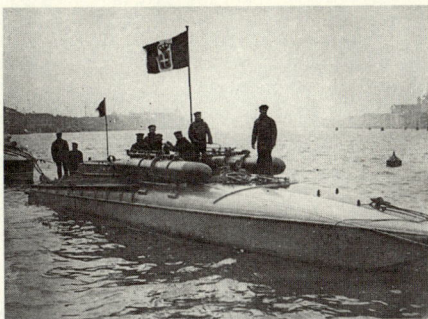

偷袭的里雅斯特并击沉"维也纳"号铁甲舰的两艘摩托鱼雷艇，左为 MAS—9，右为 MAS—13。

　　此时已经是 10 日凌晨 2 时 32 分，在 185 米的距离上，MAS-9 号发射的 2 枚鱼雷都命中了"维也纳"号舯部发动机舱附近的部位。虽然该舰有 270 毫米的舷侧装甲，但与其他铁甲舰一样，只是安装在水线以上以应对炮火攻击，水下防护却非常薄弱，因此鱼雷爆炸引起的大量进水使其在 5 分钟内就倾覆了，有 46 人丧生。里佐上尉因此获得了意大利军人的最高荣誉——金质英勇奖章。

　　但 MAS-13 号却延续了上次突击失败的坏运气，艇长费尽九牛二虎之力也没能找到合适的射击阵位，"布达佩斯"号锚

"超级英雄路易"路易·里佐

泊在"维也纳"号的后面，基本上被完全挡住了，MAS-13 号仓促发射的 2 枚鱼雷只击中了一个水上飞机码头，没有擦破"布达佩斯"号半点油皮，倒反而招来了海防舰的一顿胡乱炮击，幸亏奥匈人惊魂未定之下也没有什么准头。奥地利人派出飞机试图追杀 MAS，但在大雾的保护下，两艘艇最后都成功地回到了威尼斯，受惊的"布达佩斯"号则转移到离意大利更远的波拉港（今属斯洛文尼亚）。事后奥地利人进行了仔细的责任倒查，结果发现值班的摩

MAS-50，可以看出它和第一个系列的 MAS 有较大区别。

托艇艇长认为港口防卫固若金汤，出于节省煤炭的考虑，根本没有出航。

这次成功的典型案例大大促进了 MAS 的生产，由于 SWAN 的生产能力不能满足海军的需要，所以除了第三个系列（编号 53—56,58—62）以外，A型的第二个系列（编号 23—52）改由位于热那亚的安萨多（Ansaldo）船厂生产，第四个系列（编号 91—102）、第五个系列（编号 140—202）、第六个系列（编号 203—232）、第七个系列（编号 319—321）和第八个系列（编号 325、326）分别由 7 家不同的公司生产，因此虽然都是根据同样的蓝图，在外形上却五花八门。

这些艇虽然由于各公司生产工艺和技术能力不同，在发动机、尺度、武备方面变来变去，但是总体技术都是以 MAS-3 型为蓝本的，所以总体性能相仿：排水量 11.5—14 吨；多数以 2 台 200—250 马力的汽油机为主动力（第七系列用 350 马力汽油机）；装备 2 台电动辅机（第一、四、六系列）；最大航速 23—26 节（第七系列可达 28 节）；主要武器为 2 枚 450 毫米鱼雷，1 门47 毫米炮（第五、六、八系列为 57 毫米炮），1—2 挺机枪，4—6 颗深弹，编制 8 人。不过由于其中大多数 MAS 完工和服役时间都是在 1918 年以后，所以基本上所有的重要成果都由第一系列取得。

海上坦克

时间的齿轮很快转到了 1918 年春，现在谁都知道同盟国败局已定，MAS 的行动愈发活跃起来。而貌似千年老龟的奥匈海军则致力于把龟壳修筑得更坚固一些。由水雷和反潜网构成的障碍区从亚得里亚海一直延伸到地中海，众多的扫雷舰和其他轻型巡逻舰艇频繁地在障碍后巡逻，而在波拉等重要军港里，更是戒备森严。

1918 年 2 月 10 日夜，3 艘 MAS-91 型快艇 MAS- 94、95、96 在科斯坦佐·齐亚诺（Costanzo Ciano，1876—1939，他后来官至意大利海军司令）海军中校的率领下夜袭达尔马提亚地区（今属克罗地亚）的巴卡尔（Buccari）港。此前击沉"维也纳"的英雄路易吉·里佐也指挥 MAS-96 号参与此役，不过这次没有延续上次的好运气。虽然他们成功潜入港内，分别对停泊场的货船"卡尔米斯基男爵"（Baron Klyumitsky）、"贝伦"（Belen）、"布尔玛"（Burma）和"维谢格拉德"（Visegrad）号发射了所有鱼雷，但这次奥地利人吸取了教训，他们设置了防雷网，5 枚鱼雷都卡在防雷网的缝隙里被迫终止了"旅行"，只有 1 枚发生了爆炸，没能击沉任何奥地利船只。唯一值得庆幸的是，奥匈海军在这个港口的防卫火力只是聊胜于无，使得 3 个刺客都得以安全地逃出港口，回到安科纳基地。不过经过在 MAS-94 号上的意大利著名诗人、剧作家、哲学家邓南遮（Dannunzio）广泛宣传，这次并不成功的行动反而倒成了意大利人家喻户晓、脍炙人口的故事，以至于齐亚诺中校为此获得了金质英勇奖章。邓南遮做的另外一件有意义的事情，就是将 MAS 用拉丁语 Memento Audere Semper 加以注释，意为"永怀胆气"，这也成了意大利鱼雷快艇部队的箴言。[1]

为了对付讨厌的防雷网，意大利人改装出了一艘堪称世界上最怪异的攀越鱼雷艇"蟋蟀"（Grillo），也被称作海军坦克，因为它实际上就是装上了

---

〔1〕章骞：《无畏之海——第一次世界大战海战全史》，山东画报出版社 2013 年版，第 315 页。

坦克履带的 MAS，也许意大利人就是从爬过铁丝网和壕沟的英国坦克那里得到的启发。

"蟋蟀"型鱼雷艇一共生产了 4 艘，都用跳跃力极强的昆虫命名为"蚱蜢"（Cavalletta）、"跳蚤"（Pulce）和"蝗虫"（Locusta）。排水量 8 吨，长 16 米，宽 3.1 米，吃水 0.7 米；由于这种专用于偷袭的快艇带有自杀性质，不需要太高航速，所以只安装了一台罗尼尼 - 巴尔博型 10 马力电动机，航速 4 节，续航力 30 海里；武器为 2 枚 450 毫米鱼雷，编制 1—4 人，没有机枪也没有机关炮，这同样也是因为其自杀性质，无论偷袭任务成败如何，等待艇员的恐怕只有投降一条路。

不得不承认意大利人非常富于想象力，不过这次他们似乎有点儿过于异想天开。蟋蟀由于动力不够，在翻越障碍时速度很慢，极易被敌人警戒力量发现，而且和坦克不同，其脆弱的船体对敌人的火力打击完全没有抵抗能力。

1918 年 4 月 13 日，"蚱蜢"和"跳蚤"成功地翻越了波拉港的障碍物进入港内，但似乎就此耗光了所有的运气，整个晚上它们都在搜索值得攻击的目标却没有发现。当太阳的第一线曙光露出海平面时，艇员们终于意识到他们已经别无选择，被迫凿沉鱼雷艇后投降。

一个月以后，"蟋蟀"号再次袭击波拉港，曾因随同里佐击沉"维也纳"而荣获银质英勇奖章的马里奥·佩莱格里尼（Mario Pellegrini，1880—1954）海军少校（1918 年 4 月才晋升）耐心地等待奥地利巡逻艇驶过后潜入港内，并孤注一掷地打开了艇上的灯以寻找目标，他这样冒险显然是不想重蹈"蚱蜢"和"跳蚤"的覆辙。

"蟋蟀"号很快发现了 15845 吨的奥地利"拉德茨基"（Radetzky）号前无畏舰，然而它自己也被发现了，炮火密集地从四面八方打来。少校坚持操纵"蟋蟀"号接连翻过了最后两道防雷网，差点撞上了一艘巡逻艇。后者立即集中火力射击，47 毫米炮弹命中"蟋蟀"号机舱，使其当即失去了动力重创。少校孤注一掷地下令发射鱼雷，不过匆忙之中没有打开鱼雷的保险，结果如此勇敢的自杀式袭击却无甚收效。"蟋蟀"号被炮弹打了几个大洞，很快沉没，艇员们则不得不跳水逃生，并在战俘营里一直待到战争结束。不过对于佩莱格里尼本人来说并非一无所获，至少他获得了梦寐以求的金质英勇奖章。后来奥地利人还将其打捞起来进行研究，并有仿造的打算，但未予实行。与"坦克"们的失败相比，反而是普通的 MAS 仍然取得了成功。6 月，帕加诺·赫兹（Pagano Azzi）指挥 2 艘 MAS 再次潜入都拉斯，击沉了 3900 吨的轮船"布雷根茨"（Bregenz）号。剩下的"蝗虫"号因此被失望的意大利人闲置而活到了战后，于 1921 年退役。

狭路相逢

1918 年 6 月 8 日晚上，舰队司令米克洛什·霍尔蒂海军上将率领"联合力量"（Viribus Unitis）号、"欧根亲王"（Prinz Eugen）号无畏舰离开波拉（Pola）港前往奥特朗托海峡封锁线进行突击，这是因为困兽犹斗的奥匈陆海军准备同时发动对意大利的攻势，以求在失败之前能够挽回一点颜面。但是由于港口守军没有及时移开水下防潜网，第二批出发的"特格霍夫"（Tegetthoff）号和"圣伊斯特万"（Szent Istvan）号无畏舰的行程被耽搁了一天，直到 9 日深夜才得以驶出波拉港，事后证明这是一次致命的失误。

6 月 10 日凌晨，两艘 MAS 正在里佐海军少校的指挥下，在波拉港东南方约 50 海里远的普雷穆达（Premuda）岛进行秘密的测量任务，摸清附近海道的深度和雷区位置，以便让意大利潜艇由此进入奥匈帝国沿海展开猎杀行动。不能不说里佐貌似是奥匈海军的克星，作为这次测量行动的指挥官，他本人颇有点无所事事，结果四处打望时忽然发现水天线处有滚滚黑烟。他的神经立即兴奋起来，这片海域还能出现谁的船呢？一定是奥地利人！

原来为了追赶上将，出港后"特格霍夫"和"圣伊斯特万"两舰将航速提升至 16 节，但是由匈牙利多瑙船厂（Danubius）制造的处理品"圣伊斯特万"号很快出现了涡轮机过热现象，不得不减速至 12 节。当她第二次试图提速时，由于锅炉里的煤炭燃烧不充分，一下子从烟囱里冒出了冲天的大团浓烟，不但不被迫再次减速，而且还让里佐乘机发现了目标。

这可真是一块大肥肉啊！两艘奥匈无畏舰与霍尔蒂上将带走的那两艘同

沉没中的"圣伊斯特万"号战列舰

属于"特格霍夫"级，世界上第一级安装三联装主炮的无畏舰。标准排水量20013.5 吨，满载排水量 21595 吨（"圣伊斯特万"号标准排水量 20008 吨，满载排水量 21689 吨），长 152.2 米，宽 27.3 米，吃水 8.9 米，编制 1087 人（"圣伊斯特万"号 1094 人）；动力系统为 4 座帕森斯高低压蒸汽轮机和 12 台亚罗式锅炉，马力 27000 匹（"圣伊斯特万"号为 2 座柯蒂斯（Curtiss）式蒸汽轮机和 12 台巴布科克 - 威尔考克斯（Babcock & Wilcox）锅炉。马力 26400 匹），最大航速 20.3 节，最大载煤量 2000 吨，续航力为 4200 海里 /10 节。武器为 4 座三联装 305 毫米 45 倍径主炮，12 门 150 毫米 50 倍径副炮，18 门 66 毫米 50 倍径速射炮，4 个 533 毫米鱼雷发射管。从诞生之日起，该级战列舰就是奥匈海军的实力象征和精神支柱。而现在，大卫就要来挑战貌似强大的歌利亚了，他会成功吗？

里佐似乎根本就没怀疑过是否能成功，他所要考虑的只是选择用 2 艘 MAS 集中攻击一艘无畏舰这种相对保险的策略，还是不管三七二十一给奥匈人来个吃干抹净。结果胃口一向很好的上尉选择了后者，他下令 MAS-21 号（艇长朱塞佩·昂佐，Giuseppe Aonzo，1887—1954）和 MAS-15 号（艇长阿曼多·戈里，Armando Gori）分头攻击两艘无畏舰。在晨雾的掩护下，MAS-15 号穿过驱逐舰的警戒区，以 12 节航速巧妙地转到了"圣伊斯特万"号的左舷侧面，发射了两枚 450 毫米鱼雷。

凌晨 3 点 31 分，鱼雷准确地命中了战列舰的艏部并成功起爆，外舱壁和防水隔舱都被炸穿，海水迅速涌入锅炉舱，淹没了 10 台锅炉，这样一来只有 2 台锅炉能够为电动水泵提供动力，远远赶不上海水涌入的速度。舰长试图在"特格霍夫"的拖带下搁浅于附近的莫拉特岛，但这时战舰已经严重右倾，努力最终失败。6 时 12 分，无畏舰沉没了，1006 人生还，89 人死难，其中大多为仍然在锅炉舱坚守岗位的水兵。

MAS-21 号也成功地靠近并攻击了"特格霍夫"号。但是似乎里佐把好运气都用光了，每次都是他独占鳌头，而他的搭档则会倒霉透顶。和偷袭的里雅斯特之役中的 MAS-13 一样，MAS-21 的两枚鱼雷只有一枚发射出去，而且没有爆炸，快艇只得以 24 节的高速逃离。在发现意大利摩托鱼雷艇后，立即有 3 艘奥匈鱼雷艇追来，里佐少校下令将艇上的深水炸弹向后投射，结果将追得最近的 Tb-76F 号鱼雷艇炸伤，吓得其他的鱼雷艇不敢再追，意大利人则乘机逃之夭夭。这一招"回马枪"成为 MAS 的保命绝招，后来在第二次世界大战中再次派上了用场。

在得到"圣伊斯特万"沉没的消息后，绝望的霍尔蒂上将率领舰队放弃进攻返回了波拉港，此后一直没有再离开过。而 5 天以后，奥地利陆军的攻击也遭到惨败，损失 15 万人。里佐少校的袭击就像一声丧钟，宣告了奥匈帝国的覆灭即将来临，而他本人则因此实至名归地获得了第二枚金质英勇奖章，MAS-21 虽然没有取得战果，但艇长昂佐海军候补少尉还是沾了里佐的光，不但晋升为少尉，还被海军总部慷慨地颁发了一枚金质英勇奖章，6 月 10 日从此被确立为意大利海军节。里佐后来于 1920 年退役，从事航运业经营，1940 年 6 月意大利对英国宣战后他再披战袍，指挥西西里海峡的反潜部队；1941 年 1 月改任劳合社主席。1943 年 9 月意大利投降后，他因为下令破坏意大利跨洋轮船以免被德军利用，遭到德国盖世太保逮捕并关押在奥地利直至德国投降。1951 年 6 月因肺癌去世。

存放在博物馆里的 MAS—96 号，她和运送人操鱼雷的 MAS—95 同为 MAS—91 型姊妹艇。

1918 年 10 月 31 日，奥匈帝国海军宣布投降，当天下午 5 点，在"联合力量"号无畏舰上升起了克罗地亚国旗，在克罗地亚裔舰长扬科·武科维奇·德·波德卡佩尔斯基（Janko Vukovich de Podkapelski）海军上校的带领下，上千名斯拉夫裔水兵宣布加入刚刚在原奥匈帝国巴尔干领土上成立、以萨格勒布为首都的"斯洛文尼亚人 - 克罗地亚人 - 塞尔维亚人国"，武科维奇被国民委员会任命为海军少将总司令。

但是，对亚得里亚海岸早就觊觎已久的意大利人根本就不打算承认这个斯拉夫人政权，就在 31 日晚上，从威尼斯出发的 65 PN 号鱼雷艇来到达尔马提亚沿岸的布里奥尼岛，从甲板上放下了一个 1.5 吨重的人操鱼雷（manned torpedo），直径 600 毫米，头部为锥形，以提高航速，长 8 米，采用压缩空气发动机推动两个串联螺旋桨，可以用 2 节的速度自航 5 小时，实际上就是一种微型潜水器。

人操鱼雷由两名跨坐其上的蛙人通过一个特殊的阀门调整压缩空气流量来调节速度，不过没有舵，要改变方向只能靠蛙人用胳膊和腿来划水。其主要武器是两个各装 175 公斤 TNT 高爆炸药的钢质浮筒，浮筒上装有定时器，最大延时时间 6 个小时，同时尾部有一个自毁装置。这是意大利人在战争中为了突袭戒备森严的波拉港而特地研制的秘密武器。因为它的作战方式是用特制的磁性吸盘将鱼雷雷头吸附在军舰船体上，以定时装置引爆，就像蚂蝗叮在人体上吸血一样，所以被称为"蚂蝗"（有时也称其学名水蛭，Mignatta）。

22 点 13 分，趁着波拉港里的军队都在庆祝停战，MAS-95 号摩托鱼雷艇拖带着 S-2 号"蚂蝗"，一直航行到距离波拉外防波堤 60 多米处。然后"蚂蝗"脱离鱼雷艇，由其发明者、海军少校拉法勒·罗塞梯（Raffaele Rossetti）和海军中尉拉法勒·鲍鲁奇（Raffaele Paolucci）驾驶，依靠自身动力往港内驶去。

　　以为战争已经结束的斯拉夫人完全没有防备，所有的军舰上灯火通明，载歌载舞，新上任的武科维奇司令根本无法发号施令，更别说组织有效的警戒措施了，虽然奥地利人设下的反潜网还在，却无人看守。"蚂蝗"用了大约 4 个小时的时间才爬过三道反潜网，顺利地潜入港内。凌晨 4 时 45 分，冒着雨水蹒跚前行的"蚂蝗"终于找到了在港内深处的"联合力量"号。这时用于推进的压缩空气将尽，两名蛙人只得放弃"蚂蝗"，在舰底安放了一个炸药浮筒。但他们用的时间太长，还没有来得及逃离就被起床的水兵发现抓住了，得知有炸弹的斯拉夫人匆匆撤离战舰。

　　但是看到炸弹迟迟没有起爆，一部分水兵因此又回到了舰上。结果 6 时 44 分，"联合力量"号水线以下的右舷船壳发生爆炸，15 分钟后就带着包括武科维奇在内的大约 350 名船员（这个数字存疑，因为到底有多少人回到舰

"联合力量"号无畏舰版画

上根本无法统计）沉入海底。同时还有一艘7376吨的"维也纳"号客轮躺着中枪，因为没有被发现的"蚂蝗"带着一枚炸弹随波逐流，漂到了该船的下方，结果起爆后将该船炸了个底朝天。

这次作战开创了人操鱼雷的首次成功战例，同时也是"蚂蝗"唯一一次战例。不过，斯拉夫人并不是意大利鱼雷艇"快递定时炸弹"的最后一个品尝者，这种在一战时还比较原始的武器将在下一次人类世界的血腥杀戮中大放异彩。

深藏身与名

作为一战中唯一一支形成了真正战略威慑和取得良好战术成果的鱼雷艇力量，MAS让奥匈海军坐卧不宁。而直到1918年战争结束，奥地利人仍然没有构思出对付它的完整手段和防守战术。而MAS除了夜袭敌人基地的主业外，在破坏亚的里亚海的沿海运输和反潜方面也取得了成功。它们还经常作为布雷艇和侦察艇使用，并广泛参与所有需要小型船只从事的其他任务领域。而这些任务如果用其他舰艇来完成，成本将高得多，从这方面说，MAS可以说是效费比极佳的一个产品。意大利海军还利用MAS的船体发展了反潜型的B型（40艘）和更大的C型（160艘），主要改进是拆除鱼雷，加强火力，携带多达24颗深水炸弹，航速可达20—23节，它们构成了一战中意大利海军将近百分之五十的反潜力量。

与同时期的英国CMB鱼雷快艇相比，MAS更大，也更容易被发现，只是因为前者不适合执行巡逻任务，大西洋的海情也比地中海复杂恶劣得多，所以MAS相比之下有更多的建树。在1916—1918年的战斗中，MAS只损失了11艘，其中仅有MAS-16号是被敌人击沉，其他则是因为各类事故。剩下的148艘A型MAS则在20年代相继报废和出售。

在外贸方面，销路最好的二手MAS是MAS-218型。该型艇排水量12.9吨，长16.4米，宽2.8米，吃水1.4米；2台250马力伊索塔·弗拉斯齐奇型汽油机，最大航速28节；其中218——222号和228号还安装了2台5马力罗尼尼·巴尔博电动机，可用4节低速行驶；2—3挺6.5毫米机枪，2颗450毫米鱼雷，

4 颗深弹；编制 8 人。该型共 15 艘，编号为 218——232 号。其中 220 号和 221 号于 1920 年卖给新建的芬兰海军，重新命名为 MTV-1 和 MTV-2。223 号于 1937 年 4 月被送给了西班牙佛朗哥叛军，更名为 "西西里岛"（Sicilia）号，稍后又改为 LT-18,1941 年 3 月因事故损失；226 号和 227 号于 1921 年被卖给中国的广东海军，更名为 "快艇 1 号"、"快艇 2 号"，1934 年 1 月报废除籍；231 号和 232 号被卖给瑞典海军，更名为 N-1 和 N-2，1927 年双双因事故损失。

在清空存货的同时，意大利工程师继续致力于 MAS 的改进。1918 年初，巴格利托（Baglietto）公司提出了一个新的设计方案，在外形结构上作出了重大改进，为排水艇型，排水量达到 30 吨，安装 2 台总功率 1600 马力的伊索塔·弗拉斯奇尼主机，武器为 1 门 76 毫米炮、1 挺 6.5 毫米机枪、4 枚 450 毫米鱼雷和 4 颗深弹。但是这艘编号为 MAS-397 的新艇在测试中只有 28.2 节，技术人员为其定下的 Veloce——快速艇这个称呼显然成了笑柄。

这次革新的失败，促使设计人员放弃在 MAS 上装备重武器的设想，仍然使用 2 挺机枪、2 枚鱼雷和 10 颗深弹的传统装备方案。这样一来新艇排水量下降了 3 吨，并终于达到了 33 节的设计航速，并可用 30 节速度巡航。1924 年，MAS-397 的后续艇 3 艘得以开工建造，后来改名为 ME（编号 83、84、85）并于 1935 年退役。1922 年，SWAN 公司在外形上继续沿用巴格利托公司的思路，推出 10 艘 MAS-401 型（也称为 D 型第二系列），但最大速度也只有 28.6 节。

随后发展的 MAS-411 型（编号 411—414）排水量 18—22.5 吨，长 18 米，宽 3.6 米，吃水 1.2 米；武器系统仍为经典的 2 枚 450 毫米鱼雷，3 挺 6.5 毫米机枪，4 颗深弹；编制 10 人。动力系统为 2 台伊索塔·弗拉斯奇尼汽油机，2 台 8 马力的电动辅机，总功率可达 1600 匹，未装武器测试时达到了 35 节的高航速！因此该艇也被称为 "Velocissimo"，也就是超快的意思，不过装上武器后速度就只有令人沮丧的 25 节了。

由于研制大型快艇屡屡失败，当大多数国家认识到轻型快艇的缺陷而开始将鱼雷快艇大型化时，意大利海军仍然坚持制造轻型鱼雷快艇。得益于发动机技术的飞速进步，30 年代的 MAS 速度更快，但排水量没有多大增加。

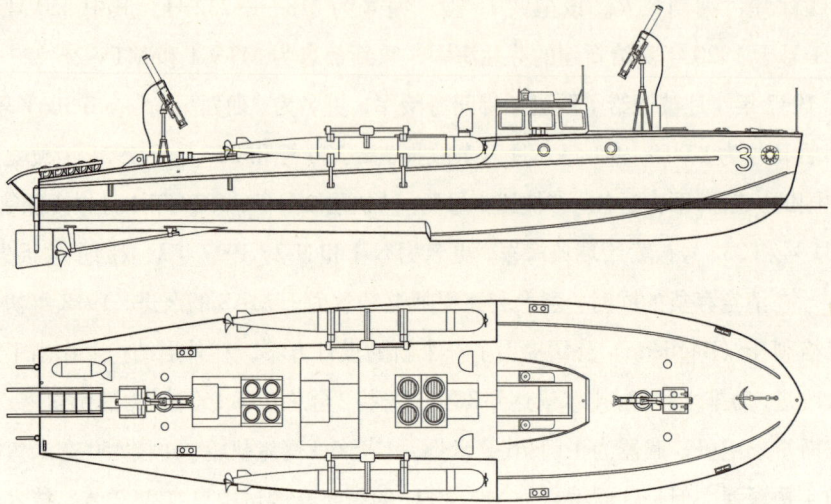

中国购买的 MAS-423 型线图。作者：顾伟欣

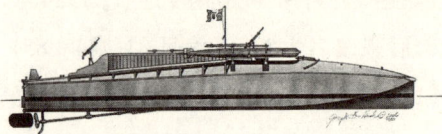

MAS-15 的二视图。该艇属于第一次世界大战中最成功的 MAS-3 型摩托鱼雷挺，曾经取得过击沉一艘无畏型战列舰和一艘岸防型铁甲舰的佳绩，其成就至今无法超越。

"蟋蟀"型的侧视图。该型艇堪称世界上最怪异的摩托鱼雷艇，不过这种设计实在是很有创意，虽然并不实用。

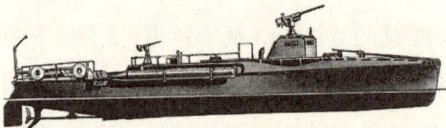

MAS-91 型的侧视图。该型艇在性能上并不突出，也没有取得任何战绩，不过在外形上更加接近现代化一些而已。该型艇真正值得被牢记的是，MAS-95 是世界上第一款人操鱼雷的搭载艇。

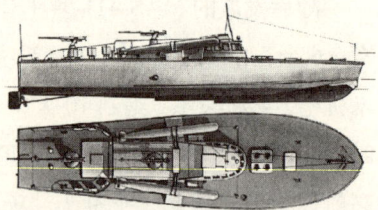

MAS-501 型的二视图。该型艇代表了第二次世界大战中 MAS 艇的基本状态，其后继改型不过是在尺寸上更大而已。

比较著名的 MAS 型号

170

伊索塔·弗拉斯奇尼公司专门为 MAS 研制了大直径气缸、短冲程中速汽油机。这种 559.5 千瓦（750 匹马力）的发动机最初安装在 MAS-423 型艇（编号 423、426、430——434、437）和 424 型艇（仅此一艘）上。由于战后经济危机，这些艇于 1923 年开工，1928—1929 年才陆续建成服役。虽然在外形设计上基本与一战时期的 MAS 相同，但新型发动机却使其航速从 25 节提高到 40 节。这在当时是一个了不起的成就，也进一步坚定了意大利海军发展高速快艇的决心。

MAS-423 型排水量 13.8 吨，长 16 米，宽 3.25 米，吃水 1.32 米；主要装备 2 挺 6.5 毫米机枪、2 枚 450 毫米鱼雷和 5 枚深水炸弹，马力 1500 匹，最大航速 40 节，续航力 127 海里 /36 节；编制 9 人。1934 年，中国广东海军向意大利购买了 2 艘 MAS-423 型，命名为"三号雷舰"、"四号雷舰"。这两艘中国 MAS 做了一些改进，包括用 2 挺 12.7 毫米重机枪取代了威力不足的 6.5 毫米机枪，主机也换装为 2000 匹马力的，航速增加到 43 节，排水量也增加到 18 吨。抗日战争爆发后，2 艘中国 MAS 一直在广东虎门布防。1938 年 10 月相继被日本飞机炸毁。

MAS-424 型稍大一些，排水量 23 吨，长 16.5 米，宽 4.25 米，吃水 1.2 米；1 挺 13.2 毫米机枪和 2 枚 450 毫米 A110 型鱼雷，这种鱼雷长 5.3 米，

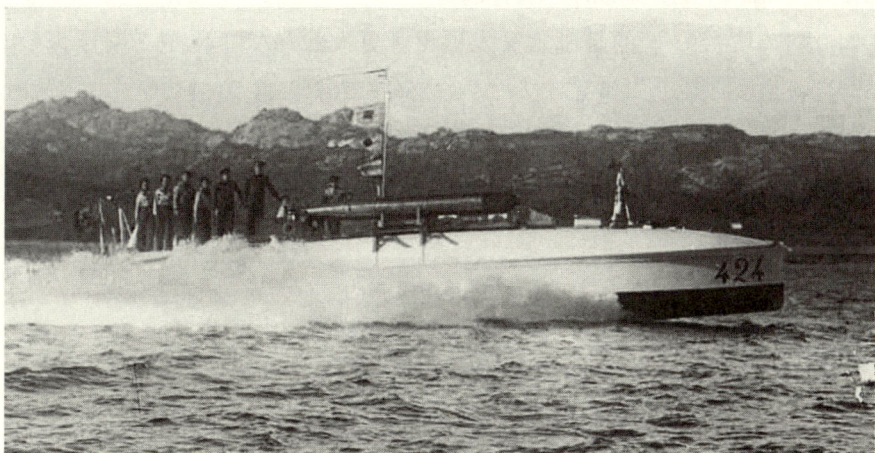

MAS—424

战斗部重 110 公斤，航速 38 节，航程 2000 米；马力 1500 匹，最大航速 39 节，续航力 350 海里 /39 节；编制 10 人。因为由巴格利托·瓦拉泽（Baglietto Varazze）造船厂建造，也被称为巴格利托·瓦拉泽型。1936 年，受到鼓舞的伊索塔·弗拉斯奇尼公司又开发出了更好的发动机，其功率达到 746 千瓦（1000 匹马力）。海军立即把这种发动机安装在新下水的 17 米断阶艇上，这就是从 424 型发展而来的 MAS-501 型（编号 501—525），艇底增设双断阶，以更大地减少阻力。

MAS-501 型排水量 24 吨，长 17 米，宽 4.4 米，吃水 1.25 米；2 挺 13.2 毫米机枪，2 枚 450 毫米鱼雷；2 台弗拉斯奇尼发动机，另有 2 台 29.8 千瓦（40 匹马力）的辅助卡拉罗型发动机供巡航使用，最大航速 42 节，续航力 400 海里 /42 节；编制 11 人。该型的 506、508、511 和 524 号四艘艇被卖给瑞典海军，改名 T-11、12、13、14 号。1940 年，日本向意大利购买了一艘 MAS，推测可能为 MAS-501 型。1943 年，日本海军将该艇改造为炮艇，命名为"隼一号"，并以该艇为基础设计建造了一大批各型隼艇，主要装备 20 毫米或 25 毫米机炮，用来对付日益活跃的美军 PT 鱼雷艇。但实际上无论火力还是速度都完全不是后者的对手，因此毫无战果。同时，日本海军在自己研制的乙型鱼雷艇上也使用了 MAS 的一些技术，如抛射式鱼雷，但该型艇主要还是体现了日本自己的思路，所以不能算是 MAS 的分支。

接着，在 501 型的基础上又发展出了更大的 MAS-526 型（编号 526—551）和 MAS-552 型（编号 552—564、566—576），这 50 艘快艇成为二战时期 MAS 部队的主力。它们在沿海浅水水域可以轻松地达到 40 节以上的航速，但在恶劣气候条件下则很难作战，好在地中海的大多数时候都是那样阳光明媚、气候怡人。

困兽犹斗

狡猾的意大利人在一战中的墙头草表现虽然遭到了各国的鄙视，但毕竟确保自己站对了队，成了战胜国。相比之下，意大利参加第二次世界大战就显得过于仓促和鲁莽。独裁者墨索里尼看到纳粹德国横扫西欧的巨大战果，不顾陆海军的战争准备尚未完成而对英法宣战，结果让意大利军队倒了大霉，在各个战场上都接连被英军击败。

1940 年 6 月 14 日拂晓，当意大利刚刚对法国宣战后，4 艘法国巡洋舰和 11 艘驱逐舰立即高速从土伦出战，炮击意大利萨沃纳和热那亚两个港口，第十三 MAS 支队在雷击舰"卡拉塔富利"（Calatafini）号掩护下，从热那亚出发对敌舰队进行搜索攻击，但没有成功。9 月 4 日破晓，MAS-536 号和 537 号两艇，攻击了在希腊卡索斯岛的 2 艘盟国巡洋舰和 2 艘驱逐舰，结果同样令人失望：MAS-537 号被澳大利亚"悉尼"（Sydney）号、英国"猎户座"（Orion）号巡洋舰的密集炮火击沉，成为大战中损失的第一艘 MAS 艇。

红海的战局更加不容乐观，为了阻截英国由印度洋经红海苏伊士运河的航运及保护意大利在东非的利益，意大利海军在厄立特里亚的红海港口马萨瓦（Massawa）成立了意属东非海军司令部，由海军少将巴尔萨莫（Balsamo）指挥，都是一些轻型舰艇，完全不能与英军匹敌。其中包括第二十一 MAS 支队的 5 艘 MAS-204 型摩托鱼雷艇：204、206、210、213、216。它们都属于 1918 年一战时期服役的老式型号，排水量 13.9 吨，长 16 米，宽 2.6 米，吃水 1.1 米；马力 480 匹，续航力 230 海里 /10 节，另有 2 台 5 马力的电动机可以使其以 4 节低速行驶；初建时的最大航速有 24.5 节，不过现在已经下降到 10—15 节了；编制 7 人，1 挺 6.5 毫米机枪、2 枚 450 毫米鱼雷和 10 枚深弹。

"开普敦"号巡洋舰

MAS-213

1941 年 4 月 6 日，由于英国陆军的步步逼近，加上其自身的续航力不足以驶抵最近的友港或中立港，5 艘 MAS 艇（其中 4 艘的轮机都需要修理）奉命在马萨瓦港自沉。不过其中唯一还有战斗力的 MAS-213 号官兵们不愿就此白白放弃自己的快艇，决定勇敢地出港攻击英国舰队。

当时英国轻巡洋舰"开普敦"（Capetown）号正在马萨瓦港北部巡逻，掩护在港外布雷的船只，顺便拦截可能突围的意大利舰艇。和港内的意大利摩托鱼雷艇一样，"开普敦"号也是 1918 年服役的老货色，排水量 4190 吨，长 451.4 英尺（137.6 米），宽 43.9 英尺（13.4 米），吃水 14 英尺（4.3 米），最大航速 29 节；5 门 6 英寸炮，2 门 3 英寸高射炮，4 门 3 磅机关炮，2 门 2 磅高射炮，1 挺机关枪，8 个 21 英寸鱼雷发射管；编制 330—350 人。

英国人敢把这样一艘老掉牙的军舰弄到意大利人眼皮子底下晃悠，显然是因为他们的侦察工作做得不错，知道港内的潜艇都已经突围远去，6 艘鱼雷艇也在此前的突围行动中损失殆尽。至于那几艘老掉牙的 MAS，服役了 30 多年的鱼雷快艇又怎么会被强大的皇家海军放在心上呢？

可英国佬显然没有想到狗急了跳墙，意大利人逼急了也会玩命。4 月 8 日，MAS-213 号这个不肯向命运低头的独行侠在艇长瓦伦扎（P. Valenza）海军少尉的指挥下，悄悄溜出港外。它先用慢速行驶，接近后才用 15 节的最大速度冲到距离"开普敦"号只有 300 米的地方发射 2 枚鱼雷，当即命中。强烈的爆炸撕开了船体上只有 3 英寸厚的装甲板，7 名英国水兵当场身亡，锅炉舱大量进水，当即丧失了战斗力。大难不死的"开普敦"号最后被拖到苏丹港用了一年以上的时间进行修理，而在重新入役后也只能降格为辅助船只使用。功德圆满的 213 号则安详地由艇员凿沉。重创"开普敦"是 MAS 在二战中最辉煌的战功之一，但瓦伦扎少尉却连一枚英勇奖章都没有得到，这主要是因为战争刚开始不久，意大利海军总部对打伤这么一艘老爷舰没有多大兴趣，当时谁也没想到他们最后会败得那么惨。

剑走偏锋

红海方面虽然遭受小挫，不过意大利海军的主战场毕竟是地中海，所以其士气并未受到打击，仍然积极地与英国海军周旋。而 MAS 鱼雷快艇在地中海的任务，主要是破坏英军海上交通线。当时英国海空军在地中海的重要基地马耳他（Malta）岛由于轴心国的重重封锁而物资匮乏，特别是面粉和弹药，好不容易用航空母舰运来的飞机也因缺乏燃油很少起飞。英国人认为，如果没有大批补给很快到来，那么将很难坚守。显然意大利人也是这样想的，他们所要做的就是让这根套在马耳他脖颈上的绞索再紧些。

1941 年 7 月 21 日，意大利海军总部获悉，英国为了增援马耳他，从直布罗陀派出了一支由 6 艘快速商船组成、并由 4 艘巡洋舰和 10 艘驱逐舰护航的重要运输船队。而海军总部因为没有得到具体情况，只采取了一般警戒措施。

意大利空军在 23 日首先对船队发起了连番攻击，用空投鱼雷重创"曼彻斯特"（Manchester）号巡洋舰和"大胆"（Fearless）号驱逐舰，后者因伤势过重只得由友舰击沉。此外"火龙"（Firedrake）号驱逐舰也被炸弹击伤。而由于事先情报不足，意大利海军只来得及派出 3 艘雷击舰和 4 艘 MAS-526 型到西西里海峡从事伏击，对于袭击这样庞大的一支

MAS–532

船队而言，这当然是不够的，但这已经是当时唯一能用于该海域的兵力了。

7月24日凌晨2时30分，第二十二 MAS 支队指挥官埃内斯托·福查（Ernesto Forza，1900—1975）海军少校指挥的 MAS-532 发现了护航船队并高速逼近，但英舰的雷达发现了夜幕中的杀手，炮弹如雨点般打来，MAS-532 号坚持在弹雨中向 600 米外的一个庞大黑影发射了 2 枚 450 毫米鱼雷，然后不得不在炮火中躲来躲去，直到3点25分才依靠42节的高航速彻底摆脱了英国护航舰的追杀，居然奇迹般毫发无损。

MAS-532 号发射的一枚鱼雷击中了 11095 吨的"悉尼之星"（Sydney Star）号冷藏货运班轮左舷 3 号水密舱的位置，大量海水迅速涌入。由于损管无效，船长宣布弃船，460 名船员转移到其他货船上，但船长霍恩（Horn）和轮机长黑格（Haig）仍然留在船上，坚持操纵侧倾的轮船向马耳他蹒跚前行。第二天早上又有一架意大利轰炸机袭击了该船，幸运的是炸弹没有直接命中船体。当天下午，船头已经没入水中的"悉尼之星"号终于成功到达马耳他。英国船长的勇敢执着当然令人敬佩，另一方面也说明了 MAS 使用的鱼雷口径较小，威力有限。意大利人则以为击沉了这艘货轮，为此兴高采烈地向福查少校颁发了金质英勇奖章，后来他一直晋升到海军上将。

MAS-533 号同样被雷达发现并遭到了射击，它在凌晨3点10分对一艘驱逐舰发射了一枚鱼雷，又对一艘货船发射了另一枚鱼雷。但没能击中任何目标，唯一的效果是使风声鹤唳的英国人以为自己遭到了 12 艘鱼雷快艇的攻击，他们事后宣称击沉 2 艘、击伤 2 艘，不过实际上 2 艘 MAS 都没有受伤。

但是这样的胜利太少了，总的来说意大利鱼雷快艇的战绩是乏善可陈的。理由很简单，基本上所有被击伤击沉的英国舰船都是被德意空军收拾的，相对来说腿短手慢的鱼雷快艇显然没办法跟天上的鹰群抢业务，不甘落后的意大利海军于是想到了直接攻击英军港口。这种想法并非偶然，生性浪漫洒脱、好胜虚荣的意大利人对于能够展现个人英雄主义的偷袭行动想来十分热衷，世界上第一代人操鱼雷"蚂蝗"就并非官方推出，而是少数意大利军官的自发研制，所以意大利海军能够在特种作战方面屡有建树也就不足为怪了。

早在 1941 年 3 月 26 日，这种战术意图就曾得到实现。5 艘专门设计来进

MAS—451

行特攻作战的 MTM 撞击爆破艇突袭了克里特岛苏达湾，重创重巡洋舰"约克"
（York，8250 吨）号，炸沉油轮"挪威人"（Pericles，8324 吨）号。海军特
种部队——第十 MAS 支队对马耳他岛的突击计划，就是在苏达湾行动成功的
激励下制定的，该计划打算用特攻队潜入马耳他最大的港口瓦莱塔（Valletta）
进行破坏。

　　1941 年 7 月 25 日傍晚，一支由快速炮舰"狄安娜"号 (Diana，1764 吨，
102 毫米炮 2 门，20 毫米炮 6 门，航速 32 节)、鱼雷快艇 MAS-451（艇长乔治·肖
莱德海军少尉，George Sciolette）、MAS-452（艇长乔巴达·帕罗蒂海军中尉，
Giobatta Parodi）号组成的小型舰队从奥古斯塔港出发驶向瓦莱塔港。"狄安娜"
号上携带有 8 艘 MTM 撞击爆破艇，1 艘新服役的 MTSM 突击鱼雷艇和 1 艘
MTL 拖带艇，而两艘鱼雷快艇则各拖带着一条 SLC（Siluro a Lenta Corsa）人
操鱼雷。

　　MAS-451 和 452 都属于 MAS-451 型，这是 MAS 中唯一一型也是世界上
第一型专门为特种作战而设计制造的鱼雷快艇，仅生产了这两艘。该型排水

177

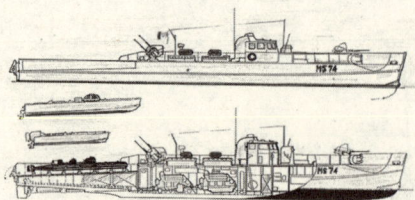

MS-74 进行特种作战的各种携带方案示意图：从上至下分别为携带 MTSM 突击鱼雷艇，MTM 撞击爆破艇和 SLC 人操鱼雷。

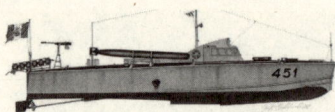

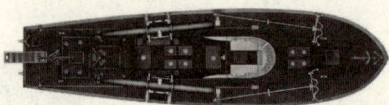

MS-74 的二视图。作为世界上第一型也是唯一一型专门为特种作战而设计制造的鱼雷快艇，其主要战果都是在袭击本国被俘舰船方面取得的，着实有些可悲。

MTSM 出击时的示意图。和德日这两个盟友相比之下，意大利人还算不上疯狂，每种武器虽然危险但从设计上并非自杀性的，MTSM 理论上在发射完鱼雷后仍然可以返航。

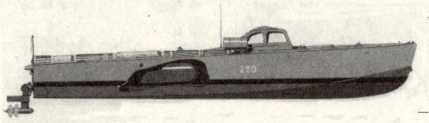

MAS-451 型鱼雷快艇的作战方式

MTSM-230 号突击鱼雷艇的侧视图。可见驾驶舱旁边的深水炸弹，从船壳上挖开的缺口可以看到内部的鱼雷。虽然战绩寥寥，但作为世界上最小的鱼雷快艇，在鱼雷艇发展史上理所当然应占据一席之地。

SLC 人操鱼雷的侧视图。作为第二次世界大战中最成功的海军特种武器，虽然从外形上看起来，和德国的自杀式人操鱼雷颇为相似。但其在设计上仍然考虑了让乘员在完成安装定时雷头后驾驶雷身撤离的可行性，虽然在实战中乘员们很少全身而退，但也是被俘者居多，和德国人的有去无回实在是有天壤之别。而其战果更是德国人所无法相比的。

量 21 吨，长 16.5 米，宽 4.25 米，吃水 1.2 米；安装 1 台 1500 马力汽油机，最大航速 42 节；武器为 2 枚 450 毫米鱼雷、1 挺 13.2 毫米机枪和 6 枚深水炸弹。与其他 MAS 不同的是，该型装有 2 台 80 马力阿尔法 - 罗密欧汽油机作为巡航发动机，使用时航速仅 8 节，可以用来拖带 SLC 人操鱼雷。

这次行动是 MTSM（Motoscafo Turismo Silurante Modificato）小型突击鱼

雷艇的处女秀。由于 MTM 撞击爆破艇对艇员素质要求极高，而且只能攻击停泊的敌舰船，所以意大利海军在其基础上设计了这型装备鱼雷的突击快艇，艇长 8.4 米，宽 2.2 米，吃水 0.6 米，排水量 3 吨。动力部分为两台阿尔法 - 罗密欧 95 马力汽油机，总功率 190 马力，航速 32 节，航程 200 海里。艇内空间只能容纳 1 条 450 毫米鱼雷，发动机安装在鱼雷舱两侧，艇员仍然为 2 人，部分 MTSM 艇经过改装改为蛙人运送艇，可以在放置鱼雷的位置安排 2-3 名蛙人。除鱼雷外，MTSM 艇还能携带两枚从两舷释放的 50 公斤的深水炸弹，执行近海反潜的任务。MTSM 艇在 1941 年到 1943 年间生产超过了 100 艘，这也是历史上最小的鱼雷快艇。

MTSM 艇后来又生产了放大改进型 MTSMA 艇，艇长 8.8 米，宽 2.32 米，吃水 0.7 米，排水量达到 3.65 吨，动力与 MTSM 艇相同，航速减少为 29 节，但是续航力增加到 250 海里，鱼雷仍然为 1 枚 450 毫米鱼雷，深水炸弹则改为两枚 70 公斤深水炸弹，增加了反潜威力，同时加装了一挺布雷达 (Breda) 机枪和 1 个发烟罐，增强了突击艇的自卫能力。1943 年意大利海军定购了 100 艘 MTSMA 艇，其中大多数在意大利宣布投降时仍在制造中，因此部分被德军俘获。

MTL（Motorboat Slow Tourism）拖带艇则是用于将 SLC 人操鱼雷和乘员从比较安全的位置输送到出发阵位的特制装备。长 9.5 米，排水量 7 吨，安装 1 台 22 马力汽油机和一台用于接敌时静音航行的 8 马力电动机。该艇可以拖带两条 SLC 人操鱼雷并搭载鱼雷乘员，拖带航速在使用汽油机时为 5 节，使用电动机时 4 节，使用汽油机航程 60 海里，而使用电动机航程 40 海里。

SLC 是"蚂蟥"人操鱼雷的升级版本，1935 年由泰塞伊（G.N.Teseo Tesei，1909—1941）上尉设计，俗称"猪"（maiale）。外形就好似一颗鱼雷加了两个高桥马鞍。全长 7.3 米，拆下弹头后长 6.7 米，直径 533 毫米，高 1.3 米，全重 1.3—1.4 吨，弹头为 230 公斤（一说 300 公斤）的炸药；动力系统是一台 1.6 马力的电动机，最大航速 4.5 节，通常航速 2.3 节，续航力 75 英里（120.7 公里）/4 节，下潜深度 15—30 米，编制为 1 名驾驶员和 1 名操作员。在整个二战期间，"猪"鱼雷战功显赫，不过这一次除外。

　　由于瓦莱塔港是一个被陆地包围的封闭港口，英军在港口入口处设置了障碍物，不可能像在苏达湾那样顺利闯入港内。所以计划是突击队在接近瓦莱塔港入口的地方进行换乘，然后"狄安娜"号撤离，由鱼雷快艇拖带的两条 SLC 改由 MTL 拖带到港口入口。SLC 人操鱼雷设计者、第十 MAS 支队水下突击队队长忒修斯·泰塞伊（Teseo Tesei）工程兵少校负责操纵其中一条对障碍物进行爆破以炸开一条通路，另外一条 SLC 则驶往附近的英国潜艇基地实施助攻。在炸开通路后，水面突击快艇分队队长季奥贝（Giorgio Job）少校指挥 MTSM 艇引导 MTM 艇驶入通路实施突击，而支队指挥官维托里奥·莫卡塔加（Vttorio Moccagatta，1903—1941）中校则率领 2 艘 MAS 接应能够逃生的幸存者。

　　25 日夜间，3 艘舰艇悄悄接近了马耳他，在瓦莱塔港几海里外有条不紊地进行换乘，但实际上在意大利舰队接近港口时，岛上的英军雷达站就已经发现了他们的踪迹（由于岛上没有谍报人员，唯一的情报来自空中摄影，所以意大利人对英军雷达几乎一无所知），港口守军已经全部进入了作战位置，显然是想来一出请君入瓮的好戏。

　　糟糕的事情还不止这一件。SLC 先是因各种原因耽误了时间，后来虽然赶在天亮之前将障碍物炸毁，但巨大的爆炸同时摧毁了架设在入口上的圣埃尔莫桥（St. Elmo bridge）。垮塌的桥梁正好堵住了炸开的通道。冲入通道的 MTM 艇完全陷入英军火力中，在一两分钟之内就被悉数击沉。MTSM 艇在英军开火前还没有进入通道，侥幸逃过一劫，迅速掉头与两艘 MAS 会合，准备撤离这一危险的水域。

　　但是不久，天就大亮了，鱼雷艇跑得再快也不可能快得过从马耳他起飞的英军战斗机，MAS-451 号被击沉，MAS-452 号遭到重创后被俘。袭击潜艇基地的 SLC 也由于故障被英军俘虏，这次袭击以彻底的失败而告终。莫卡塔加中校、泰赛伊少校以下 15 人战死（二人被追授金质英勇奖章），18 人被俘。此次惨败后，撞击爆破艇由于使用不便而被放弃，突击鱼雷艇则更多地承担了巡逻、近海伏击、破交的任务，而不再参与对敌港口的突击任务。

远征千里

虽然遭到了几次挫折，但很快来自盟友德国的一封邀请函又给意大利鱼雷艇部队打了一针强心剂。1942 年 1 月 14 日，德国海军司令雷德尔海军上将对意大利舰队发出了第一次正式邀请，当时正值德军将在南乌克兰进行重大攻势。同年 3 月末，随着德军在克里米亚的进展，对防御坚固的塞瓦斯托波尔（Sevastopol）要塞的进攻不可避免，德军统帅部认为必须要有足够的小型快速舰艇及袖珍潜艇来保护克里米亚半岛南岸以及亚速海内的海上运输线。虽然 1942 年初春德军曾取道多瑙河向黑海部署了 12 艘扫雷艇和 6 艘近岸潜艇，但雷德尔认为这些力量不足以完成统帅部的任务，并再次向意大利海军要求协助。应该指出的是在德意合作期间（1940—1943），这是唯一一次德军特别主动要求意大利介入，很明显在对苏战争中力量有限的德国海军想多找些打手和炮灰。

　　一来为了报答德国派遣部分潜艇在地中海对付英国海军，二来苏联海军也对从罗马尼亚前往意大利的石油运输线造成了很大威胁，意大利海军上将

3 艘并排锚泊的 MAS-552 型

里卡尔迪（Riccardi）立即命令派遣第十九 MAS 支队的 6 艘 MAS-552 型（编号 567、568、569、571、572、573）、6 艘 CB 级袖珍潜艇以及第十 MAS 支队（指挥官萨尔瓦多·托达罗少校，C.C. Salvatore Todaro，1908—1942）的 5 艘 MTSM 小型突击鱼雷艇和 5 艘 MTM 撞击爆破艇。

这三个单位被编成第一零一中队，由前"天狼座"（Lupo）号鱼雷艇（1050吨）舰长、海军上校弗朗西斯科·明贝利（Francesco Mimbelli，1903—1978）指挥。这是一个精明强干的军官，1941 年 5 月 21 日夜，作为克里特岛（Creta）攻略计划的一部分，"天狼座"号受命为为德国山地师乘坐的小型船队导航，而不是护航，因为德国空军信誓旦旦将为这些满载部队的小船提供必要的掩护，并将"击沉任何敢于冒险靠近克里特岛的船只"。可谁知眼看克里特岛已经在望，却突然冒出英国海军的 3 艘轻巡洋舰和 4 艘驱逐舰拦住去路，明贝利一边指挥"天狼座"号在英国舰队和运输船队之间施放了烟幕，掩护船队脱逃（由于货船速度太慢，只有 3 艘逃走），一边冲上去开炮，还在 700 米的距离上向敌舰队发射了鱼雷，并从距一艘英国巡洋舰尾部仅几米处冲出，回到塔兰托（Taranto）基地，事后检查发现舰身上仅巡洋舰 6 英寸炮弹击中的痕迹就不下 18 处之多，幸运的是只有 3 发爆炸。"天狼座"号发射的鱼雷在离英国"猎户座"号巡洋舰不远处爆炸，造成其舰体弯曲等多处损伤，明贝利为此获得了金质英勇奖章。

明贝利的小型舰队将被用来对抗实力强大的苏联红海军黑海舰队，后者包括 1 艘战列舰"巴黎公社"号（Pariskaja Kommuna）、6 艘巡洋舰、3 艘驱逐领舰、13 艘驱逐舰、2 艘护卫舰、47 艘潜艇，以及数量众多的巡逻和运输船艇。不过这支舰队仅仅在纸面上显得强大，苏联海军的大型军舰非常缺乏作战经验，也缺乏精通战术的军官和技术娴熟的水兵。

相对于未来将面临的敌人，意大利人最大的麻烦是如何把装备运到黑海，实际上唯一可行的是通过陆路，因为有关达尼尔海峡的《蒙特勒公约》规定交战国军舰不得通过海峡。但这个协定没有拦得住意大利海军，最后的决定是舰队横越巴尔干半岛——使用一支由 28 辆车、3 辆拖拉机和 9 辆卡车组成的特殊运输队，这个计划从提出、组织到执行都堪称杰作。

运送 MAS 的车队

　　舰艇放在由牵引车拖带的特制挂车里沿公路前往奥地利首府维也纳（1938年奥地利被德国吞并）。在克服了无数的障碍和困难后（有时，司机和士兵们不得不拆开再重装装备以使大型装备能顺利通过），运输队终于到达维也纳，将船只放入多瑙河，接下来快艇便用自身动力沿多瑙河驶往黑海的基地，并于5月2日抵达罗马尼亚康斯坦察港，袖珍潜艇则要靠铁路运输过来。从这儿，黑海特遣队又迅速平安地转至他们的首个基地——苏联的雅尔塔，指挥官仍然由明贝利上校担任。

　　当他们抵达这个克里米亚半岛南岸的港口后几天，黑海特遣队已做好打击在塞瓦斯托波尔要塞、刻赤海峡、诺沃罗西斯克和图阿普谢基地间的众多的苏军作战和运输舰船的战斗准备。从1942年5月到1943年5月，黑海特遣队进行了大量出色的行动，它们不仅承担海上攻击任务，还协同德国陆军进行大规模的海岸侧翼作战。这些快艇以机枪攻击苏联军队和沿岸工事，运送爆破小组登陆破坏，并多次和苏联海军轻型舰艇作战，赢得了德国盟友的高度赞扬，意大利人终于可以在德国人面前扬眉吐气了。

1942 年 6 月 10 日，MAS 艇首开记录，声称用鱼雷击沉了一艘 5000 吨级的苏联运输船。在苏联相关记载里，当天损失的船只只有一艘，就是黑海国家航运公司的"阿布哈兹"（Абхазия）号客货轮。这艘船 1928 年由列宁格勒波罗的海造船厂建造，长 112 米，宽 15.55 米，吃水 5.95 米，排水量 4727 吨；甲板可载客 462 人，住舱可载客 518 人；动力系统为 2 台 1472 匹马力的柴油机，最大航速 12.6 节。不过苏联人认为该船是被德国飞机击沉的，船员有 8 人失踪。

2 天后，MTSM-210 也取得了第一个战果。它报称用鱼雷重创了一艘苏联货轮，后者失去了机动能力，随即在第二天早上被 1 架德国 Ju87 轰炸机用一颗 500 公斤炸弹彻底击沉。在那一天苏联的黑海商船队确实损失了一艘"格鲁吉亚"（Грузия）号客货轮，该船与"阿布哈兹"号同样属于黑海国家航运有限公司，而且属于同一型号，不过前者是由德国基尔造船厂 1928 年建造的，长 110 米，宽 15.55 米，吃水 5.74 米，排水量 4857 吨，2 台 1472 匹马力的柴油发动机，最大航速 13.6 节，住舱可载客 518 人，甲板可载客 266 人。它当时载有大约 4000 吨弹药和其他军用物资。德军轰炸机投下的炸弹引爆了船上的弹药，船员和乘客大部分身亡。

6 月 18 日，两艘 MAS 艇攻击了一支开往塞瓦斯托波尔的满载士兵并由 6 艘炮艇护卫的大规模的机动驳船队。在战斗中 MAS-571 艇长埃托雷·比萨尼奥海军中尉（Ettore Bisagno，1917—1942）击沉一艘满载伤员的 3000 吨级苏联货船，但他自己也身负重伤，三天后死于野战医院，被追授了金质英勇奖章。关于他的战果，意大利人在事后递交的作战报告中轻描淡写地写道："没有幸存者。"值得一提的是，比萨尼奥本人正是一名"幸存者"。

1941 年 4 月 16 日凌晨，一支从那不勒斯驶往的黎波里的意大利护航船队在突尼斯海岸的克肯纳群岛附近突然遭到英国海军第 14 驱逐舰分队袭击，护航队的旗舰"卢卡·塔里戈"（Luca Tarigo）号驱逐舰寡不敌众，被炮火和鱼雷重创，当时舰上唯一幸存的军官就是时为少尉的比萨尼奥。年轻的少尉指挥余下的士兵坚持抵抗，发射的两枚鱼雷成功击中英舰"莫霍克人"（Mohawk）号，最后两舰同归于尽，而比萨尼奥奇迹般地生还。

其实当时比萨尼奥就有资格获得一枚金质英勇奖章了，而此次获奖反而有些名不正言不顺，因为按照苏联的记录，当天只有一艘"比亚韦斯托克"（Белосток，波兰东北部城市）号客货轮被德国鱼雷快艇 S-102 击沉。

第二天晚上，MAS-571 和 MAS-573 在例行游猎时发现了一艘正在海面上行驶的苏联潜艇："梭子鱼"级 X 系列的 SHCH-214 号。这艘潜艇在 6 月17 日奉命运输 26 吨弹药和 4 吨粮食前往被围困的塞瓦斯托波尔港，完成任务后返航新罗西斯克。眼看离家不远的苏联人显然有点放松，一点也没有注意到有敌人正在接近，再加上 MAS 个头实在太小，在夜幕的掩护下确实也很难被发现。

"梭子鱼"级潜艇 X 系列是该级的第四种型号，主要改进是降低噪音、提高柴油机功率，显著提高了水面航速，SHCH-214 号长 58.5 米，宽 6.2 米，吃水 3.9 米，标准排水量 592 吨，满载排水量 715 吨；武器为 2 门 45 毫米21- K 型机关炮、2 挺 7.62 毫米机枪、4 个艇艏 533 毫米鱼雷发射管、2 个艇尾 533 毫米鱼雷发射管；水面最大航速 12 节，水下最大航速 8 节，最大浅水深度 90 米，自持力 20 天。如果它在水下潜行的话，缺乏水声探测设备的MAS 就算投下所有的深水炸弹恐怕也难伤其分毫，但是在海面上行驶的潜艇简直就是鱼雷的绝好标靶。

死神狞笑着亮出了爪牙，MAS-573 首先发射鱼雷，但是没有命中；接下来 MAS-571 号艇发射的两枚鱼雷有一枚成功击中了 SHCH-214 号的艇艏侧舷，爆炸过后该艇迅即沉没，包括艇长弗拉索夫（В.Я.Власов）大尉在内的 40 名官兵大多葬身大海，只有 2 人被大发恻隐之心的 MAS 艇救了起来（其中一人在战俘营里死去）。开战以来 SHCH-214 号击沉的最大船只就是排水量 3336吨的意大利油轮"托尔切洛"（Torcello）号，却没想到六月债还得快，竟然葬身在意大利鱼雷之下。

随着德国南方集团军群的东进，意大利在黑海的舰队也将支援基地东移到费奥多西亚和伊万·巴巴（Iwan Baba）。进入 8 月以后，为了配合向亚速海东岸运输兵员武器和给养的德海军的机动驳船和驳船队，意大利的 MAS 艇还开始攻击在这片海域游猎的苏联鱼雷艇和炮艇。

8月1日，红旗黑海舰队委员会命令出动巡洋舰和驱逐领舰各1艘，于8月2日夜间炮击费奥多西亚港口相关目标。这样一次对苏联人来说难得的大胆行动，是因为此前在7月30日，2艘快速扫雷舰成功地用炮火突袭了该港口而没有遭到还击，8月1日，又有2艘鱼雷快艇突入港内，击沉1艘德国扫雷艇。这让舰队高层认为，在敌人没有舰艇巡逻时，大型军舰袭击港口是可行的。

8月2日夜晚，苏联巡洋舰"莫洛托夫"（Molotov）和驱逐领舰"哈尔科夫"（Kharkov）突然冲近海岸，用180、122和100毫米舰炮向费奥多西亚和伊万·巴巴之间的陆上目标轰击。"莫洛托夫"属于"基洛夫"（Kirov）级，虽然是苏联制造，但设计方案却来自意大利，因此浑身上下有着浓浓的亚平宁血统。该舰标准排水量8177吨，12.97万匹马力，最大航速36.72节；主要装备3座三联装180毫米主炮、6门100毫米高射炮和6个21英寸鱼雷发射管；编制872人。其最大特色就是专门请意大利设计的180毫米主炮，射程远达37.8公里，是当时世界上射程最远的巡洋舰主炮，可以压制各国海军轻巡洋舰的152—155毫米主炮，就是遇上重巡洋舰的203毫米主炮也有一拼之力。"哈尔科夫"属于"列宁格勒"级驱逐领舰，是苏联设计制造的第一型驱逐舰，因此存在许多因设计能力不足和工艺落后所造成的缺陷，不过机动力和火力仍然堪称强大。该舰标准排水量2030吨，6.6万匹马力，最大航速43.2节；

苏联"莫洛托夫"号巡洋舰

主要装备 5 门 130 毫米主炮、2 门 76.2 毫米高射炮、2 门 45 毫米高射炮和 2 座四联装 21 英寸鱼雷发射管，编制 225 人。

面对如此强大的敌人，MAS-573（第十九支队指挥官兼艇长库尔齐奥·卡斯塔尼亚齐少校，Curzio Castagnacci，1911—1943），MAS-568（艇长埃米利奥·莱尼亚尼中尉，Emilio Legnani，1918—2006）和 MAS-569（艇长费拉里中尉，Ferrari）的艇长们决定对巡洋舰进行依次攻击。第一波鱼雷射失后，MAS-568 艇在非常近的距离发射的第二波鱼雷中的一枚击中了巡洋舰的舰尾。

在命中敌舰后，MAS-568 试图摆脱敌人，但遭到前来救援的"哈尔科夫"号的全速追击。关键时刻，莱尼亚尼重施当年里佐的故技，命令将艇尾的 10 枚小型深弹全部抛出，落到"哈尔科夫"的舰首前方，爆炸使苏舰受损，使其不得不放弃追击。两艘苏舰都退出了战区，回到东面的基地。在 15 分钟内重创两艘敌舰的 MAS-568 号，尽管遭到被爆炸的火光引来的苏联飞机的攻击，还是安全返回了雅尔塔基地。8 月 3 日早晨，MAS-573 和 MAS-569 也返回了费奥多西亚。事后意大利人大肆宣扬击沉了苏联海军的"红色克里米亚"号巡洋舰，并向莱尼亚尼颁发了一枚金质英勇奖章，卡斯塔尼亚齐少校则得到

苏联"哈尔科夫"号驱逐舰

了银质英勇奖章。1943 年 7 月 21 日夜，在西西里岛巡逻的卡斯塔尼亚齐率领一队鱼雷快艇（MS-66、MS-21、MS-51、MS-53）和两艘英国驱逐舰展开激战，击伤其中一艘，他自己也被英舰炮火击中阵亡。不过盟军并没有类似损失记录。

实际上"莫洛托夫"并没有沉没，但伤势也的确沉重，因此被追授金质英勇奖章。约 20 米长的尾部舰体被炸断（该舰全长 191.4 米），航速当即下降到 10 节，随即被拖到巴统港，进入干船坞维修。为了加快修理进程，苏军大胆地将还在船台上待建的"伏龙芝"号重巡洋舰切割下舰尾，从另一艘待建巡洋舰"热列兹尼亚科夫"号上拆下舵柄和舵叶，并从共青城造船厂的一艘待建巡洋舰上拆下舵机，从一艘潜艇上拆下舵装置传感器。"哈尔科夫"的受创要轻得多，修理了约两周时间。

9 月 5 日，MAS-568 击沉苏联货船 Fabritius。该船曾经在 3 月被德国轰炸机投掷的鱼雷击中，重创搁浅。

1942 年 9 月 9 日，雅尔塔基地遭到苏联黑海舰队航空兵的猛烈轰炸，MAS-571、MAS-573 艇和一艘驳船被击沉，MAS-567、MAS-569 和 MAS-572 受损严重。由于安全和战术原因，意大利舰队分驻雅尔塔和费奥多西亚（Feodosia），要对付苏联在这一地区的 700 多架战斗机、轰炸机和侦察机的猛烈进攻。意大利人无法指望有效的空中防御，因为德军正在猛攻塞瓦斯托波尔要塞和巴拉克列亚（Balaklaya），随后又在马里乌波尔（Mariupol）、罗斯托夫和克拉斯诺达尔前线激战，因此意大利的 MAS 艇在苏军的空中优势下损失严重。

在 1942 年 10 月到 1943 年 1 月期间，苏军发动强大攻势，导致德军在斯大林格勒投降并从高加索和顿河地区撤退，黑海支队的活动也大受影响，尤其是严重缺乏燃料。然而，在 1943 年 1 月到 3 月，意大利艇员继续战斗。4 月 17 日，在一次德军试图重夺诺沃罗西斯克的登陆行动中，得到了补充的黑海支队派出全部 8 艘 MAS 艇（编号 566、567、568、569、570、572、574、575）和德军的 S 艇一起驶往阿纳帕，以攻击苏联的沿岸运输。4 月 25 日，在几次没有战果的行动后，这一区域的所有行动终止了。同年 5 月，MAS-572 艇因与友艇相撞而沉没，这也是黑海支队损失的最后一艘鱼雷快艇。

MAS–529 的模型，有趣的是，虽然作者在艇名牌上写的是在芬兰海军中的艇名，但是艇艉飘扬的却是意大利海军旗帜。

在放弃了费奥多西亚和伊万·巴巴的基地后，意大利舰队越来越暴露在迅速增强的苏联空军的威胁之下，意大利当局决定撤回人员，将仍然可用的舰艇留给德国海军人员（先前曾在波拉和伊索塔·佛拉斯齐尼工厂接受训练）。他们于是在雅尔塔沿岸结束了最后一次任务。5月20日正式举行仪式将舰艇移交给德国海军，7艘MAS按原来的编号顺序分别改名为S-501—507。不过德国人自己也是日薄西山，节节败退，所以接收了没多久，又在8月20日把这7艘MAS一股脑送给了罗马尼亚。1944年8月25日，为避免被苏联红军俘虏，全部自沉于康斯坦察港。

遥远的湖

在黑海作战的同一时期，MAS艇还同苏联海军在芬兰水域里交手。1941年秋，在芬兰军队的协助下，德军从陆路包围了列宁格勒，但苏联人仍通过拉多加湖对围城进行补给，因为该湖有相当一段岸线还在苏军手中。苏联海军拉多加湖区舰队（Ладожская озеро Военная Флотилия）于1939年10月建立，1940年11月改为训练支队；1941年6月25日重建，

8 月拥有舰艇 66 艘。

苏军在拉多加湖共有 11 艘炮舰和 32 艘扫雷艇直接为前往列宁格勒的运输船队护航，该船队由 9 艘汽船，17 艘拖船和 25 艘其他船艇组成。由于拉多加湖水上航道对包围圈内的列宁格勒至关重要，为了保护这条水上生命线，波罗的海舰队想法设法加强拉多加湖区舰队的实力，131 艘舰艇被从列宁格勒运到拉多加湖西岸的戈尔斯曼湾，这批舰艇包括潜艇 2 艘、装甲艇 6 艘、猎潜艇 9 艘、鱼雷艇 6 艘、交通艇 35 艘、摩托艇 18 艘、驳船 11 艘、登陆艇 42 艘、拖船 2 艘。而芬兰海军在该水域只有 1917 年意大利制造的老式 MAS 艇"行动"号，与苏联舰队相比简直可以忽略不计。于是 1941 年冬，芬兰人向德国最高统帅部提出需要一定数量的快速舰艇来阻止苏联人通过拉多加湖进行补给的船队。

1942 年 4 月，德国海军司令部正式要求意大利海军考虑向拉多加湖派遣轻型鱼雷艇的可能性，意大利海军决定向拉多加湖派出 4 艘 MAS-526 型艇：526、527、528 和 529 号。该型艇是 MAS-501 型的发展型号，排水量 27 吨，长 18.7 米，宽 4.7 米，吃水 1.4 米；武器为 1 挺 13.2 毫米机枪、2 枚 450 毫米鱼雷；2 台 1000 匹马力发动机和 2 台 50 匹马力辅助发动机，最大航速 42 节，续航力 360 海里/42 节；编制 12 人。这些艇在拉斯佩齐亚组成第十二 MAS 支队，由比安齐尼（Bianchini）少校指挥。该支队共有 17 名军官，19 名士官和 63 名士兵。

快艇和足够在湖上建立一个基地所需的一切装备都由特制牵引车队运输，从拉斯佩齐亚出发，经布伦内罗、因斯布鲁克、莫那可（Monaco）到达德国的什切青港。为了通过阿尔卑斯山的盘山公路，不得不把公路的若干曲线修改过来；在通过隧道时，得把快艇从牵引车上取下改用压路机送走；为了通过沿途许多小城镇的狭窄街道，常常必须把挡路的民房墙角给切除掉——当然，这种强拆行径是不需要支付补偿金的。

从什切青港开始，快艇由"货船"（Thielbeck）号运到赫尔辛基。然后用自身的动力航速波罗的海并通过芬兰的运河系统。行程的最后阶段又是铁路，然后又通过运河，最后到达索尔坦拉赫蒂（Sortanlahti）——拉多加湖岸边一处荒无人烟的所在，选定的中队行动基地。房屋设在森林之内，而且是

第十二支队的 3 艘 MAS

应急搭建起来的。路上总共走了 3105 公里，从 5 月 25 日到 6 月 22 日，历时 26 天没有休息，这是另一次足以载入史册的快速长征。

芬兰海军将后勤基地放在拉赫登普赫雅（Lahdenpohja），有铁路通达，并有许多营房、军火库和工厂。所有这些都在森林中可免遭空袭，并且离港口不远。5 月 17 日，K 海军特遣舰队正式组成，编有 4 艘意大利 MAS 艇、约 6 艘德国的 KM 近岸布雷艇（Küstenminenboot，排水量 16 吨，装 1 挺 15 毫米机枪和 6 枚磁性水雷，最高速度 31 节）和 21 艘装备高射炮的德国趸船，[1] 还有芬兰的老式 MAS 艇"行动"号。所有这些力量，从作战指挥方面，都隶属于芬兰"拉多加海岸旅"指挥部，司令为海军上校 E·雅维宁（E. Jorvinen）。特遣舰队还可以得到芬兰空军和德国第 1 航空队的支援。

1942 年 6 月 25 日，意大利 MAS 开始进行必要的适应性的训练，历时一个月。但 MAS 艇不久就减为 3 艘，7 月 25 日，MAS-526 因导航失误出了事故，需要修理。余下的三艘：MAS-527、MAS-528 和 MAS-529，首先接受的任务是为芬兰部队提供支持，运送登陆侦察人员，搜索可能潜入的苏联潜艇。

8 月 14 日，527 和 528 号 MAS 艇运送侦察员登陆苏联一侧的湖岸。15 日 2 点 40 分，527 号艇艇长雷纳托·贝齐（Renato Bechi）中尉发现前方突然出现了三艘"阿姆贡河"（Амгунь，黑龙江的支流）级炮舰组成的苏军编队。"阿姆贡河"级炮舰堪称拉多加湖上的庞然大物，长 59.5 米，宽 11.9 米，吃水 3.6—3.9 米，排水量 1100—1400 吨。该级舰共有 11 艘，拉多加湖区舰队有 5 艘："比拉"（Бира）号、"布拉亚河"（Бурея，黑龙江支流）号、"诺拉"（Нора 号、"奥廖河"（Олекма，勒拿河支流）号、"谢列姆贾河"（Селемджа，黑龙江支流）号。颇有讽刺意味的是，这级炮舰本来是德国船厂于 1939 年为苏联建造的货船，开战后才紧急装上 100 毫米炮和高射炮，改头换面变成了反抗法西斯的战舰。

苏军炮舰反应迅速，旋即向 MAS 艇开火，并击中了一艘的舰桥，MAS

---

[1] "西贝尔"Siebel 型武装趸船，轻型的装备 4 门 37 毫米高炮和 20 毫米机关炮，重型的装备 3 门 88 毫米高射炮，1 门 37 毫米高射炮及数量不等的 20 毫米机关炮，最高速度 10 节。

艇马上进入攻击位置，
但又被击中。MAS 艇一
边用 20 毫米机关炮回
击，一边机动到有利阵
位，在 300 米距离向第
三艘苏联炮舰发射了鱼
雷，然后迅速撤离战场。

1942 年，在拉多加湖上的 MAS–527 号。

回到基地后，意大利人在报告中称齐射的鱼雷完美地命中苏舰的舯部，并将
其击沉。但实际上拉多加湖区舰队的阿姆贡级在整个战争中只损失了一艘"奥
廖河"号，该舰于 1941 年 10 月 5 日被飞机炸沉。

　　8 月 27 日晚，班维努托（Benvenuto）海军少尉率领 MAS-528 号与
MAS-527 号一起前往湖南岸附近的苏联航线，并由芬兰战斗机护航。28 日 0
点 03 分，MAS-528 发现 3500 米处有两个目标，很快识别出是两艘拖船拖带
一艘约 70 米长的平底船（maona），航速大约 4 节，还有一艘更小的拖船在
船队的前面。0 点 47 分，与船队距离 800 米，MAS-528 被苏联人发现了，
拖船上的机枪开火射击。三分钟以后，MAS 进入有利的发射阵位，距离为
500—600 米，少尉一声令下，发射了左侧的鱼雷，约 30 秒后，平底船中雷爆炸，
迅速沉入湖底。

　　9 月 29 日，比安齐尼少校亲自率领 MAS-529、MAS-528 出动。当夜月
光明亮，0 点 10 分意大利人发现一支苏联小船队：一艘拖轮拖带着三艘装
满货物并连在一起的驳船，由一艘炮艇护航。月亮同样也帮助苏联人发现了
MAS，火炮和机枪的轰鸣声随即打破了湖面的寂静。MAS 高速脱离，绕了一
个大圈，突然出现在船队的另一面，MAS-529 艇在 1000 米距离向驳船发射了
一枚鱼雷，但却没有击中。

　　10 月，MAS 艇接到新任务，为袭击苏军沿湖的阵地的德国武装趸船提供
支持。苏军试图打破封锁，德军则希望将包围圈最后一个空挡堵上，德国人
把目光投向了拉多加湖上的苏霍岛（小岛长 90 米，宽度为 60 米，离湖泊最
近海滨仅 15 公里），派出舰艇 23 艘、飞机 15 架，准备占领该岛。维修好的

成为芬兰海军 J 级鱼雷快艇的 MAS

MAS-526 艇也参加了这次攻击。但经过 10 月 22 日一天的激战，德军虽然登陆并摧毁了岛上的岸炮阵地，但损失惨重，面对苏军不断赶到的援军不得不选择撤退。MAS-526 倒是毫发无损，但是这次失败的进攻似乎也预示着不妙的前景。

冬天快要来临，结冰的湖面将会冻住船体，使一切活动都无法进行。像拉多加湖里的其它轴心国舰艇一样，两艘 MAS 艇分别于 10 月 29 和 30 日离开索尔坦拉赫蒂，前往拉赫登普赫雅（526 号需要一些修理）。在那儿，拆除了所有舷边装备，装上火车运往蓬卡萨尔米（Punkasalmi），再放入水中，重新装上装备。11 月 5 日，6 日继续驶往赫尔辛基，然后是选定的新基地雷瓦尔（Reval，即塔林），准备在更适合鱼雷艇活动的芬兰湾获得更大的战绩，11 月 19 日抵达。但就在冬天过去的时候，地中海战局却在盟军的攻势下岌岌可危，意大利海军司令部决定召回特遣舰队的人员。

1943 年 5 月 5 日，4 艘 MAS 艇在塔林港卖给了芬兰海军，改名为"粗暴"（Jylhä，J-1）号、"雷电"（Jyry，J-2）号、"捶打"（Jyske，J-3）号、"喧闹"（Jymy，J-4）号，因为艇名字头都为 J，所以被称为 J 级。J 级运到赫尔辛基后，在后甲板各安装了 1 门 20 毫米布雷达机关炮。和留在意大利的 MAS 相比，她们幸运地活到了战后，1949 年转为巡逻艇，1961 年退役。

反目成仇

芬兰海军可算是 MAS 的老主顾了，前文曾经提到其于 20 年代购买了 2 艘 MAS-218 型。这两艘艇晚些时候命名为"行动"（Sisu）号和"狂热"（Hurja）号。因为波罗的海海况比地中海要恶劣得多，芬兰水兵每次驾艇巡逻归来时总会被海浪弄得浑身湿透，于是给自己的 MAS 取了个"喷泉"（fountain）的诨号。1939 年，芬兰海军的两艘 MAS 都参加了第一次苏芬战争，由于恶劣的天气影响，发动机和船壳都受损严重，"狂热"号在停战后转入预备役，"行动"号也无法继续参加巡逻，不得不进行大修。

1941 年 10 月 1 日，"行动"号和英制 CMB "箭"号一起前往子岛（Suursaari）

袭击锚泊的苏联海军舰艇。当时锚地里有一艘苏联潜艇 L-3 号，还有一些拖船和驳船。芬兰快艇分别向两个目标发起攻击，射光了所有 4 枚鱼雷，返航后声称击沉了 2 艘船。而根据苏联方面的资料，3 枚鱼雷偏离了目标，在距离潜艇 20—30 米处击中岸边而发生爆炸，造成潜艇鱼雷发射管有轻微损坏。第四枚鱼雷则被 L-3 的水兵用甲板上的 45 毫米炮击中发动机部位而沉入海底。当然这种说法较为匪夷所思，更大可能是这枚鱼雷自身出了故障。第二年"行动"号因为事故受损而退出了现役。"狂热"号则因为舰艇缺乏而再次入役，直到 1944 年 2 月 26 日被苏军飞机炸沉。

1940 年，芬兰海军又向意大利下了 5 艘 MAS 的订单，并命名为"海啸"级，也被称为 H 级，因为每艘艇的艇名都是 H 字头的："海啸"（Hyöky，编号 H-1）、"赫尔莫"（Hyrmu，H-2）、"野蛮"（Hurja，H-3）、"赫斯基"（Hyrsky，H-4）、"凶恶"（Häijy，H-5）。按照合同，这些艇被拆卸后运到芬兰组装。但已经参战的意大利因材料不足，一再拖延工期，直到 1943 年才交货。芬兰人接货后发现发动机质量很糟，不得不将这批艇拆掉鱼雷发射装置，铺设水雷轨，改作布雷艇使用。1949 年改装为巡逻艇，安装了 2 门 20 毫米炮和 2 挺重机枪，并一直服役到 20 世纪 60 年代。

值得一提的是，作为 MAS 唯一的忠实外国用户，芬兰海军不但有很多的意大利原装货，还有自己的山寨产品。这就是"战斗"级。因每艘艇的艇名

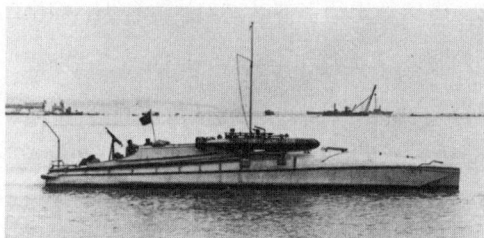

新老两代 MAS："行动"号和"野蛮"号

都是 T 字头，所以也被称为 T 级。

"战斗"级是 1943 年芬兰在吸收意大利 MAS 鱼雷快艇的技术基础上自行设计建造的，适航性更好，而且在无装备试航时，曾达到了 63 节的惊人航速！该级艇排水量 22 吨，长 17.8 米，宽 4.6 米，吃水 1.5 米；两台 715 千瓦的意大利 Isotta Fraschini W-18 型发动机，最大航速 48 节；装备 2 枚侧舷投放式的 450 毫米鱼雷，1 门麦德森 20 毫米机关炮，4 颗深水炸弹；编制 1 名军官，10 名士兵。二战中共建造 6 艘，名字和编号分别是"活力"（Tarmo，T-1）、"战斗"（Taisto，T-2）、"破浪"（Tyrsky，T-3）、"严峻"（Tuima，T-4）、"渗透"（Tuisku，T-5）和"风"（Tuuli，T-6）。其中"战斗"号已于 1944 年 6 月 21 日被苏军飞机炸沉。

1944 年 9 月，苏联与芬兰签署休战协定，这让德国人大惊失色。为防止戈格兰岛落入苏军手中，德国人拟定了"东方杉"计划，即突袭占领这个对封锁芬兰湾特别是喀琅施塔得基地起着至关重要作用的小岛。9 月 14 日下午 17 时，戈格兰岛的芬军发现大批德国舰艇（3 艘 R 艇，1 艘 M 级扫雷舰，5 艘驳船，4 艘 S 艇）在岛的周围海域敷设水雷，这显然是为了防止开战后芬军对岛上进行增援。而芬兰人还不知道的是，德军为这次行动，将使用第三和第二十五扫雷舰支队，第十三、二十一和二十四登陆艇支队，第一 R 艇支队和第五 S 艇支队，还包括 7 艘火炮驳船。15 日 0 时 55 分，在劝降失败后，1400 名德军搭乘登陆艇驶往戈格兰岛，芬兰守军开枪射击，战斗打响了。

1 时 25 分，芬兰鱼雷快艇接到了攻击命令，3 艘"战斗"级鱼雷快艇 T-3、T-5 和 T-6 冲在最前面，2 艘"投诚"的 V-2 和 V-3（被俘的原苏联海军 G-5 型，详见第六章）则由于发动机启动较慢而落在了后头。2 时 37 分，鱼雷快艇在 0.5 海里的距离上发现了海港附近的 M 级扫雷舰和火炮驳船，它们正在起劲地轰击岛上的芬兰守军。

由于目标众多，支队指挥官尤果·比瑞哈恩（Jouko Pirhonen）下令自选目标，分散攻击。3 点 28 分，欧瓦斯盖恩（T. Ovaskainen）中尉指挥的 T-5 向一艘 M 级扫雷舰发射了鱼雷，艇员观察到了爆炸，然后扫雷舰"消失"了；T-3 也向另一艘 M 级扫雷舰发射了两枚鱼雷，并遭到扫雷舰和 R 艇的猛烈炮

芬兰"战斗"级鱼雷快艇

火还击，立即撤走；T-6 最为倒霉，先向一艘 M 级扫雷舰发射一枚鱼雷，但发射装置故障，鱼雷没有打出去；然后又攻击登陆驳船，另一枚鱼雷也没能打出去，T-6 只得跟随 T-3 和 T-5 一起返航科特卡（Kotka）基地。

一个半小时以后，姗姗来迟的 V-2 和 V-3 也从科特卡赶到了。它们没有找到已经撤出战场的"战斗"级，而且由于速度不一加之战场能见度不良，彼此也失去了联系，便分别投入战斗。4 时 15 分，V-2 对目标发射了鱼雷，但德国船只成功地进行了规避。

在岛上的陆战方面，虽然芬兰人有所防范，但突然袭击还是取得了初步成果，大部分德军冒着炮火成功登陆，2 艘停在岛上海港内的芬军巡逻艇 VMV-10 和 VMV-14 号被德军炮火摧毁。但是苏联人主动赶来帮忙，6 点 45 分，36 架伊尔 -2 强击机和 SB 型轰炸机对戈格兰岛和德军舰船进行了狂轰滥炸，摧毁了一艘登陆驳船。同时，这种无差别攻击还造成了守岛芬军的一些伤亡，当然苏联人是不会为此感到歉意的，毕竟他们跟芬兰人也有深仇大恨呢。

面对颓势，德军一度准备投入强大的"欧根亲王"号重巡洋舰，但最终慑于苏军已经掌握了制空权而放弃了这个冒险计划，连作为登陆支援兵力的三艘驱逐舰和两艘雷击舰也没有投入战场。

最后，失去了制空权和制海权的德国人败阵撤走，153 人阵亡，175 人负伤，1056 人被俘，另有数目不详的人因船只沉没淹死在海里；登陆驳船 F-499 被苏联飞机炸沉，F-175、822 和

被芬兰鱼雷快艇击沉的德国扫雷艇 R–29

868 被芬兰海岸炮击沉，F-177 被芬军俘虏，德国人承认损失三艘 MFP 驳船：F-173、175、177；扫雷艇 R-76 号被芬兰海岸炮击伤，扫雷艇 R-29 号（110 吨，2 门 20 毫米炮）和拖船"佩罗娜"号（Pernau，爱沙尼亚海港）被鱼雷快艇击沉，芬兰人把这两个战果都归功于 T-5 号；一艘 M 级扫雷舰被鱼雷快艇重创，对此芬兰人认为主要是鱼雷快艇使用的旧式 T-12 鱼雷只有 125 公斤装药，威力较小，所以未能击沉德国扫雷舰。此外，德国事先敷设的水雷炸沉了芬兰摩托扫雷艇"库哈（Kuha）六号"。

此战使得德国和芬兰这对过去的盟友彻底翻脸，大打出手，因为战事主要发生在芬兰最北部的拉普兰（Lapland）省，所以也被称为"拉普兰战争"。双方一直打到 1945 年 4 月，终于在各条战线上节节败退的德国人后劲不足，被迫离开芬兰撤往挪威。

回光返照

虽然 MAS 东讨西征，看起来威风无比，实际上在开战数月以后，意大利

海军已经意识到这种过于强调轻巧高速的快艇只适用于比较平静的水域，如果在海况恶劣的西西里海峡其性能就会大幅度下降，不但达不到设计时速，而且还会造成机器过度磨损，海军迫切需要船体更坚固、航海性能优异的鱼雷艇，哪怕她的速度没有 MAS 那么快。

问题在 1941 年 4 月得到了解决，意大利俘房了南斯拉夫海军的 6 艘德制 S 艇（编号改为 MS-41—46），这种大型圆舭艇优异的航海性能引起了意大利海军的兴趣，决定仿制，并定名为 MS（Moto Siluranti，即摩托鱼雷艇），以取代抗浪性差、航程短的 MAS 艇。于是，1941 年生产的 MAS-555 型就成为最后一批 MAS 艇。

CRDA 公司的曼菲科尼工厂在 1942 年完成 18 艘 MS-11 型（编号 11 – 16、21 – 26、31—36）。这些金属骨架木壳的圆舭艇的布局酷似德军 S 艇，前部为 2 具 533 毫米鱼雷发射管，中部两侧带 2 条备用鱼雷，首尾中线布置 1-2 门布雷达（Breda）20 毫米 65 倍径机关炮（部分艇艏无炮）。不过由于这种炮紧缺，部分艇用 2 挺布雷达 6.5 毫米机枪暂时代替，1943 年又用 37 毫米炮取代了 20 毫米炮。艇尾是 2 个深水炸弹投放架，装备 8 颗深弹。其满载排水

并列停泊的 3 艘 MS-15 型，外形上和早期 S 艇有相似之处。

量 62.4 吨，全长 28 米，宽 4.3 米，吃水 1.6 米；动力系统采用了 3 台伊索塔·弗拉斯齐尼 ASM183 汽油引擎，总功率可达 3300 马力，三轴推进，最大航速 32 节。意大利人原本想采购更可靠的戴姆勒 - 奔驰柴油引擎，但遭到德国拒绝。编制 19 人，其中 1 名军官。这种被寄予厚望的快艇渴望着在战斗中一展风采，不过谁也没有想到机会来的这么快。

1942 年 8 月中旬，由于马耳他护航行动在德意海空军阻截下接连受挫，英国人决定再来一次全面的努力把补给送到马耳他岛去，这就是"支座行动"（Operation PEDESTAL）。英国人集中了所有能抽调出来的海空兵力，护航队由 62 艘舰船编成，阵容包括 2 艘战列舰、4 艘航空母舰、7 艘巡洋舰、25 艘驱逐舰、14 艘商船，其中有 3 艘是美国的，总的载货量为 140000 吨；另有 2 艘拖船和 2 艘油轮。

这样大的行动是不可能完全保密的，意大利人截获了一系列电报，但是却深感无能为力，因为缺乏空中掩护和燃油，根本不敢出动貌似强大的战列舰队，只得决定由空军加上潜艇、鱼雷快艇和水雷，在护航队的进路上设置数道阻击线，将护航队层层消耗掉。其中第四道阻击线就是在邦角和班泰雷利亚岛之间的英方航道上集中 12 艘 MAS 鱼雷快艇和 6 艘新的较大的 MS 鱼雷快艇，而后者编入现役才不过几天。

意大利人这种不得已的措施反而起到了意想不到的优异效果，护航队一路上不断遭到飞机和潜艇的袭击，损兵折将。8 月 12 日午夜，护航队通过邦角，这时已经损失了 1 艘航空母舰、1 艘巡洋舰和 3 艘补给船，2 艘航空母舰和 2 艘巡洋舰遭到重创，而且由于躲避攻击，队形已经相当分散，在皇家海军护航舰视线所及之处只能看到三四艘商船。但是对于英国人来说更糟糕的是，一次新的而又同样惨烈的战斗就要开始了。

为了避开意大利海军设下的水雷障碍，护航队取道泽姆布拉岛以南的狭窄水域，紧靠突尼斯海岸航行，而这正中意大利人的下怀。18 艘鱼雷快艇已经在此等待多时。13 日 1 时 07 分，护航队出现了第一个牺牲品，意军鱼雷快艇 MS-16 号（艇长乔治·马努蒂少校，Giorgio Manuti）和 MS-22 号（艇长弗朗哥·梅兹拉达少尉，Franco Mezzadra，1918—1943）在近距离齐射鱼雷，

英国"曼彻斯特"号轻巡洋舰

重创了"曼彻斯特"号轻巡洋舰。

　　"曼彻斯特"（Manchester）号属于"格洛斯特"级轻巡洋舰，也称为城级（Townclass）巡洋舰第二批，在第一批（南安普敦级）的基础上进行了小幅修改。该舰1936年3月28日在豪森·莱斯利（Hawthorn Leslie）船厂开工，1938年8月4日完工服役。满载排水量11930吨，长180.29米，宽19.74米，吃水6.25米；动力系统为4座帕森斯蒸汽轮机，4座锅炉，产生82500匹马力，最大航速32节（时速59公里），最大续航力7320海里/13节（13560公里/时速24公里）；武器系统为4座三联装6英寸（152毫米）主炮，4座双联装4英寸（102毫米）高平两用炮，2座四联装40.5毫米"砰砰"型高射炮，2座四联装0.5英寸（12.7毫米）高射机枪，2座三联装21英寸（530毫米）鱼雷发射管（后来取消）；2架"海象"（Walrus）式水上侦察飞机；编制750人。

　　鱼雷使可怜的巡洋舰整个舰尾被全部炸掉，并失去了一个螺旋桨，在鱼雷引起的爆炸和火灾中，有大约12名舰员丧生。这艘庞大的战舰侧倾达到45度，看起来让人触目惊心。虽然该舰仍有慢速航行的能力，但弹药仅剩10—

15%，舰长哈罗德·德鲁（Harold Drew）担心如果继续操舰前进，有可能会导致巡洋舰被敌人俘虏（当然后来意大利海军由于担心遭到英国人的空袭，并没有派出大型军舰，不过显然德鲁舰长不能未卜先知）。由于担心巡洋舰特别是舰上属于绝对技术机密的各种先进雷达落入敌手，凌晨4点，在征求了幸存的轮机人员的意见后，德鲁舰长认定"曼彻斯特"号已经无法挽救，于是命令弃舰，并在军舰的要害部位安装了炸药将其凿沉。这是整个二战中被鱼雷快艇葬送的最大吨位战舰。梅兹拉达少尉为此获得了银质英勇奖章，并晋升为中尉。1943年5月7日，MS-22和VAS-231在突尼斯湾的西迪布赛义德（Sidi Bou Said）港遭到盟军飞机袭击，被炸中起火，勉强行驶到浅水区弃船。梅兹拉达因为在战斗中阵亡，被追授金质英勇奖章。

在所有"曼彻斯特"号的舰员中，共有132人死亡或失踪，568名幸存，其中3名军官和375名船员被迫在突尼斯海岸登陆，被维希法国当局扣留，送入了战俘营。后来皇家海军的军事法庭认为德鲁舰长由于疏忽造成本来可以前往中立港口的军舰受到损失，他被判有罪，申诉也被驳回。到今天这仍是一个有争议的判决，谁又能说得清当时"曼彻斯特"号不弃船就一定能生还呢？

"曼彻斯特"号仅仅是一系列不幸的开始，从这时起直到黎明，意大利的快艇MAS-552、MAS-553、MAS-554、MAS-557、MAS-564号、MS-23、

英国运输船"格伦诺奇"号

MS-25、MS-26、MS-31 号再加上德国快艇 S-30 号、S-36 号和 S-59 号陆续发动了 15 次鱼雷攻击，遭到一波又一波连续攻击的英国船队濒临崩溃。整个护航队的队形完全溃散，这更方便鱼雷快艇施以攻击。

1 时 13 分，掉队的英国冷藏船"罗切斯特城堡"（Rochester Castle）号被 S-30 发射的两枚鱼雷击伤，但在船员们拼命抢修下，仍能保持 13 节的航速继续航行，并成功抵达马耳他。而运输船"格伦诺奇"（Glenorchy）号就没那么幸运了，2 时 10 分，它遭到 MS-26 号和 MS-31 号的攻击，被后者发射的两枚鱼雷击中，很快就翻覆沉没。它沉得太快，MS-31 号（艇长卡尔瓦尼少校，Calvani）快艇只来得及捞救起 8 个幸存者，包括其船长在内。而德国资料则声称是 S-59 击沉了该船，在漆黑一团的夜里，到底是谁的鱼雷命中了目标，的确是难以分辨的，不过对英国人来说没什么区别。

3 点过后，鱼雷快艇再次来袭，12346 吨的英国运输船"怀兰吉"（Wairangi）号被 MAS-557（艇长卡菲罗少尉，Cafiero）发射的鱼雷击中了，很快起火沉没，幸运的是船员都安全转移到驱逐舰上。

凌晨 5 点钟左右，MAS-557 号和 MAS-554 号突然遭遇了掉队的美国运

美国货船"圣艾丽萨"号

输船"圣艾丽萨"（Santa Elisa）号。这是一艘 8379 吨的冷藏货船，长 439
英尺（133.81 米），宽 63 英尺 2 英寸（19.25 米），吃水 27 英尺 5 英寸（8.36 米）；
动力系统为 2 台通用电气公司的蒸汽轮机，单轴推进，最大航速 15.5 节（时
速 28.7 公里）；船上有 11 名高级船员、45 名水手和 10 名海军炮手，后者负
责操纵 20 毫米高射炮。

　　由于能见度不好，MAS-557 号发现"圣艾丽萨"号时距离已经太近，来
不及发射鱼雷，索性用艇上的布雷达机枪扫射货船的甲板，结果打死了 4 名
英军炮手。MAS-554 号（艇长卡尔·卡里欧上尉，Karl Calcagno）运气较好，
发射的一枚 450 毫米鱼雷正好击中货船 1 号冷藏舱的右舷部位，这时是 5 点
17 分。

　　"圣艾丽萨"号上装载了大量的航空燃料，结果全被鱼雷的爆炸引燃，
整条船像火炬般熊熊燃烧起来，直到 7 点 17 分才沉入大海，全船仅有 28 名
船员被赶来的驱逐舰救起。而德国资料又将这个战果归于 S-36 名下，并称
MAS 击沉的应该是另一艘 7723 吨的美国货轮"阿尔梅里亚·莱克斯"（Almeria
Lykes）号。

　　其实"阿尔梅里亚·莱克斯"号先于 3 时 14 分被 S-36 发射的一枚鱼雷击中，
正在抢修时，3 时 40 分再次被 MAS-554 发射的鱼雷命中。由于伤势太重，为
避免该船被俘，船员将其凿沉，105 名船员和海军炮手都安然离船。

　　这是意大利海军获得的空前成功，鱼雷快艇击沉了 1 艘巡洋舰和 4 艘补
给船，而自己则完全无恙。但从某种意义上来说，这次战斗事实上是意大利
海军的挽歌，因为在整个地中海战役中，这是最后的一次大胜利。

勇士的尊严

　　出于对 MS 艇的满意，意大利海军很快又订造了第二批 MS 艇，1943 年
2 月—6 月，18 艘 MS-51 型（编号 51—56、61—66、71—76）相继服役。它
们与 I 型布局相似，但前方有围板以提高抗浪性，自卫武器增加为 5 门 20 毫
米炮，尾部两侧增加 2 条向侧面投放的 450 毫米鱼雷，主机不变，但由于满

MS—51 号

VAS—205 号鱼雷巡逻艇

载排水量增至 68.8 吨，吃水增加到 1.73 米，航速降为 31 节，以最高速度行驶时，巡航距离为 330 海里。

同时，该型还有部分艇做了其他改进：MS-73 安装了一个辅助电动机做低速巡航用；MS-74 和 MS-75 被改装成适应第十 MAS 支队特殊需要的人操鱼雷搭载艇，可以同时搭载 2 个 SLC；MS-76 则安装了新研制的三台 1500 马力的 ASM185 型发动机，以便使航速提升到 35 节，但是直到停战仍未完成所有测试工作。

同时，意军还以 MS 艇为基础建造反潜型的鱼雷巡逻艇 VAS（意大利语猎潜艇：Vedette Anti Sommergibili 的略语），其最大航速只有 18—21 节，可载 26 颗深水炸弹，但为了水面战斗需要，也装备 2 条 450 毫米鱼雷以补充火力不足。不过这些艇只有少数在意大利投降前服役，基本上没有对盟国潜艇造成什么威胁。

当 1942 年春天就要到来之际，为了进攻马耳他，第十 MAS 支队得到了扩充，频繁地进行侦察活动，用快艇把间谍送到岛上进行侦察（虽然间谍很快就被俘遭到处决）。同时还用"切法洛"、"索格利奥拉"和"科斯坦扎"3 艘辅助舰来组成 3 个机动基地，共搭载 6 艘 MTM 和 4 艘 MTSM。这 3 艘辅助舰分区巡航，一艘在阿尔及利亚，两艘在埃及外海，只要有英军舰船游弋到附近的海区时，辅助舰就把爆破艇或鱼雷艇放出去，对敌进行奇袭。

但尽管它们耐心巡航，却一直没有什么战机，后来随着非洲军在北非战场上的高歌猛进，索性把最东面的一个快艇队包括 3 艘 MTSM 转移到岸上，用卡车运到了最前沿的阿拉曼（Alamein）附近，这下很快就有了成效。

1942 年 8 月 29 日，英国的 4 艘"狩猎"（Hunt）级护航驱逐舰驶到阿拉曼西边 50 公里处的艾尔达巴（El Daba）山附近，用舰炮猛烈轰击那里的非洲军阵地。这些驱逐舰各有三座双联装 4 英寸（102 毫米）高平两用炮，火力虽然并不十分强大，但欺负陆军倒是绰绰有余。很明显，皇家海军没有把受到盟国空军死死压制的意大利海军放在眼里。

可是英国人没有想到非洲军居然装备了 MTSM 这种旁门左道，到了晚上，中尉卡尔米纳迪（Carminati）和军士萨尼（Cesare Sani）驾驶的突击鱼雷艇 MTSM-228 号突然从夜幕中窜了出来，高速冲向英国驱逐舰。他们在距离 150 米时发射的鱼雷成功击中了"埃里奇"（Eridge）号左舷尾部，在龙骨附近炸开了一个 20 英尺宽的大口子，5 名船员被炸死，机舱完全被海水淹没，全舰丧失了电力。而 MTSM-228 号也被英舰的炮火击中失去动力，卡尔米纳迪等人只得游回了岸上。第二天发现该艇仍然漂浮在海面上后，意大利人曾

被MTSM重创后舰体严重倾斜的"埃里奇"号

试图将其打捞，但这时友军帮了倒忙——一架德国"斯图卡"轰炸机显然把这艘快艇当成了英国船，它俯冲下来向MTSM-228投下了炸弹，将其彻底摧毁。而"埃里奇"号也没有当场沉没，并被友舰"奥尔登纳姆"（Aldenham）号拖回埃及亚历山大（Alexandria）港，但经过检修后被判定已无修复价值，不得不报废作为浮动仓库使用，并为其他狩猎级提供修理时需要的配件，直到1946年10月变卖拆毁。

"埃里奇"号是MTSM最后一个战果，这种小型鱼雷艇生存力薄弱，与当时世界各国鱼雷艇尽量大型化、火力强化的发展思路背道而驰，剑走偏锋，只能在特定条件下发挥一定作用。

到了1943年5月，意大利的战争前途已经明朗化了，整个北非全部落入盟国手中，煊赫一时的非洲军覆灭了，只有少数人乘夜由快艇和鱼雷艇撤走。毫无疑问，盟军下一个行动就是攻击意大利本土，最合乎逻辑的就是攻击西西里岛。由于此前意大利海军的大型战舰为了躲避盟国空军的轰炸已经移往北方港口，所以守卫西西里海岸的防御计划就全靠潜艇和鱼雷快艇了，它们必须阻止敌人的登陆船队，或者切断已登陆部队的海上补给线，这个任务显得过于沉重。仅就鱼雷快艇而言，在盟军入侵西西里以前的仅仅两个半月里，MAS 和 MS 艇就损失了 18 艘，其中除 1 艘外全是被盟军飞机所破坏的。再加上长达三年激战的损耗，把在修和派任其他工作的快艇除去，能用于西西里的只剩下 6—8 艘，有时还要更少些。

意大利鱼雷快艇的指挥官是在远征黑海时功勋卓著的明贝利海军上校。但现在他要面对的形势比黑海要恶劣得多。为了躲避盟军密不透风的空袭，明贝利只能让他的快艇每晚沿着西西里东岸巡逻，伺机攻击盟军舰船。这样一来倒是可以减少损失，但也没有什么战果，因为盟军的大型水面舰艇都是在白天才驶近西西里。但是巡逻也不总是平静的，意大利鱼雷快艇几乎每晚都要和盟军的巡逻舰艇遭遇和搏斗。

7 月 13 日晚上 23 时，英国步兵登陆艇 LSI "普林斯·阿尔伯特"（Prins Albert）运载第三皇家海军陆战队突击队登陆西西里岛北部的阿尼奥内海滩，执行破坏伦蒂诺附近一座重要桥梁的任务。14 日凌晨 1:30，正在输送第二批

马里奥·佩莱格里尼　　朱塞佩·昂佐　　埃内斯托·福查　　维托里奥·莫卡塔加　　弗朗西斯科·明贝利

埃托雷·比萨尼奥　　库尔齐奥·卡斯塔尼亚齐　　埃米利奥·莱尼亚尼　　弗朗哥·梅兹拉达　　费德里科·马廷兰果

MAS 指挥官群像，10 位金质英勇奖章获得者中有 5 位阵亡，"英勇"二字名不虚传。

突击队员登陆的"普林斯·阿尔伯特"号被 MS-63 和 MS-71 发现。意大利人发动攻击，但发射的鱼雷没有命中。为"普林斯·阿尔伯特"号担任火力支援任务的"狩猎"II 型护航驱逐舰"特科特"（Tetcott）号立即开火还击，仓促之下也没有命中。意大利快艇很快就消失在夜幕之中。

8 月 3 日黎明，美国"格里夫斯"（Gleaves）级驱逐舰"格雷迪"（Gherardi，美国海军少将）号（排水量 1630 吨，最大航速 37.4 节，主要装备 4 门 5 英寸（127 毫米）炮和 1 座五联装 21 英寸鱼雷发射管）和"贝纳姆"（Benham）级驱逐舰"林德"（Rhind）号（排水量 2350 吨，最大航速 34 节，主要装备 4 门 5 英寸炮九和 4 座四联装 21 英寸鱼雷发射管）奉命到达西西里岛北部海岸为登陆部队提供火力支援，同时在巴勒莫（Palermo）附近海域进行巡逻，搜索敌水面舰艇。晚上 22 时 15 分，驱逐舰行驶到 Calava 角时，用雷达发现了 4000 码（3650 米）外行驶的两艘 MS 艇和 1 艘德国 MFP 驳船，"林德"号立即在雷达指引下进行炮击，MS-66 的艇尾被炸断，随即沉没；三分钟后，满载水雷的 MFP 驳船也被 5 英寸炮打成了一团火球。MS-63（艇长 Benvenuto）被炮火击伤，它发射的鱼雷又被"格雷迪"号规避，只得释放烟雾逃离战场。继续沿着海岸巡逻的美国驱逐舰在 23:26 分又用雷达发现了 5000 米外的一队高速目标，兴奋过头之下没有仔细辨别就射击开火，惊慌失措的对方立即释放烟雾后逃走。后来才发现，当时射击的是 3 艘美国 PT 艇，应该说幸好没有打中。

意大利鱼雷快艇最后与盟军的一次海上战斗是 1943 年 8 月 15 日的凌晨 5 时，MS-31 和 MS-73 两艘快艇在斯帕提万托角夜巡时与两艘英军驱逐舰遭遇。它们不顾猛烈的炮火进行攻击，MS-31 声称自己发射的一枚鱼雷命中其中一艘，不过英国方面并没有类似的损失记录。

随着盟军登陆亚平宁半岛，意大利终于无法再忍受被绑在纳粹德国那架注定覆灭的战车上了，军政各方反法西斯势力联合起来，推翻了独裁者墨索里尼的统治，并在 1943 年 9 月 8 日与盟国签订了停战协定。此后意大利海军加入盟军作战，也就是进入了意大利所称的"解放战争"（Guerra di LIberazione，1943 年 9 月 8 日至 1945 年 4 月 25 日）时期。

德国对意大利的"叛变"早有觉察，在得到停战协定的消息后，驻意的德国海陆空三军立即行动，将辖区内的意大利军队缴械，其中当然也少不了海军，许多舰艇被德军俘虏，鱼雷快艇部队也不例外。在停战之前的三年战争中，意大利海军总计损失了 33 艘鱼雷快艇，总计 905 吨；而停战后因无法撤离而自沉或被俘的就有 52 艘，远远超过与盟军作战的损失，同时还有 15 艘在船厂修理或建造时被德军缴获。

但也有许多快艇就像 1940 年马萨瓦的 MAS-213 号艇那样，不甘心就此沉沦，奋力夺路出港，向盟军占领区挺进，与德国的飞机、岸炮和形形色色武器作战，据统计在与德军作战中共损失 25 艘鱼雷快艇，总计 3367 吨（注：以上损失数字都包括 VAS 型鱼雷巡逻艇）。

最突出的例子是在拉斯佩齐亚，这个北部港口完全在德军掌握中，因此当 9 月 9 日早晨停战协定的消息传来时，反潜部队司令费德里科·马廷兰果（Federico Martinengo，1899—1943）海军少将立即登上并亲自驾驶 VAS-234 号艇冲出港口，VAS-235 号紧随其后。

下午 14 点，两艘快艇在拉斯佩齐亚以南的戈尔戈纳（Gorgona）岛附近与德军 S 艇遭遇，马廷兰果的船属于 VAS-231 型，排水量 69.1 吨，长 28 米，宽 4.3 米，吃水 1.8 米；装备 1—2 门 20 毫米机关炮，2 挺 6.5 毫米机枪，2 个 450 毫米鱼雷发射管，编制 26 人；论吨位火力都不比 S 艇弱多少，但差距在于航速较低，只有 21 节，所以尽管左冲右突，仍然无法摆脱 S 艇的围攻。激战持续了一个小时，意大利快艇弹药用尽，V-234 号艇最终战沉，而此前马廷兰果少将已经中弹阵亡，当时他手里仍紧握着国旗。

在马廷兰果战死的同一天，MS-55 和 MS-64 联手击沉了德国登陆驳船 F-345 号，这是意大利鱼雷快艇在战争中击沉的第一艘也是唯一一艘德国军舰。

兄弟阋墙

转投盟国阵营后，意大利海军在特尔莫利港组织鱼雷快艇基地以与盟军地面部队配合，其主要任务一是在沿亚得里亚海的德军侧翼执行投送间谍、向游击队运输装备以及侦察、破坏补给线等作战任务。另一方面特别重要，是在盟军计划登陆的海岸实行水道测量。1944 年 1 月是在安吉奥—拉蒂纳地区；1944 年春是阿尔巴尼亚海岸；1944 年 9 月是在希腊海岸。

在这些活动中，意大利鱼雷快艇付出了沉重代价：MS-21 号于 1943 年 9 月 25 日在加埃塔（Gaeta）附近送间谍登陆时触雷沉没；MS-33 号于 11 月 3 日在佩斯卡拉（Pescara）附近迎接从德军手中逃脱的一批英军俘虏时先是遭到岸上德军用机枪扫射，在慌乱中触雷沉没；MAS-546 号于 1944 年 2 月 21 日在卡普莱亚（Capraia）岛附近执行任务时触雷沉没；MAS-541 号于 1944 年 3 月 22 日在利古里亚（Alto Tirreno）海岸把执行破坏任务的特工输送登陆时失踪。

此外，出于对第十 MAS 支队的重视，盟军要求其执行对德占港口的突击任务。这其中一次完全成功的出击是为了避免德国人重新修复利用自沉在拉斯佩吉亚港内的原意大利重巡洋舰"博尔扎诺"(Bolzano) 号和"戈里齐亚"(Gorizia) 号，行动代号"ＱＷＺ"。

"博尔扎诺"号本来是意大利最新型的重巡洋舰，满载排水量 14600 吨，

MS-75，和 MS-74 同为人操鱼雷母艇，可见艇艉携带的 MTM 撞击爆破艇。

"博尔扎诺"号重巡洋舰

203 毫米炮 8 门，100 毫米高炮 12 门，37 毫米高炮 4 门，13.2 毫米机枪 8 挺；最大航速 36 节，编制 725 人。但 1942 年 8 月被英国潜艇"无损"（Unbroken）号重创后，由于修复工程过于巨大，再加上意大利海军痛定思痛，认识到自己缺乏航空母舰的弊病，便决定把其改装为一艘航母。谁知改造工程没搞多久，意大利宣布投降，在船坞里动弹不得的"博尔扎诺"因此被德军俘虏。

"戈里齐亚"号属于"扎拉"（Zara）级重巡洋舰，满载排水量 14530 吨，203 毫米炮 8 门，100 毫米高炮 12 门，37 毫米高炮 8 门，13.2 毫米机枪 8 挺；最大航速 32 节，编制 841 人。该级其他三艘都在 1941 年 3 月 29 日的马塔潘角（Matapan）海战中被英国海军击沉，硕果仅存的"戈里齐亚"号也在 1943 年 4 月 10 日被美国的 B-17"空中堡垒"轰炸机重创。同样是因为意大利投降，为避免被德军俘虏，该舰自沉在拉斯佩齐亚港内，不过港内水浅，仍然有被德国人打捞修复的可能，而盟军是绝对不可能容忍这种情况出现的。于是同室操戈的一幕上演了。

1944 年 6 月 21 日 17 点 30 分，"东北风"（Grecale）号驱逐舰护送 MS-74（艇长路易·德拉佩讷，Louis De La Penne）离开科西嘉（Corsica）岛最北端的巴斯蒂亚（Bastia）港向北行驶，并于 20 点 30 分到达戈尔戈纳岛。驱逐舰停了下来，MS-74 则和驱逐舰拖曳的 2 艘 MTSM 则在夜幕掩护下继续前进。22 点 40 分，MS-74 和 MTSM 分别在距离港口防波堤 3 英里和 400 米的地方停车，

"戈里齐亚"号重巡洋舰

放出了两条 SLC 人操鱼雷。值得一提的是，在 MTSM 和 SLC 的乘员中，有 6 名意大利人，4 名英国人。这既可以解释为相逢一笑泯恩仇，也可以解释为英国人并不很放心意大利人。

不过事实证明英国人的担心完全没有必要，意大利人攻击意大利巡洋舰的手段就跟他们攻击英国战列舰一样的娴熟。结果非常圆满，潜入港内的 SLC 用定时炸弹将两艘重巡洋舰彻底破坏，战后其残骸被打捞拆毁。

1945 年 4 月，第十 MAS 支队再次接到了突击指令，炸毁被德军俘虏的意大利"苍鹰"（Aquila）号航空母舰。

1941 年 1 月 7 日英国海军舰载机部队突袭塔兰托（Taranto）军港并重创意大利战列舰队，于是意大利海军开始谋划将"罗马"（Roma）号邮轮改装成航空母舰，命名为"苍鹰"号，满载排水量 27800 吨，最大航速 30 节，载机 51 架，编制 1420 人。但由于缺乏技术和经验，该舰直到意大利投降时才完成了百分之九十，随即落入德军手中。虽然该舰动力系统已经通过测试，只差安装高炮和配置舰载机，但对于已停止建造大中型舰艇的德国海军来说，也是如同鸡肋，所以并没有继续建造的打算，计划将"苍鹰"号沉塞在热那亚当时唯一敞开的港口水道里。而这个港口又是盟国向德国进军所必须的补给通道，于是盟军决意将其彻底摧毁。

意大利人以其特有的专业精神制定了详细的计划，首先否定了潜艇作为携带突击队的载体，因为考虑到德军对待俘虏的一贯残忍态度，觉得快艇在回收突击队方面成功率和安全系数更高；其次潜入路线定为港口东航道，这里是德国舰船的出入通道，障碍物较少，势必有空可钻；爆炸物的定时为 6 个钟头，要求必须放在距离"苍鹰"号龙骨距离最近的部位。

4 月 18 日晚上 21 点 12 分，由意大利驱逐舰"军团"（Legionario）号掩护，MS-74（艇长彼得·卡拉米拉上尉，Peter Carminatj）拖着 2 条 SLC，英国炮艇 MGB-177 号拖着 3 条 MTSM 来到热那亚港外。

23 点 30 分，经过仔细观察发现一切正常后，两条 SLC 出发了，尼古拉·孔特（Nicola Conte，1920—1976）上尉驾驶的在前，杰罗姆·马尼斯科（Jerome Manisco）上尉的在后；另外还有康拉德·斯夸尔（Conrad Dequal）上尉的一艘 MTSM 跟随，他在离港口防波堤 2 英里的地方停了下来，严密监视着港内的一举一动。

"苍鹰"号航空母舰

人操鱼雷性能不稳定的毛病再次出现，马尼斯科的 SLC 在离防波堤还有800 米时因故障沉没，还好两名乘员都被 MTSM 救起。现在，只能看孔特上尉的了。

19 日零点 50 分，SLC 通过障碍物的一个缺口顺利地潜入港内，并在 25分钟后找到了目标。蛙人埃韦利诺·马尔科利尼（Evelino Marcolini）上尉潜入船底，将 SLC 的雷头放置在龙骨位置附近，然后在定时器上调好引爆时间，这一切只花了十五分钟时间。然后两名乘员驾驶着半截雷体撤出港口顺利地与斯夸尔的 MTSM 会合。

6 个小时之后，爆炸如期而至，不过"苍鹰"号的舯部有填充了特制钢筋混凝土防材的防雷突出部，爆炸力一部分被防材吸收，虽然船壳被炸出一个大洞，但进水速度并不快，最后只是坐沉在浅水里，既未倾覆也未造成严重的结构损坏，4 天后被解放热那亚的盟军俘获。战后意大利试图修复这艘命运多舛的航空母舰，但最终由于盟军反对意大利拥有航母，只得将其拆成了一堆废钢铁。

改装后仍在服役的 MS-31，编号已改为 MC-473。

　　除了站在盟军一边作战的鱼雷快艇之外，意大利海军也有少量 MAS 和 MS 被德军或其傀儡政权意大利社会共和国海军所拥有。对于前者来说，虽然俘获的意大利鱼雷快艇足有 36 艘之多，但其自身有 S 艇这样先进的装备，自然对意大利人的货色看不上眼，除少数被盟国海空军击沉外，绝大多数被凿沉用来当堵塞船，当然也不可能有什么战果。而社会共和国海军仅仅只有 3 艘 MAS 和 1 艘 MS，实在是撑不起场面，在强大的盟国海军面前更是不堪一击。MAS-531 号于 1944 年 12 月 11 日被法国自由海军的美制 PC 型炮艇“军刀”（Sabre）号击沉；556 号于 1945 年 4 月 24 日在因佩利亚（Imperia）凿沉；562 号则早在 44 年 6 月 30 日就当了美国鱼雷快艇 PT-308 号和 309 号的俘虏。

　　战争结束之后，意大利一度被禁止拥有鱼雷快艇，因此还幸存的 MS 和 MAS 纷纷被赔偿和变卖。以 MS 为例，MS-35 被赔偿给法国，1952 年退役；其他 4 艘（MS-52、61、65、75）被赔偿给苏联，并改名为 TK-970、972、973、974；MS-53 因损坏严重被直接报废。不过当意大利于 1952 年加入北约后，这个限制消除了，部分 MS 型鱼雷快艇得以继续为意大利海军服务，并多次进行现代化改装，直到 1979 年才全部出现役。随着时代的发展，曾拥有众多荣誉的意大利鱼雷快艇部队至今已经烟消云散，留下的只有关于勇气和智慧的传奇。

第四章 嗜血骑士——德国 S 艇

沉默中的爆发

德国海军的 S 艇（德文名称为 Schnellboot，简称 S 艇，意为快速艇）因其无与伦比的战绩，被公认为二战最优秀的鱼雷快艇。作为 S 艇的头号目标，英国人则把这些难缠的对手称为 E 艇，E 是英文敌人（Enemy）的首字母。艇如其名，这些性能出众的鱼雷快艇是战争年代里英国最刻骨铭心的海上梦魇之一。

虽然最早投入实战的鱼雷快艇来自英国和意大利，但德国研制鱼雷快艇的工作也并没有晚多少。第一次世界大战时期德国海军的潜艇部队让犹如巨无霸一般的英国皇家海军伤透了脑筋，但同样对于德国潜艇来说，英国设在基尔军港出海口的防潜网也是非常严重的威胁，而出动拆除弗兰德地区海湾防潜网的德国海军水面舰艇，又常常遭到英国舰艇的攻击。无论是比较舰艇的数量、吨位、火力还是航速，德国海军只能甘拜下风，于是只得要求建造一批能在 3 级风浪时达到 31-32 节航速、能在 5 级以下风力航行、在各种海况下都有好性能的小型排网艇，并希望能装备 1 门 37 毫米炮、数挺机枪和 1 个 450 毫米鱼雷发射管作为自卫武器。

在设计艇型时，本来德国人准备模仿英国的 CMB 摩托鱼雷快艇，但是在试验中发现类似于 CMB 的小型滑行艇在风浪中航速急剧下降，不能满足海军的要求，于是决定采用航海性能更佳的圆舭排水型艇。这种艇型从此成为德国快艇的固定设计，至今未变。动力系统也让设计师颇费脑筋，海军没有能装到快艇上的轻型大马力引擎，现有的摩托巡逻艇使用的汽油机只能使其达到 10—11 节的航速。最后不得不使用齐柏林飞艇（Zeppelin airship）上的 210 马力迈巴赫（Maybach）6 缸四冲程汽油引擎。按照设计，每艘艇如果安装 3 台迈巴赫引擎的话，功率可以达到 470 千瓦（630 马力）—537 千瓦（750 马力），航速为 28—32 节，续航力为 5—7 个小时，作战半径约为 150—200 海里，完全可以满足海军的需要。正是因为动力系统为飞艇引擎，所以 1917 年初向奥托·吕尔森（Otto Lurssen）公司订造的这种小艇最初被称为 L 艇（Luftschiffmoterenboote，德语飞船快艇）。

1917 年 11 月，L 艇改称 LM 艇（Luftschiff motoren boote，德语高速摩托艇）。最初生产的 6 艘 LM-1 型（LM-1—4）没有鱼雷武器，为纯粹的排网艇，排水量 6 吨，1 门 37 毫米炮。其中 LM-1、LM-2 为吕尔森厂生产，LM-3 和 LM-4 为纳格鲁（Naglo）厂生产，因此在具体尺度上有略微的差别，长 14.57—15 米，宽 2.3—2.4 米，吃水 1.08 米，编制 7—8 人。由沃兹（Oertz）厂生产的 LM-5 型（LM-5—6）在 LM-1 型的基础上加装了一具艇首 450 毫米鱼雷发射管，同时将原来的 37 毫米机关炮改为机枪以减轻重量，其他数据则和 LM-1 型完全一样。

1918 年开始生产的 LM-7 型（LM-7—20）保持了 LM-5 型的武器配置，不过动力系统改为三台 240 匹马力的迈巴赫汽油引擎，排水量也增加为 7 吨。其中 LM-7—10、17—21、23）为吕尔森厂生产，LM-11—13 为纳格鲁厂生产，LM-14—16 为沃兹厂生产，长 15—16.25 米，宽 2.4—2.55 米，吃水 0.68—1.08 米。由吕尔森厂生产的 LM-22、24—26，沃兹厂生产的 LM-27—30 和罗兰厂（Roland）生产的 LM-31—33 未能在战争结束前完工。

从 1918 年开始，德国海军将 LM 艇分别部署到东线波罗的海（7 艘）和西线比利时的佛兰德（14 艘）。由于参战时间太晚，其实用价值没有得到充分体现，德国方面声称 LM 艇于 1917 年 8 月 24 日击沉了沙俄海军的布雷舰"佩内洛普"号（Penelope，1200 吨）。而在此前的 8 月 22 日夜间，佛兰德（Flandres）基地的 8 艘 LM 艇（LM-8、9、10、15、16、17、18、19）试图潜入法国敦刻尔克袭击锚泊的协约国舰船，但被法军发现后击退，双方都没有人员伤亡。

而影响 LM 艇作用发挥最关键的原因还是动力系统出了问题，由于汽油容易挥发的特性，LM-1 和 LM-2 分别于 1918 年 3 月 5 日和 4 月 17 日因此发生了爆炸，船毁人亡。而且汽油引擎使用中也存在偶尔熄火的问题，这在战场上是非常危险的。

1919 年 6 月 28 日签订的《凡尔赛和约》宣告了第一次世界大战的正式结束，同时也敲响了德国公海舰队的丧钟。虽然《凡尔赛和约》千方百计地限制德国拥有进攻型武器，它的实际效果却是刺激了一个极富现代意识和独创意识的武器发展计划。德国工程师在设计武器的时候既要躲过凡尔赛和约的限制又要使用各种最新的科技和思想，而与此同时，魏玛共和国海军中也有少数有识之士针对《凡尔赛和约》的限制，从现实出发开始谋划未来的德国鱼雷快艇部队，这其中的代表人物就是在海军中负责行政和情报工作的沃尔特·乔治·罗曼（Walter Georg Lohmann，1891—1955）海军上校。

罗曼上校认为，既然德国已经被条约剥夺了拥有大型军舰的权利，那么为了保卫海岸线，就必须坚持开发小型、快速、装备大威力武器船只——显然当时满足这个条件的只有鱼雷快艇——的建设策略，为此他积极说服船厂修建快艇的各种修理维护设施，研发轻型的高功率舰用柴油机，仔细设计了如何使用鱼雷快艇的新战术，还从私人手中购买了已经沦为民用船只的 6 艘较新的 LM 艇（LM-20—23、27—28），并由吕尔森船厂重新悄悄地武装起来，包括更换动力，其中 3 艘装备三台 260 马力的梅赛德斯 - 奔驰（Mercedes-Benz）汽油引擎；2 艘则装备一台 260 马力和两台 210 马力同型引擎；1 艘装备两台 500 马力同型引擎。

在他的推动下，从 1925 年夏天开始，在爱德华·拉贝（Eduard Rabe，后来他的儿子京特·拉贝也成为一名 S 艇艇长）海军上尉的带领下，一批年青的预备军官成立"汉萨协会"（Hansa），依靠从民间募集的 6 万多马克资金，以游艇俱乐部的名义在海上进行操作和通信训练。通过大量演习模拟进攻前帝国海军遗留下来的旧式战舰，并专门研究一战中英国和意大利对鱼雷快艇的使用经验。德国海军摸索出了行之有效的进攻策略，即利用夜幕掩护，由 2—3 艘快艇组成编队同时发动进攻。同时，一大批未来的 S 艇指挥官例如彼得森、比恩巴赫尔、菲梅恩、奥彭霍夫、约翰森、米尔巴赫、齐马科夫斯基也通过这些研究和演习迅速成长起来。从中可以看出 S 艇的成功并非幸致，在二战爆发前，从未有任何一个国家的海军对如何发挥鱼雷快艇的最大效能做出像德国这样大的努力。

伟大的作品

1926 年，魏玛共和国海军开始征求建造鱼雷快艇的方案，这次征集活动也是由罗曼上校全力推动的。鉴于北海的气候特征，海军倾向于采用适航性能好的线型以适应战争的需要，但最初征集到的设计方案虽然五花八门，但都不能满足海军的需求，其中最出色的有三种：

阿博肯 - 拉斯穆森（Abeking & Rasmussen）厂推出的 K 号试验艇，长 17.4 米，宽 3.48 米，吃水 1.16 米，排水量 16 吨，两台 450/500 匹马力的汽油引擎，航速 40 节，其外形特征很大程度上是对英国 CMB 型鱼雷快艇的模仿，包括同样采用了尾部发射鱼雷的方式。吕尔森厂的"吕尔"（Lür）号长 21 米，宽 3.6 米，吃水 1.28 米，排水量 23 吨，动力系统为三台 450 马力的迈巴赫汽油引擎，最大航速 33 节。卡斯帕造船厂（Caspar-Shipyard）的"独角鲸"（Narwal）号长 21.3 米，宽 4.06 米，吃水 0.9 米，排水量 26.4 吨，三台 375 马力的 12 缸大西洋汽油引擎，最大航速 34.8 节。

试验艇除了"吕尔"号外，大都采用了快艇常用的滑行艇线型。实际上这种水面掠行的设计在平静的水面上的确是非常理想的船型，但是如果水面有波浪的话，速度的优势就损失殆尽，而德国舰艇当时活动的主要海域波罗的海和北海正是以海情恶劣而闻名。更致命的是滑行艇在夜间高速行驶时激起的浪花在很远的距离都能看到。这对于刺客而言是绝对不能容忍的缺陷。另外一个问题则是引擎的选择，在试验艇的测试过程之中，再次发生了汽油起火事件，很显然，未来的鱼雷快艇必须使用更安全的引擎。

真正令德国海军心动的设计终于出现：吕尔森为德裔美国银行大亨奥托·赫尔曼·卡思（Otto Hermann Kahn）量身打造的豪华游艇"俄亥卡二世"

"俄亥卡二世"号游艇

S—1

（Oheka Ⅱ，大亨名字的字头缩写）号创下了同级别艇型中的最快速度纪录，它长22.5米，排水量60吨，有3台550马力的迈巴赫汽油引擎，最高时速34节。德国海军当即表示了极大兴趣，经过考察后军方对这种快艇的速度、航海适应性、结构强度很满意，并于次年11月以联络艇的名义向吕尔森下了一份订单，要求建造和"俄亥卡"号相同规格的鱼雷快艇 UZ（S）-16号（Unterseeboote Zerstorer，快速猎潜艇）。这是一战后德国海军获得的第一艘鱼雷快艇。

1930年8月7日，快艇顺利交付。UZ-16号后来改名为 W-1 艇（(Wachboot，德语巡逻艇)，再后改名为 S-1 艇。该艇于1930年8月建成并服役。长26.9米，宽4.37米，吃水2.08米，排水量52吨，编制12人，是当时世界上最大的高

1934年，6艘S艇并排锚泊，包括了S—1、S—2、S—6和S—7四个型号。值得注意的是，S—3采用了和S—1同样的鱼雷发射管，这有可能是S—2型的早期装备，后来才换成有防水盖的新型发射管。

速近海军用舰艇。她的基本结构与"俄亥卡二世"号相同，只是在新艇前甲板上加装了2具533毫米鱼雷发射管，辅助武器为1门20毫米机关炮和1挺机枪。为了逃避盟国的耳目还特意把发射管做成可以快速拆卸的，直到1933年纳粹执政后才堂而皇之地亮了出来。艇体采用桃心花木（一说红木）双层斜角线敷设，肋骨采用铝合金材料，钢质底座上装着3台800/900匹马力的戴姆勒-奔驰（Daimler Benz）12缸汽油引擎和1台100马力的迈巴赫辅助引擎，后者的作用在于单独使用时可以让快艇以6节的低噪音航速潜入敌人基地发起偷袭。最大航速34.2节；以30节航速可行驶350海里；在5—6级海况下都可以确保出海执行任务。驾驶台为全封闭式，从而让指挥官免受风吹雨淋之苦，视野也比较开阔。

德国海军对S-1的性能颇为满意，在加以少许改进后又生产了4艘，即S-2型（S-2—S-5）。该型艇比S-1稍大，排水量58吨，长27.95米，宽4.5米，吃水 2.44 米，编制 12 人；在船体构造上，工程师巧妙地利用多种木料控制了重量，再通过钢板加固，能够有效增强防护力。龙骨和肋骨改用栎木，外壳仍用红木，甲板和船舱内部则用较软的杉木，船体分割成 8 个水密舱以提升抗沉性，而且艇员的生活空间也大为增加。动力系统基本与 S-1 相同，不过原有的 100 马力迈巴赫辅助引擎由于海军觉得其作用有限而取消了。另外一个改进就在于为引擎安装了增压器，这样单机马力可以提升到 1100 匹，7500 升燃油的搭载量可以使其以最高速持续航行 350 海里；以 7 节航速巡航时可达到 2000 海里。除了 2 个发射管内的鱼雷外，还增加了 2 条备用鱼雷。但是进入实战后，在一些盟军武力比较强大的地区例如英吉利海峡，S 艇根本不会携带备用鱼雷，这不仅因为多余的鱼雷会增加 S 艇的重量，影响航行性能；另外 S 艇"打了就跑"的战术也不允许有那么多的时间来重新装填鱼雷。辅助武器为艇尾的 1 门莱茵金属公司生产的 20 毫米 MG.C/30 型机关炮和艇首的 1 挺 7.92 毫米 MG-08 型机枪。

1936 年至 1939 年，吕尔森船厂又以 S-2 型为母型，为南斯拉夫王国海军陆续建造了 8 艘鱼雷快艇，分别是"韦莱比特"（Velebit，克罗地亚山脉）号、"第阿惹"（Dinara，克罗地亚和波黑交界处的山脉）号、"特里格拉夫"（Triglav，

南斯拉夫购买的 S 艇并排锚泊，装备的鱼雷发射管和 S-1 相同。

保加利亚的 S 艇，装备了有防水盖的新型发射管。

斯洛文尼亚山脉）号、"苏沃泊"（Suvobor，塞尔维亚山脉）号、"茹德尼克"（Rudnik，塞尔维亚山脉）号、"欧延"（Orjen，黑山与波黑交界山脉）号、"凯马克查兰"（Kaymakchalan，马其顿地名，一战时塞尔维亚在此击败保加利亚）号和"杜米托尔"（Durmitor，黑山山脉）号。后来当轴心国入侵南斯拉夫时，除了"凯马克查兰"和"杜米托尔"号及时逃往埃及亚历山大托庇于英国外，其余 6 艘都被意大利俘虏，编入 MAS 部队，改名为 MAS-3D—8D，1942 年 7 月又改名为 MS-41—46；意大利投降后又被德国俘虏，成为 S 艇部队的一员。

　　S-2 型的另外一个买主是保加利亚海军。1937 年 3 月 17 日，保加利亚人也订购了 5 艘 S-2 型的改进型，并称为 F-3 型，长 28 米，排水量 68 吨，动力系统为两台 950 马力的 MB-500 型 12 缸柴油引擎，武器系统除两具 533 毫米鱼雷发射管外，艇尾也有一门 20 毫米机关炮。1939 年 8 月 7 日，第一艘 F-3 型在试航时创造了 36.79 节的世界速度纪录（时速 68.14 公里），让保加利亚人窃喜不已。但是就在该艇已经装上货船即将运往保加利亚的时候，二战爆发了，德国海军征用了该艇并更名为 S-1，编入第二 S 艇支队。直到 1942 年，德国人才将这艘旧艇交付给保加利亚，并一直服役到 1975 年，而其他的 4 艘订货，也因为战争的爆发而根本没有来得及建造。

　　海军在训练时发现，如果全速航行时不改变航向，S-2 型艇的速度就会增加 1.5 节。为了利用这一优点，技师们推进器附近安装了与船体成 30 度角的两个小型辅助舵。在高速行驶的时候，以这个角度固定的方向舵能够在螺旋桨后面形成一个气穴，减少艇体尾部下坐，降低兴波阻力，还能减少船尾的摇摆。这一气穴效应又被称作"吕尔森效应"(Lurssen Effekt)。后来经过一系列的试验，技师们还对 S 艇进行了纵倾调节，并安装了水平舵和垂直舵。

殃及池鱼

让设计者和德国海军都没有想到的是，S 艇卷入战争的那一天会来得这样早。西班牙内战爆发后，1936 年 10 月，被认为已经过时的全部 S-2 型连同 S-1 一起转让给了西班牙国民军（即佛朗哥叛军）：S-1 命名为"巴达霍斯"(Badajoz，地名) 号；S-2 命名为"长枪党"(Falange，保皇右派组织) 号；S-3 命名为"托莱多" (Toledo，地名) 号；S-4 命名为"勤王兵" (Requete) 号；S-5 命名为"奥维多" (Oviedo，地名) 号。不久后又重新以 LT (Lancha Torperdera 的字头缩写，西班牙语鱼雷艇之意) 编号，从 S1—S5 分别改为 LT-15、LT-13、LT-12、LT-11、LT-14。据称这种编号是为了夸大国民军 S 艇部队的规模，诱导共和国海军做出误判。而实际上还没开打呢就损失了一艘：1937 年 2 月 10 日，"奥维多"号被运输船运到加的斯港卸下时发生了事故，结果因受损太重而报废，德国则将 S-6 交付西班牙作为替代。

1932 年拍摄的 S-4，该艇后为西班牙国民军海军的"勤王兵"号。

随着西班牙内战的爆发，这批带有实验性质的鱼雷快艇也成为最早参加实战的 S 艇，首要目标就是共和国海军唯一的战列舰"海梅一世"（Jaime I）号，当时该舰正停泊在阿尔梅里亚港内。1937 年 2 月 19 日夜，2 艘国民军 S 艇奉命从马拉加港出发，潜入阿尔梅里亚攻击"海梅一世"号。但由于港口防卫严密，她们在港外逡巡到第二天凌晨，最终只得无功而返。4 月 24 日，共和国派出一支驱逐舰分队炮击马拉加港。在 S 艇和飞机的截击下，这支舰队在炮击了几处零星目标后就匆匆返航。而炮击莫特里尔（Motril）的"海梅一世"号却在返航时触礁，幸好赶在国民军海军赶到前被拖船拖进了阿尔梅里亚内港。"长枪党"号和"勤王兵"号立即在主航道上敷设了水雷，以便将该舰困死在港内，不料却把英国驱逐舰给炸了。

原来由于国联通过决议禁止向内战双方提供军事物资，作为保障措施，英法等国海军向比斯开湾和地中海派出军舰监督武器禁运。5 月 13 日，正在阿尔梅里亚附近海域执行禁运任务的英国皇家海军 H 级"猎人"（Hunter）号被前述 2 艘 S 艇敷设的一颗水雷炸伤，舰员有 5 人被炸死，24 人受伤。由于触雷位置在前烟囱附近，导致前部锅炉舱全部炸毁，动力全失，这艘服役还不到一年的新式驱逐舰在大量进水后坐沉海底。幸运的是由于触雷地点靠

英国驱逐舰"猎人"号

近海岸，水深较浅，海水甚至没有漫过"猎人"号的二层甲板。该舰先是被共和国打捞浮起，先后在阿尔梅里亚和直布罗陀进行了临时修复，然后前往马耳他海军船坞接受了长达三个多月的彻底维修方才完全复原。而 6 月 18 日，始作俑者"长枪党"号也在马拉加（Malaga）发生火灾被烧毁。

"猎人"号是国民军 S 艇的第一个战果，不过也就仅此而已了，由于共和国海军的无能低效，国民军海军捷报频传，她们基本上没有什么用武之地。而内战结束后，由于西班牙接收了一批更新式的 S 艇，并获得自制 S 艇的技术和许可，便将这批老艇陆续退役了事（"巴达霍斯"号 1940 年 3 月，"托莱多"号 1942 年，"勤王兵"号 1946 年 3 月，"奥维多"号 1946 年 4 月）。

初步成型

1932 年，德国第一 S 艇支队在基尔宣告成立，包括 4 艘 S-2 型。在先后两任支队长克劳斯·埃维茨（Klaus Ewerth）海军中尉和埃里希·贝（Erich Bey，他于 1943 年底作为"沙恩霍斯特"号战列巡洋舰特遣舰队司令在北角海战中丧命）海军上尉的率领下进行各种海上作战实验，通过实验对存在的问题进行了改进设计。此时正值希特勒上台，德国开始重整军备，按照德国海军的重建计划，1932 年 11 月 15 日，海军司令部要求组建三个 S 艇支队，每个支队要有 6 艘 S 艇和 2 艘备用艇。海军高层发现如果按照希特勒的设想与宿敌法国开战的话，S-2 型无法应对战事需要。因为从德国港口出发后，S-2 型仅仅能航行 700 英里，离法国海岸还有相当长的一段距离，更别说到达法国后还要对目标发动高速攻击后全身而退了。于是在 1934 年出现了优秀的实验平台 S-6，后来多型 S 艇的设计与建造都是在 S-6 的基础上进行的。

S-6 最大的改进是动力系统没有采用通行各国的汽油引擎，而是安装了 3 台 960/1320 马力的曼恩（MAN）L-7 型四冲程柴油引擎。这是德国工程师们吸取了 LM 艇的惨痛教训后所作的改进，同时也是德国柴油机技术优势的体现（相比之下其他国家的鱼雷快艇都仍然使用汽油引擎）。自从 1913 年以来，柴油机研发工作进展迅速，许多国家在一战后建造了重型大功率柴油机并广泛应用，特别在船上应用有着独特的优点。因为柴油机的燃料直接喷入引擎汽缸，取消了汽化器；燃料是压燃的，不需要电点火装置，使用起来比汽油机安全得多；这两个因素使柴油机艇比汽油机艇可靠，缺点就是噪音较大，又需要特殊的启动装置，而且当时柴油机功率太低，一般每分钟转速在15—500转之间，很难适应军用舰艇的需要。唯独德国制造的轻载高速柴油机与众不同，其转速惊人地突破到了500—1200转之间。

S-6采用了两个空间很大、通风良好的引擎舱，上面有一个玻璃天窗，可以让阳光照射进来。各种管道和电线都布置在引擎外面，便于维护和修理。由于采用了柴油引擎，因此失火的可能性很小，而且在驾驶舱有一个现代化的操作面板显示引擎的工作状态，一旦发现异常可以迅速解决。工程师们还接受S-2型艇首在航行时容易上浪的教训，加大了S-6的艇体，提高了干舷，排水量增至85吨，长32.4米，宽5.1米。由于换装柴油机，其续航力提升到600海里，最大航速则下降到32节。

作为技术实验艇，S-6型只有1艘，在完成其作为试验艇的使命后，也被德国人随手扔给了佛朗哥。随后的7艘S-7型（S-7—S-13）在船首增加了棱

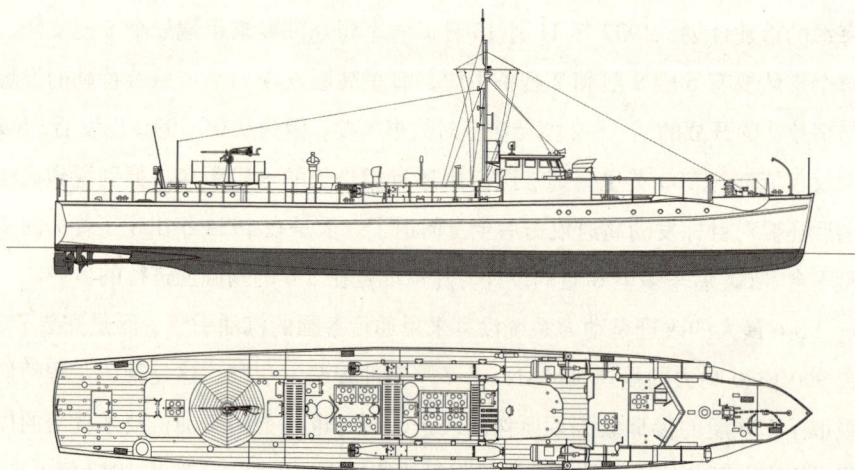

S-7型线图，作者：顾伟欣。

S—11，与中国的岳飞级同为 S—7 型。

缘，进一步增加了浮力，使得船首不易上浪，恶劣气候下的航海性有所提升，
排水量增加为 86 吨，尺寸上则完全一样。S-6 和 S-7 型前 3 艘装用的 MAN
柴油机的震动与噪声较大，后 4 艘改用更可靠的 3 台 900/1320 马力戴姆勒 -
奔驰 16 缸四冲程 MB-502 型柴油机，最大航速 36.5 节，作战半径可达 878 英
里。所以在德国海军的称谓中，S-7—S-9 被称为 1933A 型，S-10—S-13 被称
为 1933B 型，尽管在外形上二者几乎完全相同。

　　1936 年，为了对抗日本即将发动的侵略战争，求舰若渴的中国海军向德
国订购鱼雷快艇母舰一艘和 3 艘鱼雷快艇。本来德国准备把现成的 S-2 型交
付中国，但由于西班牙内战的爆发，S-2 型被德国移交给更需要这批快艇的佛
朗哥海军，这个计划只得告吹。不过正所谓塞翁失马，焉知非福。中国海军
真正得到的是 3 艘比 S-2 型更先进的 S-7 型鱼雷快艇（德国编号为 C-1、C-2、
C-3），德国海军本来就对其速度很不满意，便索性顺水推舟地卖给了中国。
她们幸运地赶在抗日战争爆发之前的 1937 年 5 月抵达中国，被编为电雷学校

原本应为中国海军"戚继光"号的纳粹海军"坦噶"号鱼雷艇母舰

（关于电雷学校，详见第二章《暗箭难防》）的岳飞中队，编号分别为岳22、岳253和岳371，艇长定为上尉军衔，分别为电雷学校一期毕业生齐鸿章、崔之道和黎玉玺，作为蒋介石在海军的嫡系门生，三人后皆升至中将、上将。但是在实战过程中，性能虽先进但体型过大的 S 艇在长江作战中没有完全发挥出战斗力，未取得任何战果。岳 22 号于 1938 年 8 月 1 日在湖北蕲春被日本飞机炸沉；其他两艘则撤入三峡，坚持到抗战结束。1945 年一起编入海防第二舰队，改名为快 101 和快 102。1949 年第二舰队起义后，快 102 编入人民解放军海军，但因为没有德制鱼雷可以装备，只能作为巡逻艇使用，据称在 1963 年（一说 1970 年）才退役。

这里说点题外话，那艘可能命名为"戚继光"号的母舰在 1937 年 12 月 14 日才下水。但 1938 年初，在日本的交涉下，纳粹德国放弃了对中国国民政府的支持，撤走军事顾问，并停止交付中国订购的武器，这其中自然也包括"戚继光"号。因此该舰于 1939 年 1 月底建成后遂命名为"坦噶"（Tanga，德国一战殖民地坦桑尼亚首府）号，编入德国海军服役。德国战败后于 1947 年 12 月 3 日移交美国海军。财大气粗的美国看不上眼，便于 1948 年 6 月 20 日转送丹麦，改名"挪威海神"（Aegir）号，作为潜艇供应舰使用，后来改为训练舰；1957 年改为供应修理舰；1967 年 1 月退役后拆毁变卖。

除了 S 艇，德国鱼雷艇部队的另一个重要力量就是鱼雷艇母舰（德语 Schnellboot Tender）。这个舰种在战争中担负着为 S 艇补充鱼雷、油料和食物的重要使命，为 S 艇部队的东征西讨立下了汗马功劳。德国在大战中先后装备了 6 艘排水量在 2900 吨左右的鱼雷艇母舰，除了"坦噶"号还有"青岛"

(Tsingtau) 号、"阿道夫·吕德利茨"（Adolf Lüderitz）号、"卡尔·彼特斯"（Carl Peters）号、"古斯塔夫·纳丁格尔"（Gustav Nachtigal）号和"赫尔曼·冯·魏斯曼"（Hermann von Wissmann）号。此外还有 3 艘运输舰："布埃亚"（Buea）号、"爱沙尼亚"（Estonia）号和"罗马尼亚"（Romanis）号。这些辅助舰船中大多数名字都跟德国的殖民地和殖民活动有关。其中阿道夫·吕德利茨、古斯塔夫·纳丁格尔、卡尔·彼特斯和赫尔曼·冯·魏斯曼都是著名的德国殖民者，他们开拓了德国在西南非洲的殖民地。布埃亚位于喀麦隆，而喀麦

S—18 型的 S—19

S—14 型的 S—16

233

隆在第一次世界大战之前就是德国的殖民地。我国的青岛就更不用说了，她在 1897 年成为了德国的殖民地，直到一战爆发后被日军攻占。

1935 年生产的 4 艘 S-14 型也是重点增强巡航能力，所以体型比 S-7 型更大，长 34.6 米，宽 5.3 米，S-14 和 S-15 排水量 93 吨，S-16 和 S-17 排水量则为 100 吨，编制也增加为 18 人。S-14 型和随后生产的 S-18 型（S-18—S-25）因为外形几乎完全一样，又经常被归为一型，德国海军则将其细分为 1934/35 型和 1937 型。其主要区别在于前者使用 MAN 的 2000 马力 11 缸双冲程柴油机，后者使用 2050 马力的戴姆勒 - 奔驰 MB-501 型四冲程柴油机。这两型艇的实用效果终于使引擎领域持续一段时间的 MAN 和戴姆勒 - 奔驰之争有了明确结果——S-18 型在主尺度上虽然比 S-14 型长了 2.2 米，排水量却减轻了 5 吨；由于 3 台主机功率提高到 6150 马力，其航速达到前所未有的 39.8 节，作战半径可达 1000 英里！

在短短的十年之内，德国海军的鱼雷快艇已经发展为一种能够在波罗的海、北海和英吉利海峡的恶劣海况下高速进攻的快艇。二战前的 6 型 25 艘 S 艇在技术上均未臻完善，不过其建设经验对于后来主力艇型的出现大有裨益。譬如 S-1 型的木质双层结构加坚固轻合金肋骨的做法一直被保留；圆滑艇底和 533 毫米鱼雷等也成为后续艇型的技术标准。战争前夕，德国 S 艇官兵由于在波罗的海和北海上频繁的演练，已经成为一支可畏的打击力量。

徒劳无功

战争之初 S 艇部队的全部实力是第一和第二支队，第一支队指挥官为库尔特·施蒂姆（Kurt Sturm）海军上尉，下辖 S-11、S-12、S-18—23 等 8 艘 S 艇和"青岛"号鱼雷艇母舰，基地设在基尔。第二支队于 1938 年 8 月成立于威廉港（Wilhelmshaven），由鲁道夫·彼得森（（Rudolf .Petersen）海军上尉指挥，下辖 S-9、S-10、S-14—17 等 6 艘 S 艇和"坦噶"号鱼雷艇母舰。从此 S 艇的基本兵力单位就被确定为支队（Flottille）。战争中德国先后编组了 14 个 S 艇支队，每个支队的标准编制是 10 艘 S 艇，最多的

S艇上的20毫米机关炮，一名水兵正在清理炮膛。

达到 14 艘。曾经在英吉利海峡和北海作战过的 S 艇主要有第一到第十一支队；在波罗的海作战过的主要有第一到第六、第八、第十一、第二十一和第十支队；在黑海作战的有第一支队；在地中海和爱琴海作战的有第三、第七、第二十一和第二十四支队，1943 年 7 月在这几个支队基础上又成立了第一分队（1. Schnellboot-Division）。1943 年 11 月还成立了训练分队（Schnellbootlehrdivision），下辖第一、第二和第三训练支队。

战争爆发后为了统一指挥，1939 年 11 月成立了鱼雷艇司令部指挥，但是德国的鱼雷艇一般是指那些跟小型驱逐舰差不多大小的使用鱼雷的水面舰艇，于是 1942 年这一任务被驱逐舰司令部接管。不过不到一个月的时间，鱼雷艇司令部又恢复行使指挥权。1942 年 4 月成立了单独的 S 艇司令部，直到战争结束。

第一支队的 8 艘鱼雷快艇在"青岛"号鱼雷艇母舰的伴随下，于 1939 年 8 月底从基尔港出发，于 9 月 1 日开战当日进入波兰格但斯克（今但泽港）执行布雷和护航任务。正是在那里，S 艇赢得了其在二战中的首次胜利，尽管战果很小。9 月 3 日，乔治·克里斯蒂安森（Christiansen）海军少尉指挥的 S-23 用艇上的 20 毫米炮打沉了一条准备扮演阻塞船角色的波兰拖网渔船"劳埃德·比得哥什二世"（Lloyd Bydgoski Ⅱ，排水量 133 吨）号。而在整个波兰战役中，S 艇没有碰到任何有攻击价值的目标，当然也就没有发射一枚鱼雷，这艘小船也成为整个波兰战役中德国鱼雷艇的唯一战果。

第二支队当时被部署在德国赫尔戈兰岛（Heligoland），他们的任务是在波罗的海的各个出口巡逻以防止波兰海军逃往英国。但德国人实际上晚了一步，1939 年夏天的紧张气氛使得开战在即的预警在波兰不断升级，早在 8 月 20 日，波兰商船队已全部驶往英国和法国港口以策安全，颇有自知之明的波兰海军也将最好的 3 艘英制驱逐舰于 29 日遣往英国。支队在 9 月 4 日第一次执行出海任务时中，由于气候恶劣，大浪使 S-17 受到不小的损伤，连龙骨都发生了断裂，虽然艇员顽强地将其驶回了基地，但因艇体损坏严重，该艇不得不于 4 天后退役，这也是二战中损失的第一艘 S 艇。之前 6 月 14 日发生撞击事故的 S-13 比较幸运，虽然整个艇首都严重受损，但只是被拖回基尔修理了几个月，于 1940 年 9 月重新返回鹿特丹的第三支队服役。

在 9 月中，第二支队对英国护航船队进行了几次攻击，不过战果并不理想。再加上其中大部分 S 艇采用的曼恩柴油引擎不太稳定，为了避开冬季北海恶劣的气候，因此在 9 月 29 日第一支队被调往赫里戈兰，以便使第二支队整编，第二支队那些老旧的 S 艇由训练分队接收。在这年结束前 S-1（征用比利时的 F5 鱼雷艇）、S-24、S-25、S-30 和 S-31 相继加入了现役，使得在这年年底时德国鱼雷艇数量增加到 23 艘。S 艇在 1939 年的最后一次行动是在 11 月 30 日—12 月 6 日，当时为了"配合"——或者说防备正在进攻芬兰的苏联红旗波罗的海舰队，12 艘 S 艇作为护航舰艇的一部分，护送一支部队在芬兰湾外具有战略意义的几个岛屿上登陆驻守。然后面对即将进入封冻期的波罗的海，两个支队都撤回基地，进入船厂检修，直到次年 3 月海面解冻。由于开战初期 S 艇的表现令人失望，海军总司令部决定减少准备新建的 S 艇数量，取而代之的是 U 艇。

1940 年 4 月 8 日 00：40，一支德国舰队搭载第 69 步兵师的两个营从库克斯（Cuxhaven）港出发前往挪威卑尔根（Bergen）港，其中包括第一 S 艇支队的新入役鱼雷艇母舰"卡尔·彼得斯"号和 S-19、S-21、S-22、S-23 和 S-24，支队指挥官库尔特·施蒂姆已于 1939 年 11 月 25 日调走，由海因茨·比恩巴赫尔（Heinz Birnbacher, 1910—1991）海军上尉接任。但是舰队集中后不久，由于夜幕和大雾影响，S-19 和 S-21 发生了严重的相撞。S-19 受损严重，由"狼"号雷击舰拖回基地，S-21 情况稍好，可以自行返回库克斯。在随后对卑尔根的攻击时，"卡尔·彼得斯"号遭到岸上炮火攻击，轻微受损，S 艇则依仗着高速冲入港内，俘获了措手不及的挪威老式布雷舰"穆勒"（Uller，北欧神话中的神灵，排水量 250 吨）号等一批历史悠久的文物级舰艇。

　　虽然战果平平，但第一支队俘获的这艘"穆勒"号十分值得一提，该舰原本是 1876 年建造的一艘蚊炮船，装备 1 门 274 毫米炮和 2 门 37 毫米哈其开斯机关炮，航速只有区区 8 节，主要功能就是作为水上机动炮台，守卫港口。后来随着蚊炮船这一舰种的过时，该舰被改装为布雷舰，装备 1 门 120 毫米炮和 3 门 37 毫米炮，可以携带 50 枚水雷。在开战的第一天，"穆勒"号敷设的水雷区就炸沉了德国货轮"圣保罗"号（Sao Paulo，排水量 4297 吨），立下头功；但刚回到基地不久就被德国海军的突袭捕获。大概是因为本身在挪威损失惨重，德国海军没有嫌弃这个已经 64 岁的"老兵"，而是保持原名编入，准备让其继续发挥余热。但德国人的如意算盘没打多久，5 月 1 日该舰就在松恩峡湾被挪威皇家海军的德制亨克尔 He-115 型轰炸机重创搁浅，由同样被俘的姊妹舰"提尔"（Tyr，北欧神话中的神灵）号击沉。作为服役时间最长的蚊炮船之一，其漫长的一生绝大部分时光都在碌碌无为中虚度，唯独在生命的最后一个月发出异样的光彩，集光荣、耻辱与悲惨于一身，也可算是军舰史上的一朵奇葩了。

　　12 日，英国皇家海军的 20 架"贼鸥"战斗轰炸机攻击了卑尔根，其他德国舰船都安然无恙，反而是目标最小的 S-24 很悲催地被扫射击伤。德国海军只得从威廉港调来 S-23 和 S-25，以充实卑尔根屡遭损失的 S 艇力量。

　　4 月 18 日，第一支队终于抓住了战机，其实这个战机也是挪威人自己送上门来的。本该撤退的挪威老式鱼雷艇"海豹"（Sael，1901 年建造，排水量 107 吨）由于听错了命令，在卑尔根东南的哈当厄尔峡湾（Hardanger Fiord）勇敢地阻击 S-23 和 S-21。两艇以猛烈的炮火将这位垂垂老矣的前辈重创并迫使其抢摊。挪威人虽然将其凿沉，但德国人本着废物利用的原则，又将其打捞起来修复，改名 NH-3。当 S-25（艇长赫尔曼·比希廷海军中尉）和 M-1 号扫雷舰泊岸休整时，突遭岸上挪军火力偷袭，包括支队指挥官比恩巴赫尔在内有 12 人负伤，1 人死亡，德军也用炮火向岸上的建筑物盲目还击，造成 54 间房屋毁坏。

4 月 8 日凌晨 5 点 30 分，第二支队的 S-7、S-8、S-17、S-30、S-31、S-32、S-33 和母舰"青岛"（Tsingtau）号作为前往克里斯蒂安桑（Kristiansand）登陆舰队的一员从威廉港出发。护航任务完成后，该支队奉命担任巡逻和反潜任务，因为英国潜艇"懒惰"（Truant）号于 4 月 9 日在克里斯蒂安桑击沉了德国巡洋舰"卡尔斯鲁厄"号。和其他的鱼雷快艇一样，没有声纳设备的 S 艇虽然在艇尾带有 6 枚 DM-11 型深水炸弹，但很难发现和追踪艘潜艇，所以也没有任何战果。10 月 1 日在克里斯蒂安桑和阿伦达尔地区组成第四支队。不过该部在 1940 年余下的时间里都忙于调试接收的新艇，发挥作用要等到 1941 年了。

S 艇在挪威的挫折很大程度上与德国潜艇部队一样，都是因为鱼雷的缘故。在二战爆发之际，S 艇装备有两种型号的鱼雷：热动力推进的 T-1 型和电力推进的 T-2 型（以往的看法是热动力鱼雷代号 G7a，电动鱼雷代号 G7e，但实际上 T-1 型的 G7e 也是热动力鱼雷）。这两型鱼雷在外形上相似，都是长 7.16 米，口径 533 毫米，战斗部为 280 公斤，使用触发或磁发引信，最大的区别就在于推进系统。T-1 型使用石蜡作为燃烧剂，功率最大可达 350 马力，航速高达 40 节，射程 7500 米，但其引擎排出的废气会在水面上留下一道清晰的白色水泡航迹，很容易暴露目标。T-2 型的电动机功率只有 100 马力，所以速度不快——30 节，射程小——5000 米，而且每隔 5 天必须给蓄电池重新充电，最大优势则是其隐蔽性，基本上不会在水面留下痕迹。

但是在挪威战役中，这两种鱼雷都失误频频，磁引信由于技术不过关导致鱼雷经常在击中目标之前就爆炸了，失效率达到了恐怖的 65%，许多盟国舰船都借此得以生还。考虑到开战半年后 S 艇的表现一直都不尽如人意，新的 S 艇建设项目被海军司令部叫停了，建设资源转移到 U 艇上。同时 S-7 型被海军认为已经老旧，不适宜担任作战任务，此后长期担负训练任务，结果平平安安地活到了大战结束。1940 年 5 月 15 日，第一支队将旧艇分出来，在卑尔根新成立了第三支队，由沃纳·滕格斯海军中尉担任支队指挥官，并换装了 S-26 型艇。

庞大的家族

具有重要意义的 S-26 型是 1939 年晚些时候诞生的，所以被德国海军称为 1939/40A 型，虽然只生产了区区 4 艘（S-26—S-29），但却是奠定德军主力 S 艇设计理念的作品. 后来的绝大部分 S 艇尽管在引擎、外形、武器方面各有不同，但都是基于 S-26 型的设计，因此也被德国海军归入 1939/40 型的各种改型。也正是因为如此，所以德国的 S 艇型号和后世西方研究者确定的型号由战前的大致相同变为大相径庭。

S-26 型首创性地将此前独立于艇身的开放式鱼雷发射管改为与艇身一体化设计的全封闭结构，这样不仅增加了内部空间，还提高了浮力。艇首甲板升高形成首楼型，封闭的驾驶室取代角形操舵室，在操舵室顶部独立设置艇长指挥舱，从此 S 艇艇长就拥有更好的视野，同时也获得了更好的保护。因为在以前的设计当中，艇长都必须站立在舵手室前面观察，这样是非常危险的。同时他还可以直接向舵手室和船尾的观测员喊话。与其他 S 艇相比，S-26 型最大的外部特征就是艇舯部的箱形通风设备，而其他 S 艇基本上都是圆形的。

S-26 型长 34.9 米，宽 5.3 米，吃水 1.5 米，3 台 2000 马力的戴姆勒 - 奔驰 MB-501 型柴油机带动 3 个螺旋桨，最高航速可达 39 节。3 台柴油机中，两舷螺旋桨并列在艇身中部，而中轴螺旋桨则装在尾部。这样，一处中弹，艇的动力也不会完全丧失，增加了动力系统的生命力。

在 S-26 型的各种改进型中，德国海军将其分别称为 1939/40B 型（S-38—S-53）、1939/40C 型（S 62—S-150）、1939/40D 型（S 167—S-218）和 1939/40E 型（S-219-260、S-301—425、S-701—825）。而西方研究者则一般将其分为 S-38（S-38—53、S-62—66）、S-38b（S-67—99，S-101—131，S-137、138）、S-100（S-100，S-136，S-139—150，S-167—S-218）。

照片中可以对比看出 S—26 型和之前的 S 艇在外形上的区别。

S-38 型满载排水量 115 吨，是世界上第一艘排水量突破百吨的鱼雷快艇。动力由 3 台 1500/2000 马力戴姆勒 - 奔驰 MB-501 柴油引擎提供，最大时速 39.5 节。早期型的 S-38 型在外形上跟 S-26 非常相似，S-26 最初使用的箱形通风设备在 S-38 上也得到了采用。但是在使用过程当中 S-38 也在不断改进，最明显的就是火力方面。

从 1941 年开始，S-38 型前甲板开辟了一个凹陷处，安装了 1 门莱茵钢铁公司的 20 毫米 MG.C38 型火炮。这种地阱式炮位不仅可以较好地保护炮手，也利于其发扬火力。相比之下炮位暴露在甲板上的英国炮艇和鱼雷艇在与 S 艇作战时，虽然炮位较多，却很难压住 S 艇的火力，而且往往遭受的损失也较重。同时 S-39、S-44—46 将船尾的 20 毫米机关炮替换为了 1 门 40 毫米 Flak-28 型高炮，使之成为当时火力最强的 S 艇。该炮原型是著名的瑞典 M-34 型博福斯高炮，唯一区别在于换装了德制瞄准具，被德国占领的奥地利、挪威和仆从国匈牙利都有博福斯高炮的特许生产权，在二战中为德国海空军生产了约 1500 门，安装在 S 艇上的大约有 60 门。炮重 521 千克，射速每分钟 128 发，最大射程 1 万米。尽管该炮性能很稳定，但是它需要 7 到 8 人操作，所以 S-38 型的乘员一般在 30 名左右。无独有偶的是，英国和美国的海军中也普遍装备原产和仿制的博福斯高炮，包括 S 艇的主要猎物——运输商船。

1942 年晚些时候德国人又对 S-38 型的舱室进行强化防护设计，操舵室和指挥舱都包覆着装甲，大体呈圆形的多面体设计风格使其极像坦克炮塔，可以有效减少乘员在船桥作战时的损失。S 艇乘员

S-91 艇尾的 40 毫米 Flak-28 型高炮

给这种安装了装甲板的舵手室起了一个有趣的呢称——"铁头盔"，这便是改进型 S-38b 型。除了增强防护外，S-38b 还加装了一个带有两挺 MG34 机枪的防空炮塔。这种炮塔尺寸很小，只需要一个到两个乘员手工操作，非常方便。S-81—83、S-98—99 和 S-117 也将艇尾的 20 毫米炮更换为 40 毫米炮。虽然装有重火力和重装甲，但依仗其强劲动力，S-38b 型的航速依然达到傲人的 39.5 节。

S-100 型是基于在英吉利海峡的作战经验而发展的型号，跟 S-38 外形上相差不大，但是从生产之初就采取了 S-38b 型将舵手室装甲化的做法，只不过其钢板更厚，另外在引擎增压器上也安装了装甲板，在舰艏部增加了一门 20 毫米机关炮，因此其排水量是所有 S 艇中最大的，标准排水量为 100 吨，满载排水量 117 吨。不过从 S-167 开始换装 3 台 2500 马力的 MB-511 增压柴油引擎之后，其最高时速竟能达到 42 节！这是 S 艇中第二快的速度，仅次于袖珍 LS 艇。

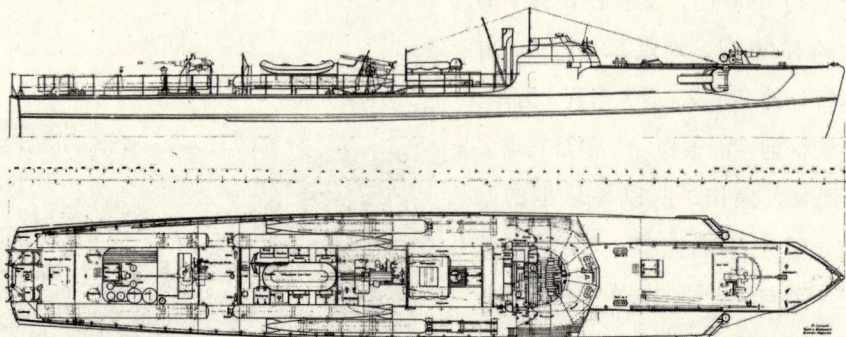

S-100 型线图

S-100 型构成了德国海军 S 艇的最主要力量，并在建造过程当中进行了多项改进。从 S-219 开始，储油量有了一定增加，在 35 节的航速下续航力达到了 750 海里，而早期型 S-100 的续航力为 700 海里，所以也有研究者将做了这种改进的 S 艇归为 S-219 型。S-301 到 S-305 还改装了 MB-518 引擎，尽管如此，这种引擎却没有进入量产。为了改变 40 毫米炮操作人员太多的弊端，后期的 S-100 型改装 37 毫米 Flak-LM/42 机关炮，它只需要 3 到 4 人就能操作，这就大大节约了人力。该炮 1943 年进入现役，在 45° 的射角上射程为 6400 米，其射角为 10° 到 -90°，可以 360° 射击。

该型的一个特例是 S-226，实验性地增加了 30 毫米防空炮和一对向艇艉方向发射的鱼雷发射管。这一尝试直接导致德国末代 S 艇 S-700 型于 1944 年诞生。这种新型 S 艇的后部鱼雷发射管是可以发射最新式声导鱼雷的型号，长 35 米，宽 5.1 米，吃水 1.5 米，排水量 107 吨，乘员 23 人。最初打算采用 3000 马力的 MB-518 引擎，其最高时速可以达到 42 节。但是不幸的是这种先进的快艇却由于 1944 年 8 月 MB-518 引擎计划的取消而下马，于是德国海军只得决定建造更多的 S-100 型予以弥补。

此外还有一种改型虽然计划庞大，但由于盟军轰炸和缺乏资源，生产数量极少，所以未能得到正式命名，这就是前文提到的 S-219 型。其主要数据与 S-100 型相差不大，主要改动是在辅助武器方面。由于当时盟军空袭对 S

艇威胁极大，所以 S-219 型装备了 3 座双联装 30 毫米机关炮，以强化对空火力。此外根据生产厂家不同，其动力系统也有所区别。其中吕尔森生产的 S-219—S-300 仍用 MB-501 型引擎，结果只有 S-228 进行了试装；施利希廷（Schlichting）厂生产的 S-301—S-500 改用曾在 S-208 上试用过的 3000 马力的 MB-518 型引擎，因为战争影响最终只有 S-307 安装；但泽车厢制造厂（Danziger Waggonfabrik）生产的 S-701—800 使用 2500 马力的 MB-511 型引擎，还将鱼雷发射管增加为 4 具，但只有 S-709 完工。

血染海峡

从 1940 年 4 月开始，三个 S 艇支队就展开了英国南部攻略，最初的收效只能说差强人意，这主要是由于磁性引信的 G7a 鱼雷仍然故障频频，有时即使击中船只也不会爆炸。同时，英国皇家空军的空袭和巡逻也有效地迫使 S 艇只能在夜间进行活动。S 艇在北海方面的第一个战果是荷兰拖网渔船"贝璞"（Bep，151 吨）号，时间是 1940 年 4 月 22 日，而当时德国还没有向荷兰宣战。

随着地面战事的进展，德国人迅速席卷了整个西欧，获得了许多使海军可以直接进入大西洋的港口，行驶在英国海岸线南部和东北部的所有护航船队已经完全处于 S 艇的攻击范围之内。另一方面，德国海军在役的大中型战舰在挪威战役中损失惨重，不是沉入海底就是正在修理，只有一艘"科隆"号轻巡洋舰可以出海。小小的 S 艇居然成为了德国海军水面舰艇中最主要的攻击力量，她的时代来到了。

5 月 9 日，4 艘德国布雷舰在 3 艘驱逐舰、1 艘鱼雷艇和第二支队的 4 艘 S 艇（S-30、S-31、S-32、S-33）掩护下在日德兰半岛（Jutland）以西 16 英里处敷设水雷。这一情况被皇家海军得知，立即派出由"伯明翰"（Birmingham）号轻巡洋舰率领的 4 艘驱逐舰前往攻击，此外有 9 艘驱逐舰则从另两个方向赶来会合。但是 S 艇及时得到了德国空军巡逻机的示警，19 时 30 分，双方发生了第一次交火，结果都毫无损伤。夜幕降临后，搜索的英国舰队发生了一些混乱，分属三个不同编队的驱逐舰为了追逐疑似目标，完全分散开来，

英国"凯利"号驱逐舰

彼此毫无联系，这就给了 S 艇可乘之机。

　　23 时许，S-31 从黑暗中悄悄窜出来，在 750 米的距离上向第五驱逐舰分队的 K 级驱逐舰"凯利"（Kelly）号发射了两枚鱼雷，其中一枚命中锅炉舱，27 名船员被炸死。由于舰体严重变形，只好由同行的驱逐舰拖回英国，重新建造了舰体中段，直到 12 月 18 日才完全修复。这已经是该舰第三次大难不死了，在半年前她曾经因为触雷失去了舰首，两个月前又因为碰撞事故严重受损。俗话说"好事不过三"，一年后用光了运气的"凯利"终于在地中海的克里特岛被德国飞机炸沉。

　　在另一片海域，同样由于天黑和大雾，S-33 和一艘英国驱逐舰相撞，艇舷被撕开了一个 9 米长的口子，进水受损严重，艇长舒尔茨·耶拿（Schultze Jena）海军中尉一度发出了弃船自沉的命令，但最终发现该艇没有继续下沉，而且经过抢修后，居然还能以 20 节的航速自行返航。快速飞驰的 S 艇白天在海上就很难被发现，仅仅能够看到少量白色的浪花和低矮的舰影；在夜间就更加难以捕捉。艇体的伪装迷彩也减少了被发现的可能，甚至随行的指挥官也只能通过无线电来保持联络，这也是"凯利"号受伤和 S-31 发生事故的共同因素。实际上在整个战争期间，S 艇在夜间行动的碰撞事故始终居高不下。

返回的 S-31 高兴地宣称击沉了敌舰，艇长赫尔曼·奥彭霍夫（Opdenhoff，1915—1945）海军中尉因此成为第一位荣获骑士十字勋章（全称为骑士铁十字勋章，Grand Cross of the Iron Craoss）的 S 艇指挥官。这种勋章是德国在1939 年 9 月 1 日新设立的，等级在二级和一级铁十字勋章之上，仅次于极难获得的"大十字"勋章。由于将军之下的普通军官和士兵完全无望染指为显贵设计的"大十字"，所以骑士十字勋章在设立之初就被视为德军事实上的最高军事荣誉，与苏联的金星勋章、英国的维多利亚十字勋章和美国的国会荣誉勋章并称。由此可见作为第一位"击沉"英国战舰的 S 艇艇长，德国军方对其有多么重视。虽然事实上"凯利"号并未沉没，不过作为 S 艇的第一个重大战果，无论是战时获取真实情报的难度，还是宣传机构的需要，都使得德国海军乐于授予这个荣誉。

5 月 19 日，两个支队接到命令，准备截击已经开始从法国北部港口加莱（Galais）和布洛涅（Boulogne）撤退的盟国船只。9 艘 S 艇（S-30—34、13、22—25）和鱼雷艇母舰"坦噶"号进驻还没有完全投入使用的博尔库姆海军基地。20 日晚，S-32 在纽波特海域攻击了一艘 2000 吨级的运输船，虽然艇长卡尔·埃伯哈德（Carl Eberhard）海军中尉坚称有一枚鱼雷击中该船的中部并引起了巨大的爆炸，但这个战果未能得到证实。

5 月 23 日凌晨 00：23，S-23 联手 S-21，用两枚鱼雷把刚刚赶到敦刻尔克（Dunkirk）的法国驱逐舰"美洲虎"（Jaguar，也有翻译成"美洲豹"的，因为美洲无虎，当地人以豹为虎）号打瘫。仅仅半小时后"美洲虎"号舰首下沉，严重向右侧倾斜，而且失去动力在海上漂浮，拖航中又不幸搁浅，随后赶来的德国轰炸机将该舰彻底送入了大西洋底，舰上有 1 名军官和 12 名船员丧生，23 人受伤。

"美洲虎"号是法国在一战后设计制造的第一型"超级驱逐舰"，排水量 2126 吨，装备 5 门 130 毫米主炮，航速 36.7 节，不论吨位、火力还是航速，都胜过当时的英、德驱逐舰一筹，所以法国海军很自信地让该舰装载突击队和炸药单身深入 S 艇活跃的近海，准备把行将放弃的敦刻尔克港口设施全部炸毁。谁知道这次行动却被德国西线司令部掌握，在战斗中 S 艇则利用该舰转弯半径过大的缺陷给予了致命一击。能只用 2 艘鱼雷快艇就重创这样性能优良的大型驱逐舰，是一件很令人惊奇的事情，因此 S-23 艇长乔治·克里斯蒂安森（Georg-Stuhr Christiansen，1914—1997）海军中尉和 S-21 艇长弗瑞赫尔·冯·米尔巴赫（Erich Werner Siegfried Götz Freiherr von Mirbach，1912—1968）都为此受到表彰。而更令人难以置信的是 5 月 25 日，S-34（艇长阿尔布雷希特·奥伯迈尔海军中尉，Albrecht Obermaier）在北海西部水域竟然击落了一架双发轰炸机，也算是一个很了不起的战果，因为这个时期艇上的防空火力仅有 1 门 20 毫米炮和 1 挺机枪而已。

5 月 26 日，盟军的敦刻尔克大撤退开始，狭窄的海面上像下饺子似的满布各种舰船，而且大多严重超载、步履蹒跚，丰富而笨拙的"猎物"使得 1940 年的夏天成为 S 艇的第一个狩猎季节。27 日凌晨，荷兰潜艇 O-13 号同英国驱逐舰"织女星"号（Vega）就在比利时海岸外分别遭到 S-13（艇长沃尔夫·迪特里希·巴贝尔海军中尉，Wolf Dietrich Babbel）和 S-24 的攻击。德国人声称击沉了两舰，实际上两舰毫发未伤。5 月 28 日凌晨 1 点 30 分，从奥斯坦德（Ostend）港撤离的近海小型货船"阿布基尔"（Abukir，694 吨）号被 S-34 一举击沉。这让英国人有些草木皆兵，武装拖网渔船"鹦鹉螺"（Nautlius，64 吨）号与"安静"（Comfort，60 吨）号在驶向敦刻尔克途中自称发现了疑似 S 艇的可疑目标并用刘易斯机枪进行了射击，结果什么也没有打到，也没有遭到攻击。

与此同时，在另一海域的 S-30（艇长威廉·齐默曼海军中尉，Wilhelm Zimmemann）发现了一个目标并判断其为英国驱逐舰。29 日凌晨 1 点 36 分，S-30 在 600 米距离上发射的两枚鱼雷击中了满载兵员的皇家海军老式 W 级驱逐舰"不眠"（Wakeful）号的舯部，船体炸裂进水，中雷后仅 15 分钟海水就漫上了甲板。经过一番挣扎，这艘参加过一战的老舰最终长眠海底。撤退到舰上的 640 名陆军和 134 名舰员遇难，只有 25 名舰员和 1 名陆军士兵被"格拉夫顿"（Grafton）号驱逐舰、"蛛网"（Gossamer）号布雷舰和前述两艘拖网渔船救起。4 点 20 分，"格拉夫顿"号又遭到了不幸，她被德国 U-62 号潜艇的鱼雷击中下沉。许多英国舰船赶来救援，但该舰损伤过重，还是弃船

英国"不眠"号驱逐舰

后由"爱芬顿"（Ivanhoe）号驱逐舰击沉。这时在一旁护卫的扫雷舰"利德"（Leda）号确信自己发现了一艘 S 艇并马上开了火，但为了躲避臆想中的攻击而剧烈机动的"利德"号却与武装拖网渔船"安静"号发生了猛烈的撞击，后者当即沉没，包括船长在内的 4 名船员遇难，只有 2 人被救起，为这场由 S 艇引发的大混乱挽上了一个悲剧性的句号。

　　5 月 31 日零点过后，S 艇再度肆虐敦刻尔克周边海域。S-23 和 S-26 成功攻击了法国驱逐舰"非洲热风"（Sirocco）号，该舰躲过了 S-26（艇长库尔特·菲梅恩海军中尉，Kurt Fimmen，1911—2001）射向舰首的两枚鱼雷，但右舷舰尾却被 S-23 发射的另两枚鱼雷同时命中，轮机舱大量进水。虽然船员们紧急抢修这艘遭到严重破坏的战舰。但该舰最终右倾沉没，当时船上搭载了 700 名法国陆军士兵，还有约 180 名船员，其中有 600 多名陆军和 59 名船员遇难（一说遇难者 480 人）。"非洲热风"号属于法国"狂风"（Bourrasque）级驱逐舰，法国人则称其为"大型鱼雷艇"。该级建造于 1923 至 1925 年间，满载排水量 1820 吨，主要武器为 4 门 1918 年式 130 毫米炮、1 门 1922 年式 75 毫米高炮，2 座三联装 1929 年 D 型 550 毫米鱼雷发射管；动力系统为 2 台帕森斯涡轮机，三台锅炉，最大马力 3.1 万匹，最大航速 33 节，续航力 3000 海里 /15 节；编

法国"美洲虎"号驱逐舰

法国"非洲热风"号驱逐舰

法国驱逐舰"龙卷风"号

制为 7 名军官和 159 名士兵。总的来说，该级舰与同时代的其他驱逐舰相比可算是武器精良，然而其主炮射速缓慢而小口径速射武器又只有机枪成为该级舰最大的致命伤，在遭到像 S 艇这种小型快速目标突袭时根本反应不过来。

与此同时，其姊妹舰"龙卷风"（Cyclone）号在向加莱驶去时也遭到 S-24（艇长汉斯·德特勒夫森海军中尉，Hans Detlefsen）的致命攻击。舰艏被一枚鱼雷炸掉，第一座 130 毫米炮塔也被炸飞，但好歹没有丧失航行能力。她在两艘友舰的护送下，以 4 节航速跟跟跄跄地返航法国西北部的布雷斯特（Brest）港，后来于德军占领该地前自行凿沉。6 月 1 日凌晨 2 点 45 分和 4 点 30 分，改装成反潜舰的拖网渔船"阿盖尔郡"（Argyllshire，540 吨）号和"斯特拉·多拉多"（Stella Dorado，550 吨）号在敦刻尔克附近海域巡逻时先后被 S-35（艇长克埃科，Kecke）和 S-34 击沉，前者只有船长和 4 名船员得以生还。对于自己遭到的惨重损失，英国采取了空袭的方式进行报复。6 月 12 日凌晨，刚刚进驻法国布洛涅（Boulogne）的第二支队（S-30、31、34、35 和由征用的保加利亚 S 艇改名的 S-1）就遭到了英军 6 架"贼鸥"（Skuas）式战斗轰炸机的袭击。但 S 艇无一损失，只有 7 名水兵阵亡（S-30 阵亡 2 人，S-31 阵亡 4 人，S-35 阵亡 1 人）。

E 艇小道

在二战中，德国是第一个使用鱼雷艇袭击商船也是成绩最大的国家。当时英国有定期从北部工业城市纽卡斯尔（Newcastle）前往英国南部的沿海护航运输队，主要负责为伦敦和南部城镇运送燃煤。每艘运煤船可载大约 2000 吨煤，每天大约有 30 艘船航行在这条航线上。从 1940 年 6 月份开始，三个 S 艇支队开始屡屡在英国南部攻击沿海运输船。6 月 19 日凌晨 0 时 51 分，到达法国布洛涅港新基地才两天的 S-19（艇长沃纳·滕格斯海军中尉，Werner Töniges，1910—1995）、S-26（艇长库尔特·菲梅恩海军中尉）在邓杰内斯（Dungeness）附近 5 英里的海面上重创了 3103 吨的"玫瑰堡"（Roseburn，苏格兰小镇）号。虽然英国紧急调来了驱逐舰和拖轮，试图保住这条有二十年船龄的蒸汽货轮，但由于船体破坏实在太严重，该船终于沉没。

报复心极强的英国人很快做出了反应。除了继续轰炸布洛涅之外（造成8人丧生，10人负伤），海防总队的飞机还在布洛涅港周围的航道上空投了大量漂雷，S-32成为第一个不幸者。6月22日，这艘快艇在布洛涅港以西30海里处触雷，艇首被炸毁，包括艇长卡尔·埃伯哈德海军中尉在内的7名官兵送了命，2人负伤，幸存者被随行的S-31和S-35搭救。7月12日，曾经重创过"美洲虎"和"非洲热风"两艘法国驱逐舰的功勋艇S-23触雷爆炸；8月28日，S-18和S-19也因为触雷受损分别回到威廉港和基尔修理。

在水雷战方面，德国人同样不甘示弱，实际上由于第一次世界大战的经验和海军的相对弱小，德国一贯很重视在英国沿海护航队的航线上布雷，有时候S艇掩护R艇（轻型布雷艇的简称）布雷，有时候自己布雷。通常一艘S艇可以在尾甲板上携带6枚磁性水雷，虽然数量有限，但整个支队携带的总量还是比较可观的。从6月6日开始，两个S艇支队就开始借着夜幕掩护在泰晤士河（Thames River）入海口三角地带敷设德国在战前研制的秘密武器——磁性水雷。

传统的触发水雷必须要军舰碰到引信后才会爆炸，而磁性水雷在与舰船金属外壳形成的磁场接触时就会引爆，极少有哪艘船的龙骨下方经受这样威力巨大的爆炸后还能幸存下来。而且传统扫雷技术对其束手无策。触发水雷都是用钢索系着铁锚使水雷在水中悬浮，这样就可以用类似锯子的扫雷索把钢索拉断，在水雷浮上水面后，可以用枪炮扫射引爆，就达到了扫雷目的。但是磁性水雷是放置在水底的，扫雷索对它无可奈何。由于磁性水雷在浅水中引爆效果最好，泰晤士入海口就成为最佳位置，那里水深极少超过90英尺，而且运河交错，货船往来繁忙。S艇布设的水雷炸沉了不少商船，甚至超过了鱼雷攻击的战果。

不过相比水雷的威胁，S艇的海上破袭战给英国人造成的心理震撼要大得多。6月24日凌晨0时30分左右，5艘S艇（S-19、26、31、35、36）在邓杰内斯以南海域攻击了护航船队，在将座驾更换为全新的S-36后，沃尔夫·迪特里希·巴贝尔海军中尉意气风发，发射的两枚鱼雷全部命中，将3477吨的

"阿尔布埃拉"（Albuera，西班牙小镇，拿破仑战争时期英军在此击败法军）号油轮击沉，7 名船员丧生，20 名幸存者先被一艘荷兰商船救起，然后转移到一艘英国反潜拖网渔船上；S-19（艇长沃纳·滕格斯海军中尉）则再开记录，击沉了 276 吨的"翠鸟"（Kingfisher）号沿海航船，船上 1 名水兵死亡。

法国投降后，德国海军获得了一大批极为优良的海军基地。6 月 27 日，第一支队的 7 艘 S 艇进驻诺曼底半岛的瑟堡（Cherbourg）港，从这里出击，可以有效地攻击英国南部海运线。第二支队则进驻比利时的奥斯坦德，以便迅速攻击英国东南海运线。新编成的第三支队则以荷兰的鹿特丹为大本营。

7 月 4 日对英国护航队来说是异常残酷和血腥的一天，驶往英国波特兰（Portland）港的 OA-178 护航船队遭到德国空军俯冲轰炸机和第一支队 4 艘 S 艇（S-19、20、24、26）的协同攻击。凌晨 2 时 22 分，S-20（艇长赫尔曼·比希廷海军中尉，Hermann Wilhelm Georg Büchting，1916—1992）在波特兰以南 13 海里处击沉了 4343 吨的大型商船"恩科斯特"（Elmcrest）号，16 名船员死亡，幸存者被护航舰救起。S-26（艇长库尔特·菲梅恩海军中尉）和 S-20 通力合作，重创了 6972 吨的内燃机油轮"不列颠下士"（Britain Corporal）

英国"不列颠下士"号油轮

英国"哈特尔普尔"号商船

号和 5500 吨的商船"哈特尔普尔"（Hartlepool）号，后者弃船，幸存者被护航舰救出。此外还有 3 艘英国船、2 艘荷兰船和 1 艘爱沙尼亚船被德机炸沉，12 艘英国船被炸伤。7 月 6 日凌晨 1 时 38 分，S-19（艇长沃纳·滕格斯海军中尉）声称击沉了一艘 6000 吨级货船，不过没有得到证实。7 月 11 日凌晨零时 50 分，单独航行的英国拖船"凫"（Mallard，352 吨）号又被 S-26 击沉。

7 月 24 日凌晨 2 时 14 分，法国的"梅克内斯"（Meknes）号客轮在怀特岛（Wight，英国南海岸附近的岛屿）附近被 S-27 逮个正着。当时法国刚刚签订停战协定，认为战争已经与她无关的"梅克内斯"号亮着所有的灯光，在没有任何舰船护航的情况下运送 1277 名被遣散的法军士兵驶往法国南部港口马赛（Marseilles）。但是不知出于什么原因，德国人仍然进行了攻击。只用了一发鱼雷就将这艘 1914 年建造的老船送入海底，383 人死亡，104 名船员中有 33 人失踪，其他人被 4 艘英国驱逐舰救起。在纳粹铁蹄下卑躬屈膝的法国政府却对此无能为力。

"凶手"S-27 的艇长是贝恩德·克鲁格（Bernd Klug，1914—1975），对克鲁格来说，这只是一个开始，在他升任第五 S 艇支队指挥官之前，他作为 S 艇艇长共击沉了 9100 吨的盟军船只。虽然由于手中血债累累而在战后坐了十年盟军的大牢（其中"梅克内斯"号事件应该是量刑的一个重要因素），但出狱后仍然得到了西德海军的欢迎，官至海军少将。

第二天由 21 艘商船组成的 CW-8 护航运输队在多佛尔海峡遭到德国俯冲轰炸机的猛烈轰炸，5 艘商船被炸沉，5 艘被炸伤。但杀戮并未就此结束，26 日凌晨零时 25 分左右，第一支队的 5 艘 S 艇（S-19、20、21、25、27）再次袭击了 CW-8 护航队。S-27（艇长贝恩德·克鲁格海军中尉）在肖雷汉姆 (Shoreham) 以南 15 英里处击沉了 821 吨的"卢隆加"（Lulonga）号，1 名船员死亡；紧接着 S-20（艇长赫尔曼·比希廷海军中尉）在 14 英里处击沉了 1013 吨的"布罗德赫斯特"（Broadhurst）号，有 4 名船员没能逃离沉船；S-19（艇长沃纳·滕格斯海军中尉）在 13 英里处击沉了 646 吨的"伦敦零售商"（London Trader）号，1 名船员死亡。皇家海军第一驱逐舰分队的"博里阿斯"（Boreas）号和 B 级驱逐舰"华美"（Brilliant）号立即放出了照明弹，并和鱼雷快艇 MTB-70、MTB-69 一起向 S 艇扑来，后者则转舵逃往加莱，德国的 Ju-87 轰炸机群也随之而至，2 艘英国驱逐舰由于在轰炸中受到不同程度的破坏，被迫撤退，S 艇安然返航。

严重的损失迫使英国人改弦易辙，他们重新改组近海护航队，每支船队的商船数量被削减到 12 艘并加派"狩猎"级（其实翻译为"猎场"级更为恰

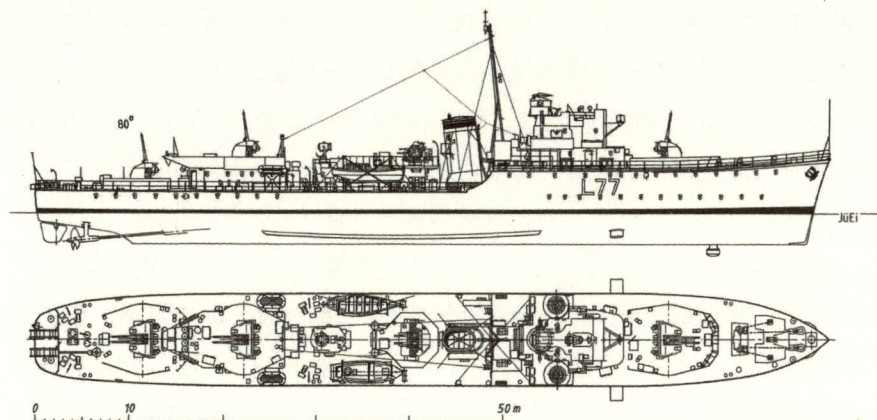

英国"狩猎"级护航驱逐舰线图

当,因为该级舰的命名都是英国各地著名的狩猎场所,本书取约定俗成的译名)护航驱逐舰。"狩猎"级是英国限于驱逐舰数量不足和财政吃紧,为在战争爆发后专用于护航而于1938年设计建造的护航驱逐舰,其装备重点放在反潜和防空方面,所以吨位不大(标准排水量才刚刚1000吨),航速不快(最大航速只有26节),火力也不强(Ⅰ型和Ⅲ型主炮为3座双联4英寸高平两用炮,Ⅱ型为2座),不过由于其造价低、建造周期短,所以建造数量很大(共有四型、86艘),装备盟国多(希腊7艘、挪威3艘、波兰3艘、自由法国1艘),战争期间也非常活跃,特别是在装备了新型雷达后,有力地遏制了德国的破交战,击沉击伤不少S艇,也有的反而沦为S艇的猎物。

事实证明这种改组的效果非常有限。8月8日星期四,从朴茨茅斯出发的CW-9护航队再次遭到第一S艇支队的S-21、S-27和S-20、S-25两个小组的攻击,1216吨的"霍尔姆·佛斯"(Holme Force)号首先在纽黑文(Newhaven)海岸被S-21(艇长冯·米尔巴赫海军中尉)、S-27(艇长贝恩德·克鲁格海军中尉)小组击沉,船长、2名船员以及3名海军炮手遇难;另外一艘1004吨的"乌斯河"(Ouse)号,则被避让鱼雷的"黑麦"(Rye,1048吨)号撞沉,船上只有23人生还(德国人则将这个战绩归于S-20)。船队行驶到海滩之顶岬角(Beachy Head)以西15英里时,S-21、S-27小组再次来袭,击沉了367吨的"护栏"(Fife Coast)号,4名船员和1名海军士兵死亡。此外还有"约翰·M"(John M)号(500吨)和"伊沃·珀丽·M"(Iow and Polly M)号(380吨)2艘轮船被S-25(艇长齐格弗里德·武佩曼海军中尉,Otto Joseph Siegfried Wuppermann,1916—2005)击伤。如果不是B级驱逐舰"斗牛犬"(Bulldog)号驱逐舰及时赶到,船队的损失可能更大。而英国商船上的自卫火炮也起到了一定效果,S-21和S-27上有部分艇员被英国船只炮火弹片击伤。

没过多久,S艇遭到了开战以来最大的一次损失,不过并非是在战场上。8月15日,奥斯坦德用于储存鱼雷的仓库发生爆炸事故,除了42枚昂贵的鱼雷被报销以外,停泊在附近的S-24、S-31、S-34和S-37也受到了严重破坏,不得不回国修理,这让第二支队指挥官彼得森几乎成了光杆司令。在此之前的8月9日,奉命从基尔赶来增援的第三支队由于途中发生碰撞事故,S-1和

英国商船"科布鲁克"号

英国商船"新兰普顿"号

S-10 受损，只有 S-11 和 S-13 能够出海。而自从不列颠空战开始后，由于在英吉利海峡上空被击落的德国飞行员越来越多，第一支队不得不投入到繁忙的搜救工作中，对护航队的攻击一度陷入停顿。直到进入 9 月份，杀戮才又重新开始。

9 月 4 日，第一支队的 4 艘 S 艇（S-18、21、22、54）在大雅茅斯（Great Yarmouth）以东海面成功袭击了 FS-271 护航队。S-21（艇长贝恩德·克鲁格海军中尉）击沉商船"科布鲁克"（Corbrook，1729 吨）号和"新兰普顿"（New Lambton，2709 吨）号，S-22（艇长 Grund）击沉"富勒姆四世"（Fulham IV，1562 吨）号，幸运的是船员都得以获救；但是被 S-18（艇长乔治·克里斯蒂安森海军中尉）击沉的"约瑟夫·斯旺号"（Joseph Swan，英国科学家，1571 吨）和荷兰的"纽兰德"（Nieuwland，1075 吨）号却没那么幸运，前者只有一人生还，后者失去了 8 名船员；此外 S-54（艇长希尔伯·瓦格纳海军少尉，Wanger）还击沉了"尤厄尔"（Ewell，1350 吨）号。

这是一次成功的"守株待兔"式攻击。原来，为了给那些从浅滩上挖出来的航道做标记，英国在这些地方安放了编号的浮筒。S 艇仔细地观察并记录了这些标记，然后就停在浮筒附近等待护航队送上门来，也就是所谓的伏击（Lauertaktik）战术，这次损失的 6 艘英国船只就有 3 艘是在浮筒附近被击沉的。9 月 7 日凌晨 2 时 02 分，S-33（艇长保罗·波普海军中尉）和 S-36（艇长沃尔夫·迪特里希·巴贝尔海军中尉）袭击了 FS-273 护航队，击沉 5750 吨的荷兰商船"斯特德·阿尔克马尔"（Stad Alkmaar）号。23 日凌晨，S-30（艇长克劳斯·费尔特海军中尉，Gustav Waldemar Klaus Feldt，1912—2010）击沉了 555 吨的英国"康特嫩德尔·考斯特"（Continental Coaster）号。

由于 S 艇已经严重威胁到了途经英吉利海峡的航运线路，英国皇家空军先后对奥斯坦德和弗利辛恩（Vissingen）各发动了两次大规模空袭，重创 S-1 和 S-10，炸伤 S-11、S-13、S-33、S-36 和 S-37，17 人丧生，包括第三支队指挥官弗里德里希·科姆纳德（Friedrich Kemnade，1911—2008）海军上尉在内的 6 人重伤，2 人轻伤，算是出了一口恶气。不过受损的 S 艇很快得到了修复。此后为了躲避英国飞机的侦察，停泊在基地内的 S 艇全都盖上了伪装布。实

英国货轮"赫胥黎"号

际上与英国海空军相比，真正能够阻滞 S 艇行动的是英吉利海峡的冬季。进入 10 月以后，由于风急浪高，破交行动经常被迫停止，布雷行动也遭受挫折，S-37 于 10 月 12 日在奥福德内斯执行布雷任务时反倒触发了一颗英国水雷而沉没。10 月 18 日凌晨 2 时 6 分，第一支队终于抓住战机袭击了 FN-311 护航队，S-18（艇长乔治·克里斯蒂安森海军中尉）击沉 1595 吨的英国货船"赫胥黎"（Hauxley）号；S-24（艇长沃纳·滕格斯海军中尉）和 S-27（艇长赫尔曼·比希廷海军中尉）分别命中 2942 吨的英国煤炭货轮"煤气炉"（Gasfire）号和 3754 吨的法国货轮 P.L.M.14 号，不过这两艘船都没有沉没。

经过几个月的鏖战，S 艇的损失不小，补充却少得可怜。10 月 28 日，第一支队（S-20、24—28）奉命调往挪威卑尔根，西线只剩下第二支队（S-30、33、34、36、55）和第三支队（S-12、54、57）。11 月 19 日，S-38、S-54 和 S-57 三艘最新型的 S 艇在冒险出海搜猎时由于暴雨倾盆，能见度几乎为零，未能及时发现逼近的英国"狩猎"I 型护航驱逐舰"加思"（Garth）号和"斯科特"（Scott）级驱逐舰"坎贝尔"（Campbell）号。结果在 S 艇发展史上

英国护航驱逐舰"加思"号

英国驱逐舰"坎贝尔"号

占据重要地位的 S-38(艇长汉斯·德特勒夫森海军中尉)出师未捷,被驱逐舰的强大炮火击沉,艇员有 5 人阵亡。

"斯科特"级驱逐舰是英国在一战末期建造的新式驱逐舰,满载排水量2130 吨,最大航速 36 节,装备 5 门 4.7 英寸炮和 2 座三联装 21 英寸鱼雷发射管,在战后很长时间内都被誉为世界上最强大的驱逐舰。到二战时期该级舰不但在舰龄上老迈,技术上也已经过时,但其火力仍能对 S 艇形成很大的威胁。

进入 12 月后天气愈发恶劣,海上 6 级的强风和 4 米的海浪让 S 艇根本无法进行任何攻击，12 月 13 日，第三支队得到了 S-58（艇长埃伯哈德·盖格尔海军少尉，Geiger）和 S-59（艇长阿尔伯特·米勒海军中尉，Albert Müller）两艘新艇，但 21 日英国再次空袭了奥斯坦德，第二支队仅有的 3 艘 S 艇中，S-34 和 S-56 轻伤，S-33 则被送厂修理，该支队再次处于无艇可派的尴尬境地。好在第一支队（S-26—29、S-101）此时返回西线，加上第三支队（S-54、57—59）仍有 9 艘 S 艇可以作战。

即使在这样艰难的环境下，S 艇部队仍想尽一切办法出击。12 月 15 日凌晨 2 时 10 分，第三支队的 S-58 和 S-25 联手击沉了 2301 吨的丹麦煤炭货轮"N.C.默贝格"（N.C. Monberg，丹麦国务部长）号。12 月 23 日，得到空军通报的第一、三支队出动 6 艘 S 艇（S-28、S-29、S-34、S-56、S-58、S-59），大举进攻刚刚离开绍森德（Southend）的 FN-366 和 FN-367 两支护航队。恶劣的天气让 S 艇屡次攻击无果，凌晨 2 时 5 分，在两次攻击失败后，贝恩德·克鲁格海军中尉指挥的 S-28 终于击沉了一艘改装为扫雷舰的拖网渔船"佩尔顿"（Pelton，358 吨）号，20 名船员丧生。而 S-59 则重创了 6552 吨的荷兰商船"斯塔德.马斯特里赫特"（Stad Maastricht）号，这艘船在分别从雅茅斯（Yarmouth）和哈里奇（Harwich）赶来的 3 艘拖船拖曳下缓缓驶向目的地。25 日，她在距离终点仅有 3.6 英里时终因伤势过重倾覆，不过船员全部获救。

1940 年结束时，S 艇所取得的战果足以让它们感到骄傲，这支最少时仅有 6 艘鱼雷快艇（英国一直以为在海峡地区有至少 50 艘 S 艇）的小舰队击沉的盟国商船一共有 26 艘，总吨位 49985 吨，另外还击沉 3 艘驱逐舰，重创 7 艘商船和 2 艘驱逐舰，而自身仅损失 4 艘（S-32、23、37、38）。以致从苏格兰东北到伦敦的一段航线由于 S 艇的频繁攻击，被史书称为 E-boat Alley——"E 艇小道"。英军把 S 艇称为 E 艇，E 是英文 Enemy 的首字母，E 艇意即敌艇。许多侥幸生还的盟国船员一提到 S 艇还不寒而栗，有关各种各样的运输船遭到 S 艇攻击的惊险故事，至今仍有不少在民间流传。这样的成绩显然让德军高层相当满意，仅骑士十字勋章就慷慨地发放了 5 枚之多，包括两名支队指挥官比恩巴赫尔、彼得森和三位艇长：奥彭霍夫、冯·米尔巴赫和菲梅恩。

成功的奥秘

S艇之所以能够取得其他国家快艇部队所叹为观止的成就，与德国空军拥有一定制空权、英吉利海峡适合高速快艇作战以及S艇本身优良的性能都是分不开的。S艇本身机动性好，能够机动灵活地避开空中攻击。特别是在战争前期，面对那些缺乏攻击小型快速目标经验的英军飞机时，虽然S艇常常遭到空袭，但却无一损失。不过艇员却常遭到来自机枪的扫射而造成严重伤亡，特别是在基地停泊时遭到攻击时伤亡会更加惨重。因此海军在基地建立了防轰炸的混凝土掩蔽所。

同时，为了增强隐蔽性，在大战中期出现了迷彩涂装，它赋予S艇极具个性的外观。战前S艇的标准涂装是浅灰色，水线以下部分使用黑色防水漆，船舷两侧漆有黑色的舷号。1935年5月21日随着魏玛海军变更为第三帝国海军，原本飘扬在S艇上的红边白底钩边十字的德国海军旗。亦于当年11月9日换成了红底黑十字带万字符号的NZ海军旗，同时在两舷或舰桥挂上了铜制的帝国鹰徽标志，不过这一做法于1940年时取消。战争爆发后S艇水线以下部分改用棕红色，水线位置仍然是黑色，舷号则被与艇身相同的涂料完全盖掉。指挥塔侧面的徽标则由统一式样改为富有特色的各种样式。

一般来说第一支队使用抓着鱼雷的飞鹰；第二支队喜欢轮流使用扑克牌中的红桃、黑桃、梅花、方块；第三支队则每艘艇都有自己的艇徽，如海豹、企鹅、鲨鱼、鳄鱼、龙虾、美人鱼等；第四支队用黑豹；第六支队用跃起捕食的猛虎；第八支队一直用雄鹿，直到战争末期才改用顶上带有铁十字的盾牌；第九支队则用带有宝剑纹章的盾牌为艇徽。

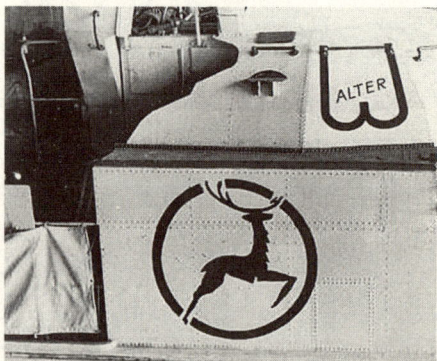

第八支队的雄鹿艇徽

参加挪威之役的S艇曾把涂装

改为深灰色，但实战表明这并不很成功，在夜暗条件下较浅的灰色加一些蓝色迷彩的涂装，隐形效果要比单纯的深灰来得更好。S 艇的行动主要是在夜间，因此深灰涂装很快就被灰白色替代，这也是持续整个大战的 S 艇的基本涂装色。在参战国中德国在兵器迷彩涂装方面确实步步领先，除了在充满乌云和浊浪的北海环境中采用的灰色涂装与英国鱼雷艇较类似外，其独特的海浪图案和斑点图案迷彩极具匠心。这种在敌军阵营中未曾一见的涂装在相当程度上保证了 S 艇充分发挥其战力。另外一种是斑点图案，由灰色和褐色的斑点构成，被运用于 S-26 级和 S-38 级的部分艇上。在英吉利海峡，这种迷彩符合那里的灰暗背景，而在北方海域，又能巧妙地和远景中的雪山等融为一体。这些 S 艇同时将船艏甲板涂成红白相间的色块。这一防止被本方空军误击的做法来自于意大利海军的经验，不过这样一来在一定程度上削弱了甲板涂装的效果。同时，和那些神出鬼没的德国袭击舰一样，S 艇通常备有多面同盟国的旗帜，必要时会降下海军旗，改挂英国或中立国旗，用以迷惑敌舰、敌机和海岸观测哨。

出击时间的选择也很重要。战争初期，得到强大空军支持的 S 艇支队还敢于在白昼航行并攻击，不过随着盟国海空力量的不断增强，S 艇被迫以夜晚出击为主。在战术选择上，S 艇从港口出发后，多按 6 艘一组的编队采取纵队开进，同时随时接收发自岸上的情报讯息，根据情报潜伏在靠近海岸的地方，或者潜伏在海湾或黑暗角落，等待良机。一遇到商船、货船或护航队通过时，它们就突然出击，许多运输船被打得措手不及。

S 艇攻击的原则是使用鱼雷，避免发生火炮交战，即"打了就跑"，而且 S 艇本身携带的鱼雷也不多，不适宜进行长时间的作战。支队的指挥官负责确定攻击目标和发射时间。不过攻击过后就采取分散撤离，以高速驶离战场避免使用火炮进行战斗是一条共通原则。为此，在选择目标时必须慎之又慎，避免可能招致对方炮火回击的目标。当遇有航速慢的非武装船只或火力弱的小型舰只，S 艇偶尔也会使用火炮群起而攻之。平心而论，S 艇上炮手的射击精度只算一般，高速运动的快艇在惊涛骇浪中实在不能算是一个稳定的射击平台。1944 年下半年，传统的 6 艇编队改为由其中 3 艘负责攻击，另外 3 艘则扮演鱼雷运输艇的角色，其中装备有40毫米火炮的S艇往往司职殿后警戒。当接近目标时S艇慢速而安静地滑行，有时可以借助海峡中某处的浮标固定停止在海面上。目标选定后支队的S艇会集中向其发射鱼雷，其武器和战术思想和U艇部队相仿，差不多算得上是"海面上的狼群"。

皇家海军想了不少办法来"捕狼"，但无论是驱逐舰还是各种武装快艇都往往只能驱逐而非消灭。S艇各支队在出任务前会指定一个海面坐标为紧急会合点，所以当艇队遭遇攻击时，在四散逃离的情况下却总能在不久后重新集结编队。盟军往往惊讶于德国鱼雷艇无论在多么混乱的状况下依然能够归队，这其实是德国海军缜密战术设计的结果。

冰海沉船

1941年对于二战来说是具有关键意义的一年，德国进攻苏联和日本偷袭珍珠港都是在这一年，可以说，轴心国就是在这一年迈出了由盛转衰的第一步。不过对于S艇的官兵来说，能让他们焦虑的只有糟糕的天气，快艇只要一出海就很快会结上一层冰，有时候甚至鱼雷都会被冻在发射管里。直到4月中旬天气都非常恶劣，作战行动长期停滞，仅有的几次出海行动也只是出去布雷。而且补充依然不能满足作战需要，虽然从1940年5月开始，每个月都会有1到2艘S艇下水，到了11月份，这个数字更是增加到了5艘。整个1940年共有20艘新艇交付部队，但新艇并不能马上投入战斗，而老艇有的正在修理伤患，有的正在例行维护，有的则被用于训练。到1941年1月，西线S艇各支队编制为：第一支队（指挥官海因茨·比恩巴赫尔海军上尉）6艘（S-26—29、S-101、S-102）；第二支队（指挥官鲁道夫·彼得森海军少校）8艘（S-30、33、34、36、55、56、201、202）；第三支队（指挥官弗里德里希·科姆纳德海军上尉）5艘（S-54、S-57—60）；第四支队（指挥官尼尔斯·贝特吉海军上尉）4艘（S-11、22、24、25）。

整个1月和2月，由于天气太差，S艇仅出动了6次，不过由于海面上的盟国船只实在太多，仍屡有斩获。1月7日凌晨2时5分，第一支队的S-101（艇长乔治·克里斯蒂安森) 击沉 975 吨的英国货船 "H.H. 彼得森" (H.H.Petersen) 号。
2 月 6 日，第二支队袭击了 FN-101 护航队，凌晨 2 时 5 分，S-30（艇长克劳斯·费尔特海军中尉）击沉 501 吨的英国货轮 "棱角" (Angularity) 号；2 月 12 日，第一支队在谢林汉姆灯塔浮标附近伏击 FN-411 护航队；凌晨 1 时 25 分，S-102（艇长沃纳·滕格斯海军中尉）击沉 1355 吨的英国货船 "阿尔加维" (Algarve) 号。这艘船是 1940 年 4 月向丹麦购买的，已经在大西洋上跑了 20 个年头，没想到跟了新主人还不满一年就葬身冰海，还带走了 25 名船员。此战滕格斯还声称击沉了一艘 4000 吨级的商船，不过没有得到证实。但他还是在 2 月 25 日获得了 S 艇部队 1941 年的第一枚骑士十字勋章。无独有偶的是，这三位在恶劣气象条件下建功的艇长，都是后来的橡叶十字勋章获得者。橡叶十字勋章（全称为橡叶骑士铁十字勋章）是 1940 年 6 月设立的，不过严格说来这不是一种新的勋章，而是加上了银质橡叶徽饰的第二枚骑士十字勋章。获得者只有骑士十字勋章得主的大约八分之一，可见其珍稀程度。

　　2 月 25 日，德国人倾巢出动，攻击在洛斯托夫特 (Lowestoft) 附近发现

英国护航驱逐舰 "埃克斯穆尔" 号

的一支从伦敦开往格兰奇茅斯（Grangemouth）的 FN-411 护航船队。又是克劳斯·费尔特指挥的 S-30 首先发现目标，凌晨 2 时 4 分，他发射的鱼雷击中在船队外围巡弋的"狩猎"I 型护航驱逐舰"埃克斯穆尔"（Exmoor，英格兰西南部的皇家狩猎森林）号舰尾。这艘千吨级的轻型军舰被剧烈的爆炸重创了船体结构，泄露的燃料更是引起了一场迅速蔓延的大火，十几分钟后就在海面上消失了。146 名舰员中包括舰长兰帕德（R.T. Lampard）海军上尉在内的大多数人遇难，只有 32 人获救。

"埃克斯穆尔"号的沉没是一个警示，船队随即改变了航向，让第二和第三支队都扑了空，不过也因此在谢林汉姆浅滩（Sheringham Shoal）被第一支队抓住了尾巴。27 日凌晨 1 时 21 分，贝恩德·克鲁格海军中尉指挥的 S-28 一举击沉了英国货轮"米诺卡"（Minorca，1139 吨）号（一说同时被击沉的还有"水泥"[Cement，1350 吨]号）。19 名船员和 3 名乘客中有包括船长在内的 19 人遇难，只有 2 名船员和 1 名乘客获救。

3 月 7 日晚上，德国人迎来了更大的一次胜利，当时德国空军发现 FN-26 和 FS-29 两支护航船队位于克罗默（Cromer）和索思沃尔德（Southwold）附近海域，立即召唤 S 艇前往围猎。接到情报后，第一支队（S-26，S-27，S-28，S-29，S-39，S-101 和 S-102）与第三支队（S-31，S-57，S-59、S-60 和 S-61）分头出击。当时英国人的轻型舰艇严重不足，FS-29 护航队只有 1 艘驱逐舰和 1 艘护卫舰护送；FN-26 的兵力也只多了 1 艘驱逐舰而已，面对 12 艘凶狠嗜血的 S 艇，难免顾此失彼。FN-26 的"多泰雷尔鹬"（Dotterel，一种鸟，1385 吨）号首先在索思沃尔德的 6 号浮筒附近被第一支队弗瑞赫尔·冯·米尔巴赫海军中尉指挥的 S-29 重创，船长奋力操纵货船向岸边驶去试图搁浅，但是在途中就支撑不住而沉没了，8 名船员丧生，19 人被"翠鸟"级护卫舰"麻鸭"（Sheldrake，711 吨）号救起。接下来 1047 吨的"肯顿区"（Kenton，位于伦敦）号丧生于第三支队的 S-31（艇长汉斯·丁尔根·迈耶海军中尉，Hans Jürgen Mayer）之手，4 名船员死亡；第一支队贝恩德·克鲁格海军中尉指挥的 S-28 在克罗默的 8 号浮筒附近击沉了"科达夫河"（Corduff，位于新西兰，2345 吨）号，船员中有 14 人获救，2 人被俘，7 人失踪。

"黑麦"号

第三支队新服役的 S-61（艇长阿克塞尔·冯·格尔纳海军中尉，Axel von Gernet）战果最大，在谢林汉姆以南 10 英里处击沉了 4805 吨的"鲍尔普"（Boulderpool）号，幸运的是大概因为船大沉得慢的缘故，船员全都得以生还。而"黑麦"（Rye，1048 吨）号货船就没这么幸运了，她在克罗默附近被第一支队 S-27（艇长乔治·布希廷海军中尉）击沉，22 名船员和 2 名海军炮手无一幸免。

仿佛是一个天然而成的分水岭，半夜之前全是老式 S 艇的天下，而一过半夜，新服役的 S-100 型开始大展身手，第一支队 S-101（艇长乔治·克里斯蒂安森海军中尉）在克罗默以东击沉了 957 吨的"诺曼女皇"（Norman Queen）号货船，12 名船员和 2 名海军炮手死亡，只有 1 名船员幸运地被 S 艇救了上来。S-102（艇长沃纳·滕格斯海军中尉）也击沉了 FS-29 护航队 1547 吨的英国商船"托格斯通"（Togston）号，8 名船员丧生。

仅仅四天之后，正在雅茅斯东北航行的 FS-32 护航队遭到第一支队袭击。凌晨 1 时 57 分，1940 年新建的英国内燃机货轮"特维西欧"（Trevethoe，

5257 吨）号被 S-28 发射的一枚鱼雷击中，连同船上满载小麦一起沉入大海。艇长贝恩德·克鲁格海军中尉则因为累计已经达到 9 艘、总计 2 万吨以上的辉煌战绩而荣获骑士十字勋章。3 月 18 日凌晨零时 55 分，S-102（艇长沃纳·滕格斯海军中尉）又在袭击 FN-34 护航队的战斗中击沉英国征用的法国货轮"芫菜"（Daphne Ⅱ，1969 吨）号。3 月 23 日，第三支队在大雅茅斯附近海域袭击了 FS-41 护航队，S-31（艇长汉斯·丁尔根·迈耶海军中尉）和 S-61（艇长冯·格尔纳海军中尉）联手击沉了 1120 吨的英国货船"伍斯特"（Worcester）号。

随着损失越来越大，英国皇家海军对 S 艇的威胁当然不可能无动于衷，驱逐舰以下的轻型舰艇，特别是 MTB 鱼雷快艇和 MGB 摩托炮艇越来越多地投入到英吉利海峡，它们不仅像 S 艇一样破坏对手的海上交通线，而且还致力于追踪和袭击 S 艇。不过对于德国人来说，能够阻碍他们的首要因素永远是天气。在相当长的一段时间里，要么是能见度差无法出动，要么则是月光明亮容易暴露目标，出击的 S 艇好几次遭到英军水面舰艇炮击和飞机的扫射，幸运的是没有损失，当然也没有斩获。

整个海峡地区在 4 月上旬都弥漫着浓厚的雾气。4 月 17 日天气有所好转，

英国货轮"埃塞尔·拉德克里夫"号

三个支队共出动 21 艘 S 艇（第一支队 10 艘，第二支队 5 艘，第三支队 6 艘）执行布雷任务，共敷设 TMB 水雷 100 颗，同时还幸运地发现了英国护航队。18 日凌晨，第二支队（S-41、S-42、S-43、S-55、S-104）在大雅茅斯（Great Yarmouth）附近布雷时发现了 FS-64 护航队，随即展开攻击。1 时 55 分，S-43（艇长克劳斯·费尔特海军中尉）击沉了英国运煤船"埃弗拉"（Effra，泰晤士河支流，1446 吨）号；S-104（艇长茹德尔，Roeder）击沉荷兰货轮"涅柔斯"（Nereus，希腊神话中的一个海神，1298 吨）号；"埃斯科本"（Eskburn，472 吨）号货轮虽然未被 S-55（艇长迪特里希·霍瓦尔特海军少尉，Dietrich Howaldt）发射的鱼雷击中，却有 2 名船员被 S 艇的炮火打死；另一艘英国船"埃塞尔·拉德克里夫"（Ethel Radcliffe，5673 吨）号则受到 S-42（艇长蒙特兹，Meentzen）重创。这艘船似乎跟"17"这个数字犯冲，一个月后，即 5 月 17 日，又遭到德军空袭，这次终于被炸沉。

英国人随即还以颜色，3 艘摩托炮艇（MGB-59、60、64）在搜索中发现并袭击了在同一海域的第三支队 S-57 和 S-58，后者的船体和机舱多处被击中，轮机士官负伤。幸运地是由于防护钢板有效地保护了要害，最终该艇安全地返回了基地。这是英国皇家海军在长达半年的挫折后向 S 艇发出的第一声怒吼，也是一个信号明显的警告。显然，英国的海上护航力量在逐渐增强，特别是 MGB 的崛起。比起那些火力强大但太过显眼的驱逐舰来，速度、机动性和隐蔽性与 S 艇同样优良的摩托炮艇威胁更大。

4 月 29 日，第一支队（S-26、S-27、S-29、S-55）袭击了由 57 艘舰船组成的 EC-13 护航船队。但在驱逐舰的狙击下，只有 S-26（艇长库尔特·菲梅恩海军中尉）和 S-29（艇长冯·米尔巴赫海军中尉）联手击沉了一艘 1555 吨的英国运煤船"安布罗斯·弗莱明"（Ambrose Fleming，英国物理学家）号，1 名船员身亡。在返航的途中，S 艇遭到英国驱逐舰和炮艇的截击，S-39 和 S-40 在规避炮火时相撞；在泰晤士河口布雷的第三支队 S-58 和 S-61 则与 2 艘英国炮艇（MGB-61、59）遭遇。双方激战了 25 分钟，不过都没有给彼此造成什么严重伤害。S 艇也成功地敷设了 24 枚 TMB 水雷。

英吉利海峡似乎就很难有风平浪静的时候，5 月开始刮起了大风，连出

1943 年 10 月在土伦港的 S—58 艇，舰桥侧面为海豚徽标。

海布雷的任务都变得很危险，而从 5 月下旬开始，除了第二支队的 5 艘快艇
（S-41、47、53、62、105）留守外，战斗经验丰富的三个 S 艇支队相继离开
西线，回到波罗的海休整，准备参加即将到来的巴巴罗萨（Barbarossa）行动，
英国人终于暂时获得了喘息的时刻。

与熊共舞

在波罗的海，由于目标不像英吉利海峡这样多，加上苏联红海军在纸面
上远比东线的轴心国海军强大，S 艇的任务主要是布雷以阻止苏联舰艇从波
罗的海出击，偶尔也对落单的苏联船只进行攻击，波罗的海在很大程度上成
为了 S 艇的训练海域。同时还由第一支队拨出 3 艘 S 艇、第二支队拨出 2 艘
S 艇成立了第五支队，支队指挥官由刚刚晋升为海军上尉的贝恩德·克鲁格
担任。

6 月 22 日下午 18 时 48 分，战争爆发的第一天，S 艇就迫不及待地对苏
联商船露出了獠牙，第三支队的 S-59（艇长阿尔伯特·米勒海军中尉）和 S-60
（艇长齐格弗里德·武佩曼海军中尉）在哥特兰（Gotland）东南方的海面上

击沉了 3077 吨的拉脱维亚货轮"光明"（Gaisma）号，船长和 6 名船员遇难，2 人被俘，24 人获救；这是二战中第一艘被击沉的苏联船只。S-31（艇长海因茨·哈格海军少尉，Haag）则击沉了一艘苏联拖网渔船"舒卡"（Shuka，316 吨）号。20 时 6 分，第五支队的 S-28（艇长兰普，Wrampe）在塔林（Tallinn）附近俘获了 1080 吨的爱沙尼亚客货两用船"爱沙尼亚"（Estonia）号，包括船长和 29 名船员；22 时 48 分，第二支队在汉科半岛以南袭击了一支护航队，击沉了爱沙尼亚货轮"丽萨"（Liisa，990 吨）号，船员全部被俘，护航的苏联红海军 MO-238 号猎潜艇（56 吨，航速 28 节，2 门 45 毫米炮和 2 挺 12.7 毫米机枪）也被 S-44（艇长赫尔曼·奥彭霍夫海军中尉）击沉。同时 S 艇还积极进行了布雷行动，其中第二、第三支队各敷设了 24 颗 TMB，第五支队敷设了 30 颗 TMB；23 日第三支队敷设了 18 颗 TMB；24 日第五支队敷设了 36 颗 TMB。

6 月 24 日凌晨 2 点 32 分，S-35（艇长霍斯特·韦伯海军中尉，Horst Weber）和 S-60（艇长齐格弗里德·武佩曼海军中尉）在库尔兰半岛附近海域发现了苏联 S-3 号潜艇。有趣的是，这艘 1070 吨中型潜艇的原型是德国为西班牙设计的 E-1 号潜艇，后来在苏德关系的蜜月期，德方将设计图纸交给了苏联，后者进行了改进，建造了被西方称为"斯大林主义者"（Stalinets）级的 S.IX 系列潜艇，也是苏联红海军在二战中最成功的潜艇，击沉总计 82770 吨的商船和 7 艘军舰，战后还向新中国出售了 4 艘，构成了人民海军早期的水下突击中坚力量。

S-3 号是刚从被德军攻陷的里堡（Libau）港逃出来的。本来港内的军舰都接到了自沉的命令，S-3 的姊妹艇 S-1 号就被艇员自己凿沉了，但 S-3 号的艇长不愿意白白把船沉掉，他下令突围，而且还带上了 S-1 号等 3 艘自沉潜艇的艇员，以及海军工厂的技师和工人们。对于空间狭小的潜艇来说显然人太多了，有 100 多人实在塞不进船舱，只好挤在潜艇的甲板上，使得 S-3 号只能以不超过 5 节的速度在海面上缓慢地行驶着，成为一个绝好的靶子。

但是 S 艇运气实在不济，这样万无一失的鱼雷攻击居然落了空。两艘 S 艇不愿意放弃这绝好的目标，继续紧追不舍。由于无法下潜，苏联炮手们在甲板上的人群中艰难地调转 100 毫米和 45 毫米甲板炮轰击 S 艇，后者也用 20 毫米炮还击，造成潜艇甲板上 4 人负伤，S 艇还不断使用深水炸弹进行攻击以破坏潜艇的水密结构。经过长时间毅力和技巧的较量，最终 S-3 号潜艇于 3 点 39 分被击沉，大约 20 人被 S 艇救起，但据称都在战俘营里受尽折磨后悲惨地死去。

6 月 26 日凌晨，第二（S-42、S-43、S-44、S-104、S-105、S-106）和第五支队（S-28、S-46、S-47）奉命前往达戈（Dagø）北部执行布雷任务。结果苏联人也看中了这片海域并早一步布置了水雷区，S-43 和 S-106 因此触雷沉没，19 名艇员死亡，这是第一批在东线损失的 S 艇。不过当天深夜，S 艇成功地还以颜色，S-35 俘获了最后一艘离开利鲍港的鱼雷快艇第 47 号。次日凌晨，再次出动执行布雷任务的双方狭路相逢，由 S 艇护航的扫雷舰队在里加湾北部的厄本海峡（Irben Straits）发现了正在布雷的苏联舰队，后者由 5 艘驱逐舰、1 艘扫雷舰和 3 艘猎潜舰组成（德国人则称他们看到了 7 艘驱逐舰和"基洛夫"号重巡洋舰）。在此之前，苏联人已经成功布下了近 500 颗水雷。

虽然实力较弱，但习惯以攻为守的 S 艇抢先发动了突击。21 时 30 分，苏联"前哨"（Storozhevoy）级驱逐舰的首舰"前哨"号遭到 S-31（艇长海因茨·哈格海军少尉）和 S-59（艇长阿尔伯特·米勒海军中尉）的鱼雷攻击，一枚鱼雷将整个舰首炸毁，之后拖往列宁格勒修理，并将停止建造的"火力"级驱逐舰"组织"号的舰首部分切割下来焊接在该舰上，因此舰首原本的 2 门单装 130 炮，也更换成了"火力"级的 1 座双联 130 炮。修理过程中于 1942 年 5 月 24 日又再遭德国飞机炸伤，结果前后修了整整两年才重新服役。

在"前哨"后中雷后不久，S-35（艇长霍斯特·韦伯海军中尉）和 S-60（艇长齐格弗里德·武佩曼海军中尉）对 T-208 "滑轮"（Shkiv）号扫雷舰（441 吨）一连发动了三次攻击，终于用鱼雷将其击沉（一说该舰于 6 月 24 日在塔林触雷沉没）。此外 S-59 和 S-60 还声称用鱼雷击沉了一艘苏联潜艇 S-10 号（与 S-3 号同级）。对于该艇的沉没，由于没有生还者，苏联资料也语焉不详，只是称其于 6 月 26 日触雷沉没。而在其他舰艇的混战中，则是火力明显不足的德国人吃了暗亏：扫雷艇 R-205 中弹下沉，扫雷舰 M-201、R-203 被重创，R-53、

正遭到苏军炮击的S—47

苏联"前哨"号驱逐舰

苏联"大胆"号驱逐舰

R-63、R-202 轻伤。

进入 7 月之后,各支队也尝试像在英吉利海峡那样大胆出击,但战绩并不是很理想。7 月 4 日晚上 22 时许,第三支队敷设了 30 颗 TMB 水雷,第二天早上就有拉脱维亚货轮 Rasma 号(3204 吨)触雷搁浅。这艘船直到 5 天以后才被德国人发现,轰炸机和 S-26、S-28 接踵而至,将该船炸沉,不过此前所有船员都已经获救。7 月 21 日,S-29(艇长曼弗雷德·施密特海军上尉,Manfred Schmidt)用火炮击沉了苏联鱼雷快艇第 71 号。27 日早上,S-55(艇长霍斯特·韦伯海军少尉)和 S-54 在厄本海峡袭击了"前哨"级驱逐舰"大胆"(Smeliy)号,希尔伯·瓦格纳海军少尉指挥的 S-54 将"大胆"号重创(苏联人则坚称该舰是撞上了一颗水雷),由于伤势太重无法拖曳,苏联人只得让第 73 号鱼雷快艇将其击沉。次日 S-57 和 S-58 又用炮火击沉了 253 吨的拉脱维亚破冰船"拉克普勒瑟斯"(Lachplesis)号。

8 月 2 日,第二支队敷设 36 颗 TMB;11 日,第二、五支队分别敷设了 24 颗 TMB 和 47 颗 EMC 型触发水雷;13 日晚上,第二、五支队再次出动布雷,分别敷设了 18 颗 TMB 和 28 颗 EMC。8 月 14 日晚上,一支苏联护航船队驶入雷区,T-202"浮标"(Buj)号扫雷舰(与"滑轮"号同级)、苏联运输船"沃德尼克"（Vodnik，1251 吨）号和立陶宛货船"乌田纳"（Utena，542 吨）号被炸沉。

水雷取得的战果虽然和西线比起来不值一提，但是相比之下破交战的成绩就更加惨不忍睹，海面上空空荡荡的，让 S 艇有力无处使。8 月 12 日晚上，第一支队好容易抓住了一支苏联小型舰艇编队，用鱼雷击沉第 41 号小型扫雷艇（140 吨）。第三支队的 S-58 表现更突出一些，17 日和 19 日晚上，在艇长埃伯哈德·盖格尔海军少尉的指挥下，该艇两次潜入苏军锚地夜袭，先后用鱼雷击沉第 80 号扫雷艇（140 吨）和 T-51"蛇"（Pirmunas，210 吨）号扫雷舰。

8 月 25 日，第三支队执行了在东线的最后一次任务，敷设了 30 颗 TMB。随着天气的变化和苏联红海军的大踏步后退，S 艇在波罗的海的行动早早地终止了，第一支队调往温暖的黑海继续和苏联人厮杀，第二和第五支队返回北海去找英国人的晦气，第三支队则接受了前往地中海的特殊任务。

再创辉煌

俗话说鱼与熊掌不可兼得。为了入侵苏联，德国人不得不在西线采取守势。6 月 1 日，奉命从北海转移到英吉利海峡换防的第四支队（S-19、S-20、S-22、S-24、S-25）抵达鹿特丹，德国人为这支生力军的到来欢欣鼓舞，不过由于兵力不足和天气恶劣，第四支队很少像它的前辈们那样出海寻猎，绝大多数时间都是在英国沿海勤勤恳恳地执行单调苦闷的夜间布雷任务，因此在海上的战绩平平，整个六月只有一个富有喜剧色彩的鱼雷攻击战果。

6 月 2 日，德国空军在克罗默海岸附近发现了一艘英国航空母舰，由 1 艘驱逐舰和数艘扫雷艇护航，不过投光了炸弹也没有击中。第四支队立即出击，借着空军指示的方位很快找到了目标，而挡在面前的只有一艘"海鸥"(Shearwater) 号护卫舰。对 S 艇来说，这是一个轻松的任务，S-22 (艇长卡尔·埃哈德·卡歇尔海军中尉，Karl-Erhard Karcher，1918—1973) 很快绕过英舰的堵截，进入有利阵位发射了两枚鱼雷，全部命中目标；随后 S-24 (艇长冯·米

假航母的前身"新西兰尼克"号货轮

尔巴赫海军中尉）发射的一枚鱼雷也击中了航母，第四支队得意地迅速返航并报告上级，他们击沉了"竞技神"（Hermes）号航空母舰！

不过事后经过情报分析得知的情况却让人哭笑不得。原来二战初期，由于英国四面受敌，军舰东抽西调，不敷使用。为了迷惑德国海军，英国人想出了一个主意来隐瞒本土舰队的虚弱，那就是在商船甲板上搭建木质上层建筑，伪装成战列舰或者航空母舰等主力舰。经过仔细考虑之后，他们选中了白星航运公司的"新西兰尼克"（Zealandic，白星公司的轮船船名一律以字母 ic 结尾，例如大名鼎鼎的"泰坦尼克"号）号货轮来扮演"竞技神"号航母。这艘 1911 年建造的远洋货轮排水量 7924 吨，专门用于将新西兰的羊毛运回英国。由于航速较高，曾成功从 U-39 号潜艇的追击下逃脱。几易其主以后，她被皇家海军征召，改造为一艘外观上与"竞技神"号十分相似的假航母，命名为 Tender-C 号。由于该船空有一个航母的架子，不但没有舰载机可用，连可以防身的火炮都没有，所以她只敢在英国海岸时不时地出没一下，倒也成功地混过了一年多的时间，既没有被德国人发现真相，更没有遭到攻击。但正所谓走得山多遇着虎，就在其结束了假航母使命，准备前往查塔姆改头换面，重新干回货船老本行的前一天先后遭到了德国飞机和 S 艇的攻击，终于葬身大海。而第四支队聊以自慰的是虽然没有想象中那么大的战果，好歹也是击沉了一艘大型货轮，不算徒劳无功。S-22 艇长卡歇尔虽然这次空欢喜一场，但后来还是靠战功荣获骑士十字勋章。

为"新西兰尼克"护航的"海鸥"号护卫舰属于"翠鸟"级，是海峡破交战之初 S 艇最容易碰到的对手。这种小型护卫舰是英国为了在保有大量护航军舰的同时，规避 1930 年伦敦海军条约的限制而于 1934—1939 年间建造的，共有 3 型（即翠鸟型、三趾鸥型和海鸥型）9 艘，其区别主要在于尺度和吨位有所不同。"翠鸟"级的设计十分简单，整个布局就是缩小版的驱逐舰，同时吨位不超过 600 吨，结果导致其完全不适应二战的护航要求。首先是工艺繁琐，由于按照海军舰船的高标准建造，而且采用了蒸汽轮机（最大航速20 节），不适合战时大量生产；其次就是吨位太小，燃料搭载量低，续航力较为有限；再次就是火力薄弱，由于设想的主要对付目标为潜艇，主炮仅为 1门 4 英寸炮，速射武器则只有几挺维克斯机枪，后来才换装为 2 门厄利孔 20毫米炮，自卫尚可，想在护航战中压制 S 艇则很难。

英国"海鸥"号护卫舰

6 月 6 日和 10 日，第四支队两次冒着巨浪出海，敷设了 10 颗 TMA 水雷。21 日凌晨 1 时 59 分，英国货轮"煤气炉"号和"肯勒斯·霍克斯菲尔德"（Kenneth Hawksfield, 1546 吨）号驶入这片雷区，结果双双触雷，前者半年前曾经被 S-24 击伤而大难不死，但这次却未能幸免，两艘货轮都被炸沉。6 月 16 日夜间，S-20、S-24 和 S-25 潜入到克罗默海区的 57 号浮筒附近，布下了 6 颗 TMB 水雷，23 日凌晨 1 时 47 分，英国货船"赫尔·崔德尔"（Hull Trader, 717 吨）号在这里触雷沉没。19 日，S-22 和 S-20 在出海布雷时与 3 艘英国 MGB 遭遇，进行了一番短暂的交火后成功脱身。25 日第四支队转移到法国瑟堡的新基地，不过 25 日和 28 日的两次出击都无果而终。

进入 7 月之后，支队得到了 3 艘新快艇：S-107、S-49 和 S-50，但仍然是因为天气因素，整整一个月，第四支队只出海三次，而且都是执行布雷任务。毫无战果的日子让人腻烦，遂于月底转移到布洛涅，不久又移往鹿特丹，准备换换运气。也许真是新家有新气象，很快 S-49（艇长马克思·京特海军中尉，Max Günther）于 8 月 11 日凌晨零时 58 分，在多佛尔海峡击沉了一艘 1548 吨的英国货船"罗素爵士"（Sir Russel）号；19 日，冯·米尔巴赫指挥的 S-48 又击沉了 1971 吨的波兰货轮"琴斯托霍瓦"（Czestochowa）号，并重创 2774 吨的英国货轮"德尔伍德"（Dalewood）号。

9 月 7 日凌晨 1 时 23 分，S-50（艇长卡尔·埃哈德·卡歇尔海军中尉）击沉了 478 吨的英国货船"登凯瑞"（Duncarron，特指中世纪苏格兰的一种带有防御功能的村庄模式）号；S-52（艇长卡尔·米勒，Karl Müller）击沉了 1436 吨的挪威商船"埃克斯汉格"（Eikshaug）号。17 日凌晨 1 时 34 分，S-50 发射的鱼雷击中 5389 吨的英国运输船"特特拉"（Tetela，刚果的一个少数民族）号；S-51（艇长汉斯·丁尔根·迈耶）则击沉 4762 吨的英国商船"特丁顿"（Teddington，伦敦市的一个郊区）号。第四支队的骚扰终于惹来了英国皇家空军的怒火，后者于 10 月 3 日轰炸了鹿特丹，S-107 受到重创，被送入船厂修理了整整八个星期；S-51 和 S-52 也受了轻伤。

当 10 月 9 日第二支队（S-41、47、53、62、104、105）在新任支队指挥官克劳斯·费尔特海军上尉率领下从东线返回后，西线的战斗变得更加激烈

英国货船"切温顿"号

英国油轮"沃·迈德尔"号

起来，而 S 艇将近半年时间的"消极"逐渐降低了英国人的警惕性，护航制度的执行开始变得不那么严格了，而这又使后者付出了更多血的代价。

10 月 13 日，第二支队归来后首次出手，就在克罗默海区击沉了两艘商船：凌晨 1 时 52 分，S-53（艇长彼得·布洛克海军中尉）击沉 1768 吨的挪威货船"罗伊"（Roy）号；S-105（艇长迪特里希·霍瓦尔特）击沉 1537 吨的英国货船"切温顿"（Chevington，英格兰的一个村镇）号。11 月 19 日深夜，第二支队偷偷摸摸跑到第 56 号浮筒伏击由大雅茅斯驶出的、由 4 艘驱逐舰和 2 艘武装拖网渔船护航的 FS-650 运输队。该运输队规模相当庞大，多达 59 艘船只，护航军舰根本照顾不过来。

最先被击沉的是的"沃·迈德尔"（War Mehtar，5502 吨）号。20 日凌晨 2 时 7 分，这艘皇家海军在一战时期大量建造的 Z 级油料运输船被 S-104（艇长 Rebensburg）发射的一枚鱼雷击中后引发燃油爆炸，严重起火，最后在一连串的爆炸中断成了两截。好在弃船得早，所有船员都成功逃生。接下来 S-105（艇长迪特里希·霍瓦尔特）击沉了 1159 吨的英国运煤船"阿鲁巴"（Aruba，

1942 年初在西线的 S-62，注意鱼雷发射管的盖子是打开的。

加勒比海岛屿，今属荷兰）号；S-41（艇长布洛克，Block）在第 55 号浮筒附近重创 2462 吨的"沃丁"（Waldinge）号，这艘英国货轮比"阿鲁巴"号多挣扎了一会儿，但最后还是沉没了。这三艘船的船员各有 1 人丧生。

正所谓乐极生悲，高速撤出战场的 S-41 为了避免撞上错误转向的 S-62，却和 S-47 发生了严重的碰撞，后者伤势较轻，在 S-104 的保护下由肇事的 S-62 拖回了鹿特丹；但 S-41 就没那么幸运了，她严重受损，机舱进水，艇员们经过很大的努力才使它没有沉没，但却失去了航行能力。S-35 和 S-105 也只得停下来先把 S-41 的艇员转移过来。

这时英军第六炮艇支队的 MGB-64 和 MGB-67 突然出现在 S 艇面前开火，她们是根据海岸雷达的指引来进行伏击的。这 2 艘 BPB-70 型炮艇装有 1 门 2 磅炮、1 门 20 毫米炮和 2 座双联装 7.7 毫米机枪，最大航速能达到 42 节，不过此时 MGB-64 的三台帕卡德汽油引擎中有两台出了故障，航速锐减到 18 节，若不是撞击事故，根本无法追上 S 艇。4 艘快艇像电影《怒海争锋》里的风帆战舰一样在平行的位置上进行残酷的炮火决斗。虽然 MGB-64 被 S 艇的反击炮火击毁了 20 毫米炮，但本来就失去了机动力的 S-41 则在双方的弹雨中伤上加伤，遍体弹孔。最后，弹药消耗过大，自感无法在英国援兵到来之前消灭两艘摩托炮艇的德国人决定放弃已经半沉的 S-41 撤退。而英国人也未能得到这个宝贵的战利品，伤势过重的 S-41 很快沉入海底，MGB-64 只来得及将艇上的纳粹旗帜取下作为战利品带回。

虽然英国人的动作越来越积极，但仍然无法遏制 S 艇的猖獗。德国人每次出击都很谨慎，平时躲在基地里等情报，一旦判断出英国护航队进入伏击圈，或者护航力量减弱，一到两支 S 艇支队就会登台表演，在护航队经过的航线上集中发动一系列突然袭击，使盟国护航队损失惨重。

11 月 23 日夜里，第四支队的 5 艘 S 艇（S-50、S-51、S-52、S-109 和 S-110）在奥福德内斯（Orfordness）以东的 55A 号浮筒和 56 号浮筒附近攻击了 FS-654 护航队。24 日凌晨 1 时 59 分，英国油轮"弗吉利亚"（Virgilia，5723 吨）号被 S-109（艇长 Bosse）击沉、荷兰商船"赫龙洛"（Groenlo，荷兰东部城市，1984 吨）号被 S-52（艇长卡尔·米勒海军中尉）击沉；2 时 5 分，英国商船"布

英国商船"布莱尔维尼斯"号

莱尔维尼斯"（Blairnevis，4155 吨）号被 S-51（艇长汉斯·丁尔根·迈耶）击沉，这三艘盟国商船共有 33 名船员和 7 名海军炮手遇难。虽然两艘护航的驱逐舰都报告自己击沉了 S 艇，但实际上袭击者无一损失。

11 月 28 日，第四支队在克罗默西北方布雷时，发现了 FN-564 护航队，对这个好机会德国人自然不肯放过。凌晨 1 时 4 分，S-51（艇长汉斯·丁尔根·迈耶）在 58A 号浮筒附近击沉 2848 吨的英国运煤船"柯尔玛什"（Cormarsh）号；S-52（艇长卡尔·米勒海军中尉）的鱼雷则击中了 2840 吨的英国货船"帝国纽科门"（Empire Newcomen，纽科门是英国第一台实用型抽水蒸汽机的发明者）号，后者带着 10 名船员一起沉没；S-64（艇长 Wilcke）也击沉了 699 吨的英国油船"艾斯佩尔提"（Asperity）号，船员中有 10 人遇难。英国炮艇MGB-86 和 MGB-89 前来截击无果，MGB-89 号却反被击伤。

第四支队的连战连捷使支队指挥官尼尔斯·贝特吉（Niels Bätge，1913—1944）海军上尉于 1942 年 1 月 4 日获得了该年的第一枚骑士十字勋章。贝特吉并非 S 艇艇长出身，而是在"尼俄柏"号训练舰、"卡尔斯鲁厄"号轻巡洋舰、

Z-10 号驱逐舰、T-2 号和 T-20 号雷击舰等多艘大中型战舰上任职。贝特吉后来于 1943 年 9 月调任 Z-35 号驱逐舰舰长，1944 年 12 月 12 日在芬兰湾执行任务时触雷。弃舰后他和同一艘救生艇上的 24 名船员竭力求生，但最终都被冻死，是 S 艇历任支队指挥官中命运最为悲惨的一位。

进入 12 月以后，两个支队在大自然的威力面前被迫转入常规的纯粹布雷期，第二支队进行了三次布雷行动，第四支队则进行了五次，总计敷设 30 颗 LMA、110 颗 LMB 型和 32 颗 TMB 型。这两种水雷一种是磁性水雷，利用钢铁船体产生的磁场来触发，另一种是音响水雷，利用引擎震动来触发。布雷的效果出乎意料的好，这个月就先后有 12 艘盟国商船掉进了死亡陷阱：

12 月 2 日凌晨 1 时 55 分，英国货船"不列颠船长"（British Captain，6968 吨）号触雷沉没；

12 月 6 日凌晨 1 时，英国货船"格陵兰"（Greenland，1281 吨）号触雷沉没；

12 月 7 日凌晨 1 时，英国货船"威尔士王子"（Welsh Prince，5148 吨）号触雷沉没；

12 月 8 日，英国货船"菲尔乐"（Firelow，1262 吨）号触雷沉没；

12 月 12 日，英国货船"杰摩尔堡"（Dromore Castle，爱尔兰凯利郡的一座古堡，5242 吨）号触雷沉没；

12 月 21 日凌晨零时 30 分，英国货船"本·马塞妮"（Ben Macdhui，英国第二高峰，6869 吨）触雷沉没；

12 月 22 日，希腊货船"斯戴赖勒斯·简德瑞斯"（Stylianos Chandris，6059 吨）号触雷沉没；

12 月 23 日凌晨 2 时 13 分，比利时货船"利奥波德"（Leopold，2902 吨）号和希腊货船"罗格斯·沃格蕾丝"（Rokos Vergottis，5637 吨）号触雷，前者受伤，后者沉没；

12 月 24 日凌晨 2 时，英国油轮"斯但芒特"（Stanmount，4468 吨）号和货船"贸易商"（Merchant，4619 吨）号触雷沉没；

12 月 25 日，英国货船"科尔梅德"（Cormaid，2848 吨）号触雷沉没。

到 1941 年年底，S 艇部队再一次骄傲地发现自己仅仅在西线就击沉了 29 艘商船，总吨位达 58854 吨，这还不包括被水雷炸沉和炸伤的那些船，而自身只在东线损失 2 艘，在西线损失 1 艘。但是德国人还没有看到自己的隐忧——或许有人看到了，却无能为力。随着帝国不断开辟新的战场，S 艇不断地分散到欧洲的各个海域。这年 10 月，为了表示对老吃败仗的意大利盟友的关怀，第三支队奉命从波罗的海转移到了地中海，并从 12 月 12 日开始在英国基地马耳他岛附近敷设水雷。在未来的日子里，德国还将在这片像舰船绞肉机似的海域陆续投入三个 S 艇支队。

马耳他绞索

1941 年 10 月 7 日傍晚，第三支队的 S-31、S-33、S-34、S-35、S-61 悄悄从威廉港出发驶往荷兰鹿特丹，取道莱茵河水系前往法国斯特拉斯堡。

这几艘 S 艇都属于 S-30 型，和 S-26 型一样采取了鱼雷发射管与艇体合一的先进设计，但艇长工作的舰桥却跟战前建造的 S 艇一样仍然安装在舵手室的前方，舰桥前面向上倾斜的边缘能够防止海上的喷雾妨碍作战。排水量 77 吨，其动力为 2000 马力的戴姆勒一奔驰 MB502 引擎，最大速度 36 节。与 S-26 不同的是，S-30 在艇首增加了一门 20 毫米机关炮，乘员 16 人。

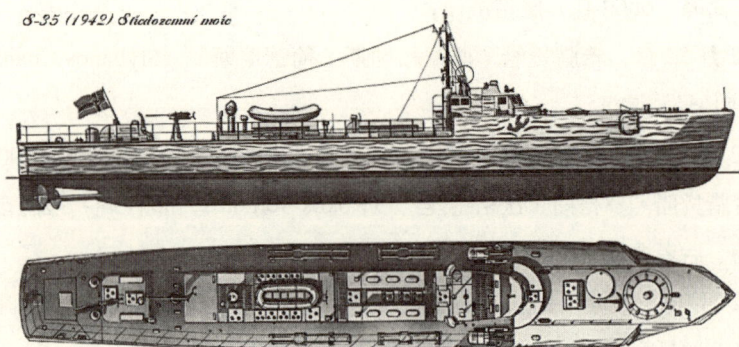

S-35 的二视图，指挥塔侧面为红色的龙虾艇徽。

值得一提的是，S-30 型最初的 8 艘艇本来是 1939 年中国海军订购的，编号为 C-4—11，电雷学校为此还预定了陆秀夫中队和许远（安史之乱时在睢阳血战叛军殉国的太守）中队的编制，但 1939 年 9 月，德国决定终止合同。这批艇于同年 11 月 23 日至 1940 年 7 月 11 日陆续竣工后都编入德国海军，编号为 S-30—37，加上后来续订的 S-54—61，S-30 型共 16 艘。

在斯特拉斯堡短暂停留后，S 艇驶经勃肯第地区，经桑河，入隆河，进抵里昂。直到此时谁都不知道究竟要去往何方，只是每艘艇都经过了仔细的伪装，艇尾的 20 毫米炮和鱼雷发射管都用临时焊接的电镀金属板遮盖起来，艇身漆成青黑色的德国辅助船只涂装；航行期间，那些改穿平民服装的水手们奉命禁止写信、禁止高声交谈、禁止上岸；甚至还增加了一些假的上层建筑使得看起来更像拖船。接下去的一段蜿蜒向南的水路才表明了最终的目的地——地中海。

之所以选择 S-30 型进入地中海是经过深思熟虑的，在所有 S 艇中，这一型的体形较小（长 32.76 米，宽 5.06 米，吃水 1.47 米），能够轻松地通过法国运河水道上那些密集的船闸，所以当接到非洲军团急需海军力量加入的时候，海军部首先就想到了这一型快艇。

11 月 18 日，地中海远征队到达意大利西北部的斯佩西亚（Spezia）港，在这里花了整整一个星期的时间来重新武装，恢复杀手本色，然后在 12 月 1 日到达西西里岛东海岸的奥古斯塔（Augusta）基地。第二批远征队在驶入隆河时适逢枯水期，为此耗费了 6 周时间，迟至次年 1 月才加入地中海战场。

从地形上，封闭而又宽阔的地中海并不适宜腿短的 S 艇像在英吉利海峡那样执行截击护航队的作战，更何况为了能从运河把鱼雷快艇输送到地中海，不得不选择了 S 艇众多型号中最小的 S-31 型，作战半径就更小了。所以第三支队在整个 1942 年上半年的任务就是每天在马耳他或者的黎波里（Tripoli）周围海域布雷，因为大量的英国船只会定期经过这里向在北非征战的第八集团军送去补给。12 月 12 日，远征队在马耳他港口周围布下了 73 枚水雷，这是第一次作战任务。此后 S 艇不时乘夜潜入马耳他附近，扔下这些致命的小玩意，使原本宽敞宁静的航道变得狭窄和危机四伏。

英国护航驱逐舰"索思沃尔德"号

1942 年 3 月 24 日，一支代号 MW-10 的庞大英国护航船队在击退包括意大利战列舰"利托里奥"（Littorio）和德国空军的攻击后，逐渐接近目的地马耳他。这时船队中的万吨级货轮"布雷克诺克郡"（Breconshire，英国威尔士原郡名）号被德机炸伤，英国"狩猎"Ⅱ型护航驱逐舰"索思沃尔德"（Southwold）号驱逐舰立即上前拖曳，但在航行到马耳他岛瓦莱塔港附近时，"索思沃尔德"不幸进入 S 艇的预设雷区，机舱位置触雷，1 名军官和 4 名水兵当场丧生，汹涌而入的海水很快淹没了机舱。该舰失去了所有电力供应，接着船体发生断裂，在人员全部转移后不久，就断成两截沉入大海。

1942 年 5 月，第三支队转移到克里特岛的新基地，继续执行布雷任务。5 月 7 日下午 14 时 37 分，执行布雷任务的 S-31（艇长海因茨·哈格）、S-34（艇长舒尔茨，Schulz）和 S-61（艇长阿克塞尔·冯·格尔纳海军中尉）在返航途中与 ML-130 号（73 吨，航速 20 节）突然遭遇。由于距离太近，这艘费尔米尔 B 型炮艇虽然装有 1 门 3 英寸炮和 2 门 20 毫米炮，但还没有来得及发挥火力优势，就在 3 艘 S 艇暴风骤雨般的炮火下被打成了漏勺。除了 4 人当场战死外，艇上残余的 1 名军官和 9 名士兵（包括 5 名伤员）举起了白旗，德国人在搜刮了他们想要的一切东西后，用炸药将因伤重无法航行的炮艇炸毁。3 艘 S 艇完好无损，只有 S-31 的 1 名艇员受了轻伤。第二天第三支队又在马耳他附近敷设了 20 颗水雷，1475 吨的英国货船"奥林巴斯"（Olympus）于 5 月 9 日在此触雷沉没。

在取得成果后不久，S 艇的水雷战很快就出现了乌龙事件。5 月 9 日晚上22 时，S-31、S-34 和 S-61 离开奥古斯塔基地前往马耳他岛附近布雷。德国人的效率依旧很高，他们在 10 日凌晨 4 时 14 分开始布雷，7 分钟以后就完成了包括 22 颗水雷的敷设工作。但在 S 艇起航准备离开雷区的一分钟后，S-31 发生了大爆炸，该艇于 4 时 38 分沉没，13 名幸存者（包括 2 名意大利海军观察员）被 S-61 救起，13 名艇员葬身大海。事后德国人分析，应该是 S-31 敷设的一枚水雷因电缆不知何故发生断裂而浮上水面，才造成了 S-31 的灭顶之灾。11 日英国辅助扫雷艇 C.308 号（154 吨）也在此触雷沉没。

5 月 17 日，第三支队在马耳他海域敷设了 24 颗水雷。由于距离马耳他太近，结果遭到岸炮轰击，S-34 被 La Valetta 炮台发射的炮弹击沉。26 日，由拖网渔船改装的英国辅助扫雷艇"涡流"（Eddy，195 吨）号触雷沉没；30 日，150 吨的"圣安格洛"（St.Angelo）号也触雷沉没，这是一艘由拖船改装的辅助扫雷艇。6 月 4 日，第三支队在托布鲁克海域袭击英国护航队，S-57

英国辅助扫雷艇"涡流"号

击沉由捕鲸船改装的猎潜艇"斗鸡者"（Cocker，305吨）号，该艇曾经参与击沉了德国王牌潜艇U-331号。S-54和S-56各自声称击沉了1艘5000吨级货轮，未得到证实。

6月14日，为支援被封锁的马耳他，英军决定分别从直布罗陀（Gibraltar）和亚历山大同时派出一支庞大的护航船队，前者代号"鱼叉"（Harpoon），由2艘航空母舰、1艘战列舰、3艘巡洋舰、17艘驱逐舰和4艘扫雷舰保护5艘货船、1艘油轮；后者代号"雄壮"（Vigorus），由12艘巡洋舰、26艘驱逐舰和2艘扫雷舰护送11艘货船。可以说是规模空前的护航阵容。

"雄壮"护航队首先被发现，一路上不断遭到德意空军的袭击，2艘货船被炸沉，2艘巡洋舰和2艘货船被炸伤。在行驶到潘泰雷利亚（Pantellaria）岛附近海域时，第三S艇支队也加入了袭击者的行列，6艘S艇（S-54、55、56、58、59、60）兵分两路，打算从南北两个方向同时夹击护航队。然而皇家海军的防护网实在太密集，每次S艇的突击都被猛烈的火力逼退。

英国"纽卡斯尔"号巡洋舰

15 日凌晨 3 点，齐格弗里德·武佩曼少尉指挥的 S-56 终于成功地突破了外围驱逐舰的防护圈，在距离"纽卡斯尔"号巡洋舰仅 400 米的地方发射了鱼雷，并成功地命中了这艘大型巡洋舰的舰首，撕开了一道 15 米长的口子。这艘满载排水量达 11350 吨的"城"级轻巡洋舰严重进水，航速下降到仅有 4 节，但在船员们的努力下终于暂时用木板堵住了缺口，最终被友舰拖回了亚历山大港，并立即用混凝土对缺口处再次进行了加固。但也仅此而已了，现有的设施无法彻底修复这样严重的损害，该舰不得不离开战场远涉重洋，于 1943 年 3 月到达美国纽约的布鲁克林海军造船厂，并在 7 个月后换上了一个崭新的舰首，这时候地中海战役早已经结束了。

齐格弗里德·武佩曼创造了 S 艇成功击伤敌方巡洋舰的第一个记录，再加上他早年作为 S-20 和 S-60 的艇长在西线和东线都立下了赫赫战功，三个月后，他被提升为海军上尉，并担任新建的第二十一支队指挥官。1943 年 4 月 14 日，他又获得了橡叶十字勋章。S-56 则于 1943 年 11 月 20 日在土伦港

英国"草率"号驱逐舰

修理时被美国轰炸机炸沉。

晚上 21 时 50 分，S-55（艇长霍斯特·韦伯海军中尉）抓住机会，用一枚鱼雷击中 H 级"草率"（Hasty）号驱逐舰，13 名船员被炸死，龙骨严重受损，两个锅炉房也全部进水。该舰终因伤势过重难以挽救，于 15 日被友舰"热刺"（Hotspur）号接走幸存船员后用鱼雷击沉。第二天，由于德国潜艇的袭击，Hermione 号巡洋舰又沉入了大海，英国人终于无法承受这样的损失了，护航队被迫调头离马耳他远去，"雄壮"行动功亏一篑。

"鱼叉"护航队一路上也因为屡遭意大利海军和德国空军的联合打击而损失惨重，但后者仍未能阻止船队继续向前的决心。但当船队行驶到离马耳他不远的时候终于碰到了大麻烦。由于久战疲劳，船队选取了一条进入港口的捷径，而包括第三支队在内的德意海军在一个星期之前正好在这里敷设了水雷区。皇家海军的 M 级驱逐舰"无敌"（Matchless，2660 吨）号、"狩猎"Ⅱ型护航驱逐舰"巴兹沃思"（Badsworth，1490 吨）号、"赫柏"（Hebe，希腊神话中的青春女神）号扫雷舰和 1350 吨的"奥拉里"（Orari）号货轮先后触雷，而波兰海军的"狩猎"Ⅱ型护航驱逐舰"旋律"（Kujawiak）号则被水雷严重破坏了水密结构，在拖曳中不幸沉没，146 名波兰水兵中有 13 人丧生，12 人负伤。"鱼叉"护航队的 6 艘商船最终仅有 2 艘抵达马耳他，而且其中的"奥拉里"号还因为触雷进水而被冲走了一部分货物。

由于第三支队在这次封锁之战中发挥了不小的作用，支队指挥官弗里德里希·科姆纳德也因此在 7 月 23 日获得了骑士十字勋章。这位曾经在 5 艘德国巡洋舰上服役过的老牌海军军官虽然从未作为 S 艇艇长亲自击沉过一艘盟军船只，却通过这次战役充分证明了其卓越的指挥能力。1943 年 7 月，他调往最高统帅部担任海军司令部少校参谋，战后加入西德海军，晋升为海军少将。

在挫败英国的增援行动后，第三支队的 6 艘 S 艇（S-36、54、55、56、58、59）又奉命前往托布鲁克海域。隆美尔元帅指挥的非洲军团已经将这个要塞团团围困，3.6 万名盟国守军几乎完全依赖海上补给线才能继续坚守下去。科姆纳德的新使命就是阻止所有为被围盟军提供援助的船只，包括布雷作战和攻击护航船队。6 月 20 日夜，一支由登陆艇和巡逻艇组成的小型船队试图溜过封锁线，结果被S艇截击。在混战中，英军有2艘辅助扫雷艇"奥莱洁尔"
（Alaisia，72吨）号和"帕克顿"（Parktown，250吨）号、2艘坦克登陆艇
LCT-119和LCT-150、2艘海岸巡逻艇ML-1039和ML-1069（46吨），以及
6艘步兵登陆艇LCS（Landing Craft Support，100吨）被击沉。其中"奥莱洁尔"
被S-54（艇长克劳斯·德根哈德·施密特海军少尉）击沉，LCT-150被S-55（艇
长霍斯特·韦伯海军中尉）击沉，"帕克顿"号被S-58（艇长盖格尔）击沉，
S-58也被重创。

被击沉的两艘LCT（Landing Craft Tank）属于MK-2型，长48.74米，宽9.45
米，吃水1.63米，标准排水量296吨，满载排水量460吨（一说535吨）；

英国货轮"罗切斯特城堡"号

美国货船"阿尔梅里亚·莱克斯"号

动力系统有两种，一为三台"纳皮尔"（napier）汽油引擎，一为两至三台帕克斯曼（Paxman）柴油引擎，马力从 920 至 1380 匹马力不等，速度在 9.5 至 11 节之间，续航力 2700 海里；武器为 2 门 2 磅（40 毫米）"砰砰"高射炮和 2 门 40 毫米博福斯高射炮，船员 12 人。这种登陆艇虽然个头不大，但装载能力不弱，可以携带 5 辆 30 吨或 4 辆 40 吨或 3 辆 50 吨坦克，或者 9 辆卡车，如果换成物资则可以携带 254 吨。这种登陆艇的设计初衷本来是用来进行两栖进攻，结果却在敦刻尔克和克里特岛两次大撤退中发挥了不小的作用。第三支队又打了一次战术上的漂亮仗，不过在战略上没有什么意义，因为第二天晚上托布鲁克守军就投降了。

8 月 11 日，一支有史以来最为庞大的护航船队从直布罗陀驶往马耳他，这就是"支座"行动。第二天晚上，第三支队的 S-58、S-59、S-30 和 S-36 在邦角（Cape Bon）和意大利海军的 MAS 鱼雷快艇一起向这支护航船队奋发起了夜袭。尽管英军护航舰艇的炮火依旧猛烈，但仍有 5 艘运输船被鱼雷击中。其中 7723 吨的美国货船"阿尔梅里亚·莱克斯"（Almeria Lykes）在 13 日凌晨 3 点 14 分，被 S-36（艇长布劳恩斯，Brauns）发射的一枚鱼雷击中；仅仅不到 30 分钟后，又再次被意大利 MAS-554 号的鱼雷击中。由于伤势太重，船员被迫弃船并将其自沉，好在全船 105 人都平安无恙。S-30（艇长霍斯特·韦伯海军中尉）发射的两枚鱼雷都准确命中了 7795 吨的英国冷藏船"罗切斯特城堡"（Rochester Castle）号，但她仍旧坚持航行，并第一个到达马耳他瓦莱塔港，然后在那里进行临时修理，堵塞破洞，直到 12 月该船才能再次出航前往埃及亚历山大港，再驶往纽约进行彻底修理。S-59（艇长阿尔伯特·米勒）击沉了英国商船"格伦诺奇"（Glenorchy，8982 吨），也有说法称该船系被 MAS 击沉。

黑海之殇

就在南线地中海捷报频传的同时，在东线黑海海域的战斗也非常激烈。大约从 1941 年 11 月 16 日起，整个苏联的克里米亚半岛除了塞瓦斯托波尔以外都已经控制在德国人的手中。为了夺取这个苏联海军的重要基地，第一支队（S-26、27、28、40、72、102）奉命从波罗的海转移到黑海港口雅尔塔，负责攻击塞瓦斯托波尔的海上补给线。像地中海支队一样，黑海支队同样在内陆经过了好一阵跋涉。这次复杂的调动直到 1942 年初夏才最终完成。在由车辆运送的一段旅程上由于艇身加车身的重量大大超过了许多桥梁的限重，不得不将艇上的武装一一卸除，最后直到把引擎也拆下来才能顺利过桥。这些 S 艇先是从基尔前往汉堡，然后经易北河驶至德累斯顿，在那里弃水登岸，藉由特殊的车辆通过英格施塔特（Ingolstadt）运载至林茨（Linz），从那里再次进入多瑙河，由船只运输到加拉茨（Galati）后安装上由铁路运来的引擎，才最终驶入黑海。

直到 1942 年 5 月 24 日，首批 S-26 和 S-28 才顺利到达罗马尼亚东海岸的康斯坦察（Constanta）港，刚好赶上针对苏联红海军在黑海最大基地塞瓦斯托波尔（Sevastopol）的攻势尾声。不过 6 月 2 日的第一次出击因为引擎故障半途而废，第二天第一支队第二批 S-27 和 S-72 也赶到康斯坦察；而再度出击的 S-26 和 S-28 则没有发现任何目标。此后几次出击都是毫无收获，反倒有了非战斗减员——S-26 于 6 月 10 日因火灾受损，被送往林茨维修。

6 月 12 日，第一支队转移到克里米亚（Crimea）半岛西部的新基地 Ak Meet，这里更方便攻击苏军的海上交通线。19 日凌晨 1 点 48 分，S-102（沃纳·滕格斯海军上尉）为 S 艇在黑海的行动首开记录，在克里米亚以南水域击沉 1 艘 2048 吨的客货轮"比亚韦斯托克"（Belostok，波兰东北部城市）号。这艘船上除了 117 名船员外，还有 375 名伤员和 43 名乘客，其中仅有 69 名船员、75 名伤员和 3 名乘客生还，其他 388 人全都葬身大海。意大利的 MAS 也同样号称获得了这个战果。其他 S 艇直到月底仍然颗粒未收，经过搜集情报发现，苏联舰船得到指令，一发现闪烁的火光就采取规避动作，这恰恰是采取火药发射的鱼雷快艇所难以避免的突出特征，因此 S 艇发射的鱼雷都被幸运地躲过去了。

7 月 3 日，德军占领了塞瓦斯托波尔，这天 4 艘 S 艇（S-102、S-28、S-40、S-42）与 2 艘从塞瓦斯托波尔出动的苏联巡逻艇 SKA-0112、0124 号遭遇。后者为 MO-24 型，装备 45 毫米炮，口径较大但射速较慢，再加上 S 艇在数量和航速上占据绝对优势，所以 2 艘苏联巡逻艇最后都被击沉。但苏联人的抵抗也相当顽强，S-40 的鱼雷发射管被击中引发爆炸，快艇本身受到重创，被迫进厂修理了很长一段时间，1 名军官和 9 名水兵负伤；S-28 也有 1 名水兵在战斗中身亡。塞瓦斯托波尔战役结束后，第一支队剩下的 4 艘 S 艇转移到克里米亚半岛东南部的伊万·巴巴（Iwan Baba）基地，新任务包括攻击苏军在高加索（Caucasian）地区沿岸的运输线，同时为德军自己的船只护航。

8 月 1 日，乔治·克里斯蒂安森接任第一支队指挥官，比恩巴赫尔调到 Z-23 号驱逐舰任职，后任 Z-24 号驱逐舰少校舰长，战后加入西德海军，官至海军少将。这时德军开始攻打仅次于塞瓦斯托波尔的大型基地新罗西斯克，由于战事不利，大批苏联军舰和商船开始离港东撤塔曼半岛，这给了 S 艇可乘之机。8 月 10 日，S-102 再次出手，击沉客货轮"塞瓦斯托波尔"（Sevastopol）号。该船排水量 1339 吨，最大航速 11 节，1896 年建造，原属于黑海国家运输公司，1942 年 3 月 4 日编入黑海舰队充任运输船。在遭到袭击时，该船正搭载 199 名伤员和约 850 名其他乘客，在第 18 号巡逻艇的护送下从图阿普谢驶往波季港。凌晨 1 时 20 分，鱼雷突然击中了轮船，由于事先毫无察觉，船上大多数人都在睡觉，所以伤亡特别重大，共有 924 名船员和乘客遇难，仅 130 人被"盾牌"（Shield）号拖网渔船救起，这是 S 艇在东线制造的最大一起海上惨案。

仅仅三天之后，S-102 和 S-28（艇长卡尔·弗里德里希·金策尔，Karl-Friedrich Künzel，1918—1998）联手击沉苏联"约翰·汤普森"（Jan Thompson/ Zhan-Tomp）号货轮。该船排水量 1988 吨，最大航速 10 节，服役于 1903 年，1942 年 4 月 18 日编入黑海舰队，装备了数量不详的 45 毫米、37 毫米机关炮和 12.7 毫米机枪。13 日凌晨 3 时 25 分，满载 600 吨面粉的"约翰·汤普森"号在 T-401"拖网"（Tral）号扫雷舰和 2 艘巡逻艇的护航下驶往图阿普谢。21 时 45 分，在拉撒路和索契之间的海域，2 艘 S 艇对其发动突然袭击，两枚鱼雷命中机舱，5 名船员当场身亡，整个船体中部几乎被完全炸毁，7 分钟后即沉入大海，索契港出动的巡逻艇则及时救起了包括 4 名伤员在内的 37 名船员。9 月 3 日凌晨 3 时 20 分，锚泊在萨马拉的黑海舰队遭到第一支队偷袭，

S 艇一共发射 9 枚鱼雷，击沉 4 艘苏军船只，其中"无产阶级"（Proletariat）号拖船和被 S-27（艇长赫尔曼·比希廷海军中尉）击沉，第 41 号扫雷艇被 S-72（艇长 W.施耐德海军中尉）击沉，S-102 击沉了"顿河畔的罗斯托夫"（Rostov Don，罗斯托夫州的中心城市，270 吨）号，S-28 击沉了 300 吨的"欧缇贝儿"（Oktjabr，苏联很多少数民族共和国都有类似名称的村庄，如阿塞拜疆、吉尔吉斯斯坦等）号。9 月 27 日，S-26（艇长库尔特·菲梅恩）击沉"顿河"（Don，447 吨）号。

S-102 的艇长沃纳·滕格斯即使在英杰辈出的 S 艇部队中也属于佼佼者。他早年在"石勒苏益格-荷尔斯泰因"号战列舰和"格拉夫·斯佩海军上将"号装甲舰上服役，西班牙内战结束后转入 S 艇部队，历任 S-19、S-24、S-26 和 S-102 艇长，不过大多数战果和荣誉都是在 S-102 获得的。1941 年 2 月 25 日，他荣获骑士十字勋章并晋升为海军上尉，1942 年 11 月 13 日荣获橡叶十字勋章。1943 年 9 月后他被调往海军司令部从事希特勒青年团（Hitler-Jugend（help·info，纳粹准军事组织，旨在青少年中培养信仰纳粹的未来军官团）训练工作。截止此时，他已经执行了 281 次战斗任务，击沉 18 艘盟军舰船，总吨位 8.62 万吨，而这个纪录直到两年后战争结束时仍无人能够超越，堪称 S 艇部队当之无愧的第一王牌艇长。

总的来说黑海 S 艇的表现并不很突出，德国人主要的海上战果还是依靠飞机和水雷。由于兵力不足（最少的时候只有 2 艘 S 艇能够出击），德国人不得不向他们一向看不大起的意大利求援，同时还编入了 2 艘俘获的苏联 G-5 型鱼雷快艇第 47 号和第 111 号以作补充。整个 1942 年 S 艇声称共击沉包括油轮、货轮和驳船在内的 19 艘苏联船只，但是从保密程度高且完善度很差的苏联档案上则查不到那么多。不过仅看已经确认的战果，黑海 S 艇造成的人员死亡却是非常惊人，而自身的损失也只有 1 艘，并且和这片海域的名字一样充满了黑色幽默：9 月 8 日，由于 S-72 发射的一枚鱼雷鬼使神差地在海面上兜了一个大圈子后向自己一方奔来，结果正好命中战功显赫的老王牌艇 S-27，将其彻底摧毁，艇员有 12 人丧生，3 人重伤。不知道是不是因为两年前对"梅克内斯"号的屠杀而受到了诅咒。

转 折

如往年一样，1942年开年的恶劣天气让西线 S 艇部队不得不长期呆在基地内"休整"，只是偶尔出去布雷。1月2日，第二支队敷设 LMB 和 TMB 各 18 颗；19 日，在克罗默敷设 42 颗 LMB；2月16日，在 55B 号浮筒敷设 24 颗在 Dungeness 敷设 32 颗水雷；新成立的第六支队随之被部署到空闲了很久的奥斯坦德港，支队指挥官阿尔布雷希特·奥伯迈尔海军上尉系出名门，他 1912 年出生于巴伐利亚，是一战德国海军名将希佩尔海军上将的后裔，这也是他在作为 S 艇艇长时表现并不出色却能很快成为支队指挥官的重要因素。第六支队下辖 8 艘 S 艇：S-18（艇长海因茨·尼切海军中尉，Heinz Nitsche）、S-19（艇长沃尔夫冈·赫敏海军少尉，Wolfgang Homing）、S-20（艇长格哈德·迈耶林海军中尉，Gerhard Meyering）、S-22（艇长赫伯特·维特海军中尉，Herbert Witt）、S-69（艇长奥古斯特·里希特海军中尉，August Licht）、S-71（艇长威廉·约平海军中尉，Wihelm Joppig）和 S-101（艇长丁尔根·格切克海军少尉，Jürgen Goetschke）。不过该支队很快就奉调北上挪威，直到 8 月份才又返回西线，所以并无多少建树。

现在英吉利海峡有了三个支队、26 艘 S 艇的兵力。显然德国人在东线重创了苏联红海军之后，又准备回到西线大干一场了。到 1942 年 2 月为止，西线 S 艇兵力如下：

第二支队（艾默伊登）：S-29、39、53、62、70、103、104、105、108、111。

第四支队（布洛涅）：S-48、49、50、51、52、64、109、110。

第六支队（奥斯坦德）：S-18、19、20、22、24、69、71、101。

2月11—12日，来自三个支队的 10 艘 S 艇（第四支队全部、第二支队的 S-39 和 S-108、第六支队的 S-69）难得地大规模出动，配合空军和驱逐舰掩护驻扎在法国布雷斯特港的三艘主力舰通过英国人鼻子底下的多佛尔海峡，抵达威廉港。在这里这些主力舰可以免遭皇家空军永无休止的空袭，最终目的地则是挪威，以截断西方盟国为苏联补气充血的海运线。

这次行动海空军进行了完美的协同，S 艇则负责掩护荷兰海岸线附近水域的安全，为了避免被自己的飞机误击，甲板都被涂成亮黄色。途中英军自然是倾尽全力进行攻击，但都被德军挡了回去。S 艇为这次行动付出的代价是 S-64 被"喷火"（Spitfire）式战斗机空袭击伤起火，4 名艇员负伤；而作为回应，S-69 则击落了一架"剑鱼"（Swordfish）式双翼鱼雷机。这次转移行动虽然顺利完成，但其实际结果是使 S 艇部队再次成为了英吉利海峡和北海上唯一一支可以对盟军舰艇发动进攻作战的德国水面舰艇部队，这个担子实在是太沉重了。而转移到挪威的主力舰队由于缺乏基础设施和燃料，也未能发挥太大的作用。

2 月 19 日夜里，第二支队（指挥官克劳斯·费尔特海军上尉）完成布雷任务返航时，在第 55B 号浮筒附近遭到英国人伏击。这已经不是第一次了，因为英国装备了新式的雷达。当 S 艇靠近英国海岸时，岸基雷达站可以迅速捕捉到其行动，而舰载搜索雷达又可以使闻警出击的皇家海军在视距之外就发现敌情，而 S 艇则往往要等到英国人开火之后才会发现自己已陷入重围。2 艘狩猎级护航驱逐舰、2 艘 ML 艇、2 艘 MGB 艇的猛烈火力迫使 4 艘 S 艇全速逃跑。结果在一片漆黑中，前一年的事故再次发生：S-39（艇长菲利克斯·齐马科夫斯基）和 S-53 撞到了一起，前者船壳被撕开一个大口子，舱内进水，但仍能自行返航，后者机舱大量进水，失去行动能力，为了避免被俘，艇长彼得·布洛克（Peter Block）海军中尉只得下令弃船自毁，艇员中有 18 人被英舰救起，7 人失踪。德国人冒险敷设的水雷阵也毫无用处，雷达站会根据 S 艇的活动轨迹测量出大概的雷区范围，然后通知船队进行规避。

很显然，研制能够装上 S 艇的小型雷达势在必行。不过技术上的事情不能一蹴而就，对 S 艇来说，有雷达要上阵，没有雷达创造条件也要上阵。2 月 28 日凌晨，第二支队再次在大雅茅斯海域敷设了 42 颗 LMB，当天就炸沉了瑞典货轮"黛儿若"（Thyra，丹麦公主，1796 吨）号；3 月 1 日零时 22 分，英国货船"大胆"（Audacity，589 吨）号触雷沉没；3 月 4 日，6675 吨的英国油轮"菲尔门辛"（Frumention）号触雷沉没；5 日 2 时 10 分，W 级驱逐舰"怀

英国运煤船"霍斯费瑞"号

英国驱逐舰"沃蒂格恩"号

特谢德"（Whitshed，1120吨）号触雷受伤；16日1时52分，4270吨的英国货船"库莱斯丁"（Cressdone）号触雷沉没。

3月10日凌晨，第二和第四支队在执行布雷任务时发现并袭击了一支护航队，2时10分，第二支队的S-70为西线S艇部队获得了1942年的第一个鱼雷攻击战果，击沉951吨的运煤船"霍斯费瑞"（Horseferry）号。艇长汉斯·赫尔穆特·克洛泽海军中尉（Hans Helmut Klose，1916—2003）作为新生代 S 艇艇长中的佼佼者之一，后来就任第二训练支队指挥官。S-105 也声称击沉了一艘 2000 吨级的商船，不过没有得到证实。

3 月 14 日深夜，德国海军无线电侦听部设在泽西岛上的监听站通过截取和分析无线电信号的大小、方向，在 37 号浮筒附近发现了 FN-55 护航队。他们及时将这个消息告知了 S 艇部队，第二支队的 6 艘 S 艇（S-29、62、70、104、105、108、111）分成两组出动。虽然英吉利海峡的春季气候一如既往的糟糕，3—4 级的强风加上倾盆大雨，但不足 150 米的能见度也给了 S 艇绝好的掩护屏障。15 日凌晨 1 时 28 分，S-104（艇长乌尔里希·勒德尔海军中尉，Urich Roeder）先拔头筹，击中了 V 级驱逐舰"沃蒂格恩"（Vortigern，源自英格兰第一个王朝盎格鲁·萨克逊王朝的创立者不列颠王的名字）号左舷尾部。这艘建自 1917 年的 1300 吨级战舰几分钟后就沉没了，舰上的 4 门 4 英寸炮和 2 门 40 毫米炮没能发挥多大作用，虽然舰上炮手的垂死一击也命中了 S-104。不过这枚击中舰桥的 4 英寸炮弹没有爆炸，只让 1 名机枪手受了轻伤。全舰有 110 人丧生，救援船只只捞起了 14 名幸存者和 10 具尸体。不过当时兴高采烈的德国人并没有想到，这是他们在 3 月份的最后一个战果，也是 1942 年前两个季度的最后一个战果，在长达将近四个月的时间里，西线 S 艇都颗粒无收。

"沃蒂格恩"号遇袭后，英国人立刻派出第七炮艇支队的 3 艘美制埃尔科 70 型摩托炮艇（MGB-87、88、91）前往追捕"凶手"，结果她们很幸运

遍体鳞伤的 S-111，可见艇上飘扬着英国旗帜，这是她最后的遗照。

地在上午 7:30 发现了因浓雾迷失方向的 S-111 正驶往荷兰海岸。接下来进行的战斗激烈而又短暂，以一抵三的 S-111 虽然竭力左冲右突，但由于在航速上相差无几，始终无法摆脱，在密集的弹雨下被打得遍体鳞伤，包括艇长保罗·波普海军中尉、副艇长弗里德里希·威廉·约平（Friedrich Wilhelm Jopping）海军中尉在内的 14 名艇员战死，余者只得缴械投降。英军兴奋地用木板堵上了船壳上的弹孔，准备把这个难得的战利品拖回英国。但接下来戏剧性的转折发生了。英国人在返航途中碰上了另外 3 艘 S 艇（S-29、62、104），MGB-91 遭到重创，英军只得放弃拖带 S-111，狼狈逃走，德军又反过来把 S-111 拖往艾默伊登港。但是下午 14 时，这些 S 艇遭到了 11 架英国喷火式战斗机的攻击，海空对抗持续了整整半个小时，德国人有 12 人负伤，其中 4 人伤势严重，不得不放弃了严重受损的 S-111 退走，最终这个三易其手的倒霉蛋在飞机的猛烈攻击下沉没了。

随着 S 艇成为德国海军的主要水面攻击力量，出于进一步改善作战效能的考虑，从 1942 年 4 月 20 日起，S 艇终于成为德国海军中的一个独立兵种，所有的 S 艇支队统归新任的 S 艇部队司令官（Führer der Schnellboote，简称 FdS）海军少校鲁道夫·彼得森（1905—1983）指挥。彼得森是石勒苏益格州阿尔斯（Als）岛人，一战德国战败后该岛被割让给丹麦，他对此非常不满，因此在 20 岁那年入伍。担任 S-9 艇长后，他参与了 S 艇进攻战术的制订。1939 年 8 月至 19401 年 10 月，他出任第二 S 艇支队指挥官。作为 S 艇部队中资历最老的艇长和支队长，彼得森对真正能够发挥 S 艇威力的地域非常清楚，他一直主张将 S 艇优先安排在英吉利海峡，以便让它们发挥更大的作用。最终他的意见得到了海军司令部的认同，在挪威无所事事的第五支队和第八支队随即被调往海峡地区。

5 月 11 日，第二、四、五、八支队都参与了对"金牛座"（Stier）号辅助巡洋舰通过英吉利海峡潜入大西洋破交的护航任务，途中遭到英国鱼雷快艇袭击，虽然"金牛座"安然无恙，但"白鼬"号和"臭猫"号两艘雷击舰却被击沉，英国人也损失了 MTB-220 和 MTB-221 两艘鱼雷快艇，S-107 救起了 83 名德国船员和 3 名英国船员。之后的两个星期，由于缺乏空中侦察，没有得到任何护航队情报的 S 艇只能主要在 55A 和 56 号浮筒附近进行布雷。

6 月底，第二和第四支队结束了在荷兰海岸的布雷任务，转移到瑟堡（Cherbourg），再次将矛头对准了英国护航船队。7 月 9 日，无线电监听站再次提供了关键性的情报：在韦茅斯（Weymouth）和达特茅斯（Dartmouth）之间的海域有护航队活动，第二支队的 6 艘 S 艇（S-48、50、63、70、104、109）在沉寂了几个月之后再次出海执行袭击任务。冒着大浪和 4 级强风，S-67（艇长菲利克斯·齐马科夫斯基海军上尉）率先发现了没有军舰护航的 WP-183 船队。2 时 50 分，在接近到距离 800 米时，S-67 发射了 2 枚鱼雷，完美地击沉了 6766 吨的"帕米拉"（Pamella）号油轮；接下来第二支队大开杀戒，S-48（艇长冯·米尔巴赫海军中尉）、S-109（艇长赫尔穆特·德罗斯海军中尉，Helmut Dross）和 S-70（艇长汉斯·赫尔穆特·克洛泽海军中尉）则分别击沉了 1156 吨的挪威货船"香港"（Kongshang）号、736 吨的"勒斯滕"（Rosten）号和 698 吨的"巴库"（Baku）号；S-50（艇长卡尔·埃哈德·卡歇尔海军中尉）击沉了 2836 吨的荷兰商船"雷吉斯托姆"（Reggestrom）号；S-63（艇长布洛克）击沉了 314 吨的武装拖船"庄园"（Manorexia）号。在这天晚上，S 艇击沉了总计 2.2 万吨的盟军船只，而自己却毫发无损，再次获得了一次大胜。

更值得高兴的是，被称为"梅托克斯"（Metox）的被动雷达（Funkmessbeobachtungsgeräte，简称 FUMB）开始装备到 S 艇上，这样就可以在 60 公里的范围内探测到皇家空军海防总队飞机上分米波主动雷达发出的信号，并发出嗡嗡的报警声，从而使得 S 艇可以主动避开空中袭击。受到这个技术新成果的鼓励，分属第二、四、五支队的 19 艘 S 艇在 7 月底 8 月初相继集中到了英吉利海峡群岛中的根西岛（Guernsey）圣彼得（Saint Peter）港。这些仅有的英国被占领土离瑟堡不远，可以很方便地得到来自大陆的补给；而且靠近英国海岸线，便于出击；而且港口的天然地势经过改造后特别适合小型舰艇驻泊。

但令人失望的是，虽然 8 月 4 日凌晨 4 时有一次出击，但被 WP-196 护航船队击退，第四支队声称击沉的 2 艘 1500 吨级和 1 艘 2000 吨级货船都没有得到证实。天气也太过糟糕，连布雷任务都很难执行。结果 8 月 13 日三个支队又陆续返回荷兰寻找战机，第二支队和 9 月初从挪威调回的第六支队进驻艾默伊登，第四支队回到鹿特丹，第五支队转移到布洛涅。8 月 25 日凌晨 2 时，第二、四支队执行了 8 月份最后一次布雷任务，分别敷设 48 颗和 18 颗 UMB 型触发水雷，当即炸沉了英国商船"凯勒"（Kyloe，英国诺森伯兰郡的一个教区，2820 吨）号。9 月 27 日，第二、四、六支队又敷设了 108 颗 LMB，但是收获微不足道，直到 10 月 7 日才炸沉了 1 艘英国商船"艾根"（Ightham，英国肯特郡的一个村庄，1337 吨）号。

9 月 11 日凌晨 4 时 20 分，执行布雷任务的第二支队与 4 艘英国 MGB 遭遇，在战斗中 S-117 新装的 40 毫米炮发挥了很大作用，费尔米尔 C 型摩托炮艇 MGB-335 号（排水量 72 吨，航速 26.5 节，编制 16 人，装备 2 门 2 磅炮）受到重创，英国人不得不弃船。这艘炮艇虽然因伤重沉没，但艇上的信号本、雷区设置图、无线电和雷达都成为了德国人的战利品。不过所有的参战 S 艇（S-62、80、78）也都中弹受创，共有 12 名艇员负伤。这次战斗之后，彼得森立即要求为所有的 S 艇装备"四件套"：装甲指挥塔、40 毫米炮、搜索雷达和被动雷达。其中前两样很快得到了满足，而被动雷达也不断出现新的型号，1943 年冬天，S 艇上开始装备梅托克斯被动雷达的改进型号豪亨卫（Hohentwiel）型被动雷达，1944 年又出现了纳克索斯（Naxos）型被动雷达。但德国人始终没能发明出能够发现盟军舰船和飞机准确位置的小型舰载搜索雷达，这对 S 艇的作战造成了极大的负面影响。

10 月 2 日凌晨 4 时，第五支队的 S-112（艇长卡尔·米勒，Karl Müller）击沉了 176 吨的英国反潜拖网渔船"石头港领主"（Lord Stonehaven，石头港是苏格兰阿伯丁市的一个小镇）号。10 月 6 日晚上，三个支队的 17 艘 S 艇第一次在被动雷达的引导下成功发现了一支护航船队。7 日凌晨 1 时 25 分，担任护航的的英国"翠鸟"级护卫舰"麻鸭"号被第二支队击伤。当护航船队击退第二支队驶入克罗默海域时又遭到轮番攻击，由拖网渔船改装的辅助扫雷舰"梅勒米亚"（Monimia，374 吨，装备 1 门 12 磅高射炮）号被第六支队重创。第四支队则乘着护航舰艇顾此失彼之机，在

丹麦货轮"杰西·马士基"号

英国货轮"伊尔莎"号

英国护卫舰"麻鸭"号

不到 20 分钟的时间里一连击沉了 4 艘商船。其中 S-79 击沉 2015 吨的丹麦商船"杰西·马士基"（Jesse Maersk）号；S-117（艇长迪特里希·布鲁道海军中尉，Dietrich Bludau）击沉 2730 吨的英国货轮"谢菲沃特尔"（Sheaf Water）号；S-63（艇长布洛克，Block）击沉 2874 吨的"伊尔莎"（Ilse）号。另有 444 吨的拖船"卡罗琳·莫勒"（Caroline Moller）号被击沉，巡逻艇 ML-399 号也被重创，而 S 艇无一损失。

虽然冬季风暴即将到来，但接下来 S 艇的运气不错，连连出击而屡有斩获，特别是在英国南部和东部海岸附近。10 月 13 日晚上，17 艘 S 艇（第二支队 4 艘、第四支队 5 艘、第六支队 8 艘）从荷兰出发寻敌，结果只有第六支队于 14 日凌晨 1 时许发现了护航船队，并声称击沉总吨位 8000 吨的 4 艘货船，但实际上只击中了 1355 吨的挪威汽船"尼尼什朗"（Lysland）号和 1570 吨的英国轮船"乔治·贝尔福"（George Balfour）号，而且这两艘船都未沉没。挪威船中雷后燃起了大火，但被拖回了汉博港（Humber）；英国船则在拖曳中搁浅。11 月 9 日凌晨 2 时许，15 艘 S 艇（第二和第四支队 8 艘、第六支队 7 艘）再次声称击沉 6 艘商船，总吨位 1.6 万吨，并击伤 1 艘护航舰，但得到证实的只有 1843 吨的挪威汽船"费黛里奥"（Fidelia）号被第二支队击沉，1850 吨的英国轮船"布里特·温德尔"（Brite Wandler）号被第四支队击伤。S-112 和 S-113 也被英舰还击的 40 毫米炮弹击中，S-113 有 3 名艇员负伤。

11 月 19 日，第五支队（支队指挥官贝恩德·克鲁格海军上尉）在埃迪斯通灯塔（Eddystone Lighthouse）附近伏击了护航船队，取得更为丰硕的成果。S-82、S-116、S-77 和 S-112、S-65、S-115、S-81 两个战术分队从瑟堡出发后一路潜行，发现船队后彼此之间拉开距离，避免了被护航舰船过早发现。S-112（艇长卡尔·米勒）率先击沉 555 吨的英国武装捕鲸船"厄尔斯沃特"（Ullswater，英国第二大湖）号，船长尼尔·布莱克·卡梅龙·罗斯（Neil Black Cameron Ross）中尉战死。S-77 和 S-116 组成的战斗小组则击沉了 3 艘总吨位 3528 吨的盟军商船：挪威货轮"兰布"（Lab，1118 吨）号、英国轮船"红豆杉林"（Yew Forest，815 吨）号和"布里吉特"（Birgitte，1595 吨）号。12 月 1 日凌晨 3 时 55 分，第五支队的 S-81（艇长温德勒）击沉 596 吨的英国武装拖网渔船"碧玉"（Jasper）号，S-115 声称击沉的一艘 3000 吨级商船则没有得到证实。

12 月 3 日凌晨 3 时许，第五支队的 8 艘 S 艇倾巢出动，袭击 PW-257 护航队，S-81 和 S-116 共同攻击了一艘 3000 吨级商船，S-82 攻击了一艘 2000 吨级商船，

英国武装捕鲸船"厄尔斯沃特"号

英国货轮"林迪思法恩"号

但只有法国货船"加蒂奈斯"（Gatinais，1087吨）被击沉，此外S-115（艇长克洛克，Klocke）击沉了英国"狩猎"Ⅲ型护航驱逐舰"彭尼兰"（Penylan）号，舰上的168名舰员中有5名军官和112名士兵被救起。不过船队的抵抗也很顽强，S-116有3人阵亡，S-82有2人阵亡。

虽然第五支队出尽了风头，但这个成绩比起第四支队来只能算差强人意。12月12日凌晨2时，S艇在袭击FN-889护航队时采取了新战术，第二和第六支队在侧面进行袭扰牵制护航军舰，第四支队则乘机突入。尽管对方拥有5艘驱逐舰、2艘沿岸巡逻艇（ML-456、478）和1艘摩托炮艇（MGB-75）组成的护航屏障，但在两个S艇支队的反复佯攻下被扯得七零八落，护航军舰相互之间隔得太远，完全不能阻挡第四支队的乘虚而入。S艇一次又一次地用鱼雷击中那些对危险茫然无知的货船，一次又一次地用爆炸火光点亮夜空。这天夜里共有5艘运输船被炸沉，总吨位7112吨。其中S-48（艇长冯·米尔巴赫）击沉1056吨的英国货船"厄温伍德"（Avonwood）号；S-117（艇长迪特里希·布鲁道海军中尉）击沉2272吨的英国货轮"勒茨雷"

（Knitsley，英格兰达勒姆郡的一个村庄）号；S-110（艇长克雷策海军中尉）击沉 871 吨的英国货轮"格林·泰尔特"（Glen Tilt）号；S-63（艇长布洛克）最为神勇，用 2 枚鱼雷击沉了 2 艘货船：999 吨的英国货轮"林迪思法恩"（Lindisfarne）号和 1915 吨的挪威货船"玛丽安"（Marianne）号。S-105 被一枚 4 英寸炮弹击中，但没有人员伤亡；S-114 中了一枚 40 毫米炮弹和数枚 20 毫米炮弹，也没有人员损失，充分证明 S 艇的装甲舰桥完全经得起实战的考验。

到 1942 年底，西线 S 艇部队共击沉了 33049 吨的盟军战舰和商船，其中包括 2 艘驱逐舰、1 艘沿岸巡逻艇和 4 艘武装拖网渔船，但最主要的作战目标——盟军货船的数字则下降到 19 艘，此外击伤 5 艘商船，4387 吨。水雷的战绩也大为下降，只炸沉 5 艘货船，14667 吨；炸伤 2 艘驱逐舰和 1 艘 2820 吨的商船，俘获 1 艘摩托炮艇。德国人自身损失了 2 艘 S 艇，14 人阵亡，5 人重伤，12 人轻伤，18 人被俘。很显然，S 艇部队开始走下坡路了，这是随着盟国海空力量不断加强而无可避免的趋势。

颓势难挽

败讯来得比任何人意料之中都要早。地中海的德意海空军虽然在"支座行动"中再次重创了英军，但由于是年 11 月非洲军团在阿拉曼战役中战败后撤，再加上美军几乎同时在阿尔及利亚和摩洛哥登陆，对北非轴心国势力区形成了东西夹击之势。整个地中海战局开始急转直下，S 艇被迫撤往突尼斯，用布雷来最大限度地遏制活跃的盟军舰船，而很少出击。仅有 1943 年 1 月 7 日，S-58 在阿尔及利亚的邦湾（Bône Bay, Algerien）击沉了英国辅助扫雷舰 T-153 "霍雷肖"（Haratio，莎士比亚著作《哈姆雷特》中的人物，545 吨）号。而水雷阵也只是在 2 月 5 日炸沉了英国辅助扫雷舰 T-178 "斯特伦塞"（Stronsay，苏格兰北部海岸一个小岛，545 吨）号。而英国人也没闲着，经常跑到 S 艇家门口挖坑埋雷，S-35 就成为了第一个受害者，2 月 28 日，刚驶出比塞大（Bizerta）港的基地后不久就触雷沉没。

英国"闪电"号驱逐舰

　　与大西洋海战一样，地中海的双方舰队也很少发生主力会战，破交和反破交、封锁与反封锁才是战事的主题。轴心国处心积虑地在马耳他岛脖子上套着一根又一根的绞索，而盟国也想方设法要切断非洲军团的海上补给线。1943 年 3 月 12 日，皇家海军第 12 巡洋舰中队的 2 艘轻巡洋舰（"曙光女神"号和"天狼星"号）和 2 艘驱逐舰（"闪电"号和"忠诚"号）悄悄驶出北非的邦港（Bône），试图截击从西西里岛开往突尼斯的德国船队。但后者却及时得到情报，立即掉头返航，同时召唤来了一群空中煞星。

　　18 时 51 分，12 架德机突然对英国舰队中的"闪电"（Lightning）号驱逐舰发起攻击。不过他们选错了对象，作为 1941 年 5 月才服役的一艘 L 级驱逐舰，"闪电"号的排水量虽然只有 1920 吨，却具有相当强大的对空火力，包括 3 座双联装 MK-XI 型 4.7 英寸 50 倍径高平两用炮、16 门 40 毫米高炮和 4 门 20 毫米高炮，堪称浑身是刺。所以虽然德机疯狂猛扑，却始终未能突破那层密织火网。

　　这次袭击并未引起英国人的警觉，他们也不知道目标已经返航，更不知道前方有 6 艘 S 艇（S-55、54、60、158、156、157）正在执行布雷任务。

22 时 15 分，第七 S 艇支队的 S-158（艇长舒尔茨·耶拿海军少尉，Schultze-Jena）突然从夜幕中冲出，向"闪电"号发射了一枚鱼雷，当即命中后者船体舯部；接着第三支队的 S-55（艇长霍斯特·韦伯）也出现在"闪电"号的左舷，发射鱼雷命中了机舱，将锅炉房炸毁。该舰立即下沉，近 230 名船员中有 1 名幸存者被 S-158 救起，其他舰长以下 180 人则被姊妹舰"忠诚"（Loyal）号驱逐舰救起。这个战果也让此前已经有不少功绩的韦伯艇长（1919—2007）终于在 7 月 5 日获得了海军上尉军衔和一枚荣耀的骑士十字勋章。而 S 艇这次敷设的水雷也在 3 月 26 日中午炸沉了英国货船"贝克汉姆"（Beckenham，4636 吨）号。

击伤"闪电"号的 S-158 属于身躯同样能够通过内陆运河从北海进入地中海的 S-151 型（S-151—158），它不是一种"纯正"的德国 S 艇，而是 1940 年德军占领荷兰之后利用荷兰海军未完成的 TM-54—61 鱼雷艇船体改装的。在武器血统上德国人倒没有在人种上那么挑剔，德国和荷兰的工程师用德国的标准 533 毫米鱼雷发射管取代了荷兰的 457 毫米鱼雷发射管，并安装 2 门 20 毫米防空火炮，为此尺度和吨位大大增加。

S-151 长 28.3 米，宽 4.46 米，排水量 57 吨；动力系统改用三台 950 千瓦

S-151 型的原型，荷兰海军 TM-51 级鱼雷快艇。

的 MB-500 型柴油引擎，最高时速 34 节，续航力 350 海里 /30 节；编制 21—25 人。德国工程师对船体进行了比较大的改造，所以该型艇在外观上和 S 艇的差别不是特别明显。另外还有两艘原为荷兰海军 TM-52、53 的快艇被俘后改称 S-201 和 202，它们仍使用原来的 457 毫米鱼雷，长 21.34 米，宽 6.1 米，吃水 1.4 米，排水量 32 吨；最大航速 42 节，乘员 9—10 人。由于这种快艇本来是英国设计，所以在外形上与 S 艇差别明显。

因为 S-151 型比传统 S 艇小得多，非常适合穿行于狭窄的欧洲内陆运河水系，所以在第三支队出发的同时，德军就在 8 艘 151 型的基础上成立了第七支队，首任指挥官为贝恩德·克鲁格海军少校。但由于改装工程拖了后腿，它们直到 1942 年 9 月才进入地中海，这时候支队指挥官也换成了汉斯·特鲁默（Hans Trummer）海军上尉。由于地中海的情况和北海完全不同：缺乏侦察手段，难以掌握英国护航队动向；天气过于晴朗，不利于 S 艇出动时的隐蔽性；海道宽阔，离海岸较远，不利于 S 艇中途截击。所以第七支队的到来，顶多是为轴心国增添了一支快速布雷艇力量，而不是海上突击力量。而且由于 S-151 型"腿短"，先天不足，在布雷效果方面也远远不及第三支队，因为它们能够布雷的地方基本上都是没有护航队出没的海岸区域。所以，还是得靠第三支队挑大梁。

1943 年 5 月，由于陆上战局恶化，两个 S 艇支队在第三支队新任指挥官阿尔伯特·米勒海军上尉的率领下，被迫离开即将陷落的突尼斯，撤往意大利西西里岛，当然在临走之前按照传统，还是为盟军留下了一点"小礼物"。到 9 月底为止，S 艇在突尼斯敷设的水雷区硕果累累：5 月 10 日，鱼雷快艇 MTB-264 在苏萨（Susa）触雷沉没；5 月 12 日，240 吨的英国扫雷艇第 89 号在比塞大触雷沉没；14 日，40 吨的巡逻艇 ML-1154 在比塞大触雷沉没；30 日，加拿大皇家海军的阿尔及利亚人（Algerine）级舰队扫雷舰"魅影"（Fantome，1122 吨，航速 16.5 节，1 门 4 英寸炮，4 门 20 毫米炮）号也在比塞大触雷重创，该舰后来被认定为没有修复价值，于 1947 年拆解；8 月 3 日，8046 吨的美国油轮"扬基射手"（Yankee Arrow）号在邦角（Cap Bône）触雷受伤。而盟军飞机持续不断的追踪轰炸也在 7 月 6 日炸沉了 S-59。

英国扫雷舰"魅影"号的姊妹舰"勇敢"号

由于长期征战的磨损，大部分 S 艇被送到法国土伦进行修理，只有第三支队的 2 艘 S 艇（S-36、S-56）和第七支队的 5 艘 S 艇（S-152、155—158）留在奥古斯塔和巴勒莫（Palerme），这点兵力对狙击盟军即将发起的登陆战来说完全是杯水车薪，所以当西西里陷落后，这些 S 艇又转至意大利本土南部的塔兰托等港口，从那里对在萨勒诺登陆的盟军进行袭击。也许是为了鼓舞士气，第三支队前任指挥官弗里德里希·科姆纳德和王牌艇长齐格弗里德·武佩曼先后获得了宝贵的橡叶十字勋章，这也算是兵力捉襟见肘的德国统帅部对地中海 S 艇唯一的"支援"了

但随着墨索里尼的被捕（7 月 25 日），惯于见风使舵的意大利人开始与盟军眉来眼去。为避免遭到昔日盟友的暗算，德军下令撤离这些不安全的港口：部分 S 艇退往法国土伦，但大部分还是转移到意大利北部仍在德军控制下的港口。

9 月 10 日晚上，第七支队从奇维塔韦基亚（Civitavecchia）基地出发，午夜的时候他们成功发现了一支由 4 艘驱逐舰和 11 艘货船组成的 SNF-1 护航船队。这支船队是头一天前往萨勒诺湾运送物资的，这时货物已经全部卸空，正在返航的途中。就在 S 艇发现船队后不久，护航的美国"贝纳姆"级驱逐

S—57

舰"罗文"（Rowan，以美国内战时期的联邦海军中将罗文 [Stephen Clegg Rowan] 命名）号的雷达也发现了这几个可疑的黑点，舰长福特（Ford）上尉立即命令加速，同时 4 门 127 毫米炮也开始向 S 艇编队开火。但后者很有经验地分散轮流攻击，5 分钟以后"罗文"号就发现 S-151（艇长 Holzapfel）和 S-152（艇长 Heye）已经突入到 3000 米以内，不得不转舵以规避敌方可能发射的鱼雷，却完全没有注意到 S-158 已经从另一个方向逼近到 1800 米，艇长舒尔茨·耶拿迅速抢占了最有利的攻击阵位，并发射了两枚鱼雷。

鱼雷很快就击中了"罗文"号左舷船尾，该舰在不到一分钟的时间里就迅速沉没了，275 名舰员中有 204 人失踪，其余 71 人获救，一年后失踪者才被美国海军宣布死亡。这是 S 艇用鱼雷击沉的第一艘美国军舰，但已经不能让德国人感到兴奋了，因为无论他们击沉多少舰船，敌人都不是越来越少，而是越来越多了，美国巨大的工业产能将在极短的时间里组建出一支又一支的庞大舰队，彻底压垮德国海军。

我来，我见，我征服

在地中海的所有S艇中，只有S-54和S-61因正在修理而滞留在塔兰托。意大利投降当天，这两艘掉队的S艇临时编成一个小队，在S-54的艇长克劳斯·迪根哈特·施密特（Klaus-Degenhard Schmidt，1918—1944）海军少尉率领下离港，从此展开了一段鱼雷艇战史上堪称空前绝后的传奇故事。

S艇在离开港口时没有忘记给注定要进驻这里的盟军留下一点小礼物。9月8日，S-54、S-61和登陆运输驳船MFP-478在塔兰托港外的礁湖附近敷设了30枚磁性水雷，一方面是为了困住当时港内的意大利舰艇，阻止他们出港向盟军投降；另一方面也同时防止盟军舰船靠近。结果在第二天就导致了英国快速布雷舰"艾布迪尔"（Abdiel，英国小说《失乐园》[Paradise Lost]中的忠诚天使，当撒旦诱劝背叛上帝时，不受其惑）号的沉没。

"艾布迪尔"号是"艾布迪尔"级快速布雷舰的首舰，该级建于二战爆发前夕，满载排水量3415吨，可一次性携带156枚水雷。为了确保其能在敌方水域执行攻势布雷任务，英国人首先在舰体上设计了兼顾远、中、近的防空火力体系（3座双联装4英寸高炮、1座四联装40毫米高炮、6座双联装厄

英国"艾布迪尔"号布雷舰

利孔 20 毫米机关炮），还装备了对海 / 对空警戒雷达和火控雷达；动力系统为两部帕森斯涡轮机和四个三鼓锅炉，马力高达 7.2 万匹，最高速度可达惊人的 40 节！这样即使在遭遇敌方驱逐舰一类的高速战舰时也可以顺利脱身；设计师还嫌不够保险，无论是甲板、水线、炮塔、锅炉舱还是隔舱壁都有一层防弹钢板保护。事实证明 "艾布迪尔"并未辜负设计师的一片苦心，她在两年多的军旅生涯中共敷设了 2200 多枚水雷，据统计，一共炸沉意大利驱逐舰 5 艘、雷击舰 2 艘、炮舰 1 艘和德国运输船 2 艘，炸伤意大利驱逐舰 1 艘，可谓是战功赫赫。

正所谓成也萧何、败也萧何，"艾布迪尔"最后也丧命在水雷之手。9 月 9 日，该舰奉命运送英国第一空降师的第六威尔士伞兵营进占塔兰托港。此前意大利舰队已经出港投降，英国人也随之松懈下来，由于天色已晚，便在港外锚泊，准备天亮后派兵登陆，却没有料到仅仅数小时之前，仓促离去的 2 艘 S 艇已经将这个看似不设防的港口变成了恶魔花园。10 日凌晨零时 15 分，"艾布迪尔"号船底突然发生爆炸，由于龙骨被炸断，该舰不到三分钟即告沉没。由于下沉速度太快，再加上大部分舰上人员正在睡觉，所以人员损失特别重大：空降师有 58 人丧生，约 150 人受伤；242 名船员中也有 48 人死亡；舰上的

意大利 "极光" 号炮舰

150 吨军用物资也随舰沉没。而根据未经证实的消息，之所以布雷老手会在阴沟里翻船，是因为关闭了舰上的消磁设备，以减少噪音，让伞兵们睡得更好。如果当真如此，那可真是大意失荆州了。

离开塔兰托后的施密特编队一开始速度很慢，因为 MFP-478 的航速只有 9 节。编队先是俘虏了一艘意大利人用来布雷用的单桅帆船 R-240（Vulcania，91 吨）号。施密特对这个战利品不感兴趣，他下令把船员赶上救生艇，然后炸毁了帆船。紧接着就和一艘意大利巡洋舰（Scipione Africano）号遭遇，施密特只得将拖累整个编队的 MFP 自行炸毁，率领 2 艘 S 艇将速度提高到 18 节溜之大吉。但紧接着又闯入了一个雷区，幸运的是一枚被触发的水雷在 S-54 艇尾约 10 英尺的地方爆炸，没有对艇体造成大的损坏。

在接连遇险后，由于担心在海岸附近行驶会再次触雷，施密特决定进入亚得里亚海深处再向北行驶，这个决定让他开始否极泰来。9 月 11 日凌晨，S 艇在安科纳（Ancona）附近水域突然与意大利"极光"（Aurora）号炮舰遭遇。该舰在海军中唯一值得夸耀的是其悠久的历史，她本来是 1904 年建造的英国明轮游艇"金牛座"（Taurus）号，不久卖给奥匈帝国海军改装为炮舰使用。奥地利人将明轮拆除，改换螺旋桨推进，并更名为"涅槃"（Nirvana）号，排水量 1388 吨，航速可达 14 节。1924 年又被意大利购入作为游艇使用，更名"极光"。意大利人加长了船体，更换了引擎，排水量增加到 1501 吨。在墨索里尼当选首相后，该船因豪华舒适遂被选中作为法西斯首脑的专用游艇。1938 年，该舰再次被改为炮舰，装备 4 门 76 毫米炮。但再不敬老尊贤的人也不忍心让这样一艘毫无战斗力的老船去冲锋陷阵，所以她平安无事地渡过了大半个二战，直到意大利投降后才为避免被德军俘虏而离开波拉基地，准备撤往仍在意大利或盟军控制下的南方港口。

相同的目的，不同的方向，双方就这样不期而遇。S-54 首先靠近"极光"号，命令她停船。但不知出于勇敢还是愚蠢，舰长阿迪里奥·伽马雷利（Attilio Gamaleri）海军上尉对此不理不睬，却也没有对 S 艇进行先发制人的攻击。S-54 试图发射鱼雷，但发射管突发故障，倒是 S-61（代理艇长奥伯迈特·布隆科尔海军少尉，Obermaat Blömker，艇长阿克塞尔·冯·格尔纳海军中尉因患黄热病正在医院治疗）发射的一枚鱼雷击中锅炉舱，"极光"号随即发生爆炸，几分钟后就沉没了。舰员有 26 人失踪，包括舰长在内的 62 名幸存者则被 S 艇救起，成为了这支袖珍舰队的第一批俘虏，但绝不是最后一批。这批俘虏同时也让德国人倍感烦恼，因为狭小的甲板上已经站满了 MFP-478 的船员，意大利人一上来就更显拥挤了。

幸福的"烦恼"还没过去，施密特很快就发现他选择的航线实在是太热闹了。仅仅一个半小时以后，S 艇又遇上了刚从里耶卡（Rijeka，今属克罗地亚）港驶出的意大利运输船"莱奥帕尔迪"（Leopardi，意大利诗人）号。不过这次舰长大概是考虑到船只本身武力微弱，而且还有 800 余名平民（大多为妇女和儿童），因此没有抵抗。经过一个小时关于战俘待遇的谈判后，10 名德国水兵顺利登上这艘 4572 吨的运兵船，解除了船上 700 名意军士兵的武装，并将其编入了自己的舰队，船长和军官们则被送到 S 艇暂时扣押。不到一个小时后，S 艇又再度俘虏了另一艘 1590 吨的意大利货船"桑巴亚"（Saubasia）号。

当天下午这个奇形怪状的小编队行至威尼斯以南 30 海里处时，俘虏了小型汽船"信天翁"（Pontinia，715 吨）号，不久又遭遇了意大利驱逐舰"昆蒂诺·塞拉"（Quintino Sella，意大利地质学家）号。该舰是"昆蒂诺·塞拉"级驱逐舰的首舰，1926 年由那不勒斯的派特森船厂建造完工，满载排水量 1500 吨，

意大利"昆蒂诺·塞拉"号驱逐舰

最大航速 35 节，主要武器为两座双联装 120 毫米炮、2 门 40 毫米高炮和两座双联装 533 毫米鱼雷发射管。因动力系统不可靠而在意大利海军中享有恶名。意大利宣布停战后，该舰也是因为帕森斯轮机又出了故障一直在船坞中修理。

双方相遇时，"昆蒂诺·塞拉"号正驶往塔兰托去接受机械测试，由于 S-54 当时正和"信天翁"号并排行驶，意大利人未能及时发现敌情，结果 S-54 在驱逐舰擦身而过时，阴险地突然蹿出来发射了两枚鱼雷。由于距离太近，4 秒钟后鱼雷就命中目标，驱逐舰当即被炸成三段。施密特留下 2 名水兵指挥"信天翁"号打捞幸存者，同时通过无线电呼叫正停泊在波拉港的 S-30 和 S-33 赶来救援，但后者的出港要求被意大利守军拒绝。最终"昆蒂诺·塞拉"号的舰员中有 4 名军官和 27 名水兵遇难，80 人被救起。

天上不断掉下的馅饼让施密特的进取心急剧膨胀，他决定再冒一次大险，于是直接驶向威尼斯。当天晚上，他用从俘虏那里问来的进港信号骗过守军，顺利进入威尼斯湾。9 月 12 日中午 12 时 30 分，S-54 和"莱奥帕尔迪"号驶入了威尼斯港，沿途的意大利守军没有任何反应，施密特的胆子逐渐大了起来。S-54 直接驶向这座世界名水城历史上的中心——圣马可（St.Mark's）广场靠岸，然后施密特少尉和 MFP-478 的船长温克勒少尉（Winkler）率领约 40 名服装和武器各异的水兵登上码头，气势汹汹或者说色厉内荏地向意大利守军发出了最后通牒：意大利人必须交出武器，港内的海军舰艇一律不得出港，否则将召唤来"斯图卡"轰炸机和坦克集群摧毁整座城市。当然实际上这些东西都并不存在，施密特手里只有打光了鱼雷的 S-54 和还剩下一枚鱼雷的 S-61，而且两艘 S 艇都已经耗尽了燃料。

施密特威胁的对象是北亚得里亚海战区总司令布洛涅特（Emilio Brenta）海军上将和威尼斯驻军司令扎诺尼（Brenta e Zanoni）海军上将。狡诈的德国少尉用花言巧语虚构出一支正驻扎在威尼斯附近的庞大德国军队，把意大利人吓得魂不附体。也许是出于"保护"威尼斯城的目的，两位海军上将最终屈服了，大约一万名全副武装的意大利士兵放下了武器，包括驱逐舰"希贝尼克"（Sebenico，前南斯拉夫驱逐舰"贝尔格莱德"号）号、雷击舰"大胆"（Audace）号、扫雷舰"劳拉纳"（Laurana）、2 艘鱼雷快艇、7 艘其他辅助舰只和 30 艘商船都挂起了白旗。

6 天之后，施密特获颁金质德意志十字章；3 个月之后，他再次荣获骑士十字勋章。回顾这趟奇迹之旅，施密特想必要感叹一声：和意大利人做盟友很痛苦，不过和他们做敌人还是幸福的。但他也把自己的好运气用光了，1944 年 12 月 22 日，施密特作为第十支队 S-185 的艇长在比利时奥斯坦德港附近执行布雷任务时被盟军发现，随即遭到数艘英国护卫舰的围攻，当即被击沉。虽然其他同行的 S 艇试图援救生还者，但都遭到了英国人的阻挠。最终 S-185 有 22 名艇员被英国人救起，但其中不包括施密特。

孤军奋战

地中海东北部的亚得里亚海和爱琴海虽然风光秀丽，但由于少有盟军船只活动，一直都没有引起 S 艇的兴趣。直到 1943 年中期，西方盟国终于承认南斯拉夫的共产党游击队为自己的反法西斯盟友，运送物资的盟国船只开始频繁出现在这里，而游击队的小型武装船只也加快了争夺沿海岛屿的步伐。由于这两块海域海岸曲折、港湾众多，加之岛屿星罗棋布，非常适合小型船只隐蔽和活动，而在地中海之战中本来就损失惨重的意大利海军对此完全束手无策，同时也迫使德国海军将注意力转向这里。

1943 年 8 月中旬，第三支队的 S-36（艇长阿勒斯，Ahlers）和 S-55（艇长霍斯特·韦伯）奉命从北非前往希腊的萨拉米斯（Salamis），同年 12 月，声名大振的施密特和他心爱的 S-54 也调到萨拉米斯。他们的主要任务就是打击游击队的沿海力量，切断其海上运输线。本来第三和第七支队的 11 艘 S 艇也准备从西地中海通过内河运输到亚得里亚海，但由于意大利北部的波河冬季水位降低而受阻。同时在 11 月 1 日，爱琴海还新成立了第二十四 S 艇支队，由汉斯·丁尔根·迈耶海军上尉任支队指挥官，其来源是意大利从南斯拉夫海军那里俘虏的鱼雷快艇，其中既有德制 S 艇也有意制 MAS 艇，包括 S-601（原MS-42）、602（原 MS-43）、603（原 MS-44）、604（原 MS-46）、511（原MAS-522）、512（原 MAS-542）。该支队的主要使命则为切断南斯拉夫游击队的海上运输线。他们的对手只有一些装备了小口径火炮和机枪的汽艇或机帆船，双方的实力完全不在一个等量级上，但南斯拉夫人却可以得到英国海空军的支援，这样算下来 S 艇反而处于弱势一方。

12 月 4 日，S-511 遭到 7 架英国"英俊战士"（Beaufighter）战斗机的轮番攻击，2 名艇员被打死，快艇也身负重伤，被迫冲滩搁浅，并自行炸毁。1944 年 1 月 9 日凌晨，S-55（艇长霍斯特·韦伯海军上尉）和 S-36（艇长 Buschmann）俘获了 2 艘运送燃料和弹药的游击队机帆船，并将其炸毁，火光引来了附近维斯岛（Vis）上游击队炮兵的射击，不过没有击中。第二天晚上，这两艘 S 艇再次出击，又捕获了 1 艘满载武器弹药和粮食的游击队机帆船，这次德国人贪心了一点，准备把这个战利品带回基地去。结果由于速度太慢，途中被英国飞机发现并遭到反复攻击，不但机帆船被炸毁，S-55 的备用鱼雷也被引爆，最终沉没，S-36 也有 2 人阵亡，真是偷鸡不着反蚀一把米。25 日，S-601 和 S-603 从萨拉米斯驶往科孚岛（Korfu）。途中 S-603 的主引擎发生故障，只得用电动机缓速行驶，结果直到两天后还未能抵达目的地，终于被英国人发现，遭到"喷火"式战斗机的攻击，2 艘快艇都被打得弹痕累累，2 人阵亡，5 人负伤，同时也击落了 1 架英机。而 S-603 的厄运还没有结束，在一个月后出航时，该艇的化油器两次发生火灾，电动机也发生爆炸，先后有 5 名水兵负伤，快艇严重受损。

3 月 15 日晚，S-36 和新搭档 S-61 联袂出击，发现了一艘 80 吨的意大利机帆船 NB-2 号，为避免夜长梦多，没有采取以前跳帮俘虏的做法，而是直接用火炮将其击沉。4 月 14 日，美国飞机轰炸了意大利戈里齐亚省蒙法尔科内（Monfalcone）的船厂，这里有许多原定修理后编入第二十四支队的意大利鱼雷快艇，结果 S-622 和 S-624 被炸毁，S-623 和 S-626 受到严重损坏，只有 4 艘（S-621、627—629）得以在 7 月份完成修复工作。4 月 22 日，S-54 在出巡时触雷，艇尾被炸毁，3 人阵亡，5 人负伤。不过施密特仍然成功将该艇开回了萨拉米斯，后来因为无法修复宣告退役，艇体被搁置在希腊港口萨洛尼卡（Saloniki）。1944 年 10 月 31 日盟军占领萨洛尼卡前夕，德国人将这艘功勋卓著的快艇自行炸毁。

5 月 11 日，S-30（艇长巴克豪斯，Backhaus）、S-36 和 S-61（艇长哈特克，Hardtke）在利萨岛击沉了一艘南斯拉夫人的沿海渡船"马林二世"（Marin Ⅱ，100 吨）号。第七支队的 5 艘 S 艇（S-153、155—158）也开始进驻南斯拉夫的斯普利特（Split），并在 31 日晚上在利萨岛袭击了一支游击队船队，S-158（艇长赫特维希，Hertwig）用炮火击沉 3 艘摩托艇，S-153（艇长劳滕贝格，Rautenberg）击沉了 1 艘 500 吨的沿海商船，S-156（艇长汤姆森，Thomsen）击沉了 1 艘小型油轮。此战共俘虏 159 名军人，其中有英国人、克罗地亚人、塞尔维亚人、意大利人，还有 1 个美国"闪电"战斗机的飞行员；此外还有 37 名妇女和 5 名儿童。6 月 2 日，第七支队又击沉了 3 艘摩托艇，俘虏 77 名游击队员、2 名英国人、50 名妇女和 24 名儿童。

连续的损失引起了英国皇家海军的高度警惕，当 4 艘 S 艇（S-153、155—157）于 6 月 11 日晚再度出击时，突然在赫瓦尔岛（Hvar）附近遭到英国"狩猎"Ⅱ型护航驱逐舰"布莱克莫尔"（Blackmore）号和"狩猎"Ⅲ型护航驱逐舰"埃格斯福特"（Eggesford）号的伏击，S-153（艇长劳滕贝格海军少尉）被击沉，大部分艇员遇难，仅有 10 名幸存者被"埃格斯福特"号救起。6 月 24 日，S-154 和 S-157 在为原南斯拉夫海军的旧式雷击舰 T-7 号护航时，遭到 3 艘英国 MTB 的鱼雷攻击，T-7 被击沉。由于 S 艇的火力逊于 MTB，后者在完成攻击后顺利脱身，S 艇只来得及打捞起了 T-7 的 21 名幸存者，其中有 11 名伤员。

战局在 7 月份更加急转直下，越来越多的盟国海空兵力被投入到亚得里亚海，使德国海军接连受到沉重打击。7 月 24 日，第七支队在护航时遭到 MTB 突袭，为规避鱼雷，S-154 和 S-155 发生了碰撞，不过第七支队的还击也击沉了 MTB-372。两天后，S-151（艇长潘科少尉，Pankow）在护送汽船"织女星"（Vega）时突然遭到一顿炮火攻击，连袭击者来自何方都还没弄清楚就被重创，5 人阵亡，5 人负伤，"织女星"号也被击沉。8 月 9 日，S-623 和 S-626 又遭到 3 架英国战机的攻击，连中数弹，S-623（艇长埃尔克斯纳特海军中尉，Elksneit）有 4 人阵亡，6 人负伤；S-626（艇长克劳斯·布尔巴海军少尉，Klaus Burba）有 8 人负伤。8 月 19 日，第三支队又和一支英国舰队遭遇并发生炮战，S-57（艇长汉斯·乔治·布什曼海军少尉）被 MGB 重创无法机动，只得自行炸毁，艇员有 2 人阵亡、9 人受伤；S-30 有 1 人阵亡，S-58和 S-69 各有 1 人负伤。

9 月 1 日，为了便于统一指挥亚得里亚海的 S 艇部队，第三支队和第七支队合并为新的第一分队，原第三支队指挥官赫伯特·舒尔茨（Herbert Schultz）海军中校任分队指挥官。原第三支队的快艇及人员编为第一大队，大队长 Backhaus 海军少尉，下辖 5 艘 S 艇（S-30、36、58、60、66），不过第三支队的编制并未撤销，继任支队指挥官京特·舒尔茨（Günther Schultz）海军上尉作为分队指挥官的副手履职；原第七支队的快艇及人员编为第二大队，大队长汉斯·乔治·布什曼海军少尉，下辖 7 艘 S 艇（S-151、152、154—158）。10 月 25 日，第二十四支队撤销，所属快艇及人员编为第三大队，大队长赫尔曼·博伦哈根（Hermann Bollhagen）海军少尉，下辖 7 艘 S 艇（S-621、623、626—630）。

10 月 10 日晚，第一分队出动了 8 艘 S 艇，与 TA-40 号雷击舰、2 艘猎潜舰（UJ-202、208）一起对盟军占领的莫拉特（Molat）岛进行突袭，在这里亚得里亚海的 S 艇第一次使用了鱼雷，炸毁码头，S-158 将俘虏的一艘运送弹药的机帆船破坏，突击队还破坏了岛上的无线电信号站，行动顺利完成。10

第一分队中充斥着意大利制鱼雷快艇

月 25 日，英国的"蚊"（Mosquito）式战斗轰炸机攻击了希贝尼克（Sibenik）港，S-158 被炸毁，2 人阵亡，6 人受伤。

除了兵力上的绝对劣势外，入冬后愈加恶劣的天气也阻碍了第三支队的游猎行动，往往冒险出港后也不得不在大自然的怒火前很快返航。11 月 18 日的一次出击不但没有任何战果，S-628 和 S-627（艇长保罗·奥夫瓦勒海军少尉，Paul Overwaul）还因为碰撞事故双双受伤。不过第二天第一大队的 4 艘 S 艇（S-30、58、60、61）仍然坚持出击，这次运气不错，他们发现了一支盟军小型船队，S-60（艇长（汉斯·乔治·布什曼海军少尉，Hans-Georg Buschmann）击沉了 162 吨的摩托艇"斯特拉"（Stella）号，S-61（艇长 Hardtke）击沉了 148 吨的纵帆船"阿杜阿"（Adua）号。三天之后，这 4 艘 S 艇又再次出海成功地敷设了一片水雷区。不过也就仅此而已了，进入 12 月后天气更糟糕了，第三支队被迫创下了连续 17 天不能出港的纪录。12 月 17 日，好不容易天气稍有好转，第二大队在出击时又迎头撞上了 3 艘英国驱逐舰和 3 艘 MGB 炮艇，只得四散逃命，S-152 也被英舰炮火击伤。

1945 年 1 月 4 日晚上出击的 4 艘 S 艇（S-33、58、60、61）取得了新年的开门红：S-33（艇长马克森预备海军中尉，Marxen）用一枚鱼雷击沉了 1 艘 46 吨的海岸巡逻艇（Harbour-Defence Motor Launch）HDML-1163 号。但 10 日晚上第一大队再次出击时，由于罗盘故障，结果 S-33、S-58 和 S-60 都在克罗地亚海岸搁了浅。经过一番挣扎也无法脱险。第二天晚上，2 艘海军驳船赶来救援，但仍然无法将 3 艘 S 艇拖出浅滩。15 日晚上，拖船"基罗内"（Chirone）号赶来，拖曳最有希望脱险的 S-58，但仍未成功，这也是最后的一次机会。次日上午，英国的 MTB 和 MGB 蜂拥而至，MTB-698 发射的一枚鱼雷在距离 S-33 仅 5 米的地方爆炸，船体严重受损；如雨点般射来的 57 毫米炮弹随即引爆上甲板上的鱼雷，将该艇彻底炸毁。S-58 和 S-60 也多处中弹，有 3 名艇员负伤。好在英艇吃水较深也不敢靠近，只在远处炮击，到天黑英艇离去后，德国人将千疮百孔的 3 艘 S 艇自行炸毁，实力最强的第一大队一下子就损失了一半。

紧迫的战事容不得第一大队舔舐伤口。1 月 18 日晚，该大队剩下的 3 艘 S 艇和第二大队的 5 艘 S 艇出动攻击扎拉运河（Zara-Canal），与英国海防部队发生激战。S-30、S-151和S-152都被40毫米和20毫米炮弹多次击中，S-152有1名水兵重伤。接下来两天，英美战机接连轰炸了第一分队的主要基地波拉港，S-154（艇长埃尔文·席普科海军中尉，Erwin Schipke）被重创，经检验发现已无修复价值，只得退役。日益短缺的燃料也让第一分队举步维艰，第二和第三大队索性停止出航，把节省下来的燃料都交给第一大队使用，德国人还不准备认输，他们认为还可以用水雷为盟军带去更多的死亡。继1月23日在阿德里亚（Adria，意大利北部海港）成功敷设12颗UMB后，2月4日晚上，再次试图出海布雷的第一大队与英国MGB遭遇，为避免被炮弹引爆甲板上的水雷，德国人只得将还没插引信的水雷统统丢入海中（因为水雷非常敏感，所以都是在敷设前才临时安装引信）；第二天晚上再次出击的第一大队又被MGB堵个正着，在逃跑时S-36和S-61发生了碰撞，2艘S艇都必须进入船坞修理。而2月7日、13日和23日，盟军机群再次对波拉进行了大规模轰炸，水雷库被毁。

现在第一分队真的没什么事可做了。最后一个战果是3月29日，S-601俘虏了一艘运送弹药的60吨机帆船，然后将其炸毁。而之前在Adria敷设的水雷阵仍在发挥作用：4月10日，鱼雷快艇MTB-710（102吨）在此触雷沉没；4月17日，鱼雷快艇MTB-697（102吨）触雷沉没；5月5日，巡逻艇ML-558（75吨）和辅助扫雷舰T-140"科里奥兰纳斯"（Coriolanus，莎士比亚悲剧中的人物，545吨）号成为德国水雷的最后一批牺牲者。

从4月30日开始，随着南斯拉夫人民解放军攻入意大利境内，为避免被俘，德国人先后自行炸毁了S-629（艇长恩斯特-京特·米勒海军少尉，Ernst-Günther Müller）、S-157（艇长汉斯·乌尔里希·利布霍尔德海军中尉，Hans Ulrich Liebhold少尉）和S-623（艇长埃尔克斯纳特海军中尉）。5月1日晚上，南斯拉夫人占领了的里雅斯特、戈里齐亚和波拉，失去了最后基地的第一分队无路可走，分队指挥官齐格弗里德·武佩曼海军上尉（1945年3月就任）于1945年5月3日率队自行驶往意大利安科纳（Ancona）港向皇家海军投降。这时候该支队还剩下7艘S艇：S-30（艇长鲁道夫·斯沃博达海军少尉，Rudolf Svoboda）、S-36（艇长亚明诺斯基海军少尉，Jarminowski）、S-61

（艇长丁尔根·哈特克海军中尉，Jürgen Hardtke 少尉）、S-151（艇长赫尔穆特·格莱纳海军少尉，Hellmuth Greiner）、S-152（艇长埃里希·门施海军中尉，Erich Mensch）、S-155（艇长汉斯·伍尔夫·赫克尔海军中尉，Hans Wulf Heckel）、S-156（艇长马克森预备海军中尉）。被丢弃在船厂里的 S-630（艇长卡塔赫纳海军中尉，意大利籍）也被英军缴获，后于 1949 年交还意大利海军，但随即就被当成战争赔偿送给了苏联。此外有一些意大利海军的被俘 MS 艇也被自行凿沉，其中 SA-2（原 MS-34）、3（原 MS-36）、4（原 MS-51）于 5 月 3 日被自沉于拉斯佩齐亚；SA-5（原 MS-63）和 SA-6（原 MS-71）被自沉于奥托·提兰诺（Alto Tirreno）。

同时，德国海军还将最小的 S 艇——LS 型袖珍鱼雷快艇派往爱琴海。这种专用于在港口周边进行布雷作业或入港偷袭的袖珍艇艇长只有 12.5 米，宽 3.5 米，排水量仅 13 吨。其优势在于两台 MB-507 型柴油机提供的 42.5 节高航速，列于 S 艇之冠。它可以装 2 具艇艉方向发射的 450 毫米鱼雷发射管，也可在艉部装 3 具水雷滑槽，辅助武器为 1 门 20 毫米机关炮。LS 艇原计划建 34 艘，实际只完工 15 艘，而且是由生产飞机的道尼尔公司来完成的，其中有 3 艘成为辅助巡洋舰上的搭载艇，一部分则通过欧陆的运河体系被派到爱琴海组成了第二十一支队（1943 年 9 月 21 日成立），第一任支队指挥官为齐格弗里德·武佩曼海军上尉，1944 年 3 月 1 日由克雷策（Graser）海军上尉接任。1944 年，又有一部分 LS 艇运送到爱琴海成立了第二十二支队，支队指挥官 Hüsing 海军上尉，不过该支队很快于 9 月 15 日解散，所有 LS 艇被交付给所谓的克罗地亚王国海军，即克罗地亚法西斯组织"乌斯塔沙"的海上武装。

1944 年 5 月 1 日，4 艘 LS 艇（LS-7—10）抵达雅典，他们的任务是以科孚岛为基地，攻击盟国在奥特朗托海峡（Otranto-Straits）的海运线。由于护航舰只缺乏，有时候也被用来承担并不适合的护航工作。同年 7 月，基地转移到罗得岛（Rhodos），LS-11 也赶来加入，但原定前来的 LS-12 却被留在南斯拉夫作为鱼雷发射试验船使用，最后成了苏军的战利品。其他的 LS 艇也没有什么值得一提的表现，LS-10 和 LS-7 先后被英机炸沉，该支队也于 1944 年 12 月 15 日解散。

北线无战事

　　随着德军的战线越拉越长，S 艇本就不多的力量也分布得越来越散。1941 年 10 月 19 日，为了打击盟军向苏联输送物资的北极海运线，同时为德国从挪威运出铁、镍矿石的船只保驾护航，海军司令部下令成立第八 S 艇支队，由乔治·克里斯蒂安森海军上尉任支队长，下辖 S-42（艇长西格尔少尉，Seeger）、S-44（艇长默克尔少尉，Merkel）、S-45（艇长巴贝尔少尉，Babbel）、S-46（普瑞波少尉，Priebe），由鱼雷艇母舰"阿道夫·吕德里茨"运往挪威特罗姆瑟（Troms）港；另一艘鱼雷艇母舰"坦噶"号也装载鱼雷、深水炸弹等物资前往希尔克内斯（Kirkenes）。但由于天气恶劣，"阿道夫·吕德里茨"号直到 11 月 26 日才到达卑尔根，卸下第八支队。12 月 4 日，4 艘 S 艇依靠自身动力进抵特罗姆瑟。

　　但是 12 月 28 日，第八支队的第一次出航就因为 S-42 和 S-44 发生碰撞事故半途而废。本来确定于 1942 年 1 月 3 日前往希尔克内斯的计划也因为天气而一再拖延，艇员们绝大部分时间都忙于在甲板上除冰。27 日好容易抵达希尔克内斯后，由于天气不利于出击，还是只能待在港口里。

　　虽然事实已经证明北极对 S 艇来说并非有利的战区，但在希特勒的要求下，海军司令部不得不再次向挪威调兵遣将。2 月 15 日，第六支队（指挥官阿尔布雷希特·奥伯迈尔上尉）和鱼雷艇母舰"青岛"号奉命进驻斯沃尔韦尔，而直到 5 月份支队的 8 艘 S 艇（S-69、71、73—76、113、114）才全部到齐。整个 1942 年的上半年，两个支队的 12 艘 S 艇基本上就待在港口里

S 艇艇员正在进行 20 毫米炮操作训练。

无所事事，只有 S-44 和 S-22 曾经执行过一次布雷任务。而与此同时，在战事最激烈、猎物最丰富的西线，仅有 7 艘可以作战的 S 艇。7 月 8 日，对第八支队的"懒散"忍无可忍的海军司令部终于下令将其解散，所辖 S 艇进入基尔船坞大修 6 个星期，并安装 40 毫米高射炮，然后划分给其他支队。第六支队在 26 日也受召回国，与第八支队一样在接受改装后调入英吉利海峡战区。

但是元首的意志也是不可忽视的。12 月 1 日第八支队再次组建，由菲利克斯·齐马科夫斯基（Felix Zymalkowski）海军上尉任支队长，下辖 S-44（艇长艇长约阿希姆·奎斯托普海军少尉，Joachim Quistorp）、S-64（艇长弗里德里希·威廉·威尔克海军上尉 Friedrich-Wilhelm Wilcke）、S-66（艇长霍斯特·索尔海军中尉，Horst Schuur）、S-69（艇长里特尔·冯·乔治少尉，Ritter von Georg）、S-108（艇长雅斯佩·奥斯特洛少尉，Jasper Osterloh）、S-118（艇长伍尔夫·范格，Wulff Fanger）和鱼雷艇母舰"卡尔·彼得斯"号。和一年前一样，在经过恶劣天气的折磨后，迟至 1943 年 1 月 19 日，第八支队才再次抵达特隆赫姆。此外，本来一直在卑尔根训练新人的 4 艘旧式 S 艇（S-11、13、15、16）也奉命调往特隆赫姆组成所谓的快速反潜部队（fast Subchacer-Group），从这次调动的 S 艇品质，再结合第八支队中充斥的新晋艇长，就知道海军司令部完全是把元首规划的挪威战线当成了训练基地。

而事实也证明了海军的这次"敷衍了事"是完全正确的，第八支队在挪威除了训练之外就没有值得一提的工作。1943 年 5 月底，该支队为了进行大修返航德国基尔，结果却在造船厂遭到英国皇家空军轰炸，S-44、S-66 当即被炸沉。这时海军总司令已经易主，对希特勒忠贞不渝的前潜艇部队总司令邓尼茨出任海军总司令。他严格按照希特勒的海军战略行事，不顾西线的严峻形势，立即为第八支队补充了 3 艘 S 艇：S-68、S-69 和 S-127。第八支队于 9 月 10 日结束了大修工作，重新返回挪威。而 1944 年 8 月 10 日，他又再次下令调动 8 艘 S 艇前往挪威，理由是为了保护北极海域的德国海军大型军舰——这时候也只剩下屡受重创的"提尔皮茨"号战列舰了。10 月 10 日，第四支队（S-201—205、S-219—220 和 S-703）奉命从荷兰回到基尔进行北航前的最后翻修和改装，然后在鱼雷艇母舰"赫尔曼·冯·维斯曼"号的伴随下北上挪威。

这次远航是一次彻头彻尾的失败。第四支队出发没多久，就因为极端恶劣的天气不得不掉头返航，而百吨级的小船在冰海烈风中的机动尤为危险，S-203 就和护航的 R-220 号扫雷艇发生了碰撞，所有救援行动都因为浪高风疾而宣告失败，最后只得将无法挽救的 S-203 炸毁，而且 S-201、205 和 S-703 都因为抢救落水船员而在风浪中受了不小的损坏，这支战功赫赫的精锐部队没花英国人一兵一卒就失去了一半的战力。12 月 28 日，该支队终于抵达卑尔根，在这里 S-220 又因为与码头相撞受损而不得不返回基尔修理。

1945 年 3 月 29 日，一直在卑尔根驻扎的快速反潜队（S-10、11、13、15、16）取得了北极地区 S 艇部队的唯一击沉"战果"。当时 S-13 的艇长路德维希·昂格尔(Ludwig Unger)海军少尉正在海军医院，艇上事务由导航员——一位高级军士长代理，由此可见这支边缘部队极度缺乏军官。与此相应的是艇员中也充斥着新丁，鱼雷兵就是一位刚从鱼雷学校毕业的菜鸟，当导航员在进行例行训练中下达鱼雷部门准备的口令时，大概以为自己还在学校里，使用的是没有装备战斗鱼雷的教学设备，菜鸟鱼雷兵居然打开了安全插销并扳下了发射手柄。冲膛而出的鱼雷准确命中了大约 300 米外的挪威渡轮（543 吨），这艘 1891 年建造的老船几秒钟之内就沉没了，只留下烟囱和桅杆还露在海面上，不幸中万幸的是只有 1 名船员在爆炸中身亡，其他的都逃了出来。

由于西线的局势越来越糟，邓尼茨也顾不上希特勒的北极战略了，第四支队最终被调回，就连第八支队也有部分 S 艇被调走。到德国投降时，该支队仅剩的 5 艘快艇（S-195—197、199、701）静静地停泊在锚地里迎来了战争的结束，它们的身上只有冰雪的刮痕而没有硝烟的污迹，从另一个方面来说也真是一种幸运。

蔚蓝色防线

虽然天气恶劣，兵力不足的缺陷也依然如故，但由于苏军在高加索转入反攻，为了协助陆军在塔曼半岛设立的"库班桥头堡"（The withdrawal of the Kuban bridge head）坚持下去，黑海 S 艇部队还是在 1943 年春天积极出击，可这种以攻为守的方式一开始成效不大。这主要是由于红海军的大中型舰艇仍然很少出动，而且这些舰艇具有航速高、火力强的特点，很难对付；而且苏联运输船只为躲避德机空袭，从来不在白天出动，船队也以小型船只为主，很难发现，所以前两个月只有一次成功的出击。

2月6日，苏军在新罗西斯克南郊的梅斯哈科（Myskhako）海角大举登陆，对德军的侧翼形成了很大威胁。为了破坏苏军增援登陆场的海上补给线，第一支队开始频繁出动，但战果并不理想，只有2月8日，S-102（艇长沃纳·滕格斯海军上尉）击沉 Elling 号（250吨）。2月27日深夜，久战无功的第一支队冒险深入登陆场，终于抓住了一支正在卸货中的护航船队。23时23分，1400吨的"红色格鲁吉亚"（Krasnaya Gruzia，130毫米炮3门，76.2毫米、45毫米、37毫米炮各2门，航速8节）号炮舰左侧船尾被S-26（艇长库尔特·菲梅恩）或S-47（艇长Schlenzka）发射的鱼雷击中，爆炸之剧烈，甚至炸飞了尾部的130毫米炮！机舱进水，舰长不得不下令灭掉锅炉，以免引起爆炸。赶来救援的拖船最初试图拖曳该舰，但由于火灾无法遏制，一切救援工作都被终止。28日1时20分，这艘始建于1916年的"红色阿布哈兹"（Krasnaya Abchazia）级炮舰终于沉没。

23时25分，441吨的"地雷"（Fugas）级扫雷舰T-403"格鲁兹"（Gruz，装备1门100毫米炮，1—3门机关炮，航速18节）号同样是左舷船尾被S-51

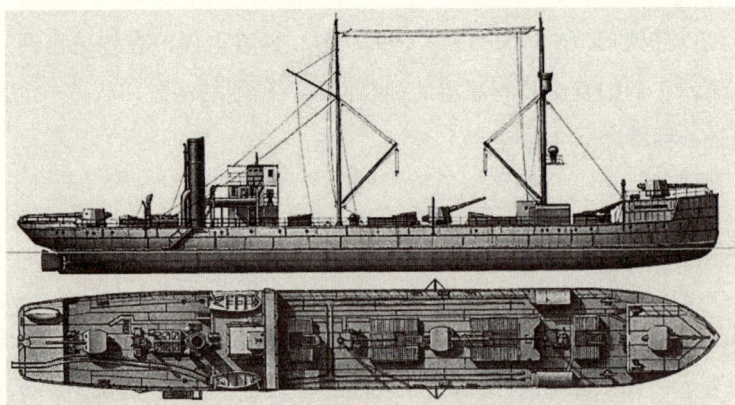

"红色阿布哈兹"级炮舰线图

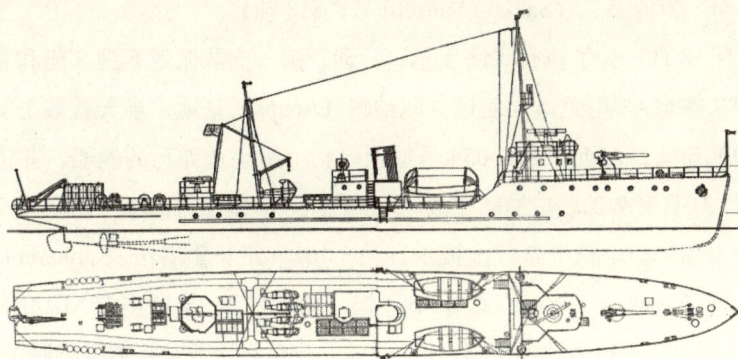

"地雷"级扫雷舰线图

（艇长赫尔曼·比希廷）发射的鱼雷击中，该舰当即左倾30度。舰长下令抛弃一切可以扔掉的负载，包括37毫米和45毫米机关炮，甲板上的所有人员站到右舷，同时积极在舰尾集中电泵排水。在采取这些措施后，左倾一度减少到15度。但是当大多数搭载的陆军士兵（将近300人）转移到船队的登陆艇和纵帆船上后，"格鲁兹"号又开始急剧左倾，舰长只得下令弃舰。23时40分，该舰向左倾覆沉没。返航途中第一支队的3艘S艇（S-26、47、51）又用炮火击沉了472吨的拖船"米乌斯"（Mius，乌克兰东南部河流）号。

但这次小胜利不足以帮助陆军挽回败局。虽然进入3月份后，第一支队可以出击的S艇总算又恢复到6艘：S-26、28、47、51、72、102；另有3艘（S-42、45、46）在林茨维修；S-40和S-52在多瑙河解冻后正向黑海赶来。但同时德军却不得不横渡刻赤海峡撤往克里木半岛，S艇在护航的同时也积极反击。3月13日，6086吨的"莫斯科"号油轮在图阿普斯（Tuapse）海域被S-26（艇长Silies）和S-47（艇长Behrens）重创；3月26日，472吨的纵帆船"哈萨克"（Chervony Kazak，哥萨克革命家）也在新罗西斯克附近被击沉；4月1日凌晨，4艘S艇在梅斯哈科海角（Kap Myschako）附近敷设了24颗TMB，四天后一支苏联船队驶入，建于1900年的武装拖船"赛美思"（Simeiz，172吨，75毫米、机关炮各1，航速10节）号触雷沉没，船员有8人牺牲，13人生还。4月15日，S-28（艇长卡尔·弗里德里希·金策尔）击沉苏联商船"萨科·万泽蒂"（Sakko i Vanzetti 号，818 吨）。

4 月 18 日，为了执行"海王星"行动，第一支队派遣 5 艘 S 艇和意大利海军的 7 艘 MAS 型鱼雷快艇进驻阿纳帕（Anapa）基地，当天就截击了一支苏联护航船队，击沉了 MK-054 号巡逻艇和一艘运送弹药的驳船，并击伤一艘驳船。21 日又和苏联护航队交战，S-27（艇长 W. 施耐德海军中尉）、S-28（艇长艇长卡尔·弗里德里希·金策尔）和 S-102（艇长鲁塔法，Lutherer）各自声称击沉了一艘沿海货船，总计 750 吨。24 日，第一支队击沉 MK-058 号巡逻艇，击伤 TKA-33 号鱼雷快艇。30 日，第一支队再次成功拦截了苏联护航队，S-51（艇长西弗斯，Seevers）声称击沉 2 艘沿海货船，总计 1200 吨；S-26（艇长热俄尼斯，Silies）也声称技侦 1 艘 500 吨的沿海货船。据德军记载，整个 4 月份，S 艇和 R 艇共击沉苏军各类小型艇船 23 艘。其中对照苏联资料，确信为 S 艇击沉的有 4 艘沿海航船，总计 2200 吨；2 艘驳船，总计 900 吨。

进入 5 月之后，成绩变差了许多。继 5 月 4 日击沉了"伊里奇"（Ilich）号纵帆船后，整个 5 月第一支队只成功袭击了两支护航队。其中 5 月 8 日，S-72（艇长德卡特，Deckert）声称击沉 3 艘沿海货船，总计 1700 吨；击沉 1 艘趸船，300 吨。5 月 19 日下午 14 时 18 分，CF-6"皮尔温锡"（Pervaish）号拖船、第 75 号趸船在第 018 号巡逻艇的护送下驶出图阿普谢前往巴统。这艘 170 吨的拖船三十年前服役于法国海军，1918 年在塞瓦斯托波尔沉没。1925 年又被苏联人重新打捞出水，编入亚速海州运输公司。1941 年 7 月 22 日后又被编入亚速海舰队作为巡逻船 / 拖网渔船使用。23 时 25 分，船队驶近风景胜地索契港，这时 018 号巡逻艇发现了两个模糊的黑影。由于这一带都是苏军防区，便发出识别信号，这恰好为德国人的辨识提供了坐标。在此埋伏多时的 S-49（艇长 K. 施耐德海军中尉）和 S-72（艇长德卡特）立即从两个方向高速接近后发射鱼雷，两枚鱼雷准确命中"皮尔温锡"号，几分钟后该船就沉没了。紧接着 S-72 又转过头来攻击趸船，但鱼雷失的，只是击中了索契港的防波堤，不过爆炸声却让 S-72 以为成功命中。

第二天午夜，苏军出动大批飞机突袭费奥多西亚（Feodosija）港，苏机首先用机炮压制德军防空火力，当距离舰船 25—30 米时低空投掷 15—30 公斤重的炸弹，同时飞机也用航炮和机枪同时开火扫射，当即重创 S-49 和 S-72。同时遭到轰炸的还有刚刚成立的第十一支队，该支队是由于意大利黑海支队的人员被召回国，便将剩下的 MAS 艇交付德军而组建。支队指挥官为汉斯·丁尔根·迈耶海军上尉，下辖 S-501—507（原 MAS-566—570、574、575），结果 S-506 被炸成重伤。而且德国人很快就发现他们完全无法适应 MAS 这种适航性能很差的快艇，所以十一支队在短期内对于黑海 S 艇部队的战力几乎没有什么帮助。6 月 4 日，第一支队再次在驻地遭到苏机轰炸，S-26 被炸伤，5 人负伤。

7 月 7 日，击沉 120 吨的沿海渡船"里扎"（Ritza，高加索西部湖泊）号，10 名船员丧生；但因为 S-40 在与苏军扫雷艇战斗中重伤离队修理和 S-102 触雷沉没（7 月 8 日，S-102 在刻赤海峡被水雷炸沉，8 名艇员丧生），第一支队的力量再次受到削弱。7 月 23 日，S-51 和 S-26 联袂出击，在米什科（Myschako）海角发现目标并进行了鱼雷攻击，声称击沉一艘 500 吨级的沿海货轮和一艘 300 吨级的驳船，但实际上被鱼雷击中的是一艘由无动力趸船改装而成的浮动炮台。

8 月 7 日，第一支队在楚格沃库帕斯（Chugovokopas）海角袭击了从格连吉克驶往图阿普谢的一支小型船队（1 艘拖船，2 艘驳船，1 艘巡逻艇）。23 时 20 分，鱼雷命中船队中最大的武装拖船 T-11"彼得拉什"（Petrash）号。该船本来是建于 1914 年的破冰船，排水量 560 吨，最大航速 12 节，编制 47 人。1941 年 7 月 15 日因护航舰艇不敷使用，便安装火炮后编入红海军黑海舰队改作护卫舰，直到 1942 年 11 月 11 日又改为拖船，不过仍留在舰队编制内，并装备 2 门 45 毫米炮、1 门 20 毫米炮和 4 挺机枪，在面对德国飞机和小型舰艇时有一定自卫能力。不过 S 艇的突然袭击没有给苏联人留下任何反抗的机会，"彼得拉什"号中雷后迅速沉没，25 名船员牺牲，28 人生还。

9 月 10 日，苏军收复了新罗西斯克。第二天就有大批苏联强击机轰炸了费奥多西亚（Feodosija）的第一支队驻地。由于防空火力薄弱，许多胆大的苏联飞行员轰炸高度仅有 10 米！S-46 受巨大的近距离爆炸影响，引擎全部失灵，装填在发射管内的鱼雷被直接命中的炸弹引爆，从而炸毁了包括舰桥在内的整个艇艏，最终沉没。停在旁边的 S-49 也被爆炸波及受伤，2 名艇员死亡。

眼见大势已去，9 月 12 日，库班桥头堡的德军开始撤离，刚刚接任第一支队指挥官的赫尔曼·比希廷海军少校临危受命，率领所属 S 艇全力担任护航任务。德国人动员了一切可以使用的船只，成功地将大批人员和物资转移，其中包括 239669 名士兵，16311 人受伤，27456 名平民，和 115477 吨物资，212320 辆汽车，27741 辆摩托车，74 辆坦克，1815 门大炮，74657 匹马和 6255 头牛。无论从策划、组织还是结果上看，这都是一次不下于敦刻尔克大撤退的完美演出。不同的是，后者是盟国从失败走向胜利的开始，而前者却只能从失败走向最终的覆灭。

对黑海的 S 艇部队来说也是如此。9 月 20 日，由于频繁的引擎故障和严重缺乏零配件，短命的第十一支队被解散了，人员前往爱琴海补充同为意大利 MAS 艇组成的第二十四支队，S-501、S-506 和 S-507 这三艘状态较好的 MAS 艇本来准备编入第一支队，但苏联红军进展太快，在它们转移到尼古拉耶夫（Nikolaev）之前就占领了费奥多西亚，将其全部俘获。S-505 由于情况最差被直接退役了事，其他 4 艘艇则前往林茨（Linz）进行大修。直到 1944年第十一支队才又重新组建，由尼古拉·冯·施滕佩尔（Nikolai Baron von Stempel）海军上尉任指挥官，不过下辖只有 S-170 和 S-208 两艘艇，且一直呆在德国本土，没有发挥什么作用。

9 月 28 日，第一支队的 4 艘 S 艇在阿纳帕（Anapa）港的防波堤外伏击了苏联的扫雷舰队，声称击沉"诺德维斯特"（Nord-West，47 吨）号和"基辅"（Kiev，42 吨）号两艘扫雷艇、第 58 号拖船、MK-076 号巡逻艇，防波堤也受到严重损坏，但这并不能阻止失败情绪从陆军蔓延到海军之中。一个月之后，该支队接到了撤出伊尔·巴巴的命令。让人吐血的是，当尽忠职守的 S 艇官兵炸毁了所有设施，将一切能带走的物资装上船只并起航离开港口之后，上级又发来电报说撤退命令取消了，他们不得不重新回到满目疮痍的基地收拾残局。

面对瞎指挥的上级，第一支队只能把怒火发泄到苏联人的身上。11 月一开始该支队就频繁出击：11 月 4 日拦截了 2 艘苏联鱼雷快艇，击沉 TK-101 号，

TK-81 号逃走。11 月 7 日晚上又袭击了一支小型船队，击沉了 MK-0122 号巡逻艇、第 211 和 411 号扫雷艇。11 日击沉一艘 72 吨的摩托炮艇。到了中旬，由于苏军在刻赤（Ketsch）大规模登陆并建立桥头堡，第一支队奉命执行海上封锁任务。这时该支队尚有 7 艘 S 艇（S-26、28、42、45、47、49、51、72）可用，只有 S-40 因为和扫雷艇 R-33 号发生碰撞，正在修理。17 日，第一支队和 3 艘苏联鱼雷快艇交火，击沉 TK-76，TK-86 和 TK-104 也被击伤。21 日又击沉了 2 艘为桥头堡运送物资的登陆艇，迫使其他 8 艘登陆艇返航。

在整个 1943 年里，第一支队共执行了 88 次巡逻任务、3 次布雷任务、50 次护航任务和 24 次反击苏军登陆战斗，声称击沉 1 艘扫雷舰、1 艘炮舰、1 艘鱼雷快艇、3 艘摩托炮艇、3 艘货轮（5700 吨）、19 艘沿海货轮（8100 吨）和 15 艘驳船（8200 吨），估计总吨位 2.4 万吨；而自己仅损失了 2 艘 S 艇。这个功绩主要要归功于是年 9 月调任 S 艇司令部参谋的前支队指挥官乔治·克里斯蒂安森海军少校，因此他于 11 月 13 日荣获橡叶十字勋章，S-28 艇长卡尔·弗里德里希·金策尔则被授予骑士十字勋章。

但这道"蔚蓝色防线"再坚固，也无法挽回德军在陆地上的颓势。就连天气也没有站在侵略者这一边，1945 年一开始黑海的海情就非常恶劣，1 月份第一支队只执行过一次巡逻任务和一次布雷任务，2 月份则根本无法出海，3 月份也仅有一次出巡，结果被苏联炮艇堵了回来。4 月 8 日，苏联红军在克里米亚发动了最后的攻势。12 日，第一支队再次放弃了伊尔·巴巴撤往塞瓦斯托波尔。这次是真正的放弃，而且由于撤退得过于仓促再加上疏散人员优先的命令，大部分水雷、鱼雷库存都被迫自行炸毁。

现在攻守异位，轮到苏联人痛打落水狗了，在接下来的三个月里，苏联飞机对第一支队驻地发动了 27 次空袭。5 月 20 日午夜，苏军出动大批强击机袭击刚刚返回港口的德军舰船，飞机首先用 2 门机炮开火，当距离舰船 25 - 30 米时投掷 15 - 30 公斤的炸弹，攻击甲板目标或者吃水线以下部分，同时飞机上的航炮和机枪同时开火扫射，结果 S-49、S-72 以及 2 艘运输船被重创。6 月 4 日，第一支队驻地再次遭到数次攻击。苏军首先出动了 3 架雅克－4 投弹 12 枚，没有命中目标。1 小时后，2 架"波士顿"轰炸机从 1500 米高度进行攻击，S-26 被炸伤，5 人受伤，德军击落苏机 1 架。8 月，苏军连续对黑海西部的罗马尼亚 S 艇基地发动猛烈空袭。19 日，S-26（艇长热俄尼斯海军少尉）、S-40（艇长韦塞特海军海军少尉，Welsheit）和 S-72（艇长德卡特海军少尉）在苏利纳（Sulirna）被炸沉，13 人死亡；20 日，S-42（艇长海因茨·迪特尔·莫斯海军少尉，Heinz Dieter Mohs）、S-52（艇长卡尔德魏海军上尉，Kaldewey）和 S-131（艇长古尔克海军少尉，Gurke）在康斯坦察被炸沉，S-28（艇长彼得·诺伊迈尔海军中尉，Peter Neumeier）、S-149（艇长贝尔纳德·维尔芬海军中尉）严重受损，3 人死亡。S-148（艇长堵隆海军少尉，Dülong）于 8 月 22 日在苏利纳以北海域触雷沉没。

8 月 23 日发生的一件事情对于黑海的德国海军部队来说更是晴天霹雳——罗马尼亚废黜了法西斯独裁者安东尼斯库，宣布加入盟国阵营。第一支队仅剩的 4 艘可以行动的 S 艇奉命离开罗马尼亚，而 S-28 和 S-149 由于还没有修复，只得于 8 月 25 日退役拆毁。雪上加霜的是，刚刚进入保加利亚东部的瓦尔纳（Varna）港口，德国人就得到了保加利亚也宣布中立的消息。万般无奈之下，8 月 30 日，包括 S-45（艇长鲁塔法海军少尉，Lutherer）、S-47（艇长贝伦斯少尉，Behrens）、S-49（艇长布赫尔海军少尉，Bucher）S-51（艇长西弗斯海军上尉）在内的约 200 艘德国各式舰船全部被凿沉，也算是最后恶心了保加利亚人一把。眼见自己的港口成了钢铁坟墓，颇有点气急败坏的保加利亚人一开始扣留了德国船员，但又不敢得罪过甚，最终默许德国人通过南斯拉夫、奥地利回国。9 月 21 日，第一支队的残余人员成功返抵德国，并组成了新的第一支队。

困兽犹斗

1943 年，至少在纸面上西线的 S 艇部队是强大的，四个支队有 40 艘 S 艇，但实际上许多艇因为受损正在修理，另有一些艇开始进坞维护，真正能够投入作战的只有 22 艘，勉强超过一半。其中第二支队的 6 艘和第六支队的 6 艘在艾默伊登；第四支队的 4 艘在鹿特丹；第五支队的 6 艘在瑟堡。与此同

时，海峡对面的英国海防总队仅快艇就有 263 艘，其中包括 85 艘 MGB、61
艘 MTB、111 艘 ML 和 6 艘 SGB。

受到头一年冬季显赫战果的激励，1 月 5 日，不顾阵雪与冰雹交加，四
个支队一起出航寻猎盟国船只，结果第五支队的 S-116 和 S-82 在途中相撞，
指挥官克鲁格只得下令返航，S-116 由于损坏严重，就近驶入根西岛圣彼得港，
同时第六支队的 S-76 和 S-119 也发生了撞击事故。这次出击可谓得不偿失，
因为没有发现任何目标。1 月 9 日，S-104（艇长乌尔里希·勒德尔中尉）又
不幸触雷沉没，1 人死亡，4 人负伤；12 日，S-109 也触雷受伤，前炮手死亡，
另有一些艇员受了轻伤，不过还是硬撑着返回了艾默伊登。屡遭挫折之下，S
艇不得不暂时蛰伏，静待恶劣天气过去。

2 月下旬，天气虽然开始转好，但是严峻的时光却开始了。经过和 S 艇
的数年周旋，英国人海空兵力结合新开发的战术能够在相当程度上遏阻 S 艇
的活动了，火力强大的驱逐舰、反应快捷的摩托快艇，再加上新鲜出炉的夜
间战斗机，让 S 艇的每一次出击都有可能付出沉重代价。德军几次不成功的
出击也表明，加强了护卫力量的盟军货船队不再是好欺负的。2 月 18 日晚上，
第二、四、六支队的 15 艘 S 艇在袭击护航队时被英国"斯科特"级驱逐舰"蒙
特罗斯"（Montrose）号、"狩猎" I 型护航驱逐舰"加思"号、"翠鸟"级

英国护卫舰"三趾鸥"号

英国拖网渔船"黑尔什姆勋爵"号

护卫舰"三趾鸥"（Kittiwake）号拦截，S-71机舱中弹起火，很快沉没，艇长苏尔（Suhr）海军少尉以下19人阵亡，7人被俘。

26日晚上，第五支队的4艘S艇成功突破FS-1074护航队的防御圈，这首先是因为护航队本身实力不强，只有1艘狩猎I型护航驱逐舰"布伦卡斯拉"（Blencathra）号和4艘武装拖网渔船。埃里希·科尔贝（Erich Kolbe）海军中尉指挥的S-85首先重创了LCT-381号坦克登陆舰。该舰停驶后，大胆的德国人甚至还登船俘虏了11名船员；S-65的补射则将该舰彻底送入大海。S-68（艇长丁尔根·格切克海军中尉）和S-81（艇长雨果·温德勒海军中尉，Hugo Wendler）组成的战斗小组则击沉了4858吨的英国内燃机船"摩尔达维亚"（Modavia MV）号，护航的英国拖网渔船"黑尔什姆勋爵"（Lord Hailsham）号（17名船员丧生，7人生还）和挪威拖网渔船"哈尔斯塔"（Harstad）号也被击沉。

还没高兴两天，3月4日晚上S艇再遭重挫，在出击途中S-70（艇长汉斯·赫尔穆特·克洛泽海军中尉）触雷沉没，5人当场被炸死，5人负伤。第六支队在返航途中又遭到一群"喷火"式战斗机的连番攻击，S-75起火炸毁，S-74虽然也被重创，但还是成功救起了前者的幸存艇员，靠着还能运转的一个引擎返回了基地，两艇共有14人阵亡，15人负伤。3月7日夜间，第六支队的两艘S艇在大雅茅斯海域试图攻击护航队时，被"斯科特"级驱逐舰"麦凯"（Mackey）号和MGB-17、20、21发现。虽然S艇以超过42节的高航速逃脱了英舰的追杀，但由于速度太快，S-114和S-119号艇发生了猛烈碰撞，S-119受损严重只得弃船，船员由S-114救走，在海面上半浮半沉的S-119随后被MGB-20号摩托炮艇发现并击沉。

英国内燃机货船"摩尔达维亚"号

3月 29 日凌晨，第二支队在攻击 FS-1074 护航队时被护航军舰击退，S-29 在撤退途中被 MGB-333 和 MGB-321 发现。激战中艇长汉斯·莱姆（Hans Lemm）少尉和 6 名艇员阵亡，4 名艇员重伤，最后在火焰中炸成了两截。之所以会被航速较慢的 MGB 追上，主要是因为英国人研制出一种消音器，安装在所有快艇的主机上，这样快艇在夜间巡逻时就能很快接近 S 艇而不易被发现。刚过第一季度，西线就损失了 7 艘 S 艇，这是前所未有的惨败。

4月 13 日晚，第五支队再次为 S 艇部队挽回一点面子。德国空军第 123 远程侦察机大队的两架飞机在莱姆湾发现了 PW-323 护航队并通报 S 艇司令部。第五支队立刻出动了 6 艘 S 艇（S-65、81、82、90、112、121）去攻击这支只有 1 艘护航驱逐舰和 5 艘武装拖网渔船护航的船队。14 日凌晨 1 时 3 分，S-111 击沉英国轮船"斯坦莱克"（Stanlake，1742 吨）号；2 时 10 分，S-65 和 S-112 联手击沉了挪威海军的"狩猎"Ⅲ型护航驱逐舰"埃斯克戴尔"（Eskdale）号。15 日第四支队击沉了 648 吨的英国武装拖网渔船"阿多尼斯"（Adonis）号，有 18 名船员丧生。S-83 也被英舰还击的一发 40 毫米炮弹击中，不过没有严重损伤。

考虑到英国的护航力量越来越强，而 S 艇的损失越来越大，进入 5 月之后，

挪威护航驱逐舰"埃斯克戴尔"号

西线 S 艇部队暂时停止了对护航船队的直接攻击，而是代之以大规模的布雷行动，试图将英格兰南部海岸线变成一片"魔鬼花园"。5 月 23 日、28 日和 30 日晚上，四个支队进行了联合布雷，虽然受到英军的干扰，但仍然敷设了 405 枚水雷。但 6 月海峡天气突变，以奥斯坦德为基地的第二和第六支队无法出动，只得在港口内进行休整；驻扎在圣彼得港的第四支队和瑟堡的第五支队则仍以布雷为主。从 6 月中旬到 8 月中旬，整整两个月的时间里，由于糟糕的天气，S 艇很少出击，彼得森干脆利用这段时间为自己的快艇加装更多的防空火炮和安装装甲舰桥。

7 月 25 日，准备前往布洛涅的 S-68 和 S-77 刚从奥斯坦德出航不久，就被 MGB-40 和 MGB-42 截住。战斗中 S-77 多处中弹，所有火炮和机枪都被击毁，一台主机失灵，一颗鱼雷也被引爆，艇上燃起大火并严重进水，艇长约瑟夫·路德维希（Joseph Ludwig）海军中尉只得下令弃船，英国人发现这艘 S 艇受损太重无法挽救时便将其击沉。船员中有 4 人被 MGB 救起，12 人挤在一个充气救生筏上漂流到了第二天早上才被发现，而艇长和另外 6 名船员则被大海吞没了。S-68 由于临阵脱逃而且没有向基地报告情况，艇长丁尔根·莫立岑（Jürgen Moritzen）海军中尉被免职并以怯敌罪送上了军事法庭。这样怯战逃生的行为在一向以勇敢著称的 S 艇部队中还是第一次发生，因此在内部引起了不小的轰动，不过这样的丑闻也仅仅发生了一次。

就在 S-77 战沉的同一天，美国空军的 118 架 B-17 "空中堡垒"轰炸机向基尔投下了 522 吨炸弹，第八支队的 S-44（艇长约阿希姆·奎斯托普海军少尉）和 S-66（艇长霍斯特·索尔海军中尉）被炸毁。两天之后，从荷兰驶往布洛涅的 S-88 又不幸触雷，好在没有当场沉没，被拖往敦刻尔克修理。7 月 29 日，139 架 "空中堡垒"再次光临基尔上空，投下了 315 吨炸弹，刚刚交付第六支队的 S-135 被重创，S-137 被炸沉。比起这些重大损失来，第二和第六支队在 8 月 3 日晚上击沉在奥福德内斯巡逻的拖网渔船 "红手套"（Red Gauntlet）号，连遮羞布都算不上。更不要说 8 月 11 日，第四、五支队的 7 艘 S 艇在从圣彼得港驶往布雷斯特时，正好遇上英国皇家空军的 25 架 B-26 "掠夺者"轰炸机空袭布雷斯特港，S-121 在空袭中被炸沉，艇长约翰·康纳德·克洛克（Klocke）海军中尉和 11 名艇员丧生；S-117 中弹受伤，1 人死亡，3 人受伤；S-110 的艇长克雷策海军中尉和坐镇该艇的第四支队指挥官维尔纳·吕措（Werner Lützow）海军上尉也受了轻伤。影响 S 艇部队战斗力的另一个事件是这年 8 月，6 艘 S 艇（S-73、78、124、125、126、145）被调往西班牙暂归佛朗哥海军使用，编号也被改为 LT-21—26。这是外交政策的一部分，但后来的事实证明，对于狡猾的西班牙独裁者来说，这样的小利引诱毫无用处。不过倒是让这批 S 艇

移交西班牙海军的 S 艇

平安地存活到了战后，于 1955—1957 年间陆续退役。值得一提的是，德国还向西班牙交付了 S-38 型的图纸、引擎和一部分材料，让后者得以自行生产 S 艇，这也是唯一得到 S 艇生产授权的国家。不过因为德国的战败，这些艇最终只建成了 6 艘，编号为 LT-27—32，一直使用到 1977 年。

到了 9 月份，西线原有四个支队的所有 S 艇都装上了装甲舰桥和 40 毫米炮，部分艇安装了 20 毫米四联装机关炮，这种速射武器可以有效对付低空飞行的飞机；第五支队的 S 艇还换装了 MB-511 型主机，巡航速度提升到 35 节。同时，完成整编的第八支队也于 9 月 12 日到来，德国人摩拳擦掌，准备再次大干一番。

9 月 24 日晚上，西线 S 艇倾巢出动，在奥福德内斯附近的航线上进行布雷。25 日凌晨 1 时左右，S-96 发现了 4 艘武装拖网渔船，立即发射鱼雷击沉了 327 吨的法国拖网渔船"义勇兵"（Franc Tireur）号和 307 吨的英国拖网渔船"多娜·卢克"（Donna Nook）号，但随即被在附近巡逻的 ML-145 和 ML-150 纠缠上。由于交火时距离太近，ML-145 和 S-96 撞在了一起。猛烈的碰撞下碎片乱飞，挨撞的 S-96 冒出了浓烟，虽然开足全部马力试图脱身，但又被 ML-150 开炮击成重伤，被迫弃船自沉，艇长赫尔曼·桑德尔（Herman Sannder）海军中尉等 16 人被英军救起，副艇长里特尔·冯·乔治（Ritter von Georg）少尉以下 12 人阵亡。两艘英国快艇也受伤不轻，ML-145 还能自行返航，ML-150 则不得不由赶来支援的其他炮艇倒拖着返回基地。在其他方向，第四支队的 S-39 则和 S-90 发生了碰撞，受损严重，该支队遂直接返航；S-68 也和英国舰艇发生短暂接触，机舱中弹，不过最终成功脱险。德国人冒险敷设的雷区没有起到任何作用，他们的一举一动都被英国海岸雷达所监控，而前者对此却一无所知。

接下来 S 艇取得了一些战果，但在英国日益加强的护航力量面前，损失也居高不下。10 月 23 日夜，第二、四、六、八支队联合出动了 31 艘 S 艇，组成罕见的大规模编队出击 FN-1160 护航队。第六支队的 9 艘 S 艇最先咬住了护航队的尾巴，但由于护航兵力太过强大（3 艘驱逐舰、2 艘护卫舰、8 艘 MGB 和 2 艘 ML），S 艇连靠近货船队都做不到。S-73 连挨了 3 发 40 毫米炮弹，只得退了下来，仅有 S-74（艇长维特海军上尉）比较幸运，用鱼雷击沉了 235 吨的武装拖网渔船"威廉·斯蒂芬"（William Stephen）号。

午夜之后，第四支队也接近了护航队，指挥官维尔纳·吕措海军少校决定将手头的 8 艘 S 艇分成两路，自己率 4 艘艇（S-88、63、110、117）从南边首先发起进攻，争取牵制住护航军舰，然后 S-120 艇长阿尔伯特·考斯曼（Albert Causemann）海军上尉指挥 4 艘艇从西边突袭。计划虽然很好，但是英国人的先进装备让这一切化为乌有。当时英国护航军舰普遍装备了搜索雷达和火控雷达，前者为 Mark IV -271/272/273 型，天气较好时可以在 8000 米距离上就探测到 S 艇大小的船只；后者为 Mark VI -285 型，通过自动弹幕射击系统，可以统一指挥舰炮在夜间集火射击。还在 2000 米的距离上，"狩猎" I 型护航驱逐舰"派奇利"（Pytchley，英国著名猎场）号的雷达就发现了 S 艇并开火射击，其他舰艇也赶来协助。双方都充分发挥出了自己的优势，S 艇绝不与护航舰艇纠缠，每次受到攻击就会利用高速逃走，然后重新组织进攻；而英国人则利用自己对整个战场态势的清晰把握防守得滴水不漏。经过 4 个小时的激战，最终德国人败下阵来，S-63（艇长迪特里希·霍瓦尔特海军少尉）机舱中弹，很快沉没。试图赶来救援的 S-88 被 MGB-603 和 MGB-607 缠住，在密集的弹雨下很快起火爆炸。2 艘 S 艇上共有吕措少校、艇长海因茨·雷比格（Heinz Räbiger）海军中尉和 8 名艇员阵亡，19 人被英军俘虏，24 人被德国人救走，堪称一场彻彻底底的失败，而支队指挥官在海战中阵亡更是史无前例。

11 月 3 日，借助于德国空军侦察机的情报，第五支队在邓杰内斯以南海域成功袭击了 CW-221 护航队。这次德国人吸取了教训，不再采取支队级的大编组作战，而是以 2—3 艘 S 艇为一个战斗小组，充分发挥艇长们的主观能动性，各自为

英国货轮"多纳·伊莎贝尔"号

战。这就是所谓的毒刺（Stichtaktik）战术，是由 1943 年 10 月新任 S-130 艇长的京特·拉贝海军上尉提出的。

新战术果然成功撕开了护航队的防线，S-100（乌尔里希·科尔贝海军上尉，Urich Kolbe）击沉 811 吨的英国汽船"佛欧·克文恩"（Foam Quen）号，S-138（艇长汉斯·丁尔根·斯托瓦斯尔海军中尉，Hans Jürgen Stohwasser）击沉 1967 吨的英国货船"商场"（Storea）号，S-136（艇长汉斯·京特·丁尔根·迈耶海军中尉，Hans Günther Jürgen Meyer）击沉 1179 吨的英国货轮"多纳·伊莎贝尔"（Dona.Isabel）号。

11 月 4 日晚上，四个支队再次进行联合布雷。在返航途中，第二支队迎面撞上了一艘英国驱逐舰。让他们不惊反喜的是，在英舰背后，赫然是一队久违的盟国货船。接下来就是驾轻就熟的鱼雷攻击，S-80 和 S-89 联手击沉了 2841 吨的英国轮船"火光"（Firelight）号，S-62 重创了 4581 吨的英国货轮"不列颠前进"（British Progress）号。不过也就仅此而已了，为船队护航的 8 艘驱逐舰迅速行动起来，将其他的 S 艇驱离。而因为有一艘艇出了机械故障而落在后面的第六支队则遭了池鱼之殃，天亮后被 6 架"英俊战士"战斗机发现，

英国汽船"佛欧·克文恩"号

英国货轮"不列颠前进"号

英国驱逐舰"伍斯特"号触雷受伤。

S-74被重创后放弃，3人阵亡；S-116和S-91则受了轻伤。

随着冬季飓风期来临，在接下来的时间里S艇很少再进行破交作战，而是以布雷为主。11月11日，2481吨的英国货船"科默特"（Cormount）号触雷沉没；26日，1507吨的汽船"莫勒"（Morar）号触雷；12月，旧W级驱逐舰"伍斯特"（Worchester）号和霍尔德内斯号触雷受伤。S-142（艇长辛里奇·阿伦斯海军中尉，Hinrich Ahrens）击沉了武装拖网渔船"沙金石"（Avanturine）号，这是1943年最后一个战果。11月18日，新成立的第九支队（指挥官冯·米尔巴赫海军少校）第一批S艇（S-130、144、145、146）抵达鹿特丹，使西线S艇总数增加到46艘。此时已经进入冬季天气最坏的时候，一切战斗行动暂停，六个支队集中到艾默伊登、鹿特丹和瑟堡的艇库中休养生息，为来年开春后再次出动养精蓄锐。

在整个1943年里，西线S艇用鱼雷和水雷共击沉盟军船只16艘，总吨位2.6万吨，从战果上来说尚可，所以第二支队指挥官克劳斯·费尔特海军上尉和第五支队指挥官贝恩德·克鲁格海军少校仍然得到了橡叶十字勋章的殊荣，但交换比则让人完全无法接受。在这一年中有84人阵亡，15人重伤，19人轻伤，37人被俘，1人失踪；损失15艘S艇，其中2艘（S-70、104）触雷，4艘（S-63、71、77、88）被敌舰击沉，6艘（S-44、56、66、74、75、121）毁于空袭，3艘（S-29、96、119）毁于事故。空袭损失占总数的40%，这充分表明德军已经开始失去北海和英吉利海峡上空的制空权，S艇的活动日益暴露在空中打击的威胁之下。虽然为了进行防空，所有的S艇都装了大量高平两用机关炮，但却无法在港口内保护快艇。

1944年1月5日晚上，在收到德国空军侦察机发现WP-457护航队的情报后，第五支队立即派出了3个战斗小组共7艘S艇（S-141、142、143、100、138、136、84），采用新战术分头攻击。同时战斗中还第一次使用了T-4"猎鹰"（Falke）型声自导鱼雷。这种鱼雷也是世界上第一种声自导鱼雷，由于设计目的是对付航速一般不到10节的商船，所以最大航速只有20节，航程7000米。战斗中一共发射了23枚鱼雷，其中13枚为"猎鹰"型。第一小组的S-141击沉英国货轮"丛林"（Underwood，1990吨）号；S-143击沉403吨的英国内燃机船"波尔佩罗"（Polperro，英国地名）号；第二小组的S-138（艇长汉斯·丁尔根·斯托瓦斯尔海军中尉）击沉改装为扫雷舰的"岛"级武装拖网渔船"沃勒西"（Wallasea，英格兰小岛，属于埃塞克斯郡）号。该舰545吨，航速12节，装备1门12磅炮和3—4门20毫米炮；第三小组

瑞典货船"索尔斯塔"号

（S-136 和 S-84）则击沉了瑞典货船"索尔斯塔"（Solstad，1408 吨）号。

1 月 30 日晚上，无线电监听站发现了 CW-224 护航队，于是第五支队又派出 3 个战斗小组共 7 艘 S 艇（S-112、143、142、138、141、100、136）前往攻击。这次 S-112 用被动雷达首先接收到了船队的无线电讯号，三组 S 艇分开搜索。31 日凌晨 2 时许，乘着护航舰艇被另外的两个小组所牵制，第二小组（S-138 和 S-142）从护航队后面的空隙钻了进来，在距离 800 米时突然发射鱼雷，其中 S-142（艇长辛里奇·阿伦斯海军中尉）击沉了改装为扫雷舰的英国拖网渔船"松"（Pine，542 吨）号和货船"绿宝石"（Emerald，806 吨）号，S-138（艇长汉斯·丁尔根·斯托瓦斯尔海军中尉）则击沉了 1813 吨的汽船"迦勒斯普拉格"（Caleb Sprague）号。这似乎预示着 1944 年又将是 S 艇逞凶的一年，但实际上这不过是回光返照。

2 月 12 日晚，第二、五、八、九支队的 12 艘 S 艇出动布雷，第八支队的 S-99（艇长沃尔特·克瑙普海军上尉，Walter Knapp）和 S-65（艇长霍斯特·索尔海军中尉）意外地击沉了英国辅助扫雷舰"凯普·德·安提费尔"（Cap D'Antifer，被征用的比利时拖网渔船，294 吨）号，舰长詹姆斯·赖特·尼尔（James Wright Neill）海军上尉以下 24 人全部遇难。有感于海面上巡逻的英国舰船越发密集，14 日再次执行布雷任务时，只有第二支队携带了水雷，第八支队则负责警戒。但是德国人的运气实在不好，第二支队到达预定布雷区时，和三个英国 MTB 分队遭遇，S-89 在交火中被重创，失去机动能力，1 人重伤，只能由友艇拖回；S-98 也有 1 名艇员在战斗中阵亡。第八支队也发现了一个 MGB 分队，但在交火中没有占到上风，S-99 和 S-133 都负了伤，1 人阵亡。2 月 22 日，S-128 和 S-94 在躲避英国驱逐舰的炮火时相撞，不得不弃船。28 日，S-142 和 S-136 又发生了撞击事故，都必须进厂修理。2 月份唯一击沉的盟国货船是 2085 吨的"菲利普·M"（Philipp M.）号，是 24 日晚上被第八支队击沉的。

进入 3 月份以后，天气愈发糟糕，德国空军的侦察机根本无法起飞，而仅仅根据无线电监听站搜集的护航队信息，也不足以使 S 艇司令部确定其准确位置，缺乏性能优异的搜索雷达，成为 S 艇破交策略的致命伤。而在执行布雷任务时，能见度不良和风暴也造成了不少非战损失。3 月 20 日，S-148 和 S-48 相撞；22 日，S-143 和 S-139 相撞；23 日，S-65 和 S-85 相撞。

随着历史上最大的登陆作战行动即将开始，盟军也加紧了扫清登陆障碍的工作进度，其中 S 艇更是必欲除之而后快的眼中钉、肉中刺。3 月 26 日下午，美国空军的 344 架 B-26 "掠夺者"飞临艾默伊登，投下了 1120 枚 453 公斤反掩体炸弹，但都未能穿透厚达 3.7 米的 S 艇掩体，只有还未来得及进入掩体的 S-93 （艇长约阿希姆·奎斯托普海军中尉）和 S-129 （艇长乌尔里希·特尔纳海军中尉）被炸沉。这也给了德国人一个乐观的错觉：自己的掩体是世界上现存的任何炸弹都无法摧毁的。从某种意义上来说的确如此，但现存的炸弹做不到，英国人却可以造新的。在不久的将来，这些炸弹将会以让德国人痛心疾首的方式宣布自己的存在。

4 月 18 日晚，第五、八、九支队分头出动执行布雷任务，其中除第九支队比较幸运外，其他两个支队都和英军舰艇发生了遭遇战。第五支队的 S-141 有 1 人阵亡、1 人重伤；第八支队的 S-64 艇艏机枪和鱼雷发射管中弹，还好没有引发弹药殉爆，S-133 的艇长室和艇艉机关炮挡板中弹，2 艘艇共有 5 人轻伤。

自由法国海军"战士"号护航驱逐舰

　　由于海峡对面的盟军登陆迹象愈发明显，为了能及早查探出其具体登陆点，德国想尽了一切办法，S 艇也随之接到了十分危险的"贴近侦察"的命令。4 月 26 日晚，第五、九支队各派出 3 艘 S 艇（S-136、138、140、146、147、167），从布洛涅出发向西驶去，但是很快就被朴茨茅斯的岸基雷达探测到，随即招来了正在怀特岛东南海域巡逻的两艘盟国军舰：英国皇家海军的"舰长"（Captain）级护卫舰"罗利"（Rowley）号和自由法国海军的"狩猎"Ⅲ型护航驱逐舰"战士"（La Combattante）号。不久之后，两支小舰队都在大约 3000 米的距离上发现了对方，S 艇分成两个战斗小组，以 35 节的速度不停曲折机动并释放烟幕，企图靠近后发射鱼雷，但都被"战士"号的 4 英寸炮击退，S-167 首先中弹，被迫撤出战斗；S-147（艇长本哈特·廷豪森海军少尉，Theenhausen）艇艉中弹后燃起大火，并迅速蔓延到全艇，很快就沉没了，13人阵亡，3 人负伤，1 人被俘。

　　"舰长"级护卫舰是美国按照《租借法案》，专门为生产能力不足的英国皇家海军设计建造的，后来发展为美国海军的第一种护航驱逐舰"埃瓦茨"（Evarts）级舰，中国读者比较熟悉的国民党海军"太平"号就属于该级。"舰长"级多以历史上比较著名的海军舰长命名，排水量 1850 吨，装备 3 门 3 英寸炮和 10 门 20 毫米炮，航速 23 节。该级舰也是诺曼底登陆后 S 艇的海上主要对手之一，不过由于设计目的偏重于防空和反潜，对舰火力偏弱，对 S 艇的威胁不如"狩猎"级。

4月28日凌晨，第五和第九支队的9艘S艇离开瑟堡港，再次执行侦察任务。当它们行驶到莱姆湾（Lyme Bay）附近时，领头的S艇发现了目标。但是训练有素的观测哨报告称对方不是商船，而是由1艘"花"（Flower）级猎潜舰护航的8艘坦克登陆舰！

一次为历史上最大登陆作战而采取的秘密演习就这样阴差阳错地被S艇遇上了。1943年12月15日，美国陆军第五军在斯塔特湾和托尔湾开始进行登陆训练及演习。联合训练的高潮是在1944年的4月底到5月初，一连进行了两次全面演习。演习部队由U编队首先开始，这批从普利茅斯出发的登陆舰搭载着美国第四步兵师的官兵，前往地形极像诺曼底"犹他"海滩的斯莱普顿滩，进行为期8天的"猛虎训练计划"。为防范S艇，负责保障这次演习安全的普利茅斯海军军区司令派出了两艘驱逐舰、3艘MTB和2艘MGB在莱姆湾口进行巡逻，另外还派出了一支MTB巡逻队监视瑟堡。

很明显英国人仍然低估了S艇的威胁，为登陆运输队护航的第二梯队"杜鹃花"（Azalea）号猎潜舰火力薄弱不说，其官兵都只经过反潜防空训练，从

英国"杜鹃花"号猎潜舰

来没有和S艇作战的经验。实际上她在防止舰队遇袭方面确实没有发挥多大作用，第一个用雷达发现S艇的居然不是作为"牧羊犬"的"杜鹃花"号，而是作为被保护者的LST-507。不过这时候已经太晚了，LST身躯庞大，很难机动，其装备的少量机关炮也不足以形成威慑S艇的火力网。2时28分，LST-289号坦克登陆舰发现了1艘S艇，立即开火，但仍然被一条鱼雷击中，12人被炸死，但该舰还是能依靠自身动力返航。不过她的姊妹们没有这么幸运，2时40分，LST-507号坦克登陆舰被S艇发射的一条鱼雷击中起火，火势无法控制，幸存者纷纷弃舰逃命。几分钟后，LST-531号坦克登陆舰又被两条鱼雷命中起火，6分钟内就倾覆沉没了。其他5艘坦克登陆舰和"杜鹃花"号与S艇进行了大约半小时的激战，最后S艇见再也无机可乘，就施放烟雾后高速撤离战场。

在这次短促的战斗中，共有197名海军官兵和441名陆军官兵阵亡，这是美军在二战中除珍珠港遇袭之外伤亡人数最多的一次。由于担心影响士气，这一事件当时秘而不宣，直到诺曼底登陆战成功后，人们才知道那一天的惨剧，而具体的阵亡数字直到1974年才解密。而且登陆计划也由此推迟，美国不得不从地中海调来3艘坦克登陆舰以补充损失。

但是S艇的狩猎季节已时日不多了，随着盟军登陆行动紧锣密鼓的筹备，打击很快接踵而来。在进入5月份以后，为了防御S艇的袭扰，也为了在法国塞纳河湾的盟军预定登陆点附近设置水雷保护带，盟国频频派出轻型舰队到怀特岛东南海域执行巡逻和布雷任务。5月12日凌晨零时34分，正在这一海域游弋的自由法国"战士"号护航驱逐舰用雷达发现了4000米外的4艘S艇正在高速靠近，于是迅速用4英寸炮射击。S-141艇尾连中两弹，迅速燃起大火。另外3艘S艇（S-136、140、142）对"战士"号进行了反复攻击，但后者机动灵活地规避了所有鱼雷攻击，而且再次用40毫米炮射击好不容易才扑灭大火的S-141，终于将该艇击沉，这是该舰击沉的第二艘S艇。艇长沃尔特·索博特卡海军中尉以下6人生还，20人阵亡，其中包括海军总司令邓尼茨元帅的长子克劳斯·邓尼茨（Klaus Dönitz）海军少尉。不过大概是受长期与S艇作战所形成紧张心态影响，5月27日晚上"战士"号又击沉了一艘鱼雷快艇，这次是在夜巡时与皇家海军的MTB-732、739发生了误击，结果

MTB-732 被击沉。

在强化海上巡防的同时，盟国还利用他们占据绝对优势的空中力量对 S 艇进行打击。5 月 20 日晚上，S-87（艇长京特·拉特瑙海军少尉，Günther Rathenow）被英国"剑鱼"式轰炸机重创，3 人阵亡，9 人受伤，1 人失踪，虽经艇员抢修，该艇仍因伤重沉没。24 日夜间，S-100 又被盟军飞机炸伤，1 名艇员重伤。6 月 3 日，在 447 架战斗机的掩护下，543 架轰炸机向德军在法国海岸的基地投下了 1580 吨炸弹。布洛涅损失尤其惨重，虽然当时 S 艇都在厚实的钢筋混凝土掩体内，但仍有 S-172 和 S-174 被重创。诺曼底登陆当天，第二支队在奥斯坦德，第四支队在布洛涅，第五和第九支队在瑟堡，艾默伊登的第八支队则正准备回国换装新型引擎。第五和第九支队首先接到命令，于 6 月 6 日凌晨 3 时从瑟堡出发，分别前往西北部和东北部海域搜索，但一直到黎明也一无所获；第四支队也只报告发现了一艘盟军驱逐舰。直到下午 14 时，德军才搞清楚了盟军登陆的初步情况和大概规模。他们估计盟军出动了 7 艘战列舰、23 艘巡洋舰、105 艘驱逐舰、63 艘护航驱逐舰、71 艘轻型护卫舰、4126 艘登陆艇和众多的运输船只，这让所有人都大吃一惊，但丝毫也没有减弱他们战斗的决心。

6 月 6 日夜间至 7 日凌晨，西线所有的 S 艇都出动了，从奥斯坦德出发的第二支队（S-177、178、179、181、189）和从艾默伊登出发的第八支队（S-83、117、127、133）都没有发现目标；第四支队（S-169、171—175、178、188）离开布洛涅港后先是遭到空袭，不过没有损失，接下来又撞上了盟军的驱逐舰，经过短暂战斗后返航。第五支队（S-84、100、136、139、140、142）也和盟军驱逐舰交上了火，在机动中误入水雷区，S-139 被炸沉，22 人阵亡，艇长汉斯·丁尔根·迪特里希（Hans Jürgen Dietrich）海军上尉以下 4 人被俘。克鲁格仍然不肯罢休，继续带队前进，发现并击沉了 611 吨的英国登陆舰 LCT-875 号，但 S-140 又触雷沉没，艇长本昂拉茨（Bongertz）以下 14 人遇难，8 人被救起。和第五支队结伴出击的第九支队（S-130、144、145、150、167、168）则击沉了 380 吨的 LCI-105 号登陆艇。

7 日晚上，第五和第九支队冒险穿越盟军水雷区，大约于 8 日凌晨 1 时

30 分到达圣马科夫岛以北阵位，对西部盟军特混舰队实施了鱼雷攻击，美国"萨姆纳"（Sumner）级驱逐舰"梅勒迪斯"（Meredith）号被击沉，全舰 336 人仅 163 人生还。不过这个战果来得太过轻易，因为就在一天前该舰刚被德国空军投掷的一枚滑翔炸弹重创，已经失去了机动能力。1 小时后，该艇群与在巴弗勒尔海角（Cape Barfleur）担任例行巡逻的英国朴茨茅斯海军军区的 MGB 遭遇，S-84 的艇长和 5 名艇员负伤，S-142 有一台引擎被重创，S-138 水线下中了一弹，迅速返回瑟堡。第九支队则幸运地发现了一队登陆艇，接连击沉 LCT-376、314、105、875 等 4 艘登陆艇，同时也遭到护航的 MGB 攻击。S-130 有 2 人阵亡，其他 S 艇共有 4 人负伤，S-145 和 S-168 也被击伤。经过两夜苦战后，海峡地区的 S 艇还剩下 22 艘，其中第二支队（4 艘）在布洛涅；第四支队（7 艘）在勒阿弗尔；第五支队（5 艘）和第九支队（3 艘）在瑟堡；刚从荷兰调来的第八支队（4 艘）进驻奥斯坦德。

6 月 8 日夜间，所有 S 艇再次出动执行布雷任务，并袭击海峡中的盟国护航运输队。但第二支队因为恶劣天气而中途返航，第八支队没有发现目标，第四支队因为和敌舰遭遇，指挥官库尔特·菲梅恩海军少校担心甲板上的水雷被引爆而返航。第五和第九支队虽然和盟军驱逐舰发生交火，但仍然成功完成了布雷任务，第九支队有 2 人负伤，还声称击沉了 2 艘登陆舰，但没有得到证实。9 日晚上全体 S 艇再次出动，这次轮到第五和第九支队被盟军军舰拦截，无功而返；第四支队完成了布雷计划，并声称击中 3 艘货船，第二支队也声称击沉 2 艘货船，随后两个支队都进入勒阿弗尔，但以上战果都未得到证实。第八支队的 S-190 触雷，幸运的是没有人员伤亡。

10 日晚上各支队都与盟军舰船发生了激战。第五支队遇上的是硬茬子，与英军驱逐舰和 MTB 短暂交火后溃围而出，S-136 被击沉，艇长汉斯·京特·丁尔根·迈耶海军中尉和 18 名艇员阵亡，3 人被俘。赶来助战的英国鱼雷机则将被击伤的 MTB-448 误会成 S 艇，将其炸沉。第九支队（S-130、144、146、150、167）发现一支护航船队，一枚鱼雷正好命中英国"舰长"级护卫舰"霍尔斯特德"（Halsted）号舰桥下方，将舰首炸断，对舰体结构也造成了严重破坏。虽然该舰还能靠自己动力蹒跚返回朴茨茅斯，但经过检验后认为修复价值太大，遂做退役处理。不过 S 艇射向货船的鱼雷则无一命中。

该支队继续向前，发现了正被拖曳驶向登陆滩头的一个巨大钢筋混凝土沉箱，这是准备用来筑造"桑葚"（Mulberry）号临时人工港的。在 S 艇争先恐后发射鱼雷之后，沉箱连同拖曳她的美国海军拖船"鹧鸪"（Partridge，950 吨）号和英国拖船"芝麻"（Sesame，700 吨）号都被击沉。坦克登陆舰 LST-538 号（1490 吨）规避了一条鱼雷，但却被另一条鱼雷击中。该舰立刻进行抢滩搁浅，后经应急修理，在涨潮时自行离开了浅滩返航，终于得以生还。第九支队在返航瑟堡的路上遭到空袭，S-130 被重创，艇长京特·拉贝（Günther Rabe）海军上尉和 4 名艇员受伤；S-144 和 S-146 在规避中偏航，索性驶往勒阿弗尔。

第四和第二支队都按计划完成了布雷任务，前者驶往布洛涅，后者却意外地遇到一支正向登陆滩头运输弹药和汽油的盟军船队，立即展开攻击。11 日凌晨零时 20 分，S-177（艇长卡尔·博泽纽克海军少尉，Karl Boseniuk）和 S-178（艇长乔治·布劳恩海军少尉，Braune）击沉了英国沿海货船"登葛瑞基"（Dungrange，621 吨）号，船长赫伯特（J. E. Herbert）以下 18 人丧生；S-179（艇长库尔特·诺伊格鲍尔海军少尉，Neugebauer）击沉英国内燃机船"阿散蒂人"（Ashanti，534 吨）号；零时 53 分，S-189（艇长阿诺伊斯·斯瑟莱，Sczesny）击沉了英国货船"布兰肯菲尔德"（Brackenfield，657 吨）号。倒霉的第八支队则依然没有转运，一出航就接连遭到两次空袭，虽然没有伤亡但也再无心攻击，遂返回基地。

S 艇在第二天夜间又取得了一次小胜利，第五支队的 S-138（艇长汉斯·丁尔根·斯托瓦斯尔海军中尉）重创了美国"格里夫斯"（Gleaves）级驱逐舰"尼尔森"（Nelson，1630 吨，以参加过美西战争和一战的查尔斯·尼尔森海军少将命名，Charles P. Nelson）号。时间是在 12 日凌晨 1 时 5 分，在瑟堡港外执行封锁任务的"尼尔森"号用雷达发现了一个快速移动目标，该舰立即用 4 门 127 毫米 38 倍径炮开火，那个目标分成三个光点猛扑过来。"尼尔森"号在完成第十次齐射后舰尾 4 号 127 毫米炮塔下方突然中雷，爆炸摧毁了炮塔和整个舰尾，24 人当场身亡或失踪，9 人受伤。美军不得不将该舰拖回英国，

美国海军拖船"鹪鸪"号

美国驱逐舰"尼尔森"号

拆除了舰首的 2 号 127 毫米炮塔和舯部的五联装 533 毫米鱼雷发射管，作为维持浮力和稳定性的临时措施，然后拖曳回美国波士顿，更换了一个新的舰尾，直到 11 月下旬才完成修复工作。第二支队遇到了加拿大的 MTB 和一艘驱逐舰，S-181 舰桥中弹，死伤各 1 人。当该支队利用高速摆脱敌舰后又不慎误入己方雷区，S-179 和 S-181 都触雷重创。第四支队先是遭到空袭，然后和盟军驱逐舰交火，不过没有损失，倒是 S-171（艇长温因格海军上尉，Wiencke）用火炮击沉了英国 MGB-17。

6 月 12 日晚，S 艇继续例行出击，但没有任何战果。第五支队的 S-138 在与英舰交战时中弹起火，1 人负伤，但快艇仍能靠自身动力返航；第四支队的 S-169 触雷负伤。连续苦战了一个星期，所有人都觉得十分疲倦，而战果寥寥也让人沮丧，但他们都没有想到西线 S 艇部队的噩运即将来临。6 月 13 日清晨，英国空军海岸航空兵为了进行报复，派出第 143 和第 236 中队的"英俊战士"战斗机对布洛涅进行了空袭。当时德国人刚刚夜袭归来，疲惫之下措手不及，第二支队的所有 S 艇都连连中弹，遭受重大伤亡。S-178 当即被炸沉，艇长乔治·布劳恩海军少尉和 16 名艇员丧生；S-179（艇长库尔特·诺伊格鲍尔海军少尉）起火爆炸，引擎失灵，13 名艇员遇难。S-181 试图将其拖走，结果没走多远该艇就沉没了。S-189（艇长阿诺伊斯·斯瑟莱）同样被炸中起火，在英机的第二轮攻击中再次中弹沉没，13 人死亡，8 人被 S-181 救起。轰炸中另外还有 42 人死亡，20 人负伤。

更大的打击接踵而来。由于英国海军部的情报中心破解了德国海军的恩尼格玛型密码，了解到为攻击盟军的登陆船队，有大队的 S 艇集中到了比利时和法国沿海港口（5 艘在布洛涅，6 艘在奥斯坦德，4 艘在瑟堡，15 艘在勒阿弗尔）。为解除这个威胁，皇家空军轰炸机司令部在 6 月 14 日黄昏前出动 325 架"兰开斯特"轰炸机，向勒阿弗尔投下了 1230 吨炸弹！这些代号为"高脚橱"（Tallboy）的穿甲炸弹重达 5.5 吨，从高空投下后借助地球引力可以很快达到音速，在冲击瞬间可以穿透几米深的钢筋混凝土才发生爆炸；炸弹内填充的也是特别研制的铝末炸药，包括 40% 的 TNT 炸药、42% 的黑素金炸药和 18% 的铝粉，这样可以在爆炸瞬间大幅地提高温度。在勒阿弗尔是第二次使用这种炸弹，因此德国人毫无防备。

这一天成为 S 艇部队的受难日。三枚"高脚橱"击中 S 艇掩体，穿透了用金属横梁加固的、厚达 3.5 米的混凝土顶盖，总计有 13 艘 S 艇（S-100、138、142、143、144、146、150、169、171、172、173、187、188）被炸沉，S-84 被重创，此外还有 3 艘雷击舰和大约 40 艘其他小型船只在港内被炸沉。而空袭时恰好有一批 S 艇军官正聚集在一起，祝贺他们的司令官彼得森和第九支队指挥官冯·米尔巴赫双双荣获橡叶十字勋章，第五支队的新任指挥官库尔特·约翰森（Kurt Johannsen）海军上尉荣获骑士十字勋章，结果在轰炸中损失惨重：库尔特·约翰森以下 18 人在空袭中丧生，冯·米尔巴赫以下 25 人受伤，其中有 4 名艇长。第二天英军又空袭了布洛涅，炸沉 9 艘扫雷舰，不过残余的 S 艇及时采取了伪装措施，所以并无损伤。

德国海军西线舰队司令部的战争日记把这两天的空袭描述为"大灾难"，因为盟国的海空力量已经迫使德国海军的驱逐舰和潜艇部队早早退出了对登陆滩头的攻击，德国人不得不完全依靠 S 艇和雷击舰进行突袭。但这次轰炸使德国在塞纳湾的海军力量损失大半，残存的兵力已经无法支撑过去一周的高强度夜间作战。例如 S 艇第五支队全军覆没，就只剩下了四个支队 13 艘，具体如下：

第二支队（布洛涅）：S-176、180、181、182；

第四支队（布洛涅）：S-174、175；

第八支队（奥斯坦德）：S-83、127、133；

第九支队（勒阿弗尔、瑟堡）：S-167、130、145、168。

这次空袭只是暂时消除了 S 艇对盟国的威胁，德国人并不肯轻易服输，首先将第二、四支队和第五支队的人员暂时合并，由新任第二支队指挥官奥彭霍夫海军少校（原指挥官费尔特改任训练分队指挥官）统一指挥，转移到迪耶普（Dieppe）的新基地；第九支队则从瑟堡转移到圣马洛（St.Malo）。18 日又重新从北海调来了一批新的 S 艇补充各支队；26 日，波罗的海的第六支队（S-39、76、90、91、114、132、135）也奉调赶到艾默伊登，7 月初又转移到勒阿弗尔。

为了粉碎 S 艇的骚扰，普利茅斯海军军区决定所属的近海舰艇编队在布雷斯特和瑟堡之间的海面上巡逻，严密监视和搜索 S 艇的活动，皇家空军也派出战斗机反复攻击 S 艇，"惠灵顿"轰炸机在法国海岸来回巡逻，一旦发现 S 艇就实施攻击，从而切断了上述两地之间的所有交通线，瑟堡被孤立成为一座死港。6 月 23 日至 24 日夜里，德国人被迫将该港进行堵塞，拆毁设施，并将 S 艇转移到圣马洛和勒阿弗尔。

6 月 22 日夜间，在连续了好几天的风暴平息之后，创伤初愈的 S 艇再次出动。但第八支队遭到空袭，所有快艇都被弹片击伤，S-83 有两人负伤；第二支队的 6 艘 S 艇（S-167、174、175、177、180、190）在塞纳湾布雷时也被盟军驱逐舰发现，刚加入支队的 S-190（艇长雨果·温德勒海军上尉，Wendler）接连被好几发 4 英寸炮弹命中，严重损毁，只得弃船，艇员中有 3人受伤、1 人失踪。24 日晚，第二支队在布雷时又遭遇 2 艘驱逐舰，S-175 舰桥被一发 4.7 英寸炮弹直接击中，2 名艇员当场死亡，1 人负伤。当好容易凭借高速摆脱驱逐舰后，又被 MGB 拦住去路，S-181 中了一发 40 毫米炮弹，1人受伤。26 日晚上，3 艘 S 艇（S-130、145、168）在驶往迪耶普的途中与盟军驱逐舰发生遭遇战，S-145 船体中弹，只剩一台引擎，只得返航，其他 S 艇再次凭借高速冲破拦截抵达迪耶普。7 月 3 日第二支队在布雷时被 MGB 发现，S-181 中弹，死伤各 1 人，回航途中又遇到两艘盟国护卫舰，但仓促之下发射的 5 枚鱼雷全部失的，全靠其高速才顺利返回勒阿弗尔。而 7 月 6 日，勒阿弗尔的鱼雷仓库突然发生爆炸，库存的 41 枚鱼雷化为乌有，7 人丧命。还好仓库离艇坞较远，所有 S 艇都没有损伤。经事后调查，确定为法国地下抵抗组织所为。

7 月 7 日晚，第二和第九支队出击时与盟军驱逐舰、MGB 发生交火。8日凌晨零时 15 分，S-176、177、182 组成的战斗小组同时向 1400 米外的两艘英军战舰发射了 6 枚鱼雷，结果 S-176（艇长弗里德里希·斯托克弗雷特海军中尉，Friedrich Stockfleth）发射的 1 枚鱼雷命中英国"舰长"级护卫舰"特罗洛普"（Trollope）号舰首，造成 7 名军官和 54 名士兵丧生。但该舰挣扎着驶向海岸搁浅，所以没有沉没。而射向"狩猎"III 型护航驱逐舰"斯特温斯顿"（Stevenstone，英国德文郡的狩猎区）号的鱼雷则全部失的。接下来的几次出击乏善可陈，不但没有取得任何战果，反而有两艘 S 艇（S-168 和 S-135）被击伤。

末路狂鲨

面对令人绝望的形势，德国人一度把希望寄托在新型鱼雷上。德国鱼雷技术在种类和性能上都处于世界领先地位，例如世界上第一型扇形搜索鱼雷 T-3 FAT（德文 Flachen Absuch Torpedo 的字头缩写）型，鱼雷发射后，先是做一定距离的直线航行，然后转入阶梯状的搜索航行阶段，搜索航行有 800 米和 1600 米两种模式。该鱼雷适合用来攻击密集编队的商船，由于能往返穿越设定的敌船队基准航线，命中率大为提高。T-3d"腊肠犬"（Dackel）型鱼雷是一种设计来攻击港内目标的远程慢速鱼雷，长 11 米，重 2216 千克，战斗部重 281 千克，在 9 节的航速下可以达到 5.7 万米的射程，可以预设在接近目标时以弧线前进。这就意味着如果 S 艇在勒阿弗尔发射该型鱼雷的话，可以打中奥恩河口附近锚泊的舰船。新装备还有 T-5"鹪鹩"（Zaunkönig，盟国称为 Gnat，即"德国海军音响鱼雷"的缩写）型被动声自导电动推进鱼雷，是"猎鹰"的改进型。长 7.2 米，重 1497 千克，战斗部重 200 千克，在 22 节的航速下射程为 8000 米，航速 24 节时射程 5700 米。在潜艇上该型鱼雷发挥了一定作用，战后被美、英、苏、法所仿制。但在 S 艇的作战中却不尽如人意，因为 S 艇在近海行动，往往面对驱护舰和摩托快艇的联手，由于 MTB 和 MGB 的螺旋桨噪声较大，声自导系统可靠程度又不高，所以射向驱逐舰的声导鱼雷很容易偏离目标；而且由于该鱼雷航速太慢，S 艇发射鱼雷又不像潜艇那样隐蔽，所以很容易被规避。

7 月 26 日晚，新型鱼雷初见成效。第六支队（支队指挥官詹斯·马岑海军上尉，Jens Matzen）率领 8 艘 S 艇（S-29、79、90、91、97、114、132、135）从布洛涅出发前往邓布内斯海域，攻击一支无线电测向站监听到的护航船队。这支船队的护航力量较强，有 3 艘驱逐舰和 4 艘 MTB，所以 S-97

（艇长威廉·瓦尔德豪森海军中尉，Wilhelm Waldhausen）和 S-114（艇长汉斯·卡尔·亨默尔海军中尉，Hans Karl Hemmer）没有选择突破，而是在远处发射了两枚 FAT 鱼雷，结果成功命中了 7171 吨的货船"佩洛特堡"（Fort Perrot）号和 7046 吨的货船"帝国比阿特里斯"（Empire Beatrice）号，不过这两艘船都没有沉没。S-90 和 S-91 向护航的驱逐舰发射了数枚鱼雷，都没有命中，S-90 反而被 MTB 击中油舱，幸亏没有引发火灾。

而在同一天晚上，对赛纳湾登陆滩头进行袭击的第二支队则战斗得异常惨烈。S-182（艇长库尔特·平格海军上尉）陷入"舰长"级护卫舰"雷塔里克"（Retalick，拿破仑战争时期的英国舰长，曾在纳尔逊属下参加哥本哈根海战）号和 12 艘 MTB 的火网之中。在短促的抵抗后被彻底击毁，8 人阵亡，17 人被俘。而 MTB-430 也被 S-182 撞成重伤，因无法挽救而被迫弃船。这种两败俱伤的结局虽然不能让英国人满意，但却是完全可以接受的，因为成功避免了货船的损失，还摧毁了一艘危险的 S 艇，而自身只损失了一艘微不足道的鱼雷快艇。

德国人对盟军的这种心态未必一无所知，但他们别无选择，S 艇的不断出击已经不是像开战初期那样指望让对手流血不止而死，而是绝望地祈求在自己的血流干之前能让对手再尽可能的多流一点血。

7 月 30 日晚出击的第六支队和第八支队再次获得大胜。31 日零时 35 分，在发现护航队后，两个支队用 FAT 鱼雷进行远射，结果一举击中了三艘英国自由轮和两艘"海洋"（Ocean）级货轮！其中"萨姆维克"（Samwake，7219 吨）号沉没，"迪尔伯恩堡"（Fort Dearborn，7160 吨）、"卡斯卡斯基亚堡"（Fort Kaskaskia，7187 吨）、"海洋伏尔加"（Ocean Volga，7174 吨）号和"海洋信使报"（Ocean Courier，7178 吨）号被重创。自由轮这个称呼源于 1941 年 2 月，罗斯福总统在"炉边谈话"广播中说要紧急建造 200 艘货船，并说这些船"将给欧洲大陆带去自由"。这批船，以及后续建造的 5000 多艘同型船，由此被称为"自由轮"（Liberty Ships）。英国在美国订购的 60 艘货轮全部以"海洋"（Ocean）作为船名的一部分，因此被称为"海洋级"。其主要特点是大量采用焊接技术和流水线生产，因此建成速度极快，到后期甚至可以以小时来计算。

英国自由轮"萨姆维克"号

但另一种新型鱼雷则表现不佳,第二天晚上,第二和第六支队在与英国驱逐舰交战时,发射的"鹪鹩"声导鱼雷全部早爆,S-132(艇长海因茨·德佩海军中尉,Heinz Deppe)则被 MTB 的炮火击中右舷机舱,有 3 人负伤。更倒霉的是,待其返回勒阿弗尔后,又正逢英军空袭,53 架"兰开斯特"轰炸机和 5 架"蚊子"战斗轰炸机反复蹂躏了 S 艇基地,3 艘尚未来得及进入掩体的 S 艇被炸伤,其中就包括 S-132,它为此进行了长达 14 天的修理。8 月 2 日,54 架"兰开斯特"再次来袭,这次损失更加惨重,S-39(艇长恩诺·布兰迪海军少尉,Enno Brandi)和 S-114 被炸沉,S-91 和 S-97 被炸伤,在 6.14 大轰炸中死里逃生的 S-84 这次也在船台上被彻底炸毁。当天晚上,第二支队的 4 艘 S 艇(S-176、180、174、181)在出击时被 MGB 拦截,S-180 被击伤,依靠仅有的一个引擎返航;S-176 和 S-174 发生碰撞,前者的艇艏被撞得粉碎,后者舰桥处的船壳被撞得凹下去一大块,不过都能自行返航。在战斗和事故中共有 7 人负伤,其中包括 S-180 的艇长。

鉴于盟国的空中力量挫败了 S 艇的每一次进攻意图,S 艇部队总司令彼得森海军中校不得不向德国空军求助，要求提供夜间战斗机支援，以保证S艇作战区域的安全。但是所有可用的飞机都已被调回本土担负防空任务，实际上西线的作战飞机数量对比已经达到了1:26，盟国占据绝对优势。

8月5日凌晨1时10分到50分，驶出勒阿弗尔港的第二和第六支队第一次使用"腊肠犬"型鱼雷对盟军登陆滩头进行远程攻击，但6艘S艇发射的所有24枚都没有击中目标，其中9枚早爆。更离谱的是有一枚误击了S-97。德国人非常庆幸他们撞上了很高的引信失效几率，这枚跑错了方向的鱼雷没有爆炸。7日凌晨，第二支队成功袭击了一支船队，零时27分击伤美国自由轮"威廉·L.马西"（William L.Marcy，前美国国务卿，7176吨）号；零时39分，击沉英国商船"阿姆斯特丹"（Amsterdam，4220吨）号。9日凌晨3时许，第二支队的S-174和S-181在再次试图出港攻击盟军驱逐舰时遭到空袭，7人负伤；3时59分至4时20分，S-177、S-180和S-79发射了10枚"腊肠犬"型鱼雷，其中一枚命中了朱诺海滩（诺曼底五大登陆点之一）的老式巡洋舰"弗洛比舍"（Frobisher，9860吨）号。该舰是1920年建造的"霍金斯"（Hawkins）

英国巡洋舰"弗罗比舍"号

级重巡洋舰，1930年改为训练舰，二战爆发后重新武装，主要装备5门7.5英寸炮和5门4英寸炮，执行护航任务。诺曼底登陆中该舰担任火力支援任务，向德军阵地倾泻了大量7.5英寸炮弹。被鱼雷击伤后，鉴于修复价值不大，该舰拆除部分武装，再度改回训练舰，并于1949年拆毁。另一个"腊肠犬"的受害者众说纷纭，有的说法是阿尔及利亚人（Algerine）级扫雷舰"维斯塔"（Vestal，960吨）号被重创，该舰1945年7月26日在泰国附近海岸被日本自杀飞机重创，无法修复，为避免被俘而自行凿沉。另有一说是英国补给船"桑"（Mulberry）号被重创。

11日凌晨4时48分到5时31分，S-97、S-79和S-177发射了10枚"腊肠犬"，其中两枚分别击中了宝剑海滩（Sword Beach，诺曼底五大登陆点之一）的货船"伊兹利"（Iddesleigh，5205吨）号和修理船"信天翁"（Albatros，4800吨）号，前者当即沉没。后者原本是澳大利亚皇家海军的水上飞机母舰，后来被转让给英国皇家海军。从1943年底到1944年初，作为诺曼底登陆支援舰船计划的一个子项目，该舰改装为修理舰，用于战时抢修登陆艇。在被一枚"腊肠犬"击中后，当即有66名舰员被炸死，船体结构严重受损，遂被拖往朴茨茅斯，一直到1945年初才修复，改为补给舰。但是当盟军及时采取增加瞭望哨等措施后，该鱼雷就再也没有取得过成功。根据德国海军统计，到8月18日为止，共发射"腊肠犬"91枚，除击沉击伤上述4艘敌舰外再无所获。

8月12日晚上，在得到从荷兰赶来的第八、第十支队的支援后，S艇再度大规模出击。第二、六、八支队在出港后不久因能见度不良被迫返航，只有第十支队（支队指挥官卡尔·米勒海军上尉）成功地完成了奥福德内斯（Orfordness）港外的布雷行动，同时也和盟军舰艇发生交火，S-191（艇长京特·本杰海军少尉，Günther Benja）、S-184和S-183被击伤，人员死伤各1人。15日晚，第十支队再次出动6艘S艇，在马盖特（Margate）港以北进行了布雷。18日晚，第八支队在多佛尔海峡袭击了由2艘驱逐舰和5艘MTB护航的一支大型船队。这次发射的"鹪鹩"总算靠了一点谱，有一枚击中了英国自由轮"格罗斯特堡"（Fort Gloucester，7127吨）号，在侧舷撕开了一个大洞。19日晚，第十支队在转移到布洛涅的途中遭遇空袭，S-185

英国"信天翁"号修理舰

英国"伊兹利"号货船

艇长亚当（Adam）以下 3 人阵亡，另有数人负伤。25 日，第六支队在出击中和英国的护航驱逐舰、护卫舰发生激战，S-91 中弹起火，被迫自行凿沉。第八支队的 4 艘 S 艇也遭遇了英国护航驱逐舰，S-701（艇长乌尔里希·特尔纳海军中尉，Ulrich Toerner）连中数弹起火，接着又和 S-196 撞在了一起。虽然伤势如此沉重，但两艘 S 艇还是成功驶回了迪耶普。继续前进的 S-195（艇长沃尔特·克瑙普海军上尉）和 S-197（艇长伍尔夫·范格海军中尉）没能发现船队，与 MGB 发生短促交火后返航。

8 月 23 日，随着盟军在法国境内的大步推进，西线的德国海军不得不决定撤出勒阿弗尔这个诺曼底半岛最大的港口，但这并不是一件容易做到的事情。无论白天黑夜，港外都有大批的盟军战舰来回巡弋，每次转移行动都意味着短兵相接的苦战，第六支队承担了大量的护航任务。S-174 和 S-177 在试图返回勒阿弗尔时，发现一支强大的盟国舰队正在和德国第八火炮驳船支队交战。盟国军舰包括 1 艘法国护航驱逐舰、2 艘英国护卫舰、6 艘 MTB 和 3 艘美国 PT 鱼雷快艇，德国人损失惨重，数艘驳船被击沉击伤。为了帮助友军，S-177 不顾危险冲上前发射了两枚鱼雷，乘敌舰规避之机，救起了水面上的 80 名幸存者；S-174 也将受到重创的 AF-109 号驳船拖离战场。

8 月 29 日晚上，第二支队在完成了港内的布雷工作后，最后一个离开已经和废墟差不多的勒阿弗尔港撤向布洛涅，同时还担负着为最后一批突围的 19 艘德国舰船护航的任务。舰队途中不出意外地遭到盟国海空兵力攻击，其中威胁最大的是"狩猎"I 型护航驱逐舰"卡提斯托克"（Cattistock）号和护卫舰"雷塔里克"号。支队指挥官菲利克斯·齐马科夫斯基海军少校坐镇 S-196（艇长京特·拉特瑙海军中尉），亲自指挥快艇发射鱼雷，准确命中"卡提斯托克"号舰桥下方，舰长当场被炸死。该舰的火炮和雷达也全都在剧烈的爆炸中受损，后该舰被拖回朴茨茅斯进行修理。德国舰队完好无损地到达荷

英国护航驱逐舰"卡提斯托克"号

兰的新基地。在长达一个星期的突围行动中，共有约100艘德国舰船成功突围，只有10艘被击沉，这实在要归功于S艇官兵的不懈努力。

9月4日夜，第十支队在敷设完所有的水雷后，最后一个离开了即将被占领的布洛涅港，这次它们没有遇到盟军的飞机或者战舰，但面临的危险却一点也不小，因为海峡对面的英国海防重炮正在努力开火。S-184不幸中弹，艇体严重受损，艇员们只得放弃无法修复的快艇，登上S-183的甲板，就近驶往奥斯坦德，没有被击中的S-191、S-186和S-192则继续前往鹿特丹；第八支队也于5日清晨驶往荷兰。到了9月6日，法国北部和比利时的所有港口都被放弃了，正在布雷斯特修理的S-145因无法航行而自行破坏。第二支队回到威廉港维修，第六支队则将那些老旧快艇移交给训练支队。

虽然天气恶劣、兵力薄弱，西线剩下的四个支队依然尽力出海进行布雷和寻找护航队，但是9月17日盟军大规模在荷兰进行空降的消息给了西线德国海军当头一棒。这是盟国为了尽快结束西线战事而开展的"市场 - 花园行动"（Operation Market Garden）。虽然这次行动最后因过于冒险而以失败而告终，但仍在诺曼底登陆"阴影"笼罩下的德国最高统帅部还是在18日就下达了毁灭阿姆斯特丹和鹿特丹所有码头设施的命令，以免被盟军所利用，结果由于行动过于仓促，从荷兰的撤退引发了一场灾难。

19日晚上，第十支队3艘S艇离开港口后，遭到英国"舰长"级护卫舰"斯特纳"（Stayner）号和MTB-724、728的拦截。S-183（艇长克劳斯·乌尔里希海军中尉，Klaus Ulrich）在"斯特纳"号的3英寸主炮攻击下中弹起火，当即就沉没了；S-200（艇长阿尔弗雷德·克林胡森海军少尉，Alfred Kellinghusen）和S-702（艇长希尔默·布鲁姆海军中尉，Hilmar Blum）在逃跑时撞在了一起，弃船后被英舰炮火一一击沉，支队指挥官卡尔·米勒海军上尉、两位艇长和45名艇员都成了英国人的阶下囚，这还是开战以来第一次有支队指挥官被俘。万幸的是第十支队没有全军覆没，头一天晚上，该支队的另外4艘S艇（S-185、186、198、199）奉命为被困在敦刻尔克的德军运送急需物资，每艘快艇都运载了8吨弹药和补给。它们利用高速成功躲过了盟军的驱逐舰，卸下物资后，还顺便带走了第22步兵师师长沃尔夫冈·冯·克卢格（Wolfgang von Kluge）陆军中将等高级军官和一些伤员。此时西线的S艇数量下降到了可怜的9艘：第四支队3艘（S-201、202、219），第十支队4艘（S-185、186、191、192），第八支队2艘（S-198、199）。

好在这种凄凉的情景没有持续多久，10月初，第九支队的6艘S艇（S-130、167、168、175、206、207）抵达鹿特丹，使西线S艇总算又突破了两位数。而且新的S艇还在源源不断的到来，但10月19日，由于前文提到的希特勒对盟国的战略误判，数量好不容易恢复到8艘的第四支队奉命北上挪威，将西线S艇部队的信心再度打落到谷底。

10月31日凌晨2时30分，第八支队在比利时海岸附近敷设了15枚水雷。由于盟军海运非常繁忙，很快就发挥了效果。11月1日，英国坦克登陆舰LST-420（2750吨）在奥斯坦德触雷沉没；11月5日，步兵登陆舰LCT-457（600吨）也在奥斯坦德附近触雷沉没。

11月1日，在又一轮恶劣天气过后，第八、九、十支队的12艘S艇再度前往敦刻尔克北部海域执行破交任务。但出发不久，第十支队就有1艘艇的引擎发生故障，由于该支队本来就只有3艘艇出击，仅相当于一个战斗小组的实力，新任支队指挥官迪特里希·布鲁道海军上尉在谨慎考虑了实际困难后，便率全队返航。第八支队的S-198也因舵机故障，由S-197拖曳返航，其他3艘艇继续前进。第九支队的S-168则发生了机舱进水事故而掉队。在一系列天灾人祸后，第九支队剩下的3艘艇终于在奥斯坦德附近发现了护航队。凌晨2时35分，S-207（艇长汉斯·希伦海军中尉，Hans Schirren）击沉了384吨的英国武装拖网渔船"阔瑟岛"（Colsay，设得兰群岛的一个无人岛）号。凌晨2时52分的第三次攻击命中了1141吨的内燃机油轮"布拉沃河"（Rio Bravo）号。这本来是一艘美国油轮，1942年按照《租借法案》交付英国使用。

从这次出战可以看出，在长期得不到休整和必要维护的高强度运转下，西线S艇的状况已经下降到一个非常危险的程度。15日第八支队执行布雷任务时，再度发生了类似的情况。S-198引擎故障，而且右舷鱼雷发射管的盖子被海浪打坏，S-197方向舵故障，S-194的引擎轴承需要更换。不过这次敷设的24颗水雷还是发挥了不小的作用，刚过半夜就有挪威商船"萨波瑞尔"

（Saporoea，6668 吨）号在此触雷沉没。事后虽然盟军在这里进行了反复的扫雷行动，但仍有漏网之鱼，12 月 24 日凌晨 2 时 5 分，英国货轮（Empire Roth，6140 吨）又在此触雷沉没。

29 日晚上三个支队再次出击，第九支队的 S-167 和第十支队的 S-191 引擎都出了故障。第八支队的 5 艘 S 艇倒是没出现故障情况，它们幸运地发现了一支护航队，并发射了 3 枚"鹪鹩"和 7 枚 FAT，但是要么早爆，要么失的，反而引来了护航舰艇的一顿炮火，回到港口的所有 S 艇都有轻微损伤。而 S 艇部队司令彼得森却反而因此遭到了上级的训斥，认为由于引擎故障而取消的行动太多，海军总司令部对他的唯一援助是将他的军衔先晋升为海军上校，几个月之后又晋升为海军少将。

没有稳定的引擎，没有足够的备件，没有可靠的鱼雷，没有休整，没有增援，对于穷途末路的 S 艇部队来说，只有不断的战斗在等待着他们。

12 月 12 日，完成整编的第二和第六支队从威廉港转移到荷兰。西线 S 艇力量的增强马上引起了盟军的关注。15 日，17 架"兰开斯特"轰炸机携带重磅炸弹对艾默伊登进行了轰炸。在 7 分钟的时间里，英国人投下了 69.8 吨的炸弹，其中两枚 "高脚橱"穿甲炸弹穿透混凝土掩体，将 S-198（艇长沃尔特·克瑙普海军上尉）彻底摧毁，S-195 受损太重，只能拖回德国埃姆登（Emden）修理，此外 S-702 也受了重创，共有 13 人死亡，5 人负伤。

捉襟见肘的德国人不得不尽力收缩战线，将在挪威打酱油的第四支队和在波罗的海重建的第五支队都调往岌岌可危的西线。12 月 22 日，稍稍恢复了点元气的 S 艇再度大规模出动，13 艘 S 艇（第六支队 6 艘，第九支队 7 艘）前往泰晤士河到安特卫普的盟国船队航线上进行布雷；11 艘 S 艇（第二支队 6 艘，第八支队 5 艘）则攻击盟国护航队。但是布雷的两个支队和英舰遭遇，S-185（艇长克劳斯·德根哈德·施密特海军中尉）和 S-192（艇长赖因哈德·海因里希·霍尔茨海军少尉，Reinhard Heinrich Holz）被击沉，前者有 6 人阵亡，艇长以下 22 人被俘；后者无一生还。它们的牺牲倒也不是全无代价，两天后，6140 吨的英国货轮"帝国之路"（Empire Path）号在这一带触雷沉没。这不是第一个牺牲者，自从 11 月 5 日以来，盟国已经先后有 3 艘登陆舰艇（LCT-

457、LCT-976、LST-420）、1 艘扫雷艇（"九头蛇"号，Hydra）、5 艘货船、1 艘巡逻艇（ML-916）先后葬身于 S 艇在比利时和荷兰海岸敷设的水雷。对此深感恼火的英国人于 29 日再次出动 16 架"兰开斯特"轰炸机对鹿特丹的 S 艇基地进行了空袭，而深感掩体不再可靠的 S 艇这次采用伪装的方式躲避，所以只有 S-207 和 S-167 受了轻伤，有 3 人负伤。

1944 年 S 艇部队的损失是毁灭性的，有 174 人阵亡，38 人重伤，69 人轻伤，53 人被俘，1 人失踪。损失 S 艇 43 艘，其中 2 艘触雷沉没（S-139、140），10 艘被炮火击沉（S-91、136、147、183、184、185、190、192、193、200），24 艘被飞机击沉（S-39、84、87、93、100、114、129、137、138、142、143、144、146、150、169、171、172、173、178、179、187、188、189、198），7 艘损于撞击事故（S-14、94、128、182、193、203、702）。相比之下，用鱼雷和水雷一共击沉击伤了 19 艘商船、1 艘巡洋舰、2 艘驱逐舰、1 艘护卫舰、4 艘武装拖网渔船、1 艘摩托炮艇、1 艘扫雷舰、1 个沉箱和 9 艘登陆舰艇，总计 67111 吨，交换比达到前所未有的 1:1.1。

尘埃落定

1944 年 1 月，苏联红军对德国北方集团军群发起了"冬季攻势"。考虑到苏联红海军波罗的海舰队很可能在芬兰湾有所行动，德国海军将第六支队（支队长阿尔布雷希特·奥伯迈尔上尉）的 8 艘 S 艇（S-39、76、79、90、91、97、114、132，本属该支队的 S-128 和 S-135 因为正在鹿特丹加装 40 毫米火炮，改属第二支队）从荷兰艾默伊登调到波罗的海。结果由于芬兰湾结冰，该支队直到 3 月 7 日才抵达芬兰路维斯塔（Luwista）基地。但预料之中的攻击并没有发生，波罗的海舰队依然呆在老巢里当缩头乌龟，海面上根本没有值得使用鱼雷攻击的目标，第六支队的主要工作就是和偶尔出巡的苏军小艇进行炮战。5 月 14 日晚上，用火炮击沉了苏联猎潜艇 MO-122（56 吨）号。所以在诺曼底登陆后，第六支队随即被调回了更加紧张的西线，取而代之的是只有 1 艘 S-112 可以使用的第五支队，实际上该支队直到 7 月 3 日才完成重编，其新成员全部来自训练支队的老艇，包括第一训练支队的 S-65、67、80，第二训练支队的 S-68、120，第三训练支队的 S-85，赫尔曼·霍尔茨阿普菲尔（Hermann Holzapfel）海军上尉任支队指挥官，鱼雷艇母舰为"赫尔曼·冯·魏斯曼"号（舰长雅各布森上尉，Jakobsen）。

所谓的"重编"仅指在纸面上完成编制工作，实际上大部分成员都尚未完成准备。S-85 正在修理螺旋桨，S-68、S-110、S-116 和 S-120 则在什切青（Stettin）大修引擎。所以 7 月 12 日第五支队只有 3 艘 S 艇（S-65、67、80）前往芬兰，直到 7 月底 S-68、S-85、S-120 才赶到赫尔辛基，而 S-110 和 S-116 仍在格丁尼亚（Gotenhafen）安装 40 毫米炮。不过这种"拖沓"并未对前线战局造成什么影响，因为苏联人仍然没有任何行动，先期赶到的 S 艇在海上找不到什么有价值的目标，仅仅担负警戒和布雷的任务。8 月 30 日，由于 U-250 失事，为了防止艇上的机密文件和设备被苏联所获，第五支队奉命出动用深水炸弹将该艇残骸彻底摧毁。但德国人晚了一步，该艇已经被苏军打捞走了。在返航途中，倒霉的第五支队又驶入了苏军雷区，S-80（艇长博肯哈根海军少尉，Borkenhagen）触雷沉没，5 名艇员丧生。

9 月 2 日，如同黑海的第一支队一样，第五支队也被盟友抛弃了。眼见纳粹大势已去的芬兰宣布中断与德国的外交关系，并要求德军从芬兰领土上撤走。随后德芬两军在陆地和海面上都发生了短暂的激烈冲突。不过随着苏军乘势发起的大规模进攻，德军被迫从芬兰撤退。比第一支队幸运的是，芬兰湾毕竟和德国控制的海域相连，第五支队和"赫尔曼·冯·魏斯曼"号母舰仍得以完整地撤入德占区，并与第二训练支队（支队指挥官汉斯·赫尔穆特·克洛泽海军上尉）、"青岛"号鱼雷艇母舰会合。

时间仿佛又回到了 1941 年，两个 S 艇支队开始频繁地在夜晚出动，进行布雷和侦察，不过水雷也只炸沉了 2 艘 12 吨的小型扫雷艇 KT-337 和 KT-345；德国人的损失也微乎其微，只有 S-110 于 10 月 26 日在里加（Riga）海岸附近布雷时被苏联飞机击伤。11 月 1 日，波罗的海又得到了一个 S 艇支队的援军——在黑海覆灭后重组的第一支队，不过该支队此时只有一艘 S-65，直到 1945 年 1 月，该支队才正式编制完成，成员都是新艇：S-216—218、

225、707、708，支队指挥官仍为赫尔曼·比希廷海军少校。这年 12 月 25 日，第三训练支队（支队指挥官汉斯·德特勒夫森海军上尉）也开始投入实战，该支队的 4 艘 S 艇（S-24、25、105、118）进驻哥本哈根。

11 月 18 日，第五支队派出 4 艘 S 艇对斯沃博（Sworbe）半岛进行侦察，结果与苏联的 6 艘摩托炮艇不期而遇，炮艇后面还有大约 14 艘小型船只。S-65 和 S-69 对打头的苏舰发射了鱼雷，但是全都没有命中，S-68 和 S-116 则被数艘苏联鱼雷快艇所拦截。正在纠缠时，6 架苏联飞机赶来，迫使 S 艇撤退，其中 S-116 一部引擎受损，1 名艇员死亡，S-68 也挨了不少子弹。不过苏军这样的积极行动很少，狭窄的波罗的海上，除了繁忙的德国舰船不停地把前线军民转运到本土外，基本上看不到苏军舰艇的身影，S 艇的主要作战任务还是以布雷为主。

时间进入 1945 年春天后，红海军的海上活动变得积极起来。3 月 18 日晚上 19 时 6 分，第二训练支队在里堡外与苏联鱼雷快艇发生交火，击沉 TK-66 号，并重创 TK-195 号。3 月 27 日，第二训练支队的 S-64（艇长卡尔·德克特海军中尉，Karl Deckert）、S-69（艇长埃伯哈德·伦格海军少尉，Eberhard Runge）、S-81（艇长贝尔纳德·维尔芬海军中尉，Bernhard Wülflng）在里堡以西外海巡逻时遭遇 9 艘苏联鱼雷快艇，经过激烈的炮战，德国人击沉了 TK-166 和 TK-181，重创 TK-199，击伤 TK-16、TK-60、TK-136 和 TK-200。S-64 试图将 TK-199 作为战利品拖回去，但该艇伤情过重很快就沉没了，S-64 只得带走了 11 名艇员。

4 月 8 日，苏联炮兵已经可以将第一支队的基地赫拉（Hela）港纳入射程，炮弹不断在港口内落下，辅助船只"弗兰肯"（Franken）号和猎潜艇 UJ-301 号先后被击沉，第一支队奋力在炮火下打捞起了 98 名幸存者。第二天，苏联飞机也对赫拉港进行空袭，满载难民的运输船"阿尔伯特·杰森"（Albert Jensen）号被炸中起火。S-707（艇长彼得·诺伊迈尔海军中尉）和 S-225（艇长格哈德·贝伦茨海军中尉，Grhard Behrens）驶近该船转移幸存者。但该船很快爆炸沉没，第二批赶来救援的 S-226 被四散横飞的碎片击伤，S-216 的 37 毫米高炮则被震坏，这两艘艇都被送往船厂修理。而盟军对德国港口的空袭也愈加频繁，在德国投降前夕先后炸沉了 3 艘 S 艇：5 月 3 日，S-201（艇长威廉·柯尔特海军中尉，Wilhelm Kohrt）在基尔被炸沉；5 月 4 日，S-103 在丹麦的莫马克（Mommark）港被火箭弹击沉；5 月 5 日，S-18 在丹麦的罗兰岛（Laaland）被炸沉。6 日，由于苏联红军的逼近，正在费马恩（Fehmam，德国石勒苏益格 - 荷尔斯泰因州东部海港）修理的 S-226 被自毁，剩下 2 艘 S 艇（S-191、301）在第二天出港逃跑时相撞沉没。

为了避免被苏军俘获，第五支队和 T-28 号雷击舰则决定在 5 月 6 日晚上驶往英美盟军占领区向其投降。但随后 T-28 得到命令，前往即将被苏军攻陷的赫拉，尽可能多地将德国库尔兰（Kurland）集团军的残部运走。该集团军是由中央集团军和北方集团军的残部重组而成，本身就是侵苏主力，可以说是血债累累，在拉脱维亚西部沿海库尔兰半岛被苏军分割包围以后又一直抵抗了 8 个月直至德国投降，使库尔兰成为卫国战争胜利结束之前唯一没有解放的苏联领土。鉴于该集团军这段"辉煌历史"，一旦成为红军战俘，其待遇可想而知，因此德国人想利用投降前最后一点时间，尽可能多地将"库尔兰勇士"运回本土。之所以上级没有给 S 艇部队下这样的命令，大概是觉得这些小艇反正也装不了多少人。不过支队指挥官赫尔曼·霍尔茨阿普菲尔海军上尉不这么想，他召集所有艇员，宣布自己决心到赫拉参加撤运行动，但此行非常危险，所以他只需要志愿者，结果他得到了整个支队作为志愿者。

5 月 7 日，第五支队所有能够行动的 6 艘 S 艇（S-48、67、85、92、110、127）驶入里堡港，得到了第二训练支队（S-64、69、76、81、83、99、117、135）和第一支队（S-217、218、225、226、707）的热烈欢迎，这两个支队都志愿参加这次行动。5 月 8 日晚上，一支庞大而杂乱的船队出发了，成员包括扫雷舰、扫雷艇、拖船、沿海客船，其中最大的成员是鱼雷艇母舰"青岛"号，她装载了 2000 多名伤兵。19 艘 S 艇的甲板都塞得满满的，其中最多的足足挤上了 165 人，而三个 S 艇支队的总运输量也超过了 2000 人！可以说由于尽最大可能地装载人员，这支船队毫无战斗力和安全性可言，每个人都随时笼罩在死亡阴影之下。不过最终他们成功了，大约 14400 名德军士兵被运回本土，其他实在无法运走的 20.3 万人则成为了苏军战俘，其中 1.4

万名拉脱维亚籍党卫军战俘全被苏军以"叛国"的罪名处决，正好是最后一次胜利逃亡的总人数，不过没有任何德国人会认为有义务让这些注定丧命的"战友"先行离开。德国战俘则被送往西伯利亚劳改，十年后才得以获释回国，有说法此时幸存者已不足 2 万人。相比之下，这次冒险运输的成果实在是不值一提，但 S 艇志愿者们表现出来的勇气仍然值得钦佩。

如果说 S 艇在里堡的撤退行动有惊无险的话，在赫拉就完全是九死一生了，虽然这次撤退的规模要小得多。赫拉当时只有第一支队的 S-216，艇长恩斯特·奥古斯特·泽费斯（Ernst-August Seevers）海军上尉在甲板上设法装上了 99 名陆军士兵，同行的还有 2 艘小扫雷艇和一艘装载了 1300 人的客船 Rugard 号。5 月 9 日下午，这支小船队行遭到 35 架苏联飞机的轰炸，S-216 在由炸弹、火箭弹和机枪子弹交织成的火网中左右挣扎，最终还是被一枚炸弹命中，万幸的是这枚炸弹虽然穿透了甲板却没有爆炸。船队顺利抵达了目的地，但艇上的陆军仍然有 2 人在空袭中丧生，13 人重伤，7 人轻伤。

5 月 11 日，东线的 50 艘 S 艇和 5 艘辅助船只在石勒苏益格 - 荷尔斯泰因州盖尔廷（Gelting）港正式向苏军投降，序列如下：

第一支队：S-208、216、217、218、228、707、708、306；

第五支队：S-48-65、67、85、92、98、127、132；

第八支队：S-196；

第九支队：S-227；

第十支队：S-110、215、228、305；

第二训练支队：S-64、69、76、81、83、99、117、135；

第三训练支队：S-19、20、21、24、25、50、68、82、95、97、101、105、107、108、113、115、118、120、122、123；

辅助船只："赫尔曼·冯·维斯曼"、"坦噶"、"青岛"、"卡尔·彼得斯"、"布埃亚"。

相比东线 S 艇部队的落寞凄凉，西线 S 艇部队用自己的行动和成果充分阐释了"垂死挣扎"的含义，这当然不是因为他们比前者更有勇气或者能力，而是因为面前可以攻击的目标实在是要多得多。

1945 年 1 月 14 日晚，第二支队的 8 艘 S 艇（S-167、174、177、180、181、209、210、221）第五支队的 6 艘 S 艇（S-48、67、85、92、98、127）驶往克罗默附近敷设了 20 枚水雷。行动本来是难得的顺利，但在返航途中 S-180 却触发了一枚在海面上漂浮的德国水雷（大概是雷索断了），该艇当即被炸沉，救援人员打捞起了 3 具尸体，并救起了 12 名生还者，其中包括 3 名伤员。艇长阿尔布雷希特·皮雷特（Pillet）海军中尉和 7 名艇员的尸体一个星期后才被浪潮冲上海岸。第二天 FS-97 护航队驶入了雷区，5835 吨的商船"戴勒穆尔"（Dalemoor）号触雷沉没。19 日出现了更多的牺牲品：FN-5 护航队的英国汽船"格伦顿"（Grainton，6341 吨）号、挪威货船"卡纳"（Carner，3036 吨）号触雷沉没，"圣尼古拉斯"（San Nicolas，2391 吨）号油轮、"帝国米尔纳"（Empire Milner，8135 吨）号货船和"利塞得公园"（Leaside Park，7160 吨）号货船被水雷炸伤。

15 日晚上，第八支队的 5 艘 S 艇（S-194、196、197、199、701）在泰晤士河口重创了 1625 吨的英国坦克登陆舰 LST-415（该舰靠搁浅才逃脱沉没的厄运，后于 1948 年拆毁），并且全身而退。这种找上门去打脸的行为让盟军充分认识到在海面上还没有到高枕无忧的时候。

17 日晚，第五支队在亨伯河口进行了布雷，给盟国造成了不小损失。19 日，英国货船"伦敦城"（City of London，8039 吨）号触雷受伤；23 日，187 吨的武装拖网渔船"宝瓶"（Aquarius）号触雷沉没；28 日，英国货船（Cydonia，3517 吨）号触雷受伤。

21 日晚，第四、六、八、九支队的 16 艘 S 艇从艾默伊登出发后，在斯海尔德（Scheldt，流经比利时在荷兰入海的河流）河口袭击了护航队，但第四和第六支队先后被护航兵力击退。凌晨 2 时 24 分，第九支队的 S-168（艇长道海军中尉，Dau）和 S-175（艇长弗朗茨·贝尔海军中尉，Franz Behr）终于突破了防御圈，在 1500 米的距离上齐射 4 枚鱼雷，其中两枚击中了英国货船"光环"（Halo，2365 吨）号，这条船很快就沉没了。"斯特纳"号护卫舰和 4 艘 MTB（MTB-446、495、496、497）立刻发起反击，S-168 舰桥被 1 发 3 英寸炮弹击中，鱼雷发射管被 1 发 57 毫米炮弹击毁，1 人死亡，6 人负伤；

S-219（艇长迪特里希·霍瓦尔特海军中尉）的一台辅机被打坏；S-175 和 S-202（艇长约阿希姆·维内克海军上尉，Joachim Wieneke）则只受了轻伤，最终 S 艇还是靠高速和夜幕掩护成功脱逃。

22 日凌晨 3 时左右，第八支队在泰晤士河口和英国海军的 2 艘护卫舰、3 艘 MGB 遭遇。在重创了 MGB-495 后，S 艇再度凭借高速冲出重围，但 S-701 和 S-199 发生了撞击，前者起火后被扑灭，并能够自行返航，不过一直到战争结束都未能修复；后者则因损坏过于严重而弃船，该艇的残骸漂流到英军的一座防空炮台附近，被炮火击沉。6 个半小时以后，英国"尼夫"（Neave）号扫雷艇无意中撞上了 S-199 的救生筏，因为过于寒冷，已经有 1 人死亡，另有 3 人被扫雷艇的螺旋桨击伤，艇长约阿希姆·奎斯托普海军中尉和 17 名艇员当了俘虏。

23 日晚，第四、六、九支队的 8 艘 S 艇前往泰晤士河口和斯德尔河口之间的航线寻猎，但途中因为天气太恶劣而返航。执行布雷任务的第五支队 6 艘 S 艇还没到指定区域就损失了一半——2 艘因引擎故障返航，1 艘因能见度太低迷航，只有 3 艘完成了布雷任务。在返航途中又遭到空袭，S-98 舰桥中弹受损。29 日凌晨零时 30 分，第二支队又在亨伯河口敷设了 24 枚水雷，结果 2 月 23 日晚上 23 时 45 分，法国护航驱逐舰"战士"号和 MTB-763、770 正在该处海域巡逻时触雷，从烟囱处被炸为两截，181 名舰员中有 64 人丧生。该舰原本是英国"狩猎"III 型护航驱逐舰"怀顿"（Haldon）号，1942 年交付自由法国海军，立下许多战功，包括击沉 S-141 和 S-147，这下 S 艇也算是报了一箭之仇。

在接下来的一段时间里，虽然天气依旧寒冷，港口附近还有不少浮冰，海面上也经常出现大雾，S 艇还是频繁出动进行布雷，这直接导致了英军的还击。2 月 3 日，皇家空军第 9 中队的 17 架"兰开斯特"对艾默伊登的 S 艇掩体投下了 17 枚 5.4 吨的"高脚橱"炸弹；8 日，第 617 中队的 15 架"兰开斯特"再次造访艾默伊登。不过德国人已经吸取了勒阿弗尔的教训，他们不再待在目标明显的混凝土掩体内，而是分散开来并进行巧妙地伪装，这样一来只要英国人的轰炸技术没有大幅度退步，炸弹就不可能落到 S 艇的头上。

实际上在两次轰炸中，S艇都平安无恙。

2月21日晚，所有六个支队出动了22艘S艇攻击盟国护航队。22日凌晨2时左右，第二支队的2艘S艇借着夜幕的掩护混入了护航队的中间，S-174发射了两枚新式的LUT（lageunabhängiger Torpedo，FAT的改进型），S-209发射了两枚普通的G7a鱼雷，但都没有命中目标。心有不甘的S-209重新装填了两枚鱼雷再次发射，结果丹麦货轮"盾牌"（Skjold，1345吨）号中雷起火，但没有沉没。S-209也被护航舰船击中数弹起火，并有1名艇员负伤，不过该艇很快扑灭了火焰高速逃走。与此同时，第二支队的另一个战斗小组和第五支队在大雅茅斯以南海域袭击了FS-1734护航队，击沉英国货船"古德伍德"（Goodwood，2780吨）号和"布莱克托夫特"（Blacktoft，英格兰约克郡的一个村庄，1109吨）号，第八支队在泰晤士河口击沉了登陆艇LCP-707。S-193（艇长霍斯特·索尔海军中尉）也被护航军舰击沉。第四、六、九支队没有发现目标，返航途中发生碰撞事故，损坏严重的S-167（艇长塞弗特海军少尉，Seifert）被放弃。战斗中第二支队的所有S艇都出现了引擎故障，事后调查发现是柴油中混入了海水，结果不得不花了两天时间来清洗油舱。

接下来的两天晚上，第四、六、八、九支队继续到泰晤士河口与斯海尔德河口之间布雷，返航时第八支队遭到英机空袭，击落一架战斗轰炸机，S艇本身没有损失。这片雷区炸沉了5艘、总计25226吨的盟军船只。2月21日，法国船"我们的格蕾丝夫人"（Notre Dame de Grac，巴黎的一个居民区，26吨）号在奥斯坦德触雷沉没；26日凌晨2时许，英国货船"渥瑞达"（Auretta，4751吨）号和美国货船"拉夏波"（Nashaba，6054吨）号触雷沉没；27日，英国货船"桑帕"（Sampa，7219吨）号在奥斯坦德触雷沉没；3月1日，美国自由轮"罗伯特·L.范恩"（Robert L.Vann，7176吨）号在奥斯坦德触雷沉没。

盟军对此当然不可能无动于衷。24日晚，当第四支队的5艘S艇继续到"老地方"布雷时，遭到了英国海军"狩猎"I型护航驱逐舰"科茨沃尔德"（Cotswold）号和"舰长"级护卫舰"西摩尔"号的伏击，S-220（艇长赫尔穆特·德罗斯海军上尉）右舷机舱中弹失去动力。在德国人弃船后不久，英舰的炮火引爆

英国护航驱逐舰"科茨沃尔德"号

了艇上的鱼雷，该艇当即沉没，只有 3 名幸存者被英舰救起。3 月 9 日晚，第四支队的 5 艘 S 艇在斯海尔德河口又遭到 1 艘 MGB 和 4 艘 MTB 的截击。这次德国人早有准备，立即凭借高速逃之夭夭。14 日，9 架 B-17"空中堡垒"轰炸机又对艾默伊登进行了空袭，但同样收效甚微。

3 月 18 日晚，第六支队的 7 艘 S 艇在英国东海岸成功敷设了 42 枚水雷后，又袭击了从洛斯托夫特驶出的 FS-1759 护航队，击沉 2871 吨的货船"罗盖特"（Rogate）号和 1097 吨的货船"克里奇顿"（Crichtoun）号。这是最后 2 艘被 S 艇用鱼雷击沉的货轮，这场战斗也是整个 S 艇部队对盟国护航船队的最后一次胜利。第二、四、五、九支队在泰晤士河口和斯海尔德河口之间的航线上敷设的水雷成效更为显著。3 月 19 日凌晨 3 时 6 分，英国货船（Samselbu，7523 吨）和"帝国恩典"（Empire Blessing，7062 吨）触雷沉没；20 日先后炸沉了 1 艘拖网渔船"内莉"（Nelly，75 吨）号、1 艘坦克登陆舰 LST-80 (2750 吨)，另有 1 艘美国自由轮（Liberty-ship）"哈德利·F. 布朗"（Hadley F.Brown，7176 吨）号被重创；22 日希腊货船"埃莱夫塞莉娅"（Eleftheria，7247 吨）、自由轮"查尔斯·D. 麦克菲"（Charles D MacIver，7176 吨）和英国巡逻艇 ML-466 在这一海域触雷沉没。

21 日晚，第二支队的 3 艘 S 艇出动寻猎，但途中 S-210（艇长京特·维斯海特海军中尉，Günther Weisheit）的引擎发生故障，全队只得返航，结果途中又遭到"英俊战士"战斗机的空袭，指挥艇 S-181 多处中弹起火，支队指挥官赫尔曼·奥彭霍夫海军少校、艇长马丁·舒伦克（Martin Schlenk）海军中尉和 12 名艇员阵亡，这是在海战中战死的第二位支队指挥官。由于大火无法扑灭，S-209 接走了其他幸存者，任凭 S-181 燃烧着沉入海中。

22 日晚，第四和第六支队再次潜行到泰晤士河口—斯海尔德河口之间布雷，途中和英国 MTB 遭遇。虽然 S 艇凭借高速撤走，但仍有 2 艘 S 艇被击中，S-205（艇长汉斯·诺伊布格海军中尉，Hans Neuburger）舰桥中弹，死伤各 2 人，S-204（艇长克劳斯·海因里希预备海军少尉，Claus Hinrichs）也有 2 人负伤。24 日晚，第四、六、九支队出航执行布雷任务，但只有第九支队成功敷设了水雷，其他两个支队在途中遭到挪威"狩猎"I 型护航驱逐舰"阿伦达尔"（Arendal）号、波兰"狩猎"I 型护航驱逐舰"克拉科雅克"（Krakowiak）号和英国"舰长"护卫舰"里乌"（Riou，得名于拿破仑战争时期的英国海军舰长爱德华·里乌）号的袭击，3 艘 S 艇（S-204、205、703）被击伤，其中 S-205 有 3 人阵亡。第九支队布下的雷区则炸沉了 2 艘货船，总计 14423 吨，还有 1 艘巡逻艇 ML-466。25 日晚，第四支队的 4 艘 S 艇在布雷时遭到 1 艘护航驱逐舰和 MTB 的袭击，但仍有部分水雷被成功敷设，炸沉了英国的登陆艇 LCP-840（11 吨）和比利时拖网渔船"圣詹"（Sanint Jan，75 吨）号，并重创挪威内燃机油轮"贝琳达"（Belinda，8325 吨）号。

3 月 30 日，358 架美国 B-24"解放者"轰炸机空袭了威廉港。当时正好有 3 艘 S 艇在那里修理，其中第八支队的 S-194（艇长齐格弗里德·维姆科海军上尉，Siegfried Wrmcke）是因为在艾默伊登触雷，第十支队的 S-186（艇长路德维格·里特尔海军中尉，Ludwig Ritter）和 S-224（艇长布鲁诺·克洛克欧海军少尉，Bruno Klockow）是因为引擎大修，结果全都在空袭中被炸毁。

除了战斗中的不断损失外，最影响 S 艇部队战斗力的还是物资的短缺。随着工厂普遍遭到轰炸，库存又越来越少，前线几乎什么都缺，鱼雷、引擎、配件，最缺的还是燃料。由于缺乏柴油，S 艇司令部甚至不得不在 4 月 2 日将第五支队调到并不急需它们的波罗的海。实际上即使采取了这样饮鸩止渴的措施，油料也不够用到 4 月中旬。而统帅部对于求援已无力回应，只是向

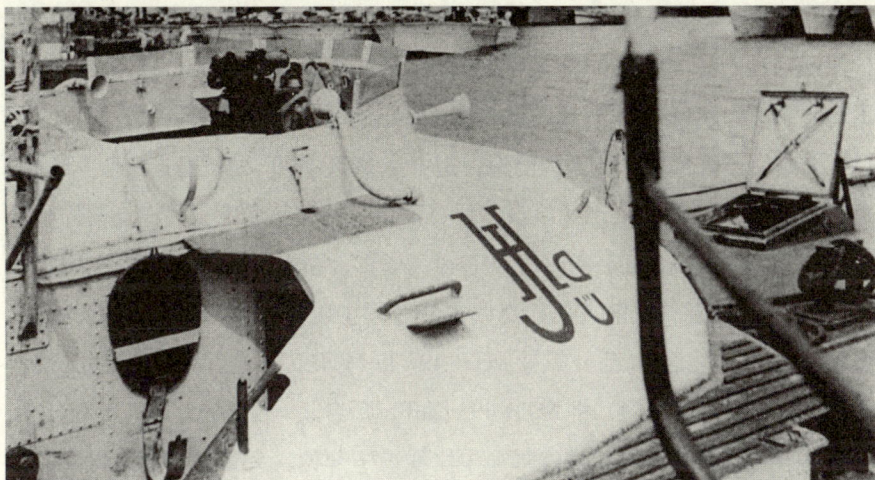

S–205 的装甲指挥塔特写

英国护航驱逐舰"海顿"号

第八支队指挥官菲利克斯·齐马可夫斯基海军少校（4 月 10 日颁发）和第六支队指挥官詹斯·马岑海军上尉（5 月 2 日颁发）颁发了骑士十字勋章。

4 月 6 日晚，第二支队的 6 艘 S 艇（S–174、176、177、209、210、221）在新任支队指挥官雨果·温德勒海军上尉的率领下出航布雷。它们冒着 1 艘英国"狩猎"III 型护航驱逐舰"海顿"（Haydon）号和 1 艘英国"舰长"级护卫舰"丘比特"（Cubitt，得名于 17 世纪的英国海军舰长）号的炮火敷设了 36 枚水雷。但暴露了行踪的第二支队在返航时又被 MTB-5001 和 MTB-781 拦住去路。在战斗中，德国人的炮弹击中了 MTB-5001 的机舱，这艘 95 吨的费尔米尔 D 型鱼雷快艇迅速沉没。但是没走多远，又遇上了另一支同样高速行驶的 MTB 编队。由于当时海面上雾气很重，结果发生了非常混乱的集体冲撞。S-176（艇长威廉·斯托克弗雷特海军中尉）和 MTB-494 撞在一起，很快沉没，26 名落水艇员都被 MTB-497 和 MTB-775 救起；S-177（艇长卡尔·博泽纽克海军中尉）将 MTB-493 撞开，后者又一头撞上了 MTB-494；接着 S-177 又在近距离被几发炮弹命中水线以下部位，大量进水，只得弃船，艇员由 S-174 接走；S-176 中弹起火，并发生爆炸，最终也被放弃，跳水逃生的艇员被 MTB-497 和 MTB-775 救起，第二支队在此战中共有 5 人阵亡。

4 月 7 日，英国再次出动 15 架"兰开斯特"、2 架"蚊子"和 24 架"喷火"，空袭了登海尔德（Den Helder）的 S 艇基地，投下 80 吨炸弹，但和以往几次空袭一样没什么作用。当天晚上第四支队的 6 艘 S 艇（S-202、204、205、219、304、703）和第六支队的 7 艘 S 艇（S-211、212、222、223、704、705、706）就再次出动，在泰晤士河口—斯海尔德河口航线上敷设了 52 枚水雷。和往常一样，依旧与 MTB 发生了遭遇战。S-202（艇长阿希姆·维内克海军上尉，Wiencke）和 S-703（艇长迪特尔·施泰因鲍尔海军中尉，Steinhauer）发生了碰撞，失去了机动能力的 2 艘 S 艇成为 MTB 集中射击的靶子，S-202 的艇长和 5 名水兵被打死，S-703 有 7 人被打死，其余的艇员都被俘虏。S-223（艇长恩诺·布兰迪海军中尉）在逃跑途中慌不择路，误入奥斯坦德附近的水雷区，当即被炸沉，艇长和 8 名水兵获救，其他 20 人遇难。

4 月 12 日，S 艇进行了最后一次战斗。当第四、六、九支队的 12 艘 S 艇正在斯海尔德河口附近布雷的时候，皇家海军的"汉布尔顿"（Hambleton）号驱逐舰、"埃金斯"（Ekins）号护卫舰和 MGB 炮艇前来进攻。S-205（艇长汉斯·丁尔根·西格尔海军上尉，Hans Jürgen Seeger）被英舰炮火重创，一发 3 英寸炮弹击毁了无线电室，但丝毫无损的引擎使它仍然能够跟随大队成功脱险。而 S 艇布下的 48 枚水雷也让 S 艇获得了二战最后的一批战果：4月 15 日，"科纳克里"（Conakrian，几内亚海港，4876 吨）号货船触雷负伤；16 日凌晨 2 时 55 分，英国油轮"金色斯科勒"（Gold Schell，8208 吨）号触雷沉没；22 日，美国自由轮"本杰明 .H. 布里斯托"（Benjamin H Bristow，19 世纪中叶美国财政部长，7191 吨）号触雷负伤；5 月 8 日，美国自由轮"霍勒斯·宾尼"（Horace Binney，19 世纪初美国众议员，7191 吨）号触雷受伤。

迫于油料储备的枯竭，西线 S 艇部队再也组织不起任何规模的出击了。5月 4 日德国宣布投降时，仍然在荷兰基地内的 S 艇共有 22 艘：

第二支队（登海尔德）：S-10、221；

第八支队（登海尔德）：S-197、701；

第四支队（鹿特丹）：S-204、205、219、304；

第六支队（鹿特丹）：S-211、212、213、222、704、705、706；

第九支队（鹿特丹）：S-130、168、175、206、207、214。

在 1945 年，西线 S 艇部队有 67 人阵亡，20 人负伤，18 人被俘；损失 13 艘 S 艇，其中 2 艘（S-180、223）触雷，4 艘（S-181、186、194、224）毁于空袭，4 艘（S-176、177、193、199）毁于炮火，3 艘（S-167、202、703）毁于撞击事故。

小　结

从战果上来说，作战行动贯穿大战始终的 S 艇部队是德国海军水面兵力最具威力的部分。从 1940 年中期开始 S 艇实际上已成为德国海军水面攻击主力。它们和 U 艇一道，构成了对盟国海上运输线的重大威胁。

据统计，德国海军共建造 S 艇 244 艘，在战争中损失 146 艘，占 59.8%。英军相应损失为 33.9%，但 S 艇击沉盟军舰船 22.6 万吨，对比盟军沿岸战斗舰只击沉轴心国舰船 3.4 万吨，表明了 S 艇的强大攻击力。不少研究海战史的专家认为，在二次大战中，S 艇和 U 艇（潜艇）一样，是德国海军两支最有战斗力的舰种之一。德国 S 艇的战绩是所有参战国鱼雷艇部队中

第九支队的 S 艇列队投降，可见艇艏的宝剑纹章盾牌艇徽。

最高的。

跟德国海军的其他主要水面舰艇不一样，S 艇从战争一开始就参与了作战，而且一直坚持到战争结束，见证了海上战事发展的每一个环节。在英吉利海峡、波罗的海、黑海、北海、地中海和巴伦支海，据统计，S 艇共击沉盟军商船 101 艘，总计 214728 吨；击沉 12 艘驱逐舰、11 艘扫雷艇、8 艘登陆舰、7 艘鱼雷快艇、2 艘炮艇、1 艘布雷舰、1 艘潜艇及许多其他军用小艇。由 S 艇布下的水雷也是成绩不俗，共炸沉 37 艘登记吨达 148535 吨的商船、1 艘驱逐舰、2 艘扫雷舰和 4 艘登陆舰。同时，就 S 艇部队本身来说，其付出的代价也是相当沉重的：767 人战死，620 人负伤，322 人被俘，140 艘 S 艇损失。

二战中，S 艇部队共产生了 8 位橡叶十字勋章得主，分别是乔治·克里斯蒂安森、克劳斯·费尔特、弗里德里希·科姆纳德、贝恩德·克鲁格、弗瑞赫尔·冯·米尔巴赫、鲁道夫·彼得森、沃纳·滕格斯和齐格弗里德·武佩曼，这在海军水面舰艇部队当中是非常罕见的。共有 23 人获得骑士十字勋章，除了上述 8 位外，还有赫尔曼·奥彭霍夫、海因茨·比恩巴赫尔、库尔特·菲梅恩、尼尔斯·贝特吉、赫尔曼·比希廷、霍斯特·韦伯、卡尔·米勒、卡尔·埃

鲁道夫·彼得森	海因茨·比恩巴赫尔	赫尔曼·奥彭霍夫	乔治·克里斯蒂安森	冯·米尔巴赫	库尔特·菲梅恩
贝恩德·克鲁格	卡尔·埃哈德·卡歇尔	尼尔斯·贝特吉	海因茨·哈格	弗里德里希·科姆纳德	齐格弗里德·武佩曼
卡尔·弗里德里希·金策尔	沃纳·滕格格斯	汉斯·赫尔穆特·克洛泽	阿尔伯特·米勒	克劳斯·迪根哈特·施密特	霍斯特·韦伯
赫伯特·舒尔茨	赫尔曼·比希廷	尼古拉·冯·施滕佩尔	维尔纳·吕措		克劳斯·费尔特
库尔特·约翰森	詹斯·马岑	菲利克斯·齐马科夫斯基	卡尔·米勒	赫尔曼·霍尔茨阿普菲尔	雨果·温德勒

S 艇部队的指挥官群像

哈德·卡歇尔、卡尔·弗里德里希·金策尔、阿尔伯特·米勒、克劳斯·德根哈德·施密特、库尔特·约翰森、海因茨·哈格、菲利克斯·齐马可夫斯基、詹斯·马岑。

1941 年 5 月 30 日，在海军元帅雷德尔的动议下，特设了一种专门针对鱼雷艇官兵的 S 艇战功勋章（Schnelboot-Kriegsabzeichen，之前鱼雷艇等小型快速攻击舰船编队的有资格获奖人员只能获得驱逐舰战功勋章），S 艇部队在德海军的重要性由此可见一斑。

每当 S 艇返港，水手们往往会在本艇的无线电天线杆上升起代表击沉船舰的小旗，上面写着战利品的估计吨位数。在战争年代，这是每艘 S 艇最值得骄傲的时刻。然而，这些水兵们的勇气和技巧或许从一开始就是没有意义的，因为在德国发起的非正义战争中他们不可能是胜利的一方。

S 艇部队的战斗任务随着第三帝国的崩溃而终结，但 S 艇本身的故事仍得以延续。战后，同盟国对幸存的 S 艇进行了瓜分：

英国 32 艘：S-7、8、13、19、20、25、62、67、69、83、89、92、95、105、115、120、130、168、196、205、207、208、212、213、217、221、228、304、307、705。这批艇大多数很快就被作为废钢铁变卖或作为靶船击沉，S-67 被卖给意大利海军，S-115 和 S-207 被卖给丹麦海军，S-196 被卖给挪威，

战后被丹麦海军继续使用的 S-117，可见其加装了雷达等众多电子设备。

只有 S-130、208 和 212 得以编入皇家海军服役。

美国 32 艘：S-9、10、12、15、21、48、64、68、76、79、85、97、98、107、117、122、127、133、174、195、197、206、210、216、218、225、302、303、305、701、706。这批艇也大多出卖，其中卖给丹麦 13 艘（S-15、68、79、97、107、122、127、133、197、206、216、305、306），卖给挪威 12 艘（S-10、21、48、76、85、98、117、174、195、210、302、303），还有 3 艘（S-218、225、706）经过一系列测试后也送给了丹麦。而挪威海军后来也将自己的一部分 S 艇转让给丹麦。

苏联 30 艘：S-11、16、24、50、65，分别改名为 TK-1002—1006；S-81，因艇况不佳未服役；S-82、86、99、101、109、110、113、118、123、132、135，分别改名为 TK-1008—1018；S-170 改名 TK-1007；S-175、204、209、211、214、219、222、227，分别改名为 TK-1019—1026；S-704 改名 TK-1037；S-707、708、709，分别改名为 TK-1027、1029、1030。这批艇在 1957 年之前全部退役。

二战的结束并不意味着 S 艇故事的终结，随着冷战铁幕的落下，原来的盟友开始明争暗斗，一分为二的德国则成为东西两大集团对峙的最前沿。美国、英国和瑞典的情报组织协助流亡西方的波罗的海三国（爱沙尼亚、拉脱维亚和立陶宛）"森林兄弟"组织（Forest Brothers，成员多为纳粹外籍党卫军），武装抵抗苏联占据。于是改名为 P-5230（前 S-130）和 P-5208（前 S-208）的两艘 S 艇再次披挂上阵，被派到打着"英国波罗的海护渔服务"（British Baltic Fishery Protection Service，简称 BBPFS）幌子的北约情报机构，负责运送情报人员到被苏联占领波罗的海缘岸国家和搜集情报。

最早（1949 年 5 月）参与这个行动的是 P-5208 号。西德籍艇长是原纳粹海军第二 S 艇训练支队指挥官汉斯·赫尔穆特·克洛泽。后来，P-5230 经过改装后也加入这个行列。改装包括加装电子截收装置和用三具纳皮尔（Napier-Deltic）18 缸柴油引擎代替原有的梅赛德斯 - 奔驰 MB511 式 20 缸柴油引擎。二者的马力输出相仿，但是前者只有后者五分之一的体积，因此改装后 P-5230 最高速度可以达到 45 节。

西德海军的 W—49，原 S—130。

但是"丛林行动"渗透情报人员的部分非常失败，虽然 P-5208 和 P-5230 每次都完成了输送任务，P-5230 还用电子截收装置搜集了许多宝贵的电子情报，但由于苏联克格勃（КГБ）成功地渗透了英国情报组织，所以 BBFP 冒险送到波罗的海三国的四十多名情报人员差不多全部被捕。多名"森林兄弟"的成员被苏联军警或杀或俘。

1956 年 7 月 1 日，西德获准重建海军，英国政府将 P-5230 和 P-5208 交还西德海军，改名为 UW-10 和 U-W11，进行鱼雷发射训练，UW 即为"水下武器训练"(Unterwasserwaffenschule)的字头缩写，后来又改为 W-49 和 W-50。1991 年，最后一艘在役的 S 艇——W-49 终于退役，被卖给英国商人改造为博物馆，从而为整个 S 艇的历史真正画上了句号。

世界鱼雷艇战史

〔下〕

刘 致/著

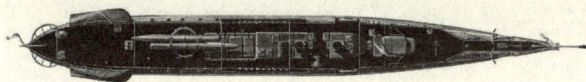

山东画报出版社

第五章 英伦猛犬
——英国 MTB 鱼雷快艇

二战中的英国鱼雷艇部队是一个比较"悲剧"的兵种，作为数百年来的海上霸主，英国皇家海军拥有世界上最庞大的战列舰队，和这些庞然大物相比，鱼雷快艇无论是从吨位还是地位上都简直可以忽略不计。从另一方面来说，德国 S 艇又是有史以来战绩最丰硕的鱼雷快艇，在欧洲战场创造了大量传奇式的战例。就这样，可怜的英国鱼雷艇部队无论是在自己还是敌方的阵营里都被无视了，不管他们怎样积极作战，付出了多少代价，都无法摆脱头上压着的这两座大山。

不过，无论从鱼雷艇的发展史还是作战史来看，英国鱼雷艇部队都是不能被忽视和低估的，特别是在英吉利海峡的护航战中，在很长一段时期里鱼雷快艇都起到了遏制 S 艇攻势的作用。而在攻击轴心国海运线方面，鱼雷艇也取得了不俗的战绩，发挥了强大的水面舰队也不可替代的作用。

全天候鱼雷艇

20 世纪 30 年代初，英国新闻界报道了国外，特别是意大利正在建造高速鱼雷艇的消息。虽然由桑尼克罗夫特公司在一战中设计的 CMB 型鱼雷快艇表现还算出色，但该艇只能在平静水面达到高速度，在海浪中则行动困难，遇到恶劣天气根本不能出击。皇家海军试图研究更快、抗浪性更好的 CMB 作为对应措施，但桑尼克罗夫特公司提出的新方案却没有被采纳。因为皇家海军仍然古板地认为鱼雷快艇必须能够在军舰吊艇柱上携带，而桑尼克罗夫特的新艇太重了，无法满足要求。而实际上在后来的战争中，没有任何一艘鱼雷快艇是被携带在军舰吊艇柱上出战的。

这个时候，不列颠动力艇公司（British Power Boat，后文略称 BPB）快艇设计师斯科特·佩因（Hubert Scott-Payne）为皇家空军设计的快艇进入了皇家海军的视野。这是一种 19.5 米长的平甲板长尖舭艇，舯部设有一个低矮的驾驶室，装有 3 台船用的 500 马力斯科特 - 内皮尔（Scott-Napier）"狮"式发动机，在风平浪静的情况下，最大速度为 40 节，以 32 节速度航行时续航力 500 英里，以巡航速度航行时可达 800 英里；她的底部滑行面与艇体侧舷呈现棱角线，高速时抗侧倾复原性较好；艇底无断阶，减少了迎面来流的冲击，有利于艇体跃出水面，减小摩擦阻力；底部横断面为 V 型，减小了波浪的拍击。皇家空军对其十分满意，决定将其采用为空海救助艇（ASRL），从动力艇公司购买了 22 艘，它们在二战中担负了十分重要的营救任务，每一次空战过后都有 ASRL 出现在海面上援救落水飞行员，有时甚至在战斗激烈进行时也不例外。

1934 年 10 月，斯科特·佩因决定拓展他的业务，他说服海军部尝试性地订购了不列颠动力艇公司生产的 2 艘试验性鱼雷艇，在地中海舰队服役。在与别的几款快艇做了比较实验之后，海军部发现虽然这种快艇的速度较慢，但可控性极佳，再加上 1935 年 10 月意大利入侵阿比西尼亚（埃塞俄比亚），使英军感到急需装备新型鱼雷快艇，于是又追加订购了 4 艘鱼雷快艇分配到地中海舰队，既是备战，也是为了进一步的考察。

斯科特·佩因型鱼雷快艇与 CMB 艇相比价格昂贵，每艘 CMB 艇造价为 1.4 万英镑，而斯科特·佩因型鱼雷快艇每艘造价为 2.3 万英镑。它的动力是 CMB 艇的 3 倍之多，但航速比当起 30 年代中期生产的驱逐舰还要慢 3 节（当时英国驱逐舰最大航速为 36 节），更不要说和有 40 节航速的 CMB 艇相比。这主要是因为斯科特·佩因型鱼雷快艇用牺牲速度换来了更大有效载荷，这样快艇的航程更远，在恶劣的气象条件下其适航性和战斗力都比 CMB 艇要高

MTB—2 号

出一筹。

它们采用了与皇家空军救生艇相似的艇体，为铝制艇壳的 V 型滑行艇，其排水量 22 吨，全长 60 英尺 4 英寸（18.39 米），宽 13 英尺 10 英寸（4.22 米），吃水 2 英尺 10 英寸（0.86 米）。动力系统为 3 台内皮尔（napier）狮式汽油机，总功率 1650 马力，最大航速 33 节，巡航速度 29 节。2 条 MK-8 型 18 英寸（457毫米）鱼雷装在后部甲板下，采用 CMB 一样的向后投放的方式。2 座双联装机枪分别装在前甲板和艇尾，两舷可各带 3 颗投放式深水炸弹。

艇底外壳板是用桃花心木成斜角线敷设而成的双层外壳，舷部外壳板也是用桃花心木双层板，成对角线铆紧，肋骨间距 0.3 米，甲板则用铝合金外壳。螺旋桨固定在缝隙压条上，肋骨间距 0.5 米。

艇上有 2 名军官和 7 名士兵的住舱，燃油舱设在中央甲板室之下，可以装载 2270 升燃油。机舱设在艇后部三分之一处，这种布置是为了方便鱼雷的发射。因为鱼雷设在机舱上面的轨道上，在进入 800 米的鱼雷射程之前，快艇的速度必须慢下来，此时艇员把板格结构梁提升起来，悬在尾肋骨上方，在机舱上形成一个连续的导轨。此时快艇突然加速，以便被发射的鱼雷从艇

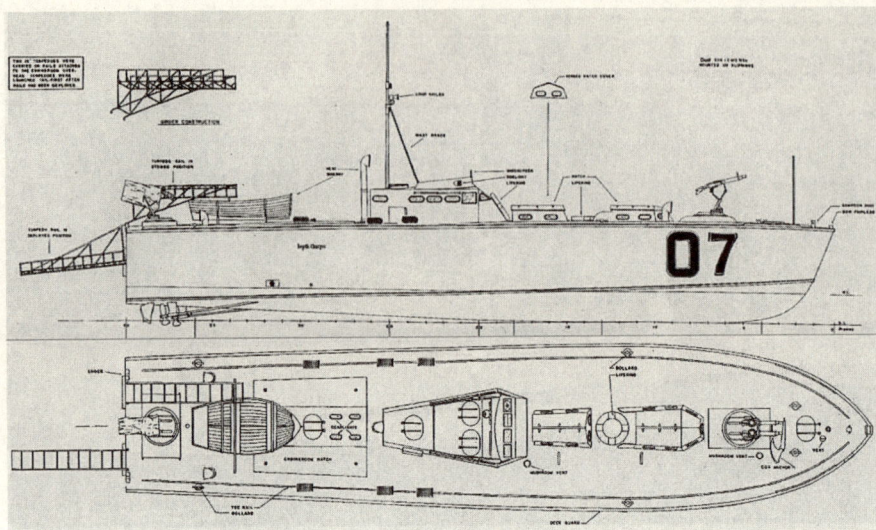

BPB 型鱼雷快艇结构示意图，注意其奇特的尾部鱼雷发射轨。

尾越过艇舷。当鱼雷离开艇一段航程之后，快艇再突然转向，闪到一边，让鱼雷不受干扰地奔向目标。

　　这种发射鱼雷的装置比较便宜而且轻巧，任何比较大的复杂的发射装置例如发射管，都意味着必须加大快艇的吨位和尺度，因为这样才能装上更强的动力装置来保证高航速。然而，这种发射装置在实用中的效果并不理想。鱼雷从静止状态到入水，至少要花掉 6 秒钟时间；同时为了给鱼雷导向，在鱼雷雷身上焊有特殊的滚动装置，从而破坏了雷体的流线，使鱼雷的航行性能下降。最严重的缺点是和 CMB 艇一样，在艇静止时或低速行驶时，不能发射鱼雷，因而失去了实施突然袭击的两个最好条件。而且更离谱的是在追赶目标时也不能发射鱼雷，非要尾部对向目标才能发射。后来海军对部分 BPB 型进行了改装，在前甲板安装了两座鱼雷发射管。

　　1936 年 1 月，英国海军把 CMB 艇的名称重新命名为 MTB（摩托鱼雷艇的略语），在此后服役的斯科特·佩因型鱼雷快艇成为第一批 MTB，因其长度为 60 英尺，便以生产厂家不列颠动力艇公司的字头简称为名，称为 BPB-60 型。订购的 6 艘 BPB-60 型皆在 1936 年 6 月—1937 年 4 月陆续建成服役，编号为 MTB-1—MTB-6。1936 年 1 月，英国建造计划委员会又决定再建造第二批 6 艘 BPB-60 型，同年 5 月与不列颠动力艇公司订立合同，6 个月后就交付使用。1938 年海军部的最终报告出炉，充分肯定了这款快艇的性能与作战价值。

英国皇家海军的第一个 MTB 支队于 1937 年春建立，支队的 6 艘快艇依靠他们自己的动力横渡了比斯开湾，并由直布罗陀进入马耳他岛，充分显示了其在适航性上的能力。第二个 MTB 支队也于同年建立，编入了第二批 BPB-1 型快艇，编号 MTB-7—MTB-12。第三 MTB 个支队则建立于 1939 年，这时不列颠动力艇公司已经把单艇价格上涨到 3.8 万英镑，但面对日益风雨飘摇的欧洲局势，海军部还是咬紧牙关订购了 MTB-14—MTB-19 号艇，组建了这个支队。这 18 艘快艇在性能上完全相同。二战开始后，皇家海军又订购了 12 艘 BPB-60 型，编号为 MTB-332—343，其中最后 4 艘划归加拿大皇家海军。这 30 艘 BPB-60 型在二战中一共损失了 11 艘。

沃斯泊时代

斯科特·佩因型 MTB 虽然在航海性能上是优异的，但其航速和作战能力仍然不能令人满意。1939 年，皇家海军向全国公开招标新式鱼雷快艇的生产权。为了对抗德军 S 艇，英国海军要求新设计的 MTB 具有搭载 2 枚 21 英寸（533 毫米）鱼雷、航速 40 节（时速 74.1 公里）的能力，并要求在劲风（5 级风力）中保持最大航速航行。

在 6 家制造厂商生产的 MTB-100—109 号艇中，最后是沃斯泊（Vosper）公司快艇设计师杜·凯恩设计的的 MTB-102 脱颖而出。这艘艇于 1937 年 5 月下水，满载排水量 31.2 吨，长 69.5 英尺（21.2）米，宽 14.75 英尺（4.5 米），吃水 3.167 英尺（0.96 米）。设计师为其采用了斯科特·佩因型的折角型艇体，艇体结构仍然采用桃花心木，底部外壳采用三层桃花心木铺设而成，舷边与甲板是二层桃花心木，艇底形状比过去的滑行艇更能缓和波浪的拍击。

要想赢得海军部的青睐，最关键的问题是要能提供充足的动力。沃斯泊

MTB—102

公司为此使用了意大利 MAS 鱼雷快艇装备的伊索塔·弗拉斯奇尼（Izotta-Fraschini）汽油发动机。这种发动机性能优良，三组六缸，每分钟 1800 转时功率为 857.9 千瓦（1150 马力）。装备三台伊索塔·弗拉斯奇尼发动机的沃斯泊快艇最大航速可达 41 节（时速 75.9 公里），巡航速度 35 节（时速 64.9 公里），完全能够满足海军部的要求。这个选择让沃斯泊公司赢得了合同，却让海军部在意大利发动机的来源断绝后颇费脑筋。此外作为辅助动力，沃斯泊快艇还安装了两台本公司生产的 75 马力发动机，便于特殊情况下使快艇能以 9 节（时速 16.7 公里）的安静航速潜行。

为了验证快艇的可靠性，沃斯泊的快艇在恶劣的海况下进行了试验，海军感到满意，于 1937 年 10 月将艇买下，然后又进行了 6 个月的广泛试验。在此期间，为增强艇体结构强度而增加了肋骨，安装了 2 座瑞士厄利孔 20 毫米机关炮，原先前后甲板上的鱼雷发射管改动到驾驶室两侧的甲板上，离开艇中心线 10 度成外八字布置。为确保鱼雷发射的畅通，艇舷边的扇形装饰被拆除。这种排列方式被证明非常成功，后来几乎所有的英国 MTB 艇以及许多美国 PT 鱼雷快艇都采用了这种方式。

1938 年 4 月, 沃斯泊快艇被授予 MTB-102 的编号, 正式进入皇家海军服役, 随后又拆除了 20 毫米机关炮而易为双联装 0.5 英寸(12.7 毫米)维克斯(Vickers) 机枪, 设在甲板室后部的敞开式机枪塔内; 编制为 10 人, 2 名军官和 8 名士兵, 后来由于增加了 2 挺双联装 0.303 英寸 (7.7 毫米) 机枪而又增加了 2 名机枪手; 此外从鱼雷发射管到艇尾还有 4 个设在舷侧的深水炸弹投放架, 使用 Mark-7 型深水炸弹作为反潜用。

MTB-102 最大的优势就是航海性能良好, 既可以在近海, 也可以在远海基地使用。而且在不损害其他性能的情况下又增加了武器, 沃斯泊公司的设计型号安装了不同的火炮, 增加了弹药储备, 降低发动机噪声方面的成就也很可观, 为此颇受重视, 英军按照惯例, 将这批快艇按照长度称为沃斯泊 70 英尺型（后文简称沃斯泊 70 型）并于 1938 年再次订购了 4 艘（编号 MTB-20—MTB-23）, 于 1939 年采购了 10 艘（MTB-31—MTB-40）。她们全都参加了二战, 其中 4 艘（MTB-33、37、39 和 40) 毁于德国的空袭; 1 艘（MTB-29) 被德国 S 艇击沉; 1 艘（MTB-30) 被水雷炸沉; 3 艘（MTB-31、32 和 34) 于 1943 年改为靶标拖曳艇。二战中在皇家海军中服役的 47 艘沃斯

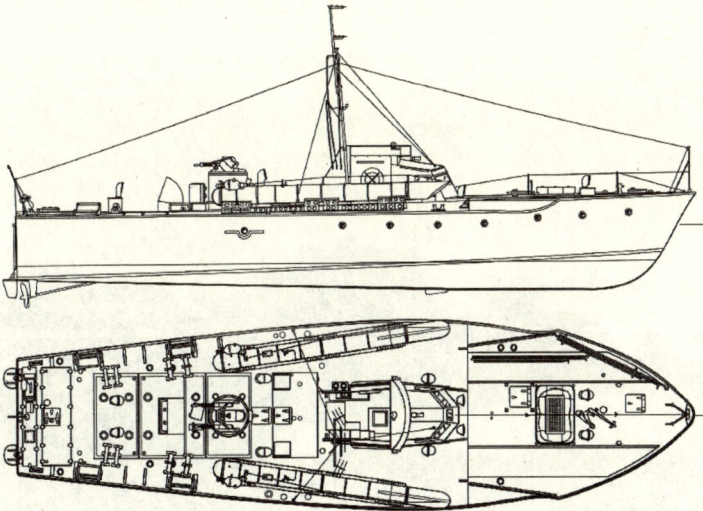

沃斯泊 70 型鱼雷快艇线图

泊 70 型一共有 17 艘战损，1 艘被俘。这种快艇虽然大多战绩平平，但却是英国最困难时期的鱼雷快艇中坚力量。

1939 年 9 月对德宣战后，英国于次年 2 月再次订购了 16 艘沃斯泊 70 型（MTB-57—MTB-72），其中包括把希腊和挪威订购的 4 艘据为己有。不过沃斯泊 70 型也并非完美无缺，比较突出的技术问题是艇体重量增大以后使滑行艇体失去平衡，这样就很容易倾覆。另外发动机也是一个致命的缺陷。当 1940 年 6 月意大利参战后，伊索塔·弗拉斯奇尼发动机的供应就断绝了，唯一可供选择的只有美国的霍尔·斯科特（Hall-Scott）"防御者"式 V12 型 900 马力船用发动机。但经过测试，这种为高速摩托赛艇研制的发动机完全不能适应 MTB 的需要。"防御者"重 4000 磅（2086.6 千克），远超只有 3020.3 磅（1370 千克）重的弗拉斯奇尼发动机，而功率却小于后者；由于重量／功率比增大，最大速度下降到完全让人无法接受的 28 节（时速 51.9 公里）。但由于战事急需，仍然有 17 艘沃斯泊 70 型（MTB-34—MTB-40、MTB-57—MTB-66）被迫安装了"防御者"发动机。

在了解到英国的困境后，美国人又提供了本国 PT 型鱼雷快艇使用的主机——美国惠普公司的帕卡德（Paccard）4M-2500 型发动机。这种发动机比

沃斯泊 72.6 型快艇首艇 MTB–73 号

比弗拉斯奇尼发动机重量更轻（2950 磅）、功率更大（1200 马力），而且惠普公司在战争中不断改进，使功率在 1941 年提升到 1350 马力；1943 年的 5M-2000 型更提升到 1500 马力！

为了使发动机与快艇更好的融合，沃斯泊公司索性在沃斯泊 70 型的基础上重新设计内部舱室并增加尺度，发展出了沃斯泊 72.6 型快艇，艇长增加到 72 英尺 6 英寸（22.1 米），宽 19.25 英尺（5.9 米），吃水 6.25 英尺（1.9 米），满载排水量增加到 55 吨，最大航速可达 38.9 节（时速 72.1 公里），以 20 节速度巡航时续航力为 400 英里。武备则无变化，仍为 2 具 21 英寸鱼雷发射管、1 座双联装 12.7 毫米机枪和 2 挺双联装 7.7 毫米机枪，编制 13 人。皇家海军立刻订购了 27 艘（MTB-73—MTB-99）。不过为了保持战时生产的连续性，安装了帕卡德发动机的沃斯泊 70 型也继续生产了 20 艘，到 1942 年 9 月才停产。到二战结束为止，英国总计进口了 4686 台帕卡德发动机，广泛安装于 MTB、MGB、ML 等各型快艇，可以说，是美国"心"在一直支撑着英国快艇部队的生命力。

1941 年 1 月 11 日，朴茨茅斯遭到德国空军猛烈轰炸，许多造船工厂惨遭破坏，在建的 MTB-37、39、40、74、75、108 被炸毁在船台上。海军部为了保障沃斯泊 72.6 型的生产计划，不得不另想办法，相继与 6 家有研发鱼雷艇实力的公司订立了协作合同，将其分配到各船厂加紧建造。此外，由于国内生产能力不足，英国海军部还要求美国按照《租借法案》为自己生产一部分鱼雷快艇。美国一共为英国生产了 9 艘 BPB-60 英尺型快艇和 56 艘沃斯泊快艇（MTB-275—306，363—378，396—411）；同时还在发动机上安装了消音器，艇的两舷还安装了排水孔和排气孔，让航行时进入艇内的水和发动机产生的废气都排出艇外，这对提高鱼雷快艇的战斗力起到了很大作用，同时沃斯泊 72.6 型也因"同父异母"而衍生出多种型号。

经过陆续追加订单，英美各公司总计生产了 110 艘沃斯泊 72.6 型鱼雷快艇，其中 6 艘（MTB-222、229、231、235、236、240）移交给荷兰皇家海军，8 艘（MTB-90—94、96、98、227、239）移交给自由法国海军。在大战中一共损失了 19 艘。

先苦后甜

第二次世界大战开始后，德国S艇开始在近海海域不断袭击盟国舰船，而皇家海军的MTB则相形见绌。当时英国共有3个MTB支队，第一支队（1—6号艇）自1937年6月起，基地一直设在马耳他；第二支队（7—12号艇，26、27号艇）则在1938年就移驻香港，这个支队在太平洋战争爆发后由于基地沦陷而全军覆没；第三支队（14—19号艇）驻扎新加坡；当战争开始后，皇家海军才赶紧在朴茨茅斯组建了第四支队，编入的MTB-100、102号是试验性快艇，22号本来是沃斯泊公司卖给罗马尼亚的外销型，开战后被皇家海军征用。而其他一些列编但实际上正在建造中的快艇，如怀特公司的水翼鱼雷艇101、103号，沃斯泊的断阶式鱼雷艇104号、水翼鱼雷艇109号，桑尼克罗夫特的105—108号等，都是各公司的试验型号，由此可见皇家海军对S艇的攻击完全没有防备。为了保卫英吉利海峡的安全，只得紧急从各支队抽调MTB-2、5、17三艘快艇，用班轮运到法国马赛（Marseilles）港，再通过发达的运河系统到达英吉利海峡。

这样的准备自然经不起战争之神的考验，马耳他第一支队数次由驱逐舰拖曳出击地中海的轴心国海运线，但都因为狂风巨浪无功而返。朴茨茅斯第四支队则除了搭救那些被击沉的盟军商船船员之外并无建树；接着由于陆地战场的连连败北，设在艾莫伊登的临时鱼雷艇基地也很快失守，最后只好返回英国避难。香港第二支队虽然远离前线，却也出现了令人啼笑皆非的战损：岸防炮兵为了防止MTB-11误入一片新设的雷区，用6英寸岸炮进行警告性射击，结果炮弹却歪打正着地命中了倒霉的MTB-11。万幸的是后者并未沉没，而是由其他两艘MTB拖回了港口修理。

在接下来的敦刻尔克大撤退（1940年5月27日至6月4日）中，S艇表现得更为凶猛，连连击沉担负撤离陆军任务的盟军舰船，而敦刻尔克只为"发电机"（DYNAMO）行动准备了分属4个鱼雷快艇支队和4个型号的6艘MTB：第一支队的MTB-16；第三支队的MTB-102、第四支队的MTB-22；

MTB—378

第十支队的 MTB-67、68 和 107。这些杂牌军火力孱弱，船员训练不足，只能分别作为通信船、渡船和救生艇使用，并不敢与 S 艇交战。

皇家海军放弃欧洲大陆撤回英国后，所有本土的 MTB 相继整编为五个支队，分散部署在朴茨茅斯（Portsmouth）、哈里奇（Harwich）和波特兰（Portland）。

第一支队：MTB-3、14、15、16、17、18；

第三支队：MTB-100、102；

第四支队：MTB-22、29、24、25；

第十支队：MTB-67、68、104、106、107；

第十一支队：MTB-69、70、71、72。

MTB-1、2、5、19 和 40 则被改装成交通艇。

整编后的 MTB 稍微恢复了一些活力，7 月 25 日，MTB-69、70 协助驱逐舰击退了 S 艇对 CW.8 护航队的袭击；8 月 14 日，MTB-14、16、18 又协助驱逐舰攻击了一支由 S 艇保护的德军运输船队。事后英国人声称击沉了一艘拖网渔船和一艘 S 艇，但没有得到对方的承认。实际上 MTB 在交战中很明显不是有装甲并且炮火更强的 S 艇的对手，指望其遏制住德国鱼雷快艇部队的肆虐未免期许过高。

有一次破晓时分，2 艘沃斯泊 70 型 MTB（MTB-69、70）和 1 艘沃斯泊 60 型 MTB（MTB-72）正在格里斯内兹海角附近巡逻。MTB-70 艇的 J.B. 金 - 丘奇海军中尉突然发现了一艘 S 艇，双方立刻发生交火。S 艇虽然火力较强，但明显无心恋战，只是试图脱身，而英国人的运气也算好得出奇，虽然交火长达 20 分钟，但仅仅中了一发 20 毫米炮弹，艇体受到一点轻微的损伤。随后 MTB-69 艇也赶了上来，与 MTB-70 艇一起追击 S 艇。结果由于光线不良，被后面赶上来的 MTB-72 艇误认为是敌艇。正当 MTB-72 艇上的机枪手扣下扳机对自己的两艘友艇进行攻击的一刹那，机枪却突然卡住了，避免了一场悲剧的发生。

差点发生误击事件的 MTB-72 属于二战 MTB 中产量最小的沃斯泊 60 型，该型只生产了 4 艘，2 艘属于英国（MTB-71、72），2 艘卖给了挪威（MTB-5、6）。长 60 英尺，宽 15 英尺，吃水 3 英尺 6 英寸，排水量 32 吨，两台弗拉斯奇尼发动机，2300 匹马力，最大航速 39 节，续航力 450 海里 /35 节，2 个 18 英寸鱼雷发射管，1 座双联装 7.7 毫米机枪，2 挺单装 7.7 毫米机枪，4 枚深水炸弹，2 名军官，8 名士兵。英国的 2 艘沃斯泊 60 型都在战争中幸存下来，而挪威的 2 艘却一艘毁于燃料爆炸，一艘毁于暴风雪。

1940 年 9 月 7 日，德国拖网渔船"宁多夫"（Niendorf，257 吨）号在法国加莱（Calais）海岸撞上了一颗水雷，当即被炸沉。这颗水雷属于挪威皇家海军的 MTB-6 和英国皇家海军的 MTB-15、17 号早些时候执行封锁任务时敷设的雷区，这是 MTB 得到证实的第一个战果。

第二天深夜，MTB-14、15、17 号艇配合皇家空军偷袭比利时奥斯坦德（Ostend）港锚泊的德国舰船。一战时候的英国 CMB 鱼雷快艇曾在这里创造佳绩，这次 MTB 也乘着空袭造成的混乱向发现的数个目标发射了鱼雷后顺利返航。事后 MTB-15 的艇长厄尔德利 - 威尔莫特（Eardley-Wilmot）上尉和 MTB-17 的艇长福克纳（Falkner）上尉声称击沉了一艘弹药船，并重创一艘货船，但没有得到德国方面的承认。德国空军反倒出动飞机于 11 日轰炸了多

MTB夜袭德国商船的油画

佛尔基地作为报复，沃斯泊60型MTB-71被炸起火，需要修理4个月；沃斯泊70型MTB-29轻微受损。

　　同时，德国海军积极的水雷战攻势也给MTB部队造成了巨大的威胁：9月24日，4艘BPB-60型MTB（14、15、16、17）出击，在奥斯坦德和敦刻尔克之间的德国海运线上进行了反复搜索，没有发现什么值得攻击的目标，MTB-15反倒在返回途中于泰晤士（Thames）河口触雷沉没。10月16日，MTB-106也在泰晤士河入海口附近触雷沉没；21日，MTB-17在奥斯坦德附近触雷沉没；31日，又有两艘MTB在泰晤士河口触雷，MTB-16沉没，MTB-22也受了重创。

　　10月12日的战斗让为此感到沮丧的MTB部队稍感安慰。当天晚上，本来奉命去营救一名落海飞行员的3艘沃斯泊70型MTB（MTB-22、31和32）在法国加莱附近遇到了德国海岸运输船队，立即展开攻击，击沉234吨的拖网渔船"诺登哈姆"（Nordenham）号和"勃兰登堡"（Brandenburg）号，

德国轮船"比肯费尔德"号

并抓到了 34 个俘虏。

但这点战果并不足以扭转局势，MTB 部队为了证明自己必须做得更多。
11 月 30 日深夜，3 艘沃斯泊 70 型 MTB 从哈里奇基地出发袭击斯凯尔特
（Schelde）锚地的德国船队，途中 MTB-32 因故障返航，MTB-30 在攻击时
被德国炮火击伤，MTB-31 奋力冲到距离德国轮船"桑托斯"（Santos）近处
发射鱼雷却未命中。勇敢的伯汉（Paul Alfred Berthon）艇长在转舵离开时孤
注一掷地投放了深水炸弹，结果成功地将这艘 5943 吨的敌船炸伤。

由于当时误以为"桑托斯"号已被击沉，这有史以来最大的战绩让 MTB
官兵们欢欣鼓舞，乐观的情绪到了 12 月 5 日再上一个新台阶。3 艘沃斯泊 70
型 MTB（29、31、32）在法拉盛（Flushing）夜袭德国船队，成功击沉 6062
吨的德国轮船"巴拉那瓜"（Paranagua）号，德国人则声称该船是触雷沉没。
12 月 18 日，6322 吨的德国轮船"比肯费尔德"（Birkenfels）号在斯海尔德
（Schelde）触发了一枚 MTB 敷设的水雷而沉没，而德国人还以为自己是被
英国潜艇发射的鱼雷击沉，实际上当时并无盟军潜艇在附近活动。

进入 1941 年后，新生产的鱼雷快艇开始不断加入 MTB 部队，极大地提
升了后者的战斗力。英国本土的 MTB 得到了开战以来的第一次大扩张，增加
到六个支队，头一年参战的各艇纷纷进坞维修，在苦战中筋疲力尽的船员们
也得到了难得的休整。

第一支队：MTB-14、18、71、72；

第三支队：MTB-24、28、100、102；

第四支队：MTB-22、29、30、31、32、34、69、70；

第五支队：MTB-41、42、43、44、45、46、47、48；

第六支队：MTB-35、36、37、38、57、58、59、60；

第十支队：MTB-67、68、213、214、215、216、217。

新年伊始，由于天气和海况依然恶劣，双方都采取在战区海域密集布雷的方式来延续作战行动，其中德国主要是使用航速快的雷击舰和鱼雷快艇进行布雷，以尽量保证安全。（注：在1934年纳粹德国建造第一种舰队驱逐舰前，德国舰队里还尚未有过驱逐舰这一舰种，只有大量的鱼雷艇（Torpedoboote）。在一战中，这些鱼雷艇的吨位和火力相当于小型驱逐舰，为避免与旧式鱼雷艇和鱼雷快艇混淆，本文一律将德国鱼雷艇称为雷击舰。）

1月7日，德国海军的1923年级雷击舰"秃鹰"（Kondor）号和1924年级雷击舰"狼"（Wolf）号偷偷地潜往多佛尔海峡布雷。虽然属于不同的舰级，但实际上后者只是前者的扩大版，航速稍快，外形上颇为类似，满载排水量都超过1000吨，主要武器也完全相同，都是3门105毫米炮、2座三联装533毫米鱼雷发射管和数量不等的20毫米机关炮，并可各携带30枚水雷。1923年级都以猛禽命名，1924年级则皆以猛兽命名。1923年级雷击舰是德国

德国"狼"号雷击舰

在一战战败后建造的第一种雷击舰，虽仍沿用一战时的设计，但尺寸比以前的舰只要大一些。该级的 6 艘舰在建成时被证明为相当成功，即使在二战中仍然保持了一定的战斗力。它们主要部署在法国沿英吉利海峡的港口，多数时间都在海峡内活动，战争后期这些舰都装备了雷达。

多佛尔海峡堪称二战中最危险的海域，浪高风急，水雷密布，英国飞机和轻型舰艇不定期巡逻，有时还会出现巡洋舰之类的大家伙。如果天气较好，海岸重炮也足以让两只"禽兽"饮恨当场。可德国人万万没有想到，布雷时非常顺利，在返航时却出了岔子。无独有偶，2 艘沃斯泊 70 型 MTB——埃利斯（Ellis）上尉的 MTB-32 和劳埃德（Lloyd）上尉的 MTB-34——同样跑到海峡靠近德占区一侧敷设雷区。巧合的是，两支小舰队来的时候擦肩而过，去的时候也是相向而行，而都没有发现对方。但是相对而说，还是德国人的运气差点，当他们完成布雷任务，心情轻松的原路返回时，做梦也想不到来时安全的航道上几个小时前已经变了样，于是高速闯入了水雷阵，倒霉的"狼"号当即被炸沉。

仅 1 月份，这样的雷区 MTB 部队就敷设了 7 个。而当英国人卖力的撒布死神种子时，德国人也没闲着。不久之后，怀特 72 型（怀特公司用沃斯泊 72.6 型图纸生产的型号）MTB-41 也在北海被德国水雷炸沉，桑尼克罗夫特公司生产的沃斯泊 70 型 MTB-28 则在朴茨茅斯基地门口触雷沉海。

坏年景

到了 1941 年年中，皇家海军对本土 MTB 部队进行了再次重组，一改以往分散部署的做法，模仿德国海军，按支队分别配属给各个前线海军基地，这样一来就简化了指挥程序，也便于协同作战的需要。

费利克斯托（Felixstowe）基地：第一支队（MTB-14、18、100）；第四支队（MTB-22、29、30、31、32、34）。

多佛尔基地：第十一支队（MTB-5、49、50、51、52、53、54、69、70、71、72、102、105）。

雅茅斯（Yamouth）基地：第五支队（MTB-42、43、44、45、46、47、48）。

同时为下一步的大扩编做好准备，还特地组建了第三（MTB-24、25）、第六（MTB-28、35、36、218、219、220、221）等两个主要用作训练的 MTB 支队，以加强培训鱼雷艇军官和艇员的工作。不过这两个支队仍常驻朴茨茅斯基地，遇警仍可出击。

5 月 23 日，MTB 部队遭到了一次沉重打击：划拨地中海舰队的第十支队在克里特岛苏达湾（Suda Bay）的基地里遭到德国空军猛烈轰炸，7 艘 CMB-55 型 MTB 有 5 艘（MTB-67、213、214、216、217）被炸沉，几乎全军覆没，仅有当时分别部署在埃及塞得港（Port Said）和亚历山大（Alexandria）的 MTB-68 和 215 号得以幸免。几天后这两艘艇也随即转移到塞浦路斯的法马古斯塔（Famagusta）港。这次转移的效果立竿见影，MTB-215 于 6 月 3 日拦截并击沉了一艘形迹可疑的土耳其纵帆船 Iki Kardeshler 号，鱼雷艇指挥官认为这艘船上满载的汽油很可能是为北非意军提供的补给品。这是第十支队的第一个战果。此后这个只有 2 艘鱼雷快艇的支队一直活跃在地中海东部，担负巡逻、布雷和反潜等任务。直到这年年底，不幸在托布鲁克（Tobruk）附近发生了碰撞事故，MTB-68 被撞沉，MTB-215 也严重受损，第十支队的活动才沉寂下来。

远东局势对于皇家海军来说也非常不妙，珍珠港事变后，肆无忌惮的日本对日不落帝国的香港基地发动了猛烈攻势。12 月 15 日，第二支队的 MTB-10 和 MTB-26 被空袭炸伤；第二天，MTB-8 又被日机轰炸起火烧毁；20 日，日军登陆香港，MTB-12 和 MTB-26 在抵抗中沉没，其他 3 艘（MTB-7、11、18）也受了伤。25 日香港沦陷，第二支队的末日终于来临，除 MTB-9 在途中被日军俘虏外，残余的 MTB-7、10、11、27 带着殖民政府的高级官员突出重围，在广东大鹏湾登陆后自行凿沉。

在地中海和远东的 MTB 部队相继覆灭后，只有本土的 MTB 部队还保持着斗志和活力。7 月 23 日，德国巡逻艇（Vorpostenboot）V-1508 在法国布洛涅（Boulogne）西南海域被 MTB 击沉。同月 27 日，MTB 又在法国西部海

一般由拖网渔船、游艇等改装的德国巡逻艇——V 艇。

域攻击了德国驱逐舰"弗里德里希·伊恩"（Friedrich Ihn）号，但被击退。
9 月 9 日凌晨，2 艘沃斯泊 70 型（MTB-35、218）和 1 艘桑尼克罗夫特 75 型
MTB 在法国加莱海岸附近发现了企图偷渡的德国商轮"崔菲尔斯"（Trifels，
德国著名古堡）号。狡猾的船长为了避过盟军的耳目，在自己的船壳显眼处
喷上了 USSR（苏联的英文名字头，Union of Soviet Socialist Republics）的标志，
试图伪装成一艘苏联商船，但两艘为它护航的德国巡逻艇（V-202、208）却
暴露了其真实身份。

说起来这艘"崔菲尔斯"号也有点儿命运多舛，她本来是 1922 年德国制
造的一艘蒸汽轮机货轮，排水量 6182 吨，长 137.28 米，宽 17.22 米，吃水 9.1
米。大战爆发后于 1939 年 9 月 10 日被法国海军俘获，改名"圣路易斯"（Sainte
Louise）；11 月 14 日该船又被节节胜利的德军夺回，恢复原名。

鱼雷快艇一拥而上，对左闪右避的德国船发射了所有鱼雷，混乱中由
P.E. 丹尼尔森（Per Edvard Danielsen，1918 年生）海军上尉指挥的 MTB-54 命
中了目标，"崔菲尔斯"号迅速沉入海中。美中不足的是，MTB-54 虽然归英
国皇家海军指挥，但她的艇员都是挪威皇家海军的官兵。而到了三个月后，
则连快艇本身都变成了挪威的财产。

MTB-54 所属的桑尼克罗夫特 75 型共生产了 8 艘，编号 MTB-49—MTB-56。长 75 英尺 9 英寸（23.09 米），宽 17 英尺（5.18 米），吃水 3 英尺 5 英寸（1.04 米），排水量 52 吨，4 台桑尼克罗夫特引擎，2600 匹马力，最大航速 29 节，2 个 21 英寸鱼雷发射管，1 座双联装 12.7 毫米机枪塔，2 挺双联装 7.7 毫米机枪，2 枚深水炸弹，编制 12 人。这 8 艘 MTB 中有 5 艘（MTB-50、51、53、54、56）于 1941 年 12 月全部划归挪威皇家海军，曾指挥 MTB-54 建功的丹尼尔森上尉被授予挪威军人的最高荣誉——战争十字勋章。这是 1941 年 5 月才设立的，丹尼尔森是第一个获得者。后来他在挪威海军中建立了更为出色的功勋，晋升为海军少校。但因为他是共产党员，于 1951 年 4 月被捕，罪名是为苏联充当间谍，好在他有一位担任海军司令的父亲，最后被宣告无罪。

11 月 3 日，MTB 在英吉利海峡击沉了 1573 吨的德国滚装船 RO-19 号；25 日，一支德国护航船队在敦刻尔克海域遭到 MTB 袭击，巡逻艇 V-412 和一艘摩托渔船 Prosper Bihen（24 吨）被击沉。

11 月 27 日，MTB 部队得到了一个情报，破交回来的德国辅助巡洋舰"彗星"号（德文名 Komet），在三艘 1935 年级雷击舰（T-4、T-7、T-12）和两艘 1935 年级扫雷舰（M-10、M-153）的护航下将通过多佛尔海峡返回德国。

"彗星"号表面上看起来是无害的商船，实际却装备精良，它原为北德

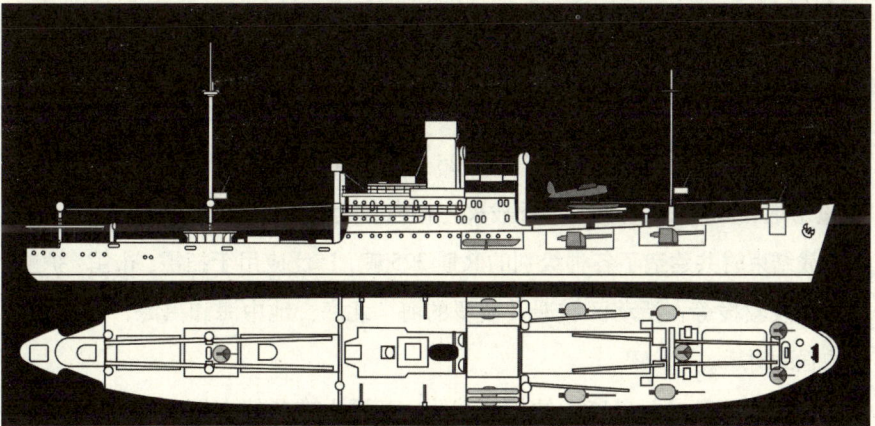

德国辅助巡洋舰"彗星"号，通过线图，可以看到其隐蔽的炮位和鱼雷发射管。

意志 - 劳埃德航运公司的"埃姆斯"（Ems）号货船，1937 年下水，1939 年 12 月服役。全长 115 米（水线长 109 米），宽 15.3 米，吃水 6.5 米，标准排水量 3287 吨，满载排水量 7500 吨。在用铰链固定的挡板后面，是 6 门威力巨大的 150 毫米 45 倍径火炮，此外还有 1 座双联装 37 毫米高射炮和 4 门 20 毫米单管高射炮，6 个 533 毫米鱼雷发射管，尾部储藏舱里还有 30 枚水雷和一架阿拉多（Arado）196A-1 型水上飞机，最高航速 14.5 节，编制 270 人。此前它已经击沉了 8 艘、总吨位 4 万多吨的盟国商船，还大胆地用炮击摧毁了太平洋瑙鲁岛上的油库以及磷酸盐设施，船长罗伯特·埃森（Robert Eyssen）为此被晋升为海军少将，成为军衔最高的辅助巡洋舰舰长。

在英国人看来，"彗星"号的护航力量微不足道，1935 年级雷击舰虽然采用了全新的舰型设计，但比前文所述的 1923 年级更小，武备也更加薄弱，除了机关炮和鱼雷发射管外，只有 1 门 105 毫米炮；相比之下，连扫雷舰都有 2 门 105 毫米炮。

出于这种轻敌心理，多佛尔基地仅仅派出了 8 艘鱼雷快艇和 2 艘摩托炮艇担负伏击辅助巡洋舰的任务。1 艘桑尼克罗夫特 75 型（MTB-56）和 3 艘沃斯泊 70 型（MTB-218、219、221）待机于 8 号浮筒；4 艘怀特 72 型（MTB-44、45、47、48）埋伏在 S 号浮筒；MGB-14、41 则在 V 号浮筒掩护。

但英国指挥官没想到的是，狡猾的"彗星"号从瑟堡离开后并没有直接驶往德国，而是先溜进了东边的勒阿弗尔港并磨蹭到了晚上。在这里，护航舰艇得到了进一步加强，另外三艘 1935 年级扫雷舰（M-9、12、21）和六艘 R-41 级扫雷艇（R-65、66、67、72、73）也加入进来。R-41 级属于沿岸扫雷艇——简称 R 艇，排水量虽然只有 125 吨，航速也只有 20 节左右，但有 1 门 37 毫米炮和 6 门 20 毫米炮，近战火力相当强大，对 MTB 有很大威胁。德国在二战结束时共建造了各种级别的 R 艇 325 艘，广泛应用于扫雷、布雷、护航、巡逻以及救援等，活动区域遍及波罗的海、北海、地中海和黑海，是盟军快艇的强劲对手。

相对于"彗星"号庞大的护航编队，英国人准备的力量显然过于薄弱。而屋漏偏遭连夜雨，有 3 艘鱼雷快艇（MTB-48、56、221）在途中因发动机

参加伏击任务的 MTB—48

参加伏击任务的 MTB—218

故障返航，造成伏击兵力进一步削弱。

　　但 MTB 官兵们仍然勇敢地发动了攻击，一艘鱼雷快艇巧妙地从两艘德国雷击舰中穿过，用机枪扫射 T-4 号的指挥台，造成包括舰长在内的 4 人受伤。而 T-12 号为援助友舰打来的炮弹未能击中高速机动的快艇，却鬼使神差地命

遭到 R 艇重创的 MTB—219

中了 T-4 号，这进一步加重了它的伤势。T-7 也同样遭到了机枪扫射，3 人死亡，3 人受伤。

勇气和智慧终究无法弥补实力上的巨大差距，MTB 此行的目标"彗星"号安然无恙地回到了德国汉堡港，英国人给它造成的唯一伤害是轰炸机投中的一枚炸弹，但却没有爆炸。英军的代价则是 MTB-219 被 3 艘 R 艇围攻，遭到重创，艇长也受了致命伤。这艘沃斯泊 70 型快艇本来是希腊海军 1940 年的 4 艘（MTB-218—221）订货之一，但却被英国截为己用。

总的说来，虽然皇家海军的 MTB 部队由于新式快艇的不断服役而得到了充实，但面对轴心国在各条战线上咄咄逼人的攻势，1941 年仍是 MTB 部队战果少、损失大的一个坏年景。

突击队

迈入新一年的门槛后，本土 MTB 部队有所扩充，6 艘新艇（MTB-327——331、345）组成了第十二支队，加入到战事最激烈的多佛尔前线。同时在纽黑文（Newhaven）基地新建了第九支队（MTB-201——204、222、223、229、240）；在苏格兰格里诺克（Greenock）基地新建了第七支队（MTB-57——

65）和第八支队（MTB-73、75—82）。

即使如此，新年伊始 MTB 部队就挨了当头一棒。1 月 17 日，怀特 72 型 MTB-47 号艇在法国第格里斯内斯泊（Cap Gris Nez）港外执行封锁任务时突然遭到德国军舰的袭击，当即被击沉，所有船员都当了俘虏。对于以勇敢著称的鱼雷快艇部队来说，这简直是奇耻大辱。2 月 12 日，德国海军的两艘战列舰"沙恩霍斯特"、"格奈森瑙"号和重巡洋舰"欧根亲王"号，在强大的海空兵力掩护下，试图通过多佛尔海峡返回德国。由于英国人事先主观地认为德国海军绝对不敢在光天化日之下穿越海峡，结果事到临头却发现无兵可调，只能尴尬地派出 3 艘怀特 72 型（MTB-44、45、48）和 2 艘沃斯泊 70 型（MTB-219、221）鱼雷快艇截击德国舰队。但甫一接触，英国人就发现他们根本无法突破德国驱逐舰和 S 艇的火力网，甚至根本无法接近到敌舰 2000 米以内。最后带着一丝侥幸心理，英国人还是在远距离上发射了他们的鱼雷，但无一命中。

不过在接下来的一次重大行动中，MTB 官兵用自己的行动再次挽回了荣誉。

圣纳泽尔（St. Nazaire）位于法国西海岸比斯开湾的卢瓦尔（La Loire）河河口，该地有可容纳德国大型战舰的诺曼底船坞。船坞长 350 米，宽 50 米，是世界上最大的船坞之一，可容纳 85000 吨的船只进入维修。两端有闸门，可将船拉入隐坞，关闭两端闸门，将水抽出。如果用作入口，在船只通过时，闸门交互开闭即可。这也是法国西岸唯一可对德国海军的战列舰"提尔皮茨"（Tirpitz）号进行维修的大船坞。如果"提尔皮茨"号以此为基地，那么将对英伦三岛本来就岌岌可危的海上运输线形成更重大的威胁，因此皇家海军决心派出特遣舰队，不惜一切代价破坏诺曼底船坞。出于隐蔽性和避免潮汐影响考虑，特遣舰队主要由身形矮小、吃水浅的快艇构成，其中有一艘 MTB-74 被寄予重任。

MTB-74 号是沃斯泊 72.6 型的二号艇，曾为了攻击在法国布列斯特港停泊的德国战列巡洋舰"沙恩霍斯特"和"格奈森瑙"号进行过特别改装，包括对操舵室进行加固、拆除露天舰桥和 12.7 毫米机枪、安装消声器，2 具 21

英寸鱼雷发射管被移到了前甲板，并改为装有超高压空气瓶的 18 英寸发射管，而鱼雷本身没有发动机。其作战意图是在近距离用空气瓶将 1800 磅（816.5 千克）的鱼雷向空中抛射 50 米，以越过敌舰周围水面的防雷网，随后鱼雷沉入目标下方，通过事先设定的定时引信引爆。可是德国战舰却提前离开了布列斯特，MTB-74 只好被编入圣纳泽尔特遣队，准备用它威力巨大的鱼雷来攻击干船坞。

1942 年 3 月 27 日晚，"战车行动"（operation Chariot）开始执行。在皇家空军的佯攻行动掩护下，主要由 ML 巡逻艇组成的特遣舰队沿着卢瓦尔河冲进了圣纳泽尔。在作为攻击主力的"坎贝尔敦"（Campbelltown）号老式驱逐舰满载炸药撞上闸门后，超级候补 MTB-74 号也紧随其后对准船坞闸门发射了经过特殊设计的鱼雷，然后全速撤退。按其航速计算，只需要短短的十分钟就可以驶出德军的火力网范围。

此时 MTB-74 仍毫发未伤，而且德军岸炮也很难捕捉到高速行驶的鱼雷

MTB-74 奇袭圣纳泽尔的油画

快艇。但艇长奥康纳（O'Connor）中尉（一说为温中尉，Michael Wynn）看到其他快艇损失惨重，河道里到处都是落水的"哥曼德"突击队员，便一路营救。结果正是这种恻隐之心使它未能全身而退：在搭救同伴的时候，MTB-74 不幸被德军 170 毫米岸炮发射的两枚炮弹击中，艇上 38 人（含被救落水者）中只有 2 人生还。

但是 MTB-74 冒着生命危险发射的鱼雷却并没有爆炸，卡在船坞闸门上的"坎贝尔敦"也同样如此，大概是在剧烈的震动下定时器出了故障。直到第二天下午，正当一群德军高官就近观察并下令手下人员清除这艘舰船时，"坎贝尔敦"号却在这时突然爆炸了。巨大的爆炸不仅让闸门完全炸毁，而且炸死了包括那些正在视察的德军高官及附近的所有德军官兵。圣纳泽尔港此时一片火海，港口内的德军经过了一晚上的折腾，早已精疲力尽，浑然间又突然来这么一下爆炸，搞得他们草木皆兵，俨然成为惊弓之鸟。而祸不单行的是——或许在英国人眼里该叫双喜临门；晚些时候，MTB-74 发射的经过特殊改装的鱼雷也发生了爆炸。由于船坞内大量德军正在清理废墟，故此连续的爆炸又导致一大批正在忙碌的德军官兵被炸死。MTB-74 号为这次突袭行动的成功建立了卓越的功勋。

大概是受到这次鱼雷快艇特种作战的启发，在遥远的北非战场，正值关键性的阿拉曼战役前夕，为了替未来的攻势铺平道路，英国人策划了一次代号为"协议"（Agreement）的复杂行动，目的在于要使利比亚的托布鲁克（Tobruku）港和班加西港陷入瘫痪一个时期。这样对本来就缺乏补给的轴心国非洲军团来说，便意味着灾难性的后果。

参加这次行动的有 16 艘 MTB，包括第十支队的 7 艘（MTB-260—262、265—268）和第十五支队的 9 艘（MTB-307—312、314、315），全都是根据《租借法案》从美国海军获得的。

第十支队的 MTB 属于埃尔科（Elco）70 型，英国 1940 年底租借了 10 艘（MTB-259—268）。长 70 英尺，宽 19 英尺 11 英寸，吃水 4 英尺 6 英寸，排水量 32 吨，三台帕卡德发动机，最大航速 42 节，2 个 21 英寸鱼雷发射管，1 座双联装厄利孔（Oerlikon）20 毫米机关炮，2 座双联装 12.7 毫米机枪塔，

2 挺双联装 7.7 毫米机枪，2 个深水炸弹，编制 12 人。

第十五支队的 MTB 则属于埃尔科 77 型，英国租借了 12 艘（MTB-307—316）。长 77 英尺（23.47 米），宽 19 英尺 11 英寸（6.07 米），吃水 4 英尺 6 英寸（1.37 米），排水量 46 吨，三台帕卡德发动机，最大航速 42 节，4 个 18 英寸鱼雷发射管，1 门厄利孔 20 毫米机关炮，1 座双联装 12.7 毫米机枪塔，编制 13 人。

她们的任务是在 1942 年 9 月 13 日晚上，运载 200 名"哥曼德"突击队员在托布鲁克港南面海岸登陆，占领海防炮台并破坏所有军事设施，并协同其他部队占领该港。然后 MTB 编队进入港内，将敌人舰船全部击沉。

但是计划一开始就出了岔子，虽然突击队成功登陆，但在袭击第二座炮台时却被发现并激烈交火，意大利"圣马可"海军陆战团的一支部队迅速赶来将突击队拦住，停泊港内的 17 艘意大利摩托登陆艇和 3 艘鱼雷艇也开始用密集的炮火来"欢迎"MTB 编队，MTB 迅即撤退，但各艇都被炮火击伤，其中一艘起火。

9 月 14 日天亮以后，意大利空军第十三大队的马基 C.200 战斗轰炸机赶来投入战斗并用机枪扫射 MTB 编队。MTB-308、MTB-310 和 MTB-312 艇被炸沉，MTB-314 虽然没有沉没，但由于受损严重不得不抢滩搁浅，最终被德军俘获，包括逃到这艘快艇上的 117 名英军士兵。德国人修复后将其编入海军服役，编号为 RA-10。在这次失败的行动中，MTB 部队总共损失了 2 名军官和 41 名士兵。

1943 年，养好了伤的"哥曼德"卷土重来。为了摧毁德国人在北海斯图尔岛（Stord）上生意兴旺的黄铁矿，英国突击队与挪威皇家海军的 MTB 部队联合发动了一次短平快的突袭，行动代号："卡通"（Cartoon）。

1 月 23 日晚，63 名突击队员（其中 10 名挪威人）登上第三十 MTB 支队的 7 艘快艇，驶往斯图尔岛。可没多久这支小舰队就被德机发现，挪威人机智地转变了航向，让敌人以为他们是前往斯图尔岛西南的萨戈薇格岛（Sagvag）。在骗过敌机后，他们顺利抵达目的地，按照预定计划，MTB-626、627 攻击港口并输送突击队登岸；其他 MTB 负责阻击增援的德军，

MTB-618、623 负责岛北，MTB-620、625 和 631 负责岛西和岛东。

24 日凌晨，MTB-626 和 627 冲进港内发射了鱼雷，炸毁了货运码头，德军设置在码头上的一门大炮也遭到了池鱼之殃。接下来在 MTB 的炮火掩护下，突击队迅速登陆，在矿山各要害之处大肆破坏起来。与此同时，为了让德国人弄不清主攻方向，其他 MTB 也在斯图尔岛的各处进行袭击。MTB-625 在岛东开始敷设水雷，MTB-620 冲进一个小港，用炮火击沉了一艘德国小船 Ilse M. Russ 号。

仅仅用了 25 分钟就完成了破坏任务的突击队带着 3 名德国俘虏登艇返航。德军唯一来得及做出的反击是派出了一架 Ju-88 俯冲轰炸机，但该机反倒被 MTB-625 击落。

这次突袭在一定程度上洗刷了托布鲁克行动惨败的耻辱。受到彻底破坏的黄铁矿停工长达一年，英国人和挪威人为此付出的代价是 1 名突击队员牺牲，2 名负伤；MTB-626 有 7 名艇员负伤，MTB-618、623 被德军岸炮击伤，有 3 名艇员负伤，但所有的参战 MTB 都顺利返航。

李代桃僵

1942 年 5 月 12 日，德国第九艘辅助巡洋舰"金牛座"号（Stier）改造完工，遂被派往海上执行破交任务。这艘袭击舰原为德国阿特拉斯 - 利凡特海运公司拥有的货船，原名"开罗"（Cairo）号，1936 年建于基尔的克虏伯 - 日耳曼尼亚船厂，长 134 米，宽 17.3 米，吃水 7.2 米，排水量 11000 吨，载重 4778 吨。安装一台 7 缸柴油机，3750 马力，航速 14 节。载油 3200 吨，续航力 12 节时 50000 海里。1941-1942 年，德国海军着手将其改建为辅助巡洋舰，安装 6 门 150 毫米炮，2 门 37 炮，4 门 20 炮，2 具 533 鱼雷发射管。船长为霍斯特·格拉赫（Horst Gerlach）。

"金牛座"号要想从荷兰鹿特丹的母港进入猎物丰富的大西洋，危险的多佛尔海峡是必经之路。为了万无一失，德国海军派出第五雷击舰支队的 4 只"禽兽"呈菱形对它前呼后拥，包括 1923 年级的"秃鹰"、"猎鹰"（Falke）、

"白尾鹫"（Seeadler）和 1924 年级的"臭猫"（Iitis），此外还有第二和第八扫雷艇支队的 16 艘摩托扫雷艇和第四 S 艇支队的 5 艘鱼雷快艇。

13 日凌晨 3 时 15 分，这支目标明显的大型舰队被英国人发现，遭到了多佛尔海岸炮兵 14 英寸（356 毫米）重炮的轰击。不过由于距离太远，炮击未能奏效。接下来，MTB 蜂拥而至，它们在晨雾的掩护下试图扰乱保护辅助巡洋舰的阵形，不过遭到所有德国舰艇的猛烈射击，有 2 艘 MTB 被击中起火，其中 MTB-220（沃斯泊 70 型）被 S 艇围攻，重伤被俘。

牺牲并非是全无代价的，为了保护最高航速只有 14 节的辅助巡洋舰，本来航速极高的雷击舰不得不放慢速度以维持阵型。这对鱼雷快艇来说实在等于极好的靶子，MTB-221（沃斯泊 70 型）乘机冲上来对"秃鹰"号雷击舰发射了鱼雷。

"秃鹰"号用笨拙的机动躲过了致命的鱼雷，其中一枚又与辅助巡洋舰惊险擦身而过，差点就实现了这次攻击的终极目标，然后鬼使神差地打中了被前者挡住视线而躲闪不及的"臭猫"号。这艘在德国受压制时代制造的雷击舰因为过于追求轻型化，造成舰体结构强度不足，当即被炸成两截，三分

德国雷击舰"臭猫"号

德国雷击舰"白尾鹫"号

钟之后就带着115名船员完全沉入大海。

与此同时，"白尾鹫"号雷击舰成功地躲过了一艘 MTB 的攻击，然后又执着地回到定点保镖的危险位置上，结果再次遭到 MTB-219（艇长 Berthon 上尉）的攻击。这次它没有那么幸运了，死神折断了凶禽的翅膀，与"臭猫"号一样，它也被鱼雷炸成了两半。

这艘不幸的船并未立即沉没，在失去尾部后，军舰前半段仍漂流了一段时间。一些绝望的炮手们放弃了逃生的打算，在倾斜的残骸上用炮火攻击雾霭中每一个可疑的身影，直到海浪把他们吞没，舰上总共有85人丧生。

虽然付出巨大的代价，坚韧的德国人仍然打退了接下来 MTB 发动的多轮攻势。将辅助巡洋舰护送到布洛涅（Boulogne）后，"猎鹰"和"秃鹰"号返回那片伤心之海寻找幸存者。她们成功地救起了88名德国人和3名英国人，后者都是 MTB-220 的船员。

MTB 虽然未能阻挡"金牛座"号突入大西洋，但毕竟也击沉了2艘德国雷击舰，给本来就缺兵少将的德国水面舰艇部队以沉重打击。而"金牛座"号似乎也受到了诅咒，居然在袭击一艘美国武装货船时和对方同归于尽，实在有失其海上杀手的水准。

獒犬出世

从某种程度上来说，1942 年可以称为英吉利海峡"海上游击战"的一个转折点。因为在连续两年对 S 艇无能为力后，吸取了教训的英国人开始推出一系列提高了速度和火力的新型 MTB 和 MGB 型号，其中最强大的是被称为"Dog Boat"的费尔米尔 D 型。

费尔米尔(Fairmile)D 型鱼雷快艇(编号601—800)堪称MTB 中的巨无霸。费尔米尔公司一向生产排水量较大的快艇，陆续推出的 A、B、C 型艇都是摩托炮艇。但是大战开始不久后，皇家海军就要求建造能到远海作战的大型鱼雷艇，费尔米尔公司便在 C 型艇的基础上发展了 D 型，但结构要复杂得多。艇体采用尖艉半滑行型，艇体长度的大部分是凹凸剖面，艏部折角线一直延伸到首柱，这种结构可以减少艇体在波浪中航行时的激烈撞击，保持最小浪花。艇尾部剖面比较宽，几乎是平坦的，这种结构目的是要容纳 4 台大功率发动机，同时可以提供一个大的滑行面。艇在航行时，艇体艏部轻轻地抬出水面，此时航速显著增加，而且航行起来也更加轻松。

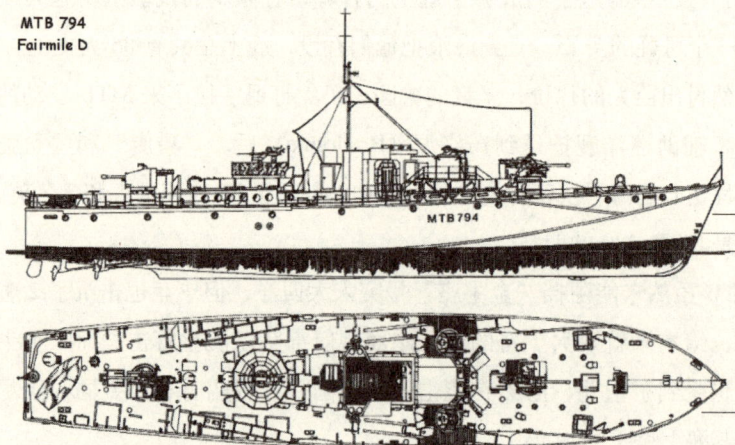

费尔米尔 D 型鱼雷快艇线图

该型艇长 115 英尺（35.05 米），宽 20 英尺 7 英寸（6.27 米），吃水 4英尺 9 英寸（1.45 米），标准排水量 85 吨，满载排水量 105 吨。动力系统为首次使用的 4 台 4M-2500 型 12 缸帕卡德发动机，每台功率为 932.5 千瓦（1250马力），在不安装齿轮传动箱的情况下，最大航速 30 节，装上传动比为二比一的星形减速齿轮箱后，航速可增加到 32.5 节，以 10 节速度航行时续航力506 海里（1930 公里）。编制为 3 名军官和 30 名士兵。D 型艇最引人瞩目的当属她强大到变态的武器系统，2 门 6 磅（57 毫米）炮、2 座双联装 20 毫米厄利孔机关炮、2 座双联装 12.7 毫米机枪和 2 挺双联装 7.7 毫米机枪构成了一个涵盖远中近距离的火力系统。

D 型艇虽然是作为鱼雷快艇设计的，但由于非常缺少摩托炮艇，加上时间紧迫，结果第一批生产的 94 艘艇均被当做炮艇使用，不过仍然安装了 2 具21 英寸的鱼雷发射管，部分后来改为安装 4 具 18 英寸鱼雷发射管。区别在于，双管艇既可以作为鱼雷艇使用，又可以作为摩托炮艇使用，而四管艇则只能当做鱼雷艇使用，后来又开始生产只装火炮机枪的 D 型艇。不过这些就不属于 MTB，而是属于 MGB（Motor gun boats，摩托炮艇）了，同时还有部分 D型 MTB（MTB-601—613）被改为 MGB（MGB-601—613）。

战时有多达 30 家英国公司建造费尔米尔 D 型艇，共生产了 229 艘。它们按武器装备分为 MGB（91 吨）、MTB（95 吨）和 MGB ／ MTB（105 吨）三种（后期有 40 艘改作飞机救生艇）。它们的出现，敲响了 S 艇的丧钟，成为英国沿岸战斗艇的主力。这些艇陆续被编入 1942 年在莱维克成立的 D 级艇分舰队基地，负责对挪威沿海德军控制的水域进行攻击。不过到 1943 年以后，主要任务则改为防止敌人沿海部队对盟国船队进行突袭。

1943 年，为了增加鱼雷快艇的威力，沃斯泊公司又设计了全新的沃斯泊73 型，该型长 73 英尺（22.3 米）型，排水量 46.7 吨，三台 1400 马力的帕卡德发动机可使其达到 39.9 节（时速 73.9 公里）的高速，4 具 18 英寸鱼雷发射管，自卫武器为 1 座双联装 20 毫米厄利孔机关炮、2 具 2 英寸（51 毫米）火箭筒和 2 挺双联装 7.7 毫米机枪。艇上有两名军官和 11 名士兵。

沃斯泊 73 型共生产了 16 艘（MTB-380—395），全部配置到英吉利海峡和北海作战。这些快艇的设备就当时来说可谓是首屈一指，装备286型雷达、无线电通讯设备、回声测深仪、声纳及无线接收装置。不过事实证明声纳只能在停机的情况下才能有效工作，并不实用。艇的居住性和安全性也大大提高：每艘艇上均用电取暖和烧饭，代替了早期快艇上那种落后的煤油炉装置；为了减少重量，只在舰桥而不是整个驾驶台上安装了防弹钢板；洛克希德液压操舵装置由于容易破裂泄露液体，被新型的马恩韦机械连锁装置取代；为了降低爆炸的危险，艇上的9500公升汽油用三个油桶分别存放。

1944年下半年开始，英国又建造了16艘沃斯泊73型的改进型号73 II型，鱼雷发射管减少为2具，动力和火力则大大增强。3台1500马力的帕卡德发动机使航速增加到40节（时速74.1公里），艇尾一座双联装20毫米厄利孔机关炮，舰桥两侧各有一座双联装7.7毫米维克斯机枪，艇艏一门电动的6磅炮。不过当其服役时，战争已经结束了。

有了这些新式快艇，无论实际效果如何，但至少在纸面上，皇家海军的快艇力量已经实现了质量上的飞跃，而数量上则继续保持对德国的压倒性优势，转守为攻的日子终于来了。

不过揭开反攻序幕的不是新式快艇，而是久经沙场的老兵。

1942年8月7日，第21MTB支队接到一个情报：远洋拖船"大洋洲"（Oceanie）号将从瑟堡（Cherbourg）驶往勒阿弗尔（Le Havre）。为截击该船，3艘沃斯泊72.6型快艇（MTB-232、237、241）奉命前往塞纳河口。由于情报不完整，英国人在发起攻击后才发现面前有多达6艘德国舰艇（RA-2、VP-1520、M-3800、M-3820、M-3821、M-3824）为"大洋洲"号护航。这时后撤显然已经来不及了，只能奋力向前。MTB-237试图从巡逻艇（Vorpostenboot）VP-1520和扫雷艇M-3824之间冲过，以攻击"大洋洲"号的右舷，结果遭到德舰火力夹击，连连中弹。一发20毫米炮弹击中通信室并引发火灾；另一发炮弹切断了油管，使快艇失去了动力；第三发则击中驾驶室，破坏了液压操舵装置。艇长费森（Guy Fison）上尉一边命令船员紧急抢修，一面向着敌船的大致方位发射了两枚鱼雷，这时驾驶室又被VP-1250发射的一排37毫米炮弹击中起火，通信室的火势已经蔓延到厨房，正向船尾的油罐烧去，眼见无法挽救，艇长只得下令弃船。

MTB-232 也被 RA-2 号扫雷艇的炮火击中，艇长身负重伤，液压舵失灵，发动机只能半速运行。副艇长只得用人力舵操纵快艇撤出战场。MTB-241 幸运地没有被炮弹击中，但她也没有找到值得用鱼雷攻击的目标。在发现 MTB-237 起火后，便赶来救走了后者的船员。

9 月 10 日，2 艘沃斯泊 72.6 型快艇（MTB-234、230）在 MTB-234 艇长、大作家狄更斯的玄孙彼得·杰拉尔德·狄更斯（Peter Gerald Charles Dickens，1917—1987）海军上尉率领下，由 3 艘摩托炮艇（MGB-82、84、81）掩护，在荷兰特克赛尔（Texel）岛附近海域攻击了 2 艘德国武装拖网渔船。这两艘拖网渔船 VP-1239 和 VP-1234 排水量 175 吨，装备数门 20 毫米炮和 15 毫米重机枪，火力不可小觑。英国人的计划是先用 MGB 攻击，扰乱其队形并吸引注意力，再由 MTB 乘虚用鱼雷解决敌舰。

当双方遭遇时，2 艘德舰正成纵队从英艇航线前方通过，位置极佳。3 艘MGB 立刻拥上去一阵猛打，VP-1234 号舰桥被击毁，炮位几乎全被打哑，但是 MGB 的 20 毫米炮威力太小，无法重创敌舰；而德国人的还击也命中了MGB-91，后者有 3 人伤亡。与此同时，狄更斯上尉指挥 2 艘 MTB 从左右两舷夹击 VP-1239 号，射向敌舰右舷的鱼雷失的，而从左舷方向齐射的 2 枚鱼雷则有一枚命中舰首。但在损管人员的拼命抢修下，失去船首的 VP-1239 号没有沉没。而仍保持机动能力的 VP-1234 号也赶来对其进行拖带救援，最终2 艘德舰都成功返航。

一个月之后，狄更斯上尉再次率队在北海成功突袭了一支驶往荷兰的德国沿海运输船队。这支船队包括德国武装商船"季风"号（Monsun，6590 吨）和 7 艘瑞典和丹麦商船，其中瑞典货轮"图勒"（Thule，2533 吨）和丹麦货轮"伊丽莎白·马士基"（Elisabeth Maersk，1892 吨）号装载着最为重要的铁矿石，担任护航的则是 5 艘由拖网渔船改装的巡逻艇（V-2011、2003、2007、2008、1313）。9 月 30 日晚上 23 时 30 分，当船队行驶到泰尔斯海灵岛时，突然有 6 艘快艇从海岸的阴影中窜出，向船队发动了攻击！

本来狄更斯带来了 8 艘快艇，但途中 MTB-87 和 MTB-233 却因为机械故障而被迫返航，参战的只有 2 艘鱼雷快艇（MTB-234、230）和 4 艘摩托炮艇（MGB-18、21、81、86）。好在狄更斯选择出击的时机非常有利，德国人完全被打了一个措手不及，在 MGB 的掩护下，两艘 MTB 成功抵近船队发射了鱼雷，V-2003 号巡逻艇和"图勒"号被击沉，前者死亡 21 人，后者死亡 10 人，英国人付出的代价则是 MGB-18 号被德国护航舰艇击沉。由于屡建功勋，狄更斯上尉因此获得杰出服务勋章，后来还晋升为海军少将，并担任伊丽莎白女王的海军副官。

二打彗星

10 月 14 日，多佛尔海峡再次出现重大敌情：德国辅助巡洋舰"彗星"号经过全面改装后从勒阿弗尔再次出击。它拆除了在上次破交战中没有什么用处的水雷、LS 级轻型鱼雷快艇和水上飞机，换装了 6 门新式的 150 毫米 48 倍径大炮，37 毫米高射炮也增加为 4 门，还安装了雷达设备。

为确保这个"海上猎手"顺利通过海峡，德国海军预先于 10 月 8 日出动第二摩托扫雷艇支队进入海峡扫雷。结果虽然勉强扫出了一条通道，但有 4 艘扫雷艇（R-77、78、82、86）相继触雷沉没，可谓是代价不菲。此外，德国人还吸取"金牛座"号编队遇袭的教训，出动大批 S 艇主动攻击在海峡一带巡逻的英军快艇，于 10 月 6 日击沉了沃斯泊 70 型 MTB-29 和 MGB-76（原 MTB-41），MTB-30 和 MGB-75 也被德机炸成重伤。

MTB 一年前与"彗星"号"失之交臂"，一直引以为憾，自然不肯放过这次机会，敌人的疯狂只是愈发激起了盎格鲁人的斗志。虽然这次"彗星"号的护航兵力依旧强大，包括整个第三雷击舰支队（T-1、T-10、T-14、T-19）和第二摩托扫雷艇支队的 2 艘 R 艇，但皇家海军也吸取了教训，立即从达特茅斯（Dartmouth）派出 8 艘鱼雷快艇（MTB-49、55、56、84、95、203、229、236）和 5 艘"狩猎"级护航驱逐舰进行搜索截击；另有 3 艘护航驱逐舰和 1 艘波兰驱逐舰也奉命从普利茅斯（Plymouth）赶来合围。

10 月 13 日晚上 9 时，德国舰队在瑟堡附近被皇家空军"箭鱼"式鱼雷机发现，第三雷击舰支队司令维尔克（Fregattenkapitän Hans Wilke）感到情况不妙，便敦促"彗星"号舰长布洛克森（Kapitän zur See Ulrich Brocksien）进入瑟堡暂避风头，但布洛克森坚持继续他的航程，他认为大雾弥漫的天气足以掩护辅助巡洋舰的行踪。

但"彗星"号还是很快被英国人发现了，大雾不但没有掩护德国人，反而迷惑了他们的眼睛。14 日凌晨 1 时，英军首先发现了德国舰队并猛烈开火。措手不及的德国人损失惨重，开路的 T-10 号在很短时间内被重创，T-4 号则被"彗星"号误伤，15 名德军被打死或失踪，其中包括不幸的维尔克。

更大的不幸还在后面，罗伯特·德雷森（Robert.Drayson）海军中尉指挥的 MTB-236（沃斯泊 72.6 型）因为大雾迷航，正在寻找部队时，却借助照明弹和炮口闪光发现了庞大的"彗星"号。鱼雷快艇借着浓雾的掩护悄悄潜入到距离敌舰 500 码（450 米）的地方连发两条鱼雷。

2 点 15 分，"彗星"号突然起火，15 至 20 秒后，这艘辅助巡洋舰发出剧烈的爆炸，船上升腾起一个数百英尺高的火焰球。整艘船在顷刻之间就被炸成了碎片，随即"就像一块石头一样"沉入了海底，燃烧的柴油在海面上形成了面积达 1 平方英里的火场，滚滚浓烟直冲数千英尺的高空，251 名船员无人生还。

随着"彗星"号的突然毁灭，任务算是圆满完成，但这一笔应该记在谁的战功簿上却打起了官司。因为能见度太低，没有任何人看见鱼雷命中了敌舰，MTB-236 的官兵虽然认为是他们创造了奇迹，但参战的驱逐舰则坚持认为是自己的炮火建功。最后海军部还是归功于前者，德雷森中尉为此得到了一枚杰出服务勋章。

怒海争锋

"彗星"号的覆灭对一直梦想着完全掌控英吉利海峡的皇家海军来说是个利好消息，而得到鼓舞的 MTB 部队也愈发活跃起来，频繁出击。11 月 9 日，连航行在德国北部海域的护航船队都遭到了 MTB 的袭击，3139 吨的瑞典货轮"阿比斯库"（Abisko）号被鱼雷重创，被拖往德国埃姆登（Emden）港修理。这艘老船修复后于1943年4月11日再度出航时，被水雷炸沉。

1943年开春后，因为寒冬而一度停滞的海峡拉锯战再度上演。2月23日，第二S艇支队的7艘S艇在完成了对英国船队的袭击后，返航时在拉芒什海峡遭到2艘费尔米尔D型鱼雷快艇（MTB-609、610）的突袭。为了规避炮火，高速行驶的S-94与S-128忙乱之下狠狠地撞在了一起，结果双双沉入大海。

3月6日晚上，第五十三支队的4艘沃斯泊72.6型快艇（MTB-225、241、244、234）在荷兰海岸袭击了德国第三十四扫雷舰支队，巡逻艇V-1304（原荷兰船只"爱森纳赫"，Eisenach）被鱼雷击沉，另有1艘巡逻艇和1艘炮驳船被击伤。3月12日凌晨，1艘桑尼克罗夫特72型快艇（MTB-24）和2艘沃斯泊70型快艇（MTB-35、38）在布洛涅袭击了由第十八巡逻艇（VP）支队护航的德国船队，3094吨的运输船"达利拉"（Dalila）号被击沉；13日，瑞典货轮"海尔姆特"（Hermod，1495吨）被击沉；3月14日，德国第三十六扫雷舰支队在敦刻尔克海域遇袭，MTB-353（沃斯泊70型）击沉M-10号扫雷舰，M-3630号扫雷舰也被鱼雷击沉；16日凌晨，第十三巡逻艇支队护航的船队遭到袭击，丹麦货轮"玛丽·托夫特"（Mary Toft，1922吨）号和"安吉利斯"（Agnes，1458吨）号被2艘沃斯泊72.6型快艇（MTB-88、93）击沉。20日，3艘怀特-73型（MTB-202、212、206）和1艘沃斯泊72.6型（MTB-359）在多佛尔海峡突破第十八巡逻艇支队的保护圈，击沉了5540吨的德国油轮"赫克特"（Hecht）号。

虽然取得了一系列胜利，但皇家海军还远远不能够说掌握了英吉利海峡的制海权。就在1943年3月初，德国海军又组织了一次较大规模的转移行动，第八驱逐舰支队的5艘驱逐舰（Z-23、24、25、32、37）从法国比斯开湾（Biscay）出发，穿越海峡前往北海。途中虽然多佛尔海岸炮兵和MTB竭力拦截，但德国舰队还是毫发无损地穿过海峡，完成了转移任务。5月7日，3艘费尔米尔D型鱼雷快艇（MTB-628、629、632）和1艘费尔米尔D型摩托炮艇（MGB-607）拦截了四艘德国武装拖网渔船，一艘拖网渔船被重创，但MTB-629也被击伤，1名水兵阵亡。

德国 M—8 号扫雷舰

5月14日，前文提到的狄更斯上尉率领4艘沃斯泊72.6型快艇（MTB-232、234、241、244）完成布雷任务返航时，在荷兰海岸发现了四艘较大的船只，旁边还有几艘小一点的护航舰艇，事后查明是德国第一、第七扫雷舰队和第九 R 艇舰队。不过当时天气恶劣，能见度不良，大多数舰船都没有被英国人发现。

狄更斯上尉决心用 MTB-232、241 掩护，MTB-234、244 发起鱼雷攻击，然后退下来掩护前者发起第二次鱼雷攻击。同样由于视野不好，德国人也没有及时发现敌情。在第一次攻击后不久，MTB 的船员们听到了两声爆炸，并看到一个较大的目标起火，MTB-234、244 开始施放烟幕，MTB-241 借烟雾掩护，冲到距离敌舰 600 码处发射鱼雷，但没有命中；MTB-232 则确定有一枚鱼雷命中了一艘已经重伤的扫雷舰。这个倒霉蛋是 M-8 号扫雷舰，属于1935 年级，长 68 米，宽 8.7 米，吃水 2.6 米，排水量 870 吨，2 门 105 毫米炮，1 门 37 毫米炮，2 门 20 毫米炮，2 台柴油机，3500 马力，最大航速 18 节。在接连挨了三枚鱼雷后，它再也撑不住了，很快沉没。

7月25日，由 1930 年建造的拖网渔船"马克斯·冈德勒克"（Max

蒂安·亨利·拉瑞伍海军少校，照片是他还是上尉时拍摄的。

Gundelach）改装的巡逻艇 V-801 号（437 吨）在北海巡逻时失踪，船员无一生还。德国人认为其是被 MTB 用鱼雷击沉（一说被水雷炸沉）。9 月 14 日，另一艘用民船"瓦卢斯"（Waalrus）号改装的辅助扫雷舰 M-3410 也在北海被 MTB 发射的鱼雷击沉。

9 月 26 日下午 18 时 30 分，货轮"马达利"（Madali）号在重兵保护下驶出勒阿弗尔，试图通过英吉利海峡前往敦刻尔克。"马达利"号本来是法国 1911 年建造的一艘钢壳货船，原名"里亚托"（Rialto），长 108 米，宽 15 米，吃水 9.1 米，排水量 3014 吨，动力是陈旧的三胀往复式蒸汽机，总功率只有 309 马力，航速仅有 10 节。在漫长的海运生涯中，她为德国公司打过工，也为英国老板卖过力，到 1943 年被德军征用前，她则属于一家法国公司，而且也快退休了。不过由于战争后期的德国严重缺乏大型运输船只，所以也只有征用这艘老船来跑危险的海峡长途了。不过考虑到如果其独自上路无非是给英国海军送菜，所以德国还是为其准备了雄厚的护航兵力，一出航就有扫雷舰 M-82、M-84，辅助扫雷舰 M-507、M-534 和巡逻艇 V-1507 前呼后拥。当 3 艘英国 MGB 前来截击时，德国又出动了第二扫雷舰支队和第十五巡逻艇支队 V-1501、1509、1511、1512 等 4 艘巡逻艇增援。

不过德国人做梦也没有想到的是，英国真正的打击力量不是 MGB，而是荷兰皇家海军的 3 艘 MTB。这支突击队包括怀特 72 型 MTB-202、204 和沃斯泊 72.6 型 MTB-231，再加上 4 艘英国皇家海军的 SGB（Steam Gun Boat，蒸汽炮艇，即以蒸汽轮机为动力）担任掩护，而开始出现的 MGB 只是为了吸引护航舰艇的注意力而已。突击队的指挥官是拉瑞伍（Etienne Henri Larive，1915—1984）海军少校，荷兰皇家海军在二战时期不多的传奇式英雄人物。

拉瑞伍，绰号汉斯（Hans），1915 年生于新加坡。荷兰向德国投降后，作为极少数拒绝在承诺不从事任何反德活动的誓言书上签字的海军军官之一，他被送进了战俘营，此后他一直试图越狱。在 1940 年 10 月的第一次越狱失败后，他终于在 1941 年 8 月成功脱逃，通过瑞士和西班牙，辗转抵达英国，加入了荷兰皇家海军的 MTB 部队，担任 MTB-203 的艇长，后升任第九 MTB 支队长（辖 MTB-203、204、235、240）。他曾经作为艇长袭击过德国的运输船队，也曾经指挥 MTB 支队袭击过德国驱逐舰，作为鱼雷快艇指挥官所应具备的专业素质、勇气和经验，他都不缺少，唯一欠缺的只是一点运气，不过，这次命运之神终于眷顾了他。

9 月 27 日凌晨 2 时 50 分，拉瑞伍率队抵达战场附近。15 分钟后，声纳兵报告发现螺旋桨声，而 MGB-108 也几乎同时在雷达上发现了护航船队。盟军舰艇试图从西南方隐蔽接近，但在 3 时 18 分被 V-1507 号巡逻艇发现，密集的炮火随即扫来。拉瑞伍果断地决定 MTB 立即高速撤离，MGB 则继续佯攻以吸引德国人的注意力。半个小时以后，MTB 拐了个大圈，借着海岸阴影的掩护又重新以 9 节的低航速接敌，这次他们成功了。凌晨 4 时，MTB-204 在 700 米的距离上发射两枚鱼雷，几分钟后 MTB-202 和 MTB-231 也发射了

"马达利"号的前身"里亚托"号

德国 V 艇

鱼雷。

　　5 分钟以后，两枚鱼雷先后命中了"马达利"号右舷。该船迅速沉没，不过由于靠近岸边航行，桅杆仍然露出水面，311 名船员中有 52 人丧生。除此以外，德军还有巡逻艇 V-1501 和辅助扫雷舰 M-534 号（800 吨，原名 Jungingen）被英军击沉，辅助扫雷舰 M-4616 号重伤搁浅。其中 M-534 号可以确定是被荷兰 MTB 发射的鱼雷击沉，但 V-1501（原"维京七号"捕鲸船，381 吨）的结局就有点蹊跷了。据德国人记载，该舰于 9 月 27 日凌晨 3 时 55 分被两枚鱼雷命中后沉没，虽然和荷兰人发射鱼雷的时间有点出入，但考虑到事前交战双方不可能对表，所以也可以理解。真正让人疑惑的是 V-1501 号沉没的位置离荷兰人的攻击点距离很远，完全在另一个方向，所以到现在这仍然是一个谜。

　　完全不知道自己的攻击如此成功，实际上拉瑞伍在返航的时候心里是相当懊恼的。因为故障问题，MTB-202 的左舷鱼雷并未发射出去，船员们可以清楚地看到约 600 米之外，德国的舰艇正在打捞沉船的幸存者，而他们手里虽然还有一枚鱼雷，却打不出去！最后拉瑞伍只得带着这条鱼雷返回了多佛尔基地，在那里他被告知这是一场完胜，荷兰人无一伤亡，英国 MGB 也只有 1 人受伤。拉瑞伍也因此晋升为荷兰 MTB 部队的总指挥官，指挥第二支队（辖 MTB-418、432、433、436、437）和第九支队。

鏖战西西里

对 1943 年的英国来说，海峡的争斗虽然惊心动魄，但是胜利的曙光却在遥远的北非，盟军在那里节节胜利，高奏凯歌。1943 年 1 月 20 日凌晨，三艘埃尔科鱼雷快艇（MTB-260、264 和 313）为久攻的黎波里不克的英国第八集团军带来了了一个振奋人心的好消息：她们重创了意大利"班迪耶拉"（Fratelli Bandiera，意大利革命家）级潜艇"桑德罗·圣罗莎"（Santorre Santarosa，意大利革命家）号。这是一艘 1928 年生产的老式中型潜艇，水面排水量 866 吨，水下排水量 1153 吨，有 8 个 533 毫米鱼雷发射管（前 4 后 4）。其外形有一个显著特征，生产时为克服重心不佳的问题，被迫在艇首增加了附有鞍状水箱的艇壳，虽然改善了航海性能，却使其最大水面速度从 17 节降到 15 节，最大潜航速度从 10 节降至 8 节。而且指挥塔围壳庞大明显，潜望镜有很长的护套，离得老远都能看到，所以已经不适合二战时期的潜艇战术，长期被作为运输用。

当时该潜艇满载着补给的黎波里德意守军的弹药物资，正由三艘拖船拖曳进港。在的黎波里港外已经守候了整整两个晚上的三艘鱼雷艇像饿狼一样

意大利"桑德罗·圣罗莎"号潜艇的姊妹艇"班迪耶拉"号

扑上来，冒着潜艇 4 英寸（102 毫米）甲板炮和 2 挺布雷达 M-1931 型 13.2 毫米高射机枪那并不密集的拦击火力，争先恐后地发射了鱼雷，但只有 MTB-260（艇长 Wadds 上尉）发射的一枚鱼雷命中了潜艇，而且后者并未沉没，拖船仍然把潜艇拖进了港内，包括艇上的物资。

三天以后，攻占的黎波里的英军在港内海滩上发现了已经被意大利人凿沉的"桑德罗·圣罗莎"号。据俘虏供称，MTB-260 的那枚鱼雷只造成了艇上 3 人死亡，这主要是因为属于埃尔科 70 型的 MTB-260 和 264 仍使用威力较小的 18 英寸鱼雷。如果是埃尔科 77 型 MTB-313 的 21 英寸重型鱼雷击中潜艇，结果必然会有所不同。

3 月 29 日，为了给困守突尼斯和比塞大这两个轴心国在北非最后的堡垒运送补给品，意大利再次组织庞大的运输船队前往。为确保安全，意大利海军拼凑了 1 艘驱逐舰、9 艘雷击舰和 6 艘猎潜舰在内的护航力量。但由于航线布满雷区，部分水道狭窄，途中仍然遭到盟国海空军的猛烈打击，损失惨重。其中 4 月 1 日，运输船"克雷马"（Crema，1684 吨）号和"贝内文托"（Benevento，5528 吨）号被 MTB-266（埃尔科 70 型）和 MTB-315（埃尔科 77 型）击沉。由于损失巨大，意大利人恐惧地称前往突尼斯的海路为"死亡航线"。

不过，死神对战争双方都是公平的，意大利人也不是不会还手的靶子。4 月 28 日，3 艘费尔米尔 D 型快艇（MTB-633、637、639）在攻击一支护航船队时就被意舰的猛烈炮火击退，只重创了一艘辅助扫雷艇 R-32 号，该舰燃烧了很久之后才沉入海底；同时 MTB-639 也被意大利雷击舰"射手座"（Sagittario）号击沉。

7 月 10 日，盟军在西西里岛登陆，此举让轴心国大为震惊。随着西西里岛被攻陷，直接导致了墨索里尼法西斯政府的垮台和意大利的投降。不过在登陆之初，保家卫国的责任感促使着兵少将寡的意大利海军仍然拼命地向盟军反击。即使西西里岛上空是遮天蔽日的盟军战机，海面上有 2590 艘盟国舰船，也无法阻止意大利潜艇如飞蛾扑火般的攻击行为。在四个星期中，意大利海军就在西西里岛周边损失了 9 艘潜艇。

7 月 11 日夜间，在卡塔尼亚（Catania）西北的墨西拿海峡（Messina），

意大利海军"波浪"号潜艇

3 艘费尔米尔 D 型鱼雷艇（MTB-640、651、670）击沉了意大利海军的"波浪"（Flutto）号潜艇，这是皇家海军鱼雷艇部队首次击沉潜艇。"波浪"号属于波浪级，是意大利海军在开战后紧急进行扩充的产物，水面排水量 750吨，水下排水量 1068 吨，长 63.15 米，宽 6.98 米，吃水 4.87 米，两台柴油机2400 马力，水上航速 16 节，两台电动机 800 马力，水下航速 8.5 节，水上续航力 5400 海里 /8 节，水下续航力 80 海里 /4 节，潜深可达 100 米，编制 49 人，6 个（前 4 后 2）533 毫米鱼雷发射管，1 门 100 毫米甲板炮，4 挺 13.2 毫米机枪。

"波浪"号开建时，由于战时物资缺乏和工厂条件差，测试时出现了一系列影响性能的缺陷，包括水下续航力降低，燃料消耗增大，变距螺旋桨出现严重问题等。但面对愈发紧急的战事，"波浪"号还是如期服役了。7 月10 日清晨，"波浪"号艇长弗朗西斯·坎普瑞尔（Francesco Caprile）海军上尉驾艇出航，前往西西里岛周围海域执行第一次巡航任务，结果一去不回，艇上的 6 名军官和 43 名士兵无一生还。直到战后，意大利人才从英国那里确定该艇被击沉。

德国潜艇也同样积极地在意大利西西里岛海域寻机猎杀盟国船只。就在击沉"波浪"号的第二天晚上，第二十四支队的 3 艘沃斯泊 72.6 型 MTB 在墨西拿海峡与 2 艘露出水面航行的德国 U 艇不期而遇。英国人首先发现了敌情，MTB-77、81、84 艇在距离 U-375 号潜艇只有 300 米时停止了航行，在黑夜中用声纳仔细监听潜艇的动静。当 U-561 号潜艇从 MTB-81 艇前部通过时，由于距离太近，MTB-81 调转船头，后退 100 米，然后再次掉头，对准潜艇发射了鱼雷。鱼雷命中 U-561 号，将其炸沉，42 名艇员死亡，只有艇长弗里茨（Fritz Henning）以下 5 人幸存。这艘 VII C 型潜艇此前已经击沉 5 艘盟国船只（总计 17146 吨）、击伤 2 艘（总计 9105 吨），还击落了一架皇家空军的 B-24 轰炸机。但这次终于被讨还了血债。MTB-77 本来也瞄准了 U-375 号潜艇，但是鱼雷却因故障没有发射出去，潜艇乘机下潜逃脱了攻击。

7 月 14 日晚上 23 时 44 分，就在 U-561 号沉没后一个小时，在墨西拿海峡巡逻的 3 艘费尔米尔 D 型（MTB-655、656、633）发现了 2 艘德国 S 艇，并立即发射了一条鱼雷，但什么也没击中。当距离 300 米时，MTB-633、656 用炮火攻击第一艘 S 艇，很快敌艇起火，一边还击一边加速向北逃走；MTB-655 也重创了另一艘 S 艇，该艇燃起大火，枪炮一边沉寂，挣扎着驶向岸边搁浅。不久，7 艘意大利海军的 MAS 艇也到达了这片战场，炮火喧天的混战又引来了其他巡逻的 MTB，最终演变成一场被称为 "Dog-Fight" 的乱战。几个小时

意大利巡洋舰 "西皮奥·阿弗雷卡诺" 号

后，除了两艘倒霉的 S 艇沉没外（德国方面没有这个记录），意大利人向北逃离战场。

7 月 16 日深夜，4 艘埃尔科 77 型 MTB 正在墨西拿海峡巡弋，突然发现了一个大型高速目标，原来是意大利海军的"罗马统帅"级轻巡洋舰"阿非利加征服者西比奥内"（Scipione Africano）号。该舰长 142.2 米，水线长 138.74 米，宽 14.4 米，吃水 4.1 米，标准排水量 3810 吨，满载 5510 吨，4 座双联装"奥托"1938 年式 135 毫米 45 倍径主炮，8 座"布雷达"1932 年式 37 毫米高炮，4 座双联装"布雷达"1940 年式 20 毫米高炮，2 座四联装 533 毫米鱼雷发射管，70 枚水雷，舰员 418 人。

该级舰的设计目的是为了对抗法国那些高航速、强化火力的超级驱逐舰，因此在航速和火力上特别重视，两台蒸汽轮机和四台锅炉可以产生惊人的 11 万马力，据称试验航速高达 43 节（时速 80 公里）！而满载时航速亦可达 36 节（时速 67 公里），续航力 4350 海里（8060 公里）/18 节（时速 33 公里）。对这样的目标，如果是白天遇上，MTB 只能一面呼叫空中支援一面有多远闪多远。但由于英国快艇普遍装备了小型雷达，对于没有雷达、一到晚上就成了瞎子的意大利军舰来说就是一个很大的威胁了。显然英国人也是这样想的，4 艘 MTB 立即开起消音器，偷偷摸摸地向巡洋舰接近，准备予以致命一击。

但英国人做梦也没有想到，自己已经被意大利人发现了。原来，"阿非利加征服者西比奥内"号之所以大半夜地冒险跑到墨西拿海峡来，就是因为它是当时意大利海军中唯一一艘装备了雷达的轻巡洋舰。由于夜间海上运输线屡屡遭到盟军舰艇袭击，被逼无奈的意大利海军只得把原本驻守塔兰托港的"阿非利加征服者西比奥内"号打发出来夜巡，寄希望于舰上的 EC.3/ter "猫头鹰"（Gufo）型雷达可以确保该舰的安全。"猫头鹰"是意大利第一种实用的厘米波预警雷达，由于投入不够，研究进展缓慢，直到意大利在战争中屡屡吃英军雷达的大亏才加大了投入，但为时已晚，到意大利投降为止，也仅有 13 部"猫头鹰"雷达被生产出来。

不过对于"阿非利加征服者西比奥内"号而言，"猫头鹰"还是来得很及时的，由于该雷达的探测范围为 16 至 50 英里（25 至 80 公里），所以

MTB 虽然个头小，但在接近到 5 英里时就被雷达捕捉到了。这个距离对发射鱼雷来说太远，但却刚好是中口径火炮的有效射程。意大利人苦尽甘来，终于第一次品尝到了将敌人玩弄于股掌之上的快感，巡洋舰像射击训练似的，冷酷地用自己的 8 门速射炮挨个点射可怜的英国快艇，MTB-316（艇长 Law 中尉）当即被击沉，MTB-313（艇长 McKim 上尉）也被重创，英国人只得逃之夭夭。幸运的"阿非利加征服者西比奥内"号存留到了战后，作为战争赔偿交付给法国海军，更名"吉尚"（Guichen）号并进行了现代化改装，一直服役到 1961 年才退出现役。

这次夜战规模很小，但却反映了一个深刻的现实：早年鱼雷艇强调的夜间偷袭能力，在雷达观通设备发达之后，除非瞎猫碰到死耗子诸多巧合因素并发，否则几乎不可能对火力猛烈的大中型军舰形成什么威胁。不过当时所有在使用鱼雷快艇的国家都还没有意识到这一点。当然这也是意大利海军在对英水面战场最后的一次胜利，不久他们就将改换门庭，激战了三年的敌人又将重新成为盟友。

血淋淋的夏天

进入 10 月之后，英吉利海峡的严寒让双方的争斗渐渐停歇，直到第二年开春，MTB 才再度活跃起来。1944 年 3 月 7 日凌晨 4 点 30 分，6 艘沃斯泊 72.6 型快艇（MTB-224、225、232、234、241、244）在艾默伊登附近巡逻时发现德国第三十四扫雷舰支队的两艘巡逻艇，遂分成两组分别攻击。第一组发射鱼雷后观察到三次爆炸，第二组则被敌艇的炮火击退。事后证实，V-1304 号巡逻艇被击沉，该艇原为荷兰拖网渔船"爱森纳赫"（Eisenach）号，建造于 1928 年，排水量 330 吨，而这只是第一个祭品。3 月 14 日晚上，第三十六扫雷舰支队也遭到了 MTB 的突袭，辅助扫雷舰 M-3630 被一枚鱼雷击沉；而就在同一天晚上，为一支船队护航的 M-10 号扫雷舰也在距离敦刻尔克港入口处仅有 5500 米处被 MTB-363 发射的鱼雷击沉。20 日，由第十八巡逻艇支队护航的挪威油轮"瑞库"（Rekum，5540 吨）在布洛涅附近海域遭到

4 艘 MTB（MTB-202、212、206、359）的围攻，慌乱之下误入多佛尔海岸炮兵火力范围，这个曾多次为德国袭击舰提供补给的"帮凶"当即被击沉。

1944 年夏季，为了诺曼底登陆的准备，皇家海军力图在夜间控制英吉利海峡及其南北两端海域，MTB 与 S 艇的冲突愈发激烈起来。4 月 21 日晚，第五和第九 S 艇支队的 10 艘 S 艇在攻击护航船队时，遭到包括 MTB-235（沃斯泊 72.6 型）在内的护航兵力反击，S-167 被击伤。23 日晚上，第九 S 艇支队再次攻击护航船队，重创了护航的 MTB-359（沃斯泊 72.6 型）；第五 S 艇支队则击沉了 MTB-671（费尔米尔 D 型）。看来，虽然装备了强有力的快艇，但 MTB 部队的战斗力还是要比德国同行稍逊一筹。

5 月 4 日，MTB-673（费尔米尔 D 型）为战友们挽回了一点面子，她在巡航中击毁了德国 T-22 级雷击舰 T-27 号，不过这个战果只能算捡漏。T-27 号在 4 月 25 日和同属第八雷击舰支队的姊妹舰 T-24、T-29 号一起前往七岛群岛的西北海域执行布雷任务，结果在法国布列塔尼海岸的巴兹岛（Batz）附近遭遇盟军舰队，T-29 被击沉，T-24 和 T-27 负伤后逃走。4 月 29 日凌晨 4 时，准备前往法国布雷斯特港进行修理的这两艘雷击舰又非常不幸地和正在为布雷舰护航的加拿大驱逐舰撞上，立即爆发一场激战。

海战中，加拿大部族级驱逐舰"阿萨巴斯肯人"（Athabaskan）号被 T-24 号发射的一枚鱼雷重创，但两艘德国雷击舰也被另一艘加拿大驱逐舰"海达人"（Haida）号的炮火击伤，T-24 伤势较轻，逃回圣马洛港；而 T-27 则被"海达人"号紧追不放，很快就重创起火，在巴兹岛抢滩搁浅。MTB-673（艇长 Cartwright 中尉）发现了这个唾手可得的目标，立即发射鱼雷，将该舰彻底摧毁。值得一提的是，"阿萨巴斯肯人"号在受伤后不久先是突遭机关炮扫射，然后又被一枚神秘的鱼雷击中沉没，而当时两艘德国雷击舰已经从战场上消失。有人怀疑是当时与加拿大驱逐舰一起担负护航任务的英国鱼雷艇所为。原来，当时英国第 52MTB 支队的 MTB-677 和 MTB-717 正好也在作战现场附近，而且这两艘费尔米尔 D 型鱼雷快艇既装有机关炮又能发射鱼雷，很可能是在赶来增援时将"阿萨巴斯肯人"当成了德国军舰。不过这一说法从未得到英方的承认。

5月8日，第23支队的4艘MTB（MTB-227、91、239、92）袭击了为德占海峡群岛运输补给品的船队，击沉"野牛"（Bizon，750吨）号杂役船，MTB-227也被护航的第二巡逻艇支队炮火重创。19日晚上，MTB-90发射的鱼雷重创了由拖网渔船改装的德国巡逻艇V-211（499吨）。虽然其他巡逻艇尽量援救，但最终该艇伤势太重，被德国人自行凿沉。24日，MTB-354和MTB-361又在敦刻尔克附近击沉了德国扫雷舰M-39号。6月2日，V-2004号巡逻艇又被MTB发射鱼雷击沉。6月7日，德国第四R艇支队在勒阿弗尔港外与英国第55支队和加拿大第29支队发生激战，结果互有损伤，R-49号扫雷艇和MTB-624、MTB-682都严重受损。6月11日在瑟堡港外，准备外出狩猎的第五S艇支队遭到第35支队的拦截，结果前者失去了S-136，后者也损失了MTB-448。

当诺曼底登陆开始后，这种冲突一度有所减弱，主要是因为盟国在海峡的兵力密集到了德国海军无法比较的一个高度，但零星战斗仍时有发生。6月10日，第58支队的MTB-687、MTB-681、MTB-683、MTB-666、MTB-723和MTB-684在为了掩护一支护航船队而进行的巡逻中，发现并击沉了三艘德

德国V艇虽然不是正规军舰，但仍是MTB的强劲对手。

国巡逻艇 V-1314、V-2021 和 V-2022，MTB-681 也被德舰击沉。同一天晚上，挪威第 54 支队的 MTB-712、MTB-715、MTB-618、MTB-623 和 MTB-688 撞上了德国第十一扫雷舰队的 5 艘扫雷舰（M-348、307、347、264、131），5:5 的结果是挪威人吃了点小亏，MTB-712 被重创。

之所以盟军 MTB 在海峡的夜间战斗中占据上风，主要是其占据绝对优势的兵力，再加上 MTB 往往和护卫舰一起出击，协同作战，让德军难以抵挡。但在诺曼底登陆开始后的 11 个月里，倔强的德国海军仍然在北海、英吉利海峡和比斯开湾坚持挑战强大的对手。相对先进的盟军驱逐舰和火力强大的 MTB 并没能在冲突中占据绝对的上风，激烈的小规模海战一直持续到 1945 年第三帝国的彻底覆灭。

6 月 16 日晚，主要负责布列塔尼半岛周边海域的加拿大第 65MTB 支队的指挥官，克帕屈格（J.H.R. Kirkpatrick）少校指挥 MTB-726、MTB-745、MTB-727 和 MTB-748（费尔米尔 D 型）进入英吉利海峡巡逻。当沿瑟堡海岸抵达越弗拉芒维尔 (Flamanville) 角时，雷达显示距他们以西面 3000 码处一支船队正向东南方行驶：这是德国人的 2 艘 M 艇、3 艘武装驳船和 2 艘商船。MTB 支队悄悄逼近护航船队。被船队发现后，加拿大人立即发起攻击。MTB-727 和 MTB-748 先后在距德军编队 1500 码和 1200 码时射出 4 枚鱼雷，德国人则在照明弹的引导下开始猛烈还击。MTB 在船队周围盘旋，并不时冲进去用 6 磅炮发起近距离攻击。护航船队开始撤退，最终消失在黑夜中。由于没有发生爆炸，克帕屈格相信发射的鱼雷全部失的。实际上，来自瑟堡基地的德国扫雷舰 M-133 号被 1 枚鱼雷重创，被拖回到圣马洛港，最后该舰于 8 月 6 日被德国人自行凿沉。

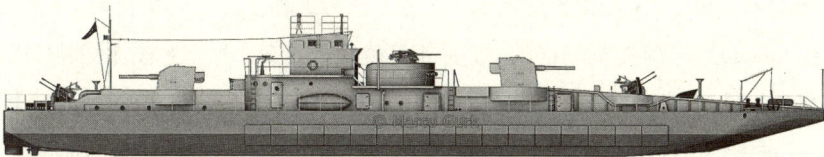

德国高炮驳船

此后几天里，恶劣的天气迫使盟军暂时停止进攻。季风在圣马洛湾内掀起巨浪，双方的水面舰艇和近海船都只能呆在港内。

天气稍有好转，德国人又开始在群岛与大陆之间活动，盟军也随即展开拦截。6月22日晚，第65支队的4艘费尔米尔D型（MTB-748、MTB-727、MTB-745、MTB-743）和英国第52支队（4艘）分别向泽西岛方面进发。不走运的第52MTB支队很快就德国人发现，并被驱走。但在圣埃丽港（St. Helier）附近，加拿大人与由1艘S艇、1艘M艇、2艘武装拖船和"九头蛇"（Hydra）号商船组成的护航船队遭遇。MTB距船队4000码时进入攻击航线。德国人几乎在同时就发射了照明弹，并立即开火。MTB-745的引擎舱被击中。在恢复动力之前，它不得不冒着危险漂浮在海面上，直到MTB-748为它放出烟幕掩护。其余的MTB仍然不顾一切继续进攻。"九头蛇"被炮弹击中，甲板燃起大火。这次战斗以"九头蛇"和M-4624号辅助扫雷舰的沉没宣告结束。而MTB-745在修理好引擎后也以6节航速回到基地。第二天晚上，第14支队和第35支队各出动3艘MTB袭击德国船队，击沉AF-66号高炮驳船（Artilleriefähre）和3艘沿海航船。

6月26日夜间，第52支队再次驶向泽西岛。在低能见度的掩护下，英国人接近第46扫雷艇分队护航的船队，在400码的距离开火，然后将船队包围并发射鱼雷。不走运的M-4620被1枚鱼雷击沉。尽管德国人还击十分猛烈，但是第52支队只有1亡2伤。

7月3日晚，第65支队的4艘费尔米尔D型鱼雷快艇（MTB-748、MTB-743、MTB-735和MTB-736）到达绍泽（Chausey）岛以北的海面，将引擎熄火并关掉航行灯，静静等待猎物出现。一支从圣埃丽港驶出的护航船队成为这次伏击的牺牲品。这支船队以武装驳船V-210为先导，由V-209、M-4622和V-208殿后，正护送满载468名苏联劳工和平民的码头拖轮"牛头怪"（Minotaure）号前往圣马洛港。7月4日凌晨1点32分，当德国人距马洛港只有8英里时，MTB突然出现在他们面前。在咆哮的引擎声中，4艘MTB分别扑向船队的首尾，射出致命的鱼雷，接着用火炮拦截企图逃跑的巡逻艇。V-210被1枚鱼雷直接命中引擎舱，立刻折成两段沉没。"牛头怪"的船首和尾舵先后被 2 枚鱼雷击中，但它没有下沉——这对那些挤在甲板上的人们来说不能不说是一件幸事。不走运的 V-209 也步 V-210 的后尘，被 1 枚鱼雷送入海底。V-209 和 M-4622 则摆脱炮火的拦截成功逃脱。这次交战只持续不到 4 分钟，2 艘 V 艇的沉没带走了约 20 名德国水兵，但是其余 45 人都被获救。相比之下，加拿大人的损失相对较小：MTB-748 的艇首被击穿，5 人受伤；MTB-743 只受到轻微损伤，1 人受伤。

7 月 26 日，第二 S 艇支队的 5 艘 S 艇在安提芬角与 12 艘 MTB 发生遭遇战。激战中 S-182 撞上了 MTB-430，后者损伤严重，被迫弃船。就在这艘即将沉没的快艇被拖离战场时，又被高速经过的 MTB-412 撞了个正着，最后 2 艘 MTB 都沉入大海。而德国人也不得不凿沉了 S-182，因为它已经无法依靠自身动力返回勒阿弗尔了。

在这次战斗中折戟沉沙的两艘 MTB 都属于 BPB-72 型（编号 MTB-412—418、430—432、434—500、502—509）。该型快艇本来是 1941 年斯科特·佩因设计的新式 MGB 型号，主要特征是安装了 2 磅维克斯"砰砰"（pom-pom）机关炮，以对付装甲和火力越来越强的德国 S 艇。1943 年以后，大多数 BPB-72 型改为 MTB，主要是在侧舷加装 2 个 18 英寸鱼雷发射管，并将艇首的 2 磅炮换为 6 磅炮，BPB 快艇传统的大型甲板室也改为小型的简易驾驶台。改为 MTB 后的 BPB-72 型长 71 英尺 9 英寸（21.87 米），宽 20 英尺 7 英寸（6.27 米），吃水 4 英尺 2 英寸（1.27 米），排水量 37 至 44 吨，3 台帕卡德发动机，总功率 3600—4050 匹马力，最大航速 40 节，1 门 6 磅炮，1 座双联装 20 毫米厄利孔机关炮，2 挺双联装 7.7 毫米机枪，编制 13 人。编号也随之发生改变，MGB-74 至 81 号改

BPB-72 型 MTB-447

为 MTB-412 至 418 号，MGB-107 至 176 号改为 MTB-430 至 432、434 至 500 号。该型艇有 3 艘交付自由法国海军，11 艘交付加拿大海军，主要在英吉利海峡、北海活动，主要与德国的轻型舰艇作战，共计损失了 13 艘。

相对于战功赫赫的加拿大人，负责荷兰海岸的英国第 58MTB 支队和挪威第 54MTB 支队一开始的行动并不顺利。7 月 3 日晚上，4 艘 MTB 袭击了德国第二十巡逻艇支队的 5 艘巡逻艇（V-2019、2019、2022、1315、1317），结果一无所获。第二天的情况更糟，6 艘 MTB 袭击一支由第二十六扫雷舰支队护航的船队，不但没有取得任何战果，刚服役一年的费尔米尔 D 型 MTB-666 反遭到重创被俘，然后因燃油泄漏引起爆炸而沉没。7 月 8 日晚上，4 艘 MTB 再度与第十三巡逻艇支队的 4 艘巡逻艇交战，英国人击沉了 V-1308 号巡逻艇，自己也损失了 MTB-434。7 月 14 日，英国人大举出动，7 艘快艇（MTB-455、457、458、467、468、469、470）大胆地深入艾默伊登（IJmuiden）港口附近海面，这里是荷兰首都阿姆斯特丹的门户，一向有重兵把守。结果与 3 艘德国巡逻艇遭遇，经过一番激战，V-1412 号巡逻艇被击沉，3 艘 MTB

德国 M—469 号扫雷舰

也被重创。7 月 21 日晚上，6 艘 MTB 袭击了 V-1303 号巡逻艇和第三十四扫雷舰支队，击沉 M-3413 号辅助扫雷舰。

在布洛涅和勒阿弗尔之间的诺曼底海域是德国海军轻型舰艇最活跃的区域，因此 MTB 部队也重兵布防，计有加拿大第 55MTB 支队和英国的第 29、14、51、1、30 支队，但同样其战果也是最少的。7 月 2 日凌晨，第 55 支队的 2 艘费尔米尔 D 型鱼雷快艇（MTB-632、650）在诺曼底海域突袭了第十 R 艇支队的 5 艘 R 艇和 4 艘 S 艇组成的小舰队，用鱼雷击中 2 艘 R 艇，其中 R-180 沉没，德国人掉头逃回勒阿弗尔。随后两艘 MTB 在撤离时与 2 艘德国 M 艇遭遇，M 艇被击伤后逃走，MTB-632 中弹起火，MTB-650 严重受损，两艘艇蹒跚着返回朴茨茅斯舔舐伤口。此后几天，第 55 支队和 29 支队都曾经出海寻找战机，但毫无所获，反倒是 BPB-72 型 MTB-463 于 7 月 8 日被一艘德国人操鱼雷击沉（一说触雷）。

7 月 4 日凌晨 2 时 50 分，第 32MTB 支队在北海的弗里斯兰岛（Frisian）附近发现了一支庞大的德国运输船队。英国人从船队的左侧发起攻击，MTB-458（艇长赖特预备役中尉，Derek Jake Wright）接近到 400 米处发射鱼雷，击沉了为船队护航的德国扫雷舰 M-469 号。

MTB—458

随着西线盟军的陆上进展，顽强抵抗了将近三个月的德国海军开始逐步从法国和比利时港口突围，逃往荷兰，海峡一带的 MTB 部队也越来越难以取得战果。8 月 18 日晚上，突围的第三十六扫雷舰支队和第十四 R 艇支队遭到 4 艘 MTB（MTB-212、208、209、210）的袭击，R-218 号扫雷艇被鱼雷击沉。9 月 2 日，一艘高炮驳船 AF-70 号葬身 MTB 之手。18 日晚上，第十 S 艇支队的 3 艘 S 艇（S-183、200、702）在从奥斯坦德突围时遭到"斯特纳"（Stayner）号护卫舰和 MTB-724、728 的拦截。由于火力远不如英国护卫舰，速度上又难以摆脱 MTB 的纠缠，最终 3 艘 S 艇全军覆没，有大约 60 名幸存者被英国人从海里捞了上来。但在 10 月 1 日，第 11 支队的 6 艘 MTB 在鹿特丹附近攻击一支护航力量强大的德国船队时，一无所获，却损失了两艘 MTB（MTB-347、360）。

1945 年 1 月 22 日至 23 日对双方来说都是艰难的一夜。由于三支商船队集中出现在斯海尔德海域，引来了 16 艘 S 艇整夜的疯狂攻击。22 日晚上 22 时 54 分，4 艘 BPB-72 型英国鱼雷快艇（MTB-495、496、497、446）参与护航的商船队遭到第九 S 艇支队 2 艘 S 艇的突袭，1 艘货船被击沉。尽管护航舰艇击伤了 S-168，但 2 艘 S 艇还是依靠高航速得以全身而退。不过其他 S 艇却未能得手，它们的每次攻击都被 MTB 击退了。23 日凌晨 3 时左右，第八 S 艇支队的 5 艘 S 艇又发动了一次攻击，但没有击中任何目标，反而遭到 7 艘 BPB-72 型 MTB（MTB-451、452、450、495、446、454、447）的反击。经过短兵相接的猛烈交火，MTB-495 被重创，而 S-701 和 S-199 也在慌乱中发生了碰撞，前者伤势较轻，仍能高速返航，后者则因受损严重被迫弃船，后由英军岸炮击沉。

2 月 14 日，英联邦海军的 MTB 部队遭受了二战中最大的一次灾难：由于汽油泄漏，停泊在奥斯坦德港内的 7 艘英国 MTB（MTB-255、438、444、776、789、791、798）和 5 艘加拿大 MTB（MTB-459、461、462、465、466）在大火和爆炸中成为了一堆堆漂浮在水面的碎片。英国人深知汽油发动机在安全方面的致命缺点，但苦于缺乏艇用大功率柴油机，只得两权相害取其轻。

　　4月6日，第二 S 艇支队的 6 艘 S 艇攻击商船队失败，撤退途中被英国人发现，遭到第二十二 MTB 支队的 4 艘 BPB-72 型 MTB 拦截。两队快艇的战斗持续了 1 个半小时，MTB-494、493 由于和 S-176、S-177 靠得太近，最终四艘快艇撞到了一起，两败俱伤。MTB-494 和 S-176 相撞后燃起了熊熊大火，最后携手沉入海底；S-177 被撞伤后又遭到 MTB-497 的炮火猛击，不得不弃船，和它相撞受损的 MTB-493 则被友艇拖回了罗斯托夫特基地。而 MTB-5001 则被 S-209 和 S-210 联手击沉。

　　第二天，第四 S 艇支队在泰晤士河口和斯海尔德河口之间的航道上布雷时再次遭到 MTB 的阻挠。S-202 和 S-703 在躲避攻击时相撞，双双沉没。

最后疯狂

　　就像每个输红了眼的赌徒一样，一向自诩有骑士风度的德国海军在大势已去时也表现得疯狂起来，其直接表现就是生产了一大批生存能力低下的袖珍潜艇和人操鱼雷，试图用这种极端的武器来挽回败局，其中最成功的就是"海豹"（Seehund）级，一共建造了 285 艘，击沉击伤 12 艘盟军舰船。

　　"海豹"级长 11.9 米，宽 1.68 米，吃水 1.52 米，排水量 14.94 吨，携带

"海豹"级袖珍潜艇

2 枚 G7e 型 533 毫米鱼雷，动力系统为 1 台 60 马力柴油机和 1 台 32 马力电动机，水面航速 7.75 节，续航力 300 海里 /7 节，水下航速 6 节，续航力 63 海里 /3 节，编制 2 人。相对于常规潜艇，"海豹"最大的优势就是它的尺寸太小，主动声纳几乎无法探测到；同时它速度缓慢，噪音微弱，被动声纳也无能为力。但正因为其太小，所以常常毁于恶劣的天气而不是盟军的反潜兵力。在损失的 35 艘"海豹"中，被盟军舰艇击沉的只有区区 7 艘而已。

1945 年 3 月 16 日，MTB-675 在英吉利海峡击沉了一艘"海豹"，这是在英国开普敦到艾默伊登海岸进行狩猎的 10 艘"海豹"之一；3 月 22 日，MTB-394 在大雅茅斯东南海域重创了一艘"海豹"，后者也坚持着发射了鱼雷，但未能命中目标，然后德国人自行凿沉了它，艇员则被 MTB-394 救了起来。4 月 11 日，MTB-632（费尔米尔 D 型）在北海又击沉了一艘"海豹"KU-5070 号，这个战果使皇家海军 MTB 部队成为二战中击沉敌潜艇最多的鱼雷快艇部队；同时，这也是长达六年半的海峡争夺战中，MTB 消灭的最后一艘德国军舰。

按照德国人的说法，"海豹"有可能不是 MTB 第一次击沉的袖珍潜艇，早在 1944 年 12 月 22 日，德国海军的 18 艘"海狸"（Biber）级袖珍潜艇（6.6 吨，单人操纵）在斯海尔德河口攻击商船队时，遭到护航的 MTB 反击，4 艘"海狸"被击沉。不过英国人压根就不知道这么回事，当然这也不奇怪，毕竟那是德国袖珍潜艇的第一次行动，英国人大概还以为是在和普通的 U 艇作战吧。另有一种说法则是"海狸"误入 MTB 敷设的水雷区，以致尸骨无存。"海狸"排水量 6.3 吨，长 9 米，宽 1.6 米，动力系统为一台卡车用汽油发动机和一台鱼雷用电动机，水面航速 6.5 节，航程 130 海里，水下航速 5.3 节，航程 8.6 海里；武器为艇身下半侧内嵌的 2 枚 G7e 型 533 毫米鱼雷，编制 1 人。由其性能数据可见，这么小的潜艇只怕遇到大一点的风浪都会沉入海底，不要说遭到深水炸弹或者水雷的攻击了。

海狗凶猛

除了英联邦海军外，MTB 还在挪威皇家海军的二战史中占据了重要地位。

这些小小的快艇对挪威的海岸进行了广泛而频繁的攻击，使德国人不胜其扰。到了战争后期，他们甚至以为这是盟军大规模登陆挪威的先兆，被迫加强海岸炮台、部署兵力，以应付臆想的威胁。这无疑对欧洲其他战场起到了牵制德军兵力的作用。

挪威皇家海军使用 MTB 的历史要追溯到 1938 年，当时挪威决定向英国购买 1 艘沃斯泊鱼雷快艇，1939 年又追加了 7 艘，但是在交货之前二战就爆发了，急需快艇的英国扣下了其中的 6 艘，只有 2 艘交付挪威，并在 1940 年 5 月组成了挪威皇家海军的第 30 快艇支队，编号为 5 和 6。当时德国已经开始入侵挪威，这 2 艘快艇便长期驻扎于英国朴茨茅斯（Portsmouth）军港。

1941 年，第 30 支队得到了 6 艘九成新的桑尼克罗夫特 -75 型 MTB，编号为 50、51、52、54、56 和 71。由于航速只有 29 节，所以青睐沃斯泊快艇的皇家海军对这种"鸡肋"很看不上眼，在 1941 年后除了 3 艘改装为作战指挥部使用的拖靶艇外，其他的都被转让给挪威海军。

同年 10 月 1 日，MTB-56 在丹尼尔森中尉的指挥下执行第一次任务。它先由旧驱逐舰改装成的鱼雷艇母舰"幽灵"（Draug）号拖曳着航行了 120 海里，到达北海靠近挪威海岸的地区，然后在那里一直寻猎到 10 月 3 日晚上，终于在绍特拉（Sotra）以南抓住了第一个猎物——被德国征用的挪威油轮"伯格纳"（Borgny）号。

1929 年制造的"伯格纳"号在德军入侵挪威时本来停泊于中立国瑞典港口，但愚蠢的船长把这艘船开回了挪威，结果落入德国人之手。当 MTB-56 发现她时，船上装载了为德国空军提供的 3500 吨航空燃料，在德国扫雷舰 M-1101 和巡逻艇 V-5505 号的护卫下正驶向特隆赫姆（Trondheim）港。

经验丰富的丹尼尔森艇长指挥快艇灵活地避开了护航舰艇，用两枚鱼雷准确地击沉了这艘 3015 吨的油轮。可悲的是有 14 名挪威船员在同胞的这次攻击中丧生，另外 13 人被德国护航舰艇救起，其中一些人伤势严重。不过 MTB-56 在返航时与"幽灵"号发生了相撞而受损，由于设得兰群岛基地缺乏设施，只能前往斯卡帕湾进行修理。

这次成功极大地鼓舞了第 30 支队的士气，挪威指挥官和水兵们都迫切希望能尽快驾驶快艇回到祖国海岸去打击侵略者，但是挪威冬季的恶劣气候是鱼雷快艇的大敌，而且他们也缺乏足够的燃料，寄人篱下的滋味当然是不好受的。

机会终于随着 8 艘新式费尔米尔 D 型 MTB 的增援而来到了。挪威人十分喜欢这种拥有双层船壳的大型鱼雷快艇，因其防护力和抗浪性都远胜以前的 MTB 型号。这点对于常常得不到其他海空兵力支援、而且战场环境恶劣的挪威海军来说非常重要。其强大的火力配备对付一般的德国巡逻艇都没有问题；最让挪威人满意的是，22500 升高级汽油的搭载量可以保证快艇以 18 节巡航速度持续航行 600 海里，完全可以保证作战需要。不过挪威人还是在甲板上额外携带了两个大号汽油罐，既可以保证长途巡航的需要，也可以用来补充油箱的消耗，避免汽油挥发引起火灾或者爆炸。

1942 年 11 月 10 日，MTB-618、MTB-619、MTB-620、MTB-623、MTB-625 和 MTB-631 抵达挪威的纳尔维克（Lerwick）港，几天后又来了 MTB-626 和 MTB-627，这 8 艘费尔米尔 D 型鱼雷快艇就是第 30 支队的全部成员。

11 月 27 日，刚到挪威不久的新快艇就立下大功。那天晚上，MTB-620 和 623 偷偷潜入阿斯卡沃尔德（Sognefjord）港偷袭，在距离敌船 700 米内发

德国商船"旧岩"号

射了鱼雷，击沉 4638 吨的德国商船"哈维镇"（Harvestehude）号和 1375 吨的挪威商船"赫塔"（Hertha）号。

1943 年 3 月 13 日夜间，MTB-619 和 631 故技重施，潜入弗洛罗（Floroy）港，击沉了 1 艘 1249 吨的德国商船"奥普蒂玛"（Optima）号。但 M-631 也被德国 M-1 号扫雷舰击伤后俘获，并拖曳到卑尔根（Bergen）修复后改名 S-631，编入德国海军。5 月 1 日，挪威海军大举出动，3 艘鱼雷快艇（MTB-624、630、632）和 5 艘摩托炮艇（MGB-605、606、610、612）与德国第十二巡逻艇支队的 4 艘巡逻艇大战一场，最后 V-1241 号巡逻艇被击沉，挪威快艇无一损失。6 月 4 日晚上 23 时 45 分，1925 年建造的德国商船"旧岩"号（Dampfer Altenfels，8132 吨）装载 1 万余吨矿石从纳尔维克起航驶往德国。为保护这个重点目标的安全，德国海军派出了 M-468 号扫雷舰为其护航，同时"旧岩"号上也安装了高射炮和防空阻塞气球，船长为了避免可能的潜艇攻击，也尽量使船在靠近海岸一公里内以最大航速（11.7 节）行驶。但这些措施都没能避免该船在距离德国北海港口 Korsfjord 入口仅 60 公里处被 MTB-620 和 MTB-626 发射的 2 枚鱼雷命中，剧烈的爆炸彻底破坏了该船的水密结构，一分钟内即倾覆沉没，43 名船员中有包括大副在内的 20 人丧生，39 名海军人员中也有 14 人丧生。

当然德国人也不是光挨打的沙包。7 月 28 日，执行侦察任务的 MTB-345（艇长安德烈森中尉，Alf Haldor Andresen）遭到 3 架德机和 V-5301 巡逻舰（541 吨）的袭击。虽然该艇的最高航速达 50 节，但因为处于锚泊隐蔽状态，已经来不及脱身，而艇上的 7.62 毫米机枪也不足以使其抵御强敌，在经过短暂而激烈的抵抗后，该艇被俘虏，艇员企图放火烧艇的企图也被登艇的德军阻止，连同 3 名伤员在内的 7 名艇员全部被俘。令人发指的是，德军出于报复，先是由盖世太保（Gestapo，秘密警察）对其严刑拷打，在没有得到有价值的情报后，于 7 月 30 日将他们全部枪杀后沉尸海中。

8 月 1 日，第 30 支队改名为第 54 支队，陆续有 4 艘 MTB（MTB-686、699、675、684）加入成为新成员。德国人也以特殊方式向 54 支队交纳了贺礼："威尔玛"（Verma）号轮船被 MTB-623 敷设的一颗水雷炸沉。8 月 27

日，一艘用民船"卡尔·司坦根"（Carl Stangen）号改装的辅助扫雷舰 M-5209
号因失事抢修无效后弃船。但该船并未沉没，一直漂浮到 9 月 2 日，才被路
过的 MTB 发现后击毁。

从 9 月开始，54 支队开始用大型捕鲸船拖曳 MTB 到距离基地更遥远的
德占港口进行突袭。9 月 11 日午夜前后，3898 吨的德国货轮"安科"（Anke）
号在克里斯蒂安桑（Kristiansund）港口的北部航道被 MTB-618 和 MTB-626
发射的鱼雷击中，30 分钟后沉入 100 米深的海底，一名船员失踪。10 月 23 日，
2 艘挪威 MTB（MTB-553、688）和 2 艘英国 MTB（MTB-686、699）对特隆
赫姆（Trondheim）进行袭击，击沉德国轮船 Kilstraum 号。但是在撤离时遭
到 3 架德机攻击，MTB-688 有 1 人阵亡，5 人受伤；MTB-699 中弹起火，被
迫弃船。

11 月 22 日，54 支队遭到了一次意外的损失。停泊在基地的一艘英国
MTB-686 由于厄利孔机关炮事故引起火灾和爆炸，火势很快蔓延到停泊在
旁边的挪威海军 MTB-626 上。由于艇上的弹药和燃料都被引爆，火势无法
控制，只得由其他快艇将这两艘艇击沉，在事故中 MTB-686 有 7 人、MTB-
626 有 1 人丧生。25 日，MTB-688 和英国的 MTB-669 联手击沉了一艘小货船
Kilstraum（172 吨）和护航的巡逻艇 ND-16 号，但在返航时被追来的德机轰炸，
MTB-669 被重创，被迫弃船。

1944 年 2 月 13 日，挪威商船"伊尔玛"（Irma）号从卑尔根出发向北边
的特隆赫姆（Trondheim）航行。这艘 1905 年由英国建造的沿海客货两用船
排水量 1322 吨，最大航速 13.5 节，有 43 名船员。客舱里有 40 名挪威乘客和
大约 7 名德国乘客，货舱里满满地装着各种货物、邮件，还有 1800 吨鲱鱼。
她在途中碰上了另一艘挪威货轮"亨利"（Henry，628 吨）号，便一起结伴
同行。

18:37，"伊尔玛"号行驶到克里斯蒂安桑（Kristiansund）附近的许斯塔
维卡湾（Hustadvika Bay），突然船头部分发生了天崩地裂的爆炸，那里被鱼
雷击中了。不久又是一声巨响，这次是船体舯部中雷，船开始下沉。2 枚鱼雷
都是挪威皇家海军的鱼雷快艇 MTB-627 发射的。

挪威商船"亨利"号

　　"亨利"号立即放下自己的两条救生艇前往营救，但 19:07，它自己也被鱼雷击中了，海面上再次爆发出剧烈的爆炸。这是来自另一艘挪威鱼雷快艇MTB-653 的攻击。比"伊尔玛"小得多的"亨利"号很快沉没。前者则支撑到 20:34 才彻底被大海吞没，船上有 61 人丧生，几天后尸体被冲上了挪威最北端的纳姆索斯海滩。多亏了"亨利"号放下的救生艇，在冰海里及时救起了两船的一些幸存者，另外有 12 人被渔船救起。

　　"伊尔玛"和"亨利"被击沉后，因为生还者指出是遭到 MTB 的攻击，挪威法西斯政权立刻在官方出版物上将此事归罪于英国皇家海军，直到二战结束后人们才知道，这是一场兄弟阋墙的惨剧。当时这 2 艘挪威 MTB 奉命在设得兰群岛（Shetland）设伏，攻击轴心国的海上运输线。这次攻击至今仍备受争议，因为盟国海军当时严令禁止攻击挪威沿海客轮，但挪威皇家海军认为，"伊尔玛"和"亨利"号在夜间航行时采取灯火管制，也没有明显的国籍标志，所以她们被误认为是德国运兵船。无论是谁的责任，这并不是挪威 MTB 指挥官想要的结局：总计 65 名遇难者全都是挪威人。

　　10 月 8 日，MTB-712、722、711 击伤 236 吨的沿海航船"弗瑞科尔"（Freikoll）号，迫使后者搁浅。11 月初，MTB-709 和 MTB-712 艇又在松恩峡湾（Sogne Fjord）轻而易举地击沉了德国巡逻艇 V-5525 号和 V-5531 号。11 月 27 日夜间，MTB-627 和 MTB-717 攻击了由 2 艘巡逻艇和 1 艘 R 艇护航的德国"威尔海姆"

（Wilhelm，5455 吨）号，后者被鱼雷重创。

12 月 8 日，MTB-653（艇长马丁森中尉，Martinsen）和 MTB-717 艇（艇长奥尔森中尉，Olsen）攻击了一支由 2 艘 V 艇（V-5113、5114）护航的船队，击沉 5088 吨的德国"迪特马尔·卡尔"（Dietmar Koel）号货船。但是在返航途中，MTB-653 严重漏水，虽经艇员奋力抢救，也只能勉强保证浮力，机舱则全被淹没，只能由 MTB-717 拖航。最后是勒威克（Lerwick）基地得讯后派出捕鲸船将该艇拖回。

同月 23 日晚上，MTB-712 和 MTB-722 艇击沉了德国 M-489 号扫雷舰。3 天之后，MTB-717 和 MTB-627 又击沉了 790 吨的供油船"布维"（Buvi）号，担任护航的 V-5102 和 V-5114 号巡逻艇对此完全无能为力。面对火力强大的费尔米尔 D 型，主要由武装拖网渔船组成的护航防线完全形同虚设。

得势不饶人的 54 支队在 1945 年一开年就继续高歌猛进。1 月 6 日，MTB-722 在斯塔万格击沉 6888 吨的德国货船"多拉·弗里茨"（Dora Fritzen）号；7 日，MTB-712 在范博梅尔峡湾击沉 991 吨的"沃拉"（Viola）号；9 日，MTB-711 在松恩峡湾击沉 5158 吨的"尼古拉菲特"（Nikolaifleet）号；31 日，MTB-715 击沉了 M-382 号扫雷舰；2 月 12 日，M-381 号扫雷舰也被 MTB-717 击沉；3 月 12 日，M-2 号扫雷舰又葬身于 MTB-711 之手。1945 年的第一个季度完全成了德国扫雷舰的"覆灭之季"。

挪威海军 MTB 部队的最后一战是在 4 月 25 日晚上。当时 MTB-623 和 MTB-717（一说为 MTB-711 和 MTB-723）在德国运输船的日常航线上已经守了一夜，结果一无所获。眼看天色将明，2 艘 MTB 准备打道回府，结果却看到了浮出水面航行的德国潜艇 U-637 号。这艘倒霉催的 U 艇自服役以来在海上寻猎了 63 天，却只击沉了 1 艘 56 吨的苏联猎潜艇 MO-594 号，算起来已经整整五个月没开过荤了，结果这次却撞上了更加倒霉的事情。挪威人立刻忘记了彻夜未眠的疲劳，冲上去发射了鱼雷。结果也许是过于兴奋，鱼雷没有击中目标，反而招来了 U 艇的还击炮火。MTB 一边开火一边再次靠近，试图用深水炸弹攻击。

在交火过程中，U 艇内部突然发生了爆炸，也许是被炮弹击中了。MTB

抓住这个难得的战机投放了四颗深水炸弹，正好在指挥塔和艇尾之间引爆，U 艇当即在海面上消失了，挪威人兴奋地向上级报告了击沉战果。但实际上 U-637 虽然伤痕累累，艇长沃尔夫冈（Wolfgang Riekeberg）也被打死，但还是硬撑着返回了基地，不过由于损坏严重一直未能修复，直到 5 月 9 日在挪威斯塔万格（Stavanger）向盟军投降。MTB-717 在这次攻潜战斗中有 1 人阵亡，2 人负伤。

在挪威海域，MTB 共击沉 25 艘敌人舰船，付出了战死 18 人，伤 50 人的代价。很多战斗中，鱼雷快艇主要的敌人是恶劣的天气，天气对战斗胜败有时候甚至起着决定性的作用，实践证明"费尔米尔"D 型是一种能在恶劣海况中生存的快艇，具有较强的战斗力。

黑海的逆流

虽然 MTB 在绝大多数时候扮演着对抗法西斯侵略者的正面形象，但鲜为人知的是德国的轴心盟友也使用过这种攻击快艇。1940 年，皇家海军把 MTB-20、21 和 23 卖给了罗马尼亚，分别改名为"暴风"（Viforul）、"暴雪"（Viscolul）和"暴雨"（Vijelia），自卫武器也改为两座四联装 8 毫米机枪。虽然罗马尼亚在一战时期曾经是英国的盟友，但时过境迁，这几艘快艇只是某种程度上的安慰，因为当时罗马尼亚正面临着苏联的军事威胁。而在得不到任何外来援助后，罗马尼亚不得不按照苏联的要求割让了比萨拉比亚地区，并在几个月后投入了纳粹德国的怀抱。这 3 艘沃斯泊 70 型就这样顺理成章地作为罗马尼亚海军最现代化的舰艇之一参加了对苏联的入侵。但几乎没有多少作为，因为苏联红海军的大型水面舰艇在缺乏制空权的情况下，很少深入到罗马尼亚海岸冒险，不过带着复仇雪耻心态的罗马尼亚 MTB 还是抓住仅有的几次机会展现了自己的存在。

1941 年 6 月 26 日凌晨 3 时 58 分，红海军黑海舰队的"伏罗希洛夫"（Voroshilov）号巡洋舰和 4 艘驱逐舰对罗马尼亚海军主基地康斯坦察实施炮击，结果遭到两艘罗马尼亚海军意制驱逐舰"玛丽亚王后"（Regina Maria）号、"马

两艘罗马尼亚的沃斯泊快艇

拉什蒂"（Marasti）号和德军 280 毫米铁道炮的痛击。4 时 20 分，"哈尔科夫"（Kharkov）号驱逐舰因为近失弹造成锅炉内热水管被震裂，航速下降到6 节。"暴风"号和"暴雨"号乘机驶出军港，企图用鱼雷攻击"哈尔科夫"号，但是被其他苏军舰艇的炮火击退。"哈尔科夫"号通过紧急抢修堵住了裂管，增大航速脱离了 MTB 的攻击范围。不过她的姊妹舰"莫斯科"号没有这么幸运，该舰中弹后机动时误入水雷区，当即被炸沉。

7 月 9 日，3 艘 MTB 在曼加利亚（Mangalia）外海巡逻时发现了一艘苏联潜艇的潜望镜，罗马尼亚人先是用 20 毫米炮扫射，然后"暴雪"号冲过去投下了两颗深水炸弹，海面上随即出现了油污和气泡，事后发现 SHCH-206号潜艇在该片海域失踪，全艇 42 人无一生还。不过该艇的命运到现在还有所争议，尚无法确定是 MTB 的战果。

9 月 19 日凌晨 1 时 34 分，"暴雪"和"暴雨"号攻击了 1 艘在敖德萨（Odessa）港口南部巡逻的苏联驱逐舰。罗马尼亚人声称这次攻击重创了"塔什干"（Tashkent）号驱逐舰，不过按照苏联资料，当时该舰因为遭德机空袭受损，从 9 月 1 日起就前往塞瓦斯托波尔造船厂进行了长达两个月的修理。而在罗马尼亚 MTB 攻击当天，没有任何苏联驱逐舰的受损记录。

在短暂的活跃之后，罗马尼亚的 MTB 很快遭到了厄运。11 月 9 日，匈牙利货轮"乌日哥罗德"（Ungvar）号在奥恰科夫（Ochakov）附近触雷，"暴风"号和"暴雨"号奉命前往营救。但就在 MTB 忙于接运船员时，该船再次发生剧烈爆炸，从而将两艘脆弱的 MTB 一起炸沉。

1942 年，罗马尼亚海军迎来了 1940 年向荷兰订购的 6 艘鱼雷快艇："远景"（Vedenia）号、"风"（Vantul）号、"暴雨"号、"暴风"号、"漩涡"（Viroful）号和"火山"（Vulcanul）号，统称为"漩涡"级。排水量 57 吨，长 28 米，宽 7.6 米，吃水 1.2 米；动力系统为 3 台罗尔斯·罗伊斯·默林 3 型（Rolls Royce Merlin III，另一种译法更为国人所熟悉，就是劳斯莱斯）发动机，设计最大航速 35 节，不过实际上只能达到 25 节。装备 2 门 20 毫米机关炮、1 挺 13.2 毫米机枪和 2 个 533 毫米鱼雷发射管；编制 14 人。由于这批快艇速度太慢，实际上只能当巡逻艇使用，也许这就是德国在占领荷兰后仍能允许后者交付这批快艇的原因之一，当然罗马尼亚作为轴心国的一员也是关键因素。还有一种说法是这批快艇是罗马尼亚直接向荷兰购买许可证和图纸，在本土的加拉茨（Galati）和康斯坦察船厂建造的。

罗马尼亚海军"风"号鱼雷快艇

由于荷兰快艇不顶用，硕果仅存的"暴雪"号还得作为唯一的攻击快艇鞍前马后。1942年4月5日上午9时30分，该艇协助扫雷舰在图兹拉（Cape Tuzla）的外海发现了一艘正在下潜的苏联潜艇。在一连串深弹攻击后，海面上浮起了一大片油污，罗马尼亚人事后声称该艇为SHCH-210号，已被击沉。但实际上该艇在3月12日就触雷沉没了。1944年9月罗马尼亚倒戈后，"暴雪"号一度被编入苏联红海军，改名TKA-955，不过一年后就归还给了罗马尼亚。

静海生波

在意大利投降之前，亚得里亚海（Adriatic Sea）虽然在战略地位上很重要，但这块夹在轴心国占领区之间的蓝水对于盟国海军来说仍是鞭长莫及，只有南斯拉夫游击队不时用武装的拖网渔船攻击意大利的小型船只。意大利投降后，南斯拉夫游击队反应迅速，立即抢占了原由意大利占领的达尔马提亚海岸和沿海岛屿，以切断意军退路迫使其投降，同时接收港口仓库的大量库存物资。他们很好地做到了这点，但也随之引来了德国人的关注。由于担心盟军在达尔马提亚登陆，德军决心不让南斯拉夫游击队控制达尔马提亚海岸。结果不出几周，他们就把游击队赶出了大多数海岸阵地和绝大部分岛屿。

出于共同的利益，盟国决心援助游击队的岛屿战，除了海路供应、空中支援外，皇家海军还派出MTB和MGB与南斯拉夫游击队的"海军"——实际上就是一些长度为14至33米、用40毫米和20毫米炮武装起来、仅能搭载10到20人的小艇——联合作战，有效地袭击了德国的海上交通运输线。

由于众所周知的原因，在这些海上袭击活动中英国和游击队的配合程度仍鲜为人知，取得击沉、俘获13艘德国运输船战绩的加拿大第六十一MGB支队指挥官富勒（Thomas G. Fuller），曾经在捕获一艘400吨运输船的报告中赞扬了那些搭载在艇上的游击队员登船战斗时的勇敢精神。但似乎仅此而已，大多数时候英国人和南斯拉夫人仍然是各行其是。唯一一次有记载的联合行动发生在1943年12月20日，在游击队海岸炮兵的支援下，4艘南斯拉夫巡逻艇（PC-41、42、43和53）和1艘英国鱼雷快艇（MTB-649）攻击了

"尼俄柏"号巡洋舰

Pelegrin 海角，俘获两艘德军武装船只。

12 月 22 日，2 艘沃斯泊 72.6 型（MTB-276、298）捡到了一个大便宜，德国从意大利海军俘虏的老式巡洋舰"尼俄柏"（Niobe，希腊神话人物）号三天前因为恶劣天气和浓雾，在 Sliba 岛搁浅。由于护航的只有一艘雷击舰 TA-20 号（原意大利 Audace 号雷击舰），无力将其拖出，只得独自返回普拉海军基地求援。

说起来这艘"尼俄柏"号堪称是德国海军中经历最为奇特的一艘，四易其主，三易其名。她本来是 1900 年德国制造的"瞪羚"（Gazelle）级轻巡洋舰二号舰，标准排水量 2643 吨，满载排水量 2963 吨，马力 8113 匹，最大航速 22.1 节，105 毫米炮 10 门，450 毫米鱼雷发射管 3 具，有 25 毫米的甲板装甲，编制 257 人。

该舰到一战时已经落后，因此作为沿岸警备和宿泊舰平安度过了战争，并在战后重建德国海军时再次编入，直到 1925 年 6 月拆除武备和整修舰体后卖给南斯拉夫作为训练舰，改名"达尔马提亚"（Dallmacija，今属克罗地亚）。

南斯拉夫之所以购买这样一艘老船，主要是因为"尼俄柏"号当初为了执行海外派遣任务，在钢制舰体外包覆了木板和锌铜合金板，这样可以减少进坞油修船底的次数，对于缺乏海外基地而又需要长期远航的军舰来说是个有效的措施。1928 年，南斯拉夫又将该舰改为防空巡洋舰，作为海军旗舰使用，安装了从捷克斯柯达（Skoda）公司进口的炮械，包括 6 门 83.5 毫米高射炮，4 门 47 毫米高射炮，2 挺 15 毫米高射机枪。

1941 年 4 月，"达尔马提亚"号被意大利俘获，改名"科托尔"（Cattaro，今属黑山）号，并将 15 毫米机枪改为 20 毫米布雷达（Breda）高射炮，在普拉（Pula）海军基地作为炮兵学校的配属训练舰。1942 年后，由于南斯拉夫游击队在亚得里亚海沿岸十分活跃，该舰又屡次参加了对解放区的炮击。1943 年 9 月被德国俘获后改回前名，积极参与了亚得里亚海的海运护航和攻击南斯拉夫游击队所占岛屿的军事行动。因此这艘老掉牙的军舰也是南斯拉夫游击队欲除之而后快的重点目标。

正当德国人从的里雅斯特（Trieste）和里耶卡（Rijeka，今属斯洛文尼亚）调集拖船赴援时，"尼俄柏"号已经被两艘 MTB 发现。英国人当然毫不客气地发射了两枚鱼雷打招呼，其中一枚命中，"尼俄柏"号很快侧倾，翻沉在浅水中。德国人既无心也无力去打捞这艘价值不大的老船，遂将其废弃，直到 1952 年才被拆毁。

T-7 号鱼雷艇原为奥匈帝国海军 1916 年生产的 TB-82F 级鱼雷艇 TB-96F 号，排水量 240 吨，主要装备 2 门 66 毫米炮和 2 个 450 毫米鱼雷发射管，最大航速 21 节。1920 年由南斯拉夫海军接收，改名 T-7；1941 年又被意大利海军俘获，进行了一次小改装，拆除了一个鱼雷发射管，增加了 2 门 20 毫米炮，平时主要用于达尔马提亚沿岸的护航。这次易主才两年，T-7 又成为了德国海军的战利品，并将其改名 TA-34；1944 年 2 月 7 日，由于意大利人在弃船前进行了破坏，舰况很糟，特别是动力系统，德国人索性把这艘老古董移交给克罗地亚乌斯塔沙海军，仍命名为 T-7，舰长为约翰·洛茨（John Lotz）。但 6 月 24 日发生了严重的叛逃事件，包括 1 名军官在内的 11 名舰员投奔了铁托游击队。德国人据此认为原有的舰员已经不可靠，因此进行了更换，用从黑海调来的德国海军人员和克罗地亚军团成员取而代之，因此也有说法称该舰此时被重新划归德国海军使用。

1944 年 7 月 24 日，T-7 在两艘 S 艇（S-154、157）的伴随下，从希贝尼克（Sibenik，今属克罗地亚）沿达尔马提亚海岸驶往里耶卡。当航行到穆尔泰尔（Murter）岛以西的 Kukuljari 小岛时，突然遭到 3 艘英国快艇的袭击。这支英国小舰队由 2 艘费尔米尔 D 型摩托炮艇（MGB-661、659）和 1 艘鱼雷快艇（MTB-670）组成。很显然这是一次正常的寻猎，目标是那些为了躲避盟国空军袭击而沿岸潜行的轴心国小型运输船，只是没想到会遇上一支正规的德国海军舰队。

当天晚上海面很平静，微波不兴，明月高悬。22 时左右，英国人首先发现了烟雾，接着凭借月光发现了正以 14 节航速行驶的 T-7，战斗就此展开。关于战斗过程出现了两种不同的说法，一种说法是英国人用摩托炮艇猛烈的炮火压住了 T-7 的反击火力，使 MTB-670 得以顺利发射了鱼雷，其中一枚击中 T-7。另一种说法则是 MTB-670 首先单艇上前发射了两枚鱼雷，但没有命中，英国指挥官布莱决定用炮火来攻击这艘小军舰。这个决定遭到了游击队联络员的质疑，因为敌舰看起来比英国快艇要强大得多，但交战后发现并非如此。舰上只有 35 人，严重不满编，还击火力微弱；而英艇则拥有强大的速射火力，6 磅炮和 40 毫米炮的炮弹对于 200 吨级的舰船也有很强的杀伤力，因此在接近到 130 米的距离时，MGB-662 只用了短短几分钟就将 T-7 打得起了火。

接下来的结果就完全一样了。不管是因为中雷还是中弹，T-7 转舵向东（当时与 MGB 只相隔 4 米，可以说是擦身而过），以 12 节的速度驶往浅水，最后在穆尔泰尔岛附近搁浅。船员中有 3 人死亡，包括舰长在内的 11 人失踪。德国人认为他们可能被游击队俘虏，后来果然得到了舰长被游击队抓住并遭处决的消息（与德军和乌斯塔沙对游击队战俘一律处死的做法针锋相对，游击队对战俘也经常采取以牙还牙的方式）；生还者有 21 人，其中 11 人负伤，有 8 名伤员被英艇俘虏。而两艘在前面搜索的 S 艇显然跑得太远了，完全没能赶上这场短暂的战斗，英国人是审问俘虏时才知道还有 S 艇在附近。

由于盟国海空军的打击，在亚得里亚海的德国海军损失惨重，只能采取

TA-45 号雷击舰

广泛布雷的策略来勉强维持防御态势。从 1944 年 9 月起到战争结束，德军在阿尔巴尼亚、达尔马提亚和意大利东海岸布设了 2500 颗以上的水雷，给盟军舰船造成不小的损失。仅在 1944 年 12 月，就有 5 艘英国鱼雷快艇（MTB-287、371、710、695、705）触雷沉没。与陆地战场一样；日趋衰弱而顽强依旧的德军在强大的盟军面前仍然坚持到了德国投降。不过在此之前，MTB 根据南斯拉夫游击队的情报，打了一次漂亮的伏击战，将德国海军的 TA-45 号雷击舰送入了海底，算是为南线战场画上了一个圆满的句号。

TA-45 号雷击舰原是意大利海军的"白羊座"（Ariete）级"角宿一星"（Spica）号雷击舰，长 83.5 米，宽 8.62 米，吃水 3.15 米，标准排水量 757 吨，满载排水量 1168 吨，2 门 100 毫米炮，3 座双联装 20 毫米炮，4 座单装 20 毫米炮，2 座三联装 450 毫米鱼雷发射管，2.2 万马力，最大航速 31.5 节，续航力 1500 海里 /16 节，编制 150 人。该级雷击舰是二战开始后，意大利海军由于轻型舰艇损失惨重，为补充不足而设计建造。原计划生产 16 艘，但除了首舰即"白羊座"号赶在意大利投降前服役，其他未完工的 15 艘都被德军掳获，加紧竣工后广泛用于地中海的布雷、护航任务，全部在二战中损失。

正是由于 TA-45 号在战时紧急完成，所以武备与设计的并不同，除 2 门 100 毫米主炮不变外，鱼雷改为 1 座双联装 533 毫米发射管，防空火力则由 1 门 47 毫米炮、1 门 40 毫米炮、2 座四联装 20 毫米炮和 6 门单装 20 毫米炮组成，另外还可以携带 28 枚水雷。

1944 年 9 月 8 日服役后，TA-45 一直忙碌地从事各种任务，到了次年 3 月，它已经是为防止盟军在意大利东海岸登陆的为数不多地德国军舰之一。4 月 10 日，由于南斯拉夫人民解放军在英军支持下登陆拉布岛（Rab），TA-45 和姊妹舰 TA-40—原"匕首"（Pugnale）号奉命出航，前往配合达尔马提亚的海岸炮兵对守军进行火力支援。但是不知何故，出发时间推迟了，直到 12 日晚上才再次接到了出击的命令。

13 日凌晨，黑色星期五，2 艘满怀不祥预感的德国雷击舰到达了必经之地韦莱比特海峡（Velebitskim）。当时的天气很好，满月星空，但对德国人来说就糟透了，这意味着他们的舰影在月光下暴露无遗。实际上，由于出发延误已经造成了情报泄露，2 艘费尔米尔 D 型快艇（MTB-670、697）早已在海峡中严阵以待，用雷达监视着德国人的一举一动。当 2 点 30 分雷击舰驶入海峡时，左侧和右侧同时遭到了 MTB 的攻击，措手不及的德国人虽然凭借微光发现了 MTB 的身影，但已经来不及做出反应，一枚鱼雷从外侧的 TA-40 舰船紧贴着掠过，正好击中了 TA-45 舰桥下方，发生了强烈的爆炸，紧接着又有一枚鱼雷命中，这次直接将可怜的雷击舰炸为两段，迅速从海面上消失了。事后 TA-40 救起了 76 名幸存者，另外 80 人失踪。

TA-45 是最后一艘可以确定被 MTB 击沉的德国船只。按照德方记载，3 天之后，R-2 级扫雷艇 R-15 号（排水量 63 吨，4 门 20 毫米炮，最大航速 17 节）在出巡时被 MTB 用鱼雷击沉，而奇怪的是这个战果至今无人认领。

小 结

在经过漫长的战斗之后，MTB 终于迎来了胜利，作为二战中战斗时间最长的鱼雷快艇部队，他们付出了巨大的牺牲，也获得了更为巨大的成绩。由于英国和轴心国海军对抗的前沿大多是狭窄的小块海域和更为狭窄的海峡、群岛，使得整体实力远超对手的皇家海军无处发力，反而由于德国 S 艇的肆虐，不得不将此前并不很重视的 MTB 等战斗快艇推上前台。小型水面舰艇之间的近距离厮杀虽然规模都不大，其激烈与残酷程度却丝毫不逊色于大舰巨炮的对决，近距离的快速交火在刹那间就可以决定生死胜败。现在已经无法完全统计 MTB 的战斗次数，但是历史将会永远记得：在最艰难的那些日子里，当 U 艇的"饥饿战术"让整个不列颠陷入恐慌时，只有 MTB 能够让德国人也品尝到破交战的痛苦；当 S 艇给盟军的海岸运输队造成巨大威胁时，也只有 MTB 能够以牙还牙地猎杀德国的舰船。MTB 只是皇家海军的很小一部分，却做出了远超其实力的贡献。

第六章 赤翼精灵
——苏联 TK 鱼雷快艇

苏联对大型战舰的偏爱是众所周知的，所以让人们忽视了红海军在二战中出动最频繁的水面舰艇实际上是最不起眼的鱼雷快艇（TK，因为俄语"鱼雷快艇"为 Торпедный катер，所以苏联鱼雷快艇的编号从 1944 年以后改为 TK 加数字）。这主要是因为卫国战争开始后，陆地战场连连失利，红海军在波罗的海失去了除列宁格勒和喀琅施塔得以外的全部基地，在黑海只剩下东南角的几个小基地。此外由于轴心国广泛而巧妙地运用水雷，对红海军大型舰艇构成了严重威胁，所以红海军的战斗任务几乎都落在了潜艇、海军航空兵和小型水面舰艇的肩头，这其中多达 600 艘的各型鱼雷快艇是水面舰艇当之无愧的主力。这些勇敢的小精灵以全部的生命与热情投入战斗，她们被广泛应用于反潜、护航、布雷、登陆、救援、运输、破坏以及侦察，还常常协同猎潜艇、炮艇与德军小型舰艇战斗，也执行突袭德军港口、秘密运送特工等特殊任务。不过在其主业方面却表现不佳，虽然拥有战前最大规模的鱼雷快艇部队，快艇官兵也十分勇敢，战绩却只能排在德、意、美、英之后而屈居第五。据统计，在 4 年卫国战争中，苏军鱼雷快艇共击沉敌军舰船约 100 艘，其中大型舰船少得可怜。而即使这个战果也是有水分的，红海军在战时对鱼雷快艇部队的记功簿现在大多数被证明是夸大其词。例如荣获"列宁格勒保卫者"（For Defense of Leningrad）称号的苏联英雄奥西波夫被认定击沉了 5 艘驱逐舰、4 艘运输船、2 艘雷击舰，并重创 2 艘驱逐舰，仅此就已经超过了得到证实的波罗的海鱼雷快艇部队战绩总和。这其中固然有多种客观因素影响，但苏联鱼雷快艇在总体性能上比其他四强落后、作战指导思想水平较低、指挥官战术素质不高也是一个不争的事实。

但是和苏联红海军的真正主力相比，鱼雷快艇的表现就强得太多了。由于受到多方面的限制（包括苏联高层担心损失的限制），红海军的战列舰、巡洋舰、驱逐舰等大中型水面舰艇活动有限，在整个战争期间水面舰只未能击沉一艘轴心国较大吨位的军舰或商船。在战争中表现活跃的水面舰艇是舰队装备的轻型舰艇。就战争中的表现来说，战争中红海军最重要的、也是实际挑重担的水面舰艇只有鱼雷快艇。红海军战争中很大一部分战果都是鱼雷快艇部队的功劳。

四舍五入

1921 年，俄共（布）十大决定恢复和加强在国内战争中损失殆尽的红海军。经过 1922 – 1927 年的恢复期，在第一个五年计划的第一年——1928 年起，苏联开始建造新舰。作为传统的陆军大国，当时苏联军方的主流思想就是将海军看做陆军的附庸，因此将协同陆军作战定位为海军的首要任务也就不奇怪了。根据这个指导思想，加上经济实力不强、工业凋敝的客观现实，苏联海军确立了在沿海区域打舰队防御的"小型战争"的方针，开始打造以小型舰艇和潜艇为主的"蚊式舰队"。

出于当时航空工业在流线设计和小型高功率发动机研制方面技术实力较强的现实考虑，苏联海军并未将鱼雷快艇的设计任务下达给任何一家造船厂，而是向中央流体力学研究院下属的飞机、水上飞机和实验机设计局提出了研制航速 50 节以上的摩托快艇的要求。这个设计局的负责人即为以设计轰炸机闻名的飞机设计师安德烈·图波列夫（Andrei Nikolayevich Tupolev，1888—1972）。

原型艇于 1925 年 7 月 16 日完成了所有测试，编号 ANT-3（俄文 AHT-3）。该艇长 17.3 米，宽 3.3 米，吃水 0.9 米，排水量 8 吨。动力系统为安装在艇身中部靠前位置的 2 台 441 千瓦美制赖特 - 台风航空发动机，总功率

1200 马力，最大航速 54 节，续航力 340 海里。艇体为全硬铝结构，从外形和布局上看：带断阶的滑行艇型、弧形横断面的干舷和向后投放的鱼雷，使它酷似一战中英国的 CMB 型鱼雷快艇，当然其设计思想来源本来就是被苏联俘获的一艘 CMB，可以说二者有着不可分割的血缘关系。尾部为可以发射一条 450 毫米鱼雷的鱼雷槽（原计划本为 533 毫米鱼雷槽，为了赶工期只好退而求其次）。其结构完全模仿英国 CMB：鱼雷位于导向槽内，用锁销固定。发射时，鱼雷依靠火药燃气发生器电点火击发，发生器内装 250 克无烟药柱，在活塞和可伸缩推杆的作用下，鱼雷以 5 米 / 秒的初速发射出去。这种发射装置最大的弊端是发射时鱼雷快艇航速不能低于 18 节，否则会被自己的鱼雷击中；不装鱼雷时，槽内可带 2 枚水雷；敞开式驾驶室，内装无线电发报机和昼夜鱼雷发射瞄准具；驾驶室前后各一挺 7.62 毫米机枪，编制为 3 人。这艘原型艇在漫长的测试后，于 1933 年 7 月 10 日加入黑海舰队，编号 P-4（俄语 Ý-4），10 天后又转入里海舰队；1941 年 8 月 11 日该艇退出现役。

　　在 ANT-3 的基础上，图波列夫又研制了量产型的 ANT-4 鱼雷快艇，入役后编号为 Sh-4 型。主要改进是鱼雷发射槽增加为两个；对艇身轮廓进行了优

Sj-4 型鱼雷快艇列队疾驰

化；驾驶室采取半封闭式结构并采用波纹型板材作为外表蒙皮，以防止进水；使用新型涂料解决了铝制艇壳抗腐蚀的问题。

Sh-4 型排水量 10 吨，长 18.07 米，宽 3.33 米，吃水 1 米；使用 2 台引擎，总功率 1050 马力，最大航速 44 节，巡航速度 25 节，续航力 300 海里；武器为 2 枚 450 毫米鱼雷或 2 枚水雷，1 挺 7.62 毫米机枪。从 1928 到 1931 年，位于列宁格勒的第 194 工厂一共生产了 59 艘，其中 45 艘装备波罗的海舰队，14 艘装备黑海舰队。1932 年波罗的海舰队的 28 艘 Sh-4 型被调到太平洋舰队；另有少量被调到里海舰队。到卫国战争爆发时，由于该型艇的性能已显得落后，主要承担训练、登陆和反潜等比较"安全"的任务，并从 1942 年开始陆续退役，总的来说没有取得什么值得一提的战果。

虽然 Sh-4 型得以量产，但更多是为了应急，其实海军对其航速和 450 毫米鱼雷的威力是不满的。于是中央流体力学研究院随之又研制了新一代的 ANT-5 鱼雷快艇。与前辈相比，ANT-5 艇身更长，这意味着内部空间更大，轮机舱更加宽敞，更有利于维护和修理；更重要的是换装了让海军感到满意的大口径重型鱼雷。最初装备的是 53-27K 型，直径 533 毫米，长 6.9 米，重 1675 公斤，航速 43.5 节，射程 3700 米，战斗部 250 公斤。但因为问题不断，使用一段时间后被弃用。接着采用的是苏联军事特种技术局研制的 53-36 型鱼雷，但因为结构过于复杂，而无法全面换装。最后还是只能从意大利购买鱼雷进行仿制，命名为 53-38 型。该型鱼雷长 7.2 米，重 1615 公斤，战斗部 300 公斤。最大航速 44.5 节，但只能行进 4000 米，30.5 节时可行进 1 万米。这种鱼雷仍然采用触发引信而非先进的磁性引信，同时瓦斯驱动使其航迹明显，容易被发现和规避。当然触发引信在当时的技术条件下是比较可靠的，例如德国研制的磁性引信实战中就发生过许多问题。

1933 年，按军方要求，改进定型的 ANT-5 在列宁格勒第 194 工厂投入量产，并于 1934 年得到了她的入役编号：G-5（俄语 Г-5）。G-5 型排水量 15 吨，全长 19.07 米，宽 3.33 米，吃水 1.24 米，艇身采用滑行轮廓、常规舯线、大角度倾斜的肋材、圆滑甲板的设计。由于采用了拱形大梁和桁条设计，使艇身具有较大的纵向强度；整个艇身被密封隔板分割为 5 个舱——艏尖舱、机舱、

G-5 型鱼雷快艇二视图

指挥 / 无线电舱、油罐舱和鱼雷舱。从艇身上隆起的两个纵向侧面直接将甲板上的驾驶室包裹起来。

　　动力系统方面，G-5 早期型装有两台第 24 工厂制造的 AM-34 型航空发动机，后来安装的是为适应海上航行而改进的 GAM（俄语 ГAM）-34 型，总功率 1700 马力。这两台发动机装在横梁上，为节省空间，右侧的靠前，左侧的靠后，旁边有一台 AK-60 型压缩机以每小时 60 升的速度为发动机提供新鲜空气。G-5 初期采用合金钢制造的三叶螺旋桨，直径为 680 毫米，从第五种改型开始采用不锈钢。G-5 的艇上油罐可储油 1650 千克，为加大航程可在甲板上搭载汽油桶。G-5 的最大航速为 51 节，在此航速下只能行驶 15 分钟，航程 160 海里；用经济航速 31 节行驶时则可以达到 7 小时。由于工厂不断改装更为强劲的引擎，到开战前使用 2 台 1000 马力 GAM-34BSF 型引擎的 G-5 最新改型，最高航速已经达到了惊人的 56 节（104 公里 / 小时）！由于 G-5 的速度太快，所以艇身经常出现裂缝。这个问题一直影响着 G-5 的作战能力，艇员们只有在裂缝的地方用薄钢板在外面钉住来解决问题。同时 GAM-34 型航空发动机也是个麻烦：操纵不便，寿命短，使用的航空燃油容易起火爆炸。苏联工程师们为此殚精竭虑，G-5 有多个改型，除了武器外，最主要的改动

鱼雷快艇上的航空机炮和杜什卡机枪

就是换用发动机，但始终未能摆脱 GAM-34 型的桎梏。

　　鱼雷槽可搭载多种武器，搭配相当灵活，如 24 枚 M-1 型深水炸弹，或 1 枚鱼雷 +12 枚 M-1 型深水炸弹，或 3 枚 1926 年式水雷，或 2 枚 KB 水雷，或 8 枚 R-1 型水雷；自卫武器最初只装有一挺 DA 式双管航空机枪，重 10.1 千克，口径 7.62 毫米，采用 63 发弹夹，理论射速 600 发 / 分，实际射速 80~150 发 / 分。二战爆发后，DA 式双管航空机枪的威力明显不够，于是又在艇上加装了 DShK（俄语 ДШК）"杜什卡"大口径机枪，DShK 机枪包括旋转枪架重 250 千克，口径 12.7 毫米，采用 100 发弹链供弹，理论射速 600 发 / 分，实际射速 250 发 / 分，最大射程 7 千米，最大射高 3.5 千米，在 500 米以内可击穿 15 毫米装甲，艇上备弹 1000 发，但实际上苏联水兵会多装很多弹药上去。打起仗来，水兵们发现一挺 DShK 大口径机枪根本无法满足需要，就搬了更多的 DShK 机枪上舰，到后期每艘艇上都有 2 到 3 艇 DShK 机枪，有的部队甚至把 23 毫米的 ShVAK "弗拉基米尔"航空机炮装上了鱼雷快艇，有的艇还在驾驶室后部安装了 1 部 82 毫米 M-8-M 型火箭发射器！编制水兵为 6 人，

«Первенец»

Ш-4

Г-5 VI серии

Г-5 IX серии

Г-5 X серии

Г-5 XI-бис серии

Г-5 XIII серии

Артиллерийский катер АКА

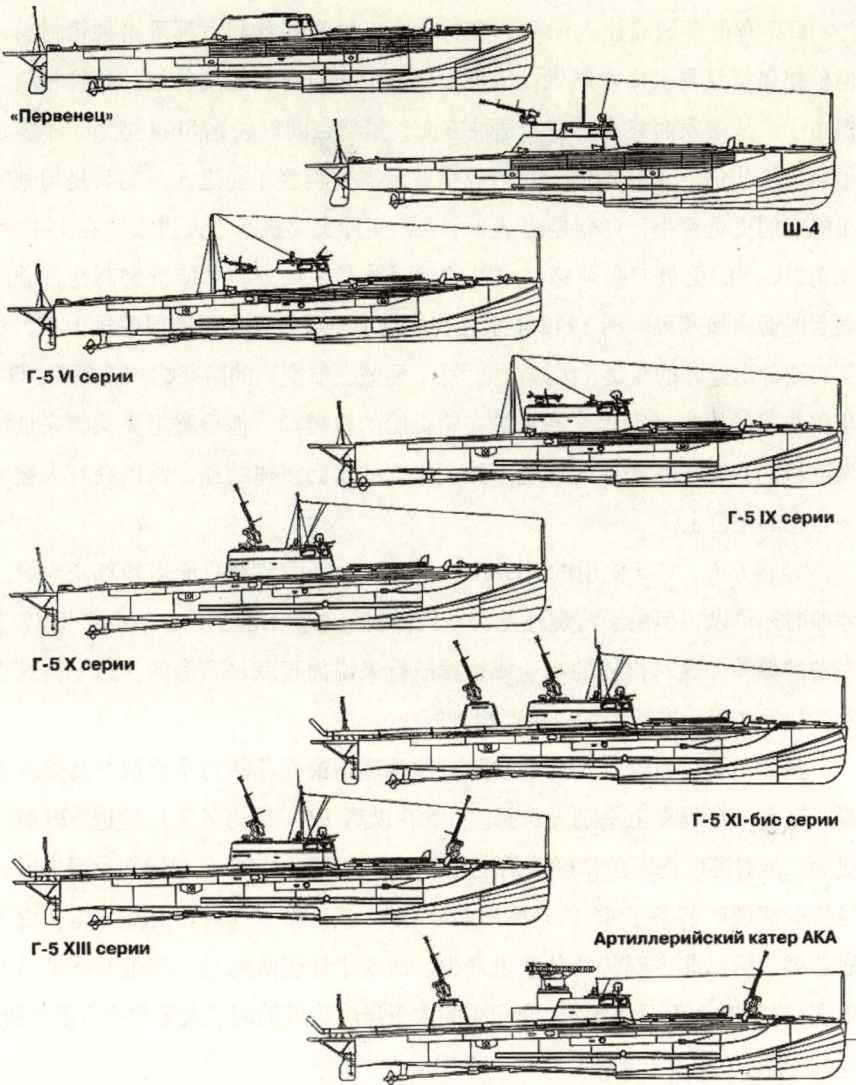

从 ANT-3 到 G-5 的各个改型线图

但实际上一般艇上有 9 个人。按照编制水兵们只配备 3 支手枪和一支步枪，但实际上他们人手一支 PPSh-41 冲锋枪。

G-5 有很多缺点让人诟病：在材质上，艇身和驾驶室都采用硬铝材料，但价格昂贵且易被海水腐蚀。因此设计师们一直寻找轻质价廉的替换材料，但由于二战爆发而终止。在舒适性方面，虽然空间已经比 Sh-4 型大了不少，但艇员工作仍然十分不便，有的舱室甚至需要爬着才能进入。尤其是驾驶室里的空间更是狭小，计划是容纳 3 个人，实际上要挤 5 个人进去！在 1942 年以前，G-5 的艇员们必须穿潜水员的保暖服和毛皮外套才能抵御高速行驶时溅起的海水和寒风，到 1942 年水兵们才有了一种自己专用的厚呢短大衣。头部需要伸出舱外的艇员（比如机枪手），要戴上航空兵的防寒帽和防风镜。G-5 鱼雷快艇舱内噪音很大，尤其是在轮机舱的机械师，他要戴坦克兵帽来抵挡发动机的轰鸣。在寒冷的环境下溅入艇内的水会迅速结冰，常常会有人被冻在自己的座位上。

导航方面，G-5 使用的 KGMK-2 和 KI-10 型磁罗经只能用糟糕来形容。停船时还可以，但由于抗震性差，一旦行驶起来就不准了，一般会产生 17 度左右的偏差。这对作战的高速或远程航行来说简直就是致命的。这个问题直到二战后才因为电罗经的应用而得到解决。

虽然 G-5 型有这样那样的缺陷，但她还是最受苏联海军欢迎的高速攻击艇，这在一定程度上是别无选择。G-5 在以后 10 年中由各工厂建造 329 艘，成为二战时苏联海军鱼雷舰队的主力。在 1941 年 6 月 22 日卫国战争爆发时，波罗的海舰队装备了 46 艘，黑海舰队有 82 艘；由于气候相对 G-5 型来说太过恶劣，所以北方舰队装备数量最少。而太平洋舰队则是二战前 G-5 型最大的客户，战时由于西线紧张，在远东的太平洋舰队被抽调了大量 G-5 鱼雷快艇，但到 1945 年，太平洋舰队仍有 116 艘 G-5。

百花齐放

G-5 型的许多缺点都是作为小型鱼雷快艇所无法克服的，要彻底解决问题，增大吨位是一个理想的设计方向。吨位大了，可以使用更坚固的金属材质，可以使用威力更大的武器。为此，在 G-5 诞生后的相当长一段时间里，苏联设计师们为研制性能优良的大型鱼雷快艇做出了不懈的努力。

早在 Sh-4 型服役后的 1931 年，一种采用全新材质的鱼雷快艇就在列宁格勒的 194 厂下水了，排水量 27 吨，长 25.25 米，宽 3.8 米，吃水 1.9 米；三台汽油发动机，总功率 2250 马力，最大航速 27 节，经济航速 12 节，续航力 270 英里；装备 3 枚 450 毫米鱼雷或者 36 颗 M-1 型深水炸弹，1 挺 7.62 毫米机枪，后来加装 1 门 20 毫米炮和 1 挺 12.7 毫米机枪；编制 8 人。其最大的特点就是采用了钢来制造艇体，因此设计师们直截了当地把这种新艇命名为"钢"（Стальной）。"钢"级鱼雷快艇最大的缺点就是发动机功率不足，航速较低，完全不适合鱼雷快艇的高速突袭战术需要，因此只建造了 2 艘（TK-144、154）。二战中在战事强度不大的拉多加湖区舰队服役，没有什么值得一提的表现。

1936 年，中央流体力学研究院又开始研制 86 吨的鱼雷快艇领艇 G-6 型，作为鱼雷快艇编队的指挥艇。设想最大航速 49.8 节，安装 1 门 45 毫米炮（后改为 37 毫米炮），1 挺 12.7 毫米机枪，4 挺 7.62 毫米机枪和 3 个 533 毫米鱼雷发射装置（其中鱼雷槽 2，发射管 1），后因艇体设计困难和速度指标不能实现而告吹。同期，列宁格勒第 194 工厂设计局也提出了另一种鱼雷快艇领艇的设计方案，编号 G-8。这个方案在技术上比较切合实际，排水量为 31.03 吨，最高航速 32 节，装备 2 枚 533 毫米鱼雷，2 挺 12.7 毫米机枪和 1 挺 7.62 毫米机枪。但随着开战后工厂紧急搬迁，该方案同样被迫停止。

1938 年 3 月，一种与 G-8 类似的方案出台，编号为 SM-3（俄语 CM-3）。该艇排水量 34 吨，长 20.8 米，宽 3.9 米，吃水 1.5 米；三台汽油引擎，总功率 3600 马力，最大航速 30 节，经济航速 24 节，续航力 380 海里；装备 2 枚 533 毫米鱼雷和 2 挺 12.7 毫米机枪。与前面两个夭折的方案相比，SM-3 进了一步，在 1941 年造出了一艘原型艇，并编入黑海舰队。在实践中苏联人发现 SM-3 型鱼雷快艇比 G-5 型有更好的耐波性、耐腐蚀性，成本也较低，但艇体结构还有待加强。该型艇虽然只制造了一艘，但在战争中表现优异，先后配合其他友艇击沉了 4 艘敌舰。

1939 年，全新的 SM-4 鱼雷快艇被设计出来。该艇虽然仍采用 G-5 的滑行艇型，但鱼雷发射装置改为意大利 MAS 型鱼雷快艇的舷侧投放式。该艇排水量 42 吨，长 22 米，宽 4.1 米，吃水 1.8 米；4 台汽油引擎，总功率 4000 马力，最高航速 30 节；装备 2 枚 533 毫米鱼雷和 3 挺 12.7 毫米机枪。该型艇也只试验性地制造了一艘，编入波罗的海舰队，命名第 164 号；1944 年 4 月 14 日后改名为 TK-164，同年 11 月 11 日在塔林港触雷爆炸沉没。

与 SM-4 型同期，被称为 D-2 型的鱼雷快艇也在研究当中。该型艇同样采用了意大利 MAS 的鱼雷投放方式，比较特殊的是在艇体设计上，用木壳取代了铝材。虽然木制艇体的强度远不如铝材，但 D-2 型的设计航速较低，因此不容易出现高速航行时发生的艇体结构受损等问题。在外形上 D-2 型最显著的特征就是前甲板的透明机枪塔，不过其后续 D-3 型则取消了这个机枪塔。由于 D-2 的排水量和尺寸与 G-5 相似，所以没能取得期望的成果，这让苏联人意识到必须增大鱼雷快艇的尺寸，同时用适航性更好的排水艇型取代沿用已久的滑行艇型。

D-2 型鱼雷快艇试航

1939 年，列宁格勒和索斯诺夫卡地区的工厂开始生产一种无断阶尖舭的大型木壳鱼雷快艇，编号 D-3（俄语 Д-3）。标准排水量 32.1 吨，满载排水量 36.2 吨，长 22.2 米，宽 4.04 米，吃水 1.8 米；由于使用不同型号的发动机，同级艇的速度也有所不同，当使用 3 台 750 马力的 GAM - 34 型发动机时，最大航速 32 节，GAM-34VS 型发动机功率则提高到 850 马力，GAM-34F 型提高到 1050 马力，最大航速可以达到 37 节；如果使用进口的 1200 马力帕卡德型发动机，则为 48 节的高速，几乎能赶上 G-5 型。经济航速 11 节，全速巡航续航力为 320—350 公里，经济航速巡航则可达 550 公里，最大自持力 3 天；后甲板搭两条向侧方投放的 533 毫米鱼雷，这样使 D-3 型可以在低速偷袭状态下发起鱼雷攻击，而不用像 G-5 那样必须在高于 18 节时才能发射鱼雷。

D-3 前甲板和位置较前的甲板室后方各有 1 挺杜什卡 12.7 毫米机枪，后来为加强火力，部分艇也换装了通过《租借法案》从美国获得的厄利孔 20 毫米机关炮和柯尔特·勃朗宁 12.7 毫米机枪；深水炸弹 12 枚；乘员 9 人。由于战争的爆发，生产工艺较为复杂的 D-3 型产量远逊于 G-5，到 1944 年只生产 73 艘，不过仍是红海军中数量稳占第二位的鱼雷快艇。除了鱼雷型的 D-3 外，苏联人还在战争中生产了 56 艘猎潜型的 D-3，主要改动是用一门单管 37 毫米机关炮取代了尾部的鱼雷发射装置。

与 G-5 不同的是，D-3 虽然是木质船体，但却更加坚固耐用。甲板和船壳板都是用铜钉固定起来的双层松木，厚 40 毫米，船底则增加为三层，分为 4 个水密舱，这使她在战争中经受住了严峻的考验，有一个例子是 TK-114 号快艇在港口遭到空袭，战斗结束后在艇身上共数到了大约 200 个弹孔，但该艇仍能自行行驶。最顽强的桂冠则属于 TK-209 号。1944 年 5 月，TK-209 号遭到敌机空袭时，经过激战击毁一架敌机后胜利返回基地，维修人员在艇体上一共发现了 320 个弹孔！

即使在战争爆发后，苏联研究人员仍然在极端恶劣的条件下坚持大型鱼雷快艇的研制工作。1943 年，雷宾斯克的 341 厂推出了 TM-200 型钢制鱼雷快艇，排水量 46.9 吨，三台汽油发动机，总功率 3600 马力，最大航速 30.7 节，经济航速 9.5 节，续航力 488 英里；装备 2 具 533 毫米鱼雷发射管，3 挺 12.7

毫米机枪。还是由于航速不够的老问题，只生产了5艘（TK-450—454）。

为了寻求更好的动力系统，位于伏尔加河畔的泽廖诺多利斯克厂（Zelenodolsk，越南现役最新型的"猎豹"级护卫舰就是这个厂生产的）在1942年1月研制了STK-DD型钢制柴油机鱼雷快艇。排水量50吨，长25米，宽4米，吃水1.6米；三台柴油主机，总功率3000马力，最大航速34节；一台柴油辅机，450马力，单独使用可使快艇以10节速度巡航；装备4具450毫米鱼雷发射管，12颗小型深水炸弹，3挺12.7毫米机枪，编制11人。尽管红海军对柴油机动力很感兴趣，无奈其生不逢时，处于残酷战争中的海军对不能立刻投入大规模生产的新型鱼雷快艇，只能选择放弃。

除了这些比较"传统"的设计外，脑袋并不像体制那样僵化的苏联人还搞出了比较超前的玩意儿：气垫船鱼雷快艇！

被称为A-5的气垫船鱼雷快艇早在1936年就生产出了原型艇，排水量11.03吨，2000马力，速度70节，装备2枚450毫米鱼雷和2挺12.7毫米机枪，编制5人。作为世界上第一种气垫船武器，她在设计上还存在一些不尽如人意的地方，例如类似飞机机尾的方向舵操纵不便、发动机容易过热等等。但她的高航速和优良的适航性仍然让红海军心动不已，到1940年为止陆续建造了4艘试验艇，直到二战爆发后被迫中止发展计划。

处子秀

1937年5月1日，2艘G-5型鱼雷快艇、8颗鱼雷和5挺7.62毫米高射机枪被装在西班牙货轮"卡布·圣托梅"（Cabo de Santo Tome）号的甲板上送到了卡塔赫纳（Cartagena）港；6月21日，另外2艘G-5、8颗鱼雷、200颗M-1型深水炸弹和6挺7.62毫米机枪也由西班牙货轮"安多科"（Aldecoa）号送到。这批援助物资是出于当时的苏联驻西班牙海军武官、后来的苏联海军元帅库兹涅佐夫（Kuznestsov）的建议，同时抵达的还有4名原装的苏联艇长和4名机械师。这4艘快艇被西班牙共和派海军命名为DAR-1至DAR-4，舷号则为11、21、31和41，每艘快艇编制为6人，分别为艇长、副艇长、机械师、通讯员和两名鱼雷兵。7 月，快艇转移到设在波特曼（Portman）小镇的新基地，整个基地被铁丝网严密保护起来，并禁止当地渔民出入。

大概共和国海军认为力量较弱的佛朗哥海军不足为虑，因此没有把 G-5 用来突袭敌军的大型舰船，而是让其在卡塔赫纳到巴塞罗那的沿海承担起并不擅长的反潜和护航任务。这种啼笑皆非的定位从共和派海军的命名就可以看得出来，DAR——即拉丁语 Defensa Antisubmarina Rapida，意译为快速猎潜艇。诚然当时意大利的干涉潜艇和德意空军都对共和派的海运补给线造成了相当大的威胁，但是用既没有声纳，防空火力又薄弱的鱼雷快艇来对付敌人的空潜力量显然是用错了地方，结果 G-5 在西班牙奔波了两年，没有取得任何战果。

1937 年 7 月 30 日，2 艘 G-5（31 号和 41 号）在巴塞罗那（Barcelona）附近护航时遭到德国干涉军"秃鹰军团"（Condor）三架"亨克尔"（Henkel）Ne.59 型水上飞机（一说为佛朗哥空军）的攻击，结果 41 号（DAR-4）快艇被击中起火爆炸，艇长 Larionov 中尉牺牲，副艇长 Vrodivtsev 中士负伤，Larionov 被认为是第一个在战争中牺牲的苏联海军军人。31 号（DAR-3，艇长 Likholetov）虽然侥幸逃生，但也被炸弹破片击伤。11 月 1 日，31 号快艇再次被敌机重创后被迫搁浅，但已经无法修复。

这两次惨败终于让共和派海军有所清醒，开始考虑让 G-5 干回她的本职工作。1938 年 3 月 5 日夜，共和派海军计划在马略卡岛附近海域使用鱼雷快艇突袭经过此地的敌方大型海军舰艇，这条航线是佛朗哥派的惯用护航线路。但是由于天气的原因，鱼雷快艇的突袭行动最终被取消，只留下了巡洋舰和驱逐舰继续待机，结果成功伏击了由三艘佛朗哥海军巡洋舰护航的船队，共和国海军"勒班陀"（Lepanto）号驱逐

西班牙共和派海军的 11 号鱼雷快艇

舰发射的鱼雷击沉了佛朗哥海军重巡洋舰"巴利阿里"（Baleares）号。同年6月初，共和派海军再次试图用鱼雷快艇在巴利阿里群岛附近袭击对方剩下的巡洋舰。快艇在帕尔马港待机，巡洋舰和驱逐舰编成支援群，为快艇提供保护，但仍然是糟糕的天气使得快艇无法出动。1939 年内战结束后，DAR-1 和 DAR-2 被佛朗哥派海军接收，改名为 LT-15 和 LT-16。

西班牙内战充分暴露了 G-5 的关键性缺点，很难想象在战争时期始终会是好天气，而且在以 G-5 为鱼雷快艇部队主力的三支红海军舰队中，除了黑海好一些之外，波罗的海和太平洋舰队的作战海域都有相当长的恶劣天气。早在 1936 年波罗的海舰队就发现，由于 G-5 的设计标准是只能在 3 级以下的风浪条件下航行，而波罗的海却常年处于 5 级风浪，所以部分快艇的龙骨和肋材都发生了变形。令人欣慰的是，经过工厂和设计人员的不懈努力，在卫国战争爆发前夕 G-5 的结构终于达到令人满意的程度，甚至能在 8 级风暴下高速行驶，不过只有在 3 级风浪之下才能发射鱼雷。唯一无法解决的问题是，高速行驶中会有大量水花溅入驾驶舱和鱼雷发射槽中，寒冷的天气下容易结冰，并对驾驶和鱼雷发射造成影响。

保卫战

1941 年 6 月 22 日卫国战争爆发以后，苏联红海军按照既定策略，把鱼雷快艇的主要工作定为积极搜索、攻击在濒海区域活动的敌人舰船。为了尽可能地扩大搜集范围和密度，红海军采用单艇或 2—4 艘鱼雷快艇组成的战术小队在各自划定的区域内寻猎的方式，为了躲避敌机的空袭，鱼雷快艇广泛使用烟幕来掩护自己。在当时既没有艇载雷达，空中侦察力量也非常缺乏的情况下，这实际上是最有效、也是唯一的策略，说白了也就是撞大运。

由于和德占区比邻而居，波罗的海舰队在拉脱维亚的利耶帕亚（Liepaja）基地首当其冲，最先遭到德军的攻击。第 143 号（原 27 号，1940 年 5 月改为 143 号）鱼雷快艇于 6 月 24 日被德机炸沉，另外 5 艘鱼雷快艇第 133（原 17 号）、153（原 37 号）、163（原 47 号）、173（原 57 号）、183 号（原 67 号）

则于 27 日晚护送满载第 291 步兵师残部和平民的 2 艘运输船撤往爱沙尼亚塔林港。途中德国第二 S 艇支队赶来截击，两支鱼雷快艇部队进行了短促而激烈的交火，苏联快艇航速较快，德国快艇火力较强，结果双方都没有占到什么便宜，最终运输船顺利抵达了目的地，鱼雷快艇则返航利耶帕亚。

6 月 29 日，德军攻入了利耶帕亚，试图撤退的 3 艘鱼雷快艇在港外再次遭到德国第三 S 艇支队 4 艘 S 艇的堵截。为了掩护其他艇上乘坐的利耶帕亚海军基地司令部人员和文件，第 163 号受命断后掩护，结果身负重伤，发动机被击毁，无法再继续航行，艇员用自制木排划到岸边后被德国陆军俘虏。163 号被德国海军修复后，改名 Pinguin，送到黑海战场继续使用。德军退出黑海后又被苏联红军重新缴获，改名 TKA-111 号，

不久，势如破竹的德国陆军逼近塔林港，波罗的海舰队的 200 余艘舰艇不得不于 8 月 28 日至 29 日再次撤退到列宁格勒的喀朗施塔得港。由于受到了芬兰湾的雷场和德军 Ju-87 "斯图卡" 俯冲轰炸机的困扰，第 103 号艇又不幸在撤退途中触雷沉没。

塔林失守后，芬兰湾南北两岸全部落入德军之手，但蒙群岛（Moonzund，今属爱沙尼亚）仍然在敌后硕果仅存，这个位于里加湾和芬兰湾入口之间的群岛面积 4000 多平方公里，由 4 个大岛和周围 500 个小岛组成，南隔伊尔别海峡与拉脱维亚陆地相望，东以穆胡海峡与爱沙尼亚分开，苏军在这里部署了包括 6 艘鱼雷快艇在内的 2.3 万陆海空军部队，他们对德军的侧后形成了不小的威胁。尤其是萨列马岛（Saaremaa），因为 8 月 7 日苏军轰炸柏林的重型轰炸机就是从该岛机场起飞的。

在德军着手攻打蒙群岛之前，驻扎在那里的红海军鱼雷快艇就开始频频出击德军海上运输线。由于纳粹占领的地域广阔，而苏联的基础建设搞得又并不很好，铁路和公路线无法满足德国进军的物资流通需要。此外，陆地运输线还要不断遭受苏联空军和游击队的袭击，于是海上运输显得愈发重要起来，德国人把他们能用的所有船只都投入进去，甚至包括帆船。

7 月 13 日晚上，波罗的海舰队鱼雷快艇第二大队大队长古曼年科（俄语 В.П. Гуманенко，英文 V.P.Gumanenko，1911—1982）海军大尉率

古曼年科（右戴护目镜者）和他的艇员们，这张照片显然是为了宣传目的而进行的摆拍。

领 4 艘 G-5 型快艇（第 73、93、133、183 号），在航空兵配合下袭击了一支从利耶帕亚（Libau）驶往里加（Riga）的德国护航队，担任护航的军舰有 M-251 号扫雷舰、SMT-3 号、21 号和 23 号登陆艇，还有第二 R 艇（德语 Räumboote 即轻型扫雷艇）支队的 7 艘轻型扫雷艇（第 21、23、28、29、168、169、170 号）。

这支包括 48 艘舰艇的船队成员五花八门：有临时征用的渡轮、驳船、沿海货船，因此速度很慢，所以在遭到苏军鱼雷快艇和飞机的联合袭击时显得手忙脚乱，事后古曼年科声称击沉了 2 艘运输船和 1 艘登陆艇；德国方面也承认苏联人的攻击造成 1 艘登陆艇沉没，2 艘大型和 23 艘小型运输船只受损，但到底应归功于苏联航空兵还是鱼雷快艇就众说纷纭了。

7 月 26 日，鱼雷快艇第四大队大队长奥西波夫海军少校（俄语 C.A. Осипов，英文 SA Osipov，1912—1976）再次率领鱼雷快艇配合航空兵袭击了一支由 20 艘各式船只组成的护航队。德方资料则称这支船队中的 R-53 号和 R-63 号触雷轻伤，R-169 号被飞机炸沉，但苏军鱼雷快艇的攻击却没有取得什么成果。几天之后，两位未来的苏联英雄联袂出击，这次他们声称袭击了一支由两艘驱逐舰和三艘扫雷舰组成的德军舰队，并击沉 2 艘，重创 1 艘。而关于这次"大规模"战斗，德国记载仅仅提到有一支执行布雷任务的 S 艇编队遭到苏联鱼雷快艇袭击，而且无一损失。8 月 1 日，第 133、153 号鱼雷快艇又声称击沉了德国 RA-53 号巡逻艇，另有资料则称该舰沉没于两个月后。

虽然苏军鱼雷快艇的袭扰战果不大，但却给德军的海上供应线造成了巨大的压力，为此德国决定不再派遣容易受到攻击的大型船只，而改由小型船只例如装有发动机的驳船、拖网渔船和纵帆船进行运输，这种护航队被苏联人形象地称为"蚊子"船队。在以后数年的东线海战场上，主要就是一群蚊子在互相撕咬。

　　8 月 27 日，第 173 号鱼雷快艇艇长库祖年科（A.M.Khoruzenko）海军中尉指挥的 4 艘 G-5 型快艇在里加湾袭击了一支德国运输船队，声称重创 2 艘敌运输船和 1 艘拖船，德国承认有 2 艘沿海航船被击伤。9 月 2 日，库祖年科再次率第 173、183、154 号鱼雷快艇出击，宣称重创了 2 艘敌商船，其中 1 艘后来被击沉，这个战果未能得到德方的印证。9 月 17 日凌晨，第 104 号艇（原183 号，1941 年 9 月 7 日改为 104 号）

第 22 号鱼雷快艇艇长苏沃洛夫

击沉了第一艘身份明确的德国军舰——由"吕讷堡"（Lüneburg）号渔船改装而成的 M-1707 号辅助扫雷舰（473 吨）。不过这个战果有那么点不靠谱，因为该舰当时已经因严重受损被德国水兵们放弃了，104 号艇发动攻击时，该舰既没有动力，也没有反击炮火，纯属打死靶。9 月 23 日，一支德国护航队又在芬兰湾的波卡拉（Porkkala）港附近遭到苏军快艇袭击，由"奥斯卡·内纳伯"(Oscar Neynaber)号拖网渔船改装的巡逻艇（德语 Vorpostenbootes）V-308号（314 吨）被 D-3 型鱼雷快艇第 12 号和 22 号（艇长苏沃洛夫，Suvorov）发射的鱼雷击沉，但 12 号艇也随即被 V-309 号巡逻艇的还击火力击毁。

　　鱼雷快艇部队的奋战并不能挽回蒙群岛战局的颓势，为了这次行动，德军动员的兵力倍于守军，仅仅海军就出动了轻巡洋舰 3 艘、浮动炮台 6 座、炮舰 6 艘、登陆驳船 34 艘、其他舰船 20 余艘，芬兰海军也出动了浅水重炮舰 2 艘、破冰船 2 艘，阵容十分强大。尤其是德国巡洋舰装备的数十门 150毫米重炮，对守军更是一个重大的威胁。而由于大型舰艇和潜艇都难以完好无损地通过德芬军在狭窄的芬兰湾中布下的水雷阵，红海军波罗的海舰队司令叶利谢耶夫海军中将手头唯一能用得上的攻击力量也就只有鱼雷快艇了。古曼年科海军大尉奉命率领 4 艘鱼雷快艇（第 104、24、44、111 号）袭击停泊在达累乌湾的德军舰船，那里有德国海军的两艘轻巡洋舰"莱比锡"(Leipzig)号、"埃姆登"（Emden）号和 3 艘雷击舰 T-7、T-8 和 T-11，此外还有 3 艘扫雷舰。

古曼年科面临的是一块相当难啃的硬骨头："莱比锡"号 1931 年完工，标准排水量 6310 吨，满载排水量 8100 吨，最大航速 31.9 节；主要武器为三座三联装 150 毫米 60 倍径 C28 型主炮、2 门 88 毫米 45 倍径 C32 型高射炮和四座三联装 500 毫米鱼雷发射管。该舰在德国一战后生产的巡洋舰中最早采用了倾斜式的两舷装甲带，水线以下也设置了加厚的装甲带，防护力大幅度提高。其 150 毫米主炮射程 25700 米，每 7.5 秒可射击一发炮弹，足以用火网将鱼雷快艇阻挡在其鱼雷射程之外。满载排水量 6990 吨的"埃姆登"号则是德国一战后生产的第一艘轻巡洋舰，技术水平基本还是一战时期的，因此主要充当训练舰。但该舰仍然有良好的机动性和强大的火力，8 门 150 毫米 45 倍径 C-16 型主炮对鱼雷快艇来说有不小的威胁。

9 月 26 日午夜德国舰队进入里加湾，上午向苏军岸防工事群开火，在 5

"莱比锡"号轻巡洋舰

个小时内仅"埃姆登"号就发射了245发150毫米炮弹。第二天,炮击再次开始,不过这次炮击的目标变成了两个大型海防炮台,315号炮台(4门180毫米舰炮)和25号炮台(2门130毫米舰炮)。不久,担任校正任务的阿拉多型水上飞机报告,附近有苏军鱼雷快艇出现,来者正是古曼年科的突袭编队。

旗舰"莱比锡"号立即向其他舰艇通报了这个消息。9点17分,"埃姆登"号的瞭望哨也在大约1万米的距离上发现了2艘鱼雷快艇,巡洋舰立即停止炮击。两分钟后,德国舰队向鱼雷快艇开火,试图阻止其接近,快艇则改变航线躲避炮击。9点25分,鱼雷快艇施放烟幕并加速前进,企图在掩护下尽快接近到鱼雷射程。

德军舰艇向若隐若现的苏军快艇猛烈开火,虽然在烟幕的影响下无法观察到炮击效果,但也是干扰鱼雷快艇进攻的一种有效手段。9时33分,据信由"莱比锡"号发射的一发150毫米炮弹走运地击中了第24号快艇(原83号,1941年9月7日改为24号。艇长卡尔门斯基,Kremensky)。快艇失去了速度并起火下沉,幸亏勇敢的第44号(原111号,1941年9月7日改为44号,而114号则改为111号,两艘新老111号都参加了此战)快艇先后两次冒险靠近,将落水的所有乘员成功救走。

"埃姆登"号轻巡洋舰

虽然事后苏联坚持说击沉了德军一艘巡洋舰、一艘驱逐舰或一艘雷击舰，以及其他三艘身份不明的德国船只，但实际上这次进攻苏军快艇发射的鱼雷没有击中任何目标，唯一的作用是德国舰队就此停止了炮击，但不是因为害怕鱼雷快艇的袭击而是因为两天的战斗使 150 毫米炮弹消耗太大，为补充弹药不得不返航。幸运的古曼年科大尉为此被上级确认了"战功"，与其部下艇长阿法纳谢夫海军中尉（А. И. Афанасьеву, 1910—1978）一起，于 1942 年 4 月双双被授予"苏联英雄"称号。

10 月 21 日，蒙群岛的最后一座岛屿希乌马岛落入德军之手，虽然最后关头，鱼雷快艇部队仍试图从岛上将守军撤走，但一来波罗的海入冬后的天气实在太恶劣，二来鱼雷快艇也装不了多少人，最终只有 570 人撤出，1.5 万人成了德国的阶下囚。

夺命岛

1942 年新年伊始，波罗的海双方争夺的焦点集中到了戈格兰水域诸岛。对德军来说，只要能控制这些岛屿，就可以保障布设在戈格兰岛至小丘捷尔斯岛一线的反潜设施发挥作用，把波罗的海舰队强大的潜艇部队困死；对苏军而言则效果相反。当时德芬两军在芬兰湾东部共计布设了一万余枚水雷，使得苏军潜艇触雷概率大增。要想打破海上封锁，就必须在敌方封锁线上打开一个缺口。苏军的目光落在了索麦尔斯（Sommers）岛。该岛位于霍赫兰德岛东 23 海里，拉万萨阿里岛以北 10 海里，是最靠近列宁格勒的芬兰前进基地之一，同时索麦尔斯岛也是德芬军用于监视苏军舰艇在东戈格兰地区活动的前方观察哨，苏联人下决心一定要夺取该岛，不过由于缺乏专门的登陆艇，不得不使用吨位小、速度快的猎潜艇和鱼雷快艇作为登陆工具。

7 月 8 日凌晨，200 余名苏军试图搭乘波罗的海舰队的 4 艘 MO 型猎潜艇和 8 艘 G-5 型鱼雷快艇分成四个突击群登岛。由于情报不足，苏联人误判了守军的实力，估计芬军只有 60 – 70 人，装备火炮与机枪 2 – 3 门（挺），然而实际芬军兵力是 92 人，装备火炮 12（2 门 75 毫米，3 门 45 毫米，其余是 20 毫米）门、81 毫米迫击炮 2 门、机枪 12 挺；而且岛屿地势非常陡峭，易守难攻，芬兰人花了整整半年时间，在坚硬的礁石上开凿了 4 个坚固的支撑点，构成了完整的火力体系。

更糟糕的是，在战斗开始后，芬兰海军还派出了 2 艘"乌斯玛"（Uusimaa）级炮舰、5 艘 VMV 巡逻艇（VMV 8, 9, 10, 12, 17）和 D-3 型鱼雷快艇"弩箭"（Vasama，该艇系被芬军俘获后改为自用）号赶来支援。这立刻让战局发生了根本性的逆转。

"乌斯玛"级建于 1918 年，排水量 400 吨，原本是沙俄船只，被德军俘房后于 1920 年移交芬兰，在芬兰海军里可算是元老级的军舰。虽然该级舰速度只有 15 节，但火力强大，装备 2 门 102 毫米炮、2 门 40 毫米炮和 1 门 20 毫米炮，苏联海军的 MO 猎潜艇和 G-5 鱼雷快艇完全不能正面相抗。而且为了装载陆军，许多鱼雷快艇只能卸下鱼雷以腾出空间，这就使苏军丧失了唯一可以对付敌舰的有效手段。此外，5 艘 VMV-8 级巡逻艇排水量 30.7 吨，航速 24 节，装备 1 门 20 毫米炮。这种轻型艇机动灵活，吃水浅，也是让鱼雷快艇头疼的对手。

芬兰海军炮舰"乌斯玛"号

与芬兰海军的积极作为相比，近在咫尺的喀琅施塔得基地居然没有派出巡洋舰和驱逐舰等大型军舰支援，空军也只是在登陆行动发起前空袭了该岛，但丢下的炸弹基本上都没有击中目标。战事的结果充分表明，对芬军守卫部队实力以及增援部队力量估计不足是这次攻击失败的根本原因。

10时20分，登陆部队开始登陆。由于芬军猛烈的炮火，第一突击群在离海岸10—12米时开始涉水上岸，第152号鱼雷快艇和MO-110号猎潜艇被炮火击伤；第二突击群同样面临相同处境，在敌猛烈炮火下，很难上岸，第62号鱼雷快艇与MO-402号猎潜艇也被击伤；第三突击群境况相同，艰难准备上岸；而第四突击群遭遇敌军火力最为强烈，根本不能接近海岸，Sh-4型第83号、G-5型第71、123号等3艘鱼雷快艇被重创后搁浅。这些负伤舰艇后来都在7月10日战斗结束后，被敌军发现后击沉。

经过艰辛战斗，164名苏军终于登上小岛，但在登陆过程中已经损失92人（含艇上人员）。这时芬兰海军舰艇编队赶到，在这样力量悬殊的海上对抗中，结局没有任何意外，G-5型第113、121号很快被"乌斯玛"号击沉，D-3型第22号被敌机炸沉。8日早晨，德军M-18号扫雷舰也赶来增援；11时30分，芬军援军109人搭乘快艇登岛，形势更趋恶化。下午14时30分，苏军派出57名冲锋枪手乘坐3艘鱼雷快艇进行增援，途中遭到芬兰舰艇拦截，激战中Sh-4型第31号鱼雷快艇被"乌斯玛"号炮舰击沉，其他2艘鱼雷快艇搭载的士兵则于16时在岛屿东部顺利登陆。

当晚，苏军再次准备出动护卫艇1、武装渔船1以及2艘扫雷舰进行增援。但已经太迟了，此时德军3艘舰艇（扫雷舰M-37号、2艘火炮驳船）已赶到岛屿周围，最近的离小岛只剩下500米，芬兰海军也倾巢出动："图伦玛"(Turunmaa)号炮舰和"里希拉赫蒂"(Riilahti)、"罗辛萨尔米"(Ruotsinsalmi)号布雷舰都在赶来途中。现在继续出动小型舰艇显然是肉包子打狗——有去无回，岛上的登陆部队终于被放弃了。这些悲壮的勇士一直坚持到7月9日中午才全军覆没，149人被俘，128人死亡，另有大约200人死于沉没艇船，而且又损失许多轻型舰艇，总计被岸炮击沉8艘、被敌军舰艇击沉7艘，被芬军飞机炸沉3艘。相比之下，芬兰陆海军岛上部队仅阵亡15人、伤45人，艇员亡 6 人、伤 18 人，舰艇则只有扫雷舰 M-18 和 2 艘炮艇及一些小艇负伤。无疑，鱼雷快艇官兵们在这场众寡悬殊的战斗中是非常英勇的，但过于冒险的攻击计划和糟糕的临场指挥让一切努力都付诸东流。

绝地反击

在遭受了如此惨重的失败之后，不知道是因为盲目信任艇长们的报告还是为了鼓舞士气，苏军指挥部不断声称鱼雷快艇击沉敌军船只。如 8 月 25 日击沉 2 艘敌商船，10 月 22 日又在芬兰海岸附近击沉 3 艘敌商船，而这些战果都无法考证。而实际上苏联人自己也承认，在破交战中成果最少的就是水面舰艇。自从舰队 1941 年 8 月开始撤离里加以及随后整个舰队转移到喀琅施塔得和列宁格勒后，水面舰艇在敌方海上交通线行动规模很小。实际上，只有鱼雷快艇或护卫艇才在东戈格兰水区和纳尔瓦水域活动。虽然舰队鱼雷快艇支队共有 40 余艘鱼雷快艇，但是其在破坏敌方濒海陆海上交通线作战中最大困难是重要支撑点（戈格兰岛、大丘捷尔斯岛和索麦尔斯岛等）都在对方手中。尽管为了搜索和消灭敌军舰船，鱼雷快艇部队全年出动了 141 艇次，但收效甚微。真正得到确认的只有一次：8 月 26 日，D-3 型第 152 号鱼雷快艇击沉了一艘由苏联船 Bolszoj Tjutiers 号改装而成的猎潜艇 UJ-1216 号（排水量 299 吨，一说 219 吨）。苏军鱼雷快艇更多有效的行动还是在德军航道和德占港口附近布雷，或者保护喀琅施塔得与沿海苏军据守岛屿之间的运输线。

到了 1943 年夏天，波罗的海鱼雷快艇部队终于打了个翻身仗，在一次夜袭中击沉芬兰布雷舰"里希拉赫蒂"号！"里希拉赫蒂"号属于芬兰 1940 年建造的"罗辛萨尔米"级布雷舰，共建造两艘，都以历史上瑞典战胜俄国的海战命名，虽然吨位小，却是芬兰海军的新锐舰只。该级舰排水量 310 吨，长 50 米，宽 7.9 米，吃水 1.5 米；最大航速 15 节；1 门 75 毫米炮，1 门 40 毫米"博福斯"（Bofors）高炮，2 门 20 毫米麦德森（Madsen）高炮，3 条布雷轨，可携带 100 枚水雷，还装备声纳、深水炸弹、发烟罐等装备，可以执行护航、反潜、布雷等多种任务。

芬兰布雷舰 "里希拉赫蒂" 号

　　芬兰对苏联开战后，"里希拉赫蒂" 号迅速行动，到 1941 年底共布设了 1000 余枚水雷，给红海军和海上运输线构成了重大威胁。而且还俘获了一艘苏联驳船。1942 年，"里希拉赫蒂" 号在布雷行动中依然活跃，在上文提到的索麦尔斯岛战斗中，她为守军提供了火力支援，为此遭到多达 56 架次苏联飞机的攻击，却毫发无损。1943 年 5 月 26 日，"里希拉赫蒂" 又击沉了苏联 Shch-406 号潜艇（而德国认为是他们的巡逻艇击沉的），加上她敷设的水雷所炸沉炸伤的苏联舰船，这艘不起眼儿的小军舰真可谓是血债累累。

　　8 月 22 日凌晨，"里希拉赫蒂" 号与 VMV-1 号巡逻艇一起前往芬兰湾的戈格兰（Hogland）岛海域执行反潜任务。结果一直转悠到第二天仍然一无所获，倒是被出来寻猎的 2 艘苏联鱼雷快艇撞个正着。更倒霉的是为了用声纳探测潜艇关闭了主引擎，现在启动已经来不及了，2 艘 G-5 型快艇气势汹汹地扑了上来。首先是第 124 号在距离 1000 米处发射一枚鱼雷，未能命中。两分钟后该艇再次发射鱼雷，却因为故障没射出去，倒是第二个上来攻击的第 94 号（原第 57 号）抓住了机会，两枚鱼雷成功击中了 "里希拉赫蒂" 号的侧舷中部，两分钟后该舰就消失在海面上，并带走了 23 名船员，包括舰长在内的 11 名船员则被 VMT-1 号救起。屡立战功的舰长奥斯莫·基维林纳(Osmo Kullervo Kivilinna, 1910—1943) 海军上尉最终由于伤重死在手术台上,他曾被广泛认为能成为芬兰海军的第一位海军上将。第 94 号艇长佐索夫(俄语 В. М. Жильцова, 英文 V.M.Zhiltsova, 1909—1976) 海军中尉在二战中共取得 10 个战果,于 1944 年 7 月被授予"苏联英雄"称号。

"里希拉赫蒂"的沉没直接影响到了德、芬海军用水雷封锁芬兰湾的战略计划,于是不得不大量征集拖网渔船来完成这一工作,结果再次遭到苏联鱼雷快艇部队的沉重打击。9 月 5 日,2 艘拖网渔船在戈格兰岛以南海域被第 94 号鱼雷快艇击沉。该艇同时也被渔船的反击炮火命中,20 毫米炮弹弹片打坏了蓄电池箱和通信天线,酸性腐蚀气体导致艇员缺氧,艇长和通信兵也负了伤。但全艇官兵坚守岗位,终于把鱼雷快艇成功地驶回了基地。事后维修时,在艇身上数到了 24 处弹孔。屡立战功的 94 号艇于 1944 年 6 月 20 日在纳尔瓦湾不幸触雷沉没。战后,苏联为这艘功勋鱼雷快艇特地发行了邮票以示纪念。此后苏军更加大了对芬兰布雷船只的打击力度。11 月 2 日,正在敷设水雷的拖网渔船遭到了一队 G-5 鱼雷快艇的毁灭性打击:5 艘被击沉,2 艘被击毁,只有 1 艘侥幸逃走。

1944 年,随着苏军终于为列宁格勒解围,现在轮到德国人为海面上的局势担心了。为了防止苏军反攻时在自己后方的纳尔瓦湾组织登陆战,德军在海湾配备了大量由拖网渔船改装而成的巡逻舰艇,担负布雷、反潜和猎杀鱼雷快艇等任务。但这并未能阻止苏联鱼雷快艇经常进入纳尔瓦湾,而且这些拖网渔船也往往成为鱼雷快艇的攻击目标。5 月 29 日,4 艘 G-5 型在"共青团员奥洛特"号艇长克里沃舍因(俄语 Б.В.Кривошеин, 英文 BV Krivoshein) 和"青年阿尔泰"号艇长扎多雅(俄语 Н.М.Задоя, 英文 NM Zadoya) 等指挥下击沉 3 艘敌人用于运输的拖船。几天后,这支鱼雷快艇分队又袭击了一队敌人用来布雷的拖网渔船,击沉其中 3 艘;正在交战时,第二鱼雷快艇大队大队长斯维尔德洛夫(1924—1991,俄语 А.Г. Свердлов, 英文 AG Sverdlov) 海军少校率领的另外 5 艘快艇也赶到战场,击沉了另外 3 艘。斯维尔德洛夫在二战中共取得 7 个战果,于 1944 年 7 月被授予"苏联英雄"称号。

5月30日，斯塔罗斯金（1941—1976，俄语 В.М.Старостин，英文 VM Starostin）海军少校指挥的 TK-94 号（即击沉芬兰布雷舰"里希拉赫蒂"的第 94 号）和分别由克里沃舍因、扎多雅和马卡罗夫任艇长的其他 3 艘鱼雷快艇，接着黑夜和大雨的掩护，再次潜入纳尔瓦湾，沿着海岸线接近并突袭了 4 艘拖网渔船组成的德军巡逻队，击沉 2 艘拖网渔船，重创了另外 1 艘。一个星期后，斯塔罗斯金单艇攻击了数艘德国船只。他尽可能接近敌舰并齐射了鱼雷，声称击沉 2 艘拖网渔船，鱼雷快艇没有任何损失。6月1日，古曼年科大尉指挥的 4 艘快艇在维堡附近袭击时遭到顽强抵抗，1 艘快艇在敌炮火打击下严重受损，部分艇员负伤落水，还好都被打捞上来。古曼年科报告称击沉了 3 艘敌船。6月16日，鱼雷快艇部队又报告称击沉了 1 艘敌人拖船和 2 艘小艇。这次战斗中克里沃舍因的快艇被敌船炮火击中，但无大碍，麻烦的是斯塔罗斯金的座艇被重创，海水沿着艇体上的大洞汹涌而入，迅速淹没了底舱。斯塔罗斯金只得命令快艇冲滩搁浅。这年 7 月，斯塔罗斯金因屡立战功被授予"苏联英雄"称号。

以上这些战果除了苏联艇长们的描述并没有任何敌方的记载，但要就此一口咬定属于虚报也很勉强。毕竟当时不管德国还是芬兰在波罗的海东线的海军属于数量既不多、质量也不好的状态，征用苏联民船以及利用占领的苏联船厂造船是常事，广泛用于巡逻、反潜、布雷和运输，这些船从服役到损失都很难找到什么记载。

双方都承认的战果一定得是正儿八经的编制军舰，而战局的发展也给了鱼雷快艇这个机会。随着苏军在陆地上兵临维堡，为了强化芬兰湾东北部各岛防御，从 4 月底开始，芬军舰艇在该海区的活动日益增多，巡逻范围远至索麦尔斯、比约尔克岛一线。到 6 月 10 日，德、芬海军共在科特卡和维堡海域集结雷击舰 2 艘、炮舰 3 艘、潜艇 2 艘、护卫舰和扫雷舰 17 艘、护卫艇 30 艘、扫雷艇 12 艘、登陆船艇 33 艘。这么多舰艇集中在这样狭小的水域里，红海军鱼雷快艇有所斩获也就不稀奇了。

6 月 4 日，G-5 型鱼雷快艇 TK-51 号和 TK-101（一说 111）号取得有史

奥西波夫

阿法纳谢夫

佐索夫

斯维尔德洛夫

斯塔罗斯金

沙巴林

帕拉马尔丘克

卡扎钦斯基

获得苏联英雄称号的鱼雷快艇指挥官群像

德国扫雷舰 M—37 号的姊妹舰 M—12 号

481

以来的一次大胜，在纳尔瓦湾击沉了德国 M-1935 年级护航扫雷舰 M-37 号，13 名舰员死亡。M-1935 年级是德国在二战中最成功的扫雷舰艇，适航性好，操纵灵活，功能多样，可从事护航、反潜、布雷和扫雷任务。该级舰长 68.4 米，宽 8.5 米，吃水 2.65 米，标准排水量 682 吨，满载排水量 874 吨；马力 3200 匹，最大航速 18 节；装备 2 门 105 毫米炮，2 门 37 毫米炮，6-8 门 20 毫米炮，编制 113 人，可携带 32 枚水雷。M-37 号是 1941 年 6 月在德国汉堡港服役的，从 1944 年 3 月开始，她一直辛勤地在芬兰湾的雷区里奔波，扫除苏军敷设的水雷，然后布下德国的水雷。该舰是开战以来苏联鱼雷快艇部队击沉的吨位最大的敌舰，不过这个纪录很快就被刷新了。

阴沟翻船

为攻占比约尔克群岛，苏军成立了一支岩岛舰艇支队（拥有炮舰 4 艘、护卫舰 2 艘、装甲艇 8 艘、鱼雷快艇 12 艘、护卫艇 16 艘、登陆艇 28 艘、烟幕艇 24 艘、扫雷艇 28 艘），并配属独立第 260 海军陆战旅（1500 人，装备 45 – 76 毫米炮 30 门）。6 月 19 日深夜，舰队水兵向维堡湾内岛屿展开进攻，独立第 6 海军陆战团的加强步兵连首先攻击比约尔克群岛以西 16 海里的涅尔瓦岩岛。登陆舰队由 14 艘鱼雷快艇组成，分成 4 个分队。但出人意料的是，在途中却突然遭遇了德军的 2 艘雷击舰 T-30 和 T-31 号。

这两艘雷击舰属于著名的埃尔宾（Elbing）级，平甲板和两个相互距离较大的烟囱，使它们看起来颇为类似英国驱逐舰。该级舰长 102.5 米，宽 10 米，吃水 3.22 米，标准排水量 1294 吨，满载排水量 1754 吨；装备 4 门 SKC/32 型 45 倍径 105 毫米炮、4 门 37 毫米 SKC/30 型 83 倍径 37 毫米炮、6 门 SKC/38 型 65 倍径 20 毫米炮、2 座三联装 533 毫米鱼雷发射管；最大航速 33.5 节，续航力 5000 海里 /19 节，编制 198 人。而且这两艘雷击舰都是新锐舰只，T-30 是 1943 年 10 月 24 日服役的，T-31 则是 1944 年 2 月 5 日才服役。德军为了遏制苏军攻势特地调来两舰，却正好与苏联人不期而遇，可谓不是冤家不聚头。

德国 T-30 号雷击舰

战斗一开始，德国人依靠强大的火力完全占据了上风，接连击沉两艘炮艇 MBK-503（157.8 吨，2 门 76.2 毫米炮）、MBK-505 和猎潜艇 MO-106 号。而由第一分队鱼雷快艇 TK-53、TK-56、TK-153 号发射的鱼雷却都被德国雷击舰机动灵活地躲了过去。3 艘鱼雷快艇也先后被击沉，德国雷击舰打得兴起，索性在海面上四处搜索起来，第二分队（TK-41、101、103、111）很快被发现，TK-101 和 TK-103 被击伤，该分队只得利用高速退出战场。第三和第四分队为了避免重蹈覆辙而施放大量烟雾，海面能见度因此大大降低，两艘德国雷击舰虽近在咫尺却互相看不见。1 时 2 分，D-3 型鱼雷快艇 TK-37 号（艇长 Tronenko）和 TK-60 号（艇长 Buszujew）终于成功地用鱼雷击中了 T-31 号雷击舰。该舰迅速沉没，船员中有 82 人丧命。见势不妙的 T-30 号顾不得还有许多德国水兵在海上漂浮，赶紧逃之夭夭。这下就体现出 G-5 鱼雷槽的优越性了，射光了鱼雷的苏军快艇客串了一把救援工作，把捞上来的德国人往空空如也的鱼雷槽里一放倒挺方便的。

既然海战获胜，登陆行动本身就没有什么难度了，涅尔瓦岛很快落入苏军之手。至此，从西部进入维堡湾航路已经处于波罗的海舰队有效控制之下。

这下子轮到德国人走背运了，苏联红军攻势如潮，8 月 10 日在纳尔瓦战役中获胜。为了掩护前线德军后撤，8 月 18 日，德军司令部命令第六雷击

德国 T-22 号雷击舰

舰支队的 4 艘 T-20 级雷击舰立即前往纳尔瓦湾布雷。支队指挥官哥本哈根（Copenhagen）一度强烈反对，因为中型军舰在没有空中掩护的情况下进入敌人后方将会非常危险。但司令部也固执己见，认为这是保证撤退安全的必要措施，最后哥本哈根只得从命。

果不出哥本哈根所料，第六雷击舰支队的行动被苏联人发现了，在布雷的时候遭到了一队 D-3 型鱼雷快艇的突然袭击。德国人仓皇失措，在规避鱼雷时误入自己刚敷设的雷区，结果 T-22 号、T-30 号和 T-32 号相继触雷，在一声声爆炸中纷纷下沉，只有 T-23 成功逃了回去。

这次战斗对波罗的海的德国海军部队造成了有史以来最沉重的打击。第六雷击舰支队几乎全军覆没，三艘雷击舰上的约 600 名官兵只有 393 人被苏联鱼雷快艇捞起后送入了战俘营，其他的都葬身大海。而苏联人对这个结果似乎还不很满意，参战军官声称至少有一艘德国雷击舰是被自己发射的鱼雷击沉的，而被俘德国水兵也证实了在第一声爆炸之前的确看到数条鱼雷划出的尾迹，但这并不能证明鱼雷就命中了目标，这注定将是一笔糊涂账了。

崭露头角

1945 年初，随着苏军攻入东普鲁士，德国开始集中自己所有的船只，想方设法地把军需物资运至前线，同时将伤员和难民运回本土。波兰但泽湾里出现了战争中难得一见的繁忙景象：上千艘的各种船只在海上奔波，其中不少已蒙尘多年，几乎不能再次出海航行。其中幸存的德国海军舰艇是最忙碌的一群，她们频繁往返于快被苏联红军占领的各个港口，在逃上军舰的步兵头上开炮，阻击步步紧逼的红军；或是及时运送食物、弹药、煤炭等紧缺物资补给前线。这并不是一项容易完成的任务，虽然红海军的大型水面舰艇仍然窝在基地里一动不动，但航空兵和潜艇、鱼雷快艇却是异常活跃。3 月 30 日，苏联鱼雷快艇就抓住机会在但泽港外击沉了"诺威热亚"（Neuwerk）号汽船，船上有上千人（13 名船员、854 名伤员、7 名医务人员、60 名铁路职工和大约 100 名难民），但只有 8 名船员被 S 艇救出，其他人全都葬身大海。

4 月 15 日对德国驱逐舰 Z-34 号和她的舰长赫兹（Karl Hetz，1910—

Z-34 号驱逐舰的同型姊妹舰 Z-39 号

1980）海军少校来说本来是美好的一天。该舰自服役以来第一次使用她的 150 毫米重炮轰击苏军的岸炮阵地。这艘 Z-31 级驱逐舰是 1943 年 6 月 5 日才服役的，排水量 3690 吨，航速可达 38.5 节，有一座双联装和三门单装 150 毫米炮，是当时世界上主炮口径最大的驱逐舰，能够和部分老式轻巡洋舰匹敌；而在面对强大的敌军战列舰或重巡洋舰时，也可以利用高达 37 节的速度脱逃，所以该舰颇有点不把红海军波罗的海舰队放在眼中的意思。而在她的炮击过程中，也的确没有一艘苏军舰艇出来干扰。

当天下午，Z-34 接到了新的任务，和两艘雷击舰 T-23、T-36 一起为 4 艘运输船护航。这次任务很快也完成了，一路海波不兴，十分惬意。眼看夜幕降临，赫兹少校命令转向赫拉（Hela）港，以便为自己消耗得差不多的油舱灌满燃料。

赫兹没有想到的是，苏军的 2 艘"共青团员"级鱼雷快艇 TK-131（艇长

作为展品的"共青团员"级鱼雷快艇

克罗特科维奇海军中尉，Н.Короткевича）和 TK-141（"敖德萨共青团员"号，艇长索罗多维尼科夫海军中尉，В.Солодовникова）已经盯上了他的爱舰。晚上 23 时许，2 艘快艇借着海面上的薄雾掩护，突然进行突袭，德国人虽然发现了威胁并开动全部火力阻止，但还是被鱼雷命中，当即失去了机动能力。幸运的是，这只是一枚威力不大的 450 毫米鱼雷，该舰没有沉没，由 T-36 号雷击舰和 M-241 号扫雷舰拖回了基地。

由于前线缺乏维修能力，倒霉的 Z-34 号又于 5 月 10 日被转送德国基尔港。这时德国已经投降，舰员们离舰上岸，苏联技术人员进驻了该舰。但该舰到了 6 月下旬才被送入威廉港的干船坞，这时候鱼雷造成的破口才得到焊接，但仍未彻底修复。1946 年，Z-34 号作为赔偿舰交付美国海军。不过财大气粗的美国人对这艘缺乏价值的伤舰显然缺乏兴趣，当年 3 月就把她凿沉了。赫兹少校显然比他的军舰幸运，战后他在西德海军里官运亨通，直到当上中将司令。

"共青团员"（俄语 Комсомолец）级是苏联为了取代 G-5 型而在 D-3 型的基础上设计的一种小型鱼雷快艇，编号 123 型。标准排水量 20.5 吨，满载排水量 23 吨，长 18.7 米，宽 3.4 米，吃水 1.2 米；动力系统为两台惠普航空汽油内燃机，总功率 2400 马力，最大航速 48 节，经济航速 28.8 节，续航力 345 海里，自持力 4 天；装备：2 座 450 毫米鱼雷发射管，2 座双联装 12.7 毫米杜什卡高射机枪塔（部分艇改装了 20 毫米机关炮以加强火力），6 枚 M-1 型深水炸弹，艇员 7 人。

与某些资料认为该艇参考了苏联租借的美制埃尔科 80 英尺型鱼雷快艇（即 A-3 型）相反，共青团员级的首艇是于 1939 年 7 月 30 日在列宁格勒 194 厂开工建造，1940 年 5 月 16 日下水，10 月 25 日服役的。此时尚未开战，更谈不上租借鱼雷快艇的问题。而且从外形上可以看出，共青团员级与埃尔科 80 英尺型差别较大，特别是水下结构仍然采用 G-5 型的断阶式滑行艇型，只是用 D-3 型的平甲板取代了后者的弧形甲板；另外共青团员级采用了固定式鱼雷发射管取代 G-5 型的鱼雷发射槽。艇体使用铝合金结构，内部划分为 5 个水密隔舱。为避免湍流影响，两个螺旋桨长度不一致，左边的比右边的长 2.2

米。虽然在适航性上共青团员级要胜过 G-5 型，但在攻击威力上却拖了后腿。由于新研制的 533 毫米鱼雷发射管重达 11.6 吨，共青团员级不得不采用了只有 6.3 吨的 450 毫米鱼雷发射管。

战争爆发后，由于共青团员级的 450 毫米鱼雷威力较小，海军资源主要用来生产使用 533 毫米鱼雷的 G-5 型和 D-3 型，以至于共青团员级在二战中总共只有 32 艘建成服役，而且大多数都被分配到了并无战事的太平洋舰队，只有 4 艘（TK-131、132、133、141）于 1944 年 8 月才在波罗的海投入实战。这时战事已近尾声，德国海军舰艇大多龟缩到了本土，让有着优良沿岸攻击能力的共青团员级很少有发挥的机会，Z-34 号算是共青团员们第一个也是最大的一个战果，同时也是苏军鱼雷快艇在二战中对战斗舰艇取得的最大战果，虽然由于 Z-34 号的命大而显得不够完美。

1945 年 4 月 11 日，共青团员级遭受了第一个损失：TK-132 在但泽湾被德军岸炮重创后搁浅，为避免该艇被俘虏，苏军派出攻击机将该艇彻底炸毁。

4 月 21 日，叶菲门科（П.Ефименко）海军中尉指挥的一队鱼雷快艇在但泽湾搜索。在没有发现任何目标后，中尉决定深入湾内直到维斯瓦河

德国高炮驳船

口去碰碰运气。结果他的运气不错，先是发现了三艘德军高炮驳船——这是不错的目标，然后是 5 艘巡逻艇——有点棘手的护航力量，最后出现了一支庞大的德国护航船队，甚至看到了德国驱逐舰和雷击舰——现在麻烦了。但中尉还是毅然下达了攻击命令。第一个发动攻击的是阿克塞诺夫（A. Аксенова）指挥的 TK-135，他用两枚鱼雷击中了一艘高炮驳船。但悲剧的是引擎在这个关键时刻却发生了故障，这条艇顿时像死鱼一样浮在海面上，遭到其他敌船的火力集中攻击。好在经过抢修，有一台引擎又恢复了运转。这时 TK-131 也勇敢地冲入火力网中，抛来了救命的绳索，将该艇拖出了战场。

4 月 28 日，共青团员级 TK-133（"工人阿尔乔姆"号）在但泽湾取得了苏军鱼雷快艇部队在二战欧洲战场的最后一个战果：击沉 2475 吨的德国商船"埃米莉·索伯"（Emili Sauber）号，但也有说法是苏联陆军的炮火击沉了这艘船。虽然红海军鱼雷快艇部队依然奋勇，但她们还是未能阻止这次历史上规模最大、同时也是最成功的撤兵 / 撤侨行动。从 1945 年 1 月底到 5 月初，约 55 万名德军士兵和近 200 万德国平民成功撤往本土和丹麦，苏联的西伯利亚劳改营里因此减少了很多未来的苦力。

5 月 9 日，曾在重创 Z-34 号驱逐舰一战中立功的 TK-141 号不幸在里堡被苏军飞机误炸沉没。这是苏军鱼雷快艇部队在二战欧洲战场最后损失的一艘鱼雷快艇。

除了沉没的鱼雷快艇以外，红海军还有个别快艇落入敌手。1941 年 10 月 16 日，第 64 和 141 号两艘 G-5 型鱼雷快艇在韦博尔斯克海湾不慎搁

芬兰海军使用的被俘 G-5 型

浅，随即被芬军俘虏，并分别改名为"寒风"（Viima，编号 V-1）号和"狂风"（Vihuri，编号 V-2）号。1942 年 11 月，"狂风"号参加了芬兰海军在拉文萨里岛夜袭苏军"红旗"号炮舰的两次战斗（详见第二章）。同月，另一艘在风暴中搁浅的 D-3 型鱼雷快艇第 52 号也被芬军俘虏，改名为"弩箭"（Vasama）号，后改作巡逻艇使用。1944 年 6 月 17 日，芬兰海军在维堡湾的战斗中击伤并俘虏了苏军 G-5 型 TK-51 号鱼雷快艇，简单修复后编入芬军使用，编号为 V-3，但没有命名。1944 年 10 月，芬兰归还了所有被俘的鱼雷快艇，编号被重新改为 SK-37（Vasama）、TK-70（V-1）、141（V-2）和 90（V-3）。德国海军也俘虏了两艘 G-5 型鱼雷快艇第 47 号和第 111 号。

黑海战歌

德国入侵苏联前，红海军的黑海舰队已经进入高等级战备，鱼雷快艇接到战斗命令后只需要 15 分钟就可以冲向作战区域。但是，在战争爆发后，鱼雷快艇并没有发挥出威力。这一方面是德国海军的力量主要放在波罗的海，而其盟国罗马尼亚的海军也孱弱不堪，大多数时候都是躲在戒备森严的基地里，很少出来转悠；另一方面就是黑海舰队犯了指挥上的错误，由于担心罗马尼亚浅水重炮舰的威胁，基本上鱼雷快艇都是用于巡逻、布雷、运输和护航等任务，没有对敌人舰船发起主动攻击。对此很难理解苏联人是怎样想的，诚然，吃水往往只有 1 米多的浅水重炮舰不容易被鱼雷击中，但其不超过 12 节的航速也根本追不上鱼雷快艇，所谓的威胁并不足以达到阻止苏军鱼雷快艇出击的地步。

由于战局急剧恶化，重要基地敖德萨于 10 月中旬失陷，同时最大的基地塞瓦斯托波尔也被面临着德军的攻击。鱼雷快艇部队的行动就更消极了，大部分撤往雅尔塔（Yalta）和新罗西斯克等地，在塞瓦斯托波尔只留下了一个鱼雷快艇大队。

在 1941 年黑海舰队鱼雷快艇部队参加的最大一次行动就是 12 月 26 日的刻赤 - 费奥多西亚登陆战，亚速海区舰队（7 月 23 日成立）的 20 艘鱼雷快艇

布雷是黑海舰队鱼雷快艇的主要任务，鱼雷槽里往往是塞满了水雷，而不是鱼雷。

担任了护航任务。而当时德军并没有海军力量来阻止这次登陆，所以虽然登陆战取得了成功，但鱼雷快艇部队却只是去打了一次酱油。

进入 1942 年后，德军基本占领了黑海北岸，黑海舰队主力只得再次后撤到格鲁吉亚的波季和巴统港，主要作战任务落到亚速海区舰队身上。亚速海区舰队有一支独立鱼雷快艇分队，下辖第 93（原 14 号，1942 年 8 月又改为 16 号）、43（原 54 号，后改为 26 号）、95（原 94 号，后改为 36 号）、124（后改为 46 号）、134（后改为 56 号）、144（后改为 66 号）、154 号（后改为 76 号）共 7 艘 G-5 型鱼雷快艇。

从 1942 年 6 月起，意大利的 MAS 鱼雷快艇和 CB 微型潜艇开始在塞瓦斯托波尔海域频繁活动，四处攻击苏联运输船和军舰。为了消除这一威胁，苏联海空军多次袭击位于雅尔塔的意大利海军基地，但由于雅尔塔离苏军机场太远，空军的轰炸效果有限。不过在 6 月 13 日晚上，一次精心策划的海空协同却取得了不俗的战果。

当时，一队苏联轰炸机再次光临雅尔塔。乘港口守军的注意力都集中在

意大利海军黑海支队的 CB 型微型潜艇

天上时，D-3 型鱼雷快艇的首艇（编号即为 D-3）突然闯入港口，在意大利人眼皮子底下发射了 2 枚鱼雷，击沉法罗尔菲中尉（S.T.V. Farolfi）指挥的微型潜艇 CB-5 号（满载排水量 45 吨，装备 2 枚 450 毫米鱼雷，编制 4 人）。这是苏军鱼雷快艇在二战期间击沉的唯一一艘敌军潜艇。剧烈的爆炸还使得旁边的 CB-2、CB-3 号潜艇和 MAS-572 号鱼雷快艇受到一定的损伤。岸上的炮兵还未来得及反应过来，苏联快艇已经施放烟雾扬长而去。不过正因为有苏军飞机同时参战，所以对于这个战果到底属于谁至今尚有争议。

8 月 1 日，苏联人故技重施，SM-3 号鱼雷快艇和 D-3 号鱼雷快艇又突然闯进费奥多西亚港的德国海军基地，击沉 220 吨的 MFP "F-334" 号运输驳船，同样在德国岸炮部队准备射击之前施放烟雾，安全撤离。

MFP 是德语 Marinefährprahm 的字头简称，是德国利用苏联尼古拉耶夫造船厂的设施制造的一系列适合内河水域作战的船只之一，也是当时德国海军在黑海地区效率最高、用途广泛的运输和两栖登陆船只，因此十分受到苏

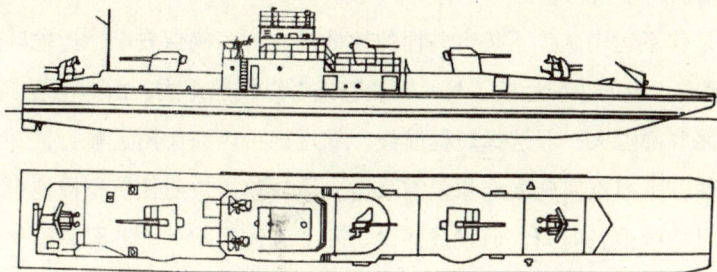

MFP 运输驳船

联鱼雷快艇部队的"青睐"。8 月 15 日凌晨，3 艘 MFP 遭到亚速海区舰队 4 艘 G-5 型鱼雷快艇（第 36、46、56、76）的突然袭击，"F-138A"号运输驳船被围攻击沉。尽管德方资料称该驳船是被苏军飞机击沉的，但这个战果还是被苏联人记到了鱼雷快艇的账上。后来德军还将"F-138A"号打捞出水，但是 10 月 14 日，该船在拖往塞瓦斯托波尔的途中却撞上了水雷，再次沉入深海，这下是彻底报销了。10 月 6 日，又一艘 MFP "F-131A"号被第 54（原 114 号）和第 46 号鱼雷快艇击沉；这两艘快艇组成的猎杀小组一发不可收拾，10 月 28 日（一说 10 月 8 日），MFP "F-470C"号又成为了她们的猎物。该船幸运的只是被鱼雷重创，而没有沉没。

但总的说来，鱼雷快艇的攻击效果并不能令人满意。1942 年下半年，黑海舰队鱼雷快艇出航 65 次，参加艇数 130 艘次，仅仅击沉对方登陆驳船 2 艘。主要原因是作战距离过远，影响活动半径，最近基地格连治克离雅尔塔 170 海里、距离费奥多西亚 160 海里、距刻赤 110 海里，如果要增大活动半径，必须少带一条鱼雷增加燃油储备，但又使攻击力量受到影响。

1943 年春，苏军在高加索转入反攻，黑海舰队的作战也随之变得积极了一些。不过罗马尼亚海军仍然延续了乌龟战略，德国海军在黑海的力量只有一些扫雷艇和 S 艇，都不是适合鱼雷快艇袭击的目标，比较好打的还是 MFP 驳船。而且随着苏军在陆地上的进展，黑海德军逐渐被孤立，越来越依赖于海上运输。据苏军统计，每月在通往德占港口的航线上，平均有 29 到 150 个护航运输队，船只总数在 310 到 1372 艘。

但是德军运输队也不是容易捏的软柿子，为了确保安全，运输队通常由 3 到 4 艘吃水浅的小型运输工具——驳船或者纵帆船组成，由扫雷舰、猎潜艇护航。而且德国人一般选择短程航线，靠近德占区海岸附近航行，并有空中掩护，使苏军很难实施轰炸和鱼雷攻击。虽然鱼雷快艇比较积极地投入封锁作战而且持续很长时间，但收效甚微，除了上述因素外，苏军鱼雷快艇自身也有不少问题。例如鱼雷快艇的搜索寻猎一般是在夜间进行，而德军舰船这时候往往停在港内或驻泊点，大海上空荡荡的什么也没有；同时黑夜能见度低，苏军鱼雷快艇又没有雷达，很难发现德国的小舰群目标。

作为以大型舰船为目标的高速攻击艇来说，黑海舰队的鱼雷快艇部队实在是很不称职，战果少得可怜，但正所谓东方不亮西方亮，在登陆作战中的表现倒是可圈可点，成为了一种很有效的登陆突击艇（冲锋舟）。以 G-5 型为例，一个鱼雷槽里可以容纳 20 名左右的陆战队员，有的鱼雷快艇索性拆掉鱼雷发射器，装上了座位板和护栏，做起了专职冲锋舟。为加强登陆时的压制火力，一些艇还加装了 M-8 型四联装火箭发射器，在对法西斯反攻阶段的登陆作战中成了急先锋。

1943 年 8 月 10 日，苏军在解放被德军占领的黑海港口城市新罗西斯克的战斗中，出动了一个支队 32 艘鱼雷快艇，组成三个突击群和一个掩护群，担负保障登陆兵在港登陆任务。当时登陆部队面临的最大威胁就是德军在新罗西斯克港口防波堤后面设置的重型榴弹炮和迫击炮。由于炮击和空袭都对防波堤无可奈何，压制效果太差。如果不能摧毁这个曲射火力阵地，那么登陆部队势必将遭受重大伤亡，甚至导致整个战役流产。经过研讨，苏军决定利用鱼雷冲上沙滩后能滑行一段距离的特性，用鱼雷快艇发射鱼雷"登陆"来攻击德军岸炮阵地。第 194 工厂的专家和黑海舰队的军械技师用最快的速度为 53-38 鱼雷研制了一种惯性延迟引信，以保证鱼雷不会在碰撞防波堤时爆炸。

9 月 9 日夜，登陆战正式打响，鱼雷快艇突击群的 12 艘 G-5 向港口的防波堤和敌人设在港区水边的固定火力点及障碍物发射了多条鱼雷，为登陆艇

一艘 A-1 型鱼雷快艇在解放后的敖德萨。

炸开了进港航道。掩护群则在外海警戒，防止敌舰闯入登陆地域，确保了登陆作战的顺利完成。由于这一支队完成任务出色，被授予红旗勋章。

　　1944 年春，苏军开始解放克里木半岛，黑海舰队的鱼雷快艇第一、第二支队转移到雅尔塔、耶夫帕托利亚和卡兰德阿湾的前进基地。根据苏联人自己的记载，从 4 月 11 日到 5 月 12 日，鱼雷快艇部队出航 268 艇次，击沉敌舰船 12 艘，不过大部分战果未能在德国那里找到记载。只有 4 月 27 日，在塞瓦斯托波尔附近的德国猎潜艇 UJ-104（原 KT-17 号，834 吨）遭到 3 艘 G-5 型鱼雷快艇（TK-332、343、344 号）的袭击，被一枚鱼雷重创。在这个时间段正是塞瓦斯托波尔的德军大撤退之际，遗憾的是鱼雷快艇部队仍然未能有所作为，连德国人都对撤退行动的顺利程度感到惊讶。

　　到了 1944 年下半年，黑海地区的轴心国海运规模逐渐下降到最小，苏军鱼雷快艇好容易赶在猎物彻底消失前取得了一个战果。8 月 5 日，SM-3 号和

TK-304、TK-344 击沉 1188 吨的运输船"易北河 5 号"（Elbe-5，一说该船被潜艇 Shch-202 号击沉），并用机枪击沉了两艘驳船：G-3102 号和 Cornelis Anni 号。

8 月 24 日，罗马尼亚宣告投降，黑海战事结束。总的说来，黑海地区的苏军鱼雷快艇部队在参战的三大舰队中战果最小，却损失巨大，根据苏军内部资料，仅从开战到 1943 年 10 月 31 日这 28 个月，鱼雷快艇就损失多达 47 艘！

冰海逐鹿

与其他海战区不同，虽然由于大西洋流往巴伦支海西南部的暖流，冰层全年都不妨碍舰队的战斗行动。但是，在巴伦支海和白海的北部和东部，以及喀拉海，舰艇冬天则因冰封不能出航。频繁的暴风，尤其是在秋冬两季，低云、雾、阵雪、雪暴——所有这些都极其妨碍舰艇和飞机的行动；不过，雾同时又能帮助护航运输队隐蔽航渡和遣送登陆兵登陆。给舰队行动造成严重困难的是极昼和极夜；在极夜，目力搜索更加困难，而在极昼条件下几乎不能隐蔽行动。北方舰队以喀拉湾内的摩尔曼斯克和波利亚尔内为基地。这两个基地尽管设备简陋，但海水因湾流保暖而使港口终年不冻。但是基地离挪威边境太近，很容易遭到德军空军袭击。

作为二战最北战区的挪威北部，人烟稀少，山峦重叠，铁路和公路极不发达。德国从挪威运走镍和铁矿石，并向挪威驻军和芬兰运送补给，基本上都要依靠海路。挪威北部海路东段，从基尔克内斯（Kirkenes）到芬兰的佩特萨莫（Petsamo，今属俄罗斯），路线不长，但途经的挪威瓦兰格尔（Varanger Fjord）和佩特萨莫湾海域开阔，德军舰船一般只在离岸五至三十链距离上航行，在最危险区域则尽可能靠近岸边，每个月这条线路上的德国运输船队都在 25 支以上，来往的船只在 150—300 艘左右。有这样丰富的"猎物"，就难怪苏联鱼雷快艇便常常出没在这条短短的冰海航线上守株待兔。而且北方舰队主要基地所在的雷巴契半岛和斯列德尼半岛地形突出，便于舰队对瓦兰格尔峡湾进行监视。

　　战争爆发时，相对其他三个舰队，北方舰队实力最弱，不但无力进行远洋作战，就是近海突击兵力也只有 2 艘鱼雷快艇而已，所以迟迟不能对德军海上运输线做出有效的打击，这种情况直到 D-3 型快艇陆续服役后才得到缓解。

　　1941 年 9 月 12 日，北方舰队的鱼雷快艇与德军首次交战。当晚，2 艘 D-3 型鱼雷快艇第 11 号（艇长斯维特洛夫，俄文名 Г.К.Светлова，英文名 G.K.Svetlov）、第 12 号（艇长沙巴林，1914 年—1982 年，俄文名 А.О.Шабалин，英文名 A.O.Shabalin）根据侦察的情况，前去截击从基尔克内斯驶往佩特萨莫的德军运输船队。22 时 5 分，发现由 4 艘舰艇护航的一艘大型运输船。为了增强隐蔽性，2 艘快艇利用高陡的海岸，用低速偷偷接近护航船队。在距敌 4 链时，向船队发射了 4 条鱼雷，然后高速撤离。11 号艇被敌炮火击中负伤。

　　苏军事后声称击沉德军巡逻艇 NT-05/"多哥"（Togo）号。该舰是原挪威扫雷舰"奥特拉河"（Otra）号，370 吨，航速 15 节，有 1 门 40 毫米炮和 2 挺机枪，1939 年服役，1940 年 4 月 98 日被德军俘获。德军记录是鱼雷全部射失，未有舰艇损失，实际上"多哥"号确实没有沉没，该舰战后被归还挪威，1963 年才退役。

　　3 天以后的夜晚，D-3 型鱼雷快艇第 13 号（艇长 Polyakov）、第 15 号（艇长 Obit Chapilin）又在佩萨莫和基尔克内斯之间的航线上攻击挪威沿海航船 Midnatsol（978 吨）号，并将其击沉。同日，另一艘挪威沿海航船 Renöy 号（287 吨）也遭到第 14 号鱼雷快艇（艇长 Oblt. Zhilyaev）的袭击沉没（一说该船是被苏联潜艇 M-172 号击沉）。

　　10 月 6 日凌晨，D-3 型鱼雷快艇第 11 号（艇长 П.И.Хапилина，P. Hapilina）、12 号再次利用高陡海岸，隐蔽接近一支德国船队（运输船 1 艘、护航舰艇 3 艘），在距离目标 2－3 链时发射鱼雷。沙巴林中尉指挥的第 12 号艇被证实击沉挪威沿海航船 Kutter Björnungen（163 吨）号，这是他首开记录。不过苏联人对这个小战果吹嘘过甚，宣称船上装载了运往前线的两千多名德国陆军，若果真如此，那么这艘挪威船就算不被击沉也将因严重超载而倾覆。

D—3 型第 11 号鱼雷快艇

被做成雕塑永久存放的第 12 号鱼雷快艇

　　这次战斗真正值得苏联人高兴的是，利用海岸掩护接近敌船是北极春季极昼条件下的有效策略，在海岸高岩的掩护下，甚至飞机也很难发现鱼雷快艇，沙巴林在提出和运用这个战术上功不可没。此后在苏联的档案里，宣称沙巴林在黑海和波罗的海获得 7 个战果。他因此于 1944 年 2 月和 11 月被两次授予苏联英雄称号，1969 年晋升为海军少将，他的 12 号鱼雷快艇（1944 年 4 月 1 日改为 TK-12）由于出了两位苏联英雄艇长（另一位是后文将要提到的帕拉马尔丘克），而被做成雕塑在北莫尔斯克的北方舰队博物馆永久存放。

　　由于冰冻期的到来，波罗的海和北极地区的苏军快艇在整个 1941 年里的活动到了 10 月底就逐步结束了。1942 年春海水解冻之后，鱼雷快艇部队再次活跃起来。3 月 16 日，参与过入侵挪威军队运输任务的的德国运输船 Utlandshorn（德国下萨克森州城市，2643 吨，航速 12 节）号在佩萨莫沉没了，德国人认为它撞上了一枚由苏军鱼雷快艇敷设的水雷；5 月 15 日凌晨 4 点，

D-3 型第 15 号鱼雷快艇

第 13 号、第 14 号鱼雷快艇在瓦兰格尔峡湾袭击一艘德国雷击舰，但是仍然未能击中目标。

1941 － 1942 年北方舰队鱼雷快艇部队出海 140 余艘次，但成效甚微，主要原因在于数量不足（到 1942 年春仅有 6 艘鱼雷快艇）、缺乏与其他兵种的协同、作战海区情况复杂以及侦察较差。由于海岸被深海湾弄得支离破碎，海面上有大面积礁岛群，秋冬季经常有风暴，涨落潮流很急，能见度低且变化不定，以及极昼和极夜互相交替等现象，使得这一地区航行和作战都很困难，因此苏军特别强调海区水文和气象条件对此的影响。秋冬季的暴风和严寒期来临后，鱼雷快艇就很少到交通线上活动。而春季，随着极昼的到来以及由此带来的空袭危险，使它们完全停止了活动，直到秋季才恢复作战。

1943 年，北方舰队的鱼雷快艇部队又得到了一点可怜的补充：从盟国那里交付的 3 艘 A-1 型鱼雷快艇。为了威胁德国海运线，鱼雷快艇部队在瓦兰格尔峡湾配置了 6 艘，在靠近佩特萨莫的普曼基配置了 2 艘。但后者由于受到空袭危险越来越大，只得于 5 月中旬撤走，直到秋季才又返回原驻地。

不过德国海军的增长幅度更快，在北方海域集结了战列舰 2 艘、巡洋舰 4 艘、驱逐舰 14 艘、护卫舰与扫雷舰 32 艘、护卫艇 19 艘、鱼雷快艇 10 艘、潜艇 31 艘。敌人过于强大，显然影响了鱼雷快艇部队的积极性，只是到了 9 月份后才开始活跃起来。在此之前可以确认的战果只有 6 月 21 日，第 13 号鱼雷快艇用机关炮击沉了被德国空军误炸受伤的沿海航船 "弗拉" （Foula,

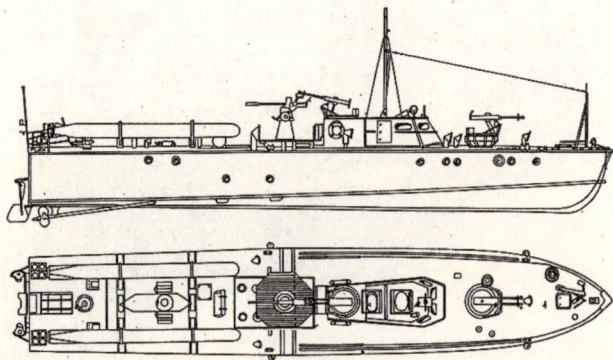

D-3 型加装火炮后的线图

由 D-3 型改装的猎潜艇

103 吨）号。

9 月 21 日，第 15 号（一说第 13 号）鱼雷快艇在瓦兰格尔峡湾用鱼雷击沉 1 艘 4330 吨的德国运输船"安特耶弗里茨"号（Antje Fritzen，航速 9.5 节）。德军记载是该船在途中触发两颗水雷而起火，经抢修无效，于 21 日凌晨 2 时 27 分沉没。不过"安特耶弗里茨"号遇袭的那片海域根本就没有布雷。

12 月 22 日，侦察机在贝累伐格角区域发现开往基尔克内斯的敌军护航运输队（8 艘运输船、2 艘扫雷舰、5 艘猎潜舰艇和 12 艘护卫艇）。苏军出动两个鱼雷快艇群（5 艘）进行拦截。

苏军鱼雷快艇依托海岸接敌，当被德军照明弹发现后，冒着炮火力图突破警戒幕。第 22 号鱼雷快艇首先发起攻击，但遭到德军警戒舰艇猛烈炮火回击，无法进入鱼雷射程，但该艇吸引了德军护航舰艇的注意力。第 12 号全速冲过弹幕，在 2 链距离上向最近的一艘护卫舰发射两条鱼雷，敌舰传来两声爆炸，迅即沉没。攻击时该艇艇长海军上尉帕拉马尔丘克（俄语 Г.М. Паламарчук，英文 GM Palamarchuk，1919—2007）被弹片击中，双腿

斑马迷彩涂装的 D-3 型

负了重伤。但他仍坚持驾艇安全返回，因此先是获得红旗勋章，1944 年 2 月又被授予"苏联英雄"称号。第 201 号也突破警戒击沉敌军运输船一艘。

不久，第二艇群指挥员沙巴林指挥的第 13 号鱼雷快艇赶到，在 2 链距离上攻击敌军，声称击沉护卫舰 2 艘。苏军损失了第 14 号鱼雷快艇，第 22、201 号也中弹受损。对于此战，德军记录是巡逻艇 V－6106（446 吨）号被击沉，艇上 24 人失踪，35 人获救。第 13 号鱼雷快艇在 1 小时后用两枚鱼雷击沉了单独航行的沿海航船"玛丽亚"（Marie，250 吨）号。

外来和尚会念经

1944 年 1 月，北方舰队仍然只有 15 艘鱼雷快艇，不过随着美国援助的鱼雷快艇陆续到来，鱼雷快艇部队从质和量上都发生了飞跃。到这年年底为止，共从美国租借鱼雷快艇 44 艘、黑海舰队调来鱼雷快艇 12 艘。

随着战事的进行，红海军遭受了重大的损失，其中也包括一直冲锋在前

A−2 型 TC−211 号鱼雷快艇

的鱼雷快艇部队。为了补充战损，苏联借助美国的《租借法案》获得了大量美国制造的鱼雷快艇，包括根据英国图纸生产的沃斯泊（Vosper）MTB 系列和美国自行研制的希金斯（Higgins）、埃尔科（Elco）系列，苏联将这三型快艇分别称为 A-1、A-2 和 A-3。其中 A-1 级又被称为"野牛"（Воспер），共租借 84 艘；A-2 级 52 艘；A-3 级 31 艘。这些鱼雷快艇除了在战争中损失的外，都在 50 年代归还美国，与苏联的本土货相比，租借鱼雷快艇的适航性更好，火力更强，以其优异的质量发挥了至关重要的作用。

　　为了更有效破坏对方海上交通线，苏军制定了新战术：对敌护航运输队不断进行合同攻击，不断对敌濒陆海区造成压力。首先，鱼雷快艇以 3－4 艘为一群在白天行动，然后以 9－12 艘为一群在夜间行动，最后与航空兵协同在白天实施攻击。与此同时，潜艇在敌护航运输队航路上展开成艇幕，不过主要使用航空兵进行攻击。

　　3 月 23 日，A-2 型鱼雷快艇 TC-216、217 号击沉了 514 吨的德军巡逻艇 V-6109 "北风"（North Wind）号。这 2 艘美制 78 英尺型希金斯快艇是 2 月

A–2 型 TC–217 号鱼雷快艇

14 日才加入北方舰队的，排水量 56 吨，长 78 英尺，宽 20 英尺 8 英寸，吃水 5 英尺 3 英寸；三座 1500 马力的帕卡德 W-14 M2500 型发动机，最大航速 41 节，编制 17 人。其火力对于苏联鱼雷快艇来说堪称恐怖，40 毫米、37 毫米和 20 毫米炮各 1 门，12.7 毫米双联装机枪 2 座，4 个 533 毫米鱼雷发射管。也就是说，A-2 型完全可以不动用鱼雷，仅凭炮火就能把德国海军那些用拖网渔船改装的巡逻艇送进海底。

5 月 7 日，另外 3 艘 A-2 型鱼雷快艇（TC-215，TC-218，TC-219）又在德国人眼皮子地下攻击了挪威沿海航船 Moder-2 号（124 吨）。船只起火沉没，14 名船员被俘，德军岸炮准备支援但动作稍缓，结果鱼雷快艇成功返航。5 月 8 日，3 艘苏军鱼雷快艇准备故技重施，却遭遇了德军 2 艘巡逻艇，开战不久 TC-217 即中弹起火，并徐徐下沉，另 2 艘立刻施放烟幕撤退，德军则只有 4 人受伤。

6 月 28 日，苏军出动 50 架飞机和 3 艘鱼雷快艇攻击了一支驶往佩萨莫的护航运输队，宣布击沉 7 艘运输船、1 艘油船、护航舰艇 4 艘。不过德军称仅有 1 艘 989 吨的"火神"号运输船船首中弹，后来沉没。当其完成任务，从佩特萨莫返航途中，1 艘掉队的运输船"尼瑞莎"（Nerissa，992 吨）号在浓雾中迷航，脱离了编队，被 A-1 型鱼雷快艇 TC-239 和 TC-241 联手击沉。

此役以后，北方舰队各兵种协同动作愈发熟练。7 月 14 日，侦察机在马格吕海峡发现德军第 124 护航运输队，拥有 9 艘运输船和 20 艘护航舰艇。3 艘潜艇接到有关活动电报后，就开始出海拦截。15 日晨，潜艇 C－56 号与 M－200 号向敌发起连续攻击，随后攻击的是 8 艘鱼雷快艇组成的水面突击群，空中有 4 架歼击机掩护。苏军战后声称共击沉运输船 3 艘（其中 1 艘 5000 吨）、战斗舰艇 5 艘，损失一艘鱼雷快艇。其中 1 艘渔船 Drifter（41 吨）被 TK-12 号击沉，Hugin（124 吨）被 TC-239 号用机关炮击中后起火爆炸，侥幸没有沉没，被拖回港口修理，TC-239 号还击沉了另外两艘独桅帆船：Storegga 和 Rossfjord，但自己也被德军猎潜艇 UJ-1211 号击沉，2 名艇员被俘。这是因为 TC-239 属于 A-1 型，排水量 39 吨，只有 1 门 20 毫米炮和 2 座双联装机枪，在炮战中难免吃亏。

8 月 18 日，侦察机在拉克塞峡湾发现德军第 128 护航运输队（由 4 艘运输船和 10 艘护航舰艇）组成。由于所在海区仅有 1 艘潜艇 M－201 可对其展开攻击且天气不利于航空兵出动，所以，北方舰队司令决定使用部署在斯列德尼半岛的鱼雷快艇群。当晚，鱼雷快艇群开始展开，分为三个艇群，依次有 3 艘、2 艘和 9 艘。8 月 19 日凌晨 1 时，鱼雷快艇群开始攻击。最先到达战场的 A-1 型 TC-242 号艇向前猛冲，在距敌 10 链时施放烟幕，从而保证了其他艇航行的隐蔽性。它们从浓浓的烟雾中出现，迅速攻击后又很快消失。尽管敌舰与岸炮炮火猛烈，但收效不大。在先遣队攻击 3 分钟后，主要突击群其余 8 艘艇开始攻击，然后，第一与第二艇群随之发起攻击。在整个 37 分钟的战斗内，13 艘鱼雷快艇发射鱼雷 25 条，声称击沉德军舰船 12 艘。这是北方舰队鱼雷快艇部队最典型和最成功的一次作战，突然性、隐蔽性和计算的准确性保证了其出色完成任务。德军战报中也承认这是一次战术运用熟练的作战行动，不过只承认被 A-2 型 TK-205 号击沉运输船 Colmar（3992 吨）和巡逻艇 V-6102（原 Cologne 号，472 吨）号，并声称击沉苏军鱼雷快艇 2 艘。

1944 年 9 月，芬兰宣布退出战争。这个聪明的小国家一直保持着和德军若即若离的状态，虽然一起对苏作战，却从未结盟，德军在芬兰境内的部署也受到限制，以至于德国在北极的军队无法像在意大利那样解除芬兰军队的武装，重新扶植一个亲德的傀儡政府。德国人唯一的选择是逐步退却，大量船只装载着部队和装备出现在海面上，这无疑是一个打击德军的好机会。

9 月 10 日，德军征用的船只 Capadose（135 吨）号失踪，德国资料认为它是葬身于苏军鱼雷快艇之手。9 月 14 日，4 艘鱼雷快艇（A-2 型 TC-211、TC-213 和 A-1 型 TC-242、TC-243）伏击了德国海军的 M-1935 年级扫雷舰 M-252 号，一枚鱼雷当即命中，在船壳上撕开了大口子，但这枚鱼雷没有爆炸，所以 M-252 号没有沉没，而是幸运地带伤返航。

9 月 24 日，苏军通过无线电监听在诺尔辰角发现德军一支护航运输队（1 艘驳船和 3 艘巡逻艇），决定出动由强击机和歼击机各 18 架组成的机群实施预先突击，随后由 9 艘鱼雷快艇（实际出动 8 艘，A-2 型 TK-202、204、207、208、214、TC-222、A-1 型 TC-240、242）组成的艇群进行主要打击。艇群攻击时，由施放烟幕机群（2 架）和 2 个空中掩护群（歼击机 10 架）提供保障。

25 日清晨的补充侦察发现了敌军运输队，保障了鱼雷快艇的及时出航以及航空兵突击群与保障机群的起飞。但是，由于侦察飞机受烟雾和小块阴云的影响有时丢失目标，妨碍了其对鱼雷快艇和航空兵的引导。10 时 32 分，鱼雷快艇在斯卡利涅斯角发现敌军后，由于航空兵尚未赶到，鱼雷快艇指挥员为了不贻误战机，决定独立发起突击，由 1 艘鱼雷快艇冒着敌舰炮火施放浓密的烟幕，其它鱼雷快艇在烟幕掩护下抵近目标，进行鱼雷攻击。而就在此时，担任空袭任务的伊尔 -2 强击机群也几乎同时赶到并发起攻击。当鱼雷命中德舰爆炸后，烟幕施放，机群才到达战场，正好保障了快艇的撤退。此次鱼雷快艇与航空兵协同作战，击沉德军扫雷舰 2 艘、护卫舰 1 艘、驳船 1 艘，另外航空兵还在海上和基尔克内斯港击沉运输船与驳船各一艘。德军承认被炸沉巡逻艇 V-6101 号，巡逻艇 V-6105（原 Holstein 号，134 吨）号和平底驳船 Gauleiter Bohle（505 吨）被 TK-202 号击沉，同时击沉苏军鱼雷快艇 1 艘。

　　当然，协同不好造成损失的事情在苏军也时有发生。有一次由于苏军鱼雷快艇误航，德军 1 支护航运输队（2 艘运输船，15 艘扫雷舰艇）安全抵达目的港，仅在返航时遭到 2 艘鱼雷快艇攻击。这 2 艘鱼雷快艇没有等到另外 4 艘鱼雷快艇和飞机赶到就发起攻击。结果 TK-13 被击沉，TK-213 号被击伤，而德军毫无损失到达基尔克内斯。

　　与其他舰队一样，北方舰队的鱼雷快艇也被广泛用于登陆作战的搭载工具和掩护力量。1944 年 10 月 7 - 29 日，北方舰队在佩特萨莫－基尔克内斯战役中，出动鱼雷快艇 22 艘，先后实施 4 次登陆，加快了苏军夺占要点的步伐。同时，舰队还出动鱼雷快艇 20 艘（出动 200 艘次）执行破交任务。10 月 10 日，TK-12 号击沉德船"福奥特"（Fault，665 吨）。10 月 12 日，北方舰队的潜艇、鱼雷快艇和航空兵进行了卓有成效的联合作战。11 日，飞机发现由西驶往瓦兰格尔峡湾的护航运输队。鉴于航空兵主力正在对别克湾入口处、

M－1940 年级扫雷舰 M－469 号，是被苏军击沉的 M－303 号的同级姊妹舰，其舰艏的刀状设备是用来破坏障碍物的。

停泊在基尔克内斯港等地德军护航运输队实施打击，舰队司令于是派遣 3 个鱼雷快艇群（8 艘）前去歼灭敌军。12 日零点 26 分和 37 分，两个鱼雷快艇群在库马格涅斯角向敌发起连续攻击，击沉运输船 3 艘、护卫舰 1 艘、扫雷舰 1 艘，德军确认被 A-2 型鱼雷快艇 TK-205 和 TK-219 击沉了 M-1940 年级扫雷舰 M-303 号。该舰长 63 米，宽 9 米，排水量 700 吨；2 门 105 毫米炮，1 门 37 毫米炮，6 门 20 毫米炮；最大航速 17 节。10 月 21 日，A-1 型鱼雷快艇 TK-244、TK-230 和 A-2 型鱼雷快艇 TC-215 在挪威海岸击沉 M-1935 年级扫雷舰 M-31 号；11 月 22 日，D-3 型鱼雷快艇 TK-96 号又击沉德国辅助扫雷舰 M-5713 号。

1944 年是北方舰队鱼雷快艇战果最丰盛的一年，同样也是损失最大的一年，在整个战争中北方舰队失去了 12 艘鱼雷快艇，其中 10 艘都是在这一年沉没的。让苏联人兴奋中略带点尴尬的是，战果中的绝大部分都是外援鱼雷快艇创造的。

1945 年 1 月，北方舰队再次得到 22 艘鱼雷快艇的补充，不过随着德军的撤离，这一年主要的任务是护航作战，而这并非鱼雷快艇的强项。2 月 18 日，D-3 型鱼雷快艇 TK-158 号击沉 1923 吨的商船"托里纳"（Tolina）号，这是北方舰队鱼雷快艇部队取得的最后一个战果。

远东急先锋

和其他三支舰队相比，最弱小的太平洋舰队由于远离欧陆战区，也是最为"清闲"的。宿敌日本海军由于主要力量在太平洋战场，给其的压力并不大，鱼雷快艇部队在大部分时间里只是不断地往北方舰队和黑海舰队输送人员，为损失惨重的兄弟部队充血。到了 1945 年，决心对日开战的苏联大肆扩充太平洋舰队，仅鱼雷快艇就从 1941 年卫国战争爆发时的约 150 艘增加到 204 艘，其中包括刚从美国租借的大批 A-1 型鱼雷快艇。当然大型水面舰艇仍然逊于日本海军，不过后者的大型军舰正在美国海空军的重击之下苟延残喘，自身难保了。

苏军鱼雷快艇突袭罗津港的油画

　　8 月 9 日晚上，百万苏联陆军全面进攻中国东北的日本关东军。太平洋舰队也同时采取积极行动，首先出动舰队航空兵，对朝鲜东北部的雄基、清津和罗津等日本海军基地进行狂轰滥炸，第一鱼雷快艇支队也派出一个大队大胆突袭了罗津港。

　　天亮前一小时，苏联轰炸机轰炸了港口。利用黑暗和爆炸的掩护，两艘鱼雷快艇冲进狭窄的港湾，袭击了停泊在码头的运输船只。这次袭击完全达成了突然的效果，鱼雷快艇撤退时敌人才反应过来，立即用探照灯扫射并炮击，但为时已晚。共有 11 艘运输船和其他船只被击沉击伤，其中 4 艘运输船被归功于鱼雷快艇的袭击，大队长卡扎钦斯基（俄语 К.В. Казачинский，英文 KV Kazachinsko，1912 年生）因此在 9 月 14 日被授予"苏联英雄"称号。

　　同时，鱼雷快艇还担负了救援任务。例如 8 月 10 日，萨福诺夫（俄语 Сафонов，英文 Safonv）少尉的强击机在空袭罗津时被地面炮火击中，少尉吃力地把飞机迫降在日军控制的水域。由于飞机很快下沉，少尉和报务员只能栖身在充气橡皮艇上。这时，帕努舍夫（俄语 Пахнушева，英文

509

Pahnusheva）海军准尉驾驶的鱼雷快艇急速驶来，将两人救起。

8月11日，苏联红军第一远东方面军的左翼部队占领中朝边境的珲春，并沿北朝鲜沿岸展开攻势；与此同时，两天的海空战斗使太平洋舰队指挥部意识到日军防御薄弱，决心使用海军登陆部队一举解放北朝鲜各重要港口。

11日15时，第一侦察兵组搭乘2艘A-1型鱼雷快艇TC-567、578号成功登陆雄基港，没有遭到任何抵抗。原来日军在他们抵达前几个小时就撤退了，这也是鱼雷快艇部队解放的第一座城市。

在罗津的登陆也取得了成功。12日9时，又是鱼雷快艇搭乘步兵驶入罗津港，未经战斗就占领了码头。日军留下破坏的兵力微不足道，很快就被苏军肃清。真正给太平洋舰队制造了麻烦的是盟国飞机空投敷设的水雷区，仅在罗津港外停泊场和通往罗津港的航道上就布下了420颗水压感应水雷和音响水雷，重创了一艘苏联扫雷舰。舰队考虑到鱼雷快艇登陆时未触发任何水雷，判断美制的非触发水雷对这种轻型快艇是无效的，就派鱼雷快艇进行探扫。但缺乏设备和经验的鱼雷快艇只在航道上扫除了区区8颗水雷，此后又有2艘运输船和1艘油船触雷，舰队不得不暂停使用罗津港。

清津是北朝鲜最大的日本海军基地，设施完善，防御坚固。为了保有这个在特殊时候可以将关东军撤回本土的重要港口，日军在这里驻守了约4000人的部队。而太平洋舰队因为在雄基、罗津的成功而滋长了骄傲情绪，在没有掌握清津的防御体系和驻军兵力的情况下，便轻率地决定沿用解放罗津的方式，由鱼雷快艇搭载侦察队直接在码头登陆，进行火力侦察。

8月13日晨7时，6艘鱼雷快艇搭载181人的侦察队，在马尔科夫斯基海军大尉的率领下驶向清津。8时，为了确保登陆行动的顺利进行，此前由科斯特里茨基海军少校率领、一直在清津附近执行侦察任务的4艘鱼雷快艇大胆地驶入港内，11名水兵潜入港内，没有发现日军；鱼雷快艇则沿着整个港口进行了目视侦察，并测量了防波堤的水深，才出港接应满载侦察队的快艇。

13时，两支鱼雷快艇成功地把侦察队送上了清津的渔港，随后返航。虽然进出港途中都遭到日军岸炮射击，但显然日本炮兵没有射击这种高速快艇的经验，所有炮弹都打飞了，没有对鱼雷快艇造成任何威胁。18时许，由支

苏军鱼雷快艇登陆雄基港的油画

苏军鱼雷快艇强攻清津港的油画

队参谋长潘杰里耶夫海军少校率领的 7 艘鱼雷快艇，搭乘一个连（80 人）在清津的军用码头登陆。这次日本人的炮火比较准确一点，G-5 型 TK-535 号被岸炮击中受伤，但她很快利用高速度离开了敌人火力范围。14 日凌晨 5 时，又有一个独立营搭载快艇登陆军用码头。

虽然登陆是成功的，但随后登陆部队遭到绝对优势的日军围攻，伤亡惨重，靠舰队的炮火支援才得以坚持下来。舰队不得不以近乎于添油战术的方式，不断把能搜罗到的部队送上清津码头，先后投入了一个海军陆战旅和三个炮兵营。激战一直持续到 8 月 16 日晚上，直到第一远东集团军赶来才彻底将守军消灭。

清津之战是日军在北朝鲜唯一的一次大规模抵抗，此后太平洋舰队势如破竹，兵锋直指三八线以北最后的两个日本沿海据点——渔大津港和元山海军基地，鱼雷快艇则继续扮演急先锋的角色。8 月 19 日晚上 6 时许，"雪暴"号护卫舰和 6 艘鱼雷快艇搭载两个营（800 人）在浓雾中驶入渔大津港，迅速占领该地，日军弃城而逃。21 日中午，马利克海军大尉率领 6 艘鱼雷快艇，作为登陆船队的先锋，搭载登陆队靠上了元山港的码头。虽然元山有 6000 守军，但由于已经知道天皇宣布投降的消息，日军在苏军登陆后最终选择了缴械投降。

库页岛在日俄战争后被分为两半，南部归日本所有，这一直是俄国人的耻辱，因此在对日战争的第二天，苏军开始进攻南部。由于分界线绵延着密林覆盖、难以通行的山脉，日军又利用地形修建了易守难攻的永久性要塞区，从海上绕道敌后登陆就成了最策略的做法，库页岛上的全部战斗舰艇和飞机已经被调回本土，不可能对登陆船队造成什么威胁。

登陆的目的地是塔路（今俄罗斯沙赫铁尔斯克）港，两个营的海军陆战队分成三个梯队登陆，其中第二梯队由 14 艘鱼雷快艇组成，同时，5 艘鱼雷快艇担任整个登陆船队的警戒任务。8 月 15 日晚 22 时，第二登陆梯队的鱼雷快艇在浓雾中顶着 5 级风浪迅速把海军陆战队第 365 独立营送上了塔路港的码头。这次任务基本上没有什么难度，最大的阻碍也许就是天气。8 月 19 日，4 艘鱼雷快艇再次作为警戒力量参加了在真冈港的登陆。23 日，作为太平洋舰队的最后一战，6 艘鱼雷快艇参加了对大泊海军基地的登陆行动。由于天气转坏，七、八级大风经常把鱼雷快艇和扫雷舰之间的拖带钢缆拉断，水兵们不得不反复冒着生命危险换上新的钢缆，就这样同大自然整整搏斗了一夜。而当真正进入大泊基地时，基地卫戍部队未作任何抵抗就放下了武器。

战后之战

战后，和英美各国不同，苏联不知道是不愿还是不能，没有把他庞大的 G-5、D-3 等旧式鱼雷快艇出售给自己的友好国家，只有创建于 1946 年 6 月 5 日的朝鲜海军是个特例，因为后者刚刚从长达半个世纪的日本殖民统治下独立出来，完全没有海军基础，鱼雷快艇对于完全不懂海军的新手来说，是件比较容易入手的装备。1949 年，新建的朝鲜海军以大米等商品为交换，从苏联得到了第一批舰船装备。其中包括 5 艘苏联人使用过的鱼雷快艇，每艘快艇配发了两枚 45-36-H 型鱼雷。目前的说法都称这 5 艘快艇属于 G-5 型，但根据同时转交的鱼雷口径来看，更有可能是 Sh-4 型，这两种快艇在外形上很难分辨。这是目前所知朝鲜唯一在战前得到的鱼雷快艇装备。值得一提的是，

美国"朱诺"号防空巡洋舰

鱼雷快艇正式交付的8月29日成为朝鲜海军节，直到1993年。

朝鲜战争爆发后，美军决定对朝鲜进行封锁，当时可以立即使用的"薄弱兵力"（美国人自己的说法）为：美军巡洋舰1、驱逐舰4、澳大利亚护卫舰1、英国巡洋舰2、驱逐舰2、护卫舰2。而他们的敌手朝鲜海军，则只有3艘苏制OD-200型猎潜艇（47.2吨，航速28节，1门37毫米炮，1座双联装12.7毫米机枪）、5艘鱼雷快艇、2艘美制YMS型扫雷舰（320吨，航速14节，1门3英寸炮，2门20毫米炮）和1艘日制扫雷舰。

7月2日早上6点15分，美舰"朱诺"号防空巡洋舰和英舰"牙买加"号轻巡洋舰和"黑天鹅"号轻型护卫舰一起在东岸渔港注文津（Chumonchin Chan，今属韩国江原道）附近发现4艘朝鲜人民军鱼雷快艇和2艘炮艇掩护着10艘满载弹药的小型武装拖网渔船向南行驶。当时双方之间的距离已经接近到1.1万米左右了，由于"黑天鹅"的航速不到20节，无法和巡洋舰一起高速运动，被命令立即撤离战场。然而，该舰舰长热切地希望参加这实力严重不对等的战斗以博取战功，便以无线电故障为借口留在了战场。

朝鲜人民军鱼雷快艇面对绝对优势的敌人，也许是初生牛犊不怕虎，也许是出于保护运输船队的目的，进行了英勇的主动攻击。根据朝鲜的记载，参战的4艘鱼雷快艇编号分别为第二鱼雷快艇中队的21号、22号（艇长李

英国"牙买加"号轻巡洋舰

英国"黑天鹅"号护卫舰

宗根）、23 号（艇长崔正洙）和 24 号，编队指挥官是金君钰。战斗在相距 7 千米时正式展开。对于盟军而言，最幸运的是"朱诺"号轻巡洋舰装备大量 5 英寸 Mk38 高平两用炮的防空巡洋舰，比起老兵"牙买加"号的 6 英寸来，Mk38 炮的高射速对于鱼雷快艇而言是致命的。

　　由于美军近炸引信的炮弹围绕着鱼雷快艇爆炸，所以朝鲜人无法发射鱼雷。他们使用舰上的机枪进行攻击，但在远距离上对大型军舰当然不会有丝毫效果。当鱼雷快艇冲到约 4 千米处时，第 24 号被美舰的齐射击沉，第 22 号也被击伤，失去了动力，其余两艘放弃了攻击调头逃走。后来，第 23 号在英美军舰的追击下自行搁滩，美军声称被其炮火所毁；沉没快艇上有 2 名艇员被"牙买加"号救起。

　　4 艘鱼雷快艇中得以生还的只有金君钰乘坐的 21 号，当时快艇在"黑天鹅"号的追赶下做剧烈的曲折航行，并最终依靠远胜于英国护卫舰的航速，成功逃脱了被击沉的命运。为了支援鱼雷快艇，朝鲜人民军的小口径海岸炮曾向

平壤博物馆里的 21 号鱼雷快艇

美舰发射了几炮，最有威胁的一发炮弹落在"朱诺"号后左舷附近，但没有命中。

朝鲜鱼雷快艇的自杀式攻击为运输船队赢得了一点时间，10 艘速度缓慢的武装拖网渔船乘机躲进了已经被人民军控制的注文津港。不过她们还是未能躲过"朱诺"号心有不甘的搜索，该舰在朝鲜海岸炮的射程外对注文津进行无差别炮击。根据美方声称，击沉了其中 7 艘（也有资料称是两艘）。这只是美军对注文津一系列攻击的开始，接下去持续五天不停的炮击，摧毁了注文津三分之一以上的房舍和主要建筑，还摧毁了港湾设备和四十多艘渔船。

幸运的 21 号在逃出生天后，出于宣传的需要，被吹捧为"击沉美帝巡洋舰"的功勋艇，现陈列在平壤博物馆里供人瞻仰。不过这艘艇还是否为真正的 21 号艇还需要考证。在志愿军入朝前夕，损失惨重的朝鲜海军只有 3 艘舰艇能幸运地撤到苏联海参崴，其中只有一艘鱼雷快艇，目前尚无证据说明这艘艇正是 21 号。她的指挥官金君钰官运亨通，以海军少将军衔退役，成为了一名讲解员，在博物馆里介绍着自己并不存在的功绩。

Sh-4 作为苏联第一种量产的鱼雷快艇，也是卫国战争中红海军最老的鱼雷快艇，在朝鲜完成了她们的最后一战，同样也是红海军在二战中所有参战鱼雷快艇的最后一战。冥冥之中仿佛真有一只命运之手，恰好为苏联鱼雷快艇划完了一个轮回。

第七章 超级龙套
——美国 PT 鱼雷快艇

与英国的 MTB 一样，PT 是美国海军中各种不同型号的鱼雷快艇的总称，意即鱼雷巡逻艇（Patrol Craft Torpedo）。这个名称可以追溯到美国在 19 世纪末制造的第一艘旧式鱼雷艇"库欣"号。从中也可以大概看出，美国对于鱼雷快艇的看法与英国、苏联不同，并不是作为一击必杀的刺客，而是作为舰队中的"杂兵"来使用的，主要功能是近岸的巡逻、侦察、防卫，因此 PT 艇在设计上更注重综合能力，论火力她不如英国的费尔米尔 D 型，论航速她不如苏联的 G-5 型，论防护她不如德国的 S-38 型，但她的各项指标都比较均衡。

同时，PT 艇保持着一个无法超越的记录：作为反法西斯的美、英、苏三大主力盟国，海军中都装备了为数不少的 PT 艇，与 M4 型"谢尔曼"坦克一样是美国最"畅销"的租借物资，因此她的产量也居于二战各国鱼雷快艇之首。得益于此，PT 艇的参战海域也是最广泛的，太平洋、大西洋、地中海和北冰洋，到处都闪现着她的身影，堪称盟国海军中的"超级外援"。

尴尬的起步

也许是由于在美西战争中的拙劣表现，也许是宽广的两大洋难以飞渡，腿短体弱的鱼雷艇从来没有在美国海军中得到过重视。一战中英国 CMB 和意大利 MAS 这两种新式鱼雷快艇的优异表现尽管给了前者一些触动，但在从英国购入 CMB-40 型和 CMB-55 型各一艘后，美国海军就再也没有进一步的行动了。虽然从 20 世纪 20 年代起，美国竞速艇技术就已达到世界领先水平，多次在世界竞速艇比赛中夺冠。但美国鱼雷快艇的设计制造工作却起步很晚，远远落在海军列强之后（除了同样歧视鱼雷快艇的日本之外）。

直到 1930 年年底，随着英、德、意、苏等国的鱼雷快艇不断推陈出新，美国海军才意识到了在这一方面来自四面八方严峻的挑战与自身的不足，终于下定决心建造自己的鱼雷快艇。1938 年夏，美国海军提出了大（21.34 米）、小（16.46 米）两型 PT 艇的招标，美国不少厂商参加竞争，海军共收到了 37 个设计方案，最终有 4 家厂商中标。

美国迈阿密（Miami）船舶公司被指定建造 PT-1 与 PT-2，底特律渔业艇公司费希尔（Fisher）船厂生产 PT-3 与 PT-4。这 4 艘鱼雷快艇均是由乔治·克劳奇教授设计的，所以结构基本上完全相同。前者排水量 30 吨，装有 2 台功率为 1200 马力的维马勒特发动机；后者排水量 25 吨，装两台特别为 PT 艇设计的 12 缸船用帕卡德（Packard）发动机。这 4 艘艇完工后都被分配到第一 PT 艇中队，其中 PT-3 和 PT-4 于 1942 年移交加拿大空军作为高速救援艇使用，1945 年 4 月归还美国。

新奥尔良的希金斯（Higgins）工业公司获得了 PT-5 与 PT-6 的合同，这是一家专门研究浅水工作艇的大型私人企业。一开始希金斯研究出的防止暗

在加拿大作为高速救援艇使用的 PT-5

礁、浅滩破坏的半轴防护螺旋桨装置不能使用，主要原因是海水容易被吸入轴内，引起螺旋桨效率下降。希金斯经过反复的试验和改进，最终在1937年研制出了新型的"厄尔卡"装置，主要改进是采用水平的首部圆木结构代替常规的垂直首柱。这种勺形艏拦住了通过前首柱下的海水进入轴隧的危险，而且还降低了摩擦阻力。新技术随即应用到了其承建的两艘PT艇身上。PT-5型长24.69米，排水量34吨，装有3台帕卡德发动机，总功率3750马力—4050马力，航速35—40节。这两艘艇后来同样被租借给加拿大空军作为高速救援艇。不过鲜为人知的是，实际上希金斯一共生产了两艘PT-6，第二艘PT-6后来租借给英国皇家海军。

费城海军造船厂承建的PT-7与PT-8是试验艇中吨位最大的一型，排水量高达51吨，并一改美国PT艇木质艇身的传统，采用了铝合金船体。前者装有4台900马力的霍尔-斯科特发动机，后者装有4台1000马力的埃里森V型发动机，航速都可以达到41节，装备4个533毫米鱼雷发射管和1门40毫米机关炮。PT-7后移交加拿大空军做救援艇，PT-8则被改做巡逻艇。

虽然各有特点，但这些PT艇都不能令美国海军满意，因为情报显示，她们的技术与欧洲强国相比已经明显过时了。正当美国人犯愁之时，1939年9月5日，由埃尔科（Electric，略称ELCO，意译为电船公司）造船公司副经理亨利·R.萨特芬向英国BPB公司购入的一艘快艇由货船运抵纽约，从此掀开了美国PT艇发展史上崭新的一页。

这艘由休伯特·斯科特-佩因（Hubert Scott-Paine）设计的70英尺快艇，本来是为了竞标英国海军部的新型MTB合同，但却被沃斯泊公司击败。不过墙内开花墙外香，美国海军将其编为PT-9号进行试航后，却对其性能表示满意，并与ELCO达成协议，要求以PT-9为蓝本再制造10艘（PT-10—19号）鱼雷快艇，统称为PT-9型。

埃尔科公司按合同规定对船体略做了一些变化，这其中包括改变上甲板的构造，并用3台帕卡德公司新设计的1200马力V12-M2500型汽油发动机取代了原有的罗尔斯-罗伊斯梅林航空发动机。闻名遐迩的1920年世界竞速艇冠军"美国小姐一世"号就是用的帕卡德发动机。二战中更是几乎所有的

1940 年在华盛顿的 PT-9

PT 艇发动机都由帕卡德一手包办。在战争中，帕卡德发动机进行了多次性能的更新改造，在质量与可靠性上有口皆碑。

PT-9 型的龙骨采用产自阿拉斯加的云杉木，其他船身结构也使用了诸如美国橡木和非洲桃花心木等高档木料。水线以下的螺钉则全部采用了当时尚不多见的镍合金部件。PT-9 型最为显著的外部特征就是位于艇身舯部的两个半圆形有机玻璃机枪塔，里面各安装一座双联装 12.7 毫米勃朗宁 M2 型机枪。虽然这种机枪塔既能使机枪手有良好的视野，又能有效防止风浪的袭扰，但由于没有防弹效果，一旦被击中，四散的玻璃碎片反而会让机枪手受到更大的伤害。因此在经过实战检验后，后续 PT 艇都采用了开放式炮座。

埃尔科公司的效率很高，平均每 10 天就有 1 艘艇出厂。但有趣的是，这 10 艘艇连同 PT-9 号一起，在《租借法案》生效后就交给了急需武器装备的英国。不管是英国海军部还是斯科特-佩因，都想不到这种当初就是为英国设计的快艇居然以这种方式加入了皇家海军。根据实战需要，英国人对 PT-9 型的后 10 艘艇做了适应性改装：拆除 2 具鱼雷发射管，换上两个深水炸弹投放架；加装 2 挺双联装 7.62 毫米刘易斯 MK1 型机枪和 1 门 20 毫米机关炮。改装后的 PT-9 型改名为 MTB-259 至 MTB-268，编成第十 MTB 艇中队，投入了地中海之战。至于已显得落后的 PT-9 号，深谙勤俭持家之道的皇家海军则于 1942 年 9 月将其移交加拿大海军，拆除鱼雷并增加 8 个深水炸弹，在加拿大本土担任港口和内河巡逻防卫任务，直到 1945 年 2 月归还美国。

美国海军之所以如此大方，一方面是为了顾全大局，另一方面也是因为进一步的试验测试则显示，PT-9 型的制造结构过于轻巧简单，军方担心在恶劣的外海域环境下进行作战或执行任务时会影响到该船性能的发挥。同时还发现由于原型是为皇家海军设计的，因此该船长度与美军使用的鱼雷不相匹配，倒更适合短小的英国鱼雷。所以尽管当时美国海军已经有更大的 MK-8 型鱼雷，但 PT-9 型还是使用了英制的 457 毫米鱼雷发射管。尽管存在各种各样的问题与瑕疵，但慧眼独具的美海军高层依然认为这种只有 70 英尺长的快艇优点多多，在战争中必将有其关键的用途，于是向埃尔科公司提出了自己的改进方案：将艇的总长度加长以适应美式鱼雷，并改进该艇的外壳结构，以应对外海域恶劣的气候环境。

真正的战士

成立于 1892 年的埃尔科公司具有生产小艇的传统，曾在一战期间仅用了 418 天就为英军建造出 550 艘猎潜艇。在新艇生产过程中，为了装备 4 具 533 毫米美式鱼雷发射管，从 PT-20 号艇开始，艇长由 70 英尺（21.34 米）延长到 77 英尺（23.5 米），所以一般称为埃尔科 77 型，以后美国海军又追加订货，并合称为 PT-20 型（编号 20—44）。

这种全木壳尖舭滑行艇要比 PT-9 型更轻巧，排水量只有 35 吨（PT-9 型为 55 吨），全长 23.5 米，宽 6 米；动力为 3 台帕卡德 V—12 汽油机，总功率 3600 马力，航速 42 节；装备 4 具 533 毫米鱼雷发射管，使用 MK-8 型鱼雷，这种鱼雷虽然比英制鱼雷重，但战斗部却仅有 136 公斤，射程仅有 914.4 米，航速只有 27 节。该型鱼雷还有一个致命弱点，它是利用火药爆炸的反推力发射的，这样产生的火焰在夜间常常会把 PT 艇的方位暴露给敌人，后来被更可靠的 MK-13 型航空鱼雷所取代。该型鱼雷战斗部装 272.4 公斤炸药，威力更大而且重量较轻，航速更是达到 45 节，远超 MK-8 型。

鱼雷发射采用了两种并列方式，发射程序是先把鱼雷外壁涂满机油，再放入鱼雷管关上发射管尾盖，找到目标后用人手启动鱼雷引擎，打开发射管上的压缩空气瓶，利用压缩空气把鱼雷推入水里；如果压缩空气失灵，就由站在一旁的水兵用一个锤子打击预放在管尾盖内侧的火药，利用引爆火药把鱼雷射出。到了战争中期，出于减轻重量强化火炮的目的，不再采用发射管，而是模仿意大利 MAS，采用一个更轻巧和简单的发射架。架上涂上了机械牛油，发射前由士兵用手启动鱼雷的引擎，然后再打开架上的夹勾，让鱼雷滑下水中驶往目标。

与 PT-9 型一样，PT-20 型在驾驶台后有两座 12.7 毫米勃朗宁机枪双联旋转枪塔（后又在尾甲板增设 1 门 20 毫米厄利孔机关炮），此外还在驾驶室前方两侧的甲板上，各安装 1 挺双联装 7.62 毫米刘易斯机枪。PT-20 型在 1941—1942 年共生产 49 艘（编号 PT-20—PT-68），在太平洋战争爆时已完成 29 艘。

当埃尔科在建造他们的新型快艇时，另外的两个竞争对手也没有闲着，他们自掏腰包设计的快艇也紧锣密鼓处于测试阶段，目的就是要跟埃尔科公司一争高下。这两家公司分别是希金斯（Higgins）公司和胡金思（Huckins）公司。1941 年夏，美国海军在纽约和佛罗里达进行各型 PT 艇的长距离航行比试。经过一系列试验和对比，美军提出新型 PT 艇的具体要求：全长 22.86 米以上（但考虑运输条件，不大于 25 米），主机使用 3 台帕卡德发动机，要装备近似无声的消音器；能以 40 节航速试航 1 小时以上，续航力不小于 500 海里；艇体为构造坚固耐用的 V 型滑行艇，转向灵活，必须是具有良好航行性能的鱼雷、火炮平台。为了和埃尔科公司竞争，希金斯立即推出了一款 76 英尺长的快艇 PT-70；而胡金思也开发了 72 英尺长的 PT-69。

让美国海军部感到左右为难的是，这三家公司的设计方案都让他们心动不已。选中的快艇由海军组织专门人员在新英格兰附近沿海进行了一系列试验，经过 190 海里的比赛试验，发现各有所长，于是海军部干脆决定让所有三家公司签定购买合同，这在战争中是十分鲜见的。当年年底，海军分别向埃尔科、希金斯、胡金思订造 36 艘、24 艘、18 艘 PT 艇。由于三家公司在设计中不相上下，使 PT 艇在整个战争期间都保持了一个良性的发展势头与友好的竞争态势。而最得益的则是美国海军部，他们坐观其变以决定该与哪家公司订下购买协议。

当新艇开始制造时，美国卷入了二次大战。随着海军的要求越来越多，PT 艇不得不增加了许多改进型以方便执行各式各样的行动任务，其中所有公司共同的一个改进方向就是增加快艇的尺度，以携带更多的武器。希金斯的 76 英尺快艇因此增加为 78 英尺，胡金思的 72 英尺快艇也增加为 78 英尺，埃尔科公司的快艇则增加到 80 英尺，这就是二战中最富盛名的埃尔科 80 型鱼雷快艇。这三家公司最终成三足鼎立之势，二战期间美军的所有 PT 快艇都是这三家公司建造的。

希金斯公司的 78 英尺艇被称作 PT-71 型，长 23.77 米，宽 6.2 米，排水量 43 吨；发动机为 3 台帕卡德 4M 型汽油机，航速 41 节；装备 533 毫米鱼雷发射管，2 座 12.7 毫米勃朗宁双联装机枪塔和 1 门 20 毫米厄利孔 M4 型机关炮，后期换装 40 毫米博福斯机关炮。该型艇共生产了 199 艘。

胡金思公司的 78 英尺艇被称作 PT-95 型，由于设计人员为了大量生产而刻意把艇设计得过轻，结果武器搭载能力受到了影响，因此只订购了 18 艘（编号 PT-95—PT-102，PT-255—PT-264）。

1942 年 6 月，埃尔科公司新研制 PT 艇的首艇 PT-103 号入役。它与

埃尔科公司的 PT-103

PT-20 型一样具有木骨和木质层板的艇壳，但艇长延长到 80 英尺（24.5 米），所以又称为埃尔科 80 型。它在加长艇身的同时还改良了线型，把首部的棱线升高以减少风浪冲击，这种尖锐的艇首后来被称为"埃尔科高棱"。PT－103 型排水量 38 吨，艇宽 6.27 米，以 3 台 1350 马力（后提升到 1500 马力）帕克特 V－12 汽油机推进，航速 43 节。其武器为 4 具 533 毫米鱼雷发射管，其它武器为两座 12.7 毫米双联机枪塔、1 门 20 毫米厄利孔机关炮和 2－4 颗深水炸弹，乘员 14 名。这种战斗力很强的沿岸战斗快艇在 1942－1945 年共生产 385 艘，是美军在二战中产量最高的 PT 艇。

埃尔科公司设计的 PT 艇绝大多数在太平洋战区服役，另外在英吉利海峡和地中海也可以看到它们的身影；大约有一半的希金斯快艇在英吉利海峡和地中海服役，另一半则在太平洋以及阿留申群岛（Aleutians）执行任务；而胡金思快艇则被用来作为训练船，他们驻扎在罗得岛的梅尔维尔（Melville）、巴拿马运河区和夏威夷，在二战中没有一艘用于实战。

整个战争期间 PT 快艇的火炮装备并未发生太大的改变。最初只安装有双联装 12.7 毫米勃朗宁（Browning）机枪；偶尔也装一挺 7.62 毫米刘易斯机枪。

PT－209 上的 20 毫米厄利孔机关炮

随着日后的发展，又先后装上了 40 毫米博福斯（Bofors）机关炮，并在前部加装一门 37 毫米机关炮，在两侧配上了 2 门 20 毫米机关炮等。战争末期，甚至有些 PT 艇取消了鱼雷，全部装上了 37、40 和 75 毫米火炮，有的装了 4 门 20 毫米机关炮，有的则装有 2 座 12 管 114 毫米的火箭发射装置，后来又装上了 127 毫米带稳定尾翼的火箭，艇尾也装上了深水炸弹。

由于鱼雷快艇编制人员少，一个萝卜一个坑，对人员素质要求较高。海军为此在梅尔维尔岛上建立了鱼雷艇分舰队训练中心，新生产的鱼雷快艇被送到接近巴拿马的迈阿密和塔博加海域进行试验。平时和战时都有供应舰为鱼雷艇服务，供应舰上装有许多修理设施，能方便地用起重机或舰舷吊架把损坏的鱼雷艇吊到舰上进行修理。就这样，虽然美国迟迟没有参战，但 PT 艇已经做好了战斗的准备。

第一滴血

当美国卷入战争时，海军中已经有了三个 PT 中队。第一中队有 12 艘 PT 艇，由威廉（William C. Specht）中校指挥，基地设在美国海军太平洋舰队最大的基地珍珠港（Pearl Harbor）。1941 年 12 月 7 日早上，日本海军航空兵偷袭珍珠港时，第一中队的 6 艘 PT 艇（PT-20——25）正停泊在潜艇泊地，并肩停泊在驳船旁的 PT-20 和 PT-25 担任值班艇，其他艇上的人员都在吃早餐。

当第一声爆炸响起时，正坐在 PT-23 甲板上的两名水兵乔伊（Joy Van

开战初期的埃尔科 77 型（PT—20—44）

Zyll) 和胡夫曼 (George B. Huffman) 一跃而起，跑进了艇舯部的 12.7 毫米双联机枪塔开始还击，立即击落一架正在向瓦胡岛 (Kuahua Island) 俯冲的 97 式鱼雷机，从而创造了二战中美国 PT 艇的第一个战果；不久他们俩又击落了另一架正在潜艇基地后方低飞的 97 式鱼雷机，而整个战斗中日军也只损失了 5 架鱼雷机而已。

在潜艇基地对面，第一鱼雷艇中队的另外 6 艘 PT 艇 (PT-26—30、PT-42) 正准备由油船 "拉马波" (Ramapo) 号运往菲律宾。美国人一直认为那将是日本打响第一枪的地方。27、29、30 和 42 号都已经装上了船，只有 26 号和 28 号还停泊在码头，但为了运输安全也已经抽干了燃料箱里的汽油，所以没有电力来运转机枪塔，艇员只能一边用前甲板的 2 挺 7.62 毫米双联装刘易斯机枪还击，一边索性切断电源线，直接用人力来操作机枪塔。他们也声称自己击中了敌机。不过相对于空旷的潜艇基地，周围开火的军舰太多了，根本无法辨明战果。但毕竟他们在战斗中对空发射了 4000 多发 7.62 毫米机枪弹，在仓促应战的美军防空火力中仍占了不小的比例。

第二中队有 11 艘 PT 艇，由厄尔 (Earl S. Caldwel) 中校指挥。由于战争阴云的日益临近，该中队在纽约海军造船厂完成整修后，由两艘飞机运输舰搭载，前往巴拿马运河加强这个关键通道的防御。

第三中队实力最弱，只有 6 艘 PT-20 型艇 (PT31—35、PT41)，由巴尔克利 (John D. Bulkeley) 上尉指挥，于 1941 年 9 月 28 日驻防菲律宾马尼拉湾 (Manila Bay)。珍珠港事件 3 天以后，该中队义无反顾地投入了保卫菲律宾的战斗。12 月 10 日中午 13 时 14 分左右，35 架日本飞机空袭了马尼拉湾的甲米地 (Cavite) 海军造船厂。日机主要是在 2 万英尺高空进行水平轰炸，远远超过了 PT 艇上 12.7 毫米机枪和 7.62 毫米机枪的射程。直到 5 架俯冲轰炸机低飞来攻击 PT 艇时，PT 艇官兵们才得到了还击的机会，事后 PT-31 声称击落两架敌机，PT-35 声称击落一架。同样由于轰炸高度太高，再加上这次美国人事先已经得到了开战的信息，准备充分，PT 艇利用自己的机动灵活在轰炸中毫发无损。

PT 艇微不足道的反击显然无法阻止日本人的企图。第一波攻击之后，又

有三波共计 27 架日本轰炸机反复攻击了造
船厂，整个船厂被彻底摧毁，甲米地城的
三分之一也火光熊熊。第三中队失去了几
乎所有的后勤储备：发动机、零部件、汽油、
鱼雷、弹药、食品，还有宿舍里舒适的床，
仅存的少量汽油都是含有大量可溶性蜡的
劣品，常常会堵塞化油器和过滤器。第三
中队只得带着这些珍稀的伪劣补给退守马
尼拉湾内的科雷吉多尔（Corregidor）岛和
巴丹半岛（Bataan Peninsula），这是菲律
宾美军的最后基地。唯一值得庆幸的是巴

巴尔克利

克利上尉颇有先见之明地事先在马尼拉城的私人车库里储备了 9 台备用发动
机，这些东西的价值对鱼雷艇来说胜过一千桶汽油。

　　12 月 24 日，担负巡逻任务的 PT-33 不幸触礁搁浅，PT-31 和 PT-41 用尽
办法也不能拖动该艇，只得将能够移动的所有物品搬离后将其焚毁，美国海
军损失了开战以来的第一艘 PT 艇。其他艇的情况也很糟，由于缺乏备件和劣
质汽油，PT-33 的发动机曾经发生起火，还好及时扑灭；多如牛毛的巡逻任务
和日益短缺的口粮也使官兵们筋疲力尽。唯一有点意义的任务就是把越来越
多的伤员从海军码头运送到甲米地的医院。

破袭战

　　1 月 18 日，巴尔克利终于接到了第一个攻击任务：在 Binanga 湾（苏比
克湾内的一个小海湾）有 4 艘日军舰船，其中至少有 1 艘驱逐舰和 1 艘大型
运输船。面对这个难得的战机，巴尔克利决定亲自指挥 PT-34 前往，同行的
还有 PT-31（艇长德隆中尉，Edward G. DeLong）。

　　半夜以后，2 艘 PT 艇潜入苏比克湾（Subic Bay），并将航速由 18 节
减至 10 节后分头搜索前进。日军防范很严，不时有探照灯光掠过海面，但

PT-34 还是顺利地溜入了 Binanga 湾，并在大约 500 码的距离上发现了一艘双桅船的身影。巴尔克利下令双雷齐射，但只有一枚发射了出去，并在一分钟后传来了爆炸声，艇员们还看到了明显的火光。顾不得仔细确认战果，PT-34立即提到最高速撤退，但是那枚没有发射出去的鱼雷螺旋桨却还在疯狂地转动着，担心它发生自爆，艇员关闭了发动机。但只有一侧挂着鱼雷的 PT 艇稳性极差，随时有侧翻的危险，最后只得将这枚宝贵的鱼雷抛入海中。

天明之后，海军观察员给第三中队带来了好消息：他们发现 Binanga 湾有一艘 5000 吨级货船沉入海中，但是日本记载并没有确认这个战果。

与 PT-34 结伴出击的 PT-31 运气要差得多，在潜入苏比克湾后，两台发动机的过滤器都被劣质汽油给堵塞了，德隆中尉不得不停机修理，结果 PT-31被海浪推到了一块礁石上搁浅。德隆中尉花了三个小时企图摆脱这种困境，但直到倒档被烧坏了，艇身仍然固执得一动不动，而岸上的日军则不时用 75毫米炮轰击该艇，情况十分危急。被逼无奈之下，艇员们只得烧毁了 PT-31，用机房蓬和床垫做成简易木筏逃到岸上，12 人中有 3 人失踪，其他人幸运地找到了一艘菲律宾渔船，在 1 月 20 日驶回了科雷吉多尔岛。

同样是在 18 日晚上，考克斯中尉（George E. Cox）的 PT-41 奉命前往马尼拉湾南岸的特尔纳特（Ternate）侦察，据说日本人在那里设置了重炮阵地。不过考克斯发现这个情报是错误的，那里没有大炮，只有少量日军步兵。PT艇用机关炮进行扫射，声称打死了 8 名日军，打伤至少 14 人。

1 月 22 日晚，巴尔克利率 PT-34 再次出击，在巴丹半岛以北海域用机枪击沉了一艘 40 英尺长的登陆驳船。PT-34 自己也被驳船的还击火力击中 14 次，其中一颗子弹击穿驾驶舱，打中了艇长钱德勒（Chandler）少尉的脚踝。更糟糕的是，PT 艇试图将伤员送上岸时，却遭到了友军炮火的攻击——陆海军之间的联络显然有很大问题，PT-34 只得转头南下，结果倒是塞翁失马，在吕宋岛附近碰到了另一艘日本登陆驳船。在打哑了敌人的机枪后，PT-34 俘虏了这艘驳船，船上的日军除 3 人被打死外，都被押上了 PT 艇。而倒霉的钱德勒少尉由于住院而脱离了第三中队，结果 5 月 6 日科雷吉多尔守军投降后，他成为了 PT 艇部队第一个被俘的军官（这个记录实在不值得羡慕），直到两年半以后才被解放了菲律宾的美军救出。

24 日晚，巴尔克利再次出击苏比克湾。由于缺乏燃油，这次只出动了 PT-41 一艘艇。这次刚刚到西湾的入口，就发现了一艘约为 4000—6000 吨级的运输船。PT-41 接近到 800 码处射出第一枚鱼雷，但没有击中目标，反而被敌人发现，运输船立刻开火。PT-41 继续前冲到 300 码处发射了第二枚鱼雷，这枚鱼雷击中了运输船的舯部，每个人都看到了强烈的爆炸，并有些许碎片飞到了 PT 艇的甲板上。

大功告成的 PT-41 一边左转返航，一边意犹未尽的用机关炮继续扫射运输船。不过炮口的火光也引来了日军岸炮的集中射击，75 毫米炮弹不时落在快艇的周围，PT-41 只得曲折航行，用最快速度逃离了是非之地。

2 月 1 日 21 时 30 分，在巴丹半岛海岸执行夜间巡逻任务的 PT-32（艇长舒马赫中尉，Vincent E. Schumacher）发现 5000 码处有一艘大型军舰向北行驶。舒马赫中尉肯定是一艘日本巡洋舰，这样的目标对任何一位 PT 艇长来说都是最有吸引力的。但 PT-32 由于发动机故障频频，航速只能达到 22 节，追踪了很久也无法拉近距离。

但一个小时后，敌舰却突然改变了航向，向东往巴丹半岛驶来。这真是天赐良机！舒马赫立即操艇迎了上去，不过他运气不好，很快被敌舰的探照灯捕捉住了，敌舰两炮齐射，落在 PT-32 前方约 500 码处，炸起高大的水柱，舒马赫估计炮弹为 6 英寸（152 毫米）口径，他的快艇只要挨上哪怕一枚就得玩完。这时敌舰又进行了两次齐射，第二次落在艇首 200 码处，第三次落在艇尾 200 码处。舒马赫赶紧发射了鱼雷，由于距离尚远，他将鱼雷航速调整为 25 节，这样鱼雷航程也会扩大不少。几分钟后，舒马赫听到了一声爆炸，并发现探照灯光束有一个暂停，虽然后来探照灯又恢复了照射，但敌舰的速度明显放缓，估计只有约 15 节。

日本记录显示，"八重山"号敷设舰（日本对布雷舰的称呼，时任舰长副田久幸大佐）于 2 月 1 日在苏比克湾遭到岸炮攻击而轻微受损，美国人据此认为实际上是 PT-32 的战果。从舒马赫的回忆来看，他遇到的敌舰的确有可能是"八重山"号。首先从外形上来看，"八重山"号虽然排水量只有

"八重山"号敷设舰

1380 吨，但全长 93.5 米，体型较大，在能见度不良的夜晚有可能被误认为老式的轻巡洋舰；其次"八重山"号的武备只有 2 座单装十年式 120 毫米 L/45 高炮和 2 挺 7.7 毫米机枪，所以在数千米的距离上，即使发现 PT 艇也只能用 120 毫米炮射击，与舒马赫所说始终只遭到 2 门敌炮射击的情节相符，而且 120 毫米炮弹溅起的水柱确实也可能被误认为 6 英寸炮弹；最后"八重山"号最大航速只有 20 节，所以虽然 PT-32 一直追不上该舰，但也未被该舰甩掉。

当然，无论 PT-32 是否击伤了"八重山"号，都不是一个很大的战果，该舰的伤势之轻，甚至不需要立即入坞修理，而是到了 6 月 3 日才返回基隆港维修，并一直活跃到 1944 年 9 月才被美舰载机炸沉。

2 月 17 日晚上，巴尔克利乘 PT-35（艇长埃克斯少尉，Anthony B. Akers）再次潜入苏比克湾，PT-41 在后面保持着一段距离跟随。这样的安排是防止如果 PT-35 遭遇敌舰追击时，PT-41 则可以乘机予以伏击。

PT-35 在格兰德岛（Grande）附近向一艘拖网渔船发射了一枚鱼雷，但这艘船太小了（约 200 至 400 吨），鱼雷从船底下穿了过去，没有爆炸。PT-35 又在远距离上向另一艘停泊在码头附近的大型船只发射了最后一枚鱼雷，随即立刻转舵撤退，但是既没有看到也没有听到爆炸声，显然也没有击中目标。

与前几次出击不同，这次袭击 PT 艇的表现比较消极，美军的节节败退让他们士气低落，深感迷茫。在撤退的时候，艇上的炮手们发泄似地往海滩上扫射，仿佛是为了纪念在马尼拉的最后一次战斗。

胜利大逃亡

1942 年 3 月 11 日夜，眼见菲律宾战局大势已去的美国驻菲律宾总司令麦克阿瑟上将，决心逃离科雷吉多尔这个死地。第三中队的 PT-32、PT-34（艇长凯利中尉，Robert Bolling Kelly）、PT-35 和 PT-41 号，奉命带着他和其他高级将领，从吕宋岛穿越日舰封锁线到达棉兰老岛，将军们将在那里转乘两架 B-17 飞往澳大利亚。

这段旅程并不平坦，途中曾经碰上过日本巡洋舰，不过对方没有发现 PT 艇；倒是 PT-32 由于过度紧张和能见度不良，把紧随在后的友艇当成了日本驱逐舰而一路狂奔（考虑到舒马赫艇长那曾经把布雷舰看成了巡洋舰的眼神儿，那么这次误认也不是不可想象的），当意识到自己无法逃脱时，艇长舒马赫做好了决一死战的准备，结果在将要发射鱼雷的最后一刻，他才发现所谓的驱逐舰是 PT-41。天气也很糟糕，不时有大雨、狂风和巨浪来袭，艇上的每个人都成为了落汤鸡，PT-35 也与大队失散，不过最终 4 艘 PT 艇中有 3 艘平安抵达了棉兰老岛。巴尔克利上尉因为这次成功的突围被授予国会最高荣誉勋章。第三中队随后转移到卡加延群岛的明达瑙岛，这一带岛屿重叠，水域狭窄，大型军舰无法进入，利于快艇潜伏。

突围中唯一损失的是 PT-32，一直没修好发动机的该艇在途中又遭到惊涛骇浪的摧残，机房进水、甲板破裂、油料泄露，最终舒马赫被迫在塔加瓦延岛（Tagauayan Island）附近弃艇，带着全部艇员登上前来救援的潜艇"普密特"（Permit）号，并由后者用甲板炮将 PT-32 击毁。

巴尔克利接到的下一个任务是运送另一位要人：菲律宾总统奎松（Manuel Quezon）和他的家人。他们于 2 月 20 日就乘坐"剑鱼"号（Swordfish）潜艇离开了科雷吉多尔，抵达内格罗斯岛（Negros）。但随着日军逼近，他不得不再次离开菲律宾前往澳大利亚。

由于PT-34在珊瑚礁上搁浅，需要修理螺旋桨，只有PT-35和PT-41可以参加这次运送行动。虽然这次的航程要短得多，只有100英里，但却更加危险，空中侦察表明日本驱逐舰已经在内格罗斯岛和棉兰老岛之间频繁游弋。以防万一，巴尔克利派遣PT-35在离岸2英里处警戒，自己带PT-41去杜马格特港（Dumaguete）的码头接人。结果不熟悉海区的PT-35不幸触礁，船底被撞了一个大洞，为防止沉没，只得使其搁浅。

现在巴尔克利只有一艘艇了。3月19日凌晨3时20分，奎松总统、总统夫人和他们的两个女儿、9位内阁成员以及一大堆行李登上了PT-41，把快艇挤得满满当当。虽然有点超载，但幸运的是途中没有碰上敌舰。唯一的麻烦是遇上了巨浪，有枚鱼雷的点火线路发生短路，螺旋桨自己运转起来，好在艇员及时关闭了发动机，并将其调为手动式点火。PT-41就这样有惊无险地完成了运送任务。

由于PT-35伤势严重，巴尔克利不得不将其拖往修理条件更好的宿务岛（Cebu）。经过紧急抢修的PT-34已经可以达到12节的航速，也随后来到宿务进一步维修。在这里，第三中队得到了开战以来第一次弹药补充，两艘在这里补给食品的潜艇向巴尔克利赠送了一小批MK-14型鱼雷，真是雪中送炭，因为很快PT艇就将迎来一场恶战。

斗鲸记

4月8日下午，巴尔克利从陆军航空兵那儿得到消息，有两艘日军驱逐舰驶入了宿务和内格罗特之间的塔蒙海峡（Tanon），预计会在午夜时分到达宿务的南端。巴尔克利立刻率领PT-41和PT-34前往海峡，果然发现了目标。不过不是两艘驱逐舰，而是一艘老式巡洋舰"球磨"号（时任舰长涉谷清见大佐）和两艘驱逐舰（型号不明）。

1920年8月服役的"球磨"号是"球磨"级轻巡洋舰的首舰，排水量5500吨，最大航速36节，装备7门140毫米单装炮、2门75毫米高射炮和4座双联装

"球磨"号轻巡洋舰

533 毫米鱼雷发射管。虽然已经有二十余年的舰龄，不过航速较快，火力强大，并不是容易攻击的对象。

PT-41 一马当先，在距离巡洋舰的左舷 500 码处发射了两枚鱼雷，然后又转到另一侧，发射了最后的两枚鱼雷。不幸的是，鱼雷虽然命中了巡洋舰舰桥下方的船体，但却没有爆炸。速度较慢的 PT-34 也在距离 500 码处发射了两枚鱼雷，此前巡洋舰大概是以为遭到了空袭，一直照射着天空，这时候才回到海面，并发现了 2 艘 PT 艇，猛烈开火并迅速加速，结果这两枚鱼雷只击中了巡洋舰的尾迹。

用完了鱼雷的 PT-41 并没有离开战场，该艇在巡洋舰的右舷用机枪扫射"球磨"号的甲板，试图把日军炮手的注意力从 PT-34 那里吸引过来，以便给后者创造攻击机会。但日舰的探照灯和炮火仍然死死地罩住 PT-34 不放，该艇被迫掉头从巡洋舰的船尾驶过，机枪手雷诺兹（Willard J. Reynolds）试图用机枪打灭探照灯，结果反而被敌人炮弹破片击中了颈部和肩部，桅杆也被炸飞，快艇的上层建筑布满了弹孔。

PT-34 再次从巡洋舰船尾右舷接近到 300 码。虽然为了躲避炮火，角度对于发射鱼雷很不利，但这样近的距离容不得凯利艇长犹豫了，他下达了发射命令，两枚定深为 6 英尺的 MK-14 型鱼雷以 45 节的高速向巡洋舰蹿去。PT-34 右转舵高速撤离，这时巡洋舰犯了一个错误，它也跟着转向，似乎还不愿意放过 PT 艇，结果正好将宽大的侧舷暴露在本来角度不良的鱼雷面前。凯利艇长通过望远镜看到巡洋舰中部水线部位升起了两个巨大的水柱，约有 20 至 30 英尺高，探照灯随即开始褪色，似乎有电源故障，一直轰鸣的大炮也停止发射了。不敢久留的 PT-34 以 38 节的高速向海峡北方逃走，几分钟后就迎头碰上了一艘日本驱逐舰，驱逐舰显然是因为担心碰撞而突然左转，并用火炮射击 PT 艇，然后一直追击后者直到凌晨 1 时 30 分，但始终没有击中目标，PT-34 成功地逃回了宿务港。

为了给敌人造成有很多鱼雷快艇在攻击的错觉，PT-41 一直变化位置射击。在 PT-34 的第二次攻击后，该艇看到敌舰完全笼罩在黄褐色的烟雾云中，探照灯逐渐暗淡并不停闪烁，似乎失去了电力，便驶近巡洋舰试图确定其伤势，但是却被另一艘驱逐舰用炮火驱赶。当发现返航的路上也有驱逐舰的时候，巴尔克利索性驾艇转舵向南，逃到了棉兰老岛。

事后日本声称只有一枚鱼雷击中了"球磨"号，而且没有发生爆炸，该舰后来于 1944 年 1 月被英国潜艇击沉。如果这种说法是可信的话，那么有可能是 PT 艇使用的 MK-14 型潜用鱼雷出了问题，类似的引信故障在该型鱼雷的服役生涯中屡见不鲜。

悲壮的覆灭

回到宿务港的 PT-34 又遇到了新问题，凯利艇长手中的海图过于简略，他甚至无法从中找出一条适合航行的通道，只得将艇停泊在港外的一个珊瑚礁旁边。虽然有点担心空袭，不过他还是选择了相信陆军的自吹自擂，后者声称当天上午有一批从澳大利亚来的战斗机在宿务上空进行空中掩护，为满载补给品驶往科雷吉多尔的船只护航。

结果当早上 8 点第一颗炸弹落下时，艇员们完全懵了，从日本"讃岐丸"号特设水上飞机母舰上起飞的 4 架零式水上观测机从太阳方向俯冲而来，在约 500 码的高度投下了 8 枚 60 公斤炸弹，然后用 7.7 毫米机枪扫射快艇甲板，打死了 2 名机枪手，打伤 2 人。这种飞机最大时速 370 公里，有 3 挺 7.7 毫米机枪和 2 枚 60 公斤炸弹，对鱼雷艇来说是个很难缠的对手，而且耀眼的阳光使得机枪手们很难瞄准目标。不过罗斯还是用 12.7 毫米机枪打中了一架敌机，并看到它冒出了浓烟。虽然炸弹都落在距离 PT 艇约 25 码的海里，没有直接命中，但近距离的爆炸仍然造成艇体大面积受损，多处被击穿，机舱进水。很显然这艘快艇已经撑不了多久了，凯利艇长只得驶往海滩搁浅，然后率领艇员登岸。12 时 30 分，三架水上飞机大概是从母舰上补充了弹药，又再次飞临上空进行轰炸和扫射，当时美国人正在进行打捞。结果不能动弹也不能还击的 PT-34 被多次击中后起火爆炸。

在奋战了五个月后，第三中队终于走到了尽头。4 月 12 日，日军进入了宿务港，艇长布朗廷汉（Henry J. Brantingham）中尉一把火将还在船台上修理的 PT-35 烧成了灰烬。这时，在棉兰老岛的巴尔克利正准备率 PT-41 返回宿务港以补充鱼雷。结果他被告知，宿务已经失守，而棉兰老岛根本就没有鱼雷储备，PT-41 作为鱼雷快艇的职业生涯就此宣告结束。

陆军对没有鱼雷的 PT-41 反而产生了兴趣，他们试图将该艇运往内陆 15 英里处的拉瑙湖（Lake Lanao），在那里充当巡逻艇，以防止日本水上飞机降落在湖面上。但 4 月 15 日，传来了日军登陆的消息，美国人只得将正在运往拉瑙湖途中的 PT-41 付之一炬。

快艇损失殆尽后，巴尔克利和几位艇长：凯利、考克斯以及埃克斯乘飞机前往澳大利亚，其他部分官兵也先后乘潜艇逃了出来，另外一部分则留在菲律宾加入了游击队，靠着他们的专业知识和军事素养如鱼得水，连少尉军官都能获得游击队的上校军衔。在整个战争中，第三中队共有 38 人被俘，其中大部分是游击队员。他们被押往日本或中国东北，有 9 人死于狱中，其余在战后被解救。全中队 83 名官兵总计有 18 人死亡或失踪，包括 3 名军官和 15 名士兵。

打酱油

虽然第三中队覆灭了，而且并未取得重大战果，但其英勇事迹仍然使得美海军高层对 PT 艇在太平洋岛屿作战的能力寄予厚望。所以 1942 年 5 月下旬，当太平洋舰队司令尼米兹海军上将得到日本海军将进攻中途岛的情报后，除了向岛上增派兵力和飞机外，还特地将一个 PT 艇中队调往中途岛，作为抗击日军登陆的最后手段。

马克利尔（Clinton McKellar）中尉的第一中队得到了这一并不令人羡慕的任务，他必须依靠 PT 艇自己的动力，从瓦胡岛的珍珠港赶到中途岛。虽然这两个岛在地理上都属于夏威夷群岛，但它们彼此之间却相距 1385 英里！如果不是途中还有内克尔岛（Necker）、莱桑岛（Lisianski）可以歇脚，马克利尔是绝对无法完成这个任务的。即使如此，PT-25 仍然在途中发生了故障，曲轴断裂，不得不返航，这艘珍珠港事件中的功勋艇就这样失去了再次出头露脸的机会。

6 月 4 日上午，如同珍珠港事件的重演，由 50 架零式战斗机护航的 60 多架日本轰炸机从天而降，对岛上的各种设施进行了狂轰滥炸。已经提前得到预警的 PT 艇早已在泻湖中分散开来，一边机动一边对空还击，其中 PT-21 和 PT-22 集中火力打中了一架飞得太低的零式，该机坠毁在岛上的树林中。另一架零式俯冲扫射了 PT-25，在艇壳上留下了一串难看的弹孔，1 名军官和 2 名士兵负了轻伤。日机还对其他 PT 艇发动了几次攻击，但都被对手用急转的方式规避。

空袭结束后，PT-20、22 和 28 返回码头。艇员们分成数组上岸救援，从燃烧的仓库里抢救出弹药和飞机零件，并扑救起火的油罐。其他 PT 艇则在四周海面寻找被击落的飞行员，他们一共救起了 7 个幸运儿。

接下来就没有 PT 艇什么事儿了，由于日军的一系列重大失误，预先设伏的美国特混舰队用舰载机成功击中了 4 艘日本航空母舰，此战胜局已定。19 时 30 分，全部 11 艘 PT 艇奉命出航，去攻击西北方向 170 英里处的日本舰队残余舰艇。显然美国人是被胜利冲昏了头，当时海面上已经刮起了狂风，能见度极差，即使 PT 艇员们都有透视眼也很难找到目标。第二天黎明，PT 艇返航中途岛，途中 PT-20 和 PT-21 发现西面 50 英里处有烟雾，立即以 40 节高速驶去。结果是空欢喜一场，他们只看到了大片的燃油和漂浮的残骸，显然这是日本航空母舰最后留在世间的痕迹。

6 月 6 日，第一中队完成了中途岛战役的最后一个任务，运载在空袭中阵亡的 11 名海军陆战队员出港进行海葬。

夜战铁底湾

1942 年 8 月 7 日，赢得中途岛海战胜利的太平洋舰队终于开始了大规模反攻，海军陆战队第一师登陆并占领了所罗门群岛的图拉吉岛和瓜达尔卡纳尔岛（后文简称瓜岛）。日军随即疯狂反扑，两军在瓜岛的陆地、海洋和空中搏命厮杀，彼此都损失惨重。

早在这年 7 月，考虑到前第三 PT 艇中队在菲律宾群岛的优异表现，美国海军认为 PT 艇在岛礁众多、海域狭窄的战区定会大有作为，便决定将驻扎在巴拿马无所事事的第二 PT 艇中队一部调往太平洋前线。该中队刚刚接收了从梅尔维尔完成训练的 3 艘新艇（PT-59—61），这样已经有 14 艘 PT 艇。于是，按照海军作战部的命令，第二中队 6 艇留守巴拿马运河区，其他 8 艘艇组建为新的第三 PT 艇中队，由蒙哥马利（Alan R. Montgomery）海军少校指挥，他本来是 1 月 13 日组建的第四 PT 中队（PT-59—68）中队长。

8 月 29 日，第三中队的 4 艘 PT 艇（PT-38、46、48、60）搭乘海军油船"拉克万纳"（Lackawanna，美国宾夕法尼亚州的城镇）号和"塔帕汉诺克"（Tappahannock，美国弗吉尼亚州的城镇）号前往所罗门群岛。经过数次转运，于 10 月 12 日黎明终于靠上了图拉吉岛的码头。让第三中队意想不到的是，他们抵达战区的第二天，就投入了血腥残酷的战斗中。

10 月 13 日 23 时许，一支由 2 艘战列舰（"金刚"、"榛名"）、1 艘轻巡洋舰（"五十铃"号）和 9 艘驱逐舰（"亲潮"、"黑潮"、"早潮"、"海风"、

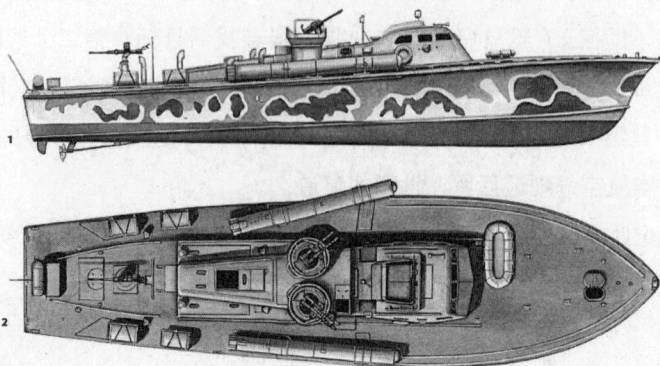

瓜岛之战中埃尔科 77 型 PT 艇的二视图

"江风"、"凉风"、"高波"、"卷波"、"长波")组成的日本舰队（第三战队司令栗田健男中将指挥）驶入瓜岛以北海域，试图以重炮摧毁岛上的亨德森机场（Henderson Field，以在瓜岛战死的海军陆战队少校命名）。隆隆的炮击声惊醒了锚泊在图拉吉的第三中队，4 艘 PT 艇全部出动。途中他们看到了明显的日舰炮口闪光，便在离敌舰队不远的地方展开成攻击队形，然后朝着各自选择的目标飞速前进。

PT-38（艇长罗伯特·瑟尔斯中尉，Robert L. Searles）首先在右舷看到了一个类似于轻巡洋舰的舰影，便以 10 节低速悄然前进，从距离日舰 4000 码的地方运动到距离目标 400 码之处发射了 2 枚鱼雷，但却未能发射出去；在 200 码处又发射了另外 2 枚，其中 1 枚撞到甲板上落入海中。事后美军估计是所罗门海域的热带气候使发射药受潮。

PT-38 发射完后立即提到最高速右转，从巡洋舰的尾部通过，当时距离仅约 100 码！瑟尔斯在事后报告中称其中一枚命中了日本巡洋舰的舰桥下方，产生了剧烈的爆炸。而事实上精通夜战的日本战舰很快发现了鱼雷航迹，立即右舵 45 度规避，并用探照灯照射海面，炮火猛烈拦击。

中队长蒙哥马利坐镇 PT-60（艇长鲍勃·瑟尔斯中尉，Bob M. Searles，与 P-38 艇长是两兄弟），他本来准备攻击仍在炮轰瓜岛的一艘战列舰，但却被一艘日本驱逐舰的探照灯锁定和炮击。PT-60 只得放弃了原定的目标，冲向驱逐舰发射了 2 枚鱼雷，然后左满舵高速离去。一名艇员声称看到了两起爆炸，PT-46 的艇长泰勒中尉（Henry S. Taylor）也自称看到爆炸。这让蒙哥马利确信自己已经摧毁了目标，他命令减速和停止施放烟雾，以便确认战果。但这个愚蠢的举动让他遭了殃。日本"长波"号驱逐舰（夕云级，舰长隈部伝中佐）用探照灯发现了该艇并用炮火猛烈攻击。第一发炮弹就落在距艇尾仅 20 英尺处，炸出的巨大水花让整艘快艇洗了个冷水澡。

PT-60 为了躲避追杀使出了浑身解数，高速机动、曲折航行、施放烟雾，甚至试图用机枪打灭探照灯，最后不得不投放了两颗深水炸弹才吓住了敌舰。但慌不择路的 PT-60 却在逃出战场后于佛罗里达岛西边的珊瑚礁上搁了浅，直到第二天才被友舰拖离战场。

由于漆黑一片，PT-48（艇长沃克中尉，Robert C. Wark）差点和 PT-46 发生碰撞，之所以幸免还要多亏了日舰到处乱射的探照灯光，让前者发现后者正好横在自己的航路前方，赶紧右转舵才得以规避。这次转舵也让 PT-48 失去了目标，不得不减速搜索，结果突然被一艘日本驱逐舰的探照灯逮个正着，当时双方仅相距 200 码！好在机枪手托德（Todd）反应迅速，用 12.7 毫米机枪横扫了驱逐舰的上层建筑。探照灯光消失了，PT-48 高速逃离了战场。PT-46 的运气也不好，先是被日舰的炮火逐离，等它回头试图再次攻击时，日

日本"长波"号驱逐舰

本舰队已经停止了炮击，周围恢复了黑暗和平静，什么也看不到了。

PT 艇与日本战列舰的第一次亲密接触就这样虎头蛇尾地结束了。栗田中将本来就对这次危险的炮击行动腹诽不已，一直提心吊胆，结果居然将 PT 艇当成了美国的潜艇，于是在还未判明机场损害程度的情况下就命令终止炮击，以 29 节的高速头也不回地撤出了战场。要知道，亨德森机场上的 90 架战机此时已经被炮火摧毁了 65 架，机场主跑道被完全摧毁，仅战斗机跑道可勉强使用。如果能继续坚持炮击的话，机场将在很长一段时间里彻底失去战斗力，整个瓜岛之战的进程和结局也将有很大不同。

虽然美国人声称有三枚鱼雷击中了敌舰，不过实际上这次攻击没能取得任何可以确认的战果。当然日本人的战报也是水分多多，他们吹嘘自己击沉了美国所有参战 19 艘鱼雷快艇中的 14 艘。从美国人的角度来看，尽管没能击沉敌舰，但毕竟是迫使敌舰队中止了炮击行动，第三中队功不可没。

此战过后，三中队暂时失去了作战能力，PT-60 需要很长时间来修理，PT-38 用光了鱼雷，在得到补充前只能当巡逻艇用，更糟糕的是中队长蒙哥马利在巴拿马时就染上了热带病，到图拉吉后病情更加严重，高烧不退，最后发展成了肺炎，体重减轻了 25 磅，最后终于在 10 月底被运回美国就医，中队长一职暂由副中队长罗宾逊中尉（Hugh M. Robinson）代理。25 日抵达图拉吉的罗宾逊还同船带来了中队的另外 4 艘艇（PT-37、39、45、61）。这让第三中队士气大振，同时也让他们接到了除护航和巡逻之外"真正的"任务：拦截"东京快车"。

捕鼠记

瓜岛之战打到后来，已经演变成消耗战，日本海军之所以冒险派出大型舰艇炮击瓜岛机场，就是因为这个机场上起飞的美国战机对向瓜岛日军运送人员物资的运输船构成了致命威胁。由于第三 PT 艇中队的干扰，炮击舰队未能完成摧毁机场的任务，结果在夜战后的第二天，日军的 6 艘运输船就遭到了美机的痛揍，只有 3 艘得以生还。

瓜岛战役中的PT艇，由近到远依次为PT-46、40、61、48和45。

但是，日本人仍可以使用高速的驱逐舰乘夜向岛上运送补给品，这种运输方式被诙谐的美国人调侃为"东京快车"，日本人则自嘲为"鼠输送"。开涮归开涮，美国人也知道日本海军夜战素质高，其驱逐舰部队更是精于鱼雷攻击的高手，如果用大型战舰拦截有可能得不偿失，综合考虑之下，PT艇就成了一种成本小、收益大的拦截工具。

从地理条件来说，瓜岛和佛罗里达岛之间的"铁底湾"（Iron Bottom Bay，因双方在此湾沉没战舰多而得名）进口狭窄，不利于大中型舰艇机动；日军在瓜岛上控制区域有限，"东京快车"的目的地毫无疑问就是埃斯佩兰斯角（Esperance）周边海岸，有利于预先设伏；而埃斯佩兰斯角距离PT艇的基地图拉吉不到35英里，有利于快速出击。

10月29日夜，第三中队得到情报，称三艘日本驱逐舰正向铁底湾驶来，格林（James Brent Greene）中尉的 PT-39 奉命出动，在萨沃岛西部海域侦察。午夜刚过，PT-39 就传来了好消息，在萨沃岛以西 10 英里处，有两个高速目标正向埃斯佩兰斯角驶来。

PT-38 的待机点在埃斯佩兰斯和萨沃岛之间，在接到 PT-39 的消息后，艇员们伸长了脖子向西看，但看得眼睛都酸了也没有任何发现。这时，一架飞过上空的美国水上飞机突然投下了一颗照明弹，PT-38 这才发现一艘日本驱逐舰已经通过峡口，正以 38 节高速向湾内冲去。

没人知道这么大一艘船是怎么从眼皮子底下溜过去的，不过现在这也不是重点了，驱逐舰在炮击那架做了好事不留名的水上飞机同时，也借着照明弹发现了 PT-38，一串炮弹很快就飞了过来。

正当 PT-38 被日本驱逐舰撵得鸡飞狗跳之时，大概是意识到已经暴露的敌舰突然转向一百八十度，驶出了铁底湾。得到 PT-38 通报的 PT-39 立即赶来拦截，在 400 码处发射了三枚鱼雷，然后转向从敌舰船尾的火力死角撤走。格林艇长事后认为至少有一枚鱼雷命中了敌舰舯部，但实际上并非如此，这次夜战"东京快车"没有受到任何损失，当然也未能完成投放补给品的任务。

类似的情节反复上演。11 月 5 日夜，3 艘 PT 再次奉命到埃斯佩兰斯角巡逻。6 日凌晨，PT-39 发现了两个高速目标，但是鱼雷发射管发生故障，只发射了一枚鱼雷，没有取得战果。PT-39 在日本驱逐舰猛烈的炮火反击下施放烟雾退出战场。第二天晚上，PT-48 与一艘日本驱逐舰遭遇，艇长坎布尔（Lester H. Gamble）中尉声称他在不到 400 码距离上发射的 4 枚鱼雷中有两枚命中了敌舰舯部，并看到了爆炸和水柱。日出后在这片海域也确实发现了一些油污和杂物，不过日本人当晚并无舰船损失，PT-48 发射的鱼雷可能是击中了敌舰投放的补给桶。事实上在 PT 艇装备雷达之前，夜战中发生误判是很正常的。

11 月 8 日晚上，第三中队又完成了一次对"东京快车"的拦截。PT-61 被一发大口径炮弹重创，PT-39 则被弹片击伤，但伤势不重，尚可作战。美国人事后认为 PT-61 击中了日本驱逐舰"望月"号，造成后者轻伤，不过日本档案并未对此确认。实际上对瓜岛美军来说，只要不让日军得到"东京快车"送来的补给品，PT 艇就算完成了任务，而 PT 艇将这个任务完成得很出色。

在讲究人性化和舒适性的美国海军当中，PT 艇大概是最不幸的一个兵种。为了在频繁的战事中保证艇员可以轮换休息，一艘 PT 艇上一般会塞进约 20 名官兵，因为艇小没有多余空间，有很多 PT 艇是没有冷藏箱来储存鲜肉和其他需要保鲜的食物的，同时按照当时从大到小的补给习惯，PT 艇是被排到最后的补给名单上，于是 PT 艇上的日常伙食会是什么样子，大家都会心中有数。瓜岛的海战持久而又艰苦，基地十分简陋，给快艇加装燃料完全靠手工操作，加油时间长不说，还经常因为遭到敌机的空袭而停止加油。加完燃料后，快艇就只能隐蔽在灌木丛中等待出击的机会，艇员们饱受耗子、蟑螂、蝎子、蜥蜴、苍蝇、虱子和蜘蛛的折磨，真是痛苦难熬，而湿热的气候也使人无法入睡。

PT 艇除了正常的战斗和训练以外，还要运送邮件、支援陆军，或在大舰之间转运装备和人员。为了满足作战需要，经常在夜间进行训练。执行巡逻任务大多在阵雨、礁石和小岛的掩护下进行，有时要一连待机三四夜。为降低噪声和尾流，巡航时只使用一台发动机，这样就不易被敌人发现。疲惫成了 PT 艇乘员最大的敌人，即使不执勤，往往也要把宝贵的时间花在维护受热带气候侵蚀的发动机上。最严重的时候，8 艘艇中有 5 艘不能出航。

埃尔科 80 型的 PT-109 二视图

好在援军总算是到了。本来海军作战部准备将由 12 艘埃尔科 80 型 PT 艇组建的第五中队派往所罗门群岛，但该中队抵达巴拿马后，当地指挥官认为第二中队经验更加丰富，便将第五中队的一半（PT-109—114）调入第二中队，由维斯特赫尔姆（Rollin E. Westholm）海军中校指挥赶往前线。由于当初重建第三中队时，抽调的都是二中队处于最佳状态的快艇，留在巴拿马的则需要维修，所以该中队直到 11 月中旬才抵达图拉吉。

11 月 13 日夜, 第二中队的 PT-40（艇长泰勒中尉, Stilly Taylor）和 PT-59（艇长杰克·瑟尔斯中尉, Jack Searles）参加了阻止日舰对亨德森机场炮击的战斗。由于在前一天晚上, 驻守"铁底湾"的美国水面舰队已经和日本"比睿"号战列舰领衔的炮击舰队 PK 得两败俱伤, 偌大的海湾内只有这两艘孤零零的 PT 艇, 而他们本来的任务是为重伤的"波特兰"号重巡洋舰担任远程护航。说白了，美国人根本就没想到日本海军会连续两晚出动炮击舰队。

半夜 12 时 30 分，当泰勒中尉看到日舰炮口处喷射出的长长橙色闪光时，他意识到自己多半是碰上了日本战列舰，而事实上是三川军一中将指挥的"铃谷"、"摩耶"两艘重巡洋舰。在以 20 节航速接近到 500 至 700 码时，泰勒下达了四雷齐射的命令，不过有一枚因故障未能射出。紧跟在他后面的瑟尔斯中尉则对准一艘驱逐舰发射了 2 枚鱼雷。然后就是让人啼笑皆非的一幕：发现 PT 艇的驱逐舰和撤出战场的 PT 艇同时施放了烟雾，整个战场上白茫茫的一片，什么都看不见了。

当日本舰队因为遭到 PT 艇的袭击而中断炮击时，亨德森机场上已经有 18 架飞机被摧毁、32 架受损，但机场跑道仍可使用。于是日本海军于当天晚上再次派出"雾岛"号战列舰领衔的炮击舰队。但这次他们遭到了早有准备的美国舰队有力阻击，损失惨重，"雾岛"号战列舰沉入海底。

更让人欢欣鼓舞的是，PT 艇得到了此前梦寐以求的空中支援。由于众多受损的巡洋舰不断被送回基地修修补补，舰载的水上飞机便被留下来为 PT 艇提供空中侦察。这是一个危险的任务，因为"东京快车"为了躲避空袭往往选择恶劣天气出动，有好几架水上飞机都因此遇难。

12 月 7 日，水上飞机发现了 9 艘驱逐舰组成的大型"东京快车"。这是由日本海军第二水雷战队（即驱逐舰队）司令官田中赖三少将亲自指挥的，他曾经在 11 月 30 日的塔萨法隆加海战中以损失 1 艘驱逐舰的代价击沉击伤 4 艘美国巡洋舰，由此也可以看出日本海军对这次输送的重视程度。

但田中少将出师不利，由于目标过大，在途中就遭到了 16 架美机的猛烈空袭，"野分"号驱逐舰遭到重创，在"岚"号驱逐舰的护送下返航。而当其他驱逐舰驶抵"铁底湾"时，维斯特赫尔姆中校率领的 8 艘 PT 艇也早已在此严阵以待：PT-109 和 PT-43（艇长蒂尔登中尉，Charles E.Tilden）在埃斯佩兰斯角；PT-48 和 PT-40 在瓜岛西北端；另外 4 艘（PT-36、37、44、59）则埋伏在萨沃岛附近；这样无论"快车"从哪儿"进站"，PT 艇都不会错过。

23 时 20 分，PT-48 和 PT-40 率先发现了目标，2 艘 PT 试图发起攻击，随即被敌舰击退，但他们已及时地向友邻部队通报了敌情。一刻钟以后，萨沃岛的 4 艘 PT 艇发现了 5 艘驱逐舰和一艘较大的船只，PT-37（艇长坎布尔中尉）向最前面的敌舰发射了 2 枚鱼雷，没有命中；PT-59 则向离他最近的一艘驱逐舰发射了 2 枚鱼雷，距离大约只有 100 码，但仍然未能命中。该艇因过于靠前遭到敌舰集中攻击，身中 10 弹，但奇迹般地没有一人受伤。

第二组上来攻击的 PT-36（艇长佩蒂特中尉，M. G. Pettit）和 PT-44（艇长弗里兰中尉，Frank Freeland）各发射了 4 枚鱼雷，仍然没有击中目标。但日本舰队也已经心惊胆战，他们不知道夜幕中到底有多少 PT 艇在虎视眈眈。田中少将本来就坚决反对将驱逐舰作为快速运输舰使用，在遭遇多次攻击后，他再也不愿意冒着承受损失的危险前进了，因此未卸下任何补给物资便率部高速返航，这让海军高层大为不满，也为他后来被解职打下了伏笔。

水中捞月

12 月 11 日 12 时 30 分，田中少将再次奉命指挥 9 艘驱逐舰组成的第四趟"东京快车"出航。这次他运气不错，在黄昏时分顺利突破了 20 架美军俯冲轰炸机的航空封锁，到达埃斯佩兰斯角附近海面。

和往常一样，有 2 艘 PT 艇正在卡明波和埃斯佩兰斯一带巡逻。在接到电台中转来的发现"东京快车"消息后，PT-44 和 PT-110 立即展开搜索，并很快在右舷 8000 码处发现了敌舰的踪影。PT-44 施放烟雾作为掩护，高速机动接近日本舰队。但熊熊燃烧的日本货轮残骸却映出了她的身影，结果遭到 4 艘日本驱逐舰的集中射击，右舷机枪塔、艇尾和机舱接连中弹起火，并很快发生了猛烈的大爆炸，被点燃的汽油在 PT-44 周围形成了一片火海。因此除了两个幸运儿外，包括艇长弗里兰在内的 9 名官兵都不幸遇难。

但日本旗舰"照月"号（秋月级）驱逐舰很快也遭到了同样的命运。在击毁 PT-44 后，田中少将紧绷的神经稍微松弛了一下，他命令"江风"、"凉风"二舰担任外围警戒，其他驱逐舰缓速驶入塔萨法隆加（Tassafaronga）湾锚泊，开始卸货。23 时许，3 艘 PT 艇突然冲破夜幕，出现在日本人面前。猝不及防的"照月"舰当即被 PT-37（艇长坎布尔）和 PT-40（艇长泰勒）发射的 2 枚鱼雷击中左舷后部并燃起大火，舵机和左舷主机损坏，军舰失去了机动能力，田中少将的脚部也负了伤。30 分钟后，"长波"号驱逐舰前来将少将接走。

第四驱逐队司令有贺幸作大佐（此君也是个悲剧人物，系"大和"号战列舰末代舰长，后与舰同沉）指挥"岚"号驱逐舰靠上了"照月"舰首，部分舰员登上该舰提供救援，但炽烈的火焰迅速蔓延到重油舱和后部高炮弹药库内，引起了一连串的爆炸。虽然鱼雷被及时抛弃没有诱爆，但舰体结构已经严重受损，而且在紧急损管抢救后，动力仍然无法恢复。为避免被美军俘获，舰长折田常雄中佐于 12 日凌晨 1 时 25 分忍痛下令弃舰自沉。2 时 40 分，这艘服役仅三个多月的新式防空驱逐舰沉入海中。

秋月级驱逐舰是日本海军为伴随航空母舰编队作战设计的防空直卫舰（防空驱逐舰）。全长 134.26 米，最大舰宽 11.58 米，吃水 4.15 米，设计标准排水量 2700 吨。秋月级驱逐舰采取长艏楼船型，舰艏水线以下呈圆滑曲线向舰底过渡。动力系统采用 3 台舰本式重油专烧水管锅炉，3 个排烟烟道合并成一个大而倾斜的的烟囱，使上层建筑显得简洁而独特。高 / 中 / 低压蒸汽轮机各两台，双轴推进，单舵。主机输出功率 52000 马力，最大航速达到 33 节。载重油 1080 吨，续航力实测结果达到了 9000 海里 /18 节。安装 8 门双联装九八式 100 毫米 65 倍径高平两用炮和 2 座九六式双联装 25 毫米口径防空机关炮，一座四联装 610 毫米口径鱼雷发射管及深水炸弹投射装置。

"照月"的 138 名舰员和第二水雷战队司令部的 27 名官兵被"岚"号救走。但在救援过程中,又有多艘美军 PT 艇轮番来袭,为避免遭受更大的损失,其他日舰只得撤离,折田舰长带着剩下的 156 名舰员登上了瓜岛。此役日军运送的 1200 个满装粮食的密封桶只有约 220 个被岸上日军捞到,对于嗷嗷待哺的守军来说只能是杯水车薪。因此,早已看田中少将不顺眼的海军高层勒令其转入预备役。失去这样优秀的指挥官,对日本海军的驱逐舰部队来说是比"照月"舰更大的损失。

1943 年 1 月 10 日,日本海军再度派出了大型"东京快车",8 艘驱逐舰于当天傍晚被美军发现,估计其午夜时分将抵达铁底湾。当时已有 4 艘 PT 艇在湾口巡逻:PT-39、PT-45 在西口,PT-48、PT-115 在东口。维斯特赫尔姆中尉又带着 PT-112(指挥艇)、PT-43 和 PT-40 去加强西口巡逻力量,命令 PT-59、PT-46 和 PT-36 增援东口。

11 日零点 30 分左右,维斯特赫尔姆的分队率先发现了 4 艘驱逐舰成纵列驶向萨沃岛,立即指挥 3 艘 PT 艇从敌舰队的侧面发起攻击。PT-43 冲到离打头的敌舰 400 码处发射了两枚鱼雷,但发射管喷射出的巨大闪光也为敌人提供了绝佳的射击目标。敌舰的第二次齐射就击中了 PT-43,使其失去了动力,艇长蒂尔登中尉被迫下令弃船。当他自己最后一个离艇时,不幸被日舰的机关炮击中身亡。除了艇长以外,PT-43 的船员还有两人失踪。天亮后,美国人发现这艘艇居然没有沉,而是在埃斯佩兰斯角的敌占区海滩上搁浅了,便立刻派出一艘新西兰护卫舰将其击毁,以免被敌人利用。

PT-40 的目标是第二艘驱逐舰,在 500 码的距离上发射了全部四枚鱼雷,艇长福克纳(Clark W. Faulkner)看到目标旁升起了巨大的水柱,不一会儿又发生了爆炸。福克纳心满意足地驾艇向

PT-43 的残骸

右急转，借着海岸阴影的掩护全速退走。

维斯特赫尔姆向第三艘驱逐舰发射了四枚鱼雷，其中一枚命中，升起了巨大的水柱。由于距离过近，PT-112 在向左急转时，紧贴着驱逐舰的船尾通过，险些发生了碰撞。这时第四艘驱逐舰开火了，两发炮弹几乎同时击中了PT-112，一发击中舯部的水线部位，炸开了一个大洞；另一发则击中机舱附近，引起了火灾。艇长克雷格（C. A. Craig）一度竭尽全力试图保住自己的快艇，但火势愈来愈猛，最后只得下令弃船。大约一个小时后，由于该艇仍浮在海面上，维斯特赫尔姆决心登上该艇查看是否还能挽救。但是当救生筏离快艇已不到 100 英尺时，PT-112 却再次发生了强烈的爆炸，生还者们只得放弃了登艇的打算。天亮后，PT-112 的残骸终于在埃斯佩兰斯角以东 1 英里处完全沉入海中。

除了维斯特赫尔姆分队，还有 3 艘 PT 艇和"东京快车"遭遇。PT-46 在2000 码的远距离上发射了四枚鱼雷，船员观察到两个强烈的闪光，认为可能命中敌舰；PT-45 和 PT-39 也同样在 2000 码处向埃斯佩兰斯和萨沃岛之间的可疑目标发射了鱼雷，但没有观察到战果。战斗结束以后，PT 艇仍在海面上忙碌着，她们忙着用机枪射击日军驱逐舰投下的补给密封桶。据美国人统计，至少击沉了 250 个，这也算是一个小小的成果，瓜岛上的日军肯定又要挨饿了。

虽然 PT 艇声称至少击中了三艘驱逐舰，但根据日本资料，这次战斗中只有"初风"号（阳炎级，舰长渡边保正中佐）驱逐舰被一枚鱼雷击伤，但动力系统完好，仍能用 18 节航速自行返航。日本人将这个战果归于 PT-112，同时也将击沉 PT-43 和 PT-112 的功劳归于"初风"号。

4 天以后，13 艘 PT 艇（PT-36—40、45—48、59、109、115、123）和 9艘日本驱逐舰再次在铁底湾内大战一场。当天晚上风雨大作，能见度几乎为零，只能靠偶尔撕裂夜空的闪电来寻找目标。混战过后，发射了 17 枚鱼雷的PT 艇部队声称命中了 3 艘敌舰，然而日本记录却显示这次参加输送的军舰都安然无恙。反倒是有 2 艘 PT 艇（PT-39 和 PT-45）在珊瑚礁上搁了浅，好在损坏不大，都可以修复。

水下敌人

为了能持续不断地为瓜岛日军输血，日本海军高层还打起了潜艇的主意，毕竟相对于驱逐舰，潜艇的隐蔽性和突防能力更强。11 月 16 日，联合舰队司令长官命令以大部分潜艇对瓜岛进行运输补给。

这个命令让强烈主张破交作战的潜艇部队很是抵触，因为潜艇卸货的浅水区域正好是美军 PT 艇活动频繁之处，用宝贵的潜艇从事这样危险而且效率低下的活动在他们看来简直是送死。因此参加输送的潜艇官兵，将这种运输方法讥讽为"全能行动"。所有潜艇都拆去了一门火炮，每艘艇上只留下两个鱼雷发射管。拆除武器，虽可以空出较多的地方来装载粮食，一艘潜艇运去的粮食够岛上三万名驻军两天食用，但却大大削弱了潜艇的战斗力。

实际上这个命令第一天执行就暴露出了其不合理性。"伊-17"和"伊-19"两艘潜艇接近卸载水域后，就发现了严加警戒的 PT 艇，根本没敢卸载就返航了事。

12 月 9 日日落后，"伊-3"号潜艇偷偷驶入瓜岛的卡明波角（Kamimbo）附近预定锚地，从岛上唤来登陆艇向滩头运送物资。可就在卸货的登陆艇驶离后，突然被正在这里巡逻的 PT-44 和 PT-59 发现，2 艘 PT 艇立即上前攻击登陆艇。这时，眼尖的 PT-59 艇长瑟尔斯发现了还没有来得及下潜的"伊-3"号，立即发射了 2 枚鱼雷，击中了潜艇的舯部和艇尾，该艇当即沉没。艇长户上一郎中佐以下 90 名官兵随艇毙命，只有 4 人幸运地游上了瓜岛。

"伊-3"号属于日本"伊-1"级巡洋潜艇，水上排水量 2135 吨，航速 18 节，水下排水量 2790 吨，航速 8 节；装备 2 门 140 毫米 50 倍径甲板炮和 8 个 533 毫米鱼雷发射管，是日本海军当时最大的潜艇之一，曾经参加过偷袭珍珠港，在此前的破交作战中击沉英国商船 Fultala（5051 吨），并重创另一艘英国商船 Elmdale（4872 吨）。在遇袭沉没前，"伊-3"号已经执行了两次运输任务，第一次成功卸下 20 吨物资，第二次却因为发现 PT 艇后被迫停止卸载。正所谓好事不过三，这第三次冒险终于断送了卿卿性命。

这一重大损失迫使日军将潜艇运输中止了 17 天之久。后来迫于瓜岛守军嗷嗷待哺，决定利用夜暗条件，动员所有潜艇继续进行粮食输送。同时，由于原来的输送办法潜艇浮出水面的时间太长，容易被发现，便将粮食装在橡皮袋中，到锚地后由登陆艇直接从甲板上拖走。但发现橡皮袋容易进水后，又改用密封桶。到了 1943 年 1 月下旬，又开始使用类似袖珍潜艇的所谓"运输罐"，其自带动力，1 人驾驶，航速 3 节，航程约 4000 米，罐内可装 20 吨物资。为了既完成运输任务又确保潜艇安全，日本人可谓是煞费苦心，但天公却未必遂其所愿。

从 12 月 26 日至 1 月 30 日，潜艇对瓜岛进行了 26 次运输，其中多次被 PT 艇发现攻击，虽然再也没有潜艇像"伊 -3"号那样直接被 PT 艇击沉，但其运输工作则大受干扰，每次执行运输任务对日本潜艇官兵来说，都如同是在黄泉比良坡上走钢丝一般。

1 月 1 日，"伊 -168"号运送 25 吨橡皮袋物资，因遭到 2 艘 PT 艇袭击仅卸载 60%；

1 月 5 日，"伊 -18"号卸载 15 吨密封桶后遭到 PT 艇袭击逃走；

1 月 11 日，"伊 -9"号在发现 PT 艇后被迫停止卸载；

1 月 20 日，"伊 -176"号在卸载密封桶时遭到美军武装拖网渔船和 PT 艇的袭击，未完成任务；

1 月 25 日，"伊 -9"号在卸载密封桶时遭到 PT 艇袭扰，只有三分之二运到岸上；

1 月 27 日，"伊 -2"号在卸载密封桶时，因遭到 PT 艇袭扰，大米、燃料等部分物资未能卸载；

1 月 30 日，"伊 -9"号在卸载密封桶时遭到 PT 艇袭扰，密封桶全部飘失。

在以上这些记载中，我们可以看到，正是由于 PT 艇部队的积极活动，使得日军苦心孤诣的潜艇运输行动始终收效不大，无法彻底解决瓜岛日军的后勤补给问题。虽然日本潜艇多次从 PT 艇的攻击下逃脱，但走得山多遇着虎，第一个倒霉蛋"伊 -3"号的姊妹舰"伊 -1"号很不幸，成为了第二个倒霉蛋。

1 月 29 日黄昏，担负运输任务的日本"伊 -1"号巡洋潜艇正以半潜状态接近锚地。但在通过礁脉时，潜艇刚一升起潜望镜，就遭到在它后面的一艘美国 PT 艇的攻击。PT 艇用机关炮扫射并从 1800 米左右的距离上向潜艇发射了鱼雷。

艇长立即放弃了通过礁脉的打算。没有等到潜望镜落下，他就改变了航向，并下令速潜到 27 米的深度，但 PT 艇已经投下了深水炸弹，爆炸使艇体发生了剧烈的震动，电动机、舵机和各种泵失灵，高压气管路破损，蓄电池发生了故障，鱼雷舱进水，潜艇失去了控制，以 45° 的艇首纵倾，一头触到海底。由于艇首纵倾过大，潜艇实际上已不可能在水下航行，艇长只得下令浮出海面进行炮战，寄希望于那门火力强大的 140 毫米甲板炮能拯救潜艇和全艇官兵。

但潜艇一浮出水面，就遭到两艘新西兰海军"鸟"级武装拖网渔船（满载排水量 923 吨，最大航速 13 节，武器为 1 门 4 英寸（102 毫米）炮，2 门机关炮，2 挺机枪和 40 枚深弹）和至少 2 艘美军 PT 艇的猛烈炮击。上到舰桥上的人员，除航海长外，都被打倒，艇长也被炮火扫落海中。"伊-1"号离开拉包尔时，左舷柴油机就不能工作。只能用一部柴油机航行，航速不超过 12 节，操纵十分困难。尽管如此，副长仍然操纵潜艇激烈机动，躲过了

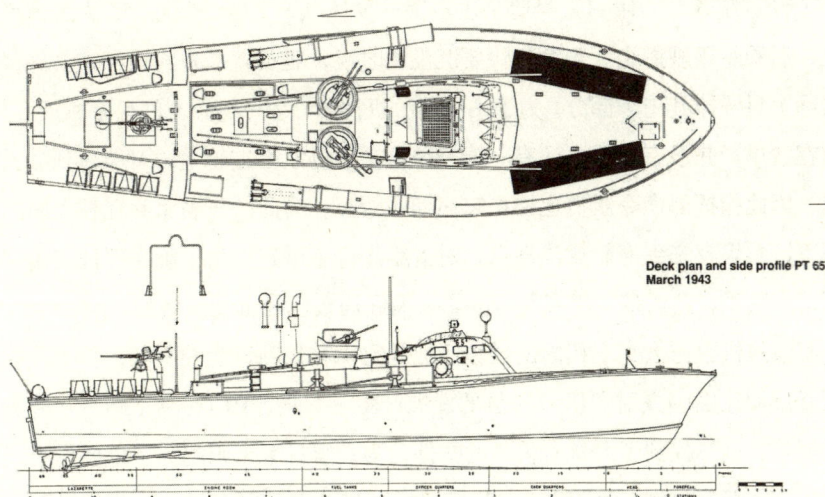

Deck plan and side profile PT 65
March 1943

早期的 ELCO-77 型线图，PT-65 属于该型。

PT 艇发射的三枚鱼雷和"鹬鸵"号（Kiwi）拖网渔船的一次撞击。

但不久放在艇尾甲板上的摩托艇内的汽油着火，明亮的火舌就像一个大火把把潜艇的轮廓照得清清楚楚。盟军还打开了探照灯，两艘拖网渔船绕到潜艇艇尾，用 4 英寸火炮和 20 毫米机关炮对潜艇射击，这对日本人非常不利。潜艇改装时，为了在艇尾放置摩托艇，拆去了艇尾的火炮，只能靠机枪用曳光弹射击从艇尾还击，一些潜艇艇员还用步枪对 PT 艇射击，但是效果都不大。与此相反，盟军舰船对被火光照得清清楚楚的潜艇却射击得很准确，潜艇的指挥室被炮弹打穿了许多洞。操舵装置也被打坏了，不得不改用人力操舵。"鹬鸵"号大概对这艘特别扛打的大家伙感到不耐烦了，她绕到潜艇右舷，再次撞击了"伊 -1"号，而"恐鸟"号（Moa）拖网渔船则继续用炮火轰击潜艇。

"伊 -1"号经过一个半小时的苦战，已经濒临绝境，艇体到处都是漏洞。副长决定使艇搁浅，因此向岸边驶去。搁浅后，艇尾沉没在水里，而艇首则斜露在水面上，艇身向左舷倾斜得很厉害。上甲板的艇员立即离艇上岸，而舱内的一些艇员却没有能够逃出，因为海水突然涌入，堵住了他们的出路。而到处漏水的"伊 -1"号被主人放弃后，仍然在水面支持了很长一段时间，这是因为低压排水泵不间断工作的缘故。

经过统计，"伊 -1"号艇长坂本荣一少佐以下 27 人战死，55 人逃到瓜岛上，后乘驱逐舰撤走。当潜艇快要沉没的时候，艇员就准备毁掉秘密文件，但实际上只毁掉其中一部分。为了不引起敌机注意，这一部分文件只是撕成碎片，埋在沙里，并没有烧毁。还有一部分秘密文件仍然留在艇上，可能落到敌人手里，因此指挥部命令艇员也要把它们彻底毁掉。为此，三名水兵在枝大尉的指挥下，趁黑夜来到潜艇搁浅地点，对潜艇进行了爆破。为了确实保证秘密文件不落入敌手，还派遣"伊 -2"号潜艇去彻底炸毁已经沉到海底的"伊 -1 号"。一架轰炸机也派去完成相同的任务，但是它没有找到该艇的残骸。日本人如此紧张反而让美国人对"伊 -1"号的残骸产生了兴趣，PT-65 艇立即对残骸进行了搜索，据称找到了大批有价值的文件，为破解日军密码起到了重要作用。

除了瓜岛以外，PT 艇还在其他战场上和日本潜艇有过"亲密接触"，不过战果不明。

1944 年 1 月 13 日，刚刚被选作第 22 潜水舰队旗舰的日本海军"伊 -181"号潜艇从拉包尔（Rabaul）出航，前往新几内亚执行输送任务，从此便杳无音讯。直到 3 月 1 日，联合舰队才得到加利岛（Gali）的日本陆军报丧，称 1 月 16 日晚上，目击到"伊 -181"号被美军驱逐舰和 PT 艇联手击沉，第 22 潜水舰队司令前岛寿英大佐、艇长田冈清少佐以下 89 名官兵全部丧生。"伊 -181"号属于日本海大七型远洋潜艇，水上排水量 1833 吨，航速 23 节，水下排水量 2602 吨，航速 8 节；装备 1 门 120 毫米 45 倍径甲板炮、2 门 25 毫米机关炮、6 个 533 毫米鱼雷发射管。令人奇怪的是，这样一个显赫的战绩，到现在也没有任何美军舰艇站出来认账。

虽然各型 PT 艇都携带有深水炸弹，但由于未装备声纳，一般情况下是难以追踪并打击水下潜艇的。但万事总有例外，有一艘日本潜艇就记载了自己遭美国 PT 艇长时间追杀的桥段。1944 年 8 月底，"伊 -165 号"被紧急派往比阿岛的科林湾，这时比阿岛已完全陷于孤立并有部分被美军占领。该艇的任务是与岛上的残余部队取得联系并撤出一名航空兵的司令。出海前，潜艇装载了粮食、弹药、药品和手提工作灯。此外，还有 60 个装满粮食的金属桶固定在甲板上。当岛屿已经清楚地出现在水天线上的时候，"伊 -165 号"发现了三艘 PT 艇。潜艇潜入水下，PT 艇也开始投放深水炸弹。当下潜到 98 米深度时，潜艇固壳开始发出奇怪的吱吱声，油漆层上也出现了裂痕。眼见潜艇承受不住太大的水压，艇长立即使上浮到 90 米深度，继续规避追击。但可能是甲板上的部分粮食桶没有固定好，浮到了水面，从而暴露了潜艇的位置。追击持续了一昼夜多，艇尾固壳上已经有了破损，水愈进愈多，只好用水桶把进入电机舱的海水提到柴油机舱去。这时，艇尾仍在继续下沉。艇内温度升高到摄氏 65°。氧气也用完了，艇员呼吸非常困难，日本人已经绝望了。然而就在这一天晚上，PT 艇大概是用完了深水炸弹，终于停止了追击。

乱 战

1943 年 1 月底，美国情报部门敏感地觉察到日本海军在瓜岛周围的活动日益频繁起来，特别是空中力量显著增强，因此判定日本人肯定是准备在瓜岛发动一次强大的攻势。由于在此前一系列的海战中，水面舰艇损失惨重，作为应对手段之一，第一水雷分队的3艘轻型布雷舰"普雷布尔"、"蒙哥马利"和"特雷西"于1月29日从努美阿岛前往铁底湾，在埃斯佩兰斯角布下了255枚水雷，作为最后的海上防线。由此可见美军对能否挡住日军的所谓"强大攻击"并没有多少信心。

实际上美国人完全猜错了。虽然日本驱逐舰和潜艇部队为输送行动付出了惨重代价，但毕竟运载量太小，连瓜岛日军的口粮都不能保障。特别是12月11日"照月"号被PT艇击沉后，日本海军有将近三周的时间没有组织水面舰艇向瓜岛运送补给。这期间，瓜岛日军仅靠潜艇运送的为数极少的粮食补给，根本不能满足需要，官兵多以野果、野菜和树皮充饥，痢疾、疟疾、疥癣等热带疾病流行。瓜岛日军再三向上级要求发动最后的决死进攻，这样至少能"体面"的战死，而不是饿死在自己的掩体中。

面对这种痛苦的情况，12月31日，日本大本营御前会议作出最后决定，终止瓜岛作战，撤退瓜岛的部队。那些被认为是用来进攻的舰艇和飞机，实际上都是为了将岛上的1万多日军安全撤出而部署的，撤退行动代号为"K号作战"。

2月1日下午，撤退计划正式启动，第三水雷战队司令桥本信太郎少将率领20艘日本驱逐舰（黑潮、白雪、朝云、五月雨、舞风、江风、风云、夕云、秋云、谷风、浦风、浜风、几风、皐月、文月、长月、时津风、雪风、大潮、荒潮）高速驶向铁底湾。亨德森机场立即出动41架飞机（F-4F战斗机17架、SBD俯冲轰炸机17架、TBF鱼雷机7架）前往攻击，但却遭到30架"零式"战斗机的阻击，只将旗舰"卷波"号炸得动弹不得，由"文月"号驱逐舰拖曳返航。3艘从罗素群岛（Russell Islands）赶来的美国驱逐舰也被日本飞机驱逐。现在，最现实的阻敌手段只剩下PT艇了。

日机同样扫射和轰炸了瓜岛海域游弋的PT艇，但却没有造成什么损害。在萨沃岛西南2英里处巡逻的PT-48和PT-111首先发现了3艘日本驱逐舰，并立即开始攻击。但日舰的反击炮火前所未有的凶猛，PT-48中弹后冲滩搁浅，艇长坎布尔下令弃船。幸运的是日本人没有穷追猛打，该艇在第二天被拖回基地修理。

PT-111 就没有这么幸运了。在发射了鱼雷之后，该艇即被"江风"号击中起火，艇长克拉格特被气浪甩到甲板上，脸部和手臂严重烧伤；两名船员一左一右挟着他在海上漂泊，直到被一艘 PT 艇救起。其他艇员除一人死亡、一人失踪外都成功得救。

在埃斯佩兰斯角西北 3 英里处巡逻的 3 艘 PT 艇（PT-59、37、115）为了躲避敌机的追杀，晕头晕脑地跑进了铁底湾，结果被随之而来的敌舰队堵个正着。他们发现自己的三面有多达 12 艘日本驱逐舰，而背后则是瓜岛的敌占区海岸。

在别无选择的情况下，美国人只能硬着头皮往前冲。PT-37（艇长凯利少尉，Kelly）时运不济，刚刚发射了鱼雷就被"江风"号（舰长柳濑善雄少佐）命中油舱，整艘快艇在刹那间就炸成了一团火球，炫目的闪光照亮了整个夜空，全艇只有一人生还。PT-115 冲到距离一艘敌舰 500 码内发射了两枚鱼雷，艇长康诺利（Connolly）认为肯定命中了目标，因为他看见敌舰突然开始减速。接下来在将要撞上另一艘敌舰的时候又发射了两枚鱼雷，然后迅速转向。PT-115 这种"肆无忌惮"的横冲直撞为她引来了四面八方的炮火。为了让敌人炮手无法取准，康诺利不时转向并不停地改变速度，一点也顾不上这样会对引擎造成什么损害。这时海面上突然下起了大雨，借着这个天赐良机，PT-115 冲出了包围圈，不过因为慌不择路在萨沃岛西部海岸搁浅，直到黎明涨潮后才脱困。PT-59 也同样借着风雨的掩护突出重围。

奉命在萨沃岛以南 3 英里处巡逻的 PT-123 和 PT-124 也是到位后先挨了一顿日机的炸弹，然后他们发现一艘日本驱逐舰正通过萨沃岛和埃斯佩兰斯之间的航道。PT-124（艇长福克纳）在距离 1000 码处发射了三枚鱼雷。他看到敌舰燃起了熊熊大火，并不断传来爆炸声，火焰一直燃烧了三个多小时才渐渐熄灭。PT-123（艇长理查兹）紧随其后，但却倒霉地被一架敌机投下的炸弹命中起火。当艇员们跳入水中后，又遭到了那架敌机丧心病狂的扫射，一人当场死亡，三人失踪，三人重伤。

福克纳看到起火的日舰是"卷云"号（夕云级）驱逐舰。夕云级是日本海军甲型驱逐舰的最后代表作，大体上是阳炎级的微改版，修改了舰桥以增加抗风性和稳定性，主炮仰角增大，防空能力有所增强，改进了主炮射击指挥装置，测距仪改为高平两用，舰尾延长5米以减少海浪阻力。由于线形改良，实际航速达35.5节，携带相同燃料时比阳炎级具有更大的续航力。

根据日本自称，该舰在紧急规避PT艇的鱼雷时误入萨沃岛附近的水雷区，舰尾触雷，迅速下沉，失去了航行能力。姊妹舰"夕云"号曾经试图拖曳该舰离开战场，但由于严重侧倾，上甲板浸水，拖曳十分困难。最终日本人不得不弃船，舰长藤田勇中佐以下237人转移到"夕云"号上，并由后者发射一枚鱼雷，将"卷云"号彻底击沉。

在瓜岛的这最后一次夜战中，参战的11艘PT艇有5艘共计发射了19枚鱼雷，损失3艘，死亡6名士兵，3名军官和6名士兵失踪，1名军官和5名士兵重伤。美国人自称击沉击伤驱逐舰各2艘，但能得到证实的只有"卷云"号，而且还不全是PT艇的功劳。

比击沉敌舰更重要的是，在黎明后寻找幸存者时，PT-39发现了3艘被日本人抛弃的小型登陆驳船，里面空无一人，但确有一些日本步枪、背包和个人物品，显然并不属于此前经常发现的补给物资。这是美国人至今为止唯一一次能够揭破日军撤退计划的机会，但却被轻易地放过了。此后日军又于2

"卷云"号驱逐舰

月4日和2月7日组织了两次类似的大规模撤退行动，由第二水雷战队司令小柳富次少将指挥。这位将军堪称福星高照，2月4日夜，在日军接运人员过程中，PT艇出动前去攻击，但却未发现日军编队，无功而返。2月7日夜则是雷雨交加，PT艇根本就无法出动。事后美国人发现了约100艘被日本人遗弃的登陆驳船，还误以为日军是在大规模向岛上增兵。结果到了2月8日白天，瓜岛美军才发现自己对面的阵地上已经空无一人。

总的来说，在瓜岛之战中PT艇取得的实质性战果不多，更多只能发挥威胁性的作用。由于情报掌握得不准，PT艇在袭击时吃亏不少，它们迫切需要从海岸侦察员和空中侦察飞机那里得到更确切的情报，以便更有效地打击敌人。卡塔琳娜式水上飞机在帮助PT艇搜寻目标方面发挥了不小的作用，但日本海军却聪明地利用照明弹来影响卡塔琳娜飞机的搜索，导致许多PT艇被日舰炮火击沉，而自己的鱼雷命中率却很低。但是，在美国的水面舰艇部队还不很适应夜战的时候，PT艇对于日本海军来说始终是一个不可忽视的威胁。如果没有PT艇的存在，擅长夜战的日本人在瓜岛肯定会更加活跃，而且会更不容易被打败。

屠　杀

早在1942年初，美军航空母舰部队付出惨重代价之后，在珊瑚海挫败了日军南下澳大利亚的企图。但是，日本人仍然占据着新几内亚的北部海岸，不但对澳大利亚构成了威胁，也掩护着日军所罗门战区的海上供应线。因此，当美军不断加强对瓜达尔卡纳尔岛的攻势时，在此地以西1000海里外的盟军，正为从日军手中夺回巴布亚半岛而奋战。

盟军在巴布亚半岛的处境，正同它在瓜达尔卡纳尔岛的处境相反。在这里，是盟军部队沿着丛林中的狭窄小径前进，穿过蒿草漫人的草地，涉过红树丛生的沼泽地，边打边进，不断突破日军坚固防线。但是，争夺巴布亚半岛的作战又与瓜达尔卡纳尔岛的争夺战有所不同。在这次作战中始终未发生过海上交战。如果投入强大的海军兵力，或者反复实施炮击，或者迅速从海上进行增援，那么该地区的战局也许早就会明朗起来。可是，这个海域的水文情况不明，连海图都没有，又有对方航空兵的威胁，交战双方谁也不肯把大型军舰派到这里来冒险。尽管如此，海上活动在进攻巴布亚半岛的过程中，还是起了重要作用。虽然盟军的空投及后来的空运是一种重要的补给手段，但是四分之三以上的补给物资是用机帆船输送的。1942年底，第八PT艇中队被部署到日占新几内亚群岛附近，白天隐蔽，夜间寻歼日军补给船。虽然这些艇没有雷达，艇长们手中的海图也是很不靠谱的旧货，但还是有所斩获。

1942年9月11日，奉命执行破交任务的日本海军"伊-16"级"伊-22"号潜艇从横须贺出航，前往所罗门群岛海域。但该艇在10月5日就失去了联络，上百名艇员无一生还。日本海军最终推定该艇也许是被一架美军PBY反潜巡逻机给击沉了，当然这个说法没有什么依据。而美军则认为是PT-122击沉了它。根据PT艇官兵的报告，11月12日，该艇在新几内亚海域发现了一艘日本的大型潜艇，并齐射4枚鱼雷将其击沉。

而出来争功的还有PT-68号。该艇声称在圣诞节前夜，与PT-122在距离日军莱城基地不远的宽阔河面溯流而上，发现一艘大型潜艇正在港口卸货，当即展开攻击。PT-68发射的第一枚鱼雷击中了潜艇，第二枚击中码头并引爆了军火。为此，美国陆军还向该艇颁发了银星勋章。不过，如果说PT-122击沉"失踪"了三十多天的"伊-22"号还有那么一点可能的话（也许日本人的通信和导航仪器全都坏掉了），这艘本来执行破交任务的日本潜艇无论如何是不可能在"失踪"状态下去为新几内亚的日本陆军搞运输的。当然，不管是谁干的，这艘3561吨的水下巨兽毕竟是葬身大海了，这对美国人来说是件好事。

10月1日，PT-68和PT-191跟踪满载的日军驳船队直到一处河口，发射鱼雷接连击沉2艘驳船后撤退。途中PT-68在离岸不远的沙洲上搁浅，螺旋桨已打到河底，PT-191废了九牛二虎之力也没能将友艇拖出困境。因为附近就是日军基地，岸上敌军越来越多，艇长被迫下令弃艇。人员刚刚安全撤上PT-191，PT-68就被日军的炮火打成了一团火球。

1942 年底，由于原定增援瓜岛的日军陆续转用于新几内亚，美国海军也随即派遣第十七 PT 中队增援第八中队。这个中队是由第六中队的 4 艘艇和第二中队的 2 艘艇（PT-113、114）新组成的，由原第六中队中队长丹尼尔·鲍曼（Daniel S. Baughman）中尉任中队长。作为补偿，第八 PT 中队则抽出了 5 艘艇（PT-144 至 148）交给第二中队。这样，在两个战区的 PT 部队都有经过战火考验的老鸟和充满激情的新丁搭配。日军于夜间使用驳船向布纳地区进行增援，后来又试图以同样方法从布纳地区撤出部队。但是美军 PT 艇频繁出击，使日军付出很大代价。1943 年 1 月底，在饥饿、疾病的威胁以及美军的进攻下，在布纳地区负隅顽抗的日军终于被彻底击溃，逃往莱城。

3 月 2 日爆发了俾斯麦海战，日本海军派出由 8 艘运输船和 8 艘驱逐舰组成的运输船队从拉包尔（Rabaul）开往莱城（Lae），以图改变新几内亚（New Guinea，现巴布亚新几内亚）的战局。为防备盟国空中力量的打击，除了出动战斗机掩护外，驱逐舰都为防空进行了特别加强，而运输船上的海员都是执行过瓜岛战场运输任务的老兵，运输船上都增设了防空炮位。

但即使如此，船队仍然遭到了美国和澳大利亚陆基航空兵的毁灭性打击，16 艘舰船中损失了 11 艘，包括全部运输船。搭载的第 51 步兵师团主力遭到灭顶之灾，6900 名士兵中有 3664 人丧生，仅有约 800 人到达目的地莱城。

在盟国陆基航空兵进行着激烈战斗时，驻守在米尔恩湾和图菲的美国海军也在策划着晚些时候 PT 鱼雷艇群的攻击行动，10 艘 PT 艇于 3 月 3 日夜到 3 月 4 日凌晨间抵达战场。两艘 PT 艇碰触到水面的船只残片受损，不得不先行返航，其他 8 艘艇（PT-66、67、68、121、128、143、149 和 150 号艇）赶到战场时只发现被丢弃的"大井川丸"孤零零的在水面漂浮，令踌躇满志的鱼雷艇官兵们大失所望。

"大井川丸"本来是长崎造船所 1941 年建成的"川工丸"号货船，排水量 6494 吨，后被东洋海运公司购入，改名"大井川丸"，随即就被海军征用。同年 12 月 10 日在输送日军登陆菲律宾时被美军飞机炸伤，却幸而大难不死。后来又参加了血腥的瓜岛运输战，仍然逃过大劫；但是这次它的运气显然都用光了，3 日早晨 8 时在丹皮尔海峡南口附近被美国陆航的 B25 轰炸机投下的炸弹击中，3 分钟后就丧失了航行能力并燃起熊熊大火，船长命令弃船。

23 时 20 分，PT-143 和 PT-150 各发射一枚鱼雷，击沉了"大井川丸"，这是俾斯麦海战中唯一被计入海军的战果。船上约 1200 名乘员中除 43 人幸存外全部死亡，包括陆军 1100 人，海军炮兵 51 人、船员 78 人。之所以有这样高的死亡率，除了曝晒、饥渴和鲨鱼外，主要在于海战结束后的几天里，盟国陆基航空兵的飞机与 PT 艇一起持续在休恩半岛附近的海域来回巡逻，搜索这一带海面上漂浮的日军幸存者和救援船只，并用枪炮和炸弹毫不留情的屠杀他们，一向重视人权的美国人对这种残忍的行径毫无愧疚之心："……在海中每射杀一名日本人，都意味着地面上我们的陆军战友要少面对一个敌人……"回想起 50 年前，日本"浪速"号巡洋舰击沉清帝国运兵船"高升"号之后，冷酷屠杀落水中国官兵的景象，不由让人慨叹天道好还，报应不爽。

驳船狩猎

俾斯麦海海空战之后，新几内亚岛的日军陷入了孤立无援的困境，此后日军大规模增援计划已无实现可能，而且也不可能像在瓜岛那样使用"东京快车"，因为在从拉包尔到莱城必须经过辽阔的海面，舰队有很长一段时间必然在白天航行，而俾斯麦海的悲剧证明了这样做纯属自杀。所以日军只能主要使用潜艇担负运输任务，有时出于急需，也采用强化武装的小型舟艇进行所谓的"蚁输送"，在夜间进行偷渡式的补给。随着美军的反攻范围不断扩大，这种方式后来又被推广到中所罗门战区。1943 年初，美军在图菲建立了 PT 艇基地，目的就是对付为日军供应物资的日本驳船和交通艇。在南太平洋战役接下来的日子里，为了切断日本守岛军队的生命线，"驳船狩猎"成为了 PT 艇的主要业务，几乎每晚都会与日军舟艇发生遭遇和激战。

当时"蚁输送"最常用的是被称为"大发"的特型登陆运输艇。这种船起初为钢质船体，后期生产型改为木质，驾驶台周围安装了防弹钢质装甲，动力为柴油机，在热带海区更不容易损坏。"大发"相对于驱逐舰来说目标小，不易被发现，而且能够在大型舰船无法进入的浅水区和岸边行动自如，

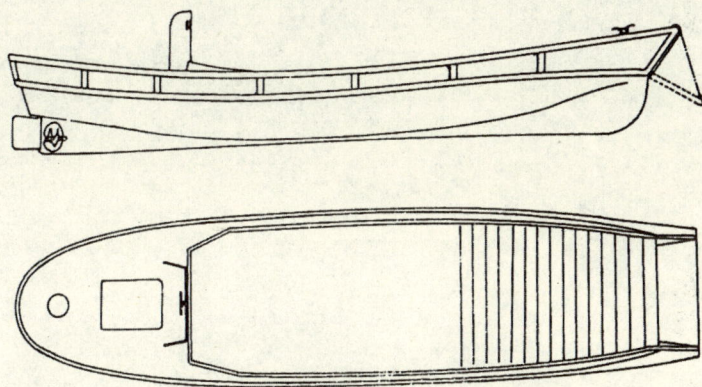

日本"大发"艇

有一定的优势。可是一艘"大发"只能装载 11 吨物资，这种蚂蚁搬家式的运输规模太小，又经常遭到 PT 艇的拦截，只有 8 节航速的"大发"虽然装备了2—3 门 25 毫米机关炮，但一旦被美军舰艇和飞机发现，打也打不过，逃也逃不了，必将成为可口的猎物。所以"大发"在白天往往用各种植被掩蔽起来，在月暗星淡的夜晚才进行运输。

对于 PT 艇来说，这种小型舟艇并不好对付，首先体积小不易发现，其次吃水浅鱼雷无法击中。而且其自身的火力对于 PT 艇来说也有一定威胁，美国人为此很动了一番脑筋，最后决定根据瓜岛的经验，采用突袭的方法对日本驳船可能的卸载点进行"扫荡"。这就需要尽量靠近海岸航行，以便用雷达更仔细地搜索那些隐蔽的小海湾。这样做很危险，因为岸边有很多暗礁和岩石，但是冒险是值得的，从 7 月 21 日到 8 月底，伦多瓦基地的 PT 艇共在"狩猎活动"中发现 56 艘日本驳船和 5 艘小型辅助船只，美国人声称击沉 8 艘驳船和 1 艘辅助船只，重创 3 艘驳船和 1 艘辅助船只，击伤 6 艘驳船和 1 艘辅助船只。Lever Harbor 基地的 PT 艇发现 43—44 艘日本驳船，其中击沉 2 艘，1 艘重伤搁浅，击伤 8—16 艘。

随着美军紧逼所罗门群岛中最大的布干维尔岛（Bougainville），PT 艇的狩猎海域也随之扩大。从 11 至 12 月，PT 艇击沉击毁驳船 6 艘，击伤 11 艘；

反映 PT 艇袭击日军驳船的画作

击落日机 3 架，击伤 2 架。日军资料表明，到了 1944 年 2 月 1 日，日本陆军已经损失了其驳船总数的 90%！日本人损失的不仅有大量宝贵的军需物资，还有前线急需的精锐兵员，连第 20 师团长片桐茂中将这样的高级将领也在乘坐驳船偷渡时被 PT 艇击毙。

日本人为了保护脆弱的驳船运输线，也绞尽脑汁采取了多种措施来防范 PT 艇的突袭。首先是加强驳船的火力，大型驳船安装 40 毫米火炮，小型驳船安装 20 毫米火炮。其次是在运输线沿岸布置岸炮阵地，最后是用水上飞机在运输线上空巡逻，驱逐试图靠近的 PT 艇。

这些措施的确一度有效影响了 PT 艇的狩猎活动。水上飞机虽然在夜晚很难准确击中 PT 艇，但却可以有效干扰后者的攻击活动，由于遭到敌机扫射而丢失目标的情况屡见不鲜。其他两项措施则同时增加了击沉驳船的难度和 PT 艇自身的危险性。据美军统计，击沉一艘驳船，往往需要在 100 码范围内击

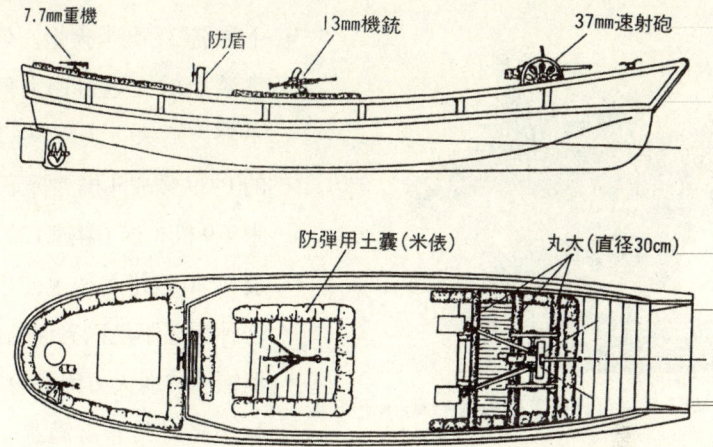

7.7mm重機　　防盾　　13mm機銃　　37mm速射砲

防弾用土嚢（米俵）　　丸太（直径30cm）

日本武装 "大发" 艇

中 1000 多发 12.7 毫米机枪子弹或者 500 发 20 毫米炮弹，大概需要 10 分钟时间。这么长的攻击过程，使得 PT 艇本身也极易受到敌人火力损害。

例如 11 月 13 日晚上，PT-154 和 PT-155 在肖特兰岛（Shortland Island）以南 1 英里处巡逻时，遭到日军 75 毫米岸炮袭击。一颗炮弹命中 PT-154 艇尾后爆炸，在甲板上撕开一个恐怖的大洞，破坏了舵机，并造成艇长史密斯（Hamlin D. Smith）中尉和 6 名艇员负伤，副艇长麦克劳科林（Joseph D. McLaughlin）中尉和 1 名艇员阵亡。PT-155 试图靠近救援，但由于不知道 PT-154 舵机受损，结果被后者撞伤尾部。

而运气不好时，连日军机枪都有可能对 PT 艇造成严重损害。1944 年 3 月 17 日晚，第二十三中队长欧文少校（Ronald K. Irving）率领 2 艘 PT 艇在奥古斯塔皇后湾攻击 1 艘搁浅驳船时，指挥艇 PT-283 的汽油罐被日军机枪击中爆炸，全艇变成了一个大火球，1 人阵亡，3 人失踪，包括欧文少校在内的 3 名军官和 2 名水兵负伤，好在大多数艇员都被 PT-284 救起（一说是被附近正在开火的美军驱逐舰击中）。同时，那些受伤的日军驳船也会尽量在岸炮阵地附近搁浅，以避免被击沉，从而使许多战果流失。唯一的解决办法就是加强 PT 艇的火力，以尽量减少攻击时间。

PT-557 号，可见艇首甲板的 37 毫米 T-9 型机关炮。

为此，PT 艇开始在前甲板上装备 37 毫米火炮。但这种单发装填的火炮射速太低，威力不够。后来，美军从一架坠落的 P-39 号战斗机上拆下其 37 毫米 T-9 机关炮（射速 120 发／分）装在 20 毫米炮架上使用。虽然这种炮还不足以确保击沉驳船，但饱受贫弱火力困扰的 PT 艇官兵还是对其非常满意，还重新为其设计了专用炮架，安装在艇首尾中线上。

同年夏，威力更大的 40 毫米博福斯机关炮上艇，成为以后 PT-103 型的标准装备。在西南太平洋的 PT 艇由于主要战斗目标为驳船，鱼雷就显得多余了。为了平衡增加的重量，于是索性拆掉鱼雷，安装 2 门 40 毫米炮。此后 PT 艇还装备过四联装 20 毫米厄利孔机关炮、81 毫米迫击炮、六联装"巴斯卡"

PT-209 的 40 毫米博福斯机关炮，共需要 4 人操作。

火箭筒和十二联装 114 毫米火箭发射架，甚至十六联装 127 毫米火箭发射架，以对付各种敌方目标。火力的加强也增加了 PT 艇的自卫能力，以前由于日本飞机的威胁，美国人还不敢在白天到处晃悠，但是 12 月，PT-190 和 PT-191 在新不列颠岛的阿拉瓦遭到大约 40 架日机的攻击。PT 艇一边拼命地做 "Z" 字航行，一边用炮火对空射击，结果竟然击落了 4 架日机！

另一方面，由于前线的很多 PT 艇出厂时并未安装雷达，美军便使用水上飞机与其协同作战，由后者发现日军驳船后，将 PT 艇引导到战场，投下信号弹照亮目标。有时候水上飞机也直接上阵，用炸弹和扫射解决敌人。

几乎每天晚上出航狩猎的 PT 艇都会带着满身弹痕返回基地，不过由于其机动灵活的特性，日军的水上飞机、岸炮和驳船自卫火力都很难命中，一些命中的机枪子弹和炮弹弹片也难以对其造成致命伤害，甚至艇上的人员伤亡也很少。相对来说，反而是航行事故的危害更大。由于长期在没有经过仔细勘测的近岸高速夜航，仅 1943 年，就先后有 4 艘 PT 艇（PT-153、158、118、172）触礁后沉没或自毁。1944 年 2 月 25 日晚上，第二十中队的 2 艘 PT 艇在奥古斯塔皇后湾（Empress Augusta Bay）狩猎时，本来收获甚丰，先后击沉击伤数艘驳船，但由于太过靠近海岸，PT-251（艇长 Nixon Lee 中尉）不幸触礁，然后遭到日军岸炮的猛烈轰击，中弹爆炸，两名军官和 11 名士兵失踪。来救援的 PT-247 只从水中救起了三个幸存者，PT-252 也在试图拖曳 PT-251 时被击中。还好这颗 57 毫米炮弹虽然击中了鱼雷，却没有爆炸，否则 PT-252 将难逃厄运。

有时候日本人也会利用美军的贪功大心理，给后者设下陷阱，请君入瓮。1944 年 5 月 5 日，PT-247、245 和 250 在布干维尔岛附近巡逻时，被 3 艘驳船诱到岸边，结果被突然出现的日军驳船三面包围，同时遭到岸炮突然炮击，指挥艇 PT-247 机舱中弹爆炸，桅杆被炸倒，分队长小雷蒙德（Jonathan S. Raymond）中尉、艇长麦克莱恩（A. W. MacLean）中尉和副艇长格里贝尔（R. J. Griebel）少尉都身负重伤。由于机舱火势严重，再加上航速已下降至 3 节，在日军炮火下完全是个活靶子，美国人只得弃船而逃。PT-250 的一个引擎也被击中，航速迅速下降，只得和 PT-245 救起 13 名 PT-247 的生还者后撤离战场，

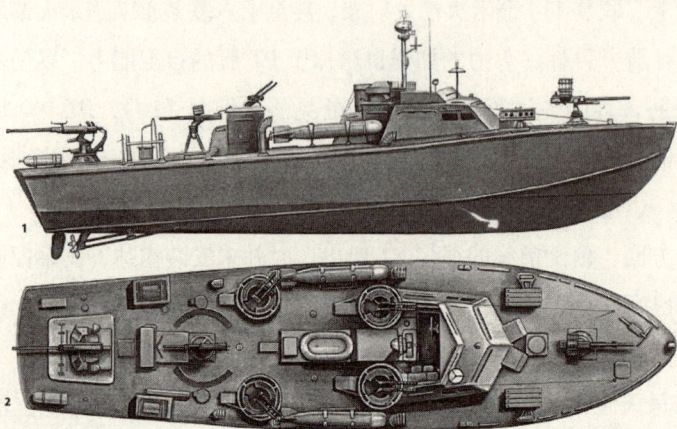

强化炮火的希金斯 78 型 PT 艇，减少了两枚鱼雷，加装了 37 和 40 毫米炮。

而可怜的雷蒙德中尉则被遗忘在艇上，最后和起火爆炸的 PT-247 一起变成了碎片。

后来，日军还试图从岛上释放漂雷来攻击美军船只，于是所罗门海域的 PT 艇又多了一项任务，就是击沉这些危险的"漂流者"。从 1944 年 7 月至 9 月，PT 艇一共击沉了约 50 枚漂雷，同时没有任何美国船只触雷。与此同时，对驳船的狩猎活动也已接近尾声，从 7 月至 10 月，只消灭了 15 艘驳船。而随着 10 月美军发起菲律宾战役，所罗门的战事已告一段落，那些日占岛屿上的守军只能苟延残喘地等待着末日的来临。

危险的旅程

1943 年 5 月，当新几内亚的战事仍如火如荼之时，美军的目光已转向了堪称日军太平洋主要基地拉包尔第一重门户的中所罗门新乔治亚岛，为此大肆调兵遣将。集中起来准备参战的 PT 艇部队除了刚赶到所罗门的第九中队、努美阿的第十中队一部（6 艘艇）、正在运输途中的第十中队另一部和第五中队全部之外，还用第二中队的 5 艘艇（PT-144—148）和 PT-110 组成了新的第二十三中队。5月23日上午，第二十三中队在由巡逻炮舰改装的"尼亚加拉"号鱼雷艇供应船的伴随下，从图拉吉直航新几内亚。

对美军反攻企图早有察觉的日军同样在调兵遣将，飞机、潜艇频繁出没，使这段 1000 海里的航道上危机四伏。23 日上午 11 时 35 分，"尼亚加拉"号遭到第一次空袭：一架日机突然凌空，投下了 4 枚炸弹，被及时转舵规避。半小时后，6 架日机再次来袭，由于在 1.2 万英尺的高空水平投弹，"尼亚加拉"号和 PT 艇的高炮反击虽然猛烈，却未伤到敌人一点皮毛，反而被一弹命中舰首，遭到重创，大量进水，动力丧失，还起了大火，船长只得下令弃船。幸运的是，虽然烈焰引爆了甲板上的弹药，不断发生爆炸，但 136 名船员中无一死亡，连重伤号都没有。

第二十三中队长查尔斯·杰克逊（Charles H. Jackson）中尉率领 PT-146 和 PT-147 分别靠上了"尼亚加拉"号船尾的两舷，救走了一部分船员，其他的船员乘救生艇离船后也得到了 PT 艇的救助。为了不让仍在漂浮的"尼亚加拉"号落入日本人的手中，船长下令击沉自己的爱船，但他也没想到这个愿望达成如此之速：PT-147 发射的鱼雷正好命中了"尼亚加拉"号的油舱。该船发生大爆炸，火焰冲上 300 英尺的高空，并在不到一分钟的时间里迅速沉没。考虑到燃料有限，第二十三中队只得返航距离较近的图拉吉岛。几天后再次

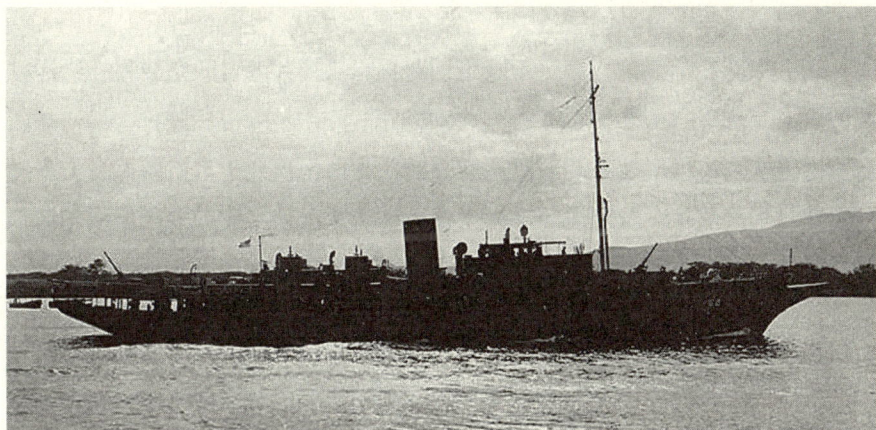

"尼亚加拉"号鱼雷艇母舰

搭上了一艘水上飞机运输船"巴拉德"（Ballard）号，于5月31日成功抵达新几内亚。

第二十三中队虽然延误了行程，但至少毫发无伤，相比之下另一个PT中队就要倒霉得多了。就在"尼亚加拉"号遇难的第二天，运输第十中队的巴拿马籍"马尼拉"号油轮在努美阿岛以南100英里处遇袭，被日本潜艇"伊-17"号发射的一枚鱼雷击中，船尾立即下沉，2分钟的时间海水就淹没了轮机舱并漫上甲板。中队长托马斯·沃菲尔德（Thomas G. Warfield）中尉和他的官兵们不顾自身安危，奋力抢救快艇。经过努力，他们保住了6艘艇（PT-165、167、171—174）中的4艘（PT-167、171、172、174），但都受到不轻的损坏，只有PT-172能够依靠自己的动力驶往努美阿，其他3艘艇不得不靠前来救援的驱逐舰拖曳返航。如果"伊-17"号潜艇能看到这一切的话，必然会十分快意，在两个多月前的俾斯麦海海空战中，"伊-17"号潜艇曾奉命救援落水日军。结果在它好不容易发现3艘满载遇难者的救生艇，正试图将人员接到潜艇上时，却遭到PT-150等两艘PT艇的鱼雷攻击，紧急下潜后还饱尝了一顿深水炸弹。这还不算完，PT艇还开火将救生艇全部击沉，等几个小时后"伊-17"号浮出海面时，只找到了33个幸存者。

代价高昂的错误

为夺取新乔治亚岛，美军不断组织对日军机场、港口的空袭和补给运输线的攻击及布雷。在这些行动中，美军发现日军在伦多瓦岛（Rendova）的防御相当薄弱，而伦多瓦岛北面距离新乔治亚岛西南仅九千米，如果在伦多瓦岛上建立炮兵阵地，所发射的炮火不仅可以非常有效地掩护登陆作战，而且远程炮火甚至可以打到岛上最重要的日军航空兵基地蒙达（Munda）机场，对于即将在新乔治亚岛的登陆作用很大。因此美军决定首先攻占伦多瓦岛，24艘PT艇奉命参加登陆行动。

6月29日，美军登陆编队从瓜岛出发。第二天顺利登陆，由于伦多瓦岛上的日军兵力单薄，又没有火炮，根本不是登陆美军的对手，大部很快被歼，伦多瓦岛也随即被美军占领。15 时许，日军 25 架鱼雷机和 24 架战斗机向返航的登陆编队发动攻击。美军战斗机全力拦截，但还是有多架日机突破拦截对编队进行了攻击。登陆编队旗舰"麦考利"（McCawley）号运输船被一发鱼雷击中，机舱和货舱进水，失去机动能力，转移人员后由"天秤座"（Libra）号运输船拖带继续航行。晚上 8 时许，鉴于"麦考利"仍然不断进水，越来越难以拖带，为了保护其他船只的安全，美军决定将其自沉。但是这个命令还没有下达，"麦考利"号就突然被三枚鱼雷击中，迅速沉没。美国人还以为遭到了日本潜艇的袭击，当下十分紧张，如临大敌。

其实这是第九 PT 中队干的好事儿。

作为登陆编队的一部分，第九中队（12 艘艇）在登岛成功后正忙于寻找合适的锚地以建立临时基地，这时候中队长罗伯特·凯利（Robert B. Kelly）少校接到了夜间巡逻的任务。由于对这片海域十分陌生，他谨慎地询问上级——伦多瓦岛基地指挥官——在巡逻区域是否有友军舰船，结果得到了否定的答复。实际上"麦考利"号在返航途中遇袭负伤的情况的确也没有通报伦多瓦岛基地，所以后者以为登陆编队已经全部返航了。

当天晚上下起了小雨，能见度不良，但是凯利少校的 PT 艇装备了雷达，因此很快发现东北方 5 英里处有一个大型目标，正在 6—8 个小型目标的护卫下向东行驶。由于凯利少校深信这片海域除了自己的中队外没有其他美国舰船，他判断这必定是日军为了包抄伦多瓦岛美军后路而派出的登陆编队，于是立即率领 6 艘 PT 艇前往攻击。

在大约 1000 码的距离上，凯利少校判断出那个大目标是一艘运输船，这下更肯定了他之前作出的判断。他命令第一梯队的 3 艘 PT 艇用慢速接近运输船后攻击，第二梯队的 3 艘艇则伺机攻击护卫船只。

突袭行动非常完美，雨夜不仅让 PT 艇无法辨识出"日本运输船"的真实身份，也蒙蔽了美军登陆编队的耳目。在大约 600 米的距离上，第一梯队进行了一次教科书式的逐次攻击，发射了全部 12 枚鱼雷，顺利击沉了运输船，而护航的军舰根本就没有发现 PT 艇。撤出战场的第九中队在后半夜遭到一架日军水上飞机的袭击，一枚炸弹落点离 PT-162 极近，四处飞散的弹片杀死了舵手，并造成另两名艇员轻伤，快艇本身也受到轻微损坏。

第二天早晨，凯利少校先是看到昨晚的战场上有一艘带着"麦考利"号标志的破登陆艇漂浮，接着又接到部下的报告，称怀疑昨晚攻击目标的护卫船只是美国驱逐舰，当然由于距离较远和能见度不良，并不能够确定。忐忑不安的凯利少校再次向基地指挥官报告了他的疑虑，但他的上级再次确认了附近没有友军舰船。直到第九中队和"麦考利"的报告同时上交司令部后，才真相大白。对美国人来说不幸中之大幸的是，他们本来就准备击沉"麦考利"号，已经撤走了全部人员，所以在这次误击中没有人员伤亡。"麦考利"号的沉没不是一个悲剧，顶多只能算一部讽刺喜剧。

但是这次误击事件的后遗症非常严重，新几内亚的海军指挥官因此对 PT 艇的使用产生了不信任。在此后日军大量使用"大发"等小型舟艇撤退科隆班加拉岛上孤立无援的守军时，美军本来完全可以使用水上飞机进行侦察和引导，以 PT 艇为主，驱逐舰为辅实施拦截，则可收到更好的效果，但却由于害怕再发生误击事件而因噎废食，不组织多兵种协同作战，只使用驱逐舰攻击日军的小型舟艇。驱逐舰如果用 127 毫米主炮射击的话，难以击中灵活的小艇，而用 40 毫米机关炮射击，又由于 40 毫米炮没有穿甲弹，只有瞬发引信的对空爆破弹，

第九中队的 PT-162，误击"麦考利"的凶手之一。

即使击中日军小艇，也至多杀伤一些艇上人员，难以将其击沉。结果美军出动多艘驱逐舰，才消灭日军千余人，仅占日军撤退总数的 8%；在消灭敌人船只方面也只击沉 6 艘登陆艇，其中 2 艘还是 PT 艇独立作战的成果。

而 PT 艇自己不久之后也成为误击的受害者。7 月 17 日晚上，3 艘在科隆班加岛巡逻的 PT 艇（PT-159、157、160）被 1 架巡逻飞机误报为日本驱逐舰，后者随即召来了 5 艘驱逐舰。而由于此前在 13 日的科隆班加岛海战中遭到"东京快车"沉重打击，草木皆兵的美军驱逐舰也没有仔细辨别，在 2 万码距离上就对 PT 艇猛烈开火，导致 PT 艇也认为对方是日本驱逐舰，便发射了鱼雷后撤。幸运的是，由于交火距离过远，双方的准头都很差，所以没有什么损失。

但不是每一次都这么走运的。7 月 20 日上午，3 艘 PT 艇遭到 4 架陆军 B-25 轰炸机的扫射，1 艘 PT 艇中弹起火。其他两艘 PT 艇的军官显然辨认出上空是友军，因此没有下令开火。但是那些缺乏经验的炮手则在激动之中自行开火还击，因此造成了更严重的后果——1 架飞机被击落，3 艘 PT 艇都被击中，其中 PT-166 起火爆炸，弃船的艇员被 PT-164 救起，B-25 的 3 名飞行员则被 PT-168 救起。在误击事件中美机共有 3 人阵亡，3 人负伤；PT 艇有 1 名军官

采用斑马伪装色的 PT-168，这种伪装色常见于南太平洋和地中海战场。

和 10 名水兵负伤。而之所以在能见度良好的白天会发生这样愚蠢的错误，是因为 B-25 的飞行员被上级告知，该海域没有友军船只活动。也许美国海军应该庆幸遭到误击的不是更大型的战舰，否则损失会更大。

肯尼迪之劫

7 月 2 日至 3 日，美军在新乔治亚岛的蒙达角进行了两次登陆，对机场形成夹击之势。日军决定再次启动"东京快车"，由海军用驱逐舰分批送到科隆班加拉岛，然后再用小型舟艇转运至蒙达。而此时 PT 艇的前进基地也从图拉吉迁至伦多瓦岛，拦截前往西所罗门群岛的日军舰队。在时隔数月之后，两个生死对头再次发生了激烈的碰撞，

7 月 31 日，由于蒙达机场日军在美军猛烈攻势下处境危急，迫切需要增援。日军匆忙以"获风"号、"岚"号和"时雨"号 3 艘驱逐舰组成运输队，运载着 54 吨军需物品和 763 名海军，在"吹雪"级驱逐舰"天雾"号（舰长花见弘平少佐）的护卫下，从拉包尔起航，于当晚午夜抵达布因，卸下所运送的人员和物资，再装上 53 吨补给品和 900 名陆军随即从布因出发，驶往科隆班加拉岛南端的韦拉港。而这个消息随即为美国情报部门获悉，但当时美军能够用来迎击的海军力量只有伦多瓦岛的 PT 艇。而同日下午，18 架日本轰炸机对 PT 艇基地进行了狂轰滥炸，PT-117 和 PT-164 被炸伤，2 名水兵被炸死。不过总的来说损失不大，仍有 15 艘 PT 艇可以出战。

PT 艇在"东京快车"必经之路上布下了四道封锁线：布兰迪哈姆（Henry J. Brantingham）中尉率领 PT-159、157、162、109 在布莱克特海峡（Blackett Strait）以北巡逻；邦迪森（Arthur H. Berndtson）中尉率领 PT-171、169、172、163 在稍南几英里巡逻；罗姆（Russel W. Rome）中尉率领 PT-174、105、103 在海峡中巡逻；库克曼（George E. Cookman）中尉率领 PT-107、104、106、108 在海峡南口巡逻。

22 时，布兰迪哈姆分队用雷达发现了运输队，不过误认为 4 艘大型登陆舰。PT-159 和 PT-157 出列靠近查看，当即遭到担负掩护的"天雾"号炮击，

也随即暴露了身份。在靠近到 1800 码时，PT-159 发射了全部 4 枚鱼雷后返航，PT-157 发射了 2 枚鱼雷，然后试图寻找其他 2 艘 PT 艇，但没有找到。后来她独自跑到更北面，向疑似敌船发射了剩下的 2 枚鱼雷。几分钟后，邦迪森分队也发现了运输队，PT-171 在 1500 码距离上发射了 4 枚鱼雷，但她在转向时横在了其他 3 艘 PT 艇的前进航线上，迫使后者不敢发射鱼雷。就这样，日本运输队又突破了第二道封锁线。失去目标和指挥艇的 PT 艇在黑夜中又分成两个部分，PT-169 北上，遇到了同样失去指挥艇的 PT-109 和 PT-162，便一起同行；PT-170 和 PT-172 南下，在法喀森（Ferguson）海峡突遭 4 架飞机袭击（日本记载是 2 架侦察机），虽然没有受到损失，但也失去了继续求战的勇气，便返航基地。

00:25，罗姆分队发现 1 艘日本驱逐舰，PT-174 和 PT-103 各发射 4 枚鱼雷后返航。PT-105 由于位置不好未攻击，直到一个小时后，才在 2000 码距离上向另一艘驱逐舰发射了 2 枚鱼雷，但没有命中。库克曼分队则只有 PT-107

展现"天雾"号撞沉 PT-109 的油画

任 PT-109 艇长时的肯尼迪

用雷达发现了目标并发射 4 枚鱼雷。

在日本方面，出列战斗的"天雾"号在接连遭到 PT 艇袭击后，也无心恋战，遂北上返航。它并不知道在前面的航线上，有 3 艘 PT 艇（PT-109、162、169）正缓慢地行来，而后者也同样不知道"天雾"号的存在，所以当日本驱逐舰突然从黑暗中高速冲出来时，作为临时指挥艇走在最前面的 PT-109 猝不及防，被拦腰撞断，艇内汽油随即发生爆炸，艇长肯尼迪（John F. Kennedy）中尉只得下令弃船。走在 PT-109 后面的 PT-162 为避免碰撞只得转向避开，无法向日舰发起攻击；PT-169 倒是发射了 4 枚鱼雷，但均未命中目标，轻微受损的日舰则以 24 节速度返航，与其他 3 艘顺利卸货的驱逐舰在海上会合，于 8 月 2 日 17 时一起回到拉包尔。

PT-109 爆炸引起的大火熄灭后，肯尼迪和 5 名艇员爬上仍漂浮在水中的鱼雷艇残骸，然后又相继救起了在附近海面上的 5 名艇员，这样就只有 2 名艇员失踪。11 名幸存者在海上漂流了 4 天，到达一座小岛，在当地土著的帮助下返回了部队。俗话说大难不死必有后福，17 年之后，肯尼迪艇长当选为美国总统。而 PT-109 也因此成为美国历史最著名的 PT 艇，虽然该艇实际上并无任何战绩，而她所战沉的过程也谈不上多么壮烈，那场战斗则更是一团糟。8 艘 PT 艇发射了 30 枚鱼雷，却一无所获，最主要的原因是缺乏统一指挥，各个分队各为战，而每个分队的每艘艇也是各自为战，战斗组织之糟糕程度，堪称鱼雷快艇战史的反面典型。说起来，真不知道是 PT-109 成就了肯尼迪，还是肯尼迪成就了 PT-109。

远征军

太平洋战局的扭转使美国得以腾出手来支援英国海军，1943 年 4 月，巴恩斯（Stanley M. Barnes）海军少校指挥的第十五 PT 艇中队奉命开赴地中海。这个中队的人员本来属于要去中途岛驻防的第十四中队，但在启程前夕，由于苏联急需鱼雷快艇，便将装备移交，重新领取了 12 艘希金斯 78 型 PT 艇（PT-201—212），准备在完成训练后前往夏威夷，但是这次他们又被上级忽悠了。正当即将出发之际，该中队再次接到了取消任务，另有通知的指示。全中队在惴惴不安中等待了半个月，才获悉他们将作为第一支美国部队前往欧洲作战，为此中队又增加了 6 艘艇（PT-213—218）。

4 月 20 日，首批远征军的 8 艘 PT 艇（PT-201—208）分别搭乘油船"埃诺里"（Enoree）号和（Housatonic）号抵达北非卡萨布兰卡（Casablanca）港。一个星期后，他们来到了新基地，位于阿尔及尔以东 115 英里的 Bone 港，这

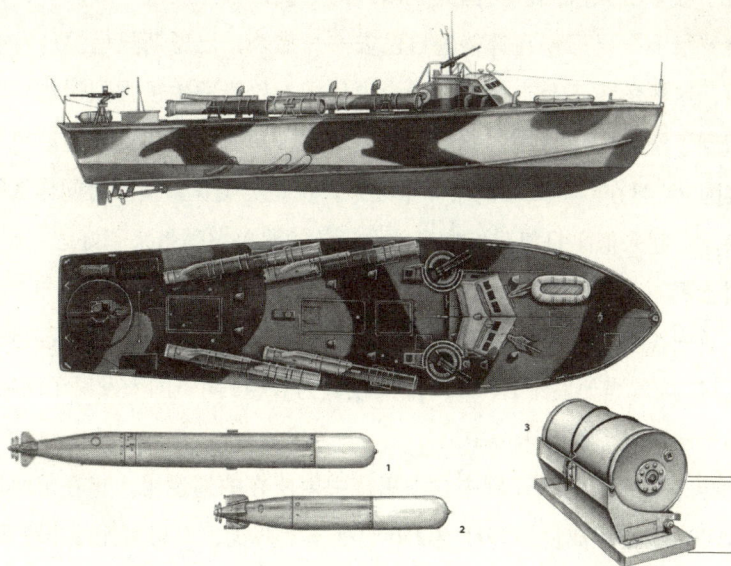

地中海远征军的希金斯 78 型 PT 艇二视图，1 为 MK-8 型鱼雷，2 为 MK-13 型鱼雷，3 为 MK-6 型深水炸弹。

里是当时盟军在北非设备最齐全的港口，驻扎有英军的 MTB（鱼雷快艇）、MGB（高速炮艇）部队。此时北非战场已经接近尾声，被围困在突尼斯（Tunis）的德意军队除了从海上撤离之外别无出路。而由于制海权和制空权都掌握在盟军手里，轴心国只能在晚上和恶劣天气尝试着派出船只接走部队和运送补给物资。为此盟军主要用鱼雷快艇进行夜巡，而数量较少又缺乏经验的十五中队只被"照顾性"地分配了 5 英里的海岸作为巡逻区域，而且还有经验丰富的英国 MTB 来带这些菜鸟。不过不知道是美国人运气好还是运气不好，求战心切的十五中队虽然不论天气好坏，几乎每天晚上都坚持巡逻，但一连十天都毫无收获。

5 月 8 日晚上，巴恩斯少校亲自乘 PT-206（艇长奥斯瓦尔德中尉，John W. Oswald）随英军 MTB－265、316、316 在突尼斯以东海岸巡弋，分队长里德（Robert B. Reade）中尉则率 PT-203 随 MTB-61、77 在突尼斯以南执勤。

巡逻开始后不久，英军杰曼（Dennis Germaine）中尉率领 MTB-316、317 进入一个途经的小海湾（Ras Idda Bay）搜索，并很快用无线电告知巴恩斯，他发现了很多敌人舰船。美国人立即入湾寻找，果然发现一艘船只，由于考虑到有"很多"目标还在等待着自己去一一猎杀，巴恩斯只谨慎地发射了一枚鱼雷。这枚鱼雷不负众望地准确命中目标，敌船发生了强烈爆炸，碎片甚至飞溅到了快艇的甲板上。德国资料表明在这一海域确实有 1 艘油轮失踪。这是美国 PT 艇在欧洲战场的第一个战果，也是英美鱼雷快艇协同作战的第一个战果，看起来似乎是艇员们在艇首上涂装的鲨鱼大嘴带来了好运气。

对于看不起美国菜鸟的皇家海军 MTB 官兵来说，这却着实是一个尴尬的夜晚。首先杰曼中尉并未发现任何敌舰，他将一些造型奇特的岩石当成了敌人的船只；接着当他发现 PT-206 时，又误认为敌舰，向美国人发射了两枚鱼雷，幸而由于定深过深而并未命中。

而更令人尴尬的错误则来自于里德中尉所在的巡逻组。走在前面进行搜索的 MTB-61 在距离德军阵地仅 250 码处不幸搁浅，只得用无线电呼救。PT-203 立即赶来，接近到 15 码的近距离上，将跳入水中的英军艇员援救上来。但是英军艇长过早地点燃了自己的快艇，MTB-61 爆炸和燃烧的火光不仅引来了德国人，还把 PT-203 照得清清楚楚，而这时大部分英国人还在水中并未上艇。尽管形势危急，PT-203 仍然坚持在德军的射击下救起了全部落水人员才高速撤离。

两天后，英国人再次摆起了乌龙，2 艘英军驱逐舰由于曾遭到德国鱼雷快艇的袭击，在发现 PT-202（艇长克利福德上尉，Eugene S. A. Clifford）和 205（艇长奥布莱恩上尉，Richard H. O' Brien）后，用机关炮向其射击。虽然美国人发出了紧急识别信号，但英军仍紧追不放，而这时 2 艘德国快艇又闯入了战场，使得整个局面更加混乱。英舰将 4 艘快艇都视为敌人一通乱打，而 PT 艇则和德艇一边高速机动一边互相射击。最后美国人只得释放烟雾才摆脱了英舰的纠缠。幸运的是，PT 艇上只有几个机枪子弹留下的弹孔，没有什么显著的损害。

西西里之夜

5 月下旬，随着轴心国被彻底驱逐出北非，十五中队转移到比塞大港（Bizerte）。这时中队的其余 10 艘艇也被运来，并安装了雷达，首批抵达北非的 8 艘艇也随后安装了雷达，这对于夜间巡逻任务非常必要。

但是有了新装备后的十五中队还没有取得什么战果，倒是挨了当头一棒。6 月 11 日，为了掩护在潘泰莱里亚岛登陆的盟军，巴恩斯率领 3 艘 PT 艇（PT-216、203、206）在潘泰莱里亚和西西里岛之间进行巡逻。结果日落之后突然遭到一队敌机的俯冲轰炸，虽然没有直接命中，但 PT-203 被飞散的弹片打得千疮百孔，1 名水兵阵亡；PT-206 伤势较轻。到 7 月中旬，盟军登陆西西里岛，十五中队的基地随即转移到巴勒莫（Palermo），奉命封锁西西里与亚平宁半岛之间的墨西拿海峡，以切断敌供应线和防止敌军逃跑。

7 月 23 日晚上，分队长阿巴克尔（Ernest C. Arbuckle）中尉率领 PT-209、216、204 巡逻到帕尔米海岸时，发现一艘拖船拖航的意大利商船"维米纳莱"（Viminale）号。桑德斯（Cecil C. Sanders）中尉指挥的 PT-216 发射一枚鱼雷，当即命中这艘 8800 吨的庞然大物。然后 PT 艇意犹未尽地用机枪扫射拖船，直到后者起火下沉。

和太平洋的"东京快车"不同，在北非鱼雷快艇要对付的主要目标是德国海军的 MFP（登陆运输艇），亦称为"F 驳船"。它们排水量约 220 吨，可运货 100－140 吨或载运 200 名士兵，虽然航速只有 10 节左右，但上面装有 88 毫米高射炮、20 毫米机关炮和机枪，火力很强。由于吃水浅难以用鱼雷命中，美国人不得不尽量调小鱼雷深度，几乎达到在水面航行的程度，但当时十五中队使用的还是老式的 MK-8 型鱼雷，这种 20 年代的鱼雷定深装置不很可靠，加上远征军缺乏维护力量，对鱼雷这种机构精巧的武器的正常运行也有很大的影响，因此能否击中 F 驳船要靠运气，鱼雷从船底穿过是再正常不过的事情了。

就在桑德斯中尉先拔头筹之后两天，缪梯（Mutty）中尉指挥的 3 艘 PT 艇（PT-202、210、214）在斯特隆波里以北海域与 F 驳船第一次不期而遇。当发现了 7 艘 F 驳船组成的庞大船队后，缪梯分队按照自己在训练基地所学的战术，慢速靠近到约 500 码处，各自发射了两枚鱼雷，然后转舵高速撤离。

就在 PT 艇转向的一刹那，德国人发现了异常，立刻用全部火力猛烈开火。美军聪明地保持缄默并释放烟雾，使敌船炮火无法取准，迅速地离开了战场。只有 PT-202（艇长麦克劳德中尉，Robert D. McLeod）的油箱和船体中弹，一名艇员受伤。但 PT 艇发射的鱼雷也没有击中目标。

7 月 28 日晚，阿巴克尔中尉率领 PT-218（指挥艇）、214、203 再度出击，结果遭遇了意大利海军的 3 艘鱼雷快艇。一开始美国人试图用鱼雷攻击，自然是没有任何效果。然后未能吸取教训的阿巴克尔决定率领 PT-218 冲上去吸引敌艇火力，为其他两艘 PT 艇再次进行鱼雷攻击创造战机。

这个勇敢又鲁莽的举动给 PT-218 带来了灭顶之灾。阿巴克尔如愿以偿地吸引到了大部分火力，被许多 20 毫米炮弹击中，一台发动机停转，水兵舱和油舱大量进水，阿巴克尔和艇长亨利（Donald W. Henry）中尉、副艇长雅各布斯（Ens. Edmund F. Jacobs）全部负伤。在这种危急的情况下，阿巴克尔强忍伤痛，指挥艇员堵漏排水，设法堵住了进水最大的破洞，经过三个小时的奋战，终于支撑到驱逐舰"温赖特"（Wainwright）号赶来救援，将残破不堪的PT-218拖曳到巴勒莫修理。

第二天晚上，奥布赖恩中尉指挥的PT-204（艇长克利福德中尉，Eugene S. A. Clifford）和PT-217（艇长迪沃中尉，Norman DeVol）在巡逻时用雷达发现了两艘F驳船正在4艘MAS艇的护送下缓慢前行。2艘PT艇乘着敌人尚未发现自己，高速冲上去发射了6枚鱼雷，并用炮火横扫MAS艇——战果非常显著，一艘F驳船被鱼雷击沉，一艘MAS艇严重受损。

8月15日晚，为掩护盟军在西西里岛北部的再次登陆，PT-205、215和216在西西里以北进行巡逻，结果与2艘德国S艇狭路相逢。对手火力明显强于PT艇，但无心恋战，一边用40毫米炮、20毫米炮和机枪还击，一边释放烟幕高速撤离。PT艇由于发动机不适应地中海的炎热，再加上维修设施有限，难以达到27节以上的航速，在追赶一阵后只得放弃。3艘PT艇都被敌炮火多次击中，但幸运地没有出现严重损坏，只有PT-216的4名艇员负伤，仍可坚持掩护任务。

两个半小时以后，PT-205截住了一艘小帆船，捕获一名德国军官。通过审问船上的意大利水手，得知这艘帆船属于利帕里岛——一个位于西西里和意大利之间的小海岛。岛上的德军已经撤离，虽然还有少数意大利军队，但岛上居民都愿意向盟军投降，以获得梦寐以求的和平。

就这样，PT艇在请示上级以后，获得了一个光荣的任务，三艘PT艇（PT-215、216、217）运载美军代表进入利帕里岛的港口，接受了意大利守军的投降，并用无线电通知了群岛的其他岛屿。结果除了斯特隆波里岛之外，其他4个岛屿都扯起了白旗。而在当天下午，PT艇也顺利地占领了不肯顺从的斯特隆波里岛。岛上的一个排意军并未武装抵抗，只是炸毁了营房并烧掉了机密文件，然后他们就心安理得地在美国人面前放下了武器。

该死的鱼雷

9月9日，盟军登陆意大利本土，PT艇奉命担任登陆场外围掩护，但没有发现要防范的敌人鱼雷快艇，倒是遇到过几次敌人的F驳船，由于鱼雷总是犯不稳定的老毛病也没有什么战果。德国飞机忙于轰炸那些更显眼的大目标，对小小的 PT 艇也不屑一顾。在这场大规模两栖登陆战中，PT 艇比以往任何一次都显得无足轻重。

10 月 1 日，十五中队奉命转移到科西嘉岛（Corsica）的巴斯蒂亚（Bastia）港建立前进基地。这里距离热那亚湾（Gulf of Genoa）仅 100 英里，据德占厄尔巴岛（Elba）仅 20 英里，可以将整个意大利北部海域纳入巡逻范围内。此时由于盟军的不断空袭破坏了德军的交通线，德军的很多部队不得不依靠 F 驳船和货轮来运送补给品。由于这些敌船往往乘晚上借着水雷和岸炮的掩护沿岸行驶，盟军的飞机和驱逐舰都明显派不上用场，只有 PT、MTB 和 MGB 这些吃水浅的小型快艇才能够顺利进入水雷区进行攻击。

不过即使能避过水雷，德国在海岸部署的 6 英寸和 8 英寸（203 毫米）重炮也不是容易对付的目标。PT 艇被迫采取他们在课堂上没有学习过的战术，即用雷达远远地跟踪目标，在充分了解敌船的航向、速度等要素后，选择最有利的攻击路线，在敌人护航舰艇反应过来之前高速完成鱼雷攻击。

例如 10 月 19 日晚上，奥布赖恩中尉率领的 3 艘 PT 艇（PT-217、211、208）袭击了由 3 艘 S 艇或 R 艇护航的 1 艘 F 驳船。结果一口气发射了 8 枚鱼雷，除了 2 枚射失外，有 5 枚都从敌船下穿了过去，而另一枚则更为诡异地绕了一个圈，往自己的主人所在方向杀来，搞得美国人好一阵手忙脚乱，好在最终结果是有惊无险。

直到 10 月 22 日，PT 艇才终于开了荤，3 艘 PT 艇（PT-206、216、212）在吉廖岛（Giglio Island）南部海域用雷达发现了一艘货船，有 4 艘 R 艇护航。为了保证命中率，PT 艇采取单纵队轮流上前攻击，PT-206 和 PT-216 在 900 码的距离内向敌船右舷各发射了两枚鱼雷，辛克莱尔（T. Lowry Sinclair）中尉驾驶着 PT-212 上前，结果发现一枚鱼雷向自己射来！

很显然这枚鱼雷的导航系统出了问题，好在不是第一次遇到这种情况了，早有心理准备的辛克莱尔转舵避过了这个敌友不分的莽撞鬼，然后再次进入攻击线路发射了两枚鱼雷，其中一枚命中货船。剧烈爆炸之后，敌船迅速解体沉入海中，而护航舰艇完全没有来得及反应。事后查明这艘所谓的"货

PT−211，可见艇首密集的火箭弹发射器

船"实际上是德国海军的"朱明达"号布雷舰，这本来是意大利热那亚船厂在 1928 年建造的一艘近海渡轮"爱巴诺·加斯派瑞"（Elbano Gasperi）号，长 59 米，742 吨，平时负责在厄尔巴岛和亚平宁半岛之间进行客货运输。二战爆发后被意大利海军征用并改装为布雷舰，意大利投降后又被德军在费拉约港（Portoferraio）俘获，改名为"朱明达"，以纪念给苏联造成重大损失的波罗的海朱明达雷区。据称苏联在此损失了约 40 艘船只，总计 13 万吨。这个雷区是由德国海军著名布雷指挥官布里尔（Karl Friedrich Brill，1898—1943）博士设计的，而他也是"朱明达"号唯一一任舰长。

德国人做梦也没有想到，布里尔未能让"朱明达"号再现辉煌，实际上 PT 艇发射的第一枚鱼雷就命中了"朱明达"舰尾，该舰开始下沉。经验丰富的布里尔立即下令弃船跳水，但这时第二枚鱼雷命中舰体，跳入水中的船员们死伤惨重，63 人当场死亡，其中包括布里尔。他为此获得了橡叶十字勋章，16 名幸存者也大多受了重伤。

卡尔·弗里德里希·布里尔博士

在有了良好开端以后，PT 艇终于有点转运了。11 月 2 日晚上，奥布赖恩中尉率领 PT-207 和 PT-211 在吉廖岛北岸攻击了 UJ-2206 号猎潜艇。2 艘 PT 艇在 450 码的距离上发射了两枚鱼雷，同时也被护航的 3 艘敌艇发现，一串机关炮的曳光弹飞驰而来，PT 艇赶紧释放了烟幕，并把速度提到最大，在敌人消失在视野之前，还来得及观察到鱼雷命中猎潜艇，敌舰发生了猛烈爆炸，在黑沉沉的海面上升起了一个大约 150 英尺高的火球。整个上层建筑在火光中迅速倒塌，几秒钟之后敌舰就沉没了。爆炸如此之剧烈，以致已经逃远的 PT 艇都被震得颠簸起来。

大家还没有来得及为袭击的成功进行欢呼，就发现 PT-207 起火了。原来敌艇的反击炮火并不是无所作为的，其中一枚炮弹在穿过 PT-207 的油舱后打中了水兵舱，引燃了一些衣物。汽油通过弹孔流到底舱，并很快发生了爆炸，各个舱口吐出了恐怖的火舌，并顺着雷达桅杆爬上了快艇的最高处，点燃了夜空。

大多数人看着满艇的烈火手足无措，1 名水兵机灵地拉开手提式灭火器的插销和喷嘴，丢进了满是火焰的底舱。其他人也如法炮制，终于扑灭了火焰，除了水兵舱被完全烧毁外，PT-207 可以说是奇迹般地完好无损。

挫 折

巴恩斯少校很早就通过实战认识到，PT 艇和英国快艇各有千秋，美军快艇有英国人所没有的雷达，在晚上执行袭击任务更为便利，而英国人的鱼雷比 MK-8 型更可靠、速度更快、威力也更大，MGB 的火力则比 PT 艇强得多，尤其是 6 磅炮，对敌船威胁很大。于是巴恩斯提出美英快艇应该组成联合巡逻组，互相配合。

但是进入冬季之后，快艇的行动受到恶劣天气的严重限制，地中海的暴风雨使快艇根本无法出动，特别是德国水雷在大浪中被刮断系缆，到处漂浮，甚至有一些漂流的水雷被海浪推到防波堤上发生爆炸，英国皇家海军更是为此一连损失了 6 艘扫雷舰。

11 月 29 日晚上，风浪稍有平静，PT-211 和 PT-204 立即迫不及待地离开巴斯蒂亚前往热那亚敌占区附近巡逻。但是 2 小时后天气剧变，巨浪不断扑上船舷，以致雷达电路在浸泡中发生了故障，而目视距离也下降到 100 码，美国人只得返航。当 PT-204 离巴斯蒂亚还有 3.5 英里远时，突然发现大约 75 码的距离上，有一队德国 R 艇和 S 艇反方向疾驰而去，看来德国人也准备抓住大海难得的平静时机前来布置雷区。克利福德中尉不顾风浪的影响，艰难地操艇右转舵，咬住了最后一艘 R 艇。两艘快艇在仅 10 码的距离上激烈互射，其他敌舰也将炮火打来，不过在能见度极低的情况下都难以瞄准，整个战斗仅持续了 15 秒，敌舰队就完全消失在夜幕中了。事后 PT-204 的官兵们在艇上数到了 100 个以上的弹孔，鱼雷发射管、通风管、机枪架和甲板都被打得如蜂巢一般。幸运的是油舱没有中弹，发动机虽然中弹却没有停止运转，也没有人员受伤。

意大利投降后，德国海军在热那亚成立了第十雷击舰支队，以维护在亚得里亚海的交通线，所辖舰只基本上都是俘虏的意大利海军雷击舰（即小型驱逐舰）。虽然其实力薄弱不能与盟军舰队正面抗衡，但在月黑风高之时还是挺活跃的。到了 1943 年底，随着盟军在意大利的缓慢推进，PT 艇也终于和德国雷击舰发生了第一次亲密接触。

12 月 11 日晚上，PT-208 和 PT-207 在厄尔巴岛（Elba）与里窝那（Leghorn）之间巡逻时，由于雷达故障，结果被 2 艘德国雷击舰打了个措手不及，只得落荒而逃。五天之后，大概知道了美英鱼雷快艇藏身于此，又有 2 艘德国雷击舰来到巴斯蒂亚港外进行了 15 分钟的炮击，而港内的鱼雷快艇却因为天气恶劣无法出击。虽然这次短暂的炮击没有造成什么损失，但这种找上门来打脸的嚣张行径显然让盟军无法忍受，美英快艇联合部队决定一待天气好转就给德国人点颜色瞧瞧。

两天之后，天气稍有缓和，巴斯蒂亚立即派出两个快艇巡逻组，但其中一组很快在风浪的威胁下返航，另一组（MGB-659、663、MTB-655、PT-209）坚持前行到厄尔巴岛附近进行侦察，果然发现德国雷击舰出航，显然准备在此突袭巴斯蒂亚。

接到情报的巴恩斯亲自率领 4 艘 PT 艇（PT-210、214、208、206）出港迎击，很快就发现 2 艘德国雷击舰以 20 节航速向巴斯蒂亚疾驶。巴恩斯把 4 艘艇分成两组分头攻击，但敌雷击舰一边开火一边利用高速机动，摆脱了 PT 艇的夹击。PT-208 和 PT-206 发射的鱼雷无一命中，巴恩斯只得一边追赶一边呼叫厄尔巴岛的侦察组再次攻击。

激战在厄尔巴岛以北一英里处再次展开，借着 MGB 的炮火掩护，PT-209 和 MTB-655 冲上前各自发射了两枚鱼雷，接着巴恩斯率领 2 艘 PT 艇追来，也发射了四枚鱼雷，但全部被敌雷击舰规避。接下来对方释放了烟雾，同时岛上的探照灯也扫射过来，炮台开始向盟军快艇猛烈开火，后者只得撤退。

1944 年 2 月 17 日，2 艘德国雷击舰再次夜袭巴斯蒂亚，巴恩斯也率领 3 艘 PT 艇（PT-211、203、202）出击。但经过 2 个多小时的缠战，PT 艇一共发射了五枚鱼雷，仍然无一命中。美国人不得不承认，PT 艇在对付驱逐舰这样的快速目标方面有无法克服的困难，毕竟驱逐舰当初就是为了对付鱼雷艇而创造出来的。

炮计划

1944 年春以后，盟军不断攻击驻意大利德军海上运输线。但是鱼雷快艇用鱼雷和炮火都难以消灭 F 驳船，即使用上火箭弹也无济于事，最后还是英国人提供了新思路，即在快艇部队中编入装备 2 门 127 毫米炮和 2 门 40 毫米机关炮的 LCG（Landing Craft Gun，登陆火力支援舰），以压倒性的火力来对付德军 MFP 护航船队。所谓的 LCG，实际上就是装备重炮的登陆艇，虽然速度缓慢，但用来对付开起来像乌龟爬的 F 驳船还是绰绰有余。这支部队的代号为"炮计划"（Operation GUN），包括作为主战力量的三艘 LCG

（LCG-14、19、20），专打 F 驳船；为其护航的 MTB-634 和 MGB-662、660、659，保护 LCG 免遭德国 S 艇攻击；执行侦察任务的 PT-212、214；英国海军少校艾伦（Robert A. Allan）作为总指挥坐镇 PT-218，PT-208 则为其护航。

3 月 27 日晚上，"炮计划"特遣舰队正式出击。22 时，侦察组传来消息，6 艘 F 驳船正沿海岸向南行驶。不过一个小时以后出现了意外情况，2 艘德国雷击舰加入了护航队，艾伦少校命令侦察组设法牵制敌雷击舰。10 分钟以后，2 艘 PT 艇勇敢地向敌雷击舰发起攻击，在不到 400 码的距离内发射了三枚鱼雷，然后释放烟幕撤退。但 PT-214 被一发 37 毫米炮弹击中机舱，工程师格罗斯曼（Joseph F. Grossman）负伤。但他没有向艇长报告，而是坚持着操纵发动机，直到快艇脱离危险地带。

在敌雷击舰被侦察组成功牵制后，艾伦对 F 驳船发动了突然袭击，措手不及的德国人还以为遭到了空袭，操纵火炮胡乱向空中开火，结果遭到了 LCG 的沉重打击，很明显是被炮弹引燃了驳船上的汽油、弹药。一艘驳船在攻击开始之后 30 秒就产生巨大爆炸，其他三艘在 10 分钟之后也起火燃烧，剩余的两艘试图撤离，但为时已晚，最后也被击沉。盟军只用一艘 PT 艇和 2 人负伤的代价就干净利落地取得了击沉 4 艘驳船（F-609、706、4785、4795）的胜利。

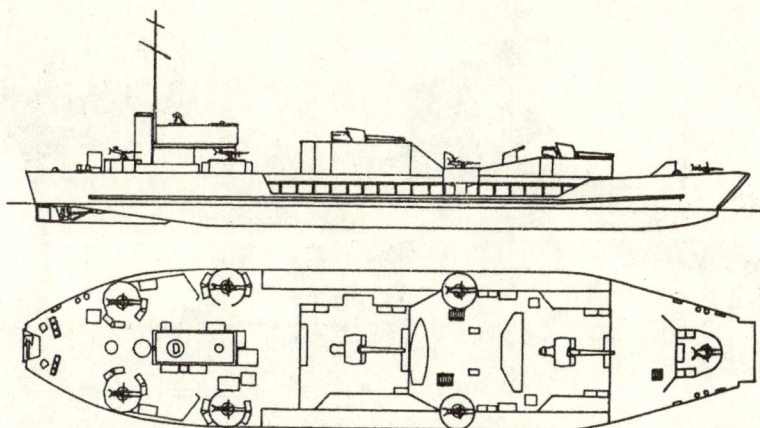

英国 LCG 型火力支援舰线图

4月24日晚，"炮计划"部队获得一次更大的胜利，艾伦少校指挥5艘PT艇（PT-218、209、212、202、213）、3艘MTB（MTB-640、633、655）、3艘MGB（MGB-657、660、662）和3艘LCG在厄尔巴岛以南海域伏击了两支船队。少校决定先打南行的目标，因为这支船队规模更大、速度更慢。LCG在三千码距离上的第一次齐射就命中了2艘驳船。在不到3分钟的时间里，驳船发生了爆炸，火焰照出了更多的驳船和1艘大型远洋拖船。LCG随即把火力转向新的目标，拖船多次被击中，立即沉没，2艘驳船也起火爆炸。MGB在清理战场时发现了1艘被遗弃的F驳船，立即开炮将其击沉，并捞起12名大难不死的船员。

接着，LCG开始袭击更北的那支船队。结果发现对手是4艘高炮驳船，但结果没有什么不同。在PT艇雷达的引导下，仍然是第一次齐射就击中了其中两艘，弹药爆炸引发的大火很快吞噬了全船，甚至来不及发出一弹。其他两艘驳船立即用全部火力猛烈射击，弹着点离LCG只有10码左右，PT-218立刻释放烟幕掩护登陆艇，并冲上前去发射了一枚鱼雷，声称将一艘驳船击沉。

德国雷击舰TA-23号的前身，意大利雷击舰"不惧"号。

与此同时，侦察组的 3 艘 PT 艇也发射了三枚鱼雷，并看到了一连串的剧烈爆炸。在返航时，舰队又遭遇 2 艘德国雷击舰和一队 S 艇。侦察组冒着炮火逼近到 1700 码处发射四枚鱼雷，其中一条击沉 TA-23 号雷击舰。

TA-23 号本来是意大利"勇敢"（Animoso）级雷击舰"不惧"（Impavido 号，1943 年 2 月竣工。满载排水量 1651 吨，主要武器为 3 门 100 毫米炮、4 座双联装 20 毫米机关炮和 2 具双联装 533 毫米鱼雷发射管，最大航速 26 节。1943 年 9 月 16 日被德军俘虏，10 月 9 日改名。另有一种说法称，TA-23 并非被 PT 艇击沉，而是遭到友舰 TA-29 的鱼雷误击。

盟军声称在这次战斗中击沉 5 艘运输驳船、4 艘高炮驳船和 1 艘拖船。不过夜间行动要准确判明战果是很困难的，战后的德国档案表明，只损失了 4 艘驳船（F-423、515、610、621）和 1 艘拖船。但即使如此，也是前所未有的大捷。从 1943 年 11 月至 1944 年 4 月，美英快艇联合巡逻组共进行了 14 次有效的袭击，声称击沉 15 艘 F 驳船、S 艇、拖船和运油驳船。

恶　斗

俗话说双喜临门，在苦战了一年之后，望眼欲穿的十五中队终于盼来了援军：4 月 21 日和 30 日，装备希金斯 23.8 米型艇的第二十二中队（中队长德雷斯勒少校，Richard J. Dressling，辖 PT-552—559、562、563）和装备埃尔科 24.5 米型艇的第二十九中队（中队长多里斯少校，S. Stephen Daunis，辖 PT-302—313）分别抵达奥兰和比塞大，特别是强化火炮和换装 Mk-l3 鱼雷的第二十九中队战斗力更强。5 月初，十五中队的大部分艇也换装了鱼雷，节省出来的重量用来加装了一门 40 毫米博福斯机关炮；不久又把引擎换成了新型的 1500 马力发动机，最高时速提高了约 5 节。

增加到 37 艘 PT 艇的地中海美军 PT 艇部队合编为第八 PT 艇支队，巴恩斯少校任支队长，第二十二中队驻扎巴斯蒂亚，第二十九中队驻扎科西嘉的卡尔维（Calvi），第十五中队则分散在二者之间，以覆盖整个热那亚湾。力量的增强和装备的更新带来了立竿见影的效果，在接下来的日子里，第八支队在切断敌人海上运输线方面成效斐然。5月，PT艇声称击沉4艘F驳船，击伤2艘F驳船和2艘货轮；6月，单独击沉2艘F驳船，击伤4艘F驳船和2艘货轮，与英军联合击沉1艘F驳船；7月，单独击沉5艘F驳船、1艘货轮、1艘高炮驳船和2艘小巡逻艇；击伤3艘F驳船、2艘货轮和1艘R艇，与英军联合击伤2艘F驳船、1艘S艇。

同时，在与德国海军水面舰艇作战方面也取得了可喜的成果。5月23日晚，"炮计划"特遣舰队再次出动，艾伦少校坐镇PT-217，率领3艘LCG、5艘MGB和3艘MTB在后，8艘PT艇则分为三个侦察组在前搜索。

杜博斯（DuBose）中尉的分队最先用雷达探测到两艘德国猎潜舰，立即展开攻击，PT-202和PT-213各自发射了四枚鱼雷，PT-218则发射了三枚，看到领头的猎潜舰UJ-2223发生了两次爆炸，几分钟后，该舰从雷达屏幕上消失。另一艘猎潜舰UJ-2222对杜博斯分队紧追不舍，浑然不知自己进入了德雷斯勒分队的伏击圈。鉴于敌舰正处于警惕性最高的时候，德雷斯勒少校决定不采用教科书上的近距离攻击，而是完全根据雷达提供的参数进行远射。在1.5英里的距离上，3艘PT艇（PT-302、303、304）各发射了两枚鱼雷。这时他们也被德国人发现，一排炮弹打来，落在PT艇右舷前方很近的距离，溅起高大的水柱。不过敌舰没有更多的机会了，在德雷斯勒下令转舵撤退时，他看到了目标方向发生了一个黄色的爆炸闪光，雷达上的信号一动不动了。

这时两个侦察组只剩下PT-218还有一枚鱼雷，但当艇长胸有成竹地在1000码距离上发射鱼雷时，敌舰却出乎意料地动了起来，鱼雷就这样从舰尾后穿了过去。当奥斯瓦尔德（John W. Oswald）中尉的分队（PT-201、216）赶来时，UJ-2222号已经蹒跚着从PT艇的雷达上消失了，遗憾的中尉只得从水中捞起了19名UJ-2223号的幸存者。让美国人稍感安慰的是，几个星期后传来情报，UJ-2222虽然靠自己的动力驶回里窝那，但由于伤势过重报废。这次惨重的损失给德国驻意海军部队刺激很大，为此他们强烈要求空袭巴斯蒂亚，否则整个意大利的沿海运输体系将被盟军的鱼雷快艇摧毁殆尽。但德国空军早已经自顾不暇，这个计划也只得不了了之。

一个星期后，第二十二中队的3艘PT艇（PT-304、306、307）在里窝那和拉斯佩齐亚（La Spezia）之间巡逻时，发现一艘雷击舰和一艘猎潜舰。但是当 PT 艇贴近攻击时，被露出云层的月亮暴露了行踪，随即遭到猛烈的炮击。这个本来就缺乏实战经验的分队发生了混乱，除了曾参与击伤 UJ-2222 号之役的 PT-304 加速向前，其他两艘艇都反而放缓了速度，显然是对是否继续攻击犹豫不决。而 PT-304 的表现也好不到哪去，在很远的距离上就发射了全部两枚鱼雷后转舵撤走，结果当然是无一命中。

大概是看出了面前美国人的胆怯之意，敌舰转而向剩下两艘 PT 艇步步逼来。PT-306 在 1600 码距离上发射两枚鱼雷，仍然没有命中。但 PT-307 在准备攻击猎潜舰时，鱼雷兵被炮弹炸伤，错过了发射时机，该艇随之遭到敌舰炮火近距离扫射。艇员们也奋力用全部火力还击，幸亏 PT-306 赶来释放烟雾才得以脱险，全艇包括艇长菲德勒（Paul F. Fidler）中尉在内有 3 人阵亡、5 人负伤。艇长头部、肩膀和腿部都被弹片击中，但他拒绝急救，直到所有伤员都得到救治后才接受治疗。德国雷击舰 T-29 也被 PT-307 发射的 40 毫米炮弹击中，2 人死亡、10 余人负伤。

美国人从这次失败中吸取了教训。6 月 14 日夜，第二十九中队的一支巡

PT—552

逻队（PT-558、552、559）对两艘德国雷击舰进行了近乎完美的攻击。当雷达在拉斯佩齐亚和热那亚之间的海面上抓住目标后，巡逻队借着夜幕的掩护用雷达跟踪了 25 分钟，终于抓住战机进入有效射程，各发射了两枚鱼雷。在撤退时，艇员看到敌舰先后发生了剧烈的爆炸，十几分钟后目标从雷达屏幕上消失。事后经调查，这两艘雷击舰是 TA-26 号和 TA-30 号，都被击沉。

TA-30 是原意大利海军的"白羊座"（Ariete）级雷击舰"龙骑兵"（Dragone）号，也是战时应急建造的，是"角宿一星"级雷击舰的扩大版。德意翻脸时，该舰尚未完工，因此被德军俘获后继续建造完成。满载排水量 1118 吨，主要武器为 2 门 100 毫米主炮、10 门 20 毫米机关炮和 2 座三联装 533 毫米鱼雷发射管，编制 150 人。TA-26 则和早先被击沉的 TA-23 同为"勇敢"级，原为意大利海军"大胆"（Ardito）号，基本数据相同，主要区别是 TA-25 减少了 1 门 100 毫米炮，增加了 4 门 20 毫米机关炮。另有一种说法称在这次战斗中被击沉的不是 TA-26 号，而是其姊妹舰 TA-25 号，即原意大利雷击舰"强悍"（Intrepido）号。实际上 TA-25 是在一个星期后，于意大利维亚雷焦（Viareggio）港西南海域被 PT 艇的鱼雷重创，为避免被俘，由 TA-29 号雷击舰发射鱼雷自行击沉。由于二者同级，沉没时间又是同年同月，地点也相近，所以经常会被混淆。至此，德国海军中的三艘"勇敢"级都先后葬身于 PT 艇之手。

完美谢幕

6 月 17 日，为了设置重炮阵地来遏制德军对法国南部沿海水域的使用，盟军派遣法国塞内加尔殖民地部队登陆厄尔巴岛，经过两天激战，全面占领该岛。由于岛四周密布水雷，因此第八 PT 艇支队成为此次登陆战中海军方面最大的主角，普遍担任了搭载登陆部队、引导登陆艇、火力掩护和巡逻护航等任务。登陆开始后，由于德军派出 F 驳船试图撤退岛上守军，因此与 PT 艇也发生了数次小规模战斗，双方各有损失。由于将 F 驳船误认为友军登陆艇，PT-210（艇长纽金特中尉，Harold J. Nugent）被重创，PT-209（艇长麦克阿瑟中尉，James K. McArthur）有 1 人阵亡；F 驳船亦有一艘被包括 PT-207 在内的英美联合巡逻队击沉。

攻占厄尔巴岛后，第八 PT 艇支队也随之扩展了巡逻范围。6 月 29 日晚，PT-308（艇长墨菲中尉，Charles H. Murphy）和 PT-309（艇长纽厄尔中尉，Wayne E. Barber）在厄尔巴岛与意大利之间海域巡逻时，用雷达发现了 2 艘属于意大利社会共和国海军的 MAS。在接近到 800 码时，PT 艇突然开火，MAS 立刻高速转舵逃跑，同时用 20 毫米炮还击。经过 10 英里的追逐，其中 MAS-562 由于多处受伤，终于停了下来。PT 艇紧逼上前，把准备乘救生筏逃离的 14 名意大利官兵全部俘获。看着起火的 MAS，美国人认为其必将沉没，便弃之而去，谁知第二天早上侦察机送来消息，这个小家伙仍然顽强地漂浮在海上，虽然机舱也在冒着浓烟。于是 PT-306 出航将其拖曳到巴斯蒂亚，这是美国海军俘虏的第一艘敌军鱼雷快艇。

为了加强火力，第二十九中队的 4 艘艇（PT-556—559）仿照太平洋的友军，试探性地装备了被称为"雷电"的四联装电力驱动 20 毫米厄利孔机关炮塔。但是相对于日本驳船的单薄体质，F 驳船显然要皮实得多，虽然"雷电"发射率高，其暴风骤雨般的打击看起来很是恐怖，但在实战中还是威力更大的 40 毫米炮更为有效。不过美国人把"雷电"和 40 毫米炮配合使用来对付较小的目标，也还是取得了一定的成果。

7 月 15 日晚，利文斯顿（Stanley Livingston）中尉率领 PT-558、552、555 配合皇家海军的两艘驱逐舰在法国海岸巡逻，在尼斯（Nice）附近用雷达抓住了两个小目标。其中一个很快被驱逐舰用 4.7 英寸（120 毫米）火炮击沉，PT 艇则奉命攻击另一个更小的目标，一艘 70 英尺长的巡逻艇。利文斯顿巡逻队在大约 500 码的距离上进行了三次炮火攻击，敌艇虽然还能行驶，但已明显失控。PT-558 靠上去，发现船体被打得满目疮痍，其中 40 毫米弹痕 25 个，20 毫米弹痕 70 个，机枪弹痕在 200 个以上。最后由 PT-552 用 40 毫米炮将其彻底击沉。

两天以后，利文斯顿中尉再次率领 PT-558、561 和 562 出海巡逻，在昂蒂布（Antibes）以东 3 英里处再次发现一艘小巡逻艇。这次美国人在 250 码距离内进行了 5 分钟的炮击，敌艇完全失去行动能力。PT-562 靠近后发现船体上密密麻麻全是 20 毫米弹痕，3 分钟后，该艇沉入海中。

1944 年 8 月 15 日，第八 PT 艇支队参加了登陆法国南部的"龙骑兵"行动，这是他们在地中海的最后一战。与 PT 艇参与的其他大型登陆战役一样，遮天蔽日的盟国海空军力量使其并无用武之地。PT 艇在登陆当天干的两件"大事"，一是拖曳橡皮艇运送了一些部队登陆，一是救起了德国 UJ-6081 号猎潜舰的 99 名幸存者，后者被美国驱逐舰"萨默斯"（Somers）号击沉。

但让美国人没有想到的是，这次似乎"轻而易举"的战斗却让 PT 艇部队遭到了意想不到的损失。8 月 16 日晚，PT-202 在巡逻途中触发了一枚水雷，PT-218 赶来救援时也不幸触雷，有 1 人失踪，6 人负伤，2 艘快艇很快都沉入大海。8 月 24 日下午，PT-555 在执行侦察任务时也触雷爆炸，4 人失踪，3 人负伤。不过该艇并未沉没，被拖回修复。PT-208 则在 8 月 18 日被敌机轰炸，4 人负伤。同时，PT 艇还遇到了新的敌人。

面对盟军在各条战线上的高歌猛进，遭到沉重打击的德国海军已经无力也无心在法国南部的次要战场上投入太多兵力，但要让固执刻板的"汉斯"们就这样拱手让出自己的地盘也并非易事，除了像不要钱似地在海上乱扔水雷外，德国人唯一拿得出手的就是类似爆炸艇和人操鱼雷这样以低成本、大威力、没人性为基本特征的自杀性攻击武器了。

爆破艇的船体由胶合板构成，大约长 18 英尺，以汽油发动机为动力，可以达到 25 至 30 节的航速，艇首装有 600 至 700 磅炸药，有两种引爆方式。一是由人力操纵，直接冲向目标爆炸；一是由无线电控制引爆。相对于爆破艇这种低端消耗品，人操鱼雷稍微有点技术成分，但也简单得堪称粗糙，实际上就是两条 G7e 鱼雷按照一上一下的方式组装在一起，上面的鱼雷将战斗部改为驾驶舱，驾驶员通过透明的半球形有机玻璃舱操纵和攻击，行驶时仅有玻璃舱露出水面。其航速仅有 3 节，可靠性低下，对驾驶员的威胁远大于对盟军舰船。

8 月 24 日晚，4 艘 PT 艇（PT-552、553、554、564）第一次遭到 1 艘人操爆破艇和 3 艘遥控爆破艇的攻击，但 PT 艇毫发无损。两天之后，PT-210 和 PT-213 及时发现了一队缓速行驶的爆破艇，对方显然正试图袭击盟军舰船锚地。2 艘 PT 艇立即开火射击，德国人引爆了 4 艘遥控爆破艇，控制艇则转向逃走了。9 月 7 日晚，这一幕再次重演。PT-215 和 PT-216 先后遭遇到两组遥控爆破艇的袭击，控制艇都是仓促引爆后逃跑，没能取得任何战果。9 月 9 日晚，PT-206 和 PT-214 发现并击毁了一艘爆破艇，并俘获了一艘遥控爆破艇。

相对于只在晚上出动的爆破艇，人操鱼雷则往往选择白天出击，原因很简单，虽然晚上隐蔽性好，但人操鱼雷的操纵只靠着稍有波浪就可能什么也看不到的玻璃驾驶舱，能见度实在太差，把礁石当敌舰也不是什么稀奇的事情，所以索性在白天出动，寄希望于低矮的驾驶舱不会被发现。

但盟军的瞭望员可不是吃干饭的，当一个人操鱼雷偷偷向正在对岸炮击的驱逐舰"麦迪逊"（Madison）号接近时，就被后者和 PT-206 同时发现并一起开火。驾驶员见势不妙，立即打开玻璃舱跳海逃生，人操鱼雷被击沉，驾驶员则当了 PT-206 的俘虏。几分钟后，一架海军侦察机发现了另一个人操鱼雷，立即发出信号。PT-206 从侧面靠上去，与其并列行驶，示意驾驶员投降。但这次却遇到了死硬派，拒不投降，只得用炮火将其摧毁。在整个上午，驱逐舰和 PT 艇用炮火和深水炸弹一连击毁了 8 个人操鱼雷。

在支援"龙骑兵"行动的同时，PT 艇仍积极打击德军的海上运输线。由于 F 驳船损失惨重，德国人开始把法国船厂制造的 250 英尺长的罗讷河驳船投入使用。仅在 8 月份的最后一周，PT 艇就击沉了 4 艘 F 驳船和 8 艘罗讷河驳船，击伤 3 艘 F 驳船和 2 艘罗讷河驳船。8 月 24 日晚，PT-559 和 MTB-423、420 出击偷袭热那亚港，途中 MTB-420 因发动机故障返航，其他两艘艇继续前进，在港口防波堤以东 1500 码处发现一队小型船只，由一艘海防舰护航。在接近到 1300 码时，2 艘快艇各发射两枚鱼雷，不久即看到海防舰发生了三次爆炸后沉没。

3 天之后，PT-559 和 MTB-423、375 袭击了 3 艘罗讷河驳船，击沉其中 2 艘。9 月 10 日晚上，PT-559、MTB-422、376 在巡逻中声称发射五枚鱼雷，击沉 F 驳船和罗讷河驳船各一艘，但德国资料没有类似记载。一天后，PT-558 和 MTB-419、423 在斯佩西亚（Spezia）击沉 2 艘罗讷河驳船。9 月 13 日晚上，PT-559、MTB-422、376 再次联袂出击，向 3 艘 F 驳船发射了六枚鱼雷，击沉其中 1 艘。这时德国猎潜舰 UJ-2216 高速冲来，PT-559 转向迎了上去，在 400 码距离上发射了一枚鱼雷，当即命中敌舰右舷，UJ-2216 很快在连续的剧烈爆炸中沉没。PT-559 用最后一枚鱼雷又击中了一艘 F 驳船后才胜利返航。

9 月 29 日，第八 PT 艇支队将基地转移到意大利北部的里窝那（Leghorn）港。不过为了继续遏制德国在地中海西部的沿海交通线，十五中队留在了法国南部。10 月 28 日，第二十九中队被撤销，8 艘艇被租借到苏联，其他 4 艘艇回国充当训练船，曾经铸造辉煌的第八支队自此分崩离析。

转移到里窝那的第二十二中队在整个 1944 年的冬天基本上只能窝在基地里，恶劣的天气和到处漂浮的水雷都让地中海变得异常危险。例如 11 月 18 日凌晨 4 时，PT-378 在里窝那西北约 35 英里处触雷炸毁，包括艇长克里尔曼（Brenton W. Creelman）中尉在内的所有军官和 8 名士兵失踪，只有在船舱里休息的 5 名士兵抓着快艇的残骸幸免于难。

PT—559

在整个 11 月，英美快艇部队只取得了一个战果。11 月 20 日，墨菲中尉的 PT-308 和 MTB-420、422 在波托菲诺（Portofino）袭击了一支德国船队，一共发射了五枚鱼雷，击沉了护航的猎潜舰 UJ-2207 号。

借着冬天的休整，德国又抓紧时间生产了大量 F 驳船，并强化了火力。快艇部队在 1945 年初虽然得到了拖网渔船和驱逐舰的支援，但仍然无法彻底切断德军的运输线。为此美国人采取了用 PT 艇发射鱼雷破坏敌占港口设施的策略，尽量削弱敌人的海运能力。德国的海防炮台虽然装备了重炮，但对这些小型高速目标无能为力。但德军仍然一直坚持到 1945 年 5 月。

PT 艇在地中海的两年奋战中，声称单独击沉 38 艘各型船只，共计 2.37 万吨；击伤 49 艘，共计 2.26 万吨；与英军联合击沉 15 艘，共计 1.3 万吨；击伤 17 艘，共计 5650 吨。消耗鱼雷 354 枚；除了因触雷损失 4 艘外，没有被敌人击沉一艘；有 5 名军官和 19 名士兵牺牲，7 名军官和 28 名水兵负伤。

海峡风云

英吉利海峡是二战中鱼雷快艇最为活跃的地区，英德双方的快艇部队为了攻击对方的舰船和保护己方的航运，在这里厮杀了整整六年。不过美国海军的 PT 艇却迟迟未加入这片拥挤的战场，这主要是因为随着纳粹的败退，海峡的快艇战逐渐出现了此消彼长的势头，皇家海军不必也不愿将来之不易的战果与他人共享。不过到了 1944 年春，随着前无古人的诺曼底登陆日益临近，美军迫切需要搜集法国海岸的各类情报，于是，PT 艇部队历史上最为特殊、规模最小的一个中队诞生了。

海军情报部门在梅尔维尔基地的第四中队中选中了 3 艘希金斯快艇：PT-71、72 和 199。经过船厂大修后，这三艘艇组成了新的第二中队（原二中队已于 1943 年 11 月在所罗门前线撤销编制），由原三中队中队长巴尔克利少校任队长，于 1944 年 4 月 24 日运抵英国朴茨茅斯。

为了完成侦察任务，快艇进行了特殊改造，发动机底座安装了软垫，以降低噪音；安装了特别精确的导航设备，以确保在能见度最低的夜晚准确定位。

同时，艇员们也进行了划艇、装载、卸货等强化训练，以备秘密登陆和安装设备之需。

5月19日晚，第二中队首次开展行动，PT-71横渡英吉利海峡，穿过德国军舰的巡逻网和水雷区，避过德军雷达站，在距离海滩约500码的地方下锚停泊，用小艇将人员和设备送上岸，并在凌晨时分返回达特茅斯。

首次行动成功之后，第二中队频繁出动，有时把人送上岸，有时把人从岸上接到英国，当然这些乘客和他们的使命都是保密的。而且这种行动并不仅限于登陆之前，而是一直持续到11月。二中队共完成了19次秘密行动，没有一次被敌人发现，这可以算是一个了不起的成就。在诺曼底登陆中，第二中队则伴随各分舰队旗舰，担任通讯任务，同时也担负救援任务。就在6月6日上午，PT-199号就在犹他海滩（UTAH Beach）成功营救了触雷沉没的"科里"（Corry）号驱逐舰上的61名幸存者。

侦察任务只是PT艇在英吉利海峡所有工作的很小一部分。考虑到登陆船队的庞大，三个PT艇中队奉命调往诺曼底，执行护航任务。不过只有哈里斯（Allen H. Harris）中尉指挥的第三十四中队（12艘埃尔科型）赶在登陆之前抵达英国。该中队的三个分队奉命掩护扫雷舰执行扫雷任务，他们要冒着德国岸炮和轰炸机的威胁作业，幸运的是只有"鱼鹰"（Osprey）号扫雷舰触雷沉没，PT-505和PT-508救起了6名幸存者。

D日当天，第三十四中队的任务是组成所谓"梅森线"（Mason Line），作为登陆船队外围防御网的一部分，主要是拦截德国S艇可能发动的反击。6月7日和10日，第三十五中队（中队长戴维斯中尉，Comdr. Richard Davis）和第三十中队（中队长赛尔中尉，Robert L. Searles）也相继赶到加入。面对S艇这个可怕地对手，没有战斗经验的艇员们终日神经紧张。不过由于登陆地点出乎德军意料之外，后者未能组织起系统的抵抗，S艇始终没有出现，倒是水雷对盟军舰船的威胁更大。在整个6月，PT艇就从被水雷炸沉的舰船上营救了203名遇难者，而有时候连PT艇自己都难逃其害。6月7日晚，PT-505发现了一艘不明身份潜艇的潜望镜。但正当艇长戈弗雷（William C. Godfrey）中尉试图投掷深水炸弹时，快艇却触发了一颗水雷，两名艇员受伤，艇体严重损毁，只得由 PT-507 拖回锚地。

同时，由于登陆战的立体、综合特性，PT 艇所要面对的敌情也不仅仅局限于德国海军。鉴于空中力量与盟军无法匹敌，德国空军开始试图在夜间攻击盟军登陆船队。为了解决关键性的能见度问题，他们使用了可以长时间燃烧的照明浮标，而盟军的对应措施则是由 PT 艇尽快击沉浮标，从而阻止了德军的夜间空袭计划。

6 月 25 日，盟军已经攻入法国瑟堡（Cherbourg）这一德军防御体系支撑点，但并没有足够的兵力对德军的岸防火力点进行彻底清理。于是 PT 艇就奉命对瑟堡周边海岸进行侦察，引诱那些残存的德军炮台暴露自己。27 日傍晚，巴尔克利少校率领 PT-510 和 PT-521 故意在瑟堡防波堤外转悠，果然引来了德军的炮火。其中两颗炮弹分别落在离 PT-521 只有 30 和 20 码处，巨大的震动使快艇四台发动机中的三台停机，鱼雷环也被震松，硕大的鱼雷开始在架子上晃来晃去，巴尔克利果断下令将鱼雷向防波堤发射出去，然后全速后退，PT-510 也释放了烟雾掩护撤退。不过当第二天 PT 艇准备来找回场子时，该炮台已经竖起了白旗。与此同时，另外 4 艘 PT 艇也在西面遭到一个德国火力点的攻击，炮弹落点距离 PT-459 仅 30 码。同时其位置也被 PT-457 发现，与 PT 艇同行的驱逐舰立即还击，将该火力点摧毁。

随着盟军逐渐深入法国内陆，PT 艇的目光开始转向海峡群岛（Channel Islands）。这里是德军在英吉利海峡的最前沿阵地，盟国海军准备腾出手来解决这个埋在肘腋的钉子。由于诺曼底以西和布列塔尼半岛都是美国人的战区，这个任务理所当然也交给了美国海军。从 8 月 2 日起，在瑟堡附近的护航驱逐舰、第三十 PT 艇中队（PT-450—461）和第三十四 PT 艇中队（PT-498—509）开始每晚在海峡群岛周围的水域巡逻。

8 月 8 日夜间，美国护航驱逐舰"马龙"（Maloy）号和 PT-500、PT-503、PT-507、PT-508、PT-509 在泽西岛（Jersey）附近海域分为南北两路巡逻。9 日凌晨 0530 时，"马龙"号的雷达捕捉到了反射信号——这是德国海军的 6 艘扫雷艇。在迷雾的掩护下，北路巡逻队的护航驱逐舰和 PT 艇悄然向德国人逼近。但同样由于雾气的影响，无法用目视发现目标，3 艘 PT 艇只得在雷达的引导下发射了鱼雷，但均告失的。

第一次攻击后半个小时，"马龙"号又指挥南路巡逻队的 PT-508 和 PT-509 抵近攻击德国人。但是能见度只有 150 码，美国人认为这个距离太危险，所以只有 PT-509 在 1/4 英里的距离上射出 2 枚鱼雷，PT-508 因雷达故障未发射鱼雷。然而，PT-509（艇长克里斯特中尉，Harry M. Crist）在迷雾中转向时驶入了德国人的编队。在敌炮火的猛烈轰击下，连连中弹的 PT-509 慌不择路，和 1 艘扫雷艇发生了碰撞并紧紧地连在了一起。德国水兵立即报之以各种轻武器。子弹和手榴弹像冰雹一样砸向它，最后全艇人员除了 1 名重伤的雷达兵佩奇（John L. Page）被德国人救起外无一生还。佩奇负伤 37 处，光在医院里就待了四个多月，德国投降后被解救。

第二天 8 时，为了搜索失踪的 PT-509，PT-503 和 PT-507 在泽西岛圣赫利尔港锚地与德国人 1 艘扫雷艇遭遇。PT-503 发射了一枚鱼雷但失的，双方进行了短暂而激烈的交火。2 艘 PT 艇都被击伤，PT-503 有 2 人死亡，4 人负伤，PT-507 有 1 人负伤。直到 8 月 20 日，盟军才发现 PT-509 漂浮的部分残骸。

PT-509 的悲剧充分证明，鱼雷快艇在失去了速度和探测方面的优势时，很容易由猎手沦为猎物。8 月 11 日，在泽西岛西南沿岸，由护航驱逐舰"博鲁姆"（Borum）引导的 PT-500 和 PT-502 对 2 艘驶离考尔比（La Corbière）港的德国海军扫雷艇进行攻击，但射出的 2 组鱼雷均告失的。在扫雷艇的还击中，PT-502 有 3 人、PT-500 有 1 人受伤。

两天以后，由"博鲁姆"号、PT-505、PT-498 和英国驱逐舰"突击（Onslaught）"、"索马利兹（Saumurez）"以及 2 艘英国 PT 艇组成的巡逻队与从泽西岛出发的德国护航船队遭遇，后者由第 24 扫雷艇支队的 M-412、M-432、M-442、M-452 和 1 艘运输船组成。M 艇同驱逐舰在远距离展开炮战，双方都只受到轻微损伤。接着，"博鲁姆"用雷达引导 PT-505 和 PT-498 向护航船队发起鱼雷攻击。在 PT 艇距船队 5000 码时，德国人就发现了他们，并发射照明弹。然而他们一直冲到 1500 码处才射出 4 枚鱼雷，接着便释放烟雾撤退，但鱼雷都没有击中目标。

8 月 18 日，圣马洛港（St. Malo）被盟军占领。海峡群岛彻底陷入孤立之中，驱逐舰和 PT 艇的联合巡逻行动也告一段落。第三十中队开始把兵力调往海峡东部，在那里盟军与德军围绕勒阿弗尔港的近海战斗正进行得如火如荼，第三十五中队早在 8 月 4 日就投入了封锁该港的战斗。

勒阿弗尔是德国海军在法国的重要基地之一，当丢失瑟堡以后，大部分德国海军的轻型舰艇集中在此。他们竭尽全力挽救日益颓败的局势，不断在沿岸设置雷区、为运输船护航，或者直接攻击盟军舰船。为此，盟国海军决心消灭勒阿弗尔的德国海军舰艇，至少，要将其困死在港内。

8 月 6 日晚，3 艘 PT 艇（PT-510、512、514）组成的巡逻分队拦截了试图溜出勒阿弗尔的 3 艘 S 艇，一阵炮火将对方赶回了港内。两天之后，另外一个 PT 艇分队（PT-520、521、511）发现了由 5 艘 R 艇护航的运输船队。但攻击未果，PT-520 和 PT-521 被敌炮火击伤，前者有 1 人负伤，两台发动机停转，航速大减，后来是在 PT-511 释放的烟幕掩护下才成功撤出战场。

8 月 10 日晚，琼斯（Jones）中尉率领的巡逻分队（PT-515、513、518）用鱼雷和炮火攻击了一支德国轻型舰艇编队（1 艘武装拖船，4 艘 R 艇，1 艘 S 艇）。敌舰没有损失，但被迫驶回勒阿弗尔港，PT-515 和 PT-513 受了轻伤，3 名水兵负伤。

相对于 PT 艇的无所作为，英法海军联合编队则收获甚丰，仅在 8 月的最后一个星期，就击沉了 18 艘各型舰船。这让美国人着实有些难堪，同时也激起了他们的好胜之心。8 月 24 日晚，当索尔兹曼（Sidney I. Saltsman）中尉率领的巡逻分队（PT-520、511、514）发现 4 艘 S 艇时，他们不顾岸上德军的猛烈炮火，反复冲上去对 S 艇进行攻击，最后成功重创了 S-91（93 吨，2 门 20 毫米炮），德国人弃船而逃。PT-520 的右舷也被敌人炮弹撕开了一个大洞，幸运的是无人伤亡。第二天晚上，瑞恩（William J. Ryan）中尉的巡逻分队发现了 2 艘 R 艇和 2 艘 S 艇。当鱼雷攻击失败后，美国人勇猛地冲上去用机关炮攻击，击伤了 1 艘 R 艇，PT-513 的船体也被击穿，PT-516 有两名船员被弹片击伤。

8 月 26 日晚，英国驱逐舰"米德尔顿"（Middleton）率领数艘 MTB 和索尔兹曼中尉的 PT 艇分队（PT-514、511、520）轮番进攻了一支德国护航船队。PT 艇在战斗中一共发射了 6 枚鱼雷，并观测到两次巨大的爆炸。德国档案称两艘坦克登陆艇 AF-98 和 AF-108 在此战中损失。

9 月 1 日，盟军攻占勒阿弗尔，英吉利海峡的 PT 艇部队陷入无所事事之中，第二中队被运回国并在一年后退役；第三十四和三十五中队的所有快艇奉命作为《租借法案》的一部分移交苏联海军，只有 PT-505 因艇况不佳，经回国大修后编入第四中队充当训练艇；第三十中队继续留守瑟堡进行护航巡逻，同时监视着海峡群岛上仍然苟延残喘的德国守军，而顽强的德国人也没忘了时不时给美军找点麻烦。1945 年 2 月 27 日晚，PT-457 和 PT-459 声称击沉了 2 艘小登陆艇；4 月 10 日晚，PT-458 在巡逻中与一艘德国武装拖网渔船进行了激烈交火。第三十中队直到德国投降后的 6 月才被运回国，并于 11 月退役。

拯救大兵汤普森

随着新几内亚和所罗门的战事进展，西南太平洋美军的脚步终于逼近了菲律宾群岛。而几乎与此同时，在马里亚纳海战中，日本岸基和舰载航空兵也遭到了美国海军的毁灭性打击，由尼米兹海军上将指挥的中太平洋攻势和麦克阿瑟陆军上将主导的西南太平洋攻势现在将汇合到同一个点。这样一来可以切断日本本土最重要的战略物资运输线，主要是石油运输线；二来可以为进攻日本本土取得一个合适的前进基地。在这种情况下，美国海军总司令金上将提出计划，即攻占菲律宾棉兰老岛，在那里建立若干航空兵基地来削弱敌人在菲律宾的空中力量，然后绕过菲律宾进占台湾，再进攻日本本土。

1944 年 9 月 15 日，第七舰队在新几内亚西北的摩雷泰岛（Morotai）登陆，修建机场，以便为即将在棉兰老岛发动的大规模登陆行动提供陆基空中支援和侧翼保护。由于莫拉泰岛附近的哈尔马赫拉岛 (Halmahera) 上有大约 3.1 到 3.7 万人的日本驻军。为防其渡海增援，分属第九、十、十八、三十三中队的 41 艘 PT 艇奉命在两岛之间的狭窄海域进行巡逻。慑于 PT 艇的昼夜防范，在此后长达 11 个月的时间里，哈尔马赫拉岛上的数万日军一直不敢尝试渡过那条仅有 12 海里的小海峡。

但这并不意味着巡逻行动本身就是安全的。实际上，在巡逻的最初三个月中，仍然损失了 3 艘 PT 艇。其中由于对这一带的海情不熟，PT-371 和 PT-368 相继因为在哈尔马赫拉岛附近的珊瑚礁搁浅而被敌人炮火击毁；PT-363 则是因为在天亮后试图攻击一艘搁浅的日本驳船——那是日本人故意设置的诱饵，结果该艇当即被日军岸炮击毁，包括艇长米切尔中尉（Frank Kendall Mitchell）在内共有 16 人负伤。

登陆行动本身也颇为惊心动魄。9 月 16 日清晨，第二十六战斗机中队的飞行员汤普森（Harold A. Thompson）在对哈尔马赫拉岛上的日军阵地进行扫射压制时，被防空炮火击落。他虽然成功跳伞，但却落入了离岛仅有几百米的海中，这让营救行动变得复杂起来。"卡塔琳娜"救援机只敢在急速掠过他上空的时候投下一只橡皮筏，让他可以在筏子上随波逐流。每当救援机试图降落营救时，就会被日军的炮火逐走。同时日军也遭到美军战斗机的持续压制，对汤普森鞭长莫及。

最终这个危险的援救任务交到了由第三十三中队长默里·普雷斯顿海军预备役上尉率领的 PT-489 和 PT-363 号艇手里。他们要穿过水雷区和日本岸炮的火力范围，才能进入瓦西里湾（Wasile）营救汤普森。在空中掩护下，2 艘 PT 艇成 Z 字形穿过水雷区，同时不得不面对日军大炮的猛烈炮击，一些炮弹落在仅有 10 米的距离上。这时候 PT 艇就不得不暂时退却，然后再尝试一次，仅仅这个过程就花了整整 20 分钟。

在进入海湾后，日军的炮火就更加猛烈了。PT-489 勇敢地在距离海岸仅有 200 米的地方停机，1 名军官和 1 名水兵跳入海中，游向汤普森的橡皮艇，将它拖回自己的快艇。在长达 5

PT-363

杜鲁门总统向普雷斯顿上尉授勋

分钟的时间里，PT-489 就这样停在那里，忍受着岸炮的轰击。美军的战斗机则不断俯冲扫射日军阵地，然后拉起，再次俯冲扫射。

当 2 艘 PT 艇返航时，日本人也疯狂了。他们完全不顾美军飞机的攻击，用全部火力向 PT 艇射击，迫使后者又花了 20 分钟来通过水雷区。最终拯救大兵汤普森的行动圆满结束，营救队本身无一人伤亡，PT 艇也只是艇壳上被一些弹片击中。后来普雷斯顿被授予国会最高荣誉勋章，两名艇长和跳入海中救人的一名军官被授予海军十字勋章。

由于美军登陆摩雷泰岛的目的只是建立前进基地，没有精力也没有必要占领全岛，对逃入岛上丛林的日军残部进行清剿，所以直到二战结束之时，与哈尔赫拉岛一样，岛上仍有日军活动。当然，美军也不能容忍日军从哈尔赫拉岛渡海增援，进而威胁到基地的安全。因此，在战争结束前的 11 个月里，不少于两个中队（先后有第三十三、九、十、十一、十八中队参战）的 PT 艇仍然严密地封锁着摩雷泰岛的周边海域，执行了近 1300 次巡逻和输送特工、骚扰破坏、营救等其他任务。在海空协同方面，在新几内亚总结出来的驳船狩猎模式得到了更好的发扬，航空兵派出 L-4 和 L-5 联络机为 PT 艇指示目标，进行炮火校正，飞机可以轻易地发现隐匿在蜿蜒河口附近的日军小船，成为 PT 艇不可或缺的"眼睛"。到战争结束之前，摩雷泰岛的 PT 艇共击毁日军驳船 50 多艘，其他小型舟艇 150 余艘（其中包括大量当地特有的独木舟），从而有效遏止了日军对摩雷泰岛的增援。同时，岛上的日军也无法撤离，他们只能待在丛林里靠水果、昆虫等有限食物苟延残喘。

奋战苏里高

虽然顺利占领了摩雷泰岛，但金上将绕过菲律宾的计划却遭到了麦克阿瑟的坚决反对。后者仍对当年的落荒而逃耿耿于怀，一心要在菲律宾当一次"还乡团"以洗刷耻辱。这时美军对菲律宾中部的一次空袭大获成功，证明日本航空兵的防御力量实在是不堪一击，于是美军决定取消在棉兰老岛的登陆计划，改于1944年10月20日在菲律宾中部的莱特岛（Leyte）实施登陆。

日本海军对这次进攻的反应是派出联合舰队从10月23日至10月26日发起莱特湾海战。舰队司令长官丰田大将别无选择，因为他的水面舰队正在新加坡附近靠近石油产地的林加群岛休养生息；而航母舰队则在日本濑户内

并排停泊的 PT-190（左）和 191

海训练飞行员以躲避美国潜艇的袭击。如果美军占领菲律宾，不但将失去石油供给，而且联合舰队也会被拦腰斩为两段。

结果在这次规模空前的大型海战中，日本海军作为一支战略性力量被彻底击溃，就此一蹶不振。而在作为莱特湾海战重要组成部分的苏里高 (Surigao) 海峡夜战中，被高级将领视为"可以牺牲"的 PT 艇部队虽然都由新手驾驶，但是他们中间的绝大部分依然很好地履行了自己的职责，不但传递了宝贵的情报，还对日本舰队进行了有效的骚扰。

10 月 23 日，为了侦察日本人在菲律宾沿海的军事动向，美国海军第七舰队第七十支队经菲律宾中东部的莱特湾和苏里高海峡驶入民都洛海进行警戒。该支队由利森 (Robert A. Leeson) 少校统一指挥，下辖 39 艘 PT 艇 (PT-152、130、131、127、128、129、151、146、190、192、191、195、196、194、150、134、132、137、494、497、324、523、524、526、490、491、493、495、489、492、327、321、326、320、330、331、328、323、329)，共分为 13 个分队。由于战时海军规模的疯狂扩充，PT 艇的艇员基本上都是预备役军人组成，他们几乎没有经过训练，甚至有的连鱼雷发射都没有练习过，但是士气高昂。他们的任务是"通过目视和雷达，报告一切接触到的海空敌情，并且分别加以攻击"。

入夜之后，苏里高海峡漆黑一片，第七十支队的 PT 艇借着微弱的月光陆续穿越海峡，在预定阵位按照计划以 50 码的间隔，沿南北向分散开来，以确保不让日军舰队神不知鬼不觉地穿越海峡。而由第二战队司令官西村祥治海军中将指挥的日本海军第一游击部队（战列舰 2 艘，重巡洋舰 1 艘，驱逐舰 4 艘）和志摩清英海军中将指挥的第二游击部队（重巡洋舰 2 艘，轻巡洋舰 1 艘，驱逐舰 4 艘）正疾驰而来。

24 日，两支日军舰队先后被美军飞机发现，第七舰队炮火编队指挥官杰西·奥登多夫海军少将奉命率部在苏里高海峡北口彻夜警戒并准备夜战。虽然他手头的兵力（战列舰 6 艘、重巡洋舰 4 艘、轻巡洋舰 4 艘、驱逐舰 28 艘）远超敌手，但考虑到炮弹不足，谨慎的奥登多夫决定先用 PT 艇和驱逐舰进行鱼雷攻击以尽量削弱敌人，最后用战列舰和巡洋舰完成致命一击。

由于 24 日上午，"最上"号重巡洋舰的舰载机侦察到在苏里高峡口存在着相当数量的鱼雷艇。西村命令"最上"号率领 4 艘驱逐舰作为"扫讨队"在主力前方大约 2 万米处先行，搜杀这些鱼雷艇。

20 时 13 分，西村舰队首先闯入了狭窄的苏里高海峡。由于没有月亮，沉寂的夜晚漆黑一片，只有预示着暴风雨的闪电不时地照亮附近岛屿的轮廓。22 时 36 分左右，正在保和（Bohol）岛附近巡逻的 PT 艇第 1 分队（分队长普伦中尉，Weston C. Pullen，辖 PT-152、130、131）PT-131（艇长 Ens. Peter R. Gadd）用雷达首先发现了日本海军的西村舰队主力。第 1 分队立即加速，汽油机开足了马力，分开波光粼粼的浪涛勇往直前。直到 22 时 52 分、双方相距仅 3 英里时，日本驱逐舰"时雨"号才终于发现了左前方的岛影中闪出的这支奇兵，立即开火。这个距离对于鱼雷射程来说显然太远，对大炮来说却正合适，快艇们虽然左避右躲并施放烟幕，但是仍纷纷中弹。PT-130（艇长 Ian D. Malcolm）的鱼雷发射管附近被"最上"号的一发 8 英寸炮弹命中，幸好炮弹打穿艇身后掉入了大海，既没有爆炸，也没有引爆鱼雷；PT-152（艇长 Joseph A. Eddins）前甲板的 37 毫米炮位中了一发 4.7 英寸炮弹，炮手被炸死，甲板起火，航速下降到 24 节；PT-131 虽然没有中弹，但无线电却被爆破弹的冲击震坏，以至于未能及时发出敌情报告。

最靠近第 2 分队（分队长卡迪中尉，John A. Cady，辖 PT-127、128、129）的 PT-130 在 25 日凌晨零点 10 分，通过该分队的 PT-127（艇长 Dudley J. Johnson），将"与日本南方特混舰队遭遇"的敌情通知了"沃彻普里格"号鱼雷艇母舰，再转报正在海峡北口严阵以待的奥登多夫少将，这是他得到的第一份确切的敌情报告。与此同时，以 23 至 26 节航速先行的"扫讨队"

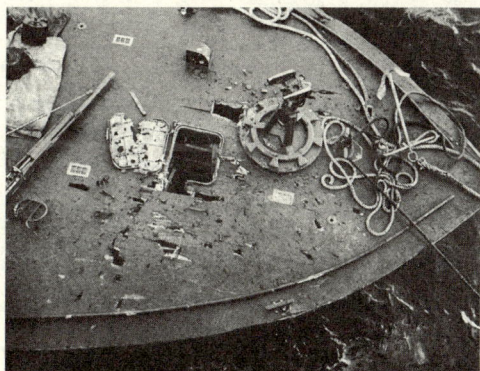

PT-152 前甲板上的中弹位置特写

也在利马萨瓦（Limasawa）岛附近于零点 18 分遇到了第 3 分队（辖 PT-151、146、190）的快艇攻击。PT 艇由于被炫目的探照灯强烈照射，所发鱼雷无一命中，同时双方进行了剧烈的对射，由于相对速度很快，第 3 分队都没有中弹，只是受了一些轻微的弹片损伤。

十分钟后，"扫讨队"接到了西村的归队命令而转舵撤回。但是由于 PT 艇依旧不断前来骚扰，搅得西村舰队草木皆兵，当"最上"回归本队时，却被"山城"号战列舰误伤，炮弹击中病室并造成了三人的死亡。

1 时 30 分，重新整队后的西村舰队再度向前，以驱逐舰"满潮"、"朝云"在 4 公里以前先导，再以战列舰"山城"、"扶桑"和"最上"各间隔 1 公里排成一字长列，山城左右各 1.5 公里处，驱逐舰"时雨"和"山云"担任侧翼掩护，开始以 20 节的航速实施第二索敌配置。半个小时候，舰队到达帕纳翁（Panaon）岛南端后开始转舵而转向正北，开始正式扣响苏里高海峡之门。

就在帕纳翁岛的背影之下，又连续闪出了第 6（分队长利森中尉，Robert Leeson，辖 PT-134、132、137）和第 9（分队长 Robert W. Orrell 中尉，辖 PT-523、524、526）两队 PT 艇。西村舰队立即一同右转回避雷击，同时以猛烈的炮火加以反击。PT 艇在弹雨和探照灯的强光之下蛇行靠近，努力发射鱼雷，但是都没有命中。

紧接着，在另一侧的苏米隆（Sumilon）岛南侧，第 8 分队（分队长 John M. McElfresh 中尉）也加速袭来，其中 PT-490 和 PT-491 在 400 码的近距离上向"朝云"号射出 6 枚鱼雷，但海中夜光虫由于螺旋桨翻腾起海水波动的刺激勾画出了耀眼的雷迹，日舰轻易地躲开了鱼雷，并用探照灯锁定了 2 艇。炮弹如雨点般倾泻而来，PT 艇的反抗对于日本人来说是微不足道的，他们的机关炮仅仅打灭了两盏探照灯。而因艇长刚出生的女儿取名卡罗尔而被昵称为"卡罗尔宝贝"（Carole Baby）的 PT-493 号为寻找更好的发射角度右转舵，结果脱离了编队，暂时没有被敌人发现。

PT-493 号悄悄接近到距敌仅 500 码处，突然发射了两枚鱼雷，但随即也被驱逐舰的探照灯照亮，原来该艇不知不觉间穿过了日本舰队外围的驱逐舰。现在周围到处都是敌舰，距离如此之近，美军甚至可以看到日舰上慌乱的水兵。虽然艇长布朗 (Richard W. Brown) 中尉命令全部火力扫射日舰的舰桥和探照灯，同时释放烟幕，试图冲出重围，但还是被"山城"号的 4.7 英寸副炮两次击中吃水线部位，其中一发打中机舱，击碎了辅助发电机，并造成机舱进水。发动机技师伯奈利（Albert W. Brunelle）赶紧脱下救生衣塞住了破口，防止海水大量涌入。第三发炮弹则击中海图室，造成 2 人阵亡，包括艇长、副艇长在内的 5 人受伤。

眼见形势危急，布朗中尉只得冒险命令全速向敌占的帕纳翁岛冲去，冲上了一块小型的珊瑚礁盘搁浅，这里离帕纳翁岛只有 100 码远，而海水已经浸透了伯奈利的救生衣，几乎淹没了整个机舱，PT-493 已经动弹不得了。经过查看，布朗中尉发现 PT-493 受损严重，总共被 5 发大中口径炮弹击中，有 2 人阵亡、9 人受伤。后来 PT-491 试图将该艇拖出，但未能如愿，最终该艇被潮水撞上礁石而沉没，成为美军在苏里高损失的唯一一艘军舰。虽然没有取得任何战果，不过美国海军为了表彰该艇官兵的大无畏表现，还是授予 8 名艇员"英勇勋章"。

凌晨 3 时，第 11 分队（分队长格里森中尉，Carl T. Gleason，辖 PT-327、321、326）用雷达发现了西村舰队，立即向第五十四驱逐舰中队报告了敌情。接下来就是驱逐舰发飙的时候到了。事实证明，同样是鱼雷攻击平台，个头大的效果就是不一样，PT 艇咬了半天也没让西村舰队掉几根毛，驱逐舰一上就让后者鲜血淋漓。"扶桑"号被 2 枚鱼雷击中起火，火势引爆了弹药舱，将战列舰齐腰炸断；"山城"号也被 2 枚鱼雷击中，航速减至 5 节；3 艘驱逐舰中雷，其中"山云"、"满潮"沉没，"朝云"舰首被炸断，只能以 12 节左右的低速航行。

见到形势一片大好，本来作壁上观的 11 分队也手痒了，他们攻击了一艘看起来像是在为起火驱逐舰护航的日本驱逐舰（推测是负伤的"朝云"号），却挨了一顿猛烈而准确的炮火，PT-321 的鱼雷兵负伤。结果心大胆小的 11 分队在 3000 至 4000 码的远距离上匆匆发射了鱼雷后即转舵逃走，当然是一无所获。

凌晨 3 时许，志摩舰队也抵达了苏里高峡口。此时，原先晴朗的夜空中

正在打捞落水日军的 PT—321

突降阵雨，能见度骤减，前面西村舰队发出的探照灯光和照明弹也被隐藏在了雨云之中。为避免碰撞，志摩舰队以驱逐舰"潮"、"曙"并列左右为前导，随后是以重巡洋舰"那智"、"足柄"、轻巡洋舰"阿武隈"、驱逐舰"不知火"和"霞"为顺序的单纵阵。3 时 15 分，志摩舰队刚抵达帕纳翁南端的比

尼特 (Binit) 角，就被袭击过西村舰队的 PT-134 发现。该艇立即发射了最后一枚鱼雷，但只击中了敌舰螺旋桨掀起的浪花，这次惊吓也迫使日本人加速到 26 节。10 分钟过后，"阿武隈"号（舰长花田卓夫大佐）忽然在左舷的 130 度发现了雷迹，原来是科瓦尔（Isadore M. Kovar）中尉指挥的 PT-137 借助日本驱逐舰的探照灯光接近到 900 码的近距离后瞄准一艘驱逐舰发射了一枚鱼雷，结果未能命中。但没想到歪打正着，作为第一水雷战队旗舰的"阿武隈"号躲闪不及，被这枚失的鱼雷击中了舰首第一炮塔下方的左舷部位，军舰的速度当即降至 10 节。由于爆炸的位置正好位于电讯室附近，泄露的一氧化碳将电讯员、信号兵等大多毒毙，估计有 50 余人当场遇难。为避免该舰拖后腿，志摩下令"阿武隈"号自行实施抢修，舰队继续突击。不过一个小时后，看到西村舰队被歼灭惨状的志摩就改变了主意，命令全军撤退。

"阿武隈"号属于 1920 年开工的"长良"级 5500 吨轻巡洋舰，为"球磨"级的改进型，在基本设计、船体尺寸和外观上没有任何分别，最大的变化是第一次装备了威力更大、射程更远的 610 毫米鱼雷，因此缺点也完全一样，即过于重视高速度和雷击能力，造成舰体单薄、防御力低下。虽然紧急抢修后进水得到了控制，航速恢复到 20 节，但在遭到美军 P-38 战斗机扫射后，航速就再度下降到 9 节，结果被志摩再度无情地抛弃，连水雷战队司令木村昌福也乘机转移到了"霞"号驱逐舰上逃之夭夭。而被抛弃的"阿武隈"号

"阿武隈"号轻巡洋舰

虽然幸运地逃出了苏里高海峡，但在返航途中未能逃过美军飞机的追杀，终于 10 月 26 日中午被炸沉。

第 5 分队（分队长 Roman G. Mislicky 中尉，辖 PT-194、196、150）由于待机点被暴风密云所笼罩，所以根本没有发现任何情况。直到凌晨 5 时，他们才看到了明显的火光，于是便驶出待机点，很快目视发现了两艘船只。开始以为是 PT 艇，当距离接近到 1200 码时，才赫然发现是日本驱逐舰（可能是正在撤退的"最上"号和"时雨"号）。而敌舰也在几乎同时开火，第一发炮弹就打飞了 PT-194 的 40 毫米炮。该艇慌乱中立即释放烟雾撤退，但又有一发 4.7 英寸炮弹击中水线部位，导致引擎停机；一发机关炮弹在驾驶舱和海图室附近爆炸，分队长 Mislicky 中尉和 2 名水兵身受重伤，艇长霍尔（Thomas C. Hall）中尉、副艇长和 4 名水兵也被碎片击伤。爆炸还引爆了堆放在甲板上的 20 毫米炮弹，PT-194 燃起熊熊大火长达一个半小时之久。PT-150 和 PT-190 在无线电中听到 PT-194 的呼救后展开搜索，也与志摩舰队和西村舰队残部遭遇，挨了一顿炮火，幸好都没有受伤。

当西村舰队的残部在战列舰、巡洋舰暴风骤雨般的炮击下崩溃后，苏里高海峡最北端的 12（PT-320、330、331）、13（PT-328、323、329）两个分

"朝云"号驱逐舰

队奉命南下打扫战场。早上6时30分，单独航行的PT-323（艇长施泰德中尉，Herbert Stadler）发现了正在垂死挣扎的"朝云"号驱逐舰（"朝潮"级）。该舰由于先被美国驱逐舰的鱼雷和炮弹击中，接着在凌晨5时，又遭到"丹佛"和"哥伦比亚"巡洋舰射击，5发命中弹使其航速减到了9节。当PT-323接近到300码处时，"朝云"号突然向其开火，PT-323曲折航行到1500码处，发射了3枚鱼雷，其中一枚命中"朝云"号舰尾。伤痕累累的舰体再也无法承受这样沉重的打击，"朝云"号终于在7时22分沉没，舰上有191人死亡，包括舰长柴山一雄中佐在内的39人获救。

PT艇打响了苏里高海峡之战的第一枪，也为这场战斗划上了句号（西村舰队最后损失的"最上"号是在远离苏里高的地方沉没的，因此"朝云"号是在苏里高沉没的最后一艘日本军舰）。虽然说起来意义重大，但仍然改变不了PT艇作为龙套的地位，毕竟刺客是从来都上不了台面的。同时，这次战斗也再次证明，鱼雷快艇想要攻击一支完整的战斗舰队是相当困难的，特别是当时日本军舰都普遍装备了雷达（虽然性能并不是很好）。美军有15艘PT艇总计发射了35枚鱼雷，但只有2枚命中日舰（其中1枚属于打死靶）；有30艘PT艇遭到日舰炮击，其中10艘被击中，1艘被击毁；3名水兵阵亡，

3 名军官和 17 名水兵负伤。

奥尔莫克绞索

虽然莱特湾的惨败使得日本海军作为一支战略性力量已经不复存在，但是，当时日本方面并未立即认识到这点。而菲律宾方面的日军指挥官山下奉文陆军大将相信美国海军已遭受一定程度的伤亡，而盟军的地面部队不是日军的对手，而且对日本来说，失去莱特岛将使盟国切断其从婆罗洲延伸的石油补给线。因此，在山下大将的要求下，日本海军一直咬牙坚持着对莱特岛的守军提供补给及增援。不过由于驱逐舰损失惨重，已经无力再组建"东京快车"，只能采取普通护航船队的方式。在整个战役中日军对该岛组织了 9 次护航行动，在莱特岛奥尔莫克湾（Ormoc Bay）顶部的奥尔莫克港是岛上的主要港口及护航行动的主要目的地，由此爆发了被称为奥尔莫克湾战役的一系列海空战斗，日本海军再次遭到沉重打击。

11 月 9 日晚，在奥尔莫克湾巡逻的 PT-497 和 PT-492 发现了为运输队护航的 3 艘日本驱逐舰，随即发射了全部 8 枚鱼雷，并观察到剧烈的爆炸和火焰。但是日本方面既没有遭到鱼雷艇攻击的记载，也没有损失船只的记录。次日晚上，PT-321 和 PT-324 也与运输队的驱逐舰遭遇，在躲避追击时双双搁浅。为避免被俘，艇员炸毁了 PT-321，但 PT-324 的炸弹引信却失灵了——这反而是一件好事。14 日该艇被拖回了莱特湾进行修理。虽然 PT 艇的拦截未能奏效，但是这两支运输队遭到美国海军第三舰队舰载机的猛烈攻击，4 艘驱逐舰（"岛风"号、"若月"号、"滨波"号、"长波"号）及 5 艘运输舰被击沉。

11 月 19 日晚，为了削弱岛上日军的卸载能力，3 艘 PT 艇（PT-495、491、489）对奥尔莫克湾进行了一次成功的突击扫荡，先是袭击了一队趸船，当即击沉 1 艘，击毁 1 艘，2 艘起火后下沉，5 艘被击伤。后来又发现 1 艘驳船和 2 艘小帆船，击沉驳船和 1 艘帆船后，突然遭到 1 架日机袭击，PT-495 被炸弹碎片击中，1 名水兵阵亡，17 人负伤。以后 PT 艇还多次采取了类似的扫荡行动，因为美军采用"蛙跳战术"，绕过许多有日军驻守的岛屿未予占领，为了封锁这些留在身后的日军部队，PT 艇与菲律宾游击队密切联系起来，由后者提供情报，发现和摧毁了许多日军伪装和隐藏的小艇。据称在奥尔莫克湾的扫荡行动中，PT 艇击沉的日本舟艇就超过 400 艘。此外，PT 艇有时还会拖曳满载游击队的渔船，攻打日军防守薄弱的岛屿。

11 月 27 日，担任第六次运输任务的 2 艘运输舰"神祥丸"、"神悦丸"在第 105 号哨戒艇（即巡逻艇）、第 45、53 号驱潜艇（即猎潜艇）的护送下离开马尼拉。战争进行到此时，日本战前建造的大型运输船舶已经所剩无几，这两艘运输舰都是战时应急建造，"神祥丸"是 1944 年建造的 2D 型战时标准船，排水量 2211 吨，长 92 米，宽 13 米，1130 马力，最大航速 11.5 节。"神悦丸"是 1944 年建造的 1C 型战时标准船，排水量 2880 吨，长 98 米，宽 14 米，2000 马力，最大航速 14 节。第 105 号哨戒艇是原菲律宾巡逻艇阿拉亚特 Arayat 号，排水量 900—1200 吨，美国或德国建造，1941 年 12 月 27 日在马尼拉湾被日机炸沉，次年 8 月打捞后修复从事巡逻、护航等任务。两艘驱潜艇则同属第 28 号型，标准排水量 420 吨，主要武器为 1 门 76 毫米高射炮和 3 门 25 毫米机关炮。

它们在途中遭到了美机的空袭，不过毫发无伤。11 月 28 日晚 19 时，护航队突入奥尔莫克湾，将 250 箱弹药和 1100 袋粮食送上登陆点。但是午夜过后，突然遭到 2 艘 PT 艇攻击，第 105 号哨戒艇（艇长香坂峰三大尉）被 PT-127（艇长 Dudley J. Johnson）击沉，第 53 号驱潜艇被 PT-331（艇长 William P. West）击沉（一说被飞机炸沉）。而运输舰和第 45 号驱潜艇也接连遭到美军 P-40 战斗机的穷追猛打，先后被炸沉，落水船员遭到 PT 艇用机关枪扫射，无一生还。

12 月 11 日夜，由海恩斯（Melvin W. Haines）中尉指挥的 PT-492 和 PT-490 使用艇载雷达在奥尔莫克湾探测到了 4 海里以外有一个移动的大型目标。海恩斯巧妙地指挥两艘快艇悄悄地移动到海滩和目标之间，这样可以利用海岸阴影作为掩护，同时海岸的反射杂波也可以对日舰本来性能就不大先进的雷达形成干扰。等到目标距离自己不远时，海恩斯下令出击，在大约 1000 码的距离上发射了 6 枚鱼雷（PT-490 发射 4 枚，PT-492 发射 2 枚）。

这个"大家伙"是正在担任第九次运输护航任务的日本老式驱逐舰"卯

"卯月"号驱逐舰

月"（睦月级，舰长渡边芳郎大尉）号。"睦月"级 1923 年开始建造，在日本驱逐舰历史上是一款创造多项第一的重要级别，包括船首从勺形首改为双曲线首（或称 S 形首）以提高耐波性；此外首次装备了 610 毫米鱼雷，也是首次使用具备再装填能力三联装发射管，鱼雷攻击作战能力极大提高；同时也是从"睦月"级开始，日本海军驱逐舰装备全国产的主机和锅炉。该舰全长 102.7 米，水线宽 9.2 米，吃水 3 米，标准排水量 1315 吨，最大航速 37.25 节，续航力 14 节/4000 海里，编制 154 人。1944 年改装后，4.7 英寸炮由 4 门减为 2 门、610 毫米三联装鱼雷发射管由 2 座减为 1 座，防空火力由 2 挺机枪加强为 25 毫米三联装高射炮 2 座、双联装 2 座、单装 2 门，共计 12 门，同时加装了 13 号电探（雷达）。

第九次护航运输船队共有 3 艘运输舰（第 9、140、159 号）、2 艘货轮（"美浓丸"、"空知丸"）、3 艘驱逐舰（"夕月"、"卯月"、"桐"）和 2 艘驱潜艇（第 17、37 号）。在航渡途中，由于遭到美机轰炸，1 艘货轮沉没，2 艘驱潜艇护送另 1 艘货轮返航，船队的残部则继续突入奥尔莫克湾执行运输任务，只是没想到又遭到了 PT 艇的攻击。

PT—490 号鱼雷快艇

PT 艇发射鱼雷后不久，美国人就看到目标舰桥下方有一个巨大的闪光，然后传来了爆炸声。接着第二枚鱼雷在敌舰舯部爆炸，很快目标就从雷达上消失了。3 分钟后，PT 艇感到水下有三次剧烈的震动，显然是下沉的驱逐舰再次发生了爆炸。由于沉没速度极快，舰长渡边芳郎大尉以下全体舰员无一生还。而船队的其他船只也没讨着好，第 159 号运输舰被莱特岛美军炮火重创，"夕月"号驱逐舰返航时被美机炸沉，只有受伤的"桐"号和 140 号运输舰侥幸逃生。这也是日军在奥尔莫克湾的最后一次亡命运输，到了 12 月底，莱特岛的沿海地带全部被美军占领，残余敌军被压缩到岛中央山脉的几个孤立阵地，日本加强守军的企图已经彻底失败了。

打飞机

与地中海和英吉利海峡不同，由于日本海军对鱼雷快艇一向不重视，其紧急研制的快艇火力贫弱、航速低下，根本无法对 PT 艇造成威胁。而日本的航空兵虽然也屡受重创，但面对数量有限、战区广泛的美国舰载航空兵，还是有很多空子可钻，再加上起飞就是为了玩命的"神风"突击队，仍然屡屡给美军舰艇造成损失。在苏里高夜战的次日天亮后，返航莱特湾的PT-330就遭到了5架日本俯冲轰炸机的扫射和投弹，两枚炸弹落在距离艇尾仅10码的地方，好在都是哑弹。10月27日早

莱特湾中正在抗击空袭的PT艇

上，在夜巡中击沉2艘日本驳船的PT-132和PT-326返航时遭到1架零式战斗机轰炸，炸弹虽然没有直接命中，但落点很近，飞散的碎片造成PT-132上2人阵亡，分队长琼斯（Paul H. Jones）、1名少尉和8名水兵负伤。次日，PT-525和PT-523遭到4架日机轰炸和扫射，PT-523上有8人阵亡，3名军官、6名水兵和1名澳大利亚战地记者负伤。

11月5日，在莱特湾锚泊的PT-320倒霉地被日机高空投下的一枚炸弹直接命中（当时高空投弹命中率很低，更不要说PT这样的小船，所以中弹绝对

沉没前夕的PT-323

不是因为日机技术好）甲板，当即被炸成了碎片，2 名军官和 12 名水兵阵亡。12 月 10 日，4 艘 PT 艇（PT-323、327、528、532）遭到 4 架自杀飞机袭击，PT-323 被撞中，很快沉没，艇长斯塔德勒（Herbert Stadler）中尉阵亡，副艇长阿德尔曼（William I. Adelman）失踪，11 名官兵受伤。

不过，PT 艇和日机的较量结果并非是一边倒的，由于 PT 艇高速躲避，通常不易被击中，而且 PT 艇的防空火力在二战的鱼雷快艇中也算是个中翘楚，PT-195、PT-522、PT-324 都有击落日机的记录，防空火力较强的鱼雷艇母舰击落的飞机就更多了。12 月 5 日，PT-494 遭到一架零式飞机的俯冲攻击。这个家伙死死咬住 494 号艇不放，494 和同行的 PT-531 一边机动一边还击，最终将敌机打成了碎片。12 月 16 日，三架自杀飞机同时向 PT-230 俯冲攻击，230 号作 Z 字航行，巧妙地避过了第一架飞机的攻击，第二架飞机又开始俯冲，炸弹在离艇 15 米处的海面上爆炸。第三架飞机俯冲扑空，坠毁在 230 号艇右舷尾部，爆炸掀起的巨浪把 PT 艇托出水面，不过 230 号却安然无恙。

12 月 15 日，美军登陆民都洛岛。这是菲律宾战场继莱特岛登陆后的第二次大型登陆战，PT 艇部队的第十三、十六、二十八中队全部，第三十六中队的 6 艘快艇，第十七中队的 2 艘快艇参加了这次行动。其中 5 艘护送登陆舰进入海湾，其他 18 艘则留在外海掩护其他舰船。

日军早已察觉到美军的登陆企图，所以登陆刚开始没多久，就有 11 架日本自杀机飞来。其中 1 架从艇尾方向猛扑在湾内的 PT-221（艇长 J. P. Rafferty），立即被该艇炮火击落。扑向湾外的 7 架自杀机遭到 PT 艇的炮火拦截，有 3 架被击落，其他 4 架穿过 PT 艇后则冲向登陆船队，其中冲击 LST-605 号坦克登陆舰的 2 架被 PT 艇和登陆舰的炮火击中，坠落在离登陆舰极近的海中；另外 2 架则分别撞上了 LST-472 和 LST-738，后者起火沉没，大约 200 多名幸存者被 PT 艇捞救上来。

第二天早上，PT-230 和 PT-300 刚进入湾内就遭到 1 架日机俯冲扫射，结果彼此都没有击中对方。那架日机拉起后又试图攻击在沙滩上卸货的 LST-605，结果被登陆舰和 PT 艇的炮火击中。着火的飞机一头栽到了海滩上爆炸，造成美军 5 人死亡，11 人负伤。这只是个前奏，半小时后，8 架日机飞来集中攻击了湾内的 PT 艇。其中 3 架围攻 PT-230，艇长肯特中尉（Byron F. Kent）巧妙地指挥快艇闪避，总是赶在日机撞击的前一刻忽而加速，忽而急转，忽而刹车，让日机的冲撞一无所获；PT-77（艇长 Frank A. Tredinnick 中尉）和 PT-223（艇长 Harry E. Griffin 中尉）也是采取同样的机动措施，让日机撞了个空；PT-298（艇长 J. R. Erickson 中尉）则是一边高速机动，一边猛烈开火，击落了 2 架日机，最后一架日机则被 PT 艇联手击落，这是一次完美的防空作战。大概是为了报复，当天下午 PT-224 和 PT-297 离开大队准备执行夜间巡逻任务时，2 架日机飞来轰炸投弹，炸弹没有击中，反而有 1 架日机被击落。

12 月 17 日下午，3 架自杀机试图冲撞 PT-75 和 PT-84。结果 1 架被击落，2 架坠毁，飞溅的残骸碎片造成 PT-224 有 1 人负伤，PT-75 有 4 人负伤。18 日，3 架日机再次空袭，其中 1 架撞击第十六中队的指挥艇 PT-300。该艇仍然采取在最后一秒急转的方式规避，但是这架自杀机的驾驶员显然是个老手，他即时操纵飞机改向，狠狠撞在了 PT-300 的机舱部位，引爆的燃料当即将该艇炸成两段，其中后半段迅速沉没，在水面漂浮的前半段则整整燃烧了 8 个小时。中队长科尔（Almer P. Colvin）少校身负重伤，艇员中有 4 人阵亡，4 人失踪，2 名军官和 4 名水兵负伤。

12 月 20 日，美军在民都洛岛建设的圣何塞机场初步完工，飞机跑道已经可以使用，不过要进驻航空兵来完全阻止日机的袭击还需要一段时间。此后直到 26 日，莱特湾的 PT 艇仍然遭到了多次空袭，击落了 5 架以上的日机。相比之下，日机对民都洛岛的空袭则不是很多。12 月 30 日，组队巡逻的 4 艘 PT 艇（PT-75、78、220、224）击落了 1 架日机。1 月 4 日，PT-78 和 PT-81 又成功击中了 1 架日机。不过结果却很不妙，这架受伤的日机带着烟火撞向了离 PT 艇很近的一艘弹药船，爆炸造成的剧烈震荡和四处横飞的碎片使 2 艘 PT 艇不同程度受损，并且有 2 名艇员阵亡，3 名军官和 7 名水兵负伤。

狙击挺身队

作为进攻菲律宾主岛吕宋的航空兵前进基地，圣何塞机场让日本人深感威胁，为此专门组织了所谓的"海军挺身部队"（也就是敢死队），以第二水雷战队司令官木村昌福少将为临时总指挥官，率领重巡洋舰"足柄"号、轻巡洋舰"大淀"号以及6艘驱逐舰（"霞"、"清霜"、"朝霜"、"榧"、"杉"、"樫"）对民都洛岛的美军滩头阵地和圣何塞机场进行炮击，这一作战被命名为"礼号作战"。而当时民都洛岛除了圣何塞机场的陆军航空兵外，在港内保卫运输船的PT艇就是仅有的防卫力量了，其中11艘艇由于战斗损伤和发动机故障正在维修，2艘艇执行其他任务，可用来狙击日本舰队的仅有不到10艘艇。第十三中队中队长法戈（Alvin W. Fargo）少校立刻率领4艘PT艇（PT-80、77、84、192）到岛北巡逻，准备迎击日本舰队；接替科尔少校任中队长的斯蒂尔曼（John H. Stillman）中尉率领3艘PT艇（PT-78、76、81）在伊林岛（Ilin Island）附近巡逻，封锁曼加林湾（Mangarin Bay）入口；PT-230和PT-227则随时准备支援上述两支分队。

12月26日晚20:30，圣何塞机场起飞的B-25发现并攻击了木村舰队，先后炸伤"大淀"号、"清霜"号和"足柄"号。日本舰队的防空炮火在海平面上形成耀眼的闪光，被法戈分队轻易地发现。接下来，PT艇一直用雷达跟踪着日本舰队的一举一动。21:55分，双方进入了目视距离，相距只有4英里，木村舰队开始炮击法戈分队，后者将航速增至30节，采取曲折航向并投掷烟幕弹，很快躲开了日本舰队的炮弹。不过明枪易躲，暗箭难防，比日本人的攻击更危险的是美国飞机——他们不断向自己人投下炸弹并进行扫射，整个过程长达80分钟！而知道对方是友军的PT艇则不敢还击，只能通过曲折机动来规避。22:05分，一枚航空炸弹击中了PT-77的船尾，艇长和11名艇员负伤；PT-84也有1名艇员被近失弹爆炸的气浪掀到了海里。法戈只好派PT-84护送PT-77返回曼加林湾，其余两艇则继续留在战场上施放烟幕。

木村舰队深知时间宝贵，并不怎么花心思去理会PT艇的骚扰，径直沿着海岸向南航行。22:15分，斯蒂尔曼分队在伊林岛附近5海里发现了"大淀"号的舰桥。但为了避免像法戈分队那样被友军飞机误伤，他们只能眼看着木村舰队对圣何塞市区、机场进行炮击，还向附近的美军运输船发射了8枚鱼雷（但只有1枚鱼雷击伤1艘运输船，另外还有2艘运输船被炮火击伤）。22:40 分，木村舰队转向曼加林湾方向，对斯蒂尔曼的 3 艘快艇进行 3 次齐射，但均打成远弹。只有一艘自由轮遭到了日本舰队的炮击，左舷中弹，被迫弃船。

27 日 00:00 分，午夜刚过，"见好就收"的木村开始调头，企图退出岸基飞机的航程之外。法戈的 2 艘快艇企图开出海峡截击，不过中途却搁浅在珊瑚礁；斯蒂尔曼的分队则被疑神疑鬼的岛上陆军指派去搜索"可能登陆"的日军，结果当然一无所获。

40 分钟过后，当木村溜到当冈角以北 8 海里处时，斯瓦特（Philip A. Swart）中尉指挥的 PT-221 和 PT-223 突然出现在战场日本舰队的正横方向 2 海里处，这是一个绝佳的鱼雷攻击阵位！该分队本来在民都洛岛北岸执行运输任务，此刻正在返航途中，却没想到能和敌舰不期而遇。PT-221（艇长洛克伍德中尉，E.H.Lockwood）首先发现了 4 艘日本舰艇，随即遭到了日本舰队探照灯的照射和猛烈炮击。猝不及防的 PT-221 立刻以 25 节的速度撤离，但她释放的烟幕却掩护了 PT-223 的进攻。01:05 分，PT-223（艇长格里芬中尉，Harry E. Griffin）在 4000 码的距离上发射了 2 枚鱼雷，其中一枚直接命中了"清

PT-223

霜"号（夕云级）驱逐舰。该舰本来就在空袭中受损，现在又被鱼雷击中，舰尾当即下沉，重油舱、轮机舱受损，火势蔓延到全舰，很快就在大爆炸后沉入海底。

木村命令其他舰艇先行撤离，自己亲自率领旗舰"霞"号前去搭救"清霜"号的落水人员。白石长义以下91人被"霞"号驱逐舰救起，舰长梶本颚中佐以下167人被"朝霜"号驱逐舰救起，"清霜"号死亡、失踪共计79人。第二天打扫战场的PT艇也救起了被木村漏掉的5名"清霜"号幸存者，同时还有PT-84上那位不幸被自己人炸弹震到水里的倒霉蛋——从另一方面来说，他又是个幸运儿，除了长时间的浸泡和漂泊使其精神萎靡不振外，他毫发无损。

大扫荡

与木村舰队是PT艇与日本水面舰队的最后一战，此后PT艇的主要交战对手变为日本自杀艇。当时日本为了挽回败局，在海上大量使用自杀小艇。这种艇叫"震洋"，全长只有5—5.5米，动力是一台或两台发动机，航速26—28节，少量为钢质结构，大多数是胶合板艇体。"震洋"摩托艇通常装备2具127毫米火箭发射装置，直接由驾驶员发射。不过艇上最主要的武器还是艇体内装载的高爆炸药或者2枚深水炸弹，驾驶员必须驾驶着小艇直接撞向目标以引爆炸药，与其同归于尽。

日本在大战末期共建造了6000艘"震洋"艇，其中2000艘部署在日本本土沿海。1945年1月4日—9日，"震洋"艇在菲律宾林加延湾首次攻击美国舰队，击沉了LCI（M）-974号步兵登陆艇、LCI（G）-365号步兵登陆舰、LST-1028号、610号和925号坦克登陆舰、"战鹰"（War Hawk）号运输舰也遭到重创。1月13日，"震洋"艇又在菲律宾的纳苏格布附近击沉了猎潜艇PC-1129号。4月8日夜间，一艘"震洋"艇在冲绳岛附近海域重创了"斯塔尔"号货船。

在与"震洋"自杀艇的斗争中，PT艇大显身手。它们广泛深入到沿海岛屿去搜寻和攻击"震洋"艇，共摧毁100余艘。但"震洋"艇给PT艇也带来

了损失，虽然不是其直接造成
的。1945 年 2 月 1 日，斯蒂尔
曼中尉奉命率领 PT-77 和 PT-79
在吕宋岛西部进行防范"震洋"
艇时，被自己的驱逐舰误认为
日本自杀艇而展开追杀。PT 艇
拼命在无线电里呼叫并用信号
灯发出识别信号，但见鬼的无
线电始终没有回应，而充满肾

日本自杀艇的残骸

上激素的驱逐舰官兵也没有注意灯光信号。即使如此，PT 艇本来仍有可能借
助自己的高航速逃脱，但 PT-77 却在慌乱中不幸触礁。艇员弃船后该艇就被
自己人的炮弹击中起火，燃烧了整整一夜。跟在后面的 PT-79 虽然及时减速
避免了触礁，但也因此被炮弹命中爆炸。斯蒂尔曼中尉失踪，PT-79 的艇长
（Michael A. Haughian）和两名水兵遇难。

除了搜索自杀艇外，PT 艇在 1945 年的主要任务是执行海岸"扫荡"任务，
以进一步削弱日本人已经十分单薄的水上运输力量。1945 年 1 月 29 日，4 艘
PT 艇与 2 架 P-38 战斗机和 2 架 B-25 轰炸机协同行动，扫荡了民都洛岛南部
八打雁湾（Batangas Bay）的日军基地。在 37 分钟的战斗中，PT 艇用炮火摧
毁了 2 艘拖船、3 艘趸船、24 艘帆船，基地的炮兵阵地、船坞、油罐和存放
自杀艇的仓库也被一扫而空，而美军仅有 1 名军官负伤，舰艇无一受损。2 月
23 日，6 艘 PT 艇和 2 架 P-47 战斗机再次扫荡了民都洛岛东南部的科伦湾（Coron
Bay），击沉 3 艘摩托艇、1 艘捕鲸艇、2 艘驳船和 2 艘划艇。

1 月 9 日美军登陆吕宋岛林加延湾（Lingayen Gulf），PT 艇第二十八和
第三十六中队奉命担任登陆点的夜间巡逻任务。由于日本海军的极度虚弱，
他们没有遇到值得一提的目标，但还是有些收获。1 月 14 日晚上，击沉了 4
艘驳船；1 月 23 日晚上，PT-528（艇长 G. S. Wright 中尉）和 PT-532（艇长 B.
M. Stevens 中尉）向一艘 6000 吨级货轮发射了 8 枚鱼雷，其中 2 枚命中，这
艘重伤的货轮被船员搁浅后放弃。29 日白天，PT-523（艇长 N. J. Russell 中尉）

麦克阿瑟上将乘坐 PT 艇返回菲律宾。

和 PT-524（艇长 James P. Wolf 中尉）协同美军战斗机扫荡了圣费尔南多（San Fernando）地区附近的海岸，击沉 6 艘驳船和 1 艘拖船，重创 1 艘拖船，摧毁了海滩上的 4 艘驳船和 10 艘自杀艇，并焚烧了岸上的 3 个燃料罐和 1 个军火库。两天后，PT-551 和 PT-547 再次协同 P-38 战斗机扫荡了圣费尔南多地区，击沉和重创了 21 艘驳船、5 艘自杀艇，并摧毁了一座水塔。2 月 8 日和 11 日的袭击则击沉了 16 艘驳船、9 艘自杀艇、1 艘 100 英尺长的拖船和 1 艘 40 英尺的汽艇，并击毁了他们看见的所有仓库、车库和卡车。

随着美军的进展，3 月 2 日，麦克阿瑟乘坐 PT-373 号重返菲律宾。老将军用这种方式实现了当年逃出菲律宾前许下的诺言，而 PT 艇也因此得到了莫大的荣耀。

不过，美国人虽然打回来了，但日本人也没有放弃，战争还得继续。

3 月 9 日，随着美军进攻棉兰老岛西南部的三宝颜（Zamboanga）半岛，PT 艇接到了扫荡日军自杀艇的任务。通过采取白天与飞机协同，晚上则组队巡逻的战术，成功摧毁了许多疑似自杀艇的日军小型船只，其中包括 2 艘鱼雷快艇。3 月 15 日，PT-114（艇长 R. B. Mack 中尉）和 PT-189（艇长 George J. Larson 少尉）与 2 架 B-25 轰炸机袭击了三宝颜西南 80 英里处的霍洛港，摧毁了停靠在码头上的 2 艘拖船、1 艘驳船和 6 艘其他小船。轰炸机的投弹则摧毁了港内的军火仓库，翻滚着火焰的浓烟直冲上千英尺的高空。事后菲律宾游击队报告说这次行动消灭了霍洛港日军的所有船只，日本人不得不采用当地的独木舟来为部队运输物资。4 月 26 日上午，PT-122（艇长 Earle P. Brown 中尉）和 PT-189（艇长 George J. Larson 少尉）在婆罗洲（Borneo）的达维尔湾（Darvel Bay）用炮火击沉了一艘小货轮；4 月 30 日和 5 月 1 日的白天，PT-129（艇长 George I. Cook 少尉）和 PT-144（艇长 B. E. Burtch 少尉）又在达维尔湾击沉了 12 艘小艇，击毁 3 艘，并缴获 1 艘独木舟，俘虏了 12 个日本人。

随着扫荡的逐步深入，海面上开始变得空空荡荡，要找到一个适合炮火攻击的目标都很困难了。PT 艇也因此分得更散，美军每一次作战基本上都有其随行扫荡，把能够找到的任何日本小船打成碎片。其中值得一提的是 5 月 14 日，PT-343 和 PT-335 在棉兰老岛南端的达沃湾搜索时，用望远镜意外发现了用刷成棕榈叶色的伪装网巧妙隐藏起来的 6 艘日本鱼雷快艇，立即用开火，至少击毁了其中 4 艘，然后还指引轰炸机对这片码头区进行了狂轰滥炸，摧毁了日军的大量油罐和军火库。

PT 艇最后的一次使用鱼雷作战据信是在 5 月 27 日，9 艘 PT 艇和 8 架英国皇家空军战斗机、4 架海军轰炸机对婆罗洲东北部的山打根港（Sandakan）进行了突袭。PT 艇用 35 节的高速通过狭窄的海港入口，同时释放烟幕掩护，使得虽然日军的 75 毫米岸炮进行了射击，但没有造成任何损害。3 艘 PT 艇（PT-126、154、155）对港口设施各发射了 2 枚鱼雷，码头、船坞和运货轨道全被炸毁，停泊在旁边的 6 艘汽艇也被炸沉，1 艘小货轮被炸掉了船尾。PT 艇还用炮火击毁了 3 艘汽艇，重创 1 艘 100 英尺长的拖船，并摧毁了一个生产自杀艇的船厂。英军飞机则轰炸了其他设施和岸防炮阵地，同时也掩护了 PT 艇的撤离。总的来说行动很完美，PT 艇只有 1 名军官和 3 名水兵负伤。两天后的侦察发现港口内仍有许多船只的残骸，包括 1 艘 60 英尺长的运输船、2 艘驳船、3 艘单桅纵帆船、1 艘汽艇和一些独木舟，建筑物仍在燃烧，而损失惨重的日军已经放弃了这个根据地。

同时，PT 艇还担负了救援任务。2 月 15 日美军登陆马尼拉湾科雷吉多尔岛时，PT-376 冒着日军狙击手的威胁驶近岸边 50 米处，用橡胶筏救出了 17 名空降到悬崖上的伞兵。3 月 17 日，PT-379 和 PT-551 救起了 12 名机组成员和 1 名乘客。从 6 月 5 日到 13 日，PT 艇在吕宋岛北部救起了 20 名飞行员。鉴于 PT 艇可担负的任务众多，在进攻日本本土的计划中，太平洋舰队也准备

保存自今日的 PT-958，其状态良好，还能使用。

调集 200 艘以上的 PT 艇参加两栖登陆作战，不过这次有史以来参战鱼雷快艇最多的战役计划因日本的投降嘎然而止。

据统计，美国到二战结束时共建造 PT 艇 802 艘，其中按《租案法案》交付英军 54 艘、苏联 167 艘。在整个战争中美军损失 PT 艇 228 艘，其中一部分毁于汽油发动机爆炸，在这方面，使用柴油机的德国 S 艇就安全得多。

1945 年 8 月，随着战争的结束，在菲律宾的 212 艘 PT 艇接受了严格的"审查"，发现有问题的，立即拆下发动机、火炮和有用的零部件，然后放在海滩上付之一炬。国内的 PT 艇也很快被处理掉了。到 1946 年 7 月，美国海军只剩下了 4 艘新服役的 PT 艇，而且这些艇也在 1952 年卖给了韩国。对世界上最强大的美国海军来说，鱼雷快艇已经不再重要了，而且她们大多数都是在战争中极端的时间要求下生产出来的，木料质量不高，寿命有限。就这样，在忍受了能够忍受的一切、付出了能够付出的一切之后，PT 艇终于走完了他们短暂而光荣的一生。

第八章 双子风云——战后鱼雷快艇

在当今世界各国，很难找到一个像中国这样拥有大规模的海军，主要海战战绩却大多由鱼雷快艇书写的特例。这其中，既有以小打大、以弱胜强的骄傲，也有中国海军长期处于落后弱小的辛酸。鱼雷艇部队作为 20 世纪 50、60 年代中国海军的主要突击力量，从 1954 年至 1965 年 11 年间，一共参加了 10 次海战，共击沉敌舰 5 艘（总吨位 8160 吨），击伤 2 艘。这样的成绩，虽然对于许多海军强国的鱼雷艇部队来说不值一提，但却是自百年之前中国建设近代海军以来前所未有的，也无怪乎那个年代的海军喊出了"小艇万岁"的口号。

庞大家族

1943 年，苏联秋明州（Tyumen）639 厂在二战中设计的 123 型鱼雷快艇（"共青团员" Komsomolets 级）基础上推出了一款新式鱼雷快艇，主要改进为加长艇身以提高适航性，安装口径更大的机枪，采用有加热装置的新式鱼雷发射管以适应寒带作战。1944 年 10 月 31 日，第一艘 123 бИС 下水，到 1948 年，一共建造了 120 艘，其中苏联海军自己留用了 89 艘。

新艇编号定为 123 бИС（бИС 读音为比斯，意译就是第二的意思），北约代号 P-2 或 PA-2。标准排水量 19.2 吨，满载排水量 20.5 吨，长 18.7 米，宽 3.4

保存至今的 P–2 级鱼雷快艇

米，最大吃水 1.8 米，平均吃水 0.75 米；动力系统为 2 台根据《租借法案》获得的美国制造的 1200 马力"帕卡德"型汽油引擎，最大航速 48.1 节，续航力 242 英里 /13.5 节，自持力 1—1.5 天；武器为 2 具 ТТКА-45 型 456 毫米鱼雷发射管，使用 45-36Н、45-36НУ 两型蒸汽瓦斯鱼雷；鱼雷自重 918 千克，战斗部装 150 千克炸药，有效射程约 1000 米；2 座 УК-2 型双联装 12.7 毫米机枪塔，携带 2400 发机枪弹，6 颗 БМ-1 型深水炸弹；编制 7 人，其中 1 名军官。

二战结束后，P-2 型艇的生产项目进行了调整，由 19 厂继续进行改进。设计工作完成于 1946 年，主要改进是用 2 台国产的 1000 马力 М-50 型柴油机取代美制汽油机，并取消了深水炸弹，编号定为 М-123 бИС。1947 年，这种改进型开始在秋明 639 厂生产，随即费奥多西亚的 831 厂也开始生产。

1948 年春，第一艘 М-123 бИС(舷号 400) 在塞瓦斯托波尔经过下水测试，

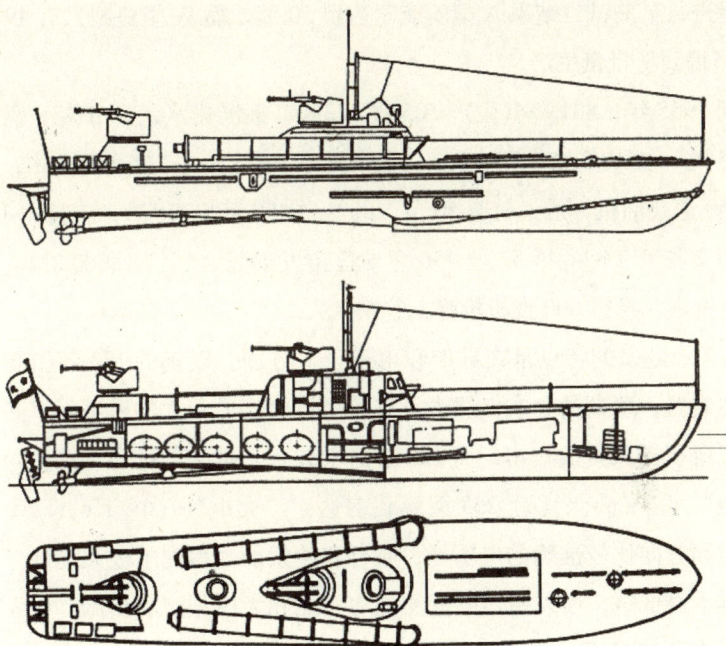

P—4 级鱼雷快艇，可见其仍采用了断阶滑行艇体。

发现发动机的力量不足，同时外壳需要加强。在此基础上改进的 419 号艇经过测试和调试后得到了苏联海军的认可，于 1949 年 11 月 25 日正式服役，并开始大量生产，到 1950 年一共生产了 50 艘，其中苏联海军留用了 42 艘。

M-123 бИС 型各项性能指标都与 123 бИС 差别不大，外形也极为类似，很难区分。标准排水量 20 吨，满载排水量 21.5 吨，长 18.7 米，宽 3.4 米，最大吃水 1.8 米，平均吃水 0.76 米；最大航速 50 节，续航力 530 英里 /37.5 节，自持力 1.5 天；武器为 2 具 ТТКА-45 型 456 毫米鱼雷发射管，2 座双联装 2УК-Т 型 12.7 毫米机枪塔；编制 7 人。

123 的最后一个改进型是 123К，由 19 厂在 1950 年完成，主要改进为把玻璃驾驶台改为防弹型的，并安装了对海搜索雷达，成为苏制鱼雷快艇中第一型有雷达的快艇。831 厂建造了有雷达的 A 型和没有雷达的 W 型，并用一座双联装 14.5 毫米机枪塔取代了 12.7 毫米机枪。1951 年 11 月 31 日，这两艘试验艇进行了测试，结果 A 型艇航速达到 50 节，而 W 型艇则只有 49 节，于是 A 型得到了批量生产。

到 1955 年，831 厂共生产 205 艘 123 K，标准排水量 21.1 吨，满载排水量 22.5 吨，长 19.3 米，宽 3.6 米，最大吃水 1.8 米，平均吃水 0.8 米；动力仍为 M-50 型柴油机，最大航速 50 节，续航力 450 英里 /35 节，自持力 1.5 天；武器为 2 具 ТТКА-45-52 型 456 毫米鱼雷发射管，1 座双联装 2M-5 型 14.5 毫米机枪塔，携带 800 发机枪弹；编制 7 人。

123 K 最大的特点是在导航和电子设备方面。以前的 123 各型艇不但没有雷达装置，所谓的导航仪器也只有一个方向误差很大的磁罗经，必须要岸上指挥所引导来接敌攻击；而 123 K 由于装备了被北约称为"皮头"的"夏日闪电"（Зарница）253 型艇载雷达、"火炬"（Факел）M 型敌我识别器和方向比较准确的电罗经，航行和搜索能力得到了极大提高。当然由于快艇本身低矮，所以雷达的探测能力不能和大中型舰艇相比，好天气下探测范围约为 15 海里，大多数时候仍然需要岸基雷达引导作战。而且高速行驶时雷达天线必须折叠起来，一来是减少风阻，二来也避免天线在风浪中损坏。

由于 M-123 б ИС 和 123 K 被北约统一称为 P-4，长期以来已经成了国际上的通俗称谓，所以本文将统一把 123 б ИС 和 M-123 б ИС 型艇称为 P-4B，123K 型艇称为 P-4K。

一向对鱼雷快艇珍爱有加的苏联海军，不但拥有世界上最庞大的 P-4 型部队，即使在其老化退役后，仍然用报废的艇体在全国各地树立了多座纪念碑，这也使得 P-4 成为拥有现存实物最多的鱼雷快艇。[1]

鱼雷艇对于小国家来说，是颇有吸引力的海军装备，既便宜又能对大中型舰艇构成一定威胁。既然有市场，苏联乐得把 P-4 型当成见面礼，到处派送，拉拢盟友。

欧洲：

---

[1] 1966 年，TK–725 安装在塞瓦斯托波尔；1968 年，TK–341 安装在新罗西斯克；1973 年，TK–23 安装在列宁格勒，TK–288 安装在海参崴；1976 年，TK–456 安装在彼得罗巴甫洛夫斯克；1979 年，TK–173 安装在巴库。

阿尔巴尼亚：1953 年 12 月从苏联购买了 6 艘 P-4B 型，编号为 31—33、221—223，在 1954 年 1 月又改编号为 34—36、224—226；1965 年 4 月又从中国得到了 6 艘 P-4K 型的军援，编号为 61—63、316—318。与上一批同样，在当年 9 月又改编号为 64—66、319—321。阿尔巴尼亚这种把编号变来变去的行为，大概是为了迷惑外国情报机构，让其错估鱼雷艇的实际数量。这 12 艘 P-4 型在 1987 年前全部退役。

保加利亚：1957 年从苏联得到了 12 艘 P-4K 型，现已全部退役，其中 1 艘被安放在瓦尔纳海军博物馆供人参观。

罗马尼亚：由于二战时期曾经使用过德国的 S 艇，罗马尼亚海军对其性能比较满意，本来准备进行仿造，并引进苏制发动机和舰载设备来装备，但是没有得到苏联的支持，所以只得进口苏制快艇。1952 年 11 月 27 日，得到了苏联海军转让的 6 艘二手 P-4B 型。她们在苏联的编号是 TK-940、983、986—989，罗马尼亚改为 VT-81—86，基地设在罗马尼亚南部的曼加利亚（Mangalia）。1953 年 12 月 30 日，罗马尼亚海军又得到了 6 艘全新的 P-4K 型，编号为 VT-87—92。P-4B 在罗马尼亚一直使用到 1964 年，而 P-4K 直到 1979 年以后才陆续退役，只有曾于 1957 年在曼加利亚外海创造了 47.4 节高速纪录的 VT-86 号被做成了康斯坦察海洋博物馆的一座纪念碑。

亚洲：

孟加拉国：1983 年 4 月，从中国得到了 4 艘 P-4K 型的军援，编号为 T-8221—8224。1989 年全部退役。

越南：1961 到 1964 年购买了 12 艘二手 P-4K 型，在苏联海军的编号为 TK-287、294、296—299、317、319、320、552、553、556。

伊拉克：10 艘 P-4 型，型号不详。

塞浦路斯：6 艘 P-4K 型，编号 T-1—T-6，后编号改为 20—25。

朝鲜：从 1951 年至 1979 年，通过从苏联引进和自造，一共拥有 40 艘 P-4K 型。

北也门：5 艘 P-4 型，型号不明。

叙利亚：从 1957 年至 1960 年，得到了 13 艘 P-4 型，型号不明。其中 5

艘是在 1957 年 7 月 2 日交付的。

土耳其：2 艘 P-4K 型，都是从塞浦路斯得到的战利品。

非洲：

埃及：1970 年，从叙利亚那里得到了 6 艘 P-4K 型。其中 2 艘在 1973 年于苏伊士运河附近被以色列海军俘获，被安放在海法的海事博物馆里作为战果炫耀。

贝宁：1979 年 1 月，从朝鲜得到了 2 艘 P-4K 型，1990 年退役。

扎伊尔：1974 年从朝鲜得到了 3 艘 P-4，型号不详，1986 年退役。

索马里：6 艘 P-4 型，型号不明。

坦桑尼亚：1972 年到 1973 年，得到了 4 艘 P-4 型，型号不明。

美洲：

古巴：从 1962 年至 1964 年，从苏联得到了 18 艘 P-4 型，型号不详。

虽然 P-4 的足迹遍布四大洲，作为冷战先锋，在二战之后的多次地区战事和冲突中都频频见到其身影。但是真正能让这种快艇在海军史上留下浓重一笔的，还是要数她在中国海军里的经历。正是在年轻的人民海军手里，P-4 才成为二战后战果最为丰硕的鱼雷艇。

艇旧人新

新中国人民海军鱼雷快艇部队的建立是从海军快艇学校成立开始起步的。1950 年 8 月 24 日，以安东（现辽宁丹东）海军学校干部训练队为基础组建的海军快艇学校在青岛成立，主要是培训海军鱼雷艇艇长以上的指挥干部和轮机长、水手长以及各类专业兵，由参加过夜袭阳明堡机场战斗的老红军马忠全（1914—1995，湖北红安人，1955 年授予海军少将军衔，后任海军副司令员兼北海舰队司令员）任校长，现在的青岛海军博物馆就建在海军快艇学校旧址上。1953 年 10 月，该校移驻威海刘公岛。学校成立时所有的装备只有苏联移交的 6 艘二手 P-4 型鱼雷快艇，当时谁又能想到这种小艇将在中国谱写的传奇呢？

人民海军从苏联引进 P-4B 和 P-4K 型后，命名为 6602 型，并根据音译把 B 型艇称为 123 波，把 K 型艇称为 123 科。据苏联资料称，中国一共引进和自造了 90 艘 P-4 型。

值得一提的是，虽然造船业并不发达，但中国还是在研究吃透 P-4 技术的基础上自行将 123 бИС 改换发动机，发展出一种类似于 M-123 бИС 的快艇，代号 123M 型。

123M 型的发展也是迫不得已，其中一个重要原因就是主机问题。鱼雷快艇的主机寿命很短，中国进口的部分 P-4 鱼雷艇是第二次世界大战期间建造的，主机在使用 500 小时后就要进行修理，修理后的主机只能再用 250 小时到 300 小时。而 1951 年进口的第一批 18 艘鱼雷艇中 13 艘未修过，主机接近翻修期，剩下的寿命最多的 160 小时，最少的仅 64 小时，7 艘在 100 小时以下。翻修过的 5 艘主机剩下的寿命均在 200 多小时。123 型快艇本来航速普遍在 48 节以上，而根据中国自己的测试，进口艇的航速最大只有 42 节，显然是因为机器磨损而显著下降。所以中国决心将原来的帕卡德型汽油机换装成 M-50 高速柴油机，一是因为汽油机寿命到期，后勤维护保障有困难，二来柴油机也比汽油机安全。

同时由于进口的 P-4 使用多年，船体外壳板的 30% 都需要更换。海军 201 工厂从 1956 年 6 月至 1958 年 5 月，共改装 6 艘。对船体进行大修，更换全部设备、管路，工作量比新造还大。改装后，正常排水量 20.64 吨，航速不低于 48 节，配有鱼雷发射管 2 座和双管 12.7 毫米机枪。

当时，艇体材料是 Д16 硬铝，硬铝特点是强度高，耐腐蚀性差。要提高铝壳快艇使用年限，必须采取以防腐为主要内容的快艇修理新工艺。经过 1960 年 12 月—1961 年 10 月的研制，快艇修理新工艺取得成功，同时还研究出了用普通碳素钢包覆玻璃钢尾轴、在铝壳快艇上包覆氯丁橡胶等提高使用寿命的新工艺，中国的造船工艺由此取得了不小进步。锱铢必较的苏联人在把自己淘汰下来的二手武器倾销到中国时，肯定不会想到会对中国造船业作出如许贡献。

P-4 型鱼雷快艇对中国海军的另一个重大贡献是在电子设备方面，K 型艇的"皮头"雷达被大量仿制,型号为512,除了后来的鱼雷艇继续用512雷达外,中国自己研制的大量舰艇都使用这种雷达作为搜索海上目标用。

由于海军面临着解放台湾的艰巨任务,上级要求快艇学校在6个月至一年内培训出鱼雷艇部队的学员,迅速组成一支能执行战斗任务的鱼雷艇部队。培训目标包括艇长、水手长、轮机长、枪炮长、鱼雷兵、轮机兵、电讯兵及中队以上领导干部。学校将学员和6艘旧鱼雷艇按照建制组成鱼雷艇中队,组织实习,形成战斗单位,然后调往各军区海军;同时还要负责筹建青岛鱼雷艇基地,包括码头、轮机修理所、鱼雷检查所等设施。

经过14个月的紧张培训,第一批897名学员结业了。1951年9月17日,华东、中南、华北三支海军和青岛基地奉命以购买苏联的36艘P-4为基础各组建一个鱼雷快艇大队。鱼雷快艇第31大队、鱼雷快艇第11大队、鱼雷快艇第21大队、鱼雷快艇第1大队分别在上海、广州、塘沽、青岛组建。10月24日,毕业的学员被分配到4个大队,新中国人民海军的第一支鱼雷快艇部队终于成立了,这些部队后来分别扩编为青岛基地快艇1支队、旅顺基地快艇16支队、东海舰队快艇6支队和南海舰队快艇11支队。1953年初,中国得到情报说,美军可能在安东至平壤一线的朝鲜西海岸实施登陆作战。为加强海岸防御,中国决定派出海军志愿军入朝。为此苏联再次提供一批海军装备,其中包括10艘P-4鱼雷艇。

中国第二次大规模地得到P-4鱼雷艇是1955年接受旅大苏军舰艇,接收总数是39艘鱼雷艇,能用的只有17艘,包括14艘B型快艇及3艘其它快艇。由于当时实在缺乏舰艇,因此将待报废艇中还能用的一部分修复,具体数目不详。不过在1955年11月的辽东半岛演习中,旅大海军基地派出了22艘鱼雷艇。由于国产艇年底才交付,这批参加演习的显然是进口艇。

第一批组建的4个鱼雷快艇大队中第31大队(时任大队长穆华)因为被选为海军第一批参加朝鲜战争的部队,所以配备的人员素质最高,艇的状况最好。由于预设在安东县大东沟的快艇基地还在抢修之中,所以31大队主要是在青岛进行突击备战,并未入朝。但是因为停战谈判成功,解放国民党军控制的沿海岛屿变得迫切起来,31大队这支精兵便被抽调南下。这对稚嫩的人民海军鱼雷艇部队来说是件好事，去对付士气低落、总体实力只算三流的国民党海军显然要比和海上霸主美国海军作战容易得多。

初试啼声

1954 年 5 月，随着经过朝鲜战火考验的新中国人民空军进驻浙东，大陈海区的战事开始激烈起来。人民空军屡次空袭国民党在浙东的重要基地大陈岛（今台州列岛，主要岛屿包括上、下大陈岛），大陈港的国民党海军战舰不得不在白天驶到大陈以南防空，夜间回到大陈海区巡逻。这给了鱼雷艇进行夜袭的良机。为此，31 大队（时任大队长兼政委陈绍海）在舟山海区进行了三个月的战术演练，其中包括 3 次战术导演和 4 次夜间攻击演习，以确保首战必胜。

9 月 24 日，18 艘 P-4B 型快艇秘密进驻了大陈岛和敌占渔山列岛之间的高岛。但等了几十天，一直没有遇到战机。10 月中旬的一天，3 艘国民党海军美制"太"字号护航驱逐舰从大陈北上东矶列岛，炮击头门山岛的 130 毫米海岸炮阵地。由于当日风浪 4 级，而苏联海军快艇条令规定只能在 3 级风浪以内出击，所以虽然副大队长兼 1 中队长纪智良（原汪伪海军水兵，1944年参加刘公岛起义）以自己带队在 4 级风浪中航行过为由请求出击，但上级抱着初战谨慎的方针，严格要求按条令办事。这样的机会后来还有几次，但每次都有 5 级以上风浪，31 大队只能眼睁睁地看着敌舰溜走。

长时间待机充分暴露出 P-4 这种小型鱼雷艇的弱点：由于艇小没有住舱，艇员只能和衣蜷曲在战位上过夜，碰上下雨就只能穿着雨衣硬挨。艇上没有厨房，艇员伙食要先由石浦港做好后再由登陆艇送到艇上来。由于风大路远，饭送到艇上已经凉透了，而且登陆艇频繁往来，也很容易暴露目标。

光靠精神和意志显然不能长期对抗这样恶劣的环境。在待机 1 个多月以后，31 大队的士气严重下降，人的身体也开始虚脱，只得撤回基地休整。不过纪智良对此极不甘心，10 月 31 日，上级领导经不住他软磨硬泡，勉强同意 1 中队返回高岛继续待机半个月，但要求风浪季节一到就必须撤回基地。

　　为了迷惑敌人，使鱼雷快艇编队秘密进入待机点高岛，1 中队 6 条快艇在护卫艇大队拖带掩护下从舟山群岛起航。海军选择的航渡路线，平时很少有船只来往，一般不会被人发现。而且在夜间航行，由于视距不良，护卫艇大，鱼雷艇小，鱼雷艇又藏在护卫艇"身"后，别人很难发现其中的"奥秘"。就这样，鱼雷艇在良好的组织下神不知鬼不觉地进入了石浦锚地。11 月 1 日晚，1、3 分队进抵高岛待机，2 分队留守石浦。纪智良在高岛雷达站建立了岸上指挥所，海上指挥由 1 中队指导员朱洪禧（1929 年生，山东潍坊人，后为北海舰队副司令员、海军中将）和副中队长铁江海（1929—1968，河南人，快艇学校第一期学员）负责。

　　这次可谓是否极泰来，进驻高岛的当天晚上，雷达就发现了目标，1、3分队立即出击。结果敌舰不知什么原因提前返航，攻击未果。11 月 12 日下午1 时许，3 分队因为没派值更员，没有注意潮汐变化，2 艘快艇都搁浅了，螺旋桨受损不能参加战斗，遂由护卫艇拖回定海修理。2 分队由石浦进抵高岛，接替了 3 分队。13 日晚，发现敌情，但出击以后，海上气象变坏，又只得半道返回。

　　按照预定计划，15 日就必须撤回舟山，因为大风浪季节即将来临，再等也没有意义。而就在 15 日凌晨 0 时 5 分，雷达站再次发现一艘"太"字号，而气象预报是中浪，风力 4 级，能见度 2.5 海里，按照条令还是不能出击。纪智良求战心切，把 158 艇派出去观察海面实际气象情况。不一会该艇回来报告：中浪，风力 2-3 级，能见度良好，符合鱼雷艇作战要求。15 日 0 时 52 分，朱洪禧、铁江海率领 1 中队 155（指挥艇）、156、157、158 艇成单纵队出击，在雷达站引导下高速接敌。1 时 25 分，敌舰进入雷达站盲区，鱼雷艇只得自行搜索目标。

　　1 分钟后，155 艇前炮手王景春报告：右前方发现灯光一闪，随即熄灭，事后推测可能是敌舰人员开舱门使舱内灯光外泄，这时在海图室作业的葛绵绵也报告，敌舰应在距离 37 海里左舷 45 度处。纪智良判断这样的黑夜，渔船不可能来，商船也不走这条航道，一定是敌舰，立即下达了"快艇向闪光方位加速前进"的命令。不一会儿，肉眼已经可以看到敌舰。朱洪禧用望眼

交接时的"太平"和姊妹舰"太康"

镜从外型特征上仔细辨认,确认是一艘"太"字号军舰。

朱洪禧没有看错,这的确是国民党"太平"号是护航驱逐舰,原为美国二战时期为反潜需要批量建造的"埃瓦茨"(Evarts)级"德克尔"(Decker)号,1943 年 5 月日成军服役,1945 年 8 月 28 日租借给国民党海军,1948 年 2 月 7 日正式移交命名,舷号 22。该舰水线长 86.41 米,全长 88.21 米,宽 10.7 米,吃水 3.35 米;标准排水量为 1140 吨,满载排水量 1430 吨;动力系统为 4 台通用汽车公司生产的柴油机,6000 马力,双轴推进,最高航速为 19 节(时速 35 公里),巡航范围 4150 海里;编制为军官 15 人,士兵 183 人;武备包括 50 倍口径 MK-22 型 3 英寸(76.2 毫米)火炮 3 门,四联装 1.1 英寸(28 毫米)75 倍口径 MK-2 型高射机关炮 1 座,20 毫米厄利孔 MK-4 型高射机关炮 9 门,MK-6 型深水炸弹投放器 8 座,M-10 型"刺猬"反潜炮一组,MK-9 型深水炸弹轨 2 组。不过在国民党海军时期,"太平"号又做了改装,具体情况不明,

"太平"号护航驱逐舰

不过参考其姊妹舰"太康"号，估计 3 英寸炮仍为 3 门，40 毫米炮则至少增加为 4 门，20 毫米炮增加为 11 门。

作为国民党海军最早接收的美制护航驱逐舰之一，"太平"号颇受重视，亦非常活跃，解放战争时在东北炮击塔山阵地，封锁大陆时扣押了往上海运物资的英国和挪威商轮，特别在 1949 年 10 月金门一战中，以第二舰队旗舰身份用炮火重创了登陆的人民解放军。对国民党当局来说是战功赫赫，对大陆人民政权来说就是血债累累，所以人民海军可谓是早想除之而后快。

朱、铁二人立即向纪智良报告发现敌舰，并通报各艇，以 155、156 艇主攻，157、158 艇牵制，4 艇组成左梯队，继续接近敌舰。纪智良也命令五棚屿的 2 艘护卫艇出击协同。不过他没有想到由于战斗结束得太快，而护卫艇速度较慢，结果未能参上战，护卫艇与鱼雷艇的协同作战问题一直到多年以后才得以解决。

也许是初次实战过于兴奋和紧张，也许是缺乏实战经验，编队指挥员没有很好地指挥艇队行动，各艇也没有按平时训练和演习那样保持队形和相互协同，造成混乱。当时"太平"号以 10 节航速向正北行进，鱼雷快艇的出击正对其左舷，应该说非常适合攻击，但 155 艇为了避免妨碍其他艇的动作，向右转向避让，扩大了敌舷角；156 艇则觉得敌舷角已经够了，就向左按照一定的提前角接敌；这样，主攻 2 艇的距离迅速拉大，本来为助攻的 157 和 158 艇则插入 2 艇之间，原定两个 2 艇小队批次攻击的计划就此告吹，形成了一个散漫的一字长蛇阵。

1 时 35 分至 37 分，155 艇在距离目标还有 1 海里（1852 米）的地方就抢先发射了鱼雷。这个距离对于攻击高速目标来说显然太远；其他 3 艇则沉住了气，在距离 5 链时才相继发射了鱼雷后转舵撤退。但 155、157 艇撤出战斗时居然按照白天作战的条令，施放烟雾，还打开消音器高速退出，以致暴露目标。所幸"太平"号中雷后正在手忙脚乱之际，见到鱼雷艇退走反而松了一口气，根本没想到用火力追击。

历史在这里出现了小小的争议，在我军的记录上，"敌舰根本没有想到会遇到鱼雷攻击，还以为是飞机来袭，盲目地对空射击，没有采取任何转向规避措施"；而根据"太平"号多位军官的回忆录，都提到大约 1 时 30 分左右发现了来袭的 4 艘鱼雷快艇，只不过由于快艇太小，所以发现得有点晚："雷达发现鱼雷快艇的几乎同时，瞭望也看见了快艇的尾迹"。雷达在肉眼黑夜目视下发现目标几乎同时，这意味着当时鱼雷快艇已经距离"太平"号相当之近，此时能够作出的反应已经很有限了。

不过"太平"号到底是国民党海军王牌主力舰，官兵训练有素，值更军官马顺义（通信官）中尉连续发放两次战备警报后，枪炮官周官英中尉立即指挥 2 号 3 寸炮、1 号 2 号 40 毫米炮和中甲板官员步台侧的 1 门 20 毫米炮向左舷射击，同时舰长操船进行了规避，及时躲过了至少 2—3 枚鱼雷的攻击。

相比之下国军的记载更为可信。而且记载也反映出了为何我军会认为"太平"号是在对空射击，"但由于防卫快艇的战技训练不熟，所以未能命中"、"其时之舰炮皆为人力操控，在舰身中鱼雷瞬间所产生之强震及少许倾侧，炮员难以及时反应调整射角，而有暂时显似对空射击现象"。这毕竟是人民海军鱼雷快艇第一次出现在战场上，由于保密得好，国民党海军对此始料不及，所以还击的炮弹远远地从低矮的鱼雷快艇头上胡乱飞过，这大概就是当时的事实真相。

当然不论是我军的误解，还是国军事后的文过饰非，最终的结果是一致的，那就是"太平"号中雷了。

"太平"号伤势相当严重，鱼雷命中前机舱和通信室之间的左舷，这两个舱室连同通信室右侧的上士住舱都被炸塌进水，里面的人都没能跑出来；官厅、航海官和通信官住舱、副舰长和辅导长住舱被炸裂下陷。鱼雷爆炸震动造成的破坏也相当大，舰长因船身剧烈震动而跳起，头顶撞上驾驶台天遮的支撑杆而破皮流血。正在驾驶台前炮位上操纵40毫米炮射击的5名水兵被掀到了海里，电报房的部分发报机被震倒塌，全部救生筏和小艇被震落海。舵机舱所有车钟、舵轮等直立设备都被震断不能使用。"太平"号已经失去了部分机动能力，好在经过紧急损管，后机舱前隔堵以后到舰尾约五分之三长度舰身，能保持水密完整，从而使军舰未继续下沉。

由于前机舱进水，电力舱震坏，"太平"号只能用后机舱操纵左推进器和后舵机舱的人力舵，采取倒车方式向大陈岛东口缓缓撤退。大约早上6点多，"太平"号到达大陈岛东口外12海里处，同时也看到了急急赶来援救的"太和"号护航驱逐舰、"衡山"号修理舰和"永春"号护航炮舰，舰长长出了一口气，终于安全了。

但是正所谓乐极生悲，"太平"号停车后接带了由"太和"号递出的钢丝拖缆，因为舰首已经沉入水中，所以拖缆固定在了舰尾。孰料开始拖带之际，突然"太平"号后机舱的前隔堵由左舷上方开始向下卷落，造成后机舱进水，全船总浮力大减，迅速向右前方翻沉。7时24分，该舰沉没于高岛方位140度，距离18海里处。

对"太平"号官兵来说不幸中之大幸是战舰沉没后，幸亏右舷没有被震落海的救生网还漂浮在水面上，使绝大部分船员得以攀附其上待援。"永春"号（舰长葛敦华）则巧妙地从沉船处上风顺势打横漂下，捞起了全部生还人员和一具穿有救生衣的尸体。只有舰长一人因为在驾驶台最先落水，被"太和"舰放下的小艇从下风处救起。

事后国民党海军分析，"太平"号的隔堵脱落有可能是因为起拖时造成的特殊震动所致。不过由此也可以看出，因为属于战时紧急制造军舰，"太平"号在结构上不够坚固，以至于这艘千吨级军舰被一枚威力并不很突出的450毫米鱼雷击沉。

"太平"号在此战中共死亡官兵29人，副舰长宋季晃中校在底舱指挥堵漏排水时因隔堵破裂溺死（一说中雷时高坠摔死），轮机长周相辉上尉、轮机官张才储少尉则在鱼雷爆炸时身死；另有37人负伤（包括舰长），上校舰长唐廷襄（后晋升少将）以下145人逃生，人民海军则无一伤亡。国民党海军此战后再次缩减巡逻范围，只以小型炮舰及扫雷舰巡逻于大陈岛和一江山岛之间，主力舰只都龟缩到大陈附近及东南海面。

具有讽刺性的是，据"太平"号航海官陈学才中尉回忆，"太平"号深夜出航并非以前传言的例行巡逻，而是连续三晚上被派往渔山岛接劳军的康乐队（类似于文工团）回大陈岛，前两次都在半路上被叫了回来，原因是康乐队延期，结果第三夜就遇袭了。如果真是如此，那么为了接劳军演员而损失一艘主力军舰，不知道国民党海军有没有后悔莫及。

孤胆英雄

鱼雷艇第一次实战就取得这样大的战果，进一步增强了人民海军高层使用快艇的信心，驻守在长江口的快艇1大队也随之南下，进驻舟山，准备在大陈岛以南设伏，封锁台湾至大陈的海上航线，配合解放大陈岛。当时根据31大队的经验，中国东南海区海情与苏联差别很大，所以快艇可以不受苏联条令的约束，在4级甚至更高的风浪条件下出击。因此，虽然风浪季节已经到来，1大队还是决定出海作战。

1954年12月21日，1中队6艘鱼雷艇（101—106号）在大队长张朝忠（1919—2004，山东省庆云县人，后任南海舰队司令员）、政委郝振林率领下，由6艘护卫艇拖带，经12天昼伏夜航，到达大陈以南的白岩山岛南锚锚地隐蔽待机。舟山基地登陆艇大队已经在这里准备好了4艘25吨步兵登陆艇给鱼雷艇当作临时码头。白岩山俗称九洞门岛，位于黄岩、温岭两县交界的近海处，是包围封锁上下大陈岛咽喉要道的最佳位置。

1955 年 1 月 10 日，空军和海军航空兵轰炸了大陈港，炸沉炸伤敌舰 4 艘，迫使国民党海军大陈特种舰队只留"永泰"、"灵江"、"瓯江"三艘小舰留守上下大陈岛，主力则在白天到西南方向靠近公海的南麂岛海域去防空，天快黑时才返航回港。这个规律很快就被人民海军给发现了，于是计划继续用鱼雷快艇利用黑夜进行伏击。

1 月 10 日 17 时 45 分，白岩山雷达站发现了"太湖"号护航驱逐舰在白岩山东南 18.5 海里，以 9 节航速向大陈行驶。当时海上气象为北风 6-7 级，中浪至大浪，鱼雷艇行驶都很困难，更别说作战了。但 1 大队求战心切，命令 1 中队长王政祥率领 101、102、105、106 艇到洛屿以东 1 海里处待命。

18 时 07 分，4 艘快艇起航低速前进（需要 25 分钟低速航行暖机才能加速），当时正值寒潮来袭，大风低温，月亮未升，暗夜视距很低，105、106 艇在途中掉队，被迫返航。这时指挥所为了截住敌舰，又命令以 30 节高速往洛屿开进接敌，30 节航速在大风浪中航行十分困难，整个甲板都没入水中，主机负荷加大不说，在甲板岗位的水手长、鱼雷兵都必须身绑绳索与驾驶台扶手系紧，以防被涌浪冲入海中。距离敌舰 30 链时，王政祥就按条令下达了两管准备战斗的命令，鱼雷兵立即打开发射管前盖。这在后来的总结中被认为是初战失利的关键性败笔。

因为一出港快艇就按照苏联海军条令卸下了发射管盖上的前罩。胶木板做的前罩平时可以防备海水或异物进入管内，但战时必须提前卸下，否则到开战时再卸就来不及了。在风平浪静时准备战斗早一点并无大碍。可是大风浪中快艇高速开进时，海水大量进入无防护的发射管内，虽然送药盒有防潮功能，但点火发射的时候，送药就淹没在海水中不能充分燃烧，造成瓦斯压力不足，鱼雷出管速度减慢。人民海军毕竟太年轻了，没有这方面的实践经验教训，这也是必须付出的学习代价。

这时 101、102 艇又因速度过大，超过了"太湖"号，雷达站提醒 2 艇向右搜索，原定攻击敌舰左舷，现在改变攻击右舷了。大约 19 时 01 分，2 艇发现了敌舰在距离5—6链处，但差不多是并行航行，攻击角度不好，射雷阵位不理想，于是又用了几分钟调整角度，在19时05分进入战斗航向发射鱼雷，但102艇右管鱼雷未出管，其他3条鱼雷出管速度很慢雷尾碰到了快艇的甲板，都沉入了海底，成了"死雷"。

102艇艇长立即下令停车排障，鱼雷兵丁安文在结冰的甲板上以最快速度排除了右鱼雷管故障。102艇启动主机继续追击敌舰，一直追到大陈岛东口附近，因敌舰已经进港才被迫返航。此后快艇部队总结教训，规定以后不再卸下发射管前罩，并把胶木罩改为帆布罩，以便不影响鱼雷作战。

"太湖"号虽然没有发现鱼雷快艇，但嘹望却在军舰右侧曾发现3团火光（鱼雷出管时的火光），便用电台向大陈作了汇报。因为当天晚上被人民空军重创的"太和"号护航驱逐舰和"衡山"号修理舰要返回台湾基隆港修理，大陈防卫部便派"灵江"、"瓯江"二舰出海巡查，一来警戒护航，二来扫清航道，以防两艘伤舰遭到鱼雷快艇偷袭。二舰于21点10分驶抵一江山岛以南海面，没有发现情况；22点到达大陈以西5海里处，"瓯江"因燃料不足返航补给，"灵江"则继续向南巡弋，于23点左右靠近了积谷山和洛屿之间，

"湘江"舰，"灵江"和"鄞江"的姊妹舰。

孤胆英雄张逸民

这正是"太湖"号报告发现火光的海域。

"灵江"号是美国二次大战建造的巡逻炮艇 PGM-13 号，1946 年 5 月赠送给国民党海军，命名为"洞庭"号，编号 83；1954 年 4 月改名"灵江"号，编号改为 103，长期在台州湾一带袭击大陆渔船，抓捕渔民，破坏渔具。该舰长 53.34，宽 7.01 米，吃水 3.30 米，标准排水量 280 吨，满载排水量 295 吨；两部柴油主机双轴推进，2880 匹马力，美军时期最高航速 20 节，台湾时期 18 节；军官 15 人，士官兵 66 人；装备 3 英寸倍径 50 主炮一门，40 毫米双联装尾炮一座，20 毫米机关炮六门，12.7 毫米双联装机关枪一座。因为吃水浅，鱼雷想命中很困难，所以大陈防卫部认为派它出海巡逻最为保险。实际上国民党海军确实是孤陋寡闻了点，苏制鱼雷快艇在二战中的战绩不算出色，但其中绝大部分都是 500 吨以下的小船，堪称是鱼雷艇中的小舰杀手。

与此同时，大陈国民党海军还出动了 2 艘"永"字号扫雷舰，为台湾来船执行护航任务。这两舰又被白岩山雷达站发现，1 大队正在为没有击沉"太湖"而懊恼，得到情报，立即派王政祥再次率 105、106 艇出击。

这时 102 艇刚刚返回，艇长张逸民（1929 年生，黑龙江省宾江县人，后任舟山基地正军级政委。）又要求出战。张朝忠认为 102 艇只有一颗右管雷，艇身严重失衡，在大风浪中航行，容易倾覆，所以不同意 102 艇出航。后来禁不住 1 中队中队长王政祥、指导员王守鉴、副中队长高东亚等全体干部都替张逸民请战，只得批准 102 艇出击。但这时候 105、106 艇已经走远了，102 艇只能独自朝战区慢速驶去。

22 时 47 分，雷达站发现了积谷山东北 4 海里处的"灵江"号，判断出这是个鱼雷艇难以攻击的小家伙，但它又正好挡在快艇出击航路上，便命令 105、106 艇停车待命，让敌舰过去后再按原计划向东南接敌。

102 艇没有接到命令，也不知道有敌舰在前方航道上，仍按原计划行进。上、下大陈岛是东海海域最著名的浪区，受地形与海流的影响，浪高流急。这时气温为零下5度，大浪高达3米，5、6级北风，102艇航行方向又是向东偏南，处在旁风侧浪中，航行非常困难，再加上右管装雷倾斜很大，浪从左舷打来，随时都有翻船的危险。舱面上的5名艇员索性抱在一块，站在左发射管侧压住可能的翻倾。张逸民授权轮机长田英丰见机行事，艇平衡些就加速，艇倾斜大些就减速，实在不行就停车，就这样艰难地继续前行。

23时左右，情况终于有了转机，月亮出来了，在海面上形成一个光带，102艇正好就朝着月亮航行，很快就发现了左前方35—40链的距离上有一艘船；距离15链时确认是1艘军舰，航速约16至18节，舰型像是"太"字号，但舰身没"太"字号长；距离5链时从望远镜中看到桅杆上的青天白日旗，张逸民立即下令准备战斗。而由于102艇使用了消音器，又处于背光处，所以"灵江"号没有及时发现近在咫尺的危机。

张逸民在夜间训练时，曾尝试过在1.5链放雷，正好命中靶船中部。虽

美国PGM—17，"灵江"舰的姊妹舰。

然因为没有按照条令规定的 3-5 链放雷而受到了苏联顾问的批评，但坚定了他用鱼雷打近战的信心。再加上现在只有一颗鱼雷，所以虽然水手长张德裕两次提醒他，再不发射就要撞上敌舰了，他仍然没有发射。

23 时 19 分，距离 200 米、敌向角约 60 度时，102 艇进入战斗航向，张逸民按下了鱼雷发射把。102 艇恢复了平衡，为防止撞上敌舰，先停车，然后原地倒车，左满舵高速后退。当 102 艇与敌舰处于相对平行时，鱼雷爆炸了。多年后张逸民对这一壮观景象仍记忆犹新："首先在敌舰舰桥下方突然爆发一个闪光，闪光由白变黄，瞬间变成一个火球；火球开始为黄色，迅速颜色加重，变成红色，又由黄红色变暗，白色水柱猛然升起；水柱下部宽度与敌舰舰桥宽度相等，逐渐变细，越过舰桥 2 倍以上高度即消落，同时又有黑色烟雾向四周迅猛扩散。鱼雷爆炸时，震动力极强。我在驾驶台只露出半截身子，感到像失控一样向左倾斜，双耳立即失聪，数天后才恢复。同时感觉到艇身在航行中不停的左右摇摆。此时，机舱轮机兵报告：机舱中弹（实际是冲击波震动所致）。艇上所有玻璃制品全部震散，各舱室安全灯泡和玻璃外罩全部碎掉。"

这样剧烈的爆炸对"灵江"号来说当然是致命的。该舰中雷后当即失去动力，舰尾损坏，士兵舱爆炸，呈现漂流状态，只得立即打出信号弹求救。国民党海军"永泰"号、"瓯江"号赶来救援，迫使来抓俘虏的 4 艘人民海军护卫艇返航。105、106 艇仍坚持对敌舰进行了攻击。1 月 11 日 1 时 47 分，敌舰发现鱼雷艇，相距约 2 海里时集中全部炮火拦阻射击，同时进行规避机动。2 时 04 分，2 艇在一艘敌舰左舷 60-70 度阵位发射了 4 颗鱼雷，都没有命中。2 时 21 分，2 艇返航。

因为与 2 艇纠缠，国民党海军救援军舰没有及时赶到（实际上按照"灵江"的伤势，估计到了也来不及了），"灵江"舰于 2 时 27 分（一说 4 时 25 分）沉没于洛屿东南 4 海里处，舰长王名城少校等 43 人被"瓯江"舰救起，通信官张世达中尉以下 31 人死亡。

功败垂成

1955年1月18日，解放军解放了大陈的门户一江山岛，下一步目标直指大陈列岛。海军的任务主要是切断台湾对大陈的补给线。31大队159、160艇和刚由青岛南下的41大队装有雷达的P-4K型175、178艇，奉命前往头门山岛和东矶山岛之间的五棚屿待机。

1月20日3时15分，高岛雷达站发现两艘军舰从大陈港东口驶出，4艘快艇立即出击。4时30分，发现成单纵队向台湾方向航行的敌舰，前导舰为"永康"号扫雷舰，后续舰是"鄞江"号炮舰。指挥艇159艇决定率160艇攻击"鄞江"号，其他2艇协同。

"鄞江"与"灵江"号同级，1946年5月在菲律宾苏比克湾基地移交国民党海军后，命名为"宝应"，编号81；1954年4月1日改名。该舰也是命运多舛，接收时国民党海军就发现该舰属于快要报废的超龄舰船，只得由"永仁"军舰拖带回高雄港修理。谁知1949年1月，修复后的"宝应"舰又在前往上海途中遇到风暴，在海坛岛搁浅，再次被拖往马公岛修理了半年。

在此前的1月14日，1大队101、102、105、106艇曾经攻击过由2艘"永"字号、2艘炮艇组成的国民党舰队，结果在被敌人发现的前提下，攻击角度、距离都不理想，发射的8颗鱼雷无一命中。由此让海军对鱼雷艇能否攻击已经有防备的小型国民党军舰有了疑虑。

这时的情形又与14日战斗相似，敌舰很快发现了我艇，仓促地采取了规避运动，并用炮火实施拦阻射击。不过因为遭到4艘鱼雷艇的协同攻击，有些顾此失彼。4时47分，距离3链时，159艇占领有利阵位，发射鱼雷2发，命中一雷于"鄞江"号驾驶台以下水线部位，该舰当即失去动力。此时，如果各艇能配合得当，用6发鱼雷击沉敌舰是完全可能的。但是其他3艇过于紧张，没有占领最有利的发射阵位，就在20秒内把6发鱼雷全部打完，结果无一命中。而最离谱的是由于大家一窝蜂地拥上攻击，战场过于拥挤，159艇在撤出时，恰有一条178艇发射的鱼雷直奔而来，幸好由于吃水浅没被击中。

已经耗尽鱼雷的快艇只得高速撤退，"鄞江"号由"永康"号拖回大陈，后来又拖到台湾检修，发现伤势太重，已经"超出经济修复的效益"，遂除役解体。

这次战斗再次暴露出快艇部队的不成熟，作战时仓促，缺乏战术。但也有值得肯定的一方面，首先是4艇协同，为重创敌舰创造了条件；其次是攻击距离适当，打"鄞江"号这样的浅水小舰就是要越近越好，这是快艇部队第二次用鱼雷击中并不适合鱼雷攻击的小军舰，再次证明了近战原则的重要性。

海鹰折翅

20世纪70年代生人一般都看过《海鹰》这部反映人民海军鱼雷艇部队作战的电影，这是我国海战片中艺术价值较高的一部。这部电影的取材很广泛，比如里面单艇独雷击沉敌人炮舰的情节，明显来自于我们前面说过的击沉"灵江"号的战斗。但里面的主要原型，则是金门系列海战中的八二四海战。

1958年8月23日，金门封锁战正式开始。考虑到作战海域的狭窄（方圆只有100平方海里），海军参战的主力是海岸炮兵，水面舰艇也基本上是小型快艇，计有6个海岸炮兵连共60门大口径海岸炮，舰艇有4个鱼雷快艇大队、2个猎潜艇大队、4个高速炮艇中队共92艘（其中鱼雷艇47艘），海军航空兵2个团共53架飞机，统一由厦门的东海舰队副司令员彭德清海军少将指挥。

国民党海军为了打破封锁，也先后出动了各型运输舰艇66艘，护航舰艇110艘，美国海军也出动80艘军舰，直接参与运输和护航活动。这些舰艇为了躲避炮火威胁，多选在夜间进入金门卸载，这给鱼雷艇部队的出击创造了大好条件。

为了出其不意，鱼雷艇部队入闽仍然采取了以前在浙东作战时行之有效的一系列欺骗方法，包括火车秘密运输、密集编队航渡（欺骗雷达）、帆船停泊掩护等等，顺利进入预定待机点——厦门镇海角定台湾。镇海角正好面对着金门最大的港口料罗湾，其制高点烟墩山可以俯瞰金门，又可以防止金门窥视定台湾内的情况，是十分理想的隐蔽和出击锚地。

8 月 24 日 18 时 03 分，人民海军海岸炮群猛烈轰击在料罗湾卸载的国民党海军运输船队，"中海"号坦克登陆舰被命中 130 毫米炮弹 2 发，右舷小艇架被击毁，雷达天线也被震断，立即掉头驶向外海，其他舰船也随之脱离岸炮射程，在外海徘徊。

乘着这个机会，快艇 1 大队参谋长张逸民率领隐蔽在定台湾的 1 中队 103、175、184 艇和 2 中队 105、178、180 艇（除 103、105 外，其他四艇都装有雷达）成单纵队出击。

当时气象很好，无风无浪，所以雷达很快就在 18 海里处发现了目标，距离 15 海里时，已经可以看到两艘"中"字号的轮廓。但好天气同样也有利于敌方，东碇岛的国民党炮兵发现了鱼雷艇，开炮射击；好在事先早已料到这种情况，制定了详尽的协同计划，敌炮一开火，海岸炮就立即将其压制，使鱼雷艇部队顺利通过。

10 分钟后，出现了意外情况。2 艘"江"字号炮舰向鱼雷艇驶来，彭德清命令高速炮艇出动拦截，但当时鱼雷艇离敌舰只有几分钟海程，高速炮艇根本不可能及时赶到。虽然鱼雷艇部队以前有击沉和重创"江"字号的战例，但一来对这种火力强的小型军舰，鱼雷艇处于天然劣势；二来一旦被纠缠上，则会影响打击敌运输船队的任务。而且此前由于未能及时清洁吸附艇底的大量海蛎子，鱼雷艇速度加不上去，高低不齐，整个编队稀稀拉拉，无法保持完整的战斗队形，这更直接影响着鱼雷艇的战斗效能。张逸民心惊胆战而又无可奈何，只能命令 2 号艇 175 艇准备好烟雾，硬着头皮继续向前。

几分钟后，双方相距只有 5 链了，当时鱼雷艇部队正处在晚霞照耀下，艇体闪闪发光，而"江"字号炮舰则在晚霞照不到的西北暗处。应该说敌人可以清楚地看到鱼雷艇编队，但敌舰却就这样开过去了，没有射击，甚至一点疑问都没有，让鱼雷艇上的指战员空出了一身冷汗。这也成为这次海战中的终极之谜。

19 时 12 分，鱼雷艇编队距离国民党护航编队 38 链，通过雷达判明 7 艘敌舰排列次序较乱而且右翼薄弱，张逸民决定从这里突击，自己带 1 中队打最靠前的"台生"号运输舰，2 中队打其后的"中海"号。

"台生"和"中海"都是美国二战时期制造的郡（County）级坦克登陆舰（LST），标准排水量 1625 吨，满载排水量 4080 吨，最大航速 12 节；因为其航速慢，目标大，所以美军戏称其为"大型慢速标靶"，正是鱼雷艇袭击的绝好目标，而且"台生"号是被国民党军队租用的民生公司商轮，没有装备武器，面对攻击可以说连还手之力都没有；"中海"号在美军时期武器为 2 座双联装 40 毫米高炮、4 门单管 40 毫米高炮、12 门单管 20 毫米高炮，台湾时期不明，不过可以想见处于战争中的"中海"号仍有很强的火力，如果强攻鱼雷艇不可能不付出代价。

但正所谓自作孽不可活，国民党海军一贯麻痹大意的老毛病又犯了，虽然在 15 链时就已经发现了分散扑来的鱼雷艇，却想当然地以为是友舰，到 5 链时才惊觉出不对头，赶紧加速机动，开炮还击，这时候已经来不及了。

在出发前，张逸民根据自己的经验，下了必须在 500 米以内发射鱼雷的

"中海"号坦克登陆舰

死命令。因此，各艇冒着猛烈的炮火，曲折运动，从不同方向逼近目标。距离 4 链时，张逸民命令 103 艇负责牵制，184、175 艇执行攻击。2 中队 178 艇这时已经远远落后，其他 2 艘艇为了不失去战机，继续逼近敌舰，距离 2 链时发射了 4 颗鱼雷，当即命中一雷，在"中海"号尾部炸开一个 10 米见方的大洞，敌舰轮机全毁，电报机及雷达均告失效，电机失灵，电力中止，大量海水涌入，当场死亡 8 人，重伤 12 人，舰长郑本基中校头部也受了伤，但仍一边以全部炮火射击，一边向右转向 180 度。

30 秒以后，19 时 25 分，雷达报告距离 500 米，1 中队齐射，175 艇因左管中弹，发射系统损坏，只射出一雷。放雷后约 20 秒，"台生"号冒出两个巨大的火球，显然被 2 枚鱼雷击中。由于船上有大批军火还未来得及卸载，该舰连续发生大爆炸，迅速解体，3 分钟后即在海面上消失，仅 59 人生还。而 175 艇则因缺乏经验出现失误，在月光下放出烟幕，暴露了自己，被敌舰队炮火集中攻击，中弹 11 发，很快沉没。

正在"中海"号大转向的时候，姗姗来迟的 178 艇终于赶到了，这时正是将已经重创的敌舰一举击沉的好机会，而且敌人注意力还在已经远去的 2 中队身上，根本没注意到 178 艇。可是艇长显然是太紧张了，没有等"中海"

175 艇艇员 1958 年 1 月在上海的合影，一排正中为徐凤鸣烈士，一排右一、二排左三、右三为被俘人员。

号转向完毕就匆匆忙忙地发射了 2 颗鱼雷，结果无一命中。

两艘中字号一沉一伤，周围的小舰无力靠帮抢救，眼看"中海"号还是难逃厄运。这时，一直在附近公海上游弋的一艘美国军舰赶来，靠在"中海"号左舷，帮其保持浮力，将其拖带到台湾；因无力修复，又送往菲律宾由美国海军整修，一直服役到 2010 年才退役。这次海战，取得了中国海军有史以来最大的鱼雷攻击战果，击沉 4000 吨级的运输船一艘，重创 4000 吨级的坦克登陆舰一艘，毙敌 468 人，伤 60 人。同时人民海军鱼雷艇部队也第一次出现了战损，沉没鱼雷艇一艘，死 4 人，3 人被俘，消耗 450 毫米鱼雷 12 条。

就像《海鹰》里的情节一样，175 艇沉没后，艇上乘员 9 人和随艇行动的 1 中队指导员、大队鱼雷副业务长、雷达副业务长全部落水。艇长徐凤鸣少尉（吉林桦甸人）郑重其事地降下桅杆上的国旗，最后一个离艇。大家经过商议，决定分成三批，分别向大陆方向漂游。这个表面上看来生存几率大一些的方案实际上是不合适的，因为距离大陆有几十公里，游回去的希望几乎为零，只有把人集合在一起，等待船只救援或出现大潮带向岸边。分开反而降低了生还的可能，在茫茫大海上几个人是微不足道的，不利于搜救。

另一方面，在接到 175 艇失踪报告后，指挥所完全没有想到其已经沉没，在 3 小时以后才命令厦门的 3 艘 55 甲护卫艇前往寻找。结果护卫艇只集中精力用雷达找船，根本没注意落水的人。当时落水人员已经看到了护卫艇，但他们的呼救声艇上听不到。搜寻 2 小时 30 分后，指挥所命令护卫艇返航。而距离战区仅 4 海里的 4 艘 53 甲护卫艇，则没有被派去搜救。

最终，在一天一夜的漂流后，只有 1 中队指导员周方顺中尉、轮机长李茂勤、水手长季德山、轮机兵黄忠义、枪炮兵赵庆福等 5 人被路过的渔船救起，徐凤鸣、鱼雷副业务长尤忠民（福建人）、雷达副业务长朱××、雷达兵邱玉煌等 4 人牺牲（徐凤鸣在敌舰冲过来时被卷进螺旋桨牺牲；尤忠民系体力不支后为不拖累战友解开救生衣沉海；邱玉煌则是误游到金门又往回游时被敌人开枪打死），电信兵陈××、鱼雷兵于德和、轮机兵杨永金等 3 人被俘。这个悲壮的结果显然与电影中大团圆的结局不符，但当时的政治环境显然也不允许描述失败的情节；而且因为有被俘人员，175 艇虽然被授予集体一等功，但并未大张旗鼓地宣传，且当时物质条件有限，每位生还人员也只是得到了一支钢笔、一套牙具的奖励而已。不过部队还是将有功人员送到军校进修，赵庆福后来也晋升为鱼雷快艇艇长。

"中海"和"台生"号的悲惨下场，让国民党海军的行动变得更加谨慎起来，改派吨

"美坚"号登陆舰的前身：美国 LSM-73。

位较小，相对灵活的"美"字号中型登陆舰对金门守军进行补给，并加强了护航兵力：每批运输舰艇编队由 1-2 艘"美"字号和 3-4 艘"永"字号或"江"字号作为护航舰。这无疑加大了鱼雷艇部队攻击的难度。

1958 年 9 月 1 日 16 时 30 分，"美坚"号在"维源"号（原"永兴"号，1949 年 8 月改名，以纪念被起义士兵杀死的原舰长陆维源中校）护航炮舰、"沱江"号、"柳江"号猎潜舰护航下，自马公前往金门，护航队旗舰为"维源"号，指挥官为南区巡逻支队支队长姚道义海军上校。"美坚"号上除了补给金门的军事物资外，还有休假期满返回金门的美军顾问和驻军士兵，以及由台湾、西方记者 37 人组成的金门战地采访团。

20 时 52 分，解放军镇海观通站在 27 海里的距离上发现了这支运输队，立即派遣快艇 1 大队的 6 艘鱼雷艇（103、105、174、177、178、180）和护卫艇 31 大队的 3 艘 75 吨护卫艇（556、557、558）、4 艘 50 吨护卫艇出击。鱼雷艇由 1 大队参谋长张逸民海军上尉指挥，护卫艇由 31 大队大队长魏垣武指挥。以上兵力统一由坐镇镇海指挥所的快艇 6 支队副支队长兼 1 大队大队长的刘建廷（1927 年生，安徽宿迁人，后任烟台海军基地副司令员）海军少校指挥。

当时，海上的气候条件非常不适合快艇出击，正值台风到来前夜，风力已经达 7-8 级，气象台预测风力还会继续增强至 9 级。上文曾经提到，在第

一次实战时海面只有 4 级风浪，虽然前线部队再三求战，但指挥员也坚决不同意出击。那么，时隔 4 年之后，为什么情况就完全颠倒过来，指挥员主动命令鱼雷艇顶着 8 级风浪高速出击呢？

这是因为军事斗争要服从政治斗争的需要。国民党海军就是看准了台风气候不利于鱼雷艇出击，才冒险对金门进行补给。而人民海军为了达到全面封锁金门的目的，就不得不冒着快艇可能触礁、翻沉的危险出击，即使不能取得战果，也要阻止国民党海军的补给行动。

另一方面，在全国"大跃进"的狂热情绪影响下，在八二四海战胜利的鼓舞下，人民海军普遍存在着强调"人定胜天"、忽视客观条件、违反客观规律的思想，在那个特殊的年代，发动这样的攻击也就不奇怪了。

22 时 48 分，镇海雷达站发现敌人的"永"字号出列，认为这艘对鱼雷艇威胁最大的敌舰已经离开，攻击"美"字号极为有利，就立即命令在镇海角以南 2 海里处待机的鱼雷艇攻击"美"字号。

实际上，受恶劣天气的影响，雷达操作员发生了误判：出列的并不是"永"字号，而是"美坚"号。刘建廷立即命令鱼雷艇转向 110 度避开向鱼雷艇迎面驶来的"永"字号，结果正好错过了"美坚"号这一主要目标。

而海上指挥艇 180 艇的雷达和报话机也由于风浪影响出了故障，虽然在接敌过程中，离"美坚"号最近的 3 中队连续 2 次报告前方和左舷发现大目

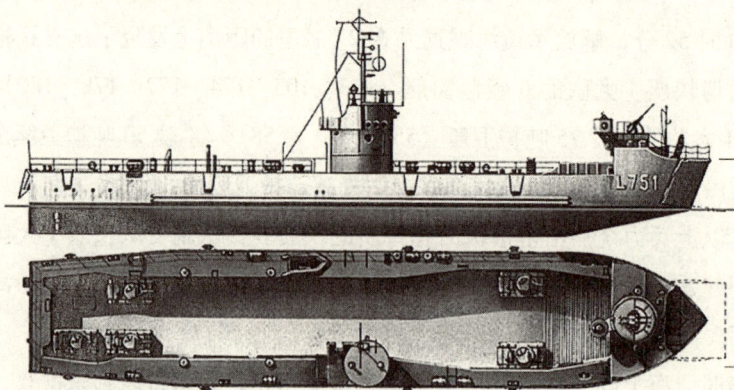

LSM 型登陆舰二视图

标（"美坚"号），180艇都没有收到，继续执行岸上引导，避开"美坚"号，向他们判定的"美"字号（实际上是火力最强的"维源"号）开去。

刘建廷为了阻止"美"字号，命令鱼雷艇以36节高速接敌，后来又增大到40节。这对于本来就受风浪影响、颠簸剧烈的鱼雷艇更是雪上加霜，编队基本不能保持，各艇各自为战；而且快艇和海浪相对运动所产生的巨大惯性还把鱼雷从发射管中拉了出去，有2条鱼雷坠海，2条鱼雷部分出管，等于自动点火，报废了。战斗还没有爆发，就失去了三分之一的鱼雷。

距离30链时，早有防备的3艘国民党军舰以密集的曳光弹进行拦阻射击，各艇均不同程度受损，180艇受创最重，中弹5发，舵机失灵，编队完全被打散。23时48分，各艇陆续对敌舰展开攻击。这时候才发现当面3艘敌舰为1艘"永"字号和2艘"江"字号，根本没有"美"字号的影子。张逸民当机立断，决心攻击最大的"永"字号（即"维源"号）。这并不是一个合适的目标，长度只有67米的"永"字号太小了，机动力又强，但这也是迫不得已，因为冒着猛烈的炮火重新寻找接敌已不可能，只有硬着头皮上了。

180艇最先接敌约至1.5链处，发射2发鱼雷，敌舰进行规避，没有命中。178艇随后赶到，距离1链左右发射1发鱼雷（左管雷报废），也被敌舰躲过。105艇在2.5链处发射1发鱼雷（右管雷坠海），脱靶。

23时49分-50分，距离1.5—3链处，103艇发射一雷（左管雷报废），174艇发射2雷，177艇发射1雷（右管雷坠海），都被敌舰规避过去，177艇又添新伤，右主机中弹加不上速。

话分两头，180艇把鱼雷打光后，以右舵撤出战斗，约3分钟后，发现174艇从左后方以40节高速接近，张逸民急令左舵避让，无奈舵机中弹失灵，174艇光顾着退出战斗了，没想到180艇这个伤兵还慢慢悠悠地挡在前面呢，2艇眨眼间就撞上了。

被撞的180艇艇首严重破损，前机舱底龙骨断裂，再加上本来就伤痕累累，勉强挣扎着前进了十几米后沉没。肇事者174艇的左舷机舱前甲板也被撞破了3米多长的大裂口，灯光外露，立即成为敌舰炮火的集中射击目标，接连中弹，8分钟后沉没。

沉艇的地方离敌舰很近，其中距离"维源"号只有 100 米远，落水官兵可以用肉眼看到在甲板上走动的敌人。张逸民便号召大家把救生衣脱下来，宁死不当俘虏，战士们纷纷效法。幸运的是敌舰并没有发现他们，并渐渐远离，大家才重新穿上救生衣，并吸取了八二四海战中 175 艇的教训，围成一圈，保持体力，等待救援。

刘建廷得知 2 艇沉没后，立即命令 7 艘护卫艇在 8 架飞机掩护下以最快的速度进行海上搜救，沿海人民政府也动员了 400 艘渔船出海协助，终于在 8 小时之内将 25 名艇员全部救回。可谓是失之东隅，收之桑榆，虽然没打沉敌舰，人民海军的海上搜救水平却大大地进了一步。

正当鱼雷艇与"维源"号、"柳江"号周旋之际，厦门水警区护卫艇 31 大队的 3 艘 55 甲型 75 吨护卫艇遇到了"沱江"号，将其重创，81 名官兵中，医官陈科荣等 10 人死亡，29 人负伤，舰首下沉，多处舱室进水。虽然被友舰拖回澎湖，因为无修复可能，在 3 个月后解体。

九一海战，从战术上来说，可算打了个平手。人民海军损失 P-4K 型鱼雷艇 2 艘，战斗消耗鱼雷 10 条，12.7 毫米机枪弹 493 发，37 毫米炮弹 4399 发，11 人负伤。国民党海军则被击毁猎潜舰一艘，击伤护航炮舰一艘，死亡 11 人，负伤 25 人。从战略上来说，虽然"美坚"号没有被击沉，但该舰除了给金门送去并不急需的 11 名中外记者外，什么物资也来不及卸载就被海战吓得逃之夭夭了，也算是完成了封锁任务。此战以后，台湾知道无论多坏的天气，人民海军都敢出击，再也不敢用军舰运输了，只能采取让运输船停在外海，由小艇换乘卸载，大大增加了补给的困难。

大 捷

从 1962 年下半年起，由于大陆的一系列政策失误，经济陷入低潮，外交处于困境，台湾国民党当局认为反攻时机已经成熟，遂掀起了小股武装特务袭扰的高潮，主要特点是在夜间利用岛礁、渔船，钻大陆海岸雷达盲区的空子，登陆后抓人、破坏，"抓一把就走"，制造混乱，同时探勘大部队登陆地点。

一开始主要使用小型船艇输送，但屡屡被人民海军发现击沉，于是改用中型战斗舰艇输送，这样机动范围大，支援能力强，人员生存性高。例如 1965 年7 月上旬，国民党海军"阳"字号驱逐舰 1 艘、"太"字号护卫舰 1 艘、"江"字号猎潜舰 2 艘和"中"字号坦克登陆舰 1 艘组成的心战特遣支队就在空中支援下大摇大摆地跑到闽中渔场大肆抓捕渔民。这样强大的力量一时让人民海军东海舰队难以应对，只能眼睁睁地看着对方安然返回，这更极大地激励了国民党海军继续从事这种活动的信心。

1965 年 8 月 5 日 22 时 29 分，从台湾左营出航的"剑门"、"章江" 2 舰来到福建南部苏尖角以东偏南 15 海里处，放下执行台湾陆军总部"海啸一号"作战计划的特种军事情报队特工 7 名，乘胶舟上岸袭击雷达站。然后 2 舰来到东山岛东南约 15 海里处等待胶舟返回。

"剑门"舰原为美国海军"海雀"（Auk）级扫雷舰"巨嘴鸟"（Toucan）号，退役后改装为猎潜舰，于 1965 年 4 月才赠送给国民党海军，作为旗舰编入国民党海军第二巡防舰队，舷号 PCE-65。该舰长 67.44 米，宽 9.8 米，吃水 3.28 米，标准排水量 904 吨，满载排水量 1250 吨，编制 120 人；装备 2 门 3 英寸50 倍径舰炮、2 座双联装 40 毫米高炮、2 座双联装 20 毫米舰炮、1 座三联装反潜鱼雷发射管、1 座 24 管"刺猬"型反潜炮；美军时期最大航速 18 节，台湾时期 14 节。

"海啸一号"的原计划是由"太平"号的姊妹舰"太康"号护航驱逐舰和"章江"号巡逻炮舰，组成所谓"海啸特遣支队"，由海军第二舰队司令胡嘉恒少将（安徽庐江人）担任指挥官。两舰抵达东山岛之后，旗舰"太康"号在后方负责警戒与支援，而吃水浅、运转灵活的"章江"号则靠近东山岛海岸，放下载有六名特战人员的 M2 橡皮艇进行侦察探勘，任务完毕后接回人员并撤退。不过"太康"号在 7 月底不慎在马祖撞坏声纳音鼓，因此临时决定由"剑门"号顶替。而"太康"号无论火力、吨位和航速，都比"剑门"号强得多，所以战后有人认为是"剑门"为"太康"当了替死鬼，也有人认为如果按原计划仍由"太康"前去，又岂是区区护卫艇能奈何得了的？这个问题，咱们就搁置争议，见仁见智吧。

"章江"号猎潜舰

胡嘉恒少将

"章江"舰舷号 PC-118，与以前被 P-4 击沉的"灵江"号属于同级姊妹舰，但略有区别。前者是猎潜舰，装备有声纳，后者是巡逻炮舰，没有声纳，不过 40 毫米高炮为双联装，火力稍强。"章江"号标准排水量 280 吨，满载排水量 450 吨，编制 74 人。装备 1 门 3 英寸舰炮、1 门 40 毫米高炮、4 座双联装 20 毫米高炮，4 座深水炸弹投射器。其实，和"剑门"一样，这位爷也是顶替别人上位的，原计划的"东江"舰因为这年 5 月才在五一（东引）海战中被 2 艘西方称为上海级的国产 62 型护卫艇打了个魂不附体，虽侥幸逃回，却有 62% 的舰员伤亡，士气十分低落，所以被胡少将认为不堪重任，而是选中了自己内弟当舰长的"章江"舰，大约也有打虎亲兄弟、上阵父子兵的意思在里面，他又怎么会想到自己把亲戚带上的是一条不归之路呢？

其实，与胡少将自认为神不知鬼不觉恰恰相反，早在 15 时 12 分，东海舰队金刚山雷达站就发现了这两个鬼鬼祟祟的家伙，到 18 时 25 分，人民海军已经判定了两舰的身份，南海舰队以汕头水警区副司令员孔照年任海上指挥员，和水警区参谋长王锦指挥护卫艇 41 大队的 4 艘 62 型护卫艇（舷号 558、598、601、611），快艇 11 支队副政委阎起凤和 11 大队大队长崔玉栋指挥 6 艘 P-4K 型鱼雷艇（舷号 123、131、132、133、134、135）分别自汕头、海门行驶到南澳岛云澳海域会合。

用护卫艇协同鱼雷艇攻击敌人大中型军舰本来是行之有效的手段，但是在执行中却出了问题。由于平时训练针对性不够，部队缺乏协同作战意识，夜间协同训练更是缺乏，虽然护卫艇雷达发现了鱼雷艇，但孔照年却以为鱼雷艇也能看到自己，没有主动联络，却不知道鱼雷艇因为保持无线电静默，雷达根本没开机；加上当时能见度只有3—5链，所以2个艇群虽然仅相距2海里，但既没有联系也没有会合。岸上指挥所则局限于图上作业，没有询问艇群是否会合，只是机械地按原计划分别引导2个艇群向外海高速迂回接敌，这样一来护卫艇和鱼雷艇的距离就越来越大，失去了协同作战的机会。

而且岸上指挥所用东海舰队金刚山观通站测定的位置标绘敌情，用南海舰队南澳观通站测定的位置标绘我情，没有意识到两个观通站因为地理位置差距会产生空间误差，结果明明距离只有3.8海里，适合艇群袭击，图上还显示尚有11海里，所以指挥所仍然引导海上编队向外迂回以断敌退路。

由于距离已经很近，国民党海军编队的雷达也发现了人民海军的艇群，立即转向东北高速脱离，距离迅速拉大到14海里，岸上指挥所只得命令进行追击，结果预定的围歼战变成了一场追逐战。

1时42分，护卫艇群首先追上了"章江"舰，开始交火；鱼雷艇群则遭遇"剑门"舰，长长的单纵队为规避炮火分散，结果失去了统一指挥，只得自行组成3个组寻找攻击目标。

131、132艇向左舷的射击火光和照明弹处高速行进，待发现为敌舰时距离只有3—5链，并处于小舷角不利阵位，同时把"剑门"号判断为吨位小、吃水浅的"章江"号，便没有攻击，反遭"剑门"炮火射击，131艇中弹3发；132艇中弹2发，轮机长梁镇祥负伤。2艇向左大转向规避，距离2.5链，向被误判为"剑门"号的"章江"号攻击，但132艇因报话机故障，未听到射击口令，没有发射；131艇因右管送药盒受潮，只射出左管1雷，这种情况下当然不可能命中目标。

134、135艇则更加离谱，把海拔高度45米的大柑山岛误认为雷达回波信号差别明显而且小得多的"剑门"号，发射了4颗鱼雷，结果当然只能炸炸礁石了，而击中岛礁的爆炸声也让艇员误认为命中目标。123、133 艇一开始也是误判大、小柑山岛为敌舰，好在经过反复识别检验，最后判明雷达抓到的目标是小岛，放弃了攻击。但接下来十年前在攻击"鄞江"号时的失误又发生了，2 艇重新进行搜索的雷达发现了艇尾后方的 558、611 号护卫艇。2 艇这时完全没有判明岛屿时候的耐心细致，立即向右大转向，距离 2.5 链时急匆匆地向比敌舰小得多的 611 艇发射了 4 颗鱼雷，幸亏 611 的排水量只有 108 吨，对鱼雷来说基本上属于不可能击中的目标，才没有发生悲剧。

这 6 艘鱼雷艇拙劣的表现充分说明了平时夜间敌我识别训练的重要性，而且毕竟都是第一次参加实战，对夜间作战可能出现的意外情况估计不足，临机处置就显得手忙脚乱、没有章法。不过现在吃后悔药显然有点晚了，12 颗鱼雷已经消耗了 9 颗，只剩下 1 艘艇还有战斗能力，已经无力再战，只得奉命返航。

鱼雷艇撤走后，战场上只剩下 4 艘护卫艇对 2 艘猎潜舰，国民党海军仍有一战之力，但"剑门"舰丢下友舰自己加速向外海逃走，结果"章江"舰陷入重围，于 3 时 33 分被击沉，舰长李准少校以下全体船员无人生还，611 号护卫艇也负重伤返航。

这个战果激励了岸上指挥所的信心，又派出快艇 11 大队政委刘维焕、副大队长张寿瀛率领 5 艘鱼雷艇，分别是 119（艇长许永江）、120（艇长代艇长马开富）、121（艇长周传宣）、122（艇长令狐世雄）、136（艇长钟家富），从云澳湾待机点出击，和护卫艇一起追击"剑门"号。鱼雷艇充分发挥了高速的优势，一出航用 42 节速度狂追猛赶，119 艇雷达班长何杏生报告发现敌舰后，艇队则提高到 50 节的极限速度，力图把失去的战机抢回来。

"剑门"号自抛弃"章江"溜之大吉后又犯下第二个错误——没有尽快溜走，而是抱着侥幸心理仍在外海徘徊，结果在 4 点多钟被 3 艘护卫艇赶上。这时候想跑已经跑不掉了，谁让上海级的速度是"剑门"的一倍呢？战斗到 5 点 15 分，孤掌难鸣的"剑门"号舰尾弹舱被击穿引爆，陷入熊熊火海，航速减至 5 节，炮火也陷入沉默，驾驶台上的胡嘉恒少将因为附近的 20 毫米炮弹箱被击中殉爆，当即身亡，舰长王韫山中校腹部被弹片划开，肠子流出，可

"剑门"号猎潜舰

以说"剑门"号从舰到人都已经奄奄一息。

这时候，鱼雷艇赶到了，天，也亮了。

虽然"剑门"号已被护卫艇重创，但护卫艇的 37 毫米炮要想击沉这艘千吨级战舰还是很困难的。而且经过与"章江"的恶战，油料和弹药都明显不足，鱼雷艇来得正是时候。

在来的路上，指挥员考虑到速度太快天又黑，单纵队有可能造成后续艇掉队，遂改用双纵队航行，这样缩短了队形长度，也便于指挥。5 时 14 分，距离 40 链，指挥员下令 2 组实施战术展开准备攻击。

海上指挥员孔照年迎来了又一次协同作战的考验，这时护卫艇群和鱼雷艇群仍然没有沟通直接联络，不过孔照年见鱼雷艇赶到战场后，立即主动配合，命令护卫艇让出好的攻击阵位给鱼雷艇攻击。鱼雷艇迅速突入，第 1 组（119、120、121）占领敌舷角 80 度左右，距离 2—3 链的发射位置；第 2 组（122、136）占领敌舷角 90 度左右，距离 2 链的发射阵位，一声令下，齐射 10 颗鱼雷。

这时天已经渐渐放亮，在朦胧的晨曦中，"剑门"号的轮廓清晰可见，特别有利于鱼雷艇进行准确的目视攻击；2组鱼雷艇又都占据了接近垂直的绝佳攻击位置，且距离近、敌舰速度很低近似于死目标。这种情况下应该采用提前角零度射击，而由于死搬教科书，第2组仍使用10度提前角射击，第1组则采用5度提前角射击，结果发射的鱼雷大多数没能命中目标。

"剑门"号舰首、舰尾和中部机舱部位各中1雷，剧烈爆炸，离敌舰最近的119艇被爆炸掀起的一排排大浪震得剧烈摇晃，居然把电讯兵甩出了座位，发报用的电链连线都被震断了。

5时22分，"剑门"号带着浓烟烈火沉没于东山岛东南38海里处，两艘国民党军舰上包括一名少将在内有22名军官、175余名舰员和特工丧命，舰长王韫山、第二舰队参谋黄致君中校等33人落海被俘，整个"海啸特遣支队"只有1名特工没被发现，随波逐流，后来被一艘外籍商船救起，带往香港后送回台湾；人民海军方面有2艘护卫艇和2艘鱼雷艇负伤，4人阵亡，28人受伤。这样的战果，加上胡嘉恒少将是历年国共海战中阵亡的最高阶军官，而上任仅七个月的国民党海军总司令刘广凯上将也引咎辞职，"八六"海战堪称南海舰队乃至人民海军建立以来最大的一次海上胜利，也是第一次护卫艇和鱼雷艇协同作战击沉敌舰的典型战例。

事实证明，数艘上海级护卫艇的火炮单位时间的射击密度大，能充分压制一艘形只影单、速度较慢的国民党海军中小型舰艇，航速则是居于绝对优势，唯其威力不足以作为决定性的一击；而在对付"剑门"号时，由于配合上的阴错阳差，在实际上形成了护卫艇先以猛烈火炮压制摧毁敌方反击能力，再由具备决定性威力但命中率不高的鱼雷艇进行最后一击这样一个行之有效的攻击模式。再说的简单一点，就是打敌人碉堡要先用机枪压制火力，再用爆破手上去递炸药。这套战术很快被总结出来，并将再次应用于战场。

P-4 引发的血案

1961年的时候，美国支持的南越政府图谋对越南（越南民主共和国）进行派遣特种部队从海上登陆进行破坏的秘密活动。这种活动得到了美国中央情报局的大力支持和怂恿，后者面临的一个主要问题是为特种部队准备合适的运送以及战斗船只。最初是将两艘二战时期的古董 PT 型鱼雷快艇：PT-810和 811 改装为 PTF-1 和 PTF-2。但是这两艘艇在使用中出现了很多问题，主要是因为作为动力的惠普汽油引擎在全速行驶时噪音过大，而一旦停机后又很难重新启动，汽油引擎容易起火也是一个严重的安全隐患，而且，毕竟这船太老了，零部件的补充比较困难。后来不得不寻求总统授权，购买了 2 艘挪威皇家海军"蛎鹬"（Nasty，一种海鸟）级鱼雷快艇。该级艇长 80 英尺 4英寸（24.5 米），宽 24 英尺 7 英寸（6.4 米），吃水 3 英尺 9 英寸（1.2 米），排水量 82 吨。动力系统是两台英国的纳皮尔（Napier）涡轮增压 18 缸柴油水冷发动机，每台马力 3100 匹，检修时间 1500 小时，最大载重时航速 35 节，在海面平静时可以达到 46 节的高速，每艘艇因为船体木材施工时的差异在航速上略有不同。快艇可携带燃油 6100 加仑，润滑油 71 加仑，淡水 132 加仑，冷却液 71 加仑，续航力为 600 海里 /25 节。武器装备有 4 具 533 毫米鱼雷发射管，1 门 40 毫米炮和 1 门 20 毫米炮，同时也可以装备水雷或者反潜武器，艇员编制 18 人。

"蛎鹬"的设计者是一位二战时期曾在挪威皇家海军中服役的军官林格（Jan H. Linge）。由于挪威与苏联海域相连，而后者拥有大量的潜艇和小型快艇可以执行渗透任务，所以设计需要就是针对冷战开始后可能面临的类似海上入侵行为。林格明智地考虑到了雷达和声纳出现后的隐身问题，把快艇轮廓和红外、磁力、声辐射都尽量降低；大量应用水密隔舱以增强防火和抗沉性能，还可以抵御核、生化污染。"蛎鹬"的原型在 1957 年秋完成，由于设计时针对性极强，所以不出所料地获得了挪威人的青睐，皇家海军在 1958年订购了 12 艘，此后又续订了 8 艘。土耳其海军买了 2 艘，其宿敌希腊海军则买了 6 艘，爱琴海上从此经常能看到挂着蓝条十字旗和星月旗的"蛎鹬"彼此瞪眼的有趣情景。

美国购买的两艘被命名为"鳕鱼"（Skrei）和"瓦斯"（Hvass），编号 PTF-3 和 PTF-4。这还远远不够，因为按照袭击计划至少需要 10 到 15 艘

"蛎鹬"级鱼雷快艇

PTF。在从挪威继续购买了PTF-5、6、7、8后，美国干脆购买了"蛎鹬"的生产许可证，自行生产了4艘（PTF-23、24、25、26），取名为"鱼鹰"（Osprey），将艇壳由木材换为铝材，并安装了空调，以适合在炎热的东南亚海域长期执行任务。但没想到的是，铝合金船体完全无法承受恶劣天气的折磨，海浪会给船体带来裂缝。于是，"鱼鹰"在越南只待了半年就只得打道回国，美国海军继续从挪威购买"蛎鹬"，加上自制的一共14艘。

继续留在越南的"蛎鹬"快艇不再安装对她们的突袭任务来说毫无用处的鱼雷发射管，而是全面加强了火力：在艇尾甲板上有一门40毫米博福斯机关炮，侧舷为2门20毫米厄利孔机关炮，前甲板则为一门81毫米迫击炮和0.5英寸机枪；有的艇还额外安装了57毫米无后坐力炮，有时还使用威力更大的90毫米甚至106毫米无后坐力炮，单兵武器则为苏制AK-47或瑞典冲锋枪。电子设备包括电子定位器、声波测深仪和Decca型雷达（探测距离50海里）。这种雷达通常用于导航，但天线可以倾斜至15度，当做必要时的防空探测用，雷达显示屏则在位于舰桥的战斗信息中心里，最大的缺点是雷达采用的最新式电路二极管很容易在大的风浪下松动或烧毁。

为了避免美国人直接参战，而南越人又没有那个技术水平来操纵如此新式的现代化快艇，中央情报局便高薪从挪威海军退役人员中招募"蛎鹬"

的艇长，一个说法是所有南越海军的"蛎鹬"都是由挪威人担任艇长，直到1964年6月合同到期后才换为培训合格的南越人，所以这支部队是奇特的"三国联军"。从1962年6月至1964年1月，由美国特工指挥的南越海上突击队驾驶 PTF 总共从海上向越南发动了四次打了就跑的特种行动，但只有一次行动取得了成功。不过这也让越南不堪其扰。越南的问题在于海军太弱，只有4艘速度缓慢的苏制 SO-1 型猎潜艇（250吨）和12艘火力薄弱的 P-4K 型鱼雷快艇（1961至1964年从苏联进口，另有资料称越南海军已经在1962年同时引进了6艘更大、性能更先进的 P-6 型鱼雷快艇），上述两者都不足以对付火力强、速度快的 PTF。为加强海岸防御，最终越南海军部署了他们能得到的最好武器——中国支援的26艘"汕头"（Swatow，这是北约的叫法，中国编号是55甲型）级高速炮艇。值得一提的是，将要交手的双方都是由鱼雷艇改装而成的炮艇，东方和西方的鱼雷艇将以有别于设计者初衷的方式展开海上对决。

"汕头"级是在 P-6 鱼雷快艇的基础上设计发展而来的，正常排水量73吨，长25米，宽6.06米，吃水1.36米；装备双联装37毫米炮两座，另有12.7毫米机枪两挺；主机4台，两台1200马力，两台150马力（I型）或300马力（II

"汕头"级炮艇

型），航速 22（I 型）-23 节（II 型），燃料搭载量 15 吨，续航力 500 海里/11 节，编制 17 人。她的"皮头"雷达可以在晚上发现从海上渗透的小型船只，只是在速度上还是与"蛎鹬"有一定差距。

1964 年 7 月 31 日 0 时 20 分，4 艘"蛎鹬"（PTF-2、3、5、6）偷偷溜入越南领海后开始分头行动，其中 PTF-3 和 PTF-6 逼近距离越南清化省海岸 12 公里处的湄岛，在离岸约 2000 米处开始放下充气救生筏，以便让突击队员上岸进行破坏。这时有一艘"汕头"级 T-142 号艇突然出现在海平面上，一片弹雨横扫过来，当即使 PTF-6 的左舷遭受重创，4 名南越突击队员身负重伤。不过这时湄岛的越南守军干了一件蠢事，他们为了向 T-142 号提供照明，自作主张地向空中发射了照明弹，于是整个岛上的设施都暴露在强光之中。两艘"蛎鹬"乘机甩掉"汕头"，用 40 和 20 毫米炮对准海岸上的雷达站、水塔及其他军事设施开火，摧毁了一个炮位和一些建筑物，然后迅速向南撤退。T-142 号恼怒地在后面追赶，但是她在航速上实在是力有不逮，最终与敌艇脱离了接触，整个过程不超过 25 分钟。与此同时，另两艘"蛎鹬"潜入纽岛附近海面，借着月光向岛上的通信塔和其他设施开火。由于岛上驻军只装备了轻机枪，还击软弱无力，"蛎鹬"得意地攻击了整整 45 分钟以后才扬长而去。

这次袭击让越南政府大为恼火，立即将更多的"汕头"炮艇和鱼雷艇部署到纽岛和湄岛海面搜索袭击者并应对下一次袭击，而这时正好有一艘美国"萨姆纳"级驱逐舰"马多克斯"（Maddox）号在湄岛以北的东京湾（即北部湾）海面游弋，既是为了炫耀武力，也顺便对越南的预警雷达和海防设施进行电子侦察，为将来可能对越南的空袭行动收集情报。这个不速之客理所当然地聚焦了越南人的怒火。

8 月 1 日晨，越南的 T-146 号"汕头"炮艇的雷达发现了"马多克斯"正在湄岛附近海域游荡，就一直对其进行跟踪，并不断与基地和其他舰艇保持通信联络。美国人很快发现了这一点，所以一度驶往远海，但由于什么也没有发生，所以驱逐舰又回到了越南的领海线边缘转悠起来。但是到了第二天中午，"马多克斯"号发现情况有点不妙，便向上级报告有"高速艇正在逼近，明显有鱼雷攻击的企图"。

来的正是越南海军的 3 艘 P-4K 型鱼雷快艇，属于 135 鱼雷艇营第 3 分队，编号分别为 T-333、336 和 339，由营长黎维快亲自指挥。她们是 8 月 2 日凌晨零时 15 分奉命驶往清化省外海的昏涅岛待机的，由于天气恶劣（东北风 4 级，浪高 5 级），只能缓速航行，直到 8 时 30 分才到达昏涅岛，与第 1 巡防区的 2 艘"汕头级"T-140 和 T-146 会合，然后在岛南 1 海里处抛锚待机。13 时 10 分，"马多克斯"号游荡到湄岛东南方 10 海里处，这时黎维快接到了海军司令部的出击命令，遂率领 3 艘鱼雷快艇和 2 艘炮艇起锚，呈梯次队形向湄岛海域驶去，并打开雷达搜索目标。不过 2 艘"汕头"级航速较低，很快就掉了队，未能参加战斗。

14 时 52 分，指挥艇 T-333 的雷达发现了"马多克斯"号在左舷 30 度、距离 15 海里。就在快艇进入到距离驱逐舰不到 6 海里的距离时，"马多克斯"号向冲在最前面的快艇前方发射了 3 发炮弹，这个国际上惯用的警告方式让根本没有接受过海军传统教育的越南人以为是战斗的开始。美国人称有 2 艘快艇立即发射了鱼雷（越南人则予以否认，而在这么远的距离上发射鱼雷根本不可能击中最高航速 34 节的"马多克斯"号，所以美方说法非常可疑）。正中下怀的"马多克斯"号立即用 3 座 127 毫米双联装高平两用炮开火，但越南快艇一边机动规避炮火一边勇敢接敌，T-339 艇（艇长阮文简）首先勇猛地扑到 7—8 链的距离向"马多克斯"号发射鱼雷，并用 14.5 毫米机关枪扫射美舰，在舰体上留下一些难看的小坑，后者则一面规避一面用 20 毫米机关炮还击。美国人事后声称这艘快艇被击沉了，不过 T-339 虽然中弹，但只是一度失去了航行能力，经过艇员的不懈努力，终于使发动机重新运转起来，跟跟跄跄地返回了基地，艇上 12 人有 4 人牺牲，6 人负伤。

T-339 转舵撤走后不到 1 分钟，T-336 在距离 6—7 链处、T-333 在约 6 链处发射鱼雷，但都未命中，越方声称鱼雷系被美舰用深水炸弹所拦截。

美国"提康德罗加"（Ticonderoga）号航母迅速做出反应，派出 4 架 F-8"十字军战士"战斗机用 20 毫米机炮和火箭弹对撤退的两艘 P-4 进行了追击，将其双双击伤。T-333（艇长阮春渤）中弹 3 发，救生艇被毁，辅助发动机受损，机油部分泄露，总体来说只是受了轻伤；T-336 号伤势就重得多，油舱被打穿，还好涌入的海水既使燃油受到了污染，也防止了起火爆炸；机枪也被击毁，艇长范文自牺牲，2名艇员负伤。2架F-8也被机枪击伤，其中1架起火。事后越南人在总结中认为，P-4K只能打击速度较慢的运输船或锚泊船只，要打击像"马多克斯"这样的高速驱逐舰，必须同时使用12艘鱼雷快艇，呈扇形梯次攻击。

这次冲突只持续了22分钟，"马多克斯"号的唯一损失是舰壳上被越南鱼雷艇的14.5毫米机枪凿了几个无关痛痒的小坑，但8月4日晚，"马多克斯"号和另一艘驱逐舰"特纳·乔伊"号报称在同一海域再次遭到5艘越南鱼雷艇的袭击，并用猛烈的火力击退了对手的攻击，击沉2艘，击伤2艘。而这次"冲突"由于发生在夜间而且气象条件非常恶劣，航母无法派出舰载机还击。美国政府因此深感事态严重，毕竟北部湾气候恶劣的天气不少，谁也无法保证下次美国军舰遭到越南鱼雷艇袭击时还能够安然无恙，于是直接对越南海军基地进行打击的计划立即被提上日程。

而实际上在8月4日晚上，根本就没有越南鱼雷艇袭击美国军舰。不过，

"马多克斯"号驱逐舰

美国的两艘驱逐舰的确是发射了近 400 枚炮弹和 5 枚深水炸弹，"马多克斯"号舰长还称当晚该舰声呐发现了 12 枚射向自己的鱼雷。

按照美国人自己的记载，首先是"特纳·乔伊"号驱逐舰的雷达荧光屏上出现了光点，立即就开了火。紧跟着"马多克斯"号舰长也下令开火，虽然在它的雷达荧光屏上什么也没看到。两艘驱逐舰都立即曲折航行，以规避想像中的鱼雷攻击。但后来"马多克斯"号舰长发现，每当驱逐舰急转弯时，他的声呐兵就报告说有鱼雷打过来，这引起了他的警觉。三小时后，他报告说："经检查发现，先前所报的接触及遭受鱼雷攻击事均甚可疑。天气反常和声呐兵缺乏冷静可能是许多误报的原因，'马多克斯'号并没看到任何目标，建议全面考虑后再采取进一步行动。"后来，约翰逊总统在 1965 年承认："我们的海军当时是对着那里的鲸鱼开火。"

这个被称为"北部湾事件"的消息立刻成了当时美国各大媒体的头条，迅速传遍全国。美国总统约翰逊公开发表电视演说，下令对越南政权采取报复性打击。随即，64 架美军轰炸机进入越南领空，对义安、鸿基和清化等地的鱼雷艇基地进行了狂轰滥炸，事后声称一共炸沉炸伤越南鱼雷快艇 25 艘，虽然越南海军的鱼雷快艇总数还不到这个"战果"的一半。

8 月 7 日，美国国会通过《东京湾决议》，批准总统采取所有必要的措施抵抗任何针对美国军队的武装袭击，越南战争就此全面爆发。在此后 10 年中，这个由鱼雷艇引发的血案使双方损失超过三百万人。值得一提的是，作为肇事者之一的"马多克斯"号于 1972 年被卖给台湾政权，改名为"鄱阳"号，面临着比越南更多的鱼雷快艇和技战术更为娴熟的对手，这也算是一种不解之缘呢。

最后的冲锋

位于地中海东部的塞浦路斯（Cyprus）共和国是一个美丽富饶的岛国，居民主要从希腊移居而来。1571—1878 年的漫长时间里，塞浦路斯由奥斯曼土耳其帝国统治，也正因如此，塞浦路斯有 18% 的人口是土耳其人，其他的则是希腊人；1878 年，正与沙俄交战的土耳其为了换取英国的支持，将塞租让给英国，1925 年成为英"直辖殖民地"。在英国统治期间，占塞浦路斯总人口 80% 的希腊族居民为了回归希腊"祖国"（虽然该岛从未属于过希腊），组成地下武装，不断攻击英国的设施目标，而英国当局也以保护土耳其裔居民的理由武力反击，这也成为希土两族的仇恨根源。

1960 年，为了遏制愈演愈烈的两族冲突，塞与英、希、土三国签订协议，规定由上述三国保证塞的独立、领土完整和安全；希、土在塞有驻军权；希、土两族组成联合政府，希族人任总统，土族人任副总统。但是两族的宿怨又岂是一纸条约能够束缚的呢？ 1963 年，两族再次发生大规模武装冲突，1967 年土族另立"行政当局"，塞浦路斯就此处于实际上的分裂状态。

1974 年 7 月，希腊族塞浦路斯进步党领袖、极端派的尼克斯 - 桑普斯在塞策动政变，推翻了温和派总统马卡里奥斯，此举正好给了早想吞并塞浦路斯的土耳其一个口实，便以希族违反协议为借口出动 4 万大军兵临塞岛，希族武装当然不肯就范，一场冷战时期独具特色的局部战事随即爆发。

塞浦路斯虽然没有名义上的正规军，却有被称为国民警卫队的准军事组织，坦克、大炮等重型装备一应俱全，与现在东亚某国自称为"自卫队"实有异曲同工之妙。国民警卫队同样也有海军，装备基本上都是巡逻艇一类的小艇，其中有 6 艘 P4K 型鱼雷快艇，编号分别为 T-1 到 T-6，编为两个中队。T-4—T-6 组成的第一中队基地设在伯格哈兹（Boghazi）；T-1—T-3 组成的第二中队基地设在凯里尼亚（Kyrenia）。

由于塞浦路斯位于亚欧非三大洲海上交通要冲，战略位置重要，苏联为在此获得海外基地，一直积极拉拢前总统马卡里奥斯，并通过南斯拉夫向塞浦路斯提供过时的重型装备。这批鱼雷艇就是 1964 和 1965 年分两批提供的，到土耳其入侵时已经垂垂老矣，其中 T-5 已经于 1973 年退役，供其他姊妹艇维修时拆卸零配件。而且由于土耳其人采取了不宣而战的方式，塞浦路斯人未能及时将两个鱼雷快艇中队及时集中起来，更进一步降低了其实战效能。

7 月 20 日凌晨 1 点 30 分左右，设置在卡帕斯半岛上的安德烈亚斯雷达站在大约 35 海里（65 公里）的距离上发现了正往凯里尼亚驶来的土耳其登陆

土耳其海军驱逐舰"阿达德培"号，被自家空军炸伤的倒霉蛋。

舰队。5点左右，土耳其舰队靠近了海岸线，海军司令部立即下令第一中队出击。

2艘塞浦路斯P-4鱼雷快艇：T-1（艇长 Junior Grade Nicolaos Verikios 中尉）和T-3（艇长 Elefterios Tsomakis 中尉）立刻高速驶出凯里尼亚港，试图对舰队外围的几艘土耳其驱逐舰发起攻击。这个行动显然过于鲁莽，P-4毕竟是一种设计于二战时期的老式武器，而且随着岁月的流逝，其足以自傲的高航速也打了折扣。而相对之下土耳其的驱逐舰虽然也是美国二战末期建造的"基林"（Gearing）级，但驱逐舰的使用寿命可不是鱼雷快艇能够相比的，特别是舰上装备的数十门127毫米高平两用炮、40毫米博福斯高炮和20毫米厄利孔高炮，组成了远、中、近的梯次火力网，想要突破这样密集的防御何其之难！

2艘决死突击的快艇很快就为自己的轻率付出了代价，她们一出港就被土耳其驱逐舰的雷达发现，土耳其人一面召唤空中掩护，一面用射速较快的40毫米高射炮扫射快艇。很快，T-1就被炮弹连连击中，当即沉没；几分钟之后，T-3也在土耳其飞机的攻击下起火受损，火舌很快吞噬了整个艇体，以至于全部艇员中只有一人生还。

鱼雷艇官兵的这次牺牲毫无意义，塞浦路斯人唯一值得欣慰的是，由于土耳其海空军之间的联络出了问题，3 艘土耳其驱逐舰在当天下午 14 点 35 分被己方飞机当成了"希腊舰队"（希腊海军的主力也是二手美国驱逐舰），遭到好一阵狂轰滥炸，"克卡德培"（Kocatepe，舷号 D-354）号当即沉没，"阿达德培"（Adatepe，舷号 D-353）号和"费夫齐·恰克马克元帅"（Maresal fevzi Ckamak，舷号 D-351）号重创，超过 232 人死亡。

但土军毕竟是安然登陆并占领了凯里尼亚。以此为桥头堡，土军大举向南进攻，虽然遭到塞浦路斯国民警卫队的顽强抵抗，蒙受了不小损失，但土耳其到底兵力雄厚，在战事中逐渐占了上风，到 8 月 14 日已经基本占领了相当于整个塞浦路斯 37% 的北部地区，伯格哈兹危在旦夕。由于缺乏燃料无法转移，塞浦路斯海军只得将 T-3、T-4、T-6 和无武装的 T-5 全部自沉，只有 T-2 在 7 月 21 日因意外搁浅而弃船，最终被土军俘虏。当然土耳其人也看不上这么破旧的老艇，但是作为战争胜利的宣示，土耳其便把这艘快艇作为展品存放进了博物馆，使其得以延年益寿，幸运地保留到了现在，也许，还将继续保留下去。

冷战尖兵

越南和塞浦路斯的鱼雷艇官兵用自己的生命证明了 P-4 的老迈与不合时宜，当然，对于生产出 P-4 的苏联来说，对这一点早就心知肚明，也早就为她找好了"继任"——P-6。

与 P-4 一样，P-6 也是西方的代号，苏联人自己则把她命名为"布尔什维克"（Bolshevik）级，编号 183K，中国称 183 科，是苏联二战后制造的第一级大型鱼雷快艇，集中反映了苏联快艇的研制经验。该级艇的研制是从 1949 年开始的。借助于二战时期的《租借法案》，苏联红海军得到了英美一批比较先进的鱼雷快艇，如"沃斯泊"（Vosper），"埃尔科"（Elko）和"希金斯"（Higgins）。苏联设计师们从西方同行那里学到了不少东西，这些新技术随之被应用到了新的 P-6 身上。

P-6 型鱼雷快艇二视图

该级艇水线长 25.5 米，宽 6.18 米，舱深 3.02 米，平均吃水 1.24—1.3 米，标准排水量 56 吨，正常排水量 61.5 吨，满载排水量 66.5-67 吨。虽然从减轻重量出发使用了西伯利亚云杉材质的全木结构艇体，但驾驶室却装备了装甲。动力装置为 4 台 M-50F 型（或 M-50F-M-1 和 M-50FTK 型）柴油机驱动 4 个四叶螺旋桨。总功率 4800 马力，最大航速 43-44 节，续航力 600 英里 /33 节；以 14 节经济速度巡航时，则可以达到 1000 英里，艇员 14 人，自持力可达 5 天；同时 P-6 系采用无断阶滑行艇体，相比 P-4 速度未减而航海性能大增，苏联鱼雷快艇由此从一种"沿岸"防御者开始转变为"近海"攻击者。

由于 P-6 级的排水量是 P-4 级的三倍，所以有更多的空间来安装更强更多的武器。首先用爆炸威力更大的 533 毫米鱼雷取代了 P-4 级的 450 毫米鱼雷，两具 533 毫米鱼雷管仍然安装在驾驶室两侧，其安装角稍向舷外张；在驾驶台后面耸立一个栅桅，可向尾部放倒，这是为了降低高度，方便平时隐蔽在洞库里。桅上装有"皮头"（Sarnitza）对海搜索雷达（筒形天线罩），到 60 年代改装"罐头"（Reja）对海搜索雷达（鼓形天线罩）。

自卫武器有 2 座 50 年代初研制的双联装 2M-3 型 25 毫米半自动机关炮，首炮布置在中线面偏左，以便艇长在艇首方向有良好视界；2M-3 型炮采用少

东德海军P-6级 807 号艇, 桅杆上是被北约根据外形称为"罐头"的搜索雷达。

见的炮身纵置模式, 单管射速 270 发 / 分, 射程 3000 米。这种火炮装备数量非常巨大, 据保守估计在 3500 门以上, 大概是二战后装备数量最大的舰炮; 我国也引进该炮技术, 仿制了 61 式双联装 25 毫米炮并大量装备, 至今在人民海军的部分舰艇上仍可以看到该炮。

后部甲板两侧有多个滚落式深水炸弹投放架, 可携带 8 枚 ББ-1 型深水炸弹, 配合猎潜艇进行攻潜作战, 艇尾有烟幕施放器, 并可携带 6 枚 КБ-3 型或 8 枚 АМД-500 型水雷, 如果不带鱼雷执行专门的布雷任务, 可携带 18 枚水雷。P-6 的电子设备也是苏制鱼雷快艇里最多、最齐全的, 除雷达外, 还有火炬 (Torchid) -M 型敌我识别器、两部电台、"壶" (Kettlebell) Kola-4 式导航仪和"鲶鱼" (Catfish) 自动驾驶仪。

P-6 被苏联海军认为是非常成功的设计, 据称从 1949 到 1960 年, 仅苏联就建造了 420 多艘 P6 级艇。1955 年, 中国从苏联引进了 P-6 生产技术, 自制的 P-6 称为 6602 型, 芜湖造船厂制造了 51 艘, 广州造船厂制造了 12 艘, 另外进口了 12 艘。后来为了加强防护性, 还把 6602 的木壳艇体换成钢壳, 改称 6702 型。1957 年 8 月 4 日, 周恩来总理检阅北海舰队时, 就是乘坐这型鱼雷艇, 舷号是"245"号, 现在这艘艇被陈列在青岛海军博物馆内。1958 年 9 月 20 日, 毛泽东曾亲自到生产这种快艇的芜湖造船厂视察, 并乘坐了新造的 227 号鱼雷艇在长江上航行近半个小时。后来, 人们为了纪念这件事, 还将这艘快艇改为 58-920 号。

与 P-4 型一样，诞生于冷战的 P-6 型无可避免地再次成为苏联用来支援盟友的有效武器。由于她比自己的前辈更先进、性能更好，除装备苏联和华约各国海军外，也受到了更多缺乏海军装备的亚非拉国家的青睐。其中引进数量位于前三位的三个国家分别是埃及、朝鲜和民主德国，正好位于当时冷战前沿的三个热点地区，这也充分展示了 P-6 作为冷战时期海上急先锋的职业特征。此外装备数量较多的还有阿尔及利亚（12 艘）、印度尼西亚（24 艘）、伊拉克（12 艘）、古巴（12 艘）和波兰（19 艘）。

不过，作为有悠久快艇设计生产历史的民主德国（后文简称东德），引进 P-6 的理由跟其他国家不同，完全是出于被逼无奈。1956 年，东德中央设计局研制的"鲑鱼"级大型高速鱼雷艇由于在设计时过于贪图高技术，将主动力设定为燃气轮机，而偏偏东德方面在燃气轮机技术上又不过关，只好求助于苏联。苏联人正巴不得他的小弟们都没有自行开发武器的能力，好大卖特卖自己的军工产品，又岂会慷慨相助呢，最后"鲑鱼"级只得下马。

随着"铁幕"的逐渐拉开，北大西洋公约组织与华沙公约组织的东西方对立日益严重，火药味也越来越浓，新成立的东德海军处在冷战的风口浪尖，急需作战舰艇。1955 年，东德被迫接受了苏联方面的推销，决定采购 27 艘 P-6 型鱼雷艇以组建一个快艇旅，担负华沙条约规定的防务义务。1957 年 10 月 8 日，首批 9 艘 P-6 型入役，东德将其称为 TS 艇，即鱼雷艇（Torpedo Schnellboot），这是东德海军第一批正式的作战舰艇；1958 年又有 5 艘服役，同年还有一艘由荷兰驳船改装的快艇艇员居住舰服役。以这些快艇为基础，东德海军组建了鱼雷快艇旅（Torpedoschnellboots-Brigade TSB-Brigade）；到 1960 年 9 月时，快艇旅达到满编，下辖 2、4、6 三个分队，每支分队拥有 9 艘 P-6，分别驻扎在帕劳（Parow）、萨斯尼茨和丹霍姆港。1963 年，鱼雷快艇旅编入新组建的东德人民海军第六舰队；1965 年后，之前散布于各处临时港口的快艇全部部署到新建成的海军基地、位于吕根岛（Rügen）西北部维托半岛布克角的德朗斯克港，鱼雷快艇旅、导弹快艇旅和轻型鱼雷快艇旅组成了完全由快艇构成的第六舰队。

虽然 P-6 是东德海军委曲求全后接收的，但她的到来毕竟为此前只有少量二战时期扫雷艇的东德海军注入了新鲜血液，使其由一支只能打打杂的海岸缉私队变为具有一定近海攻击能力的军事力量。在更多更大的军舰服役之前，P-6 一直充当东德的海军主力，在冷战一线担负战备任务。

1962 年 8 月 31 日，TS-244 艇"韦莱·本斯"（Willi Bensh，编号 844）号，在执行巡逻任务途中发现西德海军的"卡尔斯鲁厄"号护卫舰并立即展开追踪。不幸的是，由于当时海上雾气太大，该艇与路过的瑞典"王后"（Drottningen）号火车渡轮相撞沉没，造成 7 名水兵丧生。这次事故也是当时中欧海域刀光剑影、杀机四伏的一个缩影。

由于长时间的高度使用，东德海军的 P-6 寿命并不长，她的全木质艇体很快被海水腐蚀。1967 年，除了遇难的 244 号艇外，所有 P-6 都退出了东德海军现役，其中 21 艘被移交东德渔业合作社作民用渔业用途，3 艘在去除鱼雷装备后移交边防部门使用，2 艘封存到冷战结束、两德合并后被移交给坦桑尼亚海军使用。有趣的是，1969 年为了拍摄一部二战电影，东德将 3 艘 P-6 改装成纳粹海军使用的 S 艇，在银幕上秀了一把。

新兵建功

让我们把目光再转回到台海。在损失"剑门"、"章江"二舰的重大挫折之后，国民党海军的心战机动编队暂时消停了。但世上哪有你想动就动、想停就停的好事儿，人民海军东海舰队为了一雪前耻，主动出击，再次给予对手以沉重打击，这就是两岸之间的最后一次海上较量——崇武以东海战。

1965 年 11 月 13 日 13 时 20 分，在国民党海军南区巡逻支队支队长麦炳坤上校率领下，巡逻炮舰"临淮"号和猎潜舰"山海"号由马公起航，编队驶往距离大陆只有 12 海里的乌坵屿执行伤患接运任务。

两舰同属"永"字号，"临淮"原名"永昌"，"山海"原名"永泰"，1965 年 1 月 5 日改用中国历史上的关隘命名。"山海"长 56.08 米，宽 10.08 米；吃水 2.87 米，标准排水量 640 吨，满载排水量 903 吨；"临淮"长 56.24

"永泰"的前身，美国PCE-867号巡逻炮舰。

"永昌"的前身，美国AM-249扫雷舰。

米，宽 10.06 米，吃水 2.97 米，标准排水量 650 吨，满载排水量 945 吨。动力系统同为两部柴油主机双轴推进，产生 1800 匹马力，美军时期最高航速"山海"15.7 节、"临淮"14.8 节，据说到台湾以后因机器磨损只剩 13 节。"山海"编制军官 21 人，士兵 93 人；装备 3 英寸 50 倍径主炮 2 门，40 毫米双联装高炮 2 门，20 毫米高炮 3 门；"临淮"编制军官 21 人，士兵 96 人；装备 3 英寸主炮 1 门，40 毫米双联装高炮 2 门，20 毫米高炮 6 门，同时两舰皆配有 K 型反潜炮与深水炸弹。

前者原为美国二次大战建造的"可敬"（Admirable）级舰队扫雷舰"振作"（Refresh）号，后者是以同样舰体改装的巡逻舰 PCE-867。主要区别是"山海"舰尾多一门 3 英寸炮，而"临淮"舰尾则为扫雷具作业甲板。不过一来人民海军没有那个能力对台湾搞水雷封锁，二来钢质船壳使得该级舰消磁情况不佳，无法适应二战以来磁性水雷发展很快的形势，所以国民党海军索性将"临淮"也作为巡逻炮舰使用。该级舰舰身粗短，舰底浑圆，航海性能不佳，并不适合浙东的恶劣海况，但谁让国民党海军的家底也不厚实呢，"铁壳永"（国民党海军对"永"字舰的俗称）因为数量多、成本低，也只能矮个儿挑大梁，成为台海战事中的重要角色。

为了保持隐蔽性，这个小编队谨慎地采取了无线电静默和夜间灯火管制。但这个情报还是被求战心切的东海舰队得知，当晚气象情况良好，东北风 3—4 级，月夜，视距 1—2 海里，轻浪，中涌，非常有利于夜战，于是立刻决定使用快艇 31 大队的 P-6 级鱼雷艇 6 艘、护卫艇 31 大队的 62 型护卫艇 2 艘、55 甲型护卫艇 4 艘攻击。

俗话说好事多磨，海军得到的情报一开始并不准确，以为只有"山海"一舰，当下午 16 时 30 分证实敌人是双舰编队时，感到兵力不足，于是又增加了护卫艇 29 大队的 4 艘 62 型护卫艇。而该大队因为寒潮将至，588、589 艇已经返回基地休整；588 的艇长调离，新艇长尚未到职；576、577 艇刚检修完，还有些收尾工程没有结束。快艇 31 大队也已经接到撤回基地冬藏保养的命令，器材物品正在装艇，准备天一黑就出发北返。

得到出发命令时，29 大队距离战区还有 140 海里，好在部队长期备战苦练，

43 分钟就完成了备战备航。13 日 17 时 28 分，29 大队 4 艘护卫艇从基地出动驶往待机点，经过 3 个半小时的高速航行，提前于 21 时 05 分到达娘宫锚地与另外两个大队汇合。海上指挥员魏垣武决定以护卫艇 31 大队 273、579 艇和护卫艇 29 大队 576、577 艇等 4 艘 111 吨护卫艇组成第 1 战术突击群，主攻"山海"舰；护卫艇 29 大队 588、589 艇等 2 艘 108 吨护卫艇组成第 2 战术突击群牵制"临淮"舰；快艇 31 大队 6 艘鱼雷艇组成第 3 战术突击群，发展战果。很显然，和"八六"海战最后阶段相同，也是护卫艇先行攻击压制，再由鱼雷艇扩大战果的策略。

得到总参谋部批准后，22 时 16 分，3 个突击群先后从待机点东月屿出击。23 时 14 分，编队指挥艇雷达发现了用 12 节航速向乌坵前进的敌舰编队。由于"临淮"舰的雷达故障待修，为避免碰撞与"山海"舰保持着 7—8 链的目视距离，于是魏垣武立刻决定从 2 舰中间插入将其分割，第 1 突击群右舷攻击前导舰"山海"，第 2 突击群左舷牵制后续舰"临淮"，以便各个击破。

计划很好，但显然跟不上变化。战斗开始后，由于 2 个突击群排成了单纵队（实际上就是一个艇群），队列太长，后续艇距离太远，不能发挥火力优势，结果纵队遭到了 2 艘敌舰前后交叉火力的夹击，冲在最前面的指挥艇 573 艇

"山海"舰

"临淮"舰

和预备指挥艇576艇先后中弹，魏垣武以下19人死伤，更糟糕的是海上指挥中断1小时，护卫艇群老老实实地跟着因为罗经受损的指挥艇在海上漂泊，离敌舰编队越来越远。不讲江湖道义的麦上校眼看自己乘坐的"山海"舰在护卫艇攻击下受到重创，遂命令舰长朱普华中校扔下半瞎子"临淮"，立即转舵西北，再逃往只有8海里之遥的乌坵（麦、朱二人因临阵脱逃，战后被判刑）。"临淮"舰也在激战中伤亡20余人，已心胆俱裂，又见旗舰扯呼，更无心再战，遂转舵南逃。

好在还有鱼雷艇，要不然敌舰就跑掉了。

鱼雷艇群本来按照原定计划一直在战区附近空车待命，22时39分和42分，夜空中先后两次出现了召唤鱼雷艇攻击的白色信号弹。经验丰富的艇群指挥员、快艇6支队副参谋长张逸民怀疑这样短的攻击时间是否能将敌舰打得失去战斗力，再说也没看见起火或是爆炸的迹象，于是下令第2组131、152艇前往查明情况。

第2组行驶到距离"临淮"舰9链时被发现，敌舰立即转向开火拦击，显然抵抗能力尚存。这时第2组的使命应该是立即报告上级，但其求战心切，居然不顾大局，遂左右展开，实施两舷夹击。

但是"临淮"舰显然不会坐以待毙，通过机动居然成功地躲过了2艘鱼雷艇的夹击，2 艇只得各自单艇攻击。131 艇由于夜间看不见敌舰首掀起的浪花，错估其已失去机动能力，以零度提前角发射 2 枚鱼雷，无一命中；152 艇则判断敌舰航速 8 节（实际 10 节），先后 3 次抢占发射阵位，最后以 8 度提前角发射 2 枚鱼雷，也没有命中。2 艇射光鱼雷后，只得撤出战斗向张逸民报告。

张逸民立即呼叫护卫艇群，但是已经失去指挥的对方当然不会回答，他只得下定决心，率 124、126、132、145 艇强攻"临淮"舰。

仗着速度优势，鱼雷艇群很快占领了敌舰首附近距离 10 链的位置，张逸民下令 1、3 组左右展开，实施两舷攻击，第 1 组主攻，第 3 组牵制。

"临淮"舰也敏锐地发现了这一企图，故技重施，频繁机动，始终以舰首对准第 1 组方向，于是张逸民改令第 3 组主攻，第 1 组佯动牵制。同时强调"三不放"原则。即阵位不好不放（必须是良好舷角、3 链以内）；看不清不放（必须分清目标首尾，测准速度）；瞄不准不放（必须稳定战斗航向）。这是张逸民总结过去历次鱼雷攻击的经验教训，打破了以往按照苏联条令"一拥而上，打了就走"的传统战法所提出来的。

在鱼雷艇如群狼的反复撕扯下，机动灵活的"临淮"舰也渐渐顾此失彼起来。该舰舰长陈德奎中校曾是张逸民雷下亡魂"灵江"舰的幸存者；1958 年九一海战时作为"维源"舰长再次与张逸民交手，不但躲过了攻击，还击沉鱼雷艇一艘，差点让张逸民当了俘虏；这是两人的第三度交手，陈德奎已经无力回天，因为他的座舰不但航速上依旧无法与鱼雷快艇较量，连最依仗的火力都不如了。

P-6 级装备了 2 座双联装 25 毫米机关炮，4 艘 P-6 就有 8 座 16 门 25 炮，而"临淮"号只有 76.2 毫

正在指挥作战的张逸民

米炮和 40 毫米炮各 1 门，20 毫米炮 6 门，火力被压制得死死的。激战中陈德奎和副舰长陈本维均被炮火击伤，虽然"临淮"舰还在反复地左冲右突，但已经是回光返照了。

经过鱼雷艇群的五次反复冲击，145 艇在两次冲到发射距离因为舷角不理想放弃攻击后，终于得到了一个比较理想的阵位。0 点 31 分，第一组在"临淮"号左舷准备占领阵位时，指挥员张逸民已经接到 145 艇的攻击请求，便命令第一组退出，145 艇在距离敌舰仅 1.9 链处以 15 度提前角发射 2 枚鱼雷，其中一雷命中"临淮"舰尾部，当即使其失去机动能力。

此后本来鱼雷艇还有锦上添花的可能，3 艘 P-6 还没发射过鱼雷呢，可就在 0 点 34 分，第三组另一艘 126 艇准备进入"临淮"号左舷阵位的时候，就像电影里警察总是最后赶到一样，2 艘护卫艇却突然出现在战场，接近了"临淮"号。126 艇为了避免遭友军炮火所伤，只好向后撤离，把到手的功劳让了出来。

原来，在海上停车漂泊了半小时以后，护卫艇第 2 突击群终于觉得有点不对头了，群指挥员、护卫艇 29 大队参谋长王志奇按捺不住，命令雷达开机，很快就发现了右前方 2 海里处的垂死的"临淮"舰，立即率领 588、589 艇赶到，用 37 毫米机关炮和临时加装的 75 毫米无后坐力炮向"临淮"号的甲板与水线部位猛烈射击。因为"临淮"舰已经失去机动能力，虽然风浪中护卫艇艇身摇摆达 25 度，命中率仍然高达 80%，第一发 75 毫米炮弹就打断了"临淮"号的桅杆，第二发击中水线部位，使"临淮"号加速下沉。

随后，看到"临淮"号沉没只是时间问题的护卫艇队又继续向北追击逃往乌坵方向却徘徊未入的"山海"号，并以炮火击伤"山海"号甲板；然而，此时双方交战位置已经处于乌坵国民党守军的岸炮射程内。从 13 日深夜开始，乌坵守军听到附近海域传来交火炮声之后，便立刻实施火力支持；总计 13 日 22 时 38 分至 14 日 2 时 26 分，守军 105 毫米火炮先后七次射击。在 14 日 1 时 0 分，护卫艇队停止追击，转而在海面打捞"临淮"号的落水人员。

1 时 06 分，"临淮"舰终于向左后倾翻沉，其中 9 人被人民海军救起，舰长陈德奎以下 14 人被美国军舰救起，82 人死亡，人民海军付出的代价是 2 艘护卫艇和 2 艘鱼雷艇受损，2 人牺牲，14 人负伤。"临淮"舰沉没的位置在乌坵以南，只有 15.5 海里远，这个距离意味着如果它一开始跟着"山海"舰继续逃往只有 8 海里远的目的地，有可能还会大难不死，而 P-6 鱼雷艇成功的鱼雷攻击，则是致其死命的关键转折点。

"崇武以东海战"继"八六"海战后再次重挫台湾当局的反攻企图，国民党海军连台湾海峡的制海权都逐渐丧失，又遑论反攻？此后国民党海军虽然从美国获得的战舰越来越多、越来越先进，却再无进取之心，"反攻大陆"美梦更随着数年后蒋介石的去世最终烟消云散。

P-6 级鱼雷艇的第一次实战就展现了这种大型鱼雷快艇的威力。可惜的是，她诞生得太晚了，已经错过了最佳的表演时间，在漫长的海上生涯里，她的蹉跎将远远多于辉煌。

开创新时代

二战后亚洲是打得最热闹的地方，先后爆发了多起大规模地区战争，其中尤以中东阿（拉伯）以（色列）的长期战争为烈。在这些战事中，唱主角的是陆军和空军，但海军也扮演了重要角色，特别是在 1967 年 6 月 6 日爆发的第三次中东战争中，很干出了几件震惊世界的大事情。

当时双方都装备了鱼雷快艇，阿拉伯方面是来自苏联的 P-6，其中埃及海军在 1956 年至 1970 年一共引进了 46 艘 P-6（其中 12 艘后来被改装成炮艇，装备 1 门 40 毫米炮），叙利亚海军则引进了 8 艘。而关于以色列当时使用的鱼雷艇，有资料称是"萨尔"（希伯来语"暴风"之意）1 型，装备 20 毫米炮和 450 毫米鱼雷。但"萨尔"1 型第一艘"米尔塔克"（Mirtach）号是1967 年 12 月 25 日才抵达以色列海法港开始服役的，不可能参加六个月前的第三次中东战争。二来"萨尔"1 型最初服役时也没有安装 20 毫米炮和鱼雷，而是在中心线上串列安装了三门博福斯 40 毫米单管炮作为炮艇使用，同时在尾部搭载深水炸弹，配合艇体声纳执行反潜任务。

其实以色列海军有三种鱼雷快艇：一是 1948 至 1949 年购买的英国二战期间生产的沃斯泊（Vosper）70 英尺型 MTB，共有三艘："利利特"（Lilitt,

编号209）号、"肖尔达格"（Shaldagg，编号210）号、"廷西米特"（Tinshemett，编号212）号，全部于1967年退役。六日战争时这种艇太老已经濒临报废，以色列人会否将其作为一线攻击力量使用值得怀疑。

二是1956至1957年向意大利购买的"奥菲尔"（Ophir，《圣经》第23部《以赛亚书》中阿拉伯地区产金之地）级鱼雷快艇。排水量40吨，长70英尺，武器为1门40毫米机炮，2门20毫米机炮，2具457毫米鱼雷发射管。该级艇也是共有三艘："奥菲尔"号（编号T-150）、"沙瓦"（Shva，编号T-151）号、"塔希奇"（Tarshich，编号T-152）号，1956—1957年间完工服役，70年代中期退役。

三是1949至1952年向法国购买的"奇迹"（Ayah，希伯来语）级鱼雷快艇。排水量62吨，长26米，宽6.3米，吃水1.5米；双轴推进，4台12缸发动机，4600匹马力，最大航速42节，续航力600海里/29节，300海里/42节；编制14—15人。武器最初为1门40毫米炮，4门20毫米炮，2个457毫米鱼雷发射管。共有六艘："奇迹"（编号T-200）、"猎鹰"（Baz，编号T-201）、"风筝"（Daya，编号T-202）、Peress（编号T2-03）、Tahmass（编号T-204）、Yasmoor（编号T-205）。1972—1974年退役。

很显然，"奥菲尔"级和"奇迹"级在六日战争时期都正值壮年，是以色列海军一线的战斗力量，而"奇迹"级鱼雷快艇相对更加活跃一些，并且

以色列"奇迹"级鱼雷快艇

在开战后不久就干出了一件很有些轰动性的大事。

1967 年 6 月 8 日，以色列和阿拉伯人杀得天昏地暗的时候，隶属于美国国家安全局 NSA（National Security Agency）的电子情报船"自由"（Liberty，编号 AGTR-5）号正在战区以外的东地中海游弋。它当时很明显是在进行情报收集工作，选择的位置在战争中心地带——埃及西奈半岛以外 13 英里。

但是，没有得到任何警告，以色列的"超级神秘"（Super-Mysteres）和"幻影"（Mirage）战斗机突然从天而降，用火箭弹、凝固汽油弹猛烈攻击"自由"号，还用机炮对惊慌的船员们进行扫射。

接着，三艘以色列海军的"奇迹"级鱼雷快艇出现在海平面上，它们一边用 40 毫米和 20 毫米机炮射击，一面发射了 5 颗鱼雷。最大航速只有 17 节的"自由"号尽力规避着飞奔而来的鱼雷，但还是被一雷命中，当即炸开一个宽达 40 英尺的大洞，25 名船员被炸死。

虽然被以色列人"蹂躏"得千疮百孔，差不多成了一艘废船，但是"自由"号毕竟是万吨级的巨轮，还是挺扛打的，支撑着并没有沉没。事后美国人在船体和上层建筑上一共找到了 821 个弹孔。船员中有 34 人死亡，172 人受伤，这其中很大一部分都是"奇迹"级的"战果"。

俗话说老虎的屁股摸不得，而美国这个世界霸主就更是少有人敢捋虎须，但是这次为了国内犹太人的选票和政治献金，最终美国的约翰逊总统接受了

奄奄一息的"自由"号

以色列人把"自由"号当做了埃及运输船"误击"的说法，捏着鼻子收下了600万美元的赔偿金（只相当于损失的五分之一），将这次引起世界瞩目的事件不了了之。以色列人的成功告诉我们，老虎的屁股不是摸不得，只是看谁来摸而已。

和以色列不同，阿拉伯国家另有一件新式武器。1956—1961年，苏联先后将许多P-6鱼雷快艇改装为被西方称为"蚊子"的世界上第一种导弹艇，编号183P。该艇在P-6型的基础上拆除了鱼雷发射管与尾部的25毫米双管半自动炮，加装了两座"冥河"导弹发射箱，满载排水量80吨。

"蚊子"级不仅装备苏联海军，还大量向其友好国家出口，包括正在跟以色列打得热火朝天的埃及和叙利亚。由于P-6型的排水量仅70吨，两枚沉重的的导弹对船体稳定产生了很大影响，埃及海军便自行对一部分"蚊子"级进行了延长艇尾的改装，以增加其储备浮力。在获得"蚊子"级导弹艇后，由于埃及和叙利亚海军人员素质较低，使用中问题不断，直到1967年年初的演练中，甚至还没有完全掌握目标指示雷达的使用。所以1967年6月5日战争爆发后，埃及和叙利亚海军对导弹艇的使用非常谨慎。整个战争前期，没有导弹交战事件发生。不仅仅是阿拉伯人怀疑反舰导弹的作用，以色列人也同样如此。

当时除苏联外，只有瑞典装备了反舰导弹，国际上对反舰导弹的作用也是存在疑虑的，多数西方观点认为笨重的"冥河"弹道高、尾焰明显，高速的驱逐舰可以及时发现并通过机动规避。以色列海军虽然对这种观点不完全认同，但对"冥河"带来的威胁却也没有足够的认识。在第三次中东战争爆发前，以色列海军作战舰艇上的人员仅仅进行过几次规避机动航行的操练，不过以色列倒也没有忽视埃及海军导弹艇部队，仍将打击导弹艇作为重要任务，只是负责这个任务的是没有导弹的驱逐舰和鱼雷艇编队。

6月12日，西奈半岛被以色列地面部队全部占领的当天，其海军的"埃拉特"号驱逐舰（Eilat）在第914支队的两艘鱼雷快艇掩护下，深入到塞得港东北西奈海岸活动。"埃拉特"号原为英国皇家海军Z级舰队驱逐舰，原名为"热诚"（Zealous）号，舷号R39，1944年2月28日下水，参加过第

"蚊子"级导弹艇

"埃拉特"号驱逐舰的前身"热诚"号

二次世界大战。1955 年交付以色列海军，用以色列的红海港口埃拉特命名。该舰装有 4 门 114 毫米单管舰炮，4 门 40 毫米和 2 门 20 毫米高射炮，4 门深水炸弹发射炮，两座四联装鱼雷发射管。舰长是埃特沙科·苏萨（Yitzhak Shushan），他同时兼任编队指挥官。

当时埃及海军虽然在实力上比以色列海军强大，但慑于以色列空军的威胁，舰艇大多躲在港口防空导弹的庇护之下，只是经常派遣鱼雷艇出港，试图伏击经常在港外晃悠的以色列驱逐舰。而以军则将计就计，以驱逐舰为诱饵吸引埃及海军鱼雷艇出港攻击，再用鱼雷艇配合驱逐舰将埃军歼灭。"埃拉特"编队的这次出航就是为了执行诱饵任务。

虽然驱逐舰是诱饵，但为确保万无一失，以色列海军还是将鱼雷艇部署在驱逐舰临敌一侧，以便驱赶企图接近驱逐舰的埃及鱼雷艇。另一个考虑是"奥菲尔"级和"奇迹"级鱼雷艇都是小且灵活，"冥河"导弹不能可靠地捕捉 20 米长度以下的小型舰艇。这两种以色列鱼雷艇的尺寸恰好处于这个标准的边缘，高速航行时有效雷达反射面更小。而驱逐舰则可以依靠远射程的舰炮作为火力支援，压制埃及鱼雷艇。

当天夜里"埃拉特"编队的行动是警戒西奈方向，防止埃及人从海上袭击塞得港东面的以军阵地。以色列鱼雷艇编队贴近西奈海岸航行，海岸西面就是部署有埃及鱼雷艇的基地塞得港，而驱逐舰在外海，便于脱离和机动。入夜后，作为诱饵的"埃拉特"号驱逐舰雷达发现了目标，这群目标信号很明显是小型快艇。由于"蚊子"级导弹艇是由 P-6 鱼雷艇改装而来，"埃拉特"号据此判断雷达信号可能是导弹艇。于是苏萨舰长临时决定设法诱使埃及导

埃及海军的"蚊子"级导弹艇

弹快艇离开塞德港西面的海湾，然后寻找机会予以歼灭。这个冒失的决定显然是建立在对导弹艇战斗模式完全不清楚的基础上的。

不过苏萨舰长的运气很好，以色列鱼雷快艇靠近到望远镜距离后，发现这是一队正在迎头逼近以色列编队的埃及海军 P-6 鱼雷艇。以色列情报机构早就得知埃及海军一直规定鱼雷艇不得远离海岸，避免与塞得港外的以色列封锁舰只交战。埃及海军居然敢大胆出击，对以色列海军来说是不可多得的机会，同时也令其非常困惑。

原来，埃及由于担心以色列的远程炮击，其海岸雷达阵地的设置过于靠西，导致塞得港东面近岸海面是盲区，只能看到外海的"埃拉特"号却没有发现以色列鱼雷艇编队。埃及指挥官们经不住这个大目标的诱惑，在没有搞清楚周围情况前就命令隐蔽在苏伊士运河北口的鱼雷艇编队乘着黑夜高速向"埃拉特"号靠近发动攻击，结果立即遭到以色列人猛烈炮击。"埃拉特"号采取用 114 毫米主炮直瞄射击，用 40 毫米机炮在鱼雷艇航路前方打出弹幕的方法进行拦阻，很快击中一艘鱼雷快艇。埃及人不敢再往前，便在还有数千米的距离上就远远发射了鱼雷。由于"埃拉特"号上的炮火将埃及鱼雷艇队形打得散乱，鱼雷齐射扇面组织很差。各艇几乎都是各自突防，当先导艇发射时，其他艇都还没有对准航向，再加上距离太远，以致鱼雷一条也没命中。

射光了鱼雷的埃及鱼雷艇并没有发现右舷从海岸方向高速扑来的以色列鱼雷艇。由于想当然地认为以色列海军的其他兵力应该从左舷外海方向过来增援，因此尽量向海岸靠近并准备向右转回去。结果正好与赶来夹击的以色列鱼雷艇迎头撞上。这时距离已经很近，虽然埃及人立即用 25 毫米机关炮开火扫射。但是他们的炮手缺乏在高速机动和颠簸跳跃情况下的射击训练，结果炮弹虽然密集，却都落在离敌人很远的海面；相反以色列指挥官和炮手则训练有素，打击顺序是先近后远。第一轮扫射就将最近的埃及 P-6 艇打得水柱冲天火光四射。这艘艇没有跟随其他埃及鱼雷艇继续转向，而是拖着大火浓烟一直朝东，显然已经失控。

苏萨舰长命令快艇向东追击那艘起火失控的埃及 P-6 艇，"埃拉特"号驱逐舰继续向西追击逃往塞德港的 P-6 艇。尽管"埃拉特"号以 32 节全速追击，但是时速高达 43 节的埃及鱼雷艇还是将其远远甩开。而追击失控 P-6 艇的快艇编队则成功地赶上了目标。开始是双方对射，但双拳难敌四手，很快在左右两侧以色列快艇暴风雨般地扫射中，埃及鱼雷艇的 25 毫米炮全部被打哑且航速迅速掉了下来。以色列快艇开始围绕目标作高速圆周航行向心扫射。"埃拉特"号在没有追上西逃的埃及鱼雷艇后，也折回来炮击这艘歪歪扭扭挣扎逃跑的 P-6。几分钟后，这艘可怜的 P-6 就被炮火轰成了碎片。

这次小海战的胜利使得以色列海军愈发肆无忌惮起来。10 月 21 日黄昏，"埃拉特"号驱逐舰大摇大摆地出现在塞得港东北面西奈海岸附近耀武扬威。以色列人的雷达发现塞得港西侧的运河北口有两个目标，但苏萨舰长仍凭老经验认为是 P-6 鱼雷艇。其实却是和 P-6 雷达特征基本相同的"蚊子"导弹艇。同样是判断失误，这次苏萨可没有上次的好运气了。由于"埃拉特"号始终游弋在 35 千米的导弹射程范围内，给了缺乏训练的埃及艇员们充足的操作时间，陆续发射了四枚 P-15 "冥河"导弹，其中三枚准确命中"埃拉特"号，将其击沉，舰上有 47 名水兵阵亡，91 人受伤，其中 9 人严重烧伤。当以色列海军鱼雷艇匆匆赶来时，海面上只剩漂浮的舰员和沉沉暮色。

这次战斗比"自由"号事件更加令全世界震惊，大家忽然发现面对装备导弹艇的敌人，竟然没有任何对抗手段，历来轻视反舰导弹的西方国家纷纷开始加快反舰导弹的研制。以色列海军更是感同身受，迅速将从法国购入的"萨尔"级快艇武装起来，装上了"迦伯列"导弹和 40 毫米、76 毫米火炮，并加紧训练，到 1973 年赎罪日战争爆发前，这 12 艘快艇，除一直忙于各种测试的首艇"米夫塔赫"号成为炮艇外，全部具备了完整的导弹攻击能力，而以色列的鱼雷艇则纷纷退出了现役。

值得一提的是，1969 年 4 月，为了试验导弹艇的性能，萨尔 2 级导弹艇"海法"号在 7 分钟内连续发射了 4 枚"迦伯列"I 反舰导弹，将低速运动中的"雅法"号驱逐舰击沉，以色列海军的两艘"Z"级驱逐舰至此都用自己的躯体为敌我双方开具了导弹时代的证明，可谓死得其所。

一场小规模的海战，颠覆了整个世界花费几百年建立起来的传统和观念，彻底地改变了全世界的海军，同样也彻底地改变了鱼雷快艇的地位，导弹艇迅速地在全世界范围内取代了鱼雷艇。在活跃了一百年之后，鱼雷艇终于日薄西山了，P-6 鱼雷快艇成为了鱼雷艇的掘墓人，这恐怕是她的设计者们始料未及的。

越界捉贼

不过鱼雷艇却不甘心就此平凡地退出历史舞台，时至今日，在世界上的个别动荡之地，仍然可见其活跃的身影。

1968 年 1 月 11 日，美国海军的电子信号情报搜集船——实际上就是间谍船——"普韦布洛"（Pueblo）号轻快地驶出日本佐世保军港，向北穿过对马海峡进入日本海。

"普韦布洛"号本来是一艘轻型辅助货船，标准排水量 550 吨，满载排水量 895 吨；最大航速 12.7 节；编制 6 名军官，70 名士兵。美国之所以选择这样的船来执行情报搜集任务，就是看中其不引人注意，所以"普韦布洛"号在进入朝鲜附近水域后，颇有点肆无忌惮地到处转悠。不过它实际上没多

"普韦布洛"号间谍船

少资本如此嚣张，因为"普韦布洛"号为多个美国情报机构服务，但却不直接隶属于驻朝美军的任何一方，美国第七舰队的海空军均未向其提供护航，驻韩美军更是对其行踪一无所知。

"普韦布洛"号很快就被朝鲜的一艘苏制 SO-1 型猎潜艇和 2 艘拖网渔船先后发现。特别是后者，曾经接近到"普韦布洛"号只有约 23 米的距离转悠，这是一个很危险的信号，但间谍船上的水手们只对电波精通无比，他们丝毫没有引起警觉。

1 月 23 日上午，"普韦布洛"号突然发现有一艘 SO-1 型猎潜艇高速驶来，并要求前者表明国籍，"普韦布洛"号慢条斯理地升起了美国国旗，船长有些不以为然：他的船离朝鲜海岸有 13 海里，恰恰在 12 海里的领海线以外，他料定朝鲜人不敢拿他怎么样。自信的船长大概忘记了他不是来邻居家串门送蛋糕的，小偷指望主人家会以礼相待似乎有点不切实际，再说朝鲜这个刚刚派出特工去韩国暗杀一国总统的国家显然也不喜欢按常理出牌。

与船长的想法相反，看到星条旗的朝鲜猎潜艇发出了命令其停船，否则

朝鲜海军的 P-6 鱼雷快艇

将开火的信号，同时有 3 艘 P-6 鱼雷艇也高速靠拢过来，2 架米格战斗机低空飞过，不久之后雷达又发现了第四艘鱼雷艇和第二艘猎潜艇，见势不妙的"普韦布洛"号立即转舵朝外海逃去。

这里说点题外话，朝鲜海军的 P-6 数量不少，包括从苏联引进 27 艘，从中国引进 15 艘，自造 18 艘"兴南"（Sinnam）级。由于其来源复杂和保密程度，目前还无法弄清参加围捕"普韦布洛"号的是哪种 P-6 型号。

笨拙腿短的间谍船想脱身哪有这么容易！1 艘满载持枪士兵的鱼雷艇很快追了上来，靠近"普韦布洛"号右后船舷，显然是企图跳帮来控制这条船，"普韦布洛"号利用机动躲开，并加速到 12 节，不过这个速度对于朝鲜的高速快艇来说简直是个笑话。猎潜艇也追了上来，并再次升起命令停船的旗号，并随即用 57 毫米舰炮开火警告，鱼雷艇的 25 毫米机关炮也不断从间谍船上方飞过，对此"普韦布洛"号无能为力，船上只有 2 挺勃朗宁 12.7 毫米机枪、10 支步枪和少量手枪，对付海盗还凑合，没有哪个疯子会妄想用这点武器去对抗 4 艘武装到牙齿的朝鲜军舰，更别说一枚鱼雷就足以让"普韦布洛"号去见上帝。

"普韦布洛"号执着地向东逃去。很快，57 毫米炮弹击中了雷达桅杆和驾驶台，操舵室所有仪表损坏，一部雷达也完蛋了，船长等 3 人负伤，他终于醒悟过来，朝鲜人对他利用国际法耍的小聪明根本不屑一顾，他只得命令销毁所有秘密资料。但船上的涉密资料太多，烧和撕的效率都太低，情急之下只得向船外倾倒，密布电子侦察设备的特种行动舱也被船员们用锤子和斧头砸了个稀巴烂。

看到美国人的举动，朝鲜海军用行动表示了他们的态度：一艘 P-6 鱼雷艇打开了鱼雷发射管的盖子。为免遭"自由"号的厄运，"普韦布洛"号只好停了下来，但为了拖延时间，船长耍起了开开停停的把戏。朝鲜人可没有那个耐心去说服教育，猎潜艇和 2 艘鱼雷艇再次开火，铝制船体被轻易洞穿，炮弹夺走了一名船员的生命，另外几个在船舷扔文件的人也受了伤。"普韦布洛"号终于屈服了，让朝鲜鱼雷艇载着登船人员靠上船舷，随后所有船员都被扣押起来，船上共有 1 人死亡，18 人受伤，其中 4 人重伤。

很显然，朝鲜海军的这次行动要比北部湾的越南海军恶劣得多，美国政府也一度准备采用炮击元山港等激烈方式来威逼朝鲜释放"普韦布洛"号。但是 1 月 30 日，越南战场风云突变，越共武装发动了规模空前的"春节攻势"，试图一举推翻南越当局。面对全面升级的越南泥潭，美国政府已经无力对这种老虎嘴上拔毛的挑衅行为作出什么大反应，约翰逊总统甚至认为朝鲜捕获"普韦布洛"号就是为了配合越南人，企图牵制美国在南越的军力，并迫使韩国在南越的两个师调回。经过一番痛苦的战略抉择，约翰逊决定在朝鲜采取不扩大策略，并最终为了换回船员不得不承认"普韦布洛"号侵犯朝鲜领海（实际上还差 1 海里）、道歉并保证不再发生类似事件。而实际上面对强硬的朝鲜，即使再发生类似事件，倒霉的也只会是美国人。

看到这种待遇，不知道越南海军会不会大喊不公平呢。

狮子的獠牙

当越南鱼雷快艇和美国军舰再次交锋时，离东京湾事件已经过去了整整八年。这时南越军队在越南人民军和南越游击队的双重打击下已经渐渐不支，为了帮其打气鼓劲，同时也为了威慑越南政权，1972 年 8 月 25 日，美国参谋长联席会议命令第七舰队针对越南海防港和吉婆岛机场的军事设施进行一次海上炮击，代号"狮穴"（Lion's Den）。

参加这次行动的为"得梅因"（Des moines）级重巡洋舰"纽波特纽斯"（Newport News）号、"克利夫兰"级轻巡洋舰"普罗维登斯"号、"查尔斯·亚当斯"级导弹驱逐舰"罗宾逊"号和"基林"级驱逐舰"罗恩"号这 4 艘军舰，被临时编成第 77.1.2 特混小队，旗舰为"罗宾逊"号。这支炮击编队中，"纽波特纽斯"号是当然的主力。作为参加越战的海军舰艇中唯一的重巡洋舰，她装备三座三联装炮塔，其 MK-16 型 55 倍径 203 毫米炮是世界上同类舰炮中最先进的，射速达到 10 发／分，单位时间弹药投射量超过当时世界上其他所有重巡洋舰。而其装甲防御能力也十分出色，舷侧装甲带 152 毫米，甲板装甲 89 毫米，司令塔 102—165 毫米，炮塔 51—203 毫米，也不是越南那些野战炮能轻易咬得动的。再加上高达 33 节的出色航速，也让火控系统落后的越南岸炮难以准确捕捉。

唯一可虑的只有越南空军，就在 4 月 19 日下午 16 时，越南空军第 923 团的两架米格 -17 攻击了正在广平省炮击越军阵地的美国军舰，一枚 250 千克炸弹摧毁了驱逐舰"西比"（Higbee）号的 127 毫米尾炮塔，使其只能回国修理；而另外两枚则正好落在第七舰队旗舰"俄克拉荷马"号导弹巡洋舰旁边，弹片还击伤了一名水兵。所以参谋长联席会议在下令时特别强调不能让"俄克拉荷马"参战，以免旗舰上尖端而又脆弱的大量电子系统受损。不过根据情报，越南人的飞机还缺乏在夜间出动空袭战舰的能力，从任何角度来看，虽然名为深入狮穴，但其实是一次轻松的"旅行"。

8 月 27 日晚 23 时 21 分，炮击编队到达涂山灯塔西南 2.5 英里处，开始向各自分配的攻击目标开火，包括油料库、雷达站和炮兵阵地等。越南炮兵的还击虽然猛烈，但如同预料的一样精度很差，只有少数几发炮弹落在"纽波特纽斯"号附近，碎片溅到了甲板上，但对军舰和人员都没有造成损害。33 分，炮击结束，美舰准备向南撤退，这时"纽波特纽斯"号的雷达突然发现在 1000 码的距离上有一个水面目标正在高速驶来！

很快美国人就通过先进的夜视装置分辨出对方是一艘 P-6 型鱼雷快艇。对方出击的位置非常巧妙，正好凭借吉婆岛南面的一组被称为"挪威岛"的小群岛为掩护，复杂的海面回波导致美舰的雷达很晚才发现目标。而且在舰长下达了开火命令后，枪炮长却发现自己无法执行。因为不久前刚刚在前甲板安装了一部电子天线，为防止炮口暴风将其损坏，预先切断了舰首主炮低仰角射击的点火电路，结果现在距离非常接近的越南快艇正好处在军舰正前方的这个死角里。舰长只得下令所有右舷的 6 座双联装 38 倍径 127 毫米副炮齐射。铺天盖地的炮弹呼啸着落在那艘快艇的周围，几分钟之后，快艇起火并转舵向北撤退。但这时候在舰首前方偏右的位置又出现了两艘 P-6，舰长立刻命令左转舵，这次不仅是 127 毫米炮，包括右舷所有的 50 倍径 76 毫米高炮也都开火了。巨大的后座力使满载排水量超过 2 万吨的舰体都摇晃起来。但这两艘 P-6 聪明地在群岛之间做着"之"字形运动，给捕捉目标造成了很大的困扰，黑夜和众多岛屿也限制了光学装置的功能，而已经多年没有遭到过海上攻击的基层官兵使得这种场面更加混乱。

眼见鱼雷快艇越来越近，"罗恩"号驱逐舰自作聪明地发射了几枚照明弹，但却在巡洋舰和P-6之间的低空提早爆炸，反而干扰了自己人的视线。而"纽波特纽斯"号也发现这块海域对她的庞大身躯机动非常不利，东面是那组小群岛，东北方是吉婆岛海岸线，北方是浅滩和海防港的炮火，如果南驶则会把自己的屁股暴露给P-6，而且无法发挥火力。而这时"普罗维登斯"又报告发现了第四艘P-6正在靠近！

面对危急形势，在"纽波特纽斯"号上作为"观察员"的第七舰队司令霍勒韦海军中将只得用特高频呼唤空中支援。从"中途岛"号航空母舰上起飞的两架A-7"海盗"式舰载攻击机这时正好在附近执行侦察任务，听到召唤后迅速赶到战场投下高爆照明弹，将整个海防港区照得亮如白昼。然后又使用"石眼"子母炸弹攻击正在逼近巡洋舰的2艘P-6，后者很快被炸沉，而第四艘P-6在接近到距离"纽波特纽斯"号不足3000码的时候也被舰炮击沉。这时是23时52分，在17分钟的炮战中，直面越南鱼雷快艇的"纽波特纽斯"号和"罗恩"号一共发射了294枚大口径炮弹，其中大多数为巡洋舰发射。这个数字非常危险，因为行动之前该舰一共只领到了285发203毫米炮弹和191发127毫米炮弹，而在炮击海防港时已经消耗了不少。如果越南鱼雷快艇再多一些，而空中支援没有及时来到的话，还真说不定会发生什么事。当然，美国人的轻敌也就这么一次，此后美国战舰再也没有深入到越南腹地进行这样危险的炮击，越南海军的P-6也就再也没有了实战的机会。

余音绕梁

随着导弹成为海军的主要武器，鱼雷在水面舰艇上的地位也就基本上只剩下反潜了，大多数国家采取了将鱼雷艇直接退役的方式，就连一些还在役的鱼雷艇也将原来的反舰鱼雷换成了反潜鱼雷。其中朝鲜对鱼雷艇的改装力度最大，朝鲜海军本来有P-6型鱼雷艇90艘，其中45艘从苏联引进，另45

艘从中国引进。虽然朝鲜人迫于外交孤立和经济弱势而造成军事技术落后，但他们也注意到了鱼雷快艇在日新月异的海空力量面前已经没有什么优势，鉴于自身国民生产总值还不如韩国军费高的现状，于是本着自力更生兼精打细算的原则，废物利用，在鱼雷艇身上做了不少文章。

1974 年，朝鲜以 P-6 的船体为基础，自行设计建造了"慈惠"（Chaho）级巡逻艇（亦称为高速火力支援艇）。主要改造是将上层建筑稍向艇首移动并降低了高度，以便在驾驶台后安装 122 毫米多联装火箭炮，艇尾有火箭炮再装填装置。两舷的鱼雷被取消，艇首的 2M-3 型机关炮由于体积过大影响火箭炮发射而换装为炮管横置的双联 25 毫米机关炮。第二年又在"慈惠"级的基础上发展了"清津"（Chong Jin）级巡逻艇，艇艏换装一座从坦克上拆下来的 85 毫米或者 100 毫米炮塔，艇尾换装一座双联装 14.5 毫米机枪。据称该级的 2849 号艇（也有说法称为"定州"级巡逻艇）在第二次延坪岛海战（2002年 6 月 29 日）中击沉了块头比它大得多的韩国海军"虎头海雕"（Klilurki，排水量 150 吨，航速 39 节，一般装备 1 门 40 毫米炮和 2 门 20 毫米炮，编制31 人）级 357 号炮艇，造成艇长尹永夏少校以下 6 人丧命，18 人负伤；韩国声称朝鲜有 13 人死亡，25 人负伤，1 艘巡逻艇受重创。[1]

除了这两款确定是由 P-6 发展的旁系分支以外，据说朝鲜还在 70 年代将P-6 分别改装成了"新浦"级巡逻艇和"南浦"级（Nampo）突击登陆艇。前者主要是在上层建筑前后各加装 1 门双联装 37 毫米炮，并加装 14.5 毫米机枪6 挺，以和韩国炮艇对抗，部分仍然装有鱼雷发射管。后者是在艇首甲板布置了一个登陆跳板，兼做舱盖；艏柱上布置一个对开舱门供登陆部队出入，可搭载登陆兵 20 人左右。

2010 年 3 月 26 日晚上 10 时 45 分，韩国海军第二舰队的"浦项"级"天安"号轻型护卫舰（PC-772）在黄海白翎岛西南 1.5 公里海域执行巡逻任务时，因不明爆炸沉没。威力巨大的爆炸使"天安"舰当即断沉两截，并倾侧沉入海中，46 名官兵丧生，58 人负伤。

---

〔1〕据称在 1999 年 6 月 15 日爆发的第一次延坪岛海战中，朝鲜海军有 1 艘 P-6 鱼雷快艇被韩国海军击沉。如果属实的话，这应该是 P-6 的最后一仗。

　　这次袭击让世界舆论大哗，由于韩国方面以最快速度推翻了触礁的可能，并一口咬定是被鱼雷击沉，大家理所当然地把目光转向了其宿敌朝鲜，大部分看法是朝鲜潜艇发射的鱼雷击沉了"天安"号。但也有少数专家提出了另外一种可能，即朝鲜研制的半潜式鱼雷快艇。这种说法并非空穴来风，2002 年，伊朗从朝鲜进口了一批"Peykaap I"（朝鲜编号 ISP-16，韩国称其为"大同 2"级）级海岸巡逻艇（一说是引进朝鲜技术由伊朗自制）时，才让世人对这种神秘的武器有了第一次比较深入的了解。据称该艇长 16.3 米，宽 3.75 米，吃水 0.67 米，高 1.93 米，排水量 13.75 吨；动力系统为 2 台 1200 马力的发动机，最高速度达到 52 节，续航能力 320 海里；成员 3 人，主要武器是 2 具 324 毫米轻型鱼雷。从技术方面说，这种快艇具有比较强的隐身能力，如果利用海岛、渔船、黑夜掩护，在偷袭"浦项"级这种建造于 20 世纪 80 年代，雷达技术并不太先进的军舰时，的确有成功的可能性。当然这种猜测随着韩国方面指出击沉"天安"号的是 533 毫米重型鱼雷后已经烟消云散了。但当今世界上大多数国家仍然装备了不少 80 年代、甚或是 70 年代设计制造的军舰，只要战术得当，半潜式鱼雷快艇也许在近岸的低烈度战争和突发性冲突中仍会发挥一定的作用。当然这种作用也是极其有限的，对此使用者的反映显然是最好的答案。2007—2008 年，伊朗海军将其半潜鱼雷快艇改进为"Peykaap II"级导弹艇，在后部装载了两个自制的"科萨尔（Kowsar）"反舰巡航导弹发射箱，可见伊朗人对原艇战斗力并不认可。由此看来，鱼雷艇在技术上确实已经走到了尽头，再无改进发展的余地了。

主要参考文献

图 书

Hunters In The Shallows : a history of the PT Boat / by Curtis L Nelson. published 1998 by Brassey's.

American PT Boats In World War II : A pictorial history / Victor Chun. published 1997 by Schiffer Military/Aviation History.

Allied Coastal Forces Of World War II : Volume II Vosper MTB's & U.S. Elco's / John Lambert & Al Ross. published 1993 by Conway Maritime Press.

PT Boats in Action : Warships Number 7 by: T. Garth Connelly. published 1994 by Squadron Signal Publications Inc.

Vosper MTB's in action : Warships Number 13 by: T Garth Connelly. published 2000 by Squadron Signal Publications Inc.

Schnellboot in action : Warships Number 18 by: T. Garth Connelly and David L. Krakow. published 2003 by Squadron Signal Publications Inc.

British Motor Torpedo Boat 1939-1945 : Angus Konstam . Illustrated by Tony Bryan. New Vanguard Series, published 2003 by Osprey Publishing Ltd.

German E-Boats 1939-1945 : Gordon Williamson . Illustrated by Ian Palmer

The Battle Of The Torpedo Boats: Bryan Cooper Publisher: Pan, First published 1970 Stein & Day N.Y. & also Published by MacDonald, London in 1970.

At Close Quarters PT Boats in the United States Navy by Captain Robert J. Bulkley, Jr., 1962.

Anatomy Of The Ship - Soviet Torpedo Boat G-5., 2001.

Conway's All the World's Fighting Ships.1860-1905 Conway Maritime Press, 1979.

Conway's All the World's Fighting Ships.1906-1921 by Robert Gardiner, Naval Institute Press，1985.

Conway's All the World's Fighting Ships.1922-1946 Naval Institute Press, 1980.

福井静夫：《福井静夫著作集第5卷 日本驱逐舰物语》，光人社，1993年。

木俣滋郎：《驱逐舰入门》，光人社，1998年。

石桥孝夫：《舰艇学入门》，光人社，2000年。

中川努：《日本海军特务舰船史》（《世界の舰船增刊第47集》），海人社，1997年3月号增刊，第522集。

海军军令部编：《明治廿七八年海战史》，春阳堂，1905年。

海军军令部编：《明治三十七八年海战史》，春阳堂，1909年。

徐舸：《铁锚固海疆》，北京海潮出版社，1999年。

唐志拔：《海上轻骑》，战士出版社，1980年。

陈书海：《近海攻击利器·高速攻击艇》，国防工业出版社，2004年。

崔京生：《新中国海战档案》，中国青年出版社，2007年。

建军·方杰：《大殉国——国民党海军抗日纪实》，沈阳出版社，1994年。

文闻编：《旧中国海军秘档》，中国文史出版社，2006年。

C.E.扎哈罗夫（廉正海译）：《红旗太平洋舰队》，三联书店，1977年。

波特（李杰等译）：《海上力量——世界海军史》，北京解放军出版社，1992年。

廖宗麟：《中法战争史》，天津古籍出版社，2002年。

中国史学会编：《中国近代史资料丛刊·中法战争（三）》，上海新知识出版社，1955年。

戚其章编：《中国近代史资料丛刊续编·中日战争（八）》，北京中华书局，1994年。

海军司令部《近代中国海军》编辑部编：《近代中国海军》，北京海潮出版社，1994年。

陈悦：《北洋海军舰船志》，山东画报出版社，2009年。

陈悦：《清末海军舰船志》，山东画报出版社，2012年。

章骞：《无畏之海——第一次世界大战海战全史》，山东画报出版社，2013年。

连续出版物

世界の舰船

海陆空天惯性世界

战争史研究

国际展望

现代舰船

兵器

较量

战舰

互联网

Содержание《ВоеннаяЛитература》Военнаяистория http://militera.lib.ru/h/wilson_h/ill.html

PRINZ EUGEN dot comhttp://www.prinzeugen.com/index.html

Vále nélodě1900-1950http://www.warshipsww2.eu/staty.php?language=&period=2

Historia y Arqueologia Marítima，http://www.histarmar.com.ar/index.htm

Chronik des Seekrieges 1939-1945，http://www.wlb-stuttgart.de/seekrieg/chronik.htm#Z

Die Schnellboot-Seite http://s-boot.net/s-boats.html

NavSource Naval History http://www.navsource.org/

三脚橹：http://www.d3.dion.ne.jp/~ironclad/index.htm

亚洲历史资料中心：http://www.jacar.go.jp/chinese/index.html

国立国会图书馆：http://www.ndl.go.jp/

Новости затонувших кораблей, http://wreck.ru/news.shtml

ТОРПЕДНЫЕКАТЕРАВРЕМЁНВЕЛИКОЙОТЕЧЕСТВЕН НОЙВОЙНЫhttp://putnikost.gorod.tomsk.ru/index-1279819830.php

Naval History Homepage and Site Search，http://www.naval-history.net/

中国军舰博物馆：http://60.250.180.26/home.html

中国近代海军网：http://www.beiyang.org/

后 记

　　近年来随着海洋意识的兴起，介绍海军战史、海军技术史以及海军战略的作品层出不穷，而类似于对马海战、日德兰海战中的战列舰，太平洋战争中的航空母舰，大西洋战场中的潜艇战和反潜战都是反复研究的热门话题，而关于其他舰艇的综合战史却是凤毛麟角。而海战并非只有大舰巨炮、航母潜艇，任何一种海军舰艇都有其独特的价值和可歌可泣的故事。由于我本来就对鱼雷艇战史较感兴趣，因此在著名海军史学者陈悦先生的启发下，萌生了写一部关于鱼雷艇战史专著的念头。

　　本书原本只拟写二十万字，但由于在写作过程中不断发现新的资料，因此最后的结果是远远超出预期，时间也由原先估计的一年增加到四年。即使如此，本书也与完整记载鱼雷艇的整个战史相差甚远，细心读者可以发现，相对来说中、美、德等国的鱼雷艇战史较为详细，而苏、英、意的就较为简略，这主要就是前者资料较为丰富，而后者资料较少的缘故。因此本书还不能算是成熟的作品，只是由于它在某些方面比起前人略有进展，考虑到公开出版将有助于普及这方面的知识，并可能对进一步推动这方面的研究有所帮助，所以不揣冒昧地拿了出来。在这方面得到了山东画报出版社秦超编辑的大力支持，在此深表感谢。毕竟鱼雷艇在海军研究方面属于比较冷门的项目，在商言商，出版社能站在推动国民海洋意识的大局出版本书，是值得我等研究者尊敬的。

　　因为本书名为战史而非鱼雷艇发展史，所以我在内容取舍上尽量排除了没有参战经历的鱼雷艇，对鱼雷艇的技术发展也尽量简略地一带而过，而着重叙述鱼雷艇的战斗情况，仅在行文时对鱼雷艇发展过程有大概的描述。其中二战中的日本鱼雷快艇是个例外，虽然有参战经历，但是由于其不但没有战果，连进行鱼雷攻击的战例也没有，而在参战的大多数时期也并非作为鱼雷快艇使用，所以只以寥寥数笔带过。关于鱼雷艇在非正义战争中的战例，例如甲午战争中的日本鱼雷艇，二战中的德国S艇和意大利MAS艇，我都尽量本着客观描写、不带感情色彩的原则进行叙述，不刻意抬高，也不无端贬低。毕竟抛开战争的性质不谈，作为海军军人，他们都是很优秀的代表，如果因为其侵略者的身份就略过不写，本书也就大为失色，并且违背我写此书的初衷。

此外，驱逐舰和旧式鱼雷艇有很深的血脉关系，特别是雏形期的驱逐舰，在外观上都和旧式鱼雷艇极为相似，因此必须有统一标准加以区别。为此我设定了两个标准：一是所属国家将其称为驱逐舰（destroy）的，则归入驱逐舰，不纳入本书范围；二是所属国家将其称为鱼雷艇（torpedoboat）的，则将满载排水量为300吨以上，主炮口径在75毫米（或3英寸）以上的归入雷击舰，亦不纳入本书范围。因为按照西方海军标准，300吨以上为舰，300以下为艇，而装备75毫米炮才能有效压制鱼雷艇，以鱼雷为主要武器的鱼雷艇则不需要装备过大口径的火炮。同时，因为资料中以英文为多，所以文中的火炮和鱼雷口径按照英制多以英寸为主，偶尔也存在按照所在国习惯以毫米标识的情况。

最后，我谨向为我提供帮助和支持的陈悦、章骞、王鹤、顾伟欣、张黎源、吉辰等中国海军史协会的友人表示深切的谢意。